2011

CIENCIAS

Scott Foresman

Autores de la serie

Dr. Timothy Cooney
Professor of Earth Science and Science Education
Earth Science Department
University of Northern Iowa
Cedar Falls, Iowa

Michael Anthony DiSpezio
Science Education Specialist
Cape Cod Children's Museum
Falmouth, Massachusetts

Barbara K. Foots
Science Education Consultant
Houston, Texas

Dr. Angie L. Matamoros
Science Curriculum Specialist
Broward County Schools
Ft. Lauderdale, Florida

Kate Boehm Nyquist
Science Writer and Curriculum Specialist
Mount Pleasant, South Carolina

Dr. Karen L. Ostlund
Professor
Science Education Center
The University of Texas at Austin
Austin, Texas

Autores colaboradores

Dr. Anna Uhl Chamot
Associate Professor and ESL Faculty Advisor
Department of Teacher Preparation and Special Education
Graduate School of Education and Human Development
The George Washington University
Washington, DC

Dr. Jim Cummins
Professor
Modern Language Centre and Department of Curriculum, Teaching, and Learning
Ontario Institute for Studies in Education of the University of Toronto
Toronto, Canada

Gale Philips Kahn
Lecturer, Science and Math Education
Elementary Education Department
California State University, Fullerton
Fullerton, California

Vincent Sipkovich
Teacher
Irvine Unified School District
Irvine, California

Steve Weinberg
Science Consultant
Connecticut State Department of Education
Hartford, Connecticut

Scott Foresman

Editorial Offices: Glenview, Illinois; New York, New York
Sales Offices: Reading, Massachusetts; Duluth, Georgia; Glenview, Illinois; Carrollton, Texas; Menlo Park, California
www.sfscience.com

Asesores de contenido

Dr. J. Scott Cairns
National Institutes of Health
Bethesda, Maryland

Jackie Cleveland
Elementary Resource Specialist
Mesa Public School District
Mesa, Arizona

Robert L. Kolenda
Science Lead Teacher, K-12
Neshaminy School District
Langhorne, Pennsylvania

David P. Lopath
Teacher
The Consolidated School District of New Britain
New Britain, Connecticut

Sammantha Lane Magsino
Science Coordinator
Institute of Geophysics
University of Texas at Austin
Austin, Texas

Kathleen Middleton
Director, Health Education
ToucanEd
Soquel, California

Irwin Slesnick
Professor of Biology
Western Washington University
Bellingham, Washington

Dr. James C. Walters
Professor of Geology
University of Northern Iowa
Cedar Falls, Iowa

Asesores multiculturales

Dr. Shirley Gholston Key
Assistant Professor
University of Houston-Downtown
Houston, Texas

Damon L. Mitchell
Quality Auditor
Louisiana-Pacific Corporation
Conroe, Texas

Revisores

Kathleen Avery
Teacher
Kellogg Science/Technology Magnet
Wichita, Kansas

Margaret S. Brown
Teacher
Cedar Grove Primary
Williamston, South Carolina

Deborah Browne
Teacher
Whitesville Elementary School
Moncks Corner, South Carolina

Wendy Capron
Teacher
Corlears School
New York, New York

Jiwon Choi
Teacher
Corlears School
New York, New York

John Cirrincione
Teacher
West Seneca Central Schools
West Seneca, New York

Jacqueline Colander
Teacher
Norfolk Public Schools
Norfolk, Virginia

Dr. Terry Contant
Teacher
Conroe Independent School District
The Woodlands, Texas

Susan Crowley-Walsh
Teacher
Meadowbrook Elementary School
Gladstone, Missouri

Charlene K. Dindo
Teacher
Fairhope K-1 Center/Pelican's Nest Science Lab
Fairhope, Alabama

Laurie Duffee
Teacher
Barnard Elementary
Tulsa, Oklahoma

Beth Anne Ebler
Teacher
Newark Public Schools
Newark, New Jersey

Karen P. Farrell
Teacher
Rondout Elementary School District #72
Lake Forest, Illinois

Anna M. Gaiter
Teacher
Los Angeles Unified School District
Los Angeles Systemic Initiative
Los Angeles, California

Federica M. Gallegos
Teacher
Highland Park Elementary
Salt Lake School District
Salt Lake City, Utah

Janet E. Gray
Teacher
Anderson Elementary - Conroe ISD
Conroe, Texas

Karen Guinn
Teacher
Ehrhardt Elementary School - KISD
Spring, Texas

Denis John Hagerty
Teacher
Al Ittihad Private Schools
Dubai, United Arab Republic

Judith Halpern
Teacher
Bannockburn School
Deerfield, Illinois

Debra D. Harper
Teacher
Community School District 9
Bronx, New York

Gretchen Harr
Teacher
Denver Public Schools - Doull School
Denver, Colorado

Bonnie L. Hawthorne
Teacher
Jim Darcy School
School Dist #1
Helena, Montana

Marselle Heywood-Julian
Teacher
Community School District 6
New York, New York

Scott Klene
Teacher
Bannockburn School 106
Bannockburn, Illinois

Thomas Kranz
Teacher
Livonia Primary School
Livonia, New York

Tom Leahy
Teacher
Coos Bay School District
Coos Bay, Oregon

Mary Littig
Teacher
Kellogg Science/Technology Magnet
Wichita, Kansas

Patricia Marin
Teacher
Corlears School
New York, New York

Susan Maki
Teacher
Cotton Creek CUSD 118
Island Lake, Illinois

Efraín Meléndez
Teacher
East LA Mathematics Science Center LAUSD
Los Angeles, California

Becky Mojalid
Teacher
Manarat Jeddah Girls' School
Jedda, Saudi Arabia

Susan Nations
Teacher
Sulphur Springs Elementary
Tampa, Florida

Brooke Palmer
Teacher
Whitesville Elementary
Moncks Corner, South Carolina

Jayne Pedersen
Teacher
Laura B. Sprague School District 103
Lincolnshire, Illinois

Shirley Pfingston
Teacher
Orland School Dist 135
Orland Park, Illinois

Teresa Gayle Rountree
Teacher
Box Elder School District
Brigham City, Utah

Helen C. Smith
Teacher
Schultz Elementary
Klein Independent School District
Tomball, Texas

Denette Smith-Gibson
Teacher
Mitchell Intermediate, CISD
The Woodlands, Texas

Mary Jean Syrek
Teacher
Dr. Charles R. Drew Science Magnet
Buffalo, New York

Rosemary Troxel
Teacher
Libertyville School District 70
Libertyville, Illinois

Susan D. Vani
Teacher
Laura B. Sprague School
School District 103
Lincolnshire, Illinois

Debra Worman
Teacher
Bryant Elementary
Tulsa, Oklahoma

Dr. Gayla Wright
Teacher
Edmond Public School
Edmond, Oklahoma

ISBN: 0-673-59385-1

1234567890 VH 03 02 01 00 99

Asesores de seguridad y actividades

Laura Adams
Teacher
Holley-Navarre Intermediate
Navarre, Florida

Dr. Charlie Ashman
Teacher
Carl Sandburg Middle School
Mundelein District #75
Mundelein, Illinois

Christopher Atlee
Teacher
Horace Mann Elementary
Wichita Public Schools
Wichita, Kansas

David Bachman
Consultant
Chicago, Illinois

Sherry Baldwin
Teacher
Shady Brook
Bedford ISD
Euless, Texas

Pam Bazis
Teacher
Richardson ISD
Classical Magnet School
Richardson, Texas

Angela Boese
Teacher
McCollom Elementary
Wichita Public Schools USD #259
Wichita, Kansas

Jan Buckelew
Teacher
Taylor Ranch Elementary
Venice, Florida

Shonie Castaneda
Teacher
Carman Elementary, PSJA
Pharr, Texas

Donna Coffey
Teacher
Melrose Elementary - Pinellas
St. Petersburg, Florida

Diamantina Contreras
Teacher
J.T. Brackenridge Elementary
San Antonio ISD
San Antonio, Texas

Susanna Curtis
Teacher
Lake Bluff Middle School
Lake Bluff, Illinois

Karen Farrell
Teacher
Rondout Elementary School, Dist. #72
Lake Forest, Illinois

Paul Gannon
Teacher
El Paso ISD
El Paso, Texas

Nancy Garman
Teacher
Jefferson Elementary School
Charleston, Illinois

Susan Graves
Teacher
Beech Elementary
Wichita Public Schools USD #259
Wichita, Kansas

Jo Anna Harrison
Teacher
Cornelius Elementary
Houston ISD
Houston, Texas

Monica Hartman
Teacher
Richard Elementary
Detroit Public Schools
Detroit, Michigan

Kelly Howard
Teacher
Sarasota, Florida

Kelly Kimborough
Teacher
Richardson ISD
Classical Magnet School
Richardson, Texas

Mary Leveron
Teacher
Velasco Elementary
Brazosport ISD
Freeport, Texas

Becky McClendon
Teacher
A.P. Beutel Elementary
Brazosport ISD
Freeport, Texas

Suzanne Milstead
Teacher
Liestman Elementary
Alief ISD
Houston, Texas

Debbie Oliver
Teacher
School Board of Broward County
Ft. Lauderdale, Florida

Sharon Pearthree
Teacher
School Board of Broward County
Ft. Lauderdale, Florida

Jayne Pedersen
Teacher
Laura B. Sprague School
District 103
Lincolnshire, Illinois

Sharon Pedroja
Teacher
Riverside Cultural Arts/History Magnet
Wichita Public Schools USD #259
Wichita, Kansas

Marcia Percell
Teacher
Pharr, San Juan, Alamo ISD
Pharr, Texas

Shirley Pfingston
Teacher
Orland School Dist #135
Orland Park, Illinois

Sharon S. Placko
Teacher
District 26, Mt. Prospect
Mt. Prospect, IL

Glenda Rall
Teacher
Seltzer Elementary
USD #259
Wichita, Kansas

Nelda Requenez
Teacher
Canterbury Elementary
Edinburg, Texas

Dr. Beth Rice
Teacher
Loxahatchee Groves Elementary School
Loxahatchee, Florida

Martha Salom Romero
Teacher
El Paso ISD
El Paso, Texas

Paula Sanders
Teacher
Welleby Elementary School
Sunrise, Florida

Lynn Setchell
Teacher
Sigsbee Elementary School
Key West, Florida

Rhonda Shook
Teacher
Mueller Elementary
Wichita Public Schools USD #259
Wichita, Kansas

Anna Marie Smith
Teacher
Orland School Dist. #135
Orland Park, Illinois

Nancy Ann Varneke
Teacher
Seltzer Elementary
Wichita Public Schools USD #259
Wichita, Kansas

Aimee Walsh
Teacher
Rolling Meadows, Illinois

Ilene Wagner
Teacher
O.A. Thorp Scholastic Acacemy
Chicago Public Schools
Chicago, Illinois

Brian Warren
Teacher
Riley Community Consolidated School District 18
Marengo, Illinois

Tammie White
Teacher
Holley-Navarre Intermediate School
Navarre, Florida

Dr. Mychael Willon
Principal
Horace Mann Elementary
Wichita Public Schools
Wichita, Kansas

Asesores de inclusión

Dr. Eric J. Pyle, Ph.D.
Assistant Professor, Science Education
Department of Educational Theory and Practice
West Virginia University
Morgantown, West Virginia

Dr. Gretchen Butera, Ph.D.
Associate Professor, Special Education
Department of Education Theory and Practice
West Virginia University
Morgantown, West Virginia

Asesor bilingüe

Irma Gómez-Torres
Dalindo Elementary
Austin ISD
Austin, Texas

Revisores bilingües

Mary E. Morales
E.A. Jones Elementary
Fort Bend ISD
Missouri City, Texas

Gabriela T. Nolasco
Pebble Hills Elementary
Ysleta ISD
El Paso, Texas

Maribel B. Tanguma
Reed and Mock Elementary
San Juan, Texas

Yesenia Garza
Reed and Mock Elementary
San Juan, Texas

Teri Gallegos
St. Andrew's School
Austin, Texas

Usar métodos científicos para la investigación de ciencias xii

Usar las destrezas del proceso para la investigación de ciencias xiv

Investigación de ciencias xvi

Unidad A
Ciencias de la vida

Tecnología y ciencias A2

Capítulo 1
Estructura y función de las células A4

Actividad: Explora
Explora el aumento A6

Matemáticas y ciencias
Gráficas de barras A7

Lección 1
¿De qué se componen los organismos? A8

Actividad: Investiga
Investiga las células A14

Lección 2
¿Cuáles son las partes de la célula animal? A16

Lección 3
¿En qué se diferencian las células animales de las vegetales? A20

Actividad: Investiga
Investiga los pigmentos A24

Lección 4
¿En qué se diferencian las células? A26

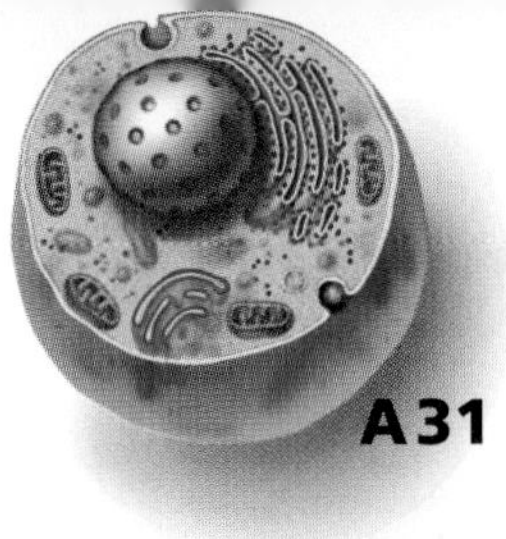

Actividad: Experimenta
Experimenta con membranas A31

Repaso del capítulo A34

Capítulo 2
Reproducción y herencia A36

Actividad: Explora
Explora la variación en las especies A38

Matemáticas y ciencias
Conversiones métricas A39

Lección 1
¿Cómo se reproducen las células? A40

Lección 2
¿Cómo se reproducen los organismos multicelulares? A46

Lección 3
¿Cómo controla el ADN los caracteres hereditarios? A52

Actividad: Investiga
Investiga el ADN A60

Lección 4
¿Cómo heredan sus caracteres los organismos? A62

Actividad: Investiga
Investiga las variaciones en las plántulas A68

Repaso del capítulo A70

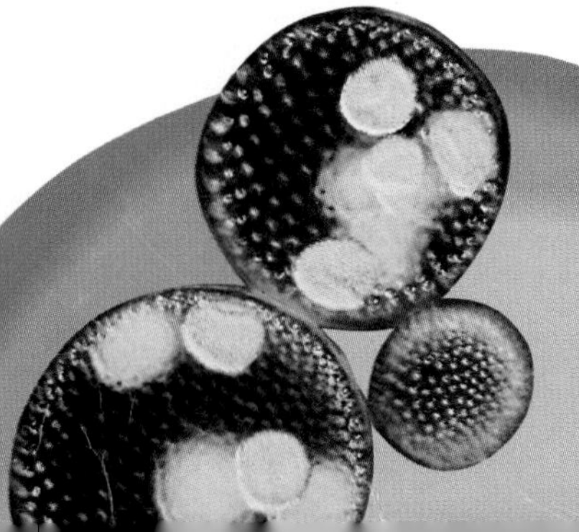

Capítulo 3
Cambio y adaptación A72

Actividad: Explora
Explora las adaptaciones de alimentación A74

Lectura y ciencias
Sacar conclusiones A75

Lección 1
¿Qué son las adaptaciones? A76

Lección 2
¿Cómo sabemos que las especies cambian con el tiempo? A80

Lección 3
¿Cómo surgen las nuevas especies? A84

Lección 4
¿Cómo responden los organismos a su ambiente? A92

Actividad: Investiga
Observa los efectos del agua salada en las células A98

Lección 5
¿Cómo ayuda la conducta a los organismos a sobrevivir? A100

Actividad: Investiga
Investiga cómo reaccionan las plantas a la luz A106

Repaso del capítulo A108

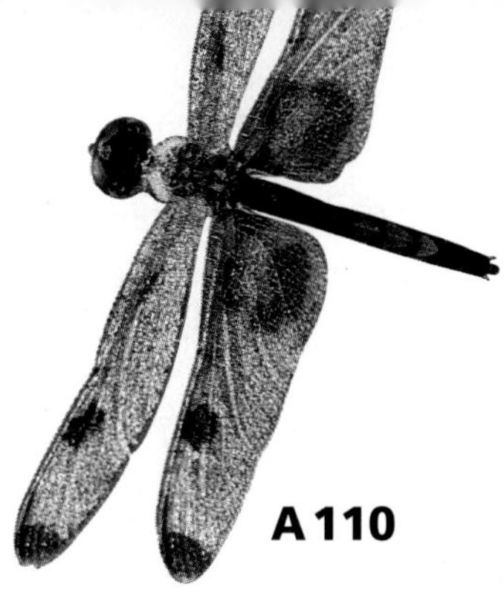

Capítulo 4
Ecosistemas y biomas A110

Actividad: Explora
Explora un ecosistema acuático A112

Lectura y ciencias
Hacer predicciones A113

Lección 1
¿Cómo interactúan los organismos? A114

Actividad: Investiga
Observa un ecosistema de botella A122

Lección 2
¿Cómo se reciclan los materiales? A124

Lección 3
¿Qué sucede cuando cambian los ecosistemas? A130

Lección 4
¿Cuáles son las características de los biomas terrestres? A136

Actividad: Investiga
Investiga tipos de suelo A146

Lección 5
¿Cuáles son las características de los biomas acuáticos? A148

Repaso del capítulo A154

Repaso de la Unidad A A156

Repaso de la práctica de la Unidad A A158

Escritura y ciencias A160

Unidad B

Ciencias físicas

Tecnología y ciencias B2

Capítulo 1

Calor y materia B4

Actividad: Explora
Explora las escalas de termómetro B6

Matemáticas y ciencias
Números positivos y negativos B7

Lección 1
¿Qué es el calor? B8

Lección 2
¿Cómo afecta el calor a la materia? B14

Actividad: Investiga
Compara la dilatación con la contracción B18

Lección 3
¿Cómo se calienta la materia? B20

Actividad: Investiga
Cómo mantener congelado el hielo B26

Repaso del capítulo B28

Materia B30

Actividad: Explora
Explora la disolución B32

Lectura y ciencias
Usar claves de contexto B33

Lección 1
¿Cómo cambia de estado la materia? B34

Lección 2
¿Cómo se forman las soluciones? B40

Actividad: Investiga
Investiga las soluciones B48

Lección 3
¿Qué son las reacciones químicas? B50

Actividad: Investiga
Investiga el cambio de temperatura en una reacción B60

Lección 4
¿Cuáles son las propiedades de los ácidos y las bases? B62

Actividad: Experimenta
Experimenta con ácidos y bases B69

Repaso del capítulo B72

Capítulo 3
Objetos en movimiento B74

Actividad: Explora
Explora la aceleración B76

Lectura y ciencias
Identificar causa y efecto B77

Lección 1
¿Qué hace que un objeto se mueva o se detenga? B78

Lección 2
¿Qué es el movimiento? B86

Lección 3
¿Cuál es la primera ley del movimiento de Newton? B94

Actividad: Investiga
Investiga la fricción y el movimiento B100

Lección 4
¿Cuál es la segunda ley del movimiento de Newton? B102

Lección 5
¿Cuál es la tercera ley del movimiento de Newton? B106

Actividad: Investiga
Investiga la acción y reacción B110

Repaso del capítulo B112

Capítulo 4
Luz, color y sonido B114

Actividad: Explora
Explora los rayos de luz B116

Matemáticas y ciencias
Medir ángulos B117

Lección 1
¿Qué es la luz? B118

Lección 2
¿Cómo se comporta la luz? B122

Actividad: Investiga
Investiga la desviación de la luz B130

Lección 3
¿Qué es el color? B132

Lección 4
¿Qué es el sonido? B140

Actividad: Investiga
Investiga el aislamiento acústico B152

Repaso del capítulo B154

Repaso de la Unidad B B156

Repaso de la práctica de la Unidad B B158

Escritura y ciencias B160

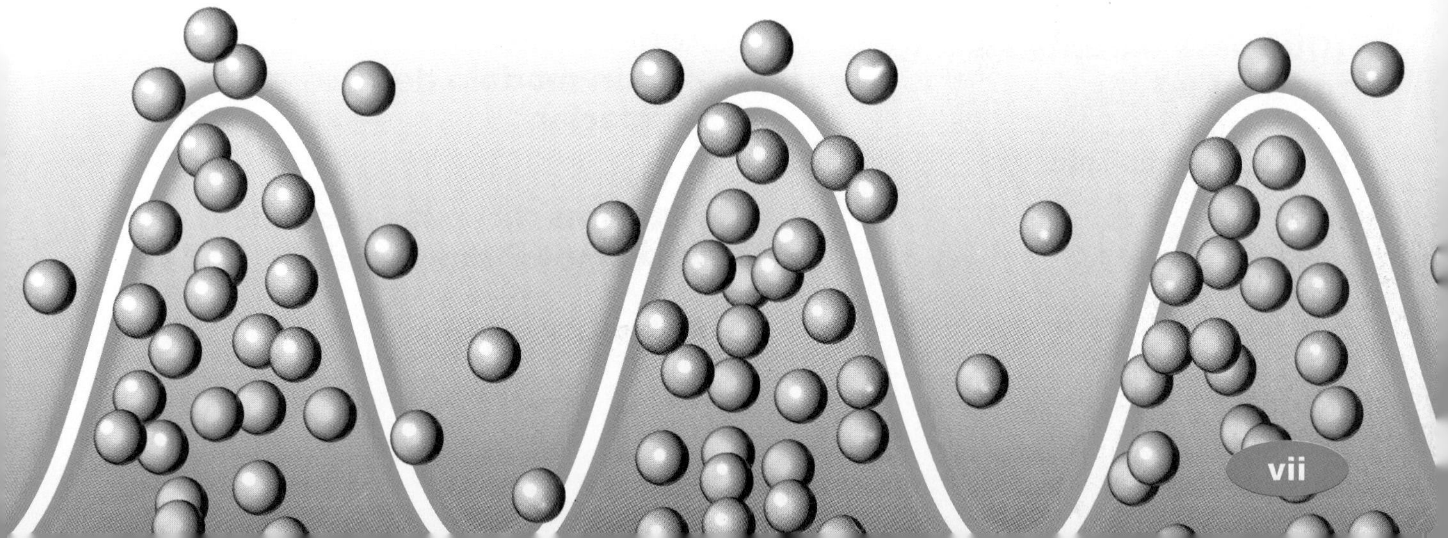

Unidad C

Ciencias de la Tierra

Tecnología y ciencias C2

Capítulo 1
Tiempo y tecnología C4

Actividad: Explora
Explora el comportamiento del tiempo C6

Matemáticas y ciencias
Porcentaje C7

Lección 1
¿Cómo nos afectan el tiempo y la tecnología? C8

Lección 2
¿Qué interacciones meteorológicas determinan el tiempo? C11

Lección 3
¿Cómo se recopilan datos meteorológicos con la ayuda de la tecnología? C18

Actividad: Investiga
Mide la humedad relativa C26

Lección 4
¿Cómo se pronostica el tiempo? C28

Lección 5
¿Qué pasa durante las tormentas? C34

Repaso del capítulo C38

Capítulo 2
Procesos de la Tierra C40

Actividad: Explora
Explora las propiedades del núcleo de la Tierra C42

Lectura y ciencias
Usar fuentes gráficas C43

Lección 1
¿Qué cambios se producen en la corteza terrestre? C44

Actividad: Investiga
Haz un modelo de un sismógrafo C52

Lección 2
¿Cómo se forma el suelo? C54

Lección 3
¿Cómo el agua modela la corteza terrestre? C57

Actividad: Investiga
Haz un modelo de un glaciar C66

Lección 4
¿Qué nos dicen las rocas de los cambios del pasado? C68

Repaso del capítulo C76

Capítulo 3
Exploración del universo C78

Actividad: Explora
Explora los eclipses lunares C80

Matemáticas y ciencias
Usar cifras grandes C81

Lección 1
¿Qué lugar ocupa la Tierra en el espacio? C82

Lección 2
¿Qué sabemos acerca del Sol? C87

Lección 3
¿De qué está formado el universo? C91

Actividad: Investiga
Haz un modelo del universo en expansión C98

Lección 4
¿Cómo exploramos el espacio? C100

Repaso del capítulo C106

Capítulo 4
Recursos y conservación C108

Actividad: Explora
Explora el reciclaje C110

Lectura y ciencias
Comparar y contrastar C111

Lección 1
¿Cómo afectamos a los recursos de la Tierra? C112

Lección2
¿Qué recursos obtenemos del aire y la tierra? C115

Lección3
¿Qué recursos obtenemos del agua? C 119

Actividad: Investiga
Purificación del agua C126

Lección 4
¿Cómo administramos los recursos de la Tierra? C128

Actividad: Experimenta
Experimenta con el control de erosión C135

Repaso del capítulo C138

Repaso de la Unidad C C140

Repaso de la práctica de la Unidad C C142

Escritura y ciencias C144

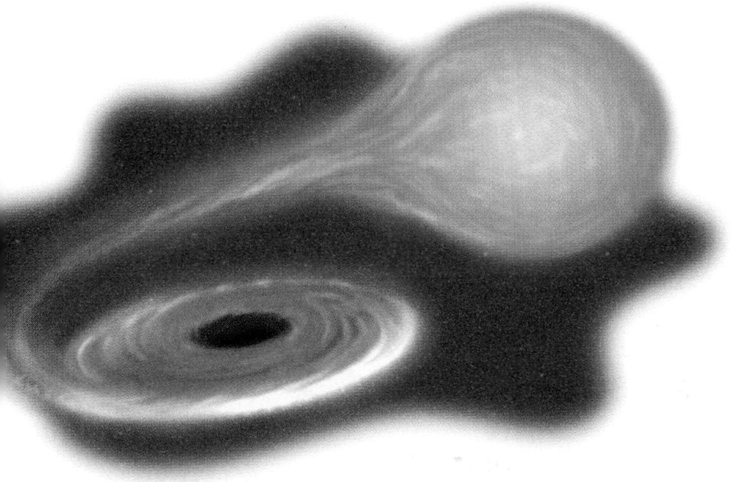

Unidad D

El cuerpo humano

Tecnología y ciencias D2

Capítulo 1

Los sistemas que controlan nuestro cuerpo D4

Actividad: Explora
Explora el tiempo de reacción D6

Matemáticas y ciencias
Tasa D7

Lección 1
¿Qué es el sistema nervioso? D8

Lección 2
¿Cómo recogen información los sentidos? D14

Actividad: Investiga
Investiga la visión D18

Lección 3
¿Cómo envían mensajes las células nerviosas? D20

Lección 4
¿Qué es el sistema endocrino? D24

Actividad: Experimenta
Pon a prueba tus sensores de temperatura D27

Repaso del capítulo D30

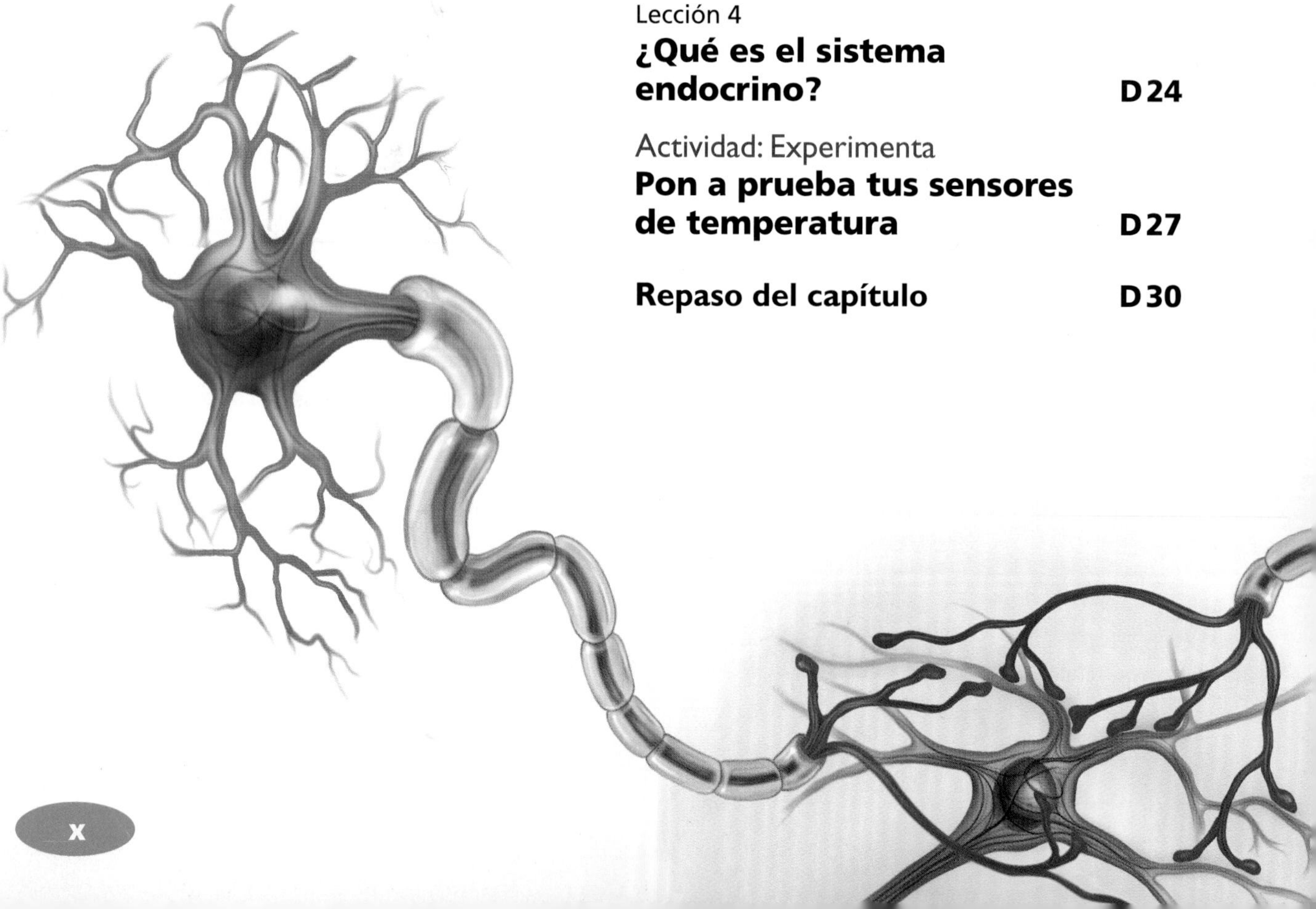

Capítulo 2
Drogas y el organismo D32

Actividad: Explora
Explora hábitos saludables D34

Lectura y ciencias
Hechos y detalles de apoyo D35

Lección 1
¿Qué debemos saber de las drogas? D36

Actividad: Investiga
Observa la distribución de partículas D42

Lección 2
¿Qué efectos tiene el tabaco en el organismo? D44

Lección 3
¿Por qué es peligroso fumar marihuana? D50

Lección 4
¿Qué daños causa el alcohol en el organismo? D52

Repaso del capítulo D58

Repaso de la Unidad D D60

Repaso de la práctica de la Unidad D D62

Escritura y ciencias D64

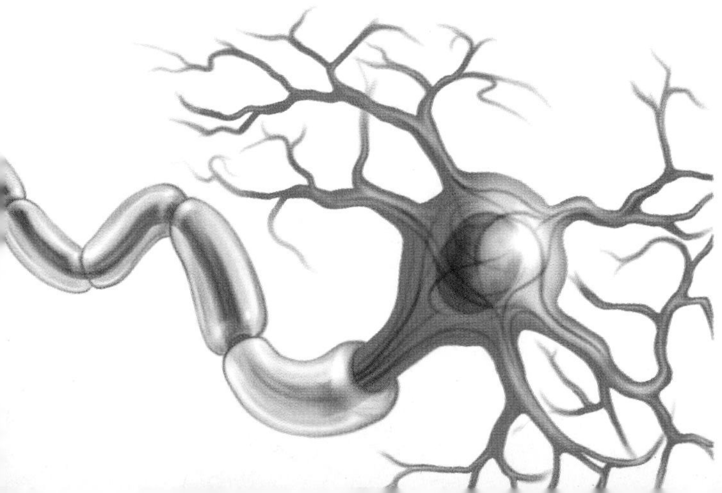

Tu cuaderno de ciencias

Contenido 1

Precaución en las ciencias 2

Usar el sistema métrico 4

Destrezas del proceso de ciencias: Lecciones
- Observar 6
- Comunicar 8
- Clasificar 10
- Estimar y medir 12
- Inferir 14
- Predecir 16
- Dar definiciones operacionales 18
- Hacer y usar modelos 20
- Formular preguntas e hipótesis 22
- Recopilar e interpretar datos 24
- Identificar y controlar variables 26
- Experimentar 28

Sección de referencia de ciencias 30

Historia de las ciencias 44

Glosario 56

Índice 65

Usar métodos científicos para la investigación de ciencias

Aunque los científicos tratan de resolver problemas de distintas maneras, siempre siguen un método científico. Los métodos científicos son maneras organizadas de hallar respuestas y resolver problemas. En estas páginas verás los pasos de los métodos científicos. A veces el orden o la cantidad de pasos cambia. Sigue los siguientes pasos para hacer tus propias investigaciones de ciencias.

Plantea el problema

El problema es la pregunta que quieres responder. La curiosidad y la investigación han llevado a muchos descubrimientos científicos. Plantea el problema en forma de pregunta.

¿Cuál diseño de vela hace mover el velero más rápidamente?

Formula tu hipótesis

La hipótesis es una respuesta posible del problema. Es muy importante que la hipótesis se pueda poner a prueba. Tu hipótesis debe ser una afirmación.

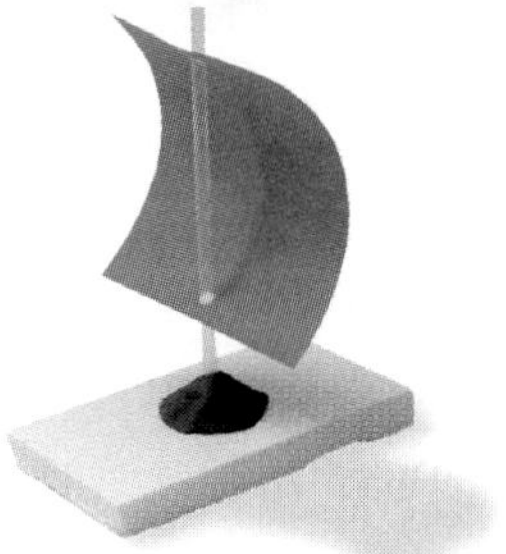

◀ *La vela cuadrada hará mover más rápidamente al velero.*

Identifica y controla las variables

Para hacer bien el experimento, debes escoger la variable que vas a cambiar y las variables que vas a controlar. Cuando pongas a prueba tu hipótesis, cambia la variable que escogiste. Controla las demás variables para que no cambien.

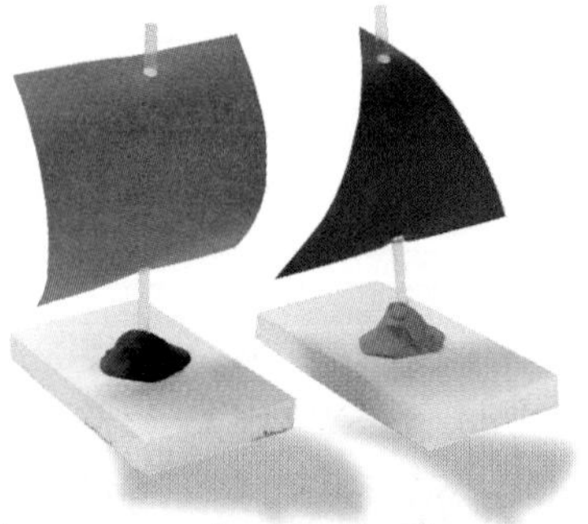

▲ *Haz una vela cuadrada y la otra triangular. Las demás partes del velero deben ser las mismas.*

Pon a prueba tu hipótesis

Haz experimentos para poner a prueba tu hipótesis. Necesitas hacer los experimentos más de una vez para ver si siempre te da el mismo resultado. A veces se hace una encuesta científica para poner a prueba la hipótesis.

◀ *Coloca el velero en el agua. Con un popote, sopla aire en la vela. Mide la distancia que se mueve el velero. Repite con el otro velero.*

Recopila tus datos

Cuando pones a prueba tu hipótesis, recopilas datos sobre el problema que quieres resolver. Para recopilar datos, anotas medidas, haces dibujos, diagramas, descripciones o listas. Al poner a prueba tu hipótesis, recopila todos los datos que puedas.

Distancia que el barco se movió	
Vela cuadrada	43 cm.
Vela triangular	26 cm.

Interpreta tus datos

Al organizar los datos en gráficas, tablas y diagramas, es posible que veas características que se repiten. Eso te permite decidir qué significa la información que te dan los datos.

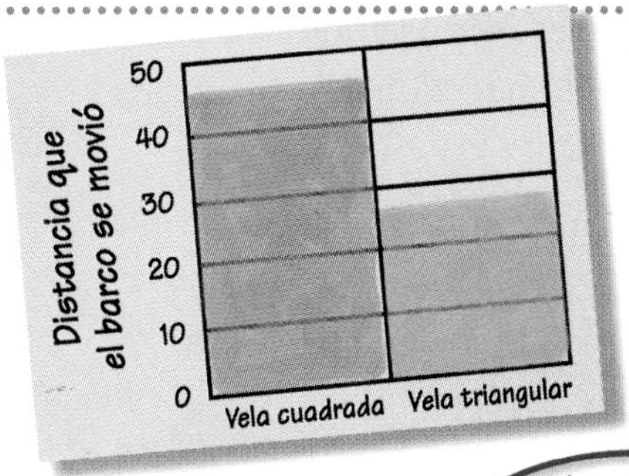

Presenta tu conclusión

La conclusión es la decisión que tomas con las pruebas que tienes. Compara los resultados con tu hipótesis. Fíjate si los datos confirman o no confirman tu hipótesis. Decide si tu hipótesis es correcta o incorrecta. Comunica tu conclusión: explícala o demuéstrala al resto de la clase.

La vela cuadrada hace mover el velero más rápidamente.

Investiga más a fondo

Con lo que aprendiste, resuelve otros problemas o contesta otras preguntas que tengas. Es posible que, al ver los resultados anteriores, quieras volver a hacer tu experimento o hacerle cambios.

◀ *¿Afecta la velocidad la forma del velero?*

Usar las destrezas del proceso para la investigación de ciencias

Las siguientes son 12 destrezas del proceso con que los científicos hacen investigaciones. Tú también usas muchas de esas destrezas todos los días. Por ejemplo, cuando piensas en una afirmación que se puede poner a prueba, usas destrezas del proceso. Cuando recopilas datos para hacer una tabla o gráfica, usas destrezas del proceso. Al hacer las actividades del libro, usarás esas mismas destrezas del proceso.

Veo... huelo... oigo... toco... ¡nunca pruebo nada sin permiso!

Observar

Con uno o más sentidos (vista, oído, olfato, tacto o gusto), puedes recopilar información sobre los objetos y lo que pasa a tu alrededor.

	Alta	Baja	Precipitación
Atlanta	73	54	.04
Austin	76	57	—
Los Ángeles	54	41	.01
Nueva York	52	46	—
Orlando	83	62	—

Comunicar

Las palabras, los dibujos, las tablas, las gráficas y los diagramas te sirven para compartir lo que aprendes.

Clasificar

Organiza o agrupa objetos por las propiedades que tienen en común.

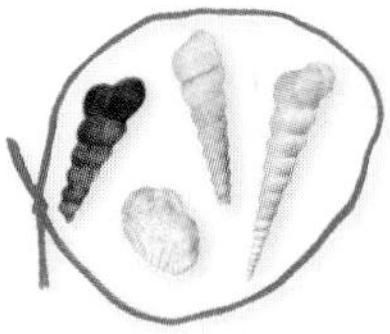

◀ *Las conchas de un sólo color en el Grupo 1.*

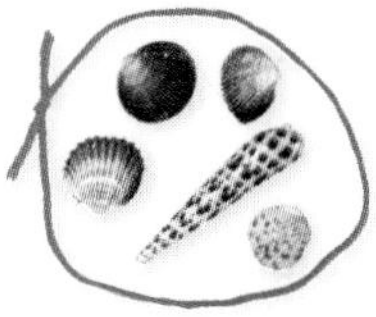

Las conchas de dos o más colores en el Grupo 2. ▶

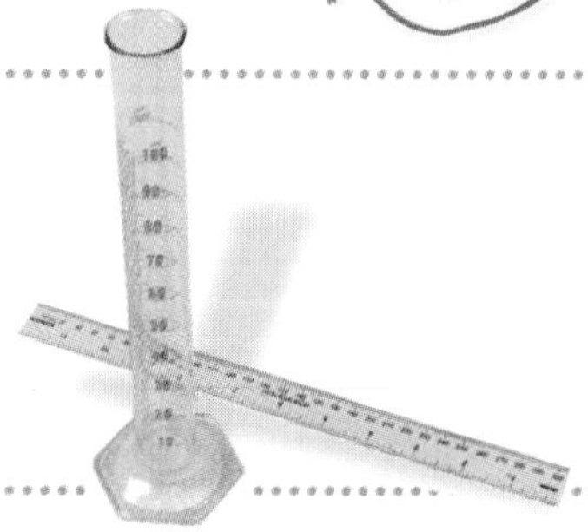

Estimar y medir

Haz una estimación de las propiedades de un objeto. Luego mide y describe el objeto en unidades.

Inferir

Con lo que observaste o lo que ya sabes, saca una conclusión o trata de adivinar.

Creo que lo que hay adentro tiene forma de . . .

Predecir

Con las pruebas, fórmate una idea sobre lo que va a pasar.

◀ *Predice qué va a pasar a los 15 minutos.*

Un ácido es una substancia que cambia el color del papel tornasol de azul a… ▶

Dar definiciones operacionales

Define o describe un objeto o suceso según las experiencias que has tenido con él.

Hacer y usar modelos

Haz representaciones reales o mentales para explicar ideas, objetos o sucesos.

◀ *Mi modelo de la boca es como una boca real porque…*

Si pongo otra arandela… ▶

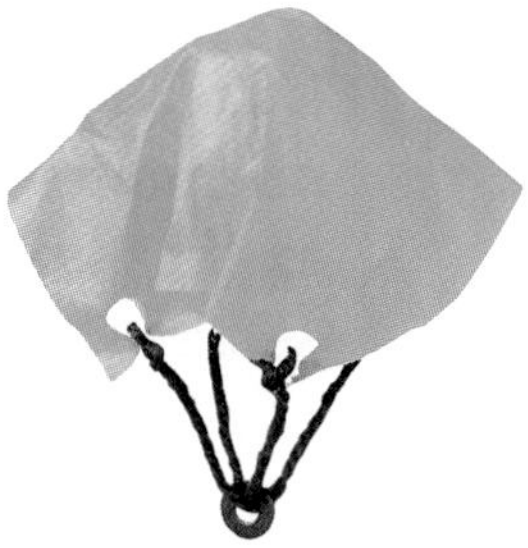

Formular preguntas e hipótesis

Piensa en una afirmación que quieras poner a prueba para resolver un problema o responder una pregunta sobre el funcionamiento de algo.

Recopilar e interpretar datos

Reúne observaciones y mediciones en gráficas, tablas o diagramas, y resuelve problemas o contesta preguntas con esa información.

Si le agregas sal al agua, aumenta el punto de ebullición.

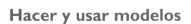

Cambio	Igual
✓ Altura de la rampa	✓ Largo de la rampa
	✓ Superficie de la rampa
	✓ carro

Identificar y controlar las variables

Cambia un factor que puede afectar el resultado y deja iguales todos los demás factores.

Experimentar

Planea una investigación para poner a prueba una hipótesis o resolver un problema. Luego saca una conclusión.

Voy a escribir un procedimiento claro para que los demás estudiantes puedan hacer el experimento.

Investigación científica

¿Puede un objeto inmóvil hacer mover otro objeto?

En este libro de ciencias harás preguntas, investigarás, responderás las preguntas y luego contarás a tus compañeros lo que descubriste. Las siguientes descripciones te servirán de guía para tu investigación científica.

1 Haz preguntas que se puedan responder con investigaciones científicas.
Dirige tus preguntas e investigaciones hacia objetos y sucesos que puedan ser descritos, explicados o predichos a través de investigaciones científicas.

2 Planea y realiza una investigación científica.
Las investigaciones se pueden llevar a cabo con métodos científicos. A medida que realices las investigaciones, relacionarás tus ideas con el conocimiento científico que tienes, sugerirás otras explicaciones y evaluarás las explicaciones y procedimientos.

3 Recopila, analiza e interpreta los datos con las herramientas y el equipo adecuados.
Las herramientas, equipo y métodos que uses dependerán de las preguntas formuladas y de las investigaciones planeadas. La computadora es un equipo útil para recopilar, resumir y mostrar datos.

4 Con los datos, desarrolla descripciones, sugiere explicaciones, haz predicciones y construye modelos.
Haz las explicaciones y las descripciones según la información que recopiles. Además, cuando comprendes los temas científicos, puedes desarrollar explicaciones, identificar causas y reconocer relaciones de los sucesos que observas con el contenido científico.

5 Usa la lógica para establecer relaciones entre los datos y las explicaciones.
Revisa y resume los datos que recopilaste en tu investigación. Usa la lógica para determinar las relaciones de causa y efecto de los sucesos y las variables que observes.

6 Analiza otras explicaciones y predicciones.
Escucha, considera y evalúa las explicaciones que ofrecen los demás. Hacer preguntas y evaluar las explicaciones forma parte de la investigación científica.

7 Comunica los procedimientos y las explicaciones.
Describe tus métodos, observaciones, resultados y explicaciones para compartir tus investigaciones con los demás.

8 Analiza los datos y construye explicaciones con las matemáticas.
Usa las matemáticas en tus investigaciones para reunir, organizar y recopilar los datos y presentar las explicaciones y los resultados con coherencia.

Unidad A

Ciencias de la vida

Capítulo 1
Estructura y función de las células A 4

Capítulo 2
Reproducción y herencia A 36

Capítulo 3
Cambio y adaptación A 72

Capítulo 4
Ecosistemas y biomas A 110

Tu cuaderno de ciencias

Contenido 1

Precaución en las ciencias 2

Usar el sistema métrico 4

Destrezas del proceso de ciencias: Lecciones 6

Sección de referencia de ciencias 30

Historia de las ciencias 44

Glosario 56

Índice 65

Tecnología y ciencias ¡en tu mundo!

Piel artificial que repara quemaduras

Con moléculas de distintas partes del cuerpo de la vaca, los científicos crean piel artificial. Cuando la piel artificial se coloca sobre la lesión, las células naturales de la piel empiezan a crecer otra vez sin dejar prácticamente ninguna cicatriz. Aprenderás sobre las células de las que se componen los seres vivos en el **Capítulo 1, Estructura y función de las células.**

Plantas que repelen insectos

En la eterna batalla contra los insectos y las enfermedades que destruyen el maíz, la papa, las manzanas y otros alimentos, los científicos cuentan con un arma poderosa: los genes. Al cambiar los genes de las plantas, el sabor de los alimentos mejora para nosotros pero no para los insectos. Aprenderás más sobre los genes y los caracteres en el **Capítulo 2, Reproducción y herencia.**

¿Los satélites ven fósiles desde el espacio?

¿Cómo pueden los satélites "ver" fósiles desde el espacio? Los aparatos que detectan el contenido de calor y humedad señalan a los científicos las rocas donde es probable hallar fósiles. Aprenderás más sobre los fósiles en el **Capítulo 3, Cambio y adaptación.**

Mirando al mañana

¿Qué les sucederá a las plantas con el aumento de la contaminación? Para averiguarlo, los científicos echan dióxido de carbono y otros gases en campos de prueba. Al imitar el aire que posiblemente tengamos en el futuro, esperan descubrir los efectos de la contaminación sobre la vida vegetal. Aprenderás más sobre el medio ambiente en el **Capítulo 4, Ecosistemas y biomas.**

¡Croac! ¡Hola!

¡ESTÁ VIVA! Es verde, brillante, lisa y fría al tacto. ¿Será un animal o una planta? ¡Y además salta! Si lo pensamos bien, ¿en qué se diferencian las plantas de los animales?

Capítulo 1

Estructura y función de las células

Investiguemos: Estructura y functión de las células

- **Lección 1** ¿De qué se componen los organismos?
  - ¿Qué es una especie?
  - ¿Cómo llegaron a conocer las células los científicos?
  - ¿Qué es la teoría celular?
- **Lección 2** ¿Cuáles son las partes de la célula animal?
  - ¿Cuáles son las partes principales de la célula animal?
  - ¿Cuáles son las funciones de las partes de la célula?
- **Lección 3** ¿En qué se diferencian las células animales de las vegetales?
  - ¿Cuáles son las partes principales de la célula vegetal?
  - ¿Qué importancia tienen las plantas para todos los seres vivos?
- **Lección 4** ¿En qué se diferencian las células?
  - ¿Qué relación hay entre la forma y tamaño de las células y su función?
  - ¿Qué otras diferencias en la estructura de las células se relacionan con su función?

Copia el organizador gráfico del capítulo *en una hoja de papel. El organizador te muestra de qué trata el capítulo. A medida que leas las lecciones y hagas las actividades, busca las respuestas a las preguntas y anótalas en tu organizador.*

Explora el aumento

Destreza/Proceso

Destrezas del proceso

- predecir
- observar
- inferir
- comunicar

Materiales

- gafas protectoras
- alambre
- lápiz con punta
- periódico
- vaso de agua

Explora

1. Ponte las gafas protectoras.
2. Endereza un pedazo de alambre delgado de 10 cm. Enrolla un extremo del alambre alrededor de la punta del lápiz para formar una argolla de unos 5 mm de diámetro.
3. Coloca la argolla dentro del vaso de agua y sácala lentamente. Debe quedar una gota de agua dentro de la argolla. Si no la hay, vuelve a meter la argolla en el agua.
4. ¿Qué pasa si miras el periódico a través de la gota de agua de la argolla? Anota tu **predicción.** Explica una experiencia pasada que te llevó a hacer tu predicción.
5. Sostén la argolla con la gota de agua encima de una sección del periódico para poner a prueba tu predicción. Acerca o aleja la argolla del periódico hasta que puedas leer las letras con claridad. Anota lo que **observas** a través de la gota.
6. Aparta la argolla del periódico y sóplala para quitarle el agua. Mira por la argolla vacía las mismas letras del periódico que viste en el paso 5. Anota lo que ves a través de la argolla.

Reflexiona

¿Qué puedes **inferir** de tu predicción y de tus observaciones? **Comunica** tus ideas al resto del grupo. ¿Por qué el aumento te sirve para estudiar los seres vivos? Haz una lista de razones.

Investiga más a fondo

¿Cómo se verá el periódico si lo miras a través de otra substancia, como el aceite, por ejemplo? Piensa en cómo vas a hallar la respuesta a ésta u otras preguntas que tengas.

Gráficas de barras

El cuerpo humano adulto está compuesto de billones de células, como glóbulos rojos, neuronas y células epidérmicas. Cada tipo de célula presenta características particulares y realiza una función determinada.

Puedes usar **gráficas de barras** para organizar y comparar los datos sobre las células y otros temas.

Vocabulario de matemáticas

gráfica de barras, gráfica que muestra datos e información numérica con barras horizontales o verticales

Ejemplo

Esta gráfica de barras muestra el tiempo aproximado de vida de diferentes células sanguíneas. ¿Cuánto tiempo más vive un glóbulo rojo que una plaqueta?

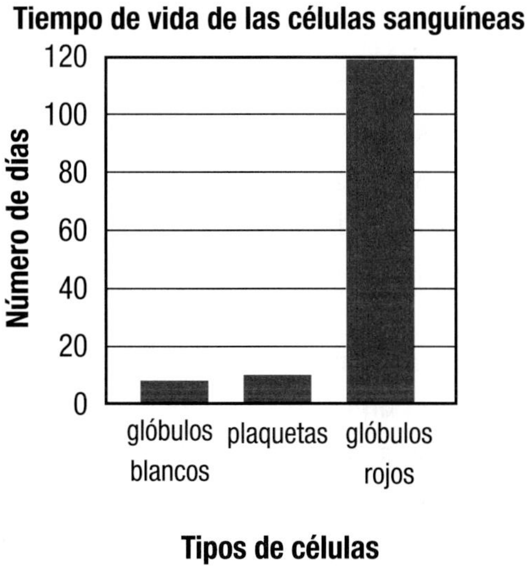

Fíjate en la barra correspondiente a las plaquetas. Representa 10 días. La barra de los glóbulos rojos representa 120 días. Como 120 – 10 = 110, los glóbulos rojos viven 110 días más que las plaquetas.

¿Sabías que...?

El color de la sangre varía entre los animales. Todos los vertebrados tienen sangre roja. Los anélidos tienen sangre verde o roja. Algunos crustáceos, entre ellos los camarones y las langostas, tienen sangre azul.

En tus palabras

¿Cómo muestra una gráfica de barras el valor de un elemento de los datos?

¿Cuál es la idea?

En esta lección aprenderás:

- **qué es una especie.**
- **cómo llegaron a conocer las células los científicos.**
- **qué es la teoría celular.**

Lección 1

¿De qué se componen los organismos?

Es grande verde y además... ¡se mueve! ¿Te parece que hay que tenerle miedo a esta criatura? Pues, claro que no; a no ser que le tengas miedo a un pino que se mece con el viento. Los organismos tienen distintos tamaños, formas y colores. ¿En qué más se diferencian los seres vivos? ¿Y en qué se parecen?

Glosario

Glosario

especie, grupo de organismos que poseen las mismas características y que pueden engendrar descendientes capaces de reproducirse

Especies que habitan la Tierra

Todos los organismos que ves en la página siguiente habitan nuestro planeta: unos viven en tierra o son subterráneos; otros viven en el aire; y otros en el agua. Los organismos viven únicamente en aquellos lugares donde pueden conseguir lo que necesitan para sobrevivir.

La mayoría de los organismos viven en una pequeña capa de la Tierra. Esa capa empieza un poco por debajo de su superficie y va hasta la parte inferior de la atmósfera. Imagínate que se pudiera reducir la Tierra al tamaño de una manzana. Como puedes ver a la izquierda, la capa de la Tierra en que habitan los seres vivos sería tan delgada como la cáscara de la manzana. Sin embargo, en esa capa tan delgada se pueden encontrar numerosas formas de vida: ¡más de 30 millones de tipos de seres vivos! A cada uno de esos tipos se le llama **especie.** ¿Qué tienen de especial las especies? ¿Cómo las distinguen los científicos?

Los individuos de una misma especie poseen ciertas características en común. Por ejemplo, todos los seres humanos pertenecemos a una única especie. ¿Qué características tenemos en común?

Solamente los miembros de la misma especie pueden aparearse y tener descendientes que pueden reproducirse; es decir, la rana arbórea tiene ranas arbóreas, que a su vez pueden tener otras ranas arbóreas.

Las especies que existen en la Tierra son muchas y muy variadas. Pero a pesar de que los organismos son muy diferentes entre sí, todos poseen una misma característica: se componen de células.

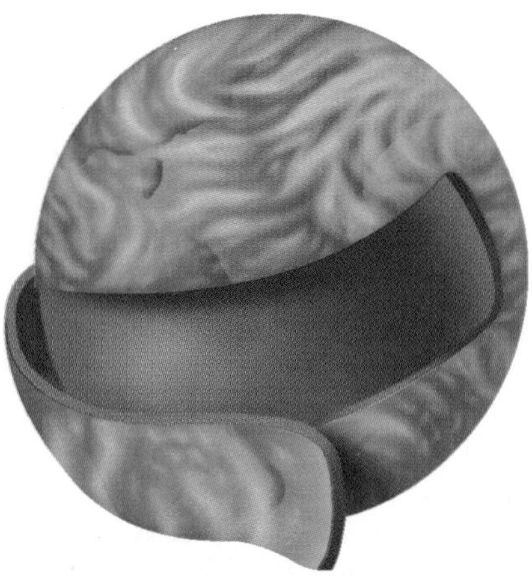

▲ *La vida sólo se da en una pequeña zona por encima y por debajo de la superficie de la Tierra. Existen organismos microscópicos que viven en el frío intenso de la atmósfera superior. En la siguiente página puedes ver algunos ejemplos de la gran diversidad de organismos que habitan la Tierra.*

Variaciones en los seres vivos

Basta con mirar las especies que se ilustran en esta página para notar la diferencia de tamaño y complejidad que hay entre ellas.

▲ *Anemona de mar*

▲ *Higuera de Bengala*

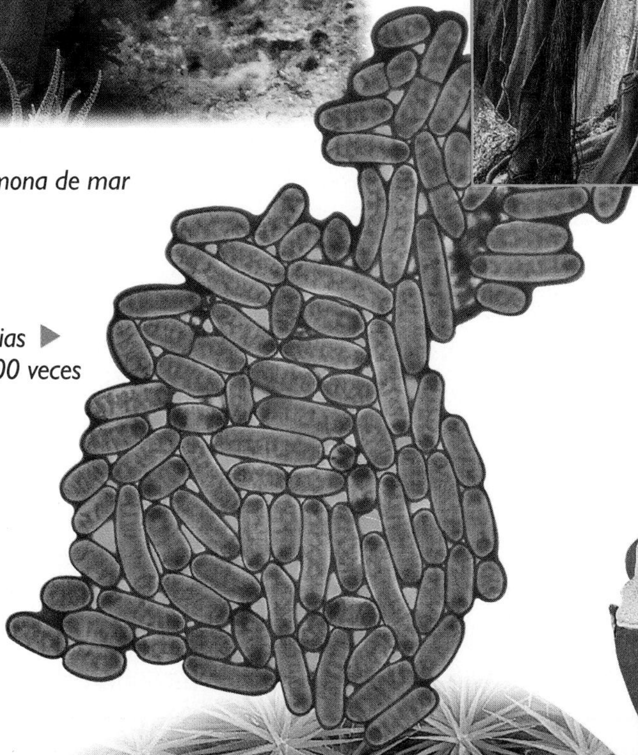

Bacterias ▶ *aumentadas 2,000 veces*

▼ *Rana arbórea*

▼ *Musgo*

Glosario

Glosario

microscopio compuesto, microscopio que tiene más de una lente

Con su microscopio, Robert Hooke pudo observar las pequeñas celdas, o células, de un trozo de corcho. Hooke hizo ilustraciones detalladas como ésta de lo que vio. ▼

Descubrimiento de las células

Historia de las ciencias

Si extiendes el brazo y observas la palma y los dedos de la mano, podrás ver unas cuantas líneas; y, si acercas la mano a la cara, podrás distinguir más detalles. Sin embargo, si la acercas demasiado, tus ojos no podrán enfocar lo que mires, y la mano se verá borrosa. Las células que forman la piel de la mano son demasiado pequeñas como para poderlas ver a simple vista.

Durante miles de años, los científicos se preguntaron de qué se componían los seres vivos; pero, al igual que tú al tratar de observar de cerca la mano, la vista no les permitía ver diminutos detalles.

Si alguna vez has utilizado una lupa, te habrás dado cuenta de que la lente aumenta, es decir, hace que se vean más grandes, los objetos. Las lentes se han usado por casi dos mil años: alrededor del año 50 d.C. ya las empleaban, ¡pero como juguete! Allá por el 1300, se utilizaban las lentes para corregir defectos de la vista (éstos fueron los primeros anteojos) y a mediados del siglo XV los científicos empezaron a estudiar objetos diminutos con lupas. A pesar de ello, una lente sola no era capaz de aumentar el tamaño de un objeto lo suficiente como para que los científicos pudieran obtener datos importantes.

Finalmente, alrededor de 1590, un fabricante de lentes holandés de nombre Hans Janssen y su hijo Zacharias colocaron dos lentes en los extremos opuestos de un tubo e inventaron así el primer **microscopio compuesto.**

A mediados del siglo XVII, el científico inglés Robert Hooke observó una capa delgada de corcho con el microscopio compuesto que ves en la ilustración. Hooke observó "una gran cantidad de pequeñas cajitas" separadas por paredes y las llamó "células". Aún hoy, empleamos el término célula para referirnos a los componentes básicos de todos los seres vivos.

Arriba del microscopio puedes ver lo que Hooke observó. Como el corcho ya no tenía células vivas, lo que observó Hooke fueron las paredes celulares que rodeaban las células del corcho cuando estaban vivas. Los demás materiales esenciales para sostener la vida ya no estaban presentes.

El tallador de lentes holandés Anton van Leeuwenhoek fue quien comenzó a estudiar los organismos vivos. Alrededor de 1673, Leeuwenhoek observó una gota de agua con un microscopio compuesto sencillo y llamó "bichejos" a los pequeños organismos que vio. Leeuwenhoek también estudió raspaduras de los dientes y células de la sangre.

A pesar de que estos científicos fueron los primeros en observar cosas nunca antes vistas, en realidad no veían buenas imágenes, ya que las lentes de sus microscopios eran de cristal de mala calidad. Los microscopios de la actualidad son muy distintos de los que usaron Hooke y Leeuwenhoek: el microscopio de Hooke, por ejemplo, sólo podía aumentar el tamaño de los objetos 30 veces. Hoy en día los mejores microscopios compuestos pueden aumentar el tamaño más de 1,500 veces. En la figura de abajo puedes ver las partes principales de un microscopio compuesto moderno.

Microscopio compuesto típico

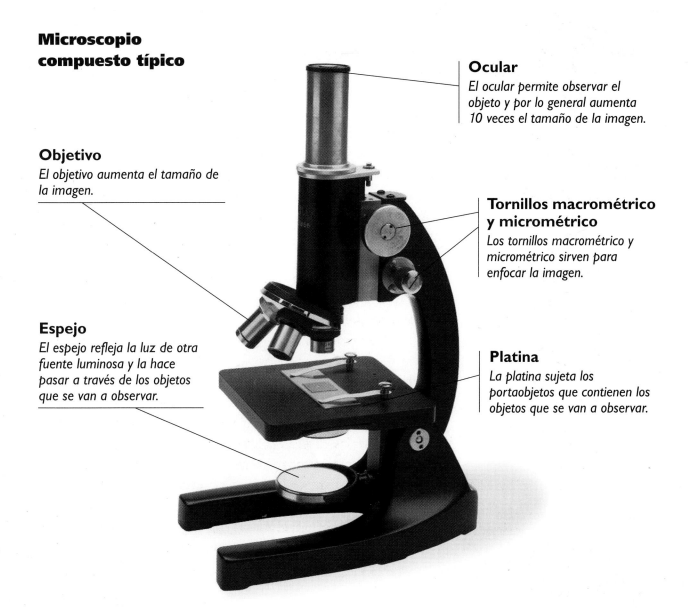

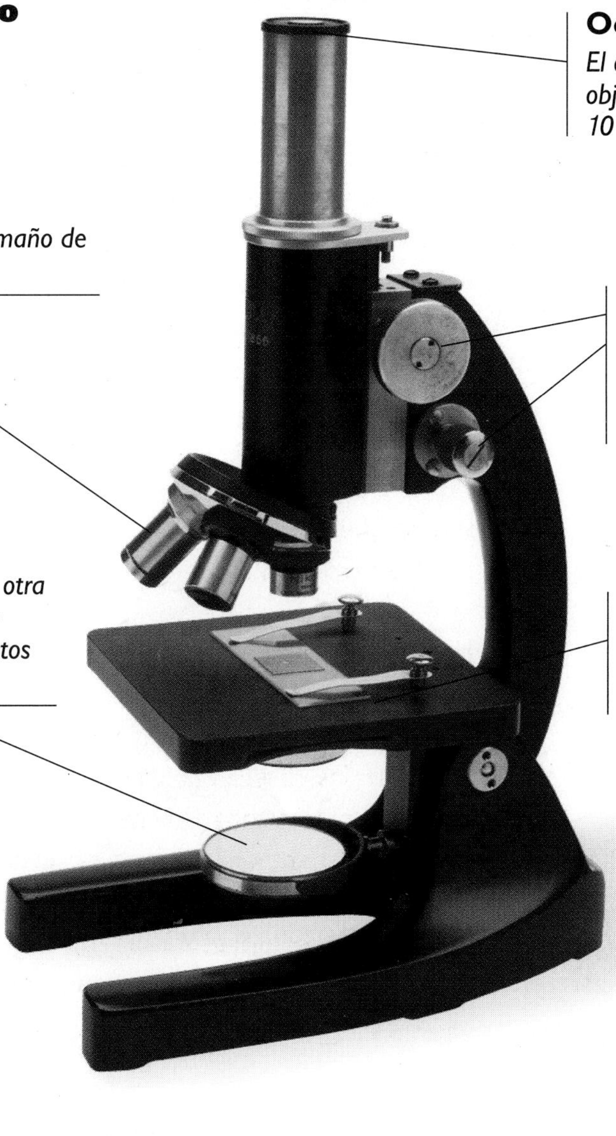

Ocular
El ocular permite observar el objeto y por lo general aumenta 10 veces el tamaño de la imagen.
Objetivo
El objetivo aumenta el tamaño de la imagen.
Tornillos macrométrico y micrométrico
Los tornillos macrométrico y micrométrico sirven para enfocar la imagen.
Espejo
El espejo refleja la luz de otra fuente luminosa y la hace pasar a través de los objetos que se van a observar.
Platina
La platina sujeta los portaobjetos que contienen los objetos que se van a observar.

El microscopio compuesto es un microscopio óptico, es decir, que funciona con luz. El objeto que se quiere observar se coloca en un portaobjetos, que se coloca sobre un pequeño orificio de la platina. El orificio permite que la luz proveniente de un espejo o una lámpara atraviese el objeto y luego pase por las lentes de aumento.

El microscopio óptico puede aumentar una imagen varias veces; pero a veces ese aumento no es suficiente. Las estructuras muy pequeñas que están muy cerca unas de otras se ven borrosas.

Ciencias físicas

En la actualidad, los científicos utilizan microscopios electrónicos semejantes al que ves abajo para estudiar los "bichejos" y observar directamente el interior de las células. En lugar de luz, el microscopio electrónico emplea haces de partículas atómicas llamadas electrones para producir las imágenes. Después, se pueden observar las imágenes aumentadas en una pantalla o placa fotográfica.

El microscopio electrónico produce imágenes más definidas que el microscopio óptico. Puede aumentar el tamaño de los objetos hasta un millón de veces. Fíjate en la diferencia que hay entre la imagen de la pluma vista con microscopio óptico y la imagen del microscopio electrónico.

Microscopio óptico
Si observaras una pluma con un microscopio compuesto, verías algo así. ▼

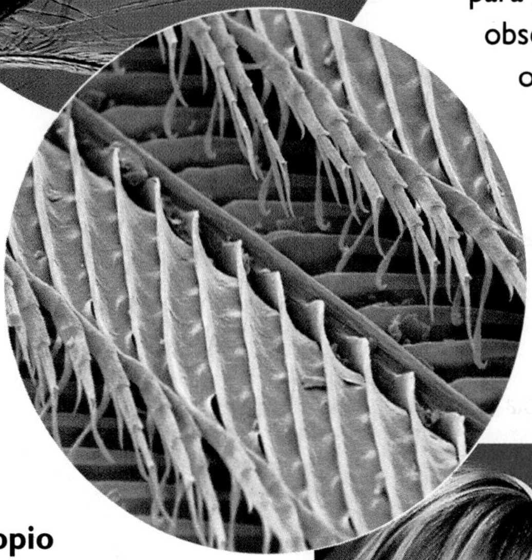

Microscopio electrónico
▲ *Aumentada 270 veces con un microscopio electrónico, la pluma se vería así.*

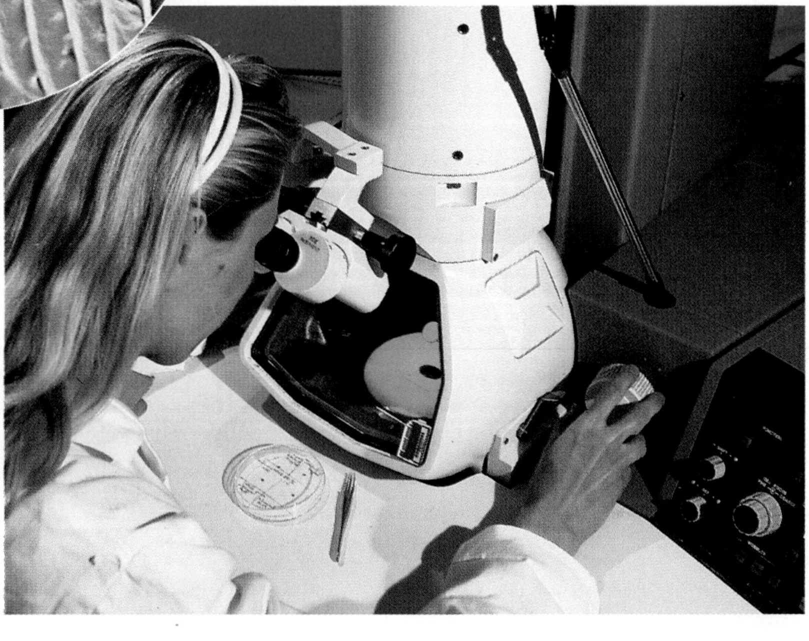

El microscopio electrónico utiliza electrones para aumentar el tamaño de las imágenes hasta un millón de veces. Con estos microscopios, los científicos pueden estudiar las células con gran detalle. ▶

Teoría celular

Historia de las ciencias

A pesar de que Robert Hooke descubrió las células a mediados del siglo XVII, los científicos tardaron casi 200 años en entender lo que eran. Incluso después del descubrimiento de Hooke, muchos científicos creían que la vida podía originarse a partir de materias sin vida. Por ejemplo, alrededor del siglo XVII, un médico belga puso unos granos de trigo en una camisa empapada de sudor y luego la puso en el piso en un rincón de una habitación. Cuando el médico regresó varias semanas más tarde, encontró unos ratones y, al observar esto, dedujo que el sudor del ser humano había transformado los granos de trigo en ratones. No fue sino hasta tiempo después que los científicos realizaron experimentos que rechazaron esa idea.

Con el correr de los años, los científicos fueron haciendo cada vez más observaciones de organismos microscópicos y comenzaron a darse cuenta de que las células son los componentes básicos de todo ser vivo. En el siglo XIX, tres biólogos alemanes, Theodor Schwann, Matthias Schleiden y Rudolph Virchow, formularon la **teoría celular**. Esta teoría afirma lo siguiente:

- La célula es la unidad básica de todos los organismos vivos.
- Sólo las células vivas son capaces de producir nuevas células vivas.

La teoría celular señala que la semejanza básica entre organismos distintos es el hecho de que todos se componen de células. Como puedes observar en las fotos, algunos organismos, como el suricate, se componen de muchas células, mientras que otros, como el alga verde, se componen de una sola célula.

Glosario

teoría celular, teoría según la cual la célula es la unidad básica de todos los organismos vivos y sólo las células vivas son capaces de producir nuevas células vivas

Algunos organismos, como esta alga verde, se componen de una sola célula. Las algas verdes fabrican su propio alimento. ▼

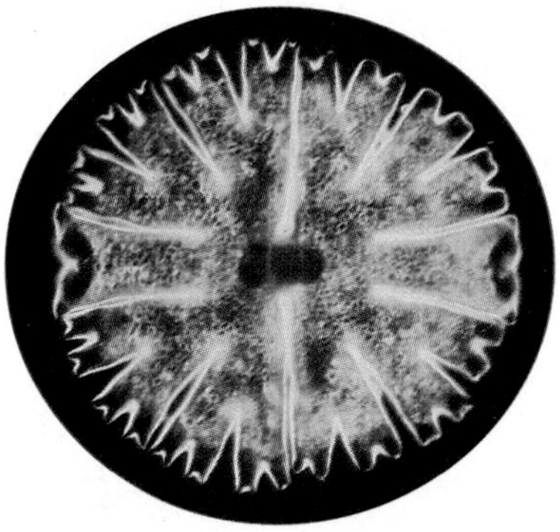

aumentada 170 veces

Los suricates son animales multicelulares que habitan en algunas regiones de África. ▶

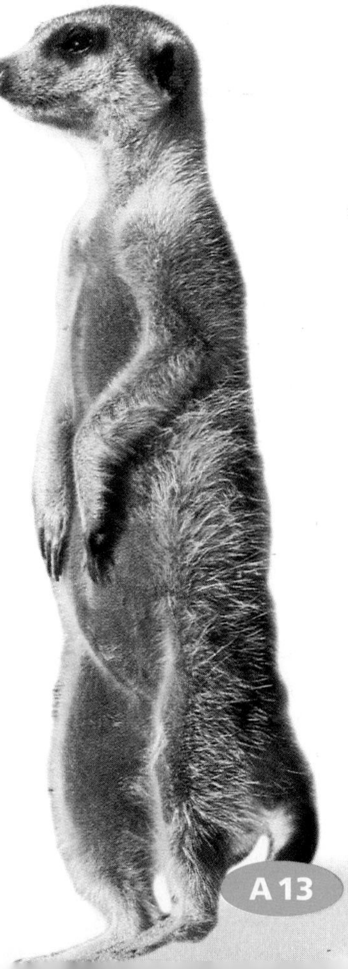

Repaso de la Lección 1

1. ¿Qué es una especie?
2. ¿Cómo llegaron a conocer las células los científicos?
3. ¿Qué es la teoría celular?
4. **Gráficas de barras**
   El tiempo de vida de las especies varía según la especie. Haz una gráfica de barras para ilustrar, en años, la vida máxima del pez carpa dorada, 41; del panda, 26; del ornitorrinco, 17; y del gato, 34.

Investiga las células

Destrezas/Proceso

Destrezas del proceso

- observar
- comunicar
- clasificar

Materiales

- microscopio
- portaobjetos con células animales
- tijeras
- planta de *elodea*
- pinzas
- portaobjetos con cubreobjetos
- gotero
- vaso de agua

Preparación

En esta actividad, verás en qué se parecen y en qué se diferencian las células animales y las células vegetales.

Sigue este procedimiento

Parte A

1. Haz una tabla como la que se muestra y anota ahí tus observaciones.

Células animales	*Elodea*

2. Pon en la mesa un microscopio delante de ti (Foto A). Examina cada parte del microscopio para ver cuál es su función. Busca la fuente de luz, el ocular y el objetivo.

3. Localiza el tornillo de ajuste que acerca o aleja la platina de la lente del objetivo. Gira el tornillo de ajuste hasta que la lente casi toque la platina.

4. Coloca el portaobjetos con células animales en la platina del microscopio. Observa a través del ocular. Con el tornillo de ajuste, aleja la lente del portaobjetos hasta que puedas ver con claridad las células animales. Ajusta la imagen hasta que quede bien enfocada.

5. **Observa** las células animales. Busca el citoplasma, la membrana celular y el núcleo. Haz un dibujo para **comunicar** lo que ves.

¿Cómo voy?
¿Dibujé todas las partes de la célula que puedo ver?

Foto A

Foto B

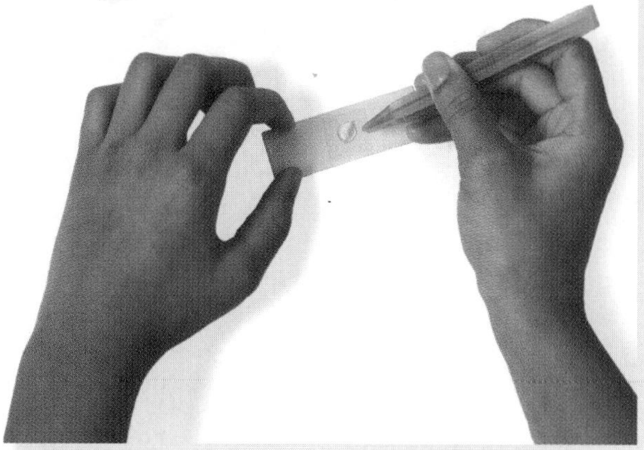

Foto C

Parte B

1 Corta con las tijeras la punta de una hoja de elodea (Foto B).

2 Con las pinzas, pon la punta de la hoja en un portaobjetos. Echa en el portaobjetos una gota de agua con el gotero. Con las pinzas, cubre la hoja con el cubreobjetos (Foto C).

3 Coloca el portaobjetos en la platina del microscopio. Observa la hoja con el microscopio y dibuja lo que ves.

Interpreta tus resultados

1. Mira tus dibujos de la planta y de las células animales. Explica en qué se parecen y en qué se diferencian la planta y las células animales que observaste.

2. Menciona las características que te sirven para **clasificar** una célula como vegetal o animal.

Investiga más a fondo

¿Tienen las células vegetales las mismas partes que las animales? Piensa en cómo vas a hallar la respuesta a ésta u otras preguntas que tengas.

Autoevaluación

- Seguí instrucciones para **observar** células vegetales y animales.
- Identifiqué las partes de las células vegetales y animales.
- **Comuniqué** mis observaciones por medio de dibujos.
- Comparé y contrasté las células animales con las vegetales.
- **Clasifiqué** las células animales y vegetales según sus características.

¿Cuál es la idea?

En esta lección aprenderás:

- cuáles son las partes principales de la célula animal.
- cuáles son las funciones de algunas partes de la célula.

Lección 2

¿Cuáles son las partes de la célula animal?

Tu escuela está rodeada por las paredes, el techo y el piso. ¿Cuáles son las partes internas de la escuela? Puede que contestes que los salones de clase, la biblioteca y el gimnasio. ¿Crees que seguiría siendo una escuela si no tuviera esas partes?

Glosario

Glosario

núcleo, parte de la célula que controla las funciones de otras partes de la célula

cromosoma, estructura del núcleo celular, en forma de filamento, que contiene la información necesaria para controlar todas las actividades de la célula

Células animales

Al igual que tu escuela dejaría de ser una escuela si no tuviera esas partes, una célula tampoco sería una célula sin sus partes internas. Todas las células tienen partes importantes que cumplen funciones determinadas.

Las células son como una escuela con muchos cuartos. Por lo general, las escuelas tienen oficinas administrativas, un gimnasio, una cafetería, un cuarto de calderas, una biblioteca y salones de clase. Gracias a que los cuartos están separados, es posible realizar distintas actividades en cada lugar.

La mayoría de las células poseen la misma estructura básica. La foto de la izquierda muestra las partes de la célula tal como se observan en el microscopio electrónico. Seguramente lo primero que notes sea el **núcleo.** El núcleo es el centro de control de la célula: es como la dirección de una escuela.

En esta imagen de una célula de hígado tomada con un microscopio electrónico se puede ver fácilmente el núcleo. Los cromosomas no se ven porque son demasiado pequeños. ▼

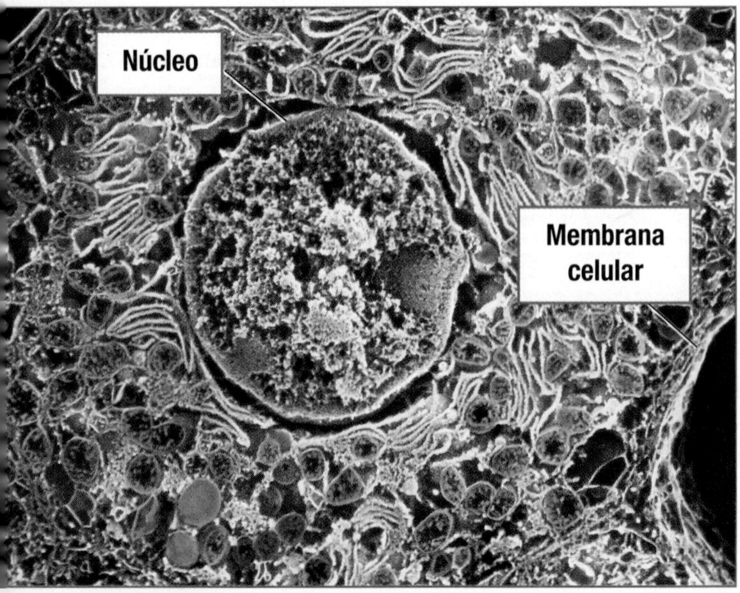

En el núcleo se encuentran unas estructuras en forma de filamento llamadas **cromosomas.** Los cromosomas contienen las instrucciones que la célula utiliza para realizar sus actividades. Además, controlan procesos como la velocidad de crecimiento de la célula o su reproducción.

No todos los organismos poseen el mismo número de cromosomas en sus células. Al igual que cualquier ser humano normal, cada una de tus células tiene 46 cromosomas. Sin embargo, las células de la mosca tienen 12 cromosomas cada una, mientras que las del gato tienen 38, las del perro 78 y las del langostino 200.

De la misma manera en que las paredes, el techo y el piso mantienen unidas las distintas partes de tu escuela, la **membrana celular** mantiene unido el contenido de la célula. La membrana sostiene y da forma a la célula. Esta envoltura delgada y flexible permite que sólo determinadas substancias entren y salgan de la célula.

Piensa en las personas que vigilan las entradas de tu escuela y llevan el control de todos los que entran y salen. Como ellos, la membrana celular controla lo que entra y sale de la célula. En la ilustración de abajo se puede observar que la membrana celular permite la entrada a la célula de substancias que necesita para producir energía y crecer, como el oxígeno, por ejemplo. La membrana celular también permite la salida de residuos como el dióxido de carbono. Asimismo, no deja que entren substancias dañinas y así protege a la célula.

El espacio que existe entre la membrana celular y el núcleo está lleno de citoplasma. El **citoplasma** es una substancia gelatinosa y transparente. Está compuesto principalmente de agua y es semejante a la clara de huevo cruda. Las células necesitan agua: sin agua no podrían llevar a cabo todas sus actividades vitales. Las células de nuestro cuerpo contienen más de dos terceras partes de agua. Por eso es que no se puede sobrevivir más de unos cuatro días sin agua.

Glosario

membrana celular, envoltura delgada que mantiene la unidad de la célula

citoplasma, substancia gelatinosa transparente que ocupa el espacio que hay entre la membrana celular y el núcleo

El oxígeno y el dióxido de carbono pueden atravesar la membrana celular. ▼

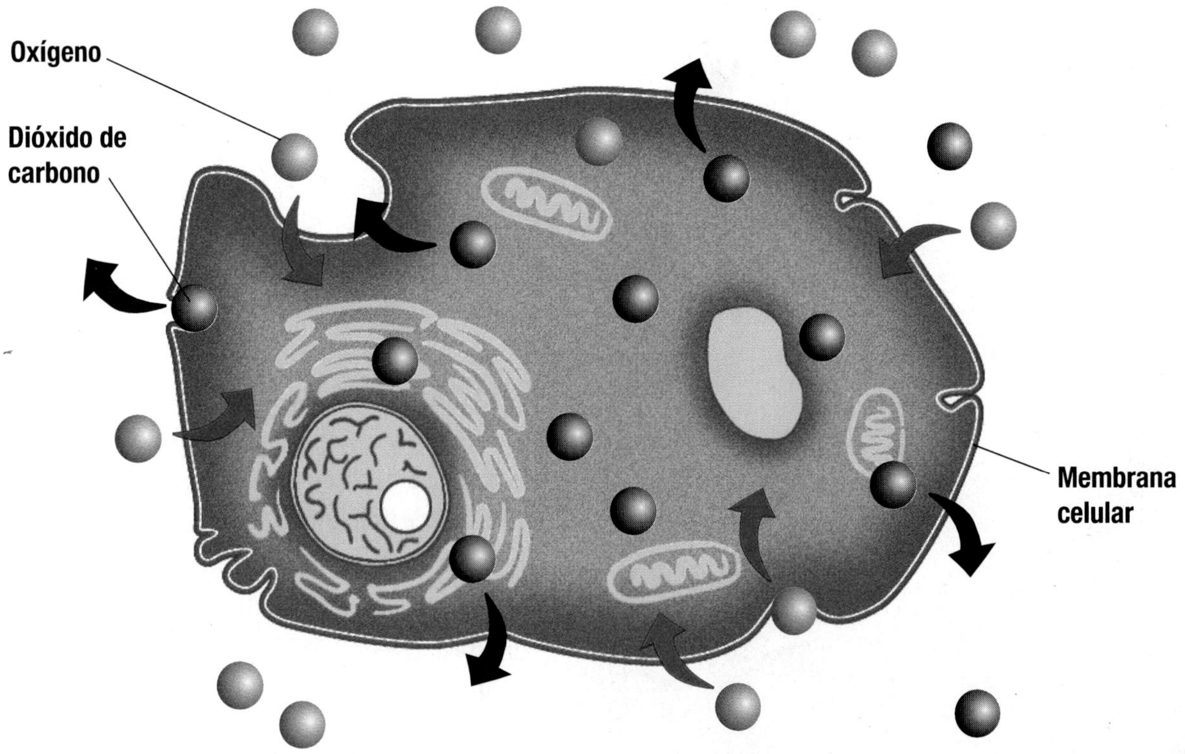

Glosario

organelo,
pequeña estructura del citoplasma celular que desempeña una función especial

mitocondrias,
organelos que generan energía; en ellos reaccionan los alimentos con el oxígeno

vacuola,
organelo de forma de saco que almacena substancias

retículo endoplásmico,
organelo que transporta substancias por el interior de la célula

ribosoma,
organelo que ensambla las proteínas para la célula

Funciones de las partes de la célula

En el citoplasma de todas las células, como las células grasas que se muestran abajo, existen ciertas partes muy pequeñas que desempeñan funciones especiales. Estas estructuras se llaman **organelos.** Al igual que cada cuarto de tu escuela cumple una función distinta, cada organelo también realiza un trabajo diferente. En la página siguiente verás varios organelos.

Piensa en lo que ocurre en el cuarto de calderas de tu escuela: allí el combustible genera energía (calor) al quemarse. Del mismo modo, las **mitocondrias** generan energía al reaccionar en ellas los alimentos y el oxígeno. Las mitocondrias son organelos con forma de frijol que están distribuidos por todo el citoplasma celular. Producen la energía necesaria para el funcionamiento de la célula. Son los "generadores eléctricos" de las células. Éstas pueden tener de una a 10,000 o más mitocondrias, de acuerdo al grado de actividad celular. Cuanto más activa es una célula, más energía necesita y más mitocondrias posee en su citoplasma.

¿Dónde almacenan las escuelas los artículos que necesitan? Muchas los almacenan en clósets y depósitos. ¿Y dónde almacenan el papel usado y la basura antes de desecharlos? Por supuesto que en papeleras y contenedores de basura.

Las células también necesitan lugares de almacenamiento. Las **vacuolas** son organelos que almacenan nutrientes y agua, además de productos de desecho. Las substancias entran y salen de las vacuolas a través de una delgada membrana. Las células animales contienen numerosas vacuolas pequeñas. Algunas vacuolas pueden extenderse y contraerse según sea necesario.

Los estudiantes necesitan trasladarse dentro de la escuela de un salón a otro. Además necesitan llevar sus libros y útiles escolares de un lado a otro. Lo hacen por los pasillos de la escuela.

Las células también necesitan transportar substancias de un lugar a otro. El organelo que realiza esta función es semejante a un sistema de canales y se conoce como **retículo endoplásmico,** o RE para abreviar. Algunas partes del RE están cubiertas con unas pequeñas estructuras llamadas **ribosomas,** que se encargan de ensamblar las proteínas para la célula.

Estas células esféricas almacenan grasas. Las grasas que el organismo no utiliza se transportan hasta estas células a través de pequeños vasos sanguíneos (de color azul). ▼

aumentadas 1,038 veces

Fíjate en la célula animal ilustrada abajo. Casi todas las células animales poseen una membrana celular, un citoplasma y un núcleo con cromosomas, aunque el número de cromosomas varía de una especie a otra (por eso, cada especie es única.) De igual modo, la cantidad de cada tipo de organelo celular varía según el tipo de organismo y el tipo de célula dentro de un mismo organismo.

Célula animal típica

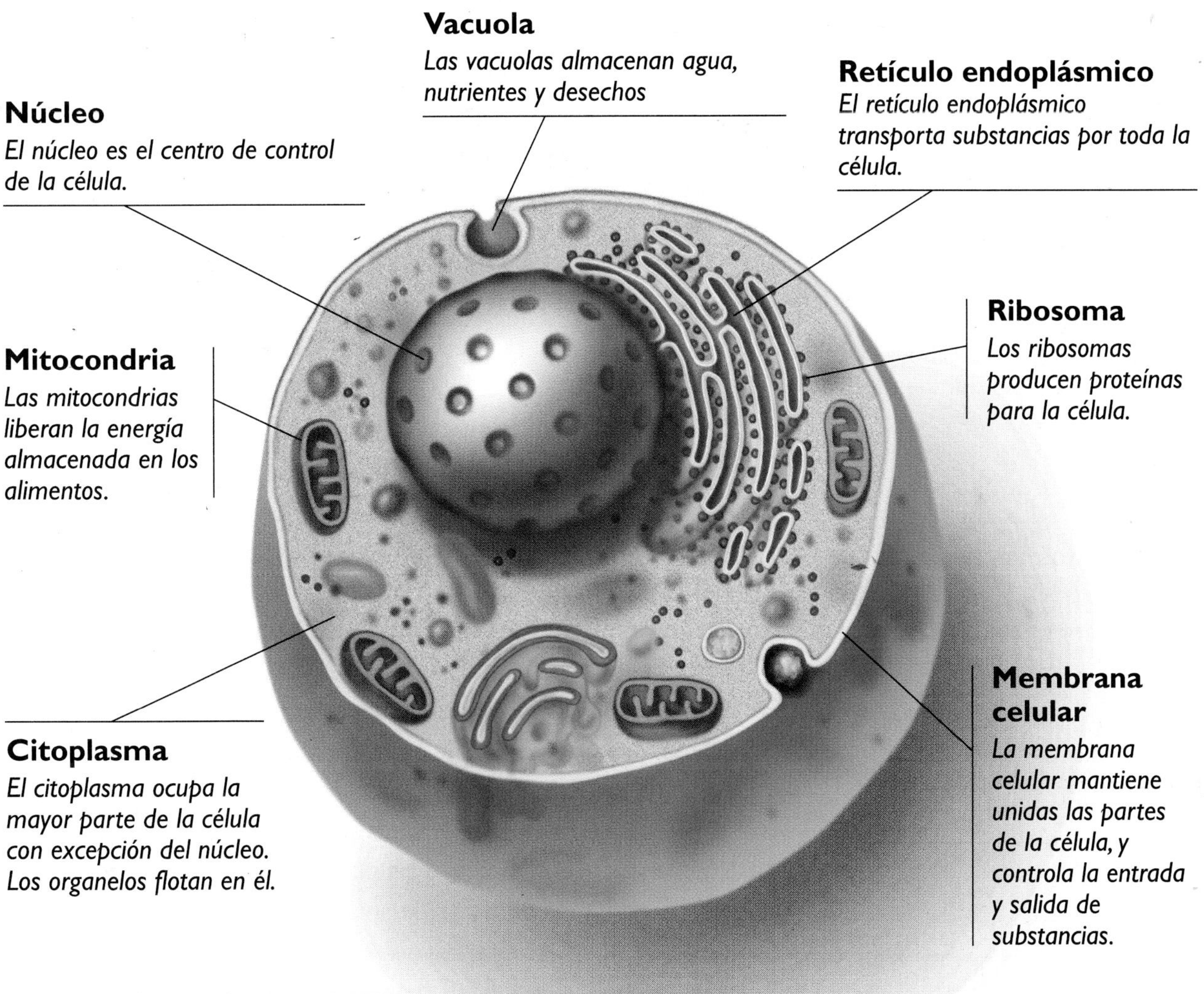

Vacuola
Las vacuolas almacenan agua, nutrientes y desechos
Retículo endoplásmico
El retículo endoplásmico transporta substancias por toda la célula.
Núcleo
El núcleo es el centro de control de la célula.
Ribosoma
Los ribosomas producen proteínas para la célula.
Mitocondria
Las mitocondrias liberan la energía almacenada en los alimentos.
Membrana celular
La membrana celular mantiene unidas las partes de la célula, y controla la entrada y salida de substancias.
Citoplasma
El citoplasma ocupa la mayor parte de la célula con excepción del núcleo. Los organelos flotan en él.

Repaso de la Lección 2

1. ¿Cuáles son las partes principales de la célula animal?
2. Nombra tres organelos de una célula animal y la función que desempeñan.
3. **Gráficas de barras**
   Haz una gráfica de barras que muestre el número de cromosomas en las células de los seres humanos, perros, moscas comunes y langostinos.

¿Cuál es la idea?

En esta lección aprenderás:

- **cuáles son las partes principales de la célula vegetal.**
- **o qué importancia tienen las plantas para todos los seres vivos.**

Glosario

cloroplasto, organelo capaz de elaborar azúcares con dióxido de carbono, agua y energía solar

clorofila, substancia verde de los cloroplastos que atrapa la energía solar

Los cloroplastos de las células de este musgo contienen clorofila. Gracias a los cloroplastos, la planta produce glucosa ▼

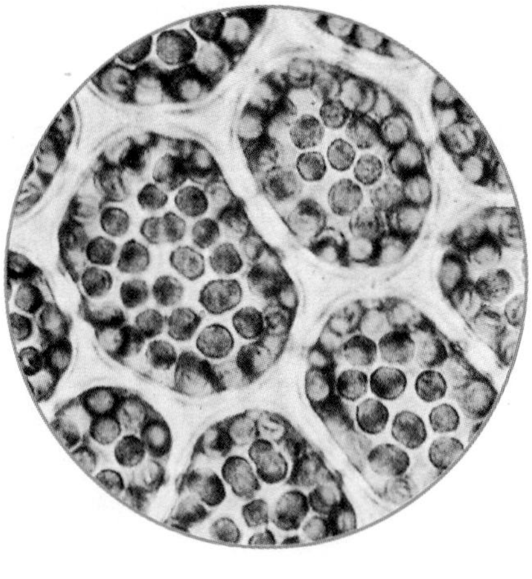

aumentadas 1,100 veces

Lección 3

¿En qué se diferencian las células animales de las vegetales?

¡Ah! Nada como sentarse a tomar el Sol todo el día, respirar aire fresco, y tomar agua y minerales. ¿Qué tal si esto fuera todo lo que se necesitara para sobrevivir? ¿Crees que sería posible? No para ti; pero sí para una planta, porque sus células tienen partes que tus células no tienen.

La célula vegetal

Casi todas las células animales y vegetales poseen una membrana celular, un núcleo, citoplasma y otros organelos. Pero tienen diferencias. En primer lugar, las células vegetales por lo general son mucho más grandes que las animales. En segundo lugar, las células vegetales suelen tener una sola vacuola grande, mientras que las animales suelen tener muchas vacuolas pequeñas.

Fíjate en el diagrama de la célula vegetal de la página opuesta. Observa la gran vacuola de la célula vegetal cerca del centro de la célula. Esa vacuola se llena de agua y empuja al citoplasma contra la membrana celular. La presión creada mantiene la rigidez de la célula.

Las plantas se marchitan cuando sus células tienen poca agua. Las vacuolas se encogen y por eso las plantas se vuelven menos rígidas. Si riegas la planta, las vacuolas de sus células se llenarán de agua otra vez y verás cómo la planta se vuelve a enderezar. Las células animales también se encogen cuando les falta agua, aunque no tanto como las vegetales.

Quizás la diferencia más importante entre las células vegetales y las animales es que las células vegetales poseen unos organelos llamados **cloroplastos.** En la foto de la izquierda se pueden ver esos organelos verdes y ovalados en el citoplasma. En el interior de cada cloroplasto hay una substancia llamada **clorofila.** que atrapa la energía solar para fabricar azúcares. Las células animales no tienen cloroplastos y no pueden realizar este proceso.

Si vives en una región donde las hojas de los árboles cambian de color en el otoño, entonces ya has visto cómo aparece y desaparece la clorofila en los cloroplastos. Los cloroplastos pertenecen a un grupo de organelos conocidos como plastidios. Los plastidios almacenan el color característico de las plantas: verde, rojo, naranja, amarillo o azul. Por lo general, el color verde de la clorofila oculta los demás colores de los cloroplastos. Pero, cuando las temperaturas bajan en el otoño, la clorofila se descompone y entonces se pueden ver los demás colores presentes en las hojas.

Además de la membrana, las células vegetales tienen una **pared celular**, formada por un material resistente, sin vida, que actúa como esqueleto externo de la célula. La pared celular da a la célula vegetal soporte, resistencia y forma. En la Lección 1 se habló de Robert Hooke y su famoso descubrimiento. Lo que Hooke vio en el microscopio fueron las paredes celulares de las células del corcho: la materia viva que antes se encontraba en el interior de las paredes de las células del alcornoque (árbol de donde se saca el corcho) había desaparecido.

Glosario

pared celular, material resistente, sin vida, que actúa como esqueleto externo de la célula vegetal

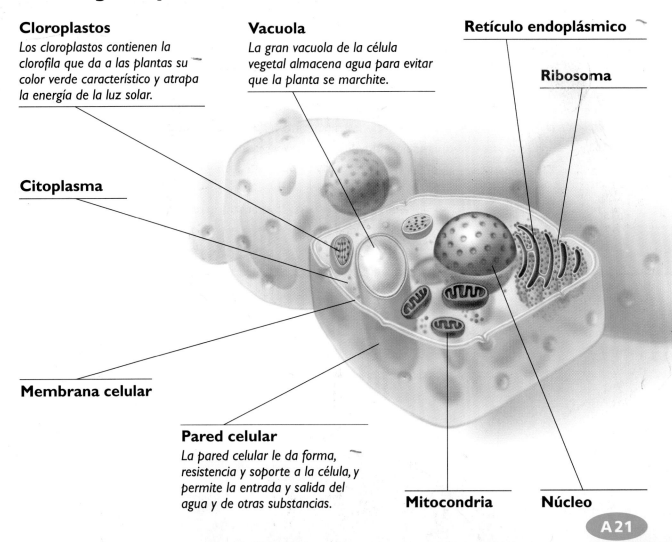

Glosario

Célula vegetal típica

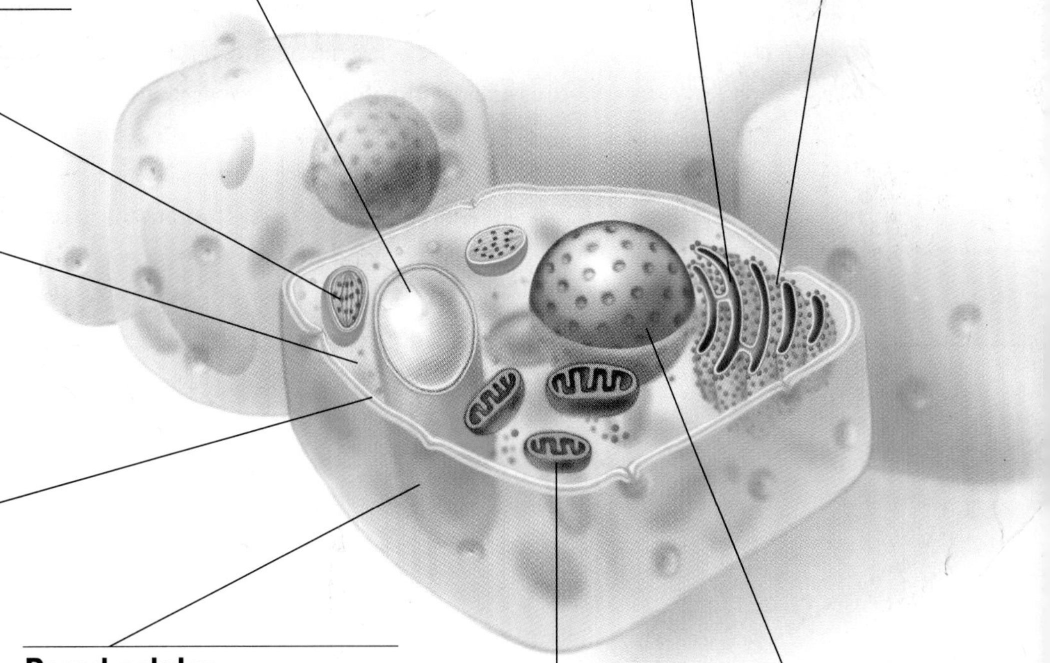

La importancia de las plantas

El Sol baña la Tierra con enormes cantidades de energía solar. La Tierra y los océanos absorben la mayor parte de esa energía; la otra parte se refleja y regresa al espacio. Sin embargo, las plantas verdes absorben un pequeño porcentaje de la energía solar, como la planta de frijol de abajo.

A continuación, se lleva a cabo un proceso complejo e importante, del cual dependen tú y casi todas las formas de vida de la Tierra. La clorofila de las plantas verdes atrapa la energía solar. Los cloroplastos también utilizan el dióxido de carbono que la planta absorbe del aire, y el agua transportada por las raíces y los tallos. Con estos tres ingredientes, los cloroplastos fabrican glucosa, un azúcar sencillo, durante el proceso llamado fotosíntesis. Puesto que foto significa "luz" y síntesis "unión", fotosíntesis quiere decir "unir algo usando luz". Durante la fotosíntesis la planta también produce y despide oxígeno a la atmósfera.

De esta manera, se puede decir que lo que las plantas hacen es transformar la energía solar en energía química, que se almacena en forma de glucosa. Esa energía química se almacena hasta que la planta la necesite para crecer, transportar substancias o realizar otras actividades.

¿Qué sucede cuando las plantas necesitan energía? Recuerda que las mitocondrias son los "generadores eléctricos" de las células. Cuando las plantas necesitan energía, se lleva a cabo en el interior de las mitocondrias el proceso conocido como respiración. En este proceso se usa oxígeno para liberar la energía

La energía necesaria para realizar la fotosíntesis proviene de la luz solar. Con esa energía, las plantas verdes combinan dióxido de carbono y agua, y fabrican azúcares simples. Durante la fotosíntesis las plantas producen y despiden oxígeno. ▼

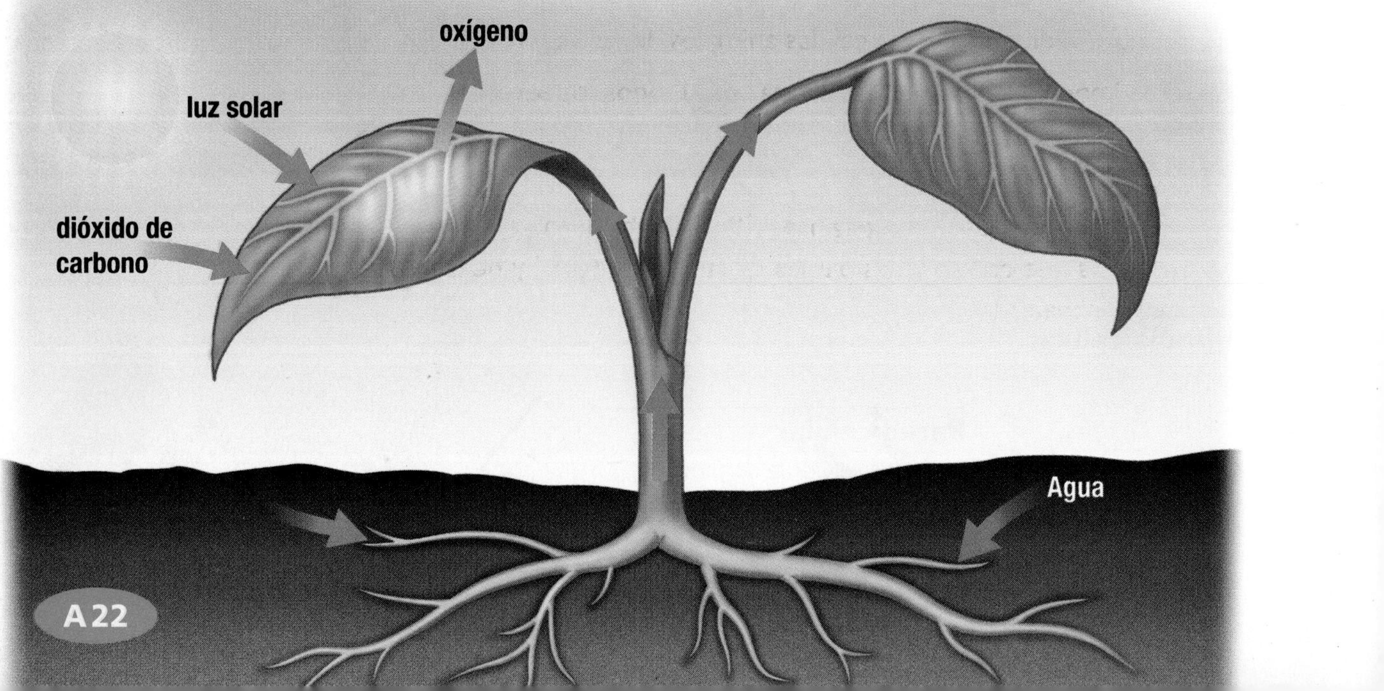

almacenada en la glucosa, y se produce dióxido de carbono y agua. ¿Cuál es la diferencia entre la respiración y la fotosíntesis?

Cuando necesitamos alimento, no nos basta con salir a tomar el Sol unas horas, beber agua y absorber dióxido de carbono. Lo mismo ocurre con todos los animales por una razón muy sencilla: ni las personas ni ningún animal tienen células con clorofila. A diferencia de las plantas, los animales no son capaces de producir su propio alimento. Pero entonces, ¿cómo obtienen la energía que necesitan? La respuesta es: alimentándose. Al comer plantas u otros organismos que se alimentan de plantas, los animales obtienen energía alimenticia.

▲ *¿Por qué es esta hoja una fuente de energía para las orugas?*

Por ejemplo: cuando la oruga de la foto devora una hoja con gran apetito, parte de la energía que obtiene de la hoja es almacenada en su organismo. Entonces aparece el pájaro de la ilustración, al que le encanta cenar orugas gordas y jugosas. El pájaro obtiene su energía al comer y digerir la oruga, que a su vez se alimenta de plantas.

Algunos animales obtienen su energía al alimentarse de otros animales. Este pájaro obtiene su energía al comerse la oruga. ▼

¿Y el sándwich de crema de cacahuate y jalea que meriendas con un vaso de leche después de la escuela? ¿De dónde vienen esos alimentos? La crema de cacahuate se hace con las semillas de la planta del cacahuate. La jalea se hace de uva, que es el fruto de la planta de la vid. El pan se elabora con harina hecha de trigo, que también es una planta. Y, por último, la leche se saca de la vaca. Sin embargo, la vaca no puede producir leche sin antes obtener energía del pasto que come.

Repaso de la Lección 3

1. ¿En que se diferencian las células animales de las vegetales?
2. ¿Qué importancia tienen las plantas para todos los seres vivos?
3. **Gráficas de barras**
   Con los diagramas de las páginas A19 y A21, haz una gráfica de barras que compare las partes de la célula vegetal y de la célula animal.

Investiga los pigmentos

Destrezas del proceso

- observar
- predecir
- comunicar
- dar definiciones operacionales

Materiales

- gafas protectoras
- perejil
- 6 vasos de plástico
- tijeras
- gotero
- alcohol etílico
- 3 cucharas
- 3 palillos de dientes de punta plana
- 3 tiras de papel filtro
- cinta adhesiva
- 3 lápices
- hongos frescos
- hojas frescas de remolacha
- toalla de papel

Preparación

¿En qué se diferencia el pigmento del perejil, las hojas de remolacha y los hongos? En esta actividad, separarás los pigmentos de estos organismos.

Sigue este procedimiento

1. Haz una tabla como la que se muestra y anota ahí tus predicciones y observaciones.

Material de prueba	Color del líquido	Predicciones	Observaciones
Perejil			
Hongos			
Hojas de remolacha			

2. Ponte las gafas protectoras. Coloca varias hojas de perejil en un vaso de plástico. Con las tijeras, corta las hojas en pedazos bien pequeños. Agrega 2 a 3 gotas de alcohol. Con la parte de atrás de una cuchara, machaca las hojas en el alcohol. **Observa** y anota el color de la solución de alcohol.

3. Con un palillo, pon una gotita del líquido de perejil en una tira de papel filtro. La gotita debe caer a unos 0.5 cm de la punta inferior de la tira de papel filtro (Foto A). Cuando se seque la gota, pon otra gota del líquido de perejil encima de la primera. Repite el procedimiento con dos gotas más.

4. Marca la tira con la letra P y pégala con cinta a un lápiz.

5. Repite los pasos 2 a 4 con los hongos y con las hojas de remolacha. Marca las tiras con las letras *H* y *R* respectivamente.

6. 6 Llena los tres vasos de plástico con 1 cm de alcohol.

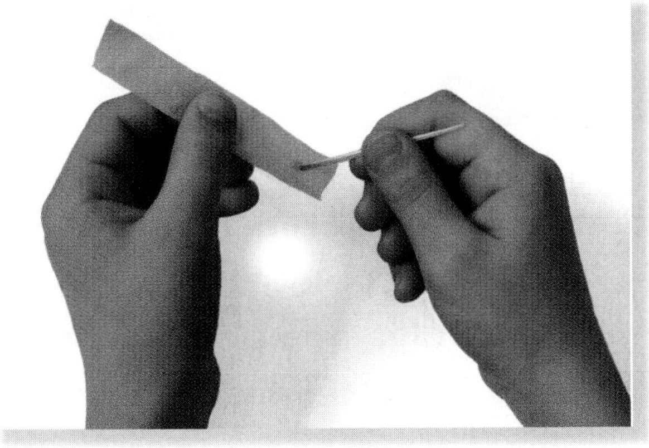

Foto A

Foto B

7 Coloca un lápiz acostado encima de cada vaso de alcohol de manera que la punta de la tira de papel apenas toque el alcohol (Foto B). Cuida que no toquen el alcohol las gotas que pusiste en la tira.

8 A medida que el alcohol suba por la tira, podrás ver los distintos pigmentos que dan a la substancia de prueba su color. **Predice** qué colores vas a ver. ¿En qué información basaste tus predicciones?

9 Deja subir el alcohol por la tira de papel hasta una altura de 7 cm. Saca las tiras del alcohol y extiéndelas sobre una toalla de papel para que se sequen. Observa las tiras. Anota tus observaciones en la tabla.

Interpreta tus resultados

1. ¿El color de las soluciones de alcohol fue siempre el mismo que el de la tira de papel? Según los resultados de la actividad, ¿qué substancias de prueba contienen más de un pigmento?

2. ¿En qué se diferencia la tira del hongo de las otras dos?

3. ¿Cómo se puede usar esta actividad para determinar si una substancia de prueba es una planta? **Comunica** tus ideas al resto de la clase.

4. Una **definición operacional** describe lo que hace un objeto o lo que observas del objeto. Escribe una definición operacional de planta.

Investiga más a fondo

¿Qué pigmentos puedes encontrar en la hoja, la raíz y el tallo de una planta de zanahoria? Piensa en cómo vas a hallar la respuesta a ésta u otras preguntas que tengas.

Autoevaluación

- Seguí instrucciones para separar los pigmentos de los organismos de prueba.
- **Predije** qué pigmentos estarían presentes en cada substancia de prueba.
- Anoté mis **observaciones** sobre los colores que aparecieron en el papel filtro.
- **Comuniqué** cómo determinar si una substancia de prueba es una planta.
- Escribí una **definición operacional** de planta.

¿Cuál es la idea?

En esta lección aprenderás:

- **qué relación hay entre la forma y el tamaño de las células y su función.**
- **qué otras diferencias en la estructura de las células se relacionan con su función.**

Lección 4

¿En qué se diferencian las células?

¿Qué semejanzas y qué diferencias hay entre las células del cuerpo de un perro y las del cuerpo de la pulga que tiene encima? ¿Serán más grandes las células del perro? ¿O tendrá simplemente el perro más células que la pulga?

Forma y tamaño de las células

Ya vimos que todas las células tienen el mismo tipo de organelos y que las células vegetales tienen ciertos organelos que las células animales no tienen. Sin embargo, existen otras diferencias entre las células de los diversos organismos. ¿Sabías que hasta existen diferencias entre las células de un mismo organismo multicelular?

Fíjate en las ilustraciones de la izquierda. Las células que ves en la ilustración de arriba son las que cubren y protegen por fuera las hojas del cordobán. Su forma les permite mantenerse bien unidas para proteger así las células del interior de las hojas.

Ahora fíjate otra vez en la ilustración de las células. ¿Ves los pares de células en forma de herradura? Son las células de protección, cuya función es permitir la entrada y salida de gases como el oxígeno y el dióxido de carbono. ¿Qué relación hay entre la forma de estas células y su función?

Como puedes ver, la forma de las células se relaciona con su función específica en el organismo. En la página siguiente se ilustra la forma de algunos de los 100 tipos de células del cuerpo humano.

Estas hojas de cordobán están formadas por varios tipos de tejido. Cada tejido se compone de grupos de células semejantes que cumplen una función semejante. La foto muestra las células que cubren las hojas de la planta. ▼

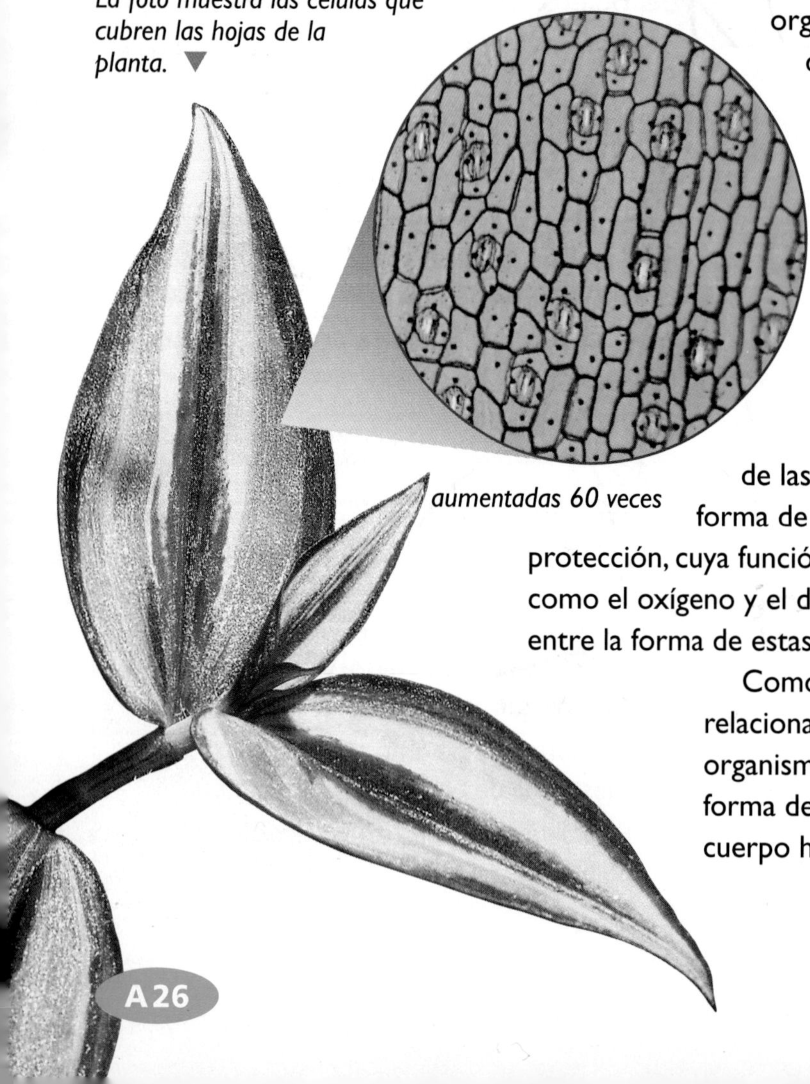

aumentadas 60 veces

Células del cuerpo humano

Piel

Las células cutáneas cubren y protegen tu cuerpo. Evitan la entrada de organismos dañinos. La vida promedio de las células cutáneas es de 19 a 34 días.

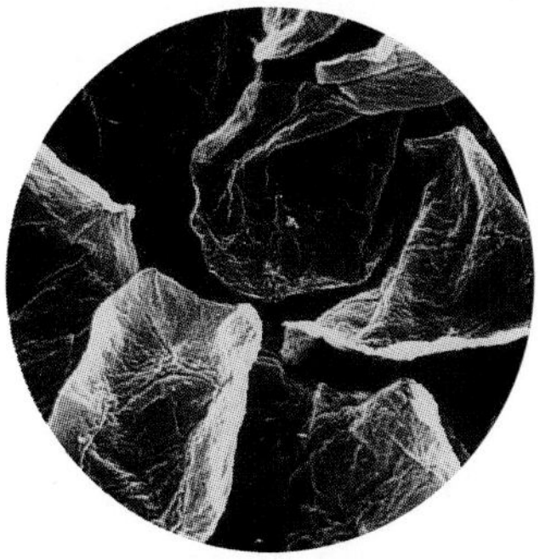

aumentadas 4,800 veces

Sangre

Fíjate en la diferencia que hay en la forma de estos glóbulos rojos y blancos. Los glóbulos rojos viven en promedio unos 120 días y su función es llevar oxígeno a las células de tu organismo y recoger los desechos. Los glóbulos blancos, que pueden vivir desde 10 horas hasta más de un año, te protegen de las enfermedades.

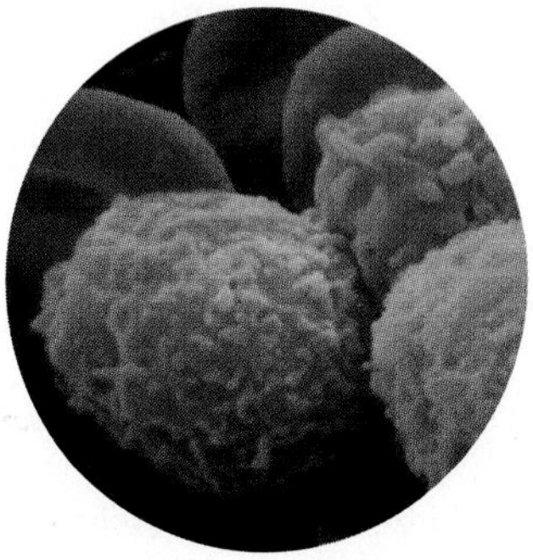

aumentadas 4,800 veces

Nervio

Las largas y delgadas neuronas llevan mensajes de una célula a otra por todo tu organismo. Estas células llegan a vivir toda tu vida. ¿Cómo le ayuda a cumplir su función la forma de la neurona?

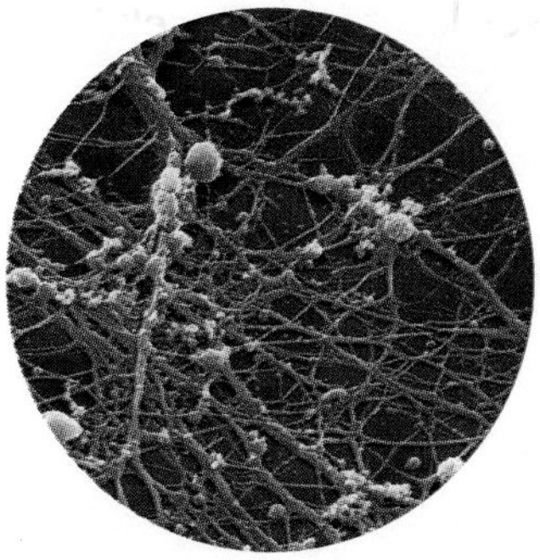

aumentadas 5,920 veces

Músculo

Las células musculares trabajan en conjunto para permitirte mover, para que los alimentos pasen por el sistema digestivo y para que te lata el corazón. Su forma larga y delgada les sirve para contraerse y así mover las partes del cuerpo. Pueden llegar a vivir toda tu vida.

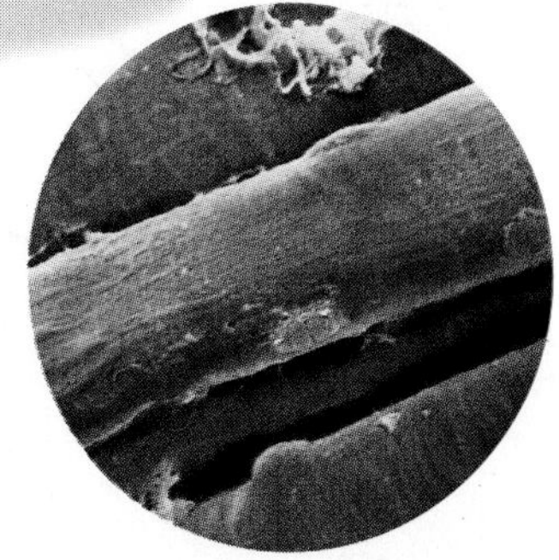

aumentadas 560 veces

Aquí tenemos un ejemplo de cómo la forma de las células facilita el trabajo que realizan. Cuando una bacteria invade tu organismo, los glóbulos blancos entran en acción. Su deber es encontrar y destruir al invasor. Por ello, los glóbulos blancos tienen una forma irregular que les permite deslizarse entre las delgadas paredes de los vasos sanguíneos, y desplazarse entre las células musculares y otros tejidos. ¿Te das cuenta de cómo esto les permite encontrar al ser que ha invadido tu organismo?

Tal vez creas que los organismos unicelulares son todos similares; pero ellos también tienen una gran variedad de formas. En estos organismos, una sola célula debe realizar las mismas funciones que realizan todas las células de organismos multicelulares como tú. Fíjate en las distintas formas que tienen los organismos unicelulares que se ilustran abajo, lo cual les permite sobrevivir en su ambiente.

La vorticela vive en estanques, pegada a objetos sólidos como pequeñas ramas. Fíjate en la forma de embudo de este organismo unicelular. Las pequeñas estructuras que parecen pelos, llamadas cilios, que se observan alrededor de la parte superior del embudo se agitan y crean un remolino. De esa forma, las partículas alimenticias microscópicas son arrastradas hacia el embudo y de allí al interior de la vorticela.

La forma de la vorticela le ayuda a alimentarse y por lo tanto a sobrevivir en su ambiente. ▼

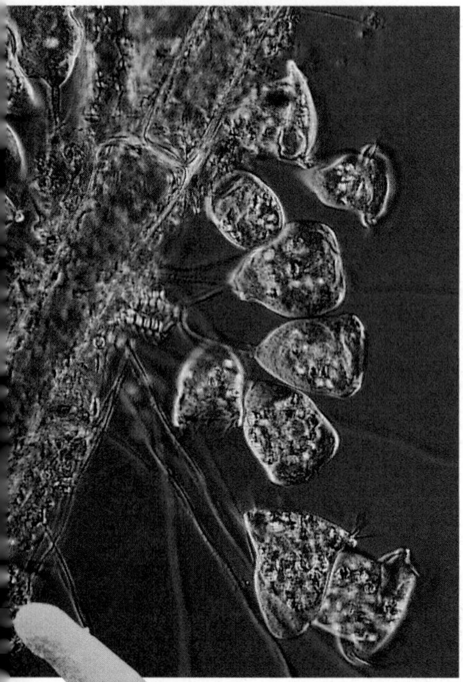

aumentada 151 veces

Miles de células de volvox se agrupan formando esferas huecas llenas de agua. En el interior de las esferas se están formando nuevas colonias ▼

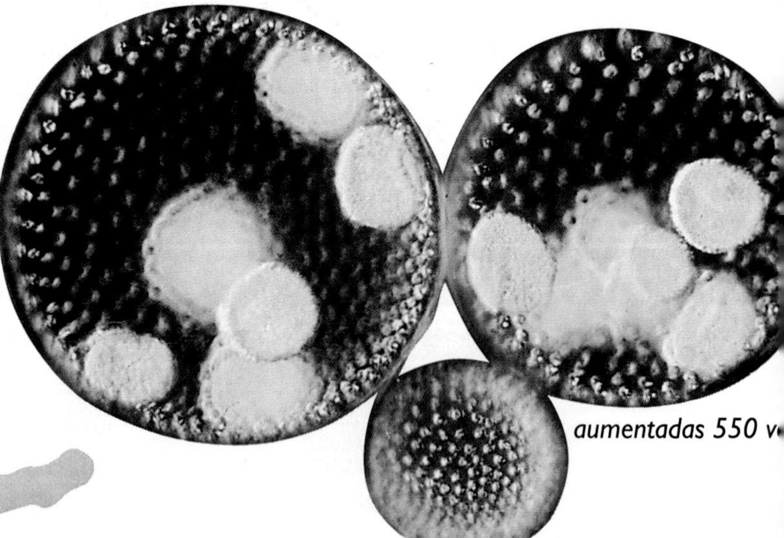

aumentadas 550 v

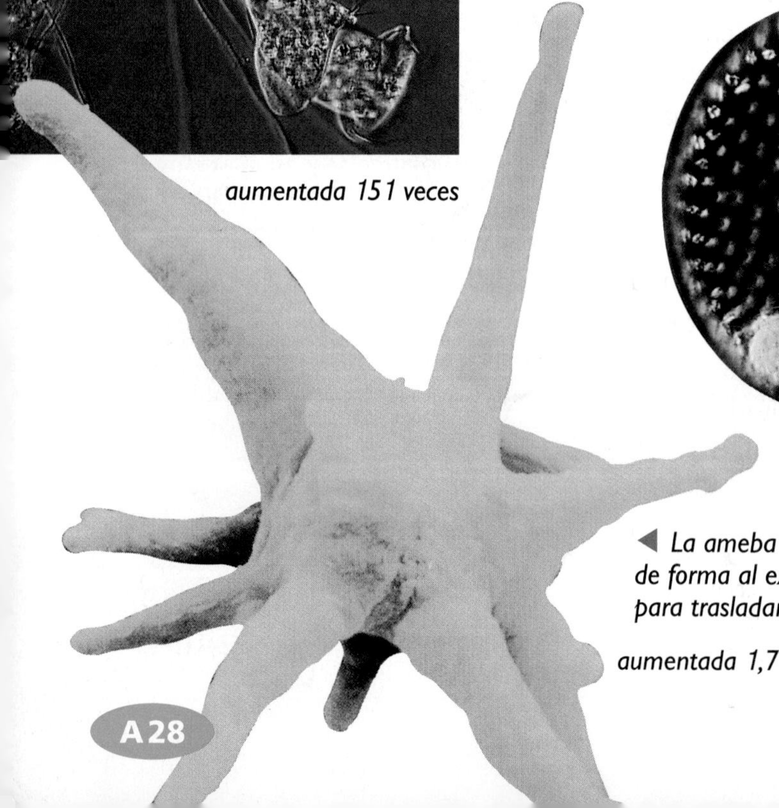

◀ *La ameba cambia constantemente de forma al extender sus pseudópodos para trasladarse de un lugar a otro*

aumentada 1,710 veces

La ameba vive en el fondo de masas de agua. No tiene forma definida y se desplaza extendiendo su citoplasma y membrana celular en forma de sacos delgados. A esos sacos se les llama pseudópodos, que quiere decir "falsos pies". Las amebas se alimentan de organismos pequeños. El pseudópodo rodea la partícula alimenticia y la ameba la digiere.

El volvox vive en agua dulce y forma esferas huecas. Cada una de esas esferas contiene de 500 a 50,000 células. Sin embargo, a pesar de estar agrupadas, las células de volvox no forman un tejido. Cada una de las células verdes fabrica sus propios azúcares. Las células tienen un par de prolongaciones llamadas flagelos. Cuando todas las células del grupo agitan sus flagelos al mismo tiempo, la esfera de células gira.

Las células varían tanto en tamaño como forma. ¿Esto quiere decir que los organismos grandes tienen células más grandes? No siempre. Piensa en cuando eras bebé: tu cuerpo estaba formado por muchas células de diferentes tejidos. Sin embargo, cuando creciste, no fue porque tus células aumentaron de tamaño. Creciste, más bien, porque tus células óseas produjeron más células óseas que alargaron y engrosaron tus huesos. Tus células cutáneas produjeron más células cutáneas para que tu piel pudiera cubrir un área más amplia. Lo que en realidad aumentó fue la cantidad de células de tu cuerpo y no su tamaño. De hecho, el cuerpo de un ser humano adulto tiene aproximadamente 100 billones de células.

Al igual que las células del interior de diferentes organismos, las células de tu cuerpo también tienen distintos tamaños. Como se observa en la ilustración, las bacterias son de las células más pequeñas que existen. Por el contrario, la neurona de la jirafa es de las células más largas. Y la célula que tiene el mayor volumen de todas, tanto que ni siquiera se necesita un microscopio para verla, es la yema del huevo de avestruz.

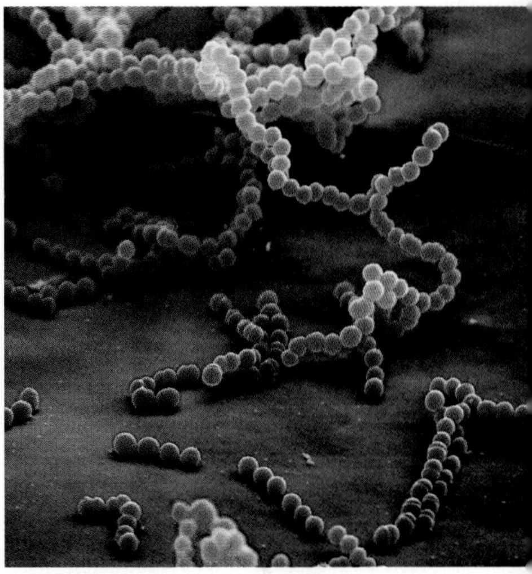

▲ *Las bacterias, como la Escherichia coli que se muestra arriba, son de las células más pequeñas que existen en el mundo. La imagen de estas células se aumentó 3,700 veces.*

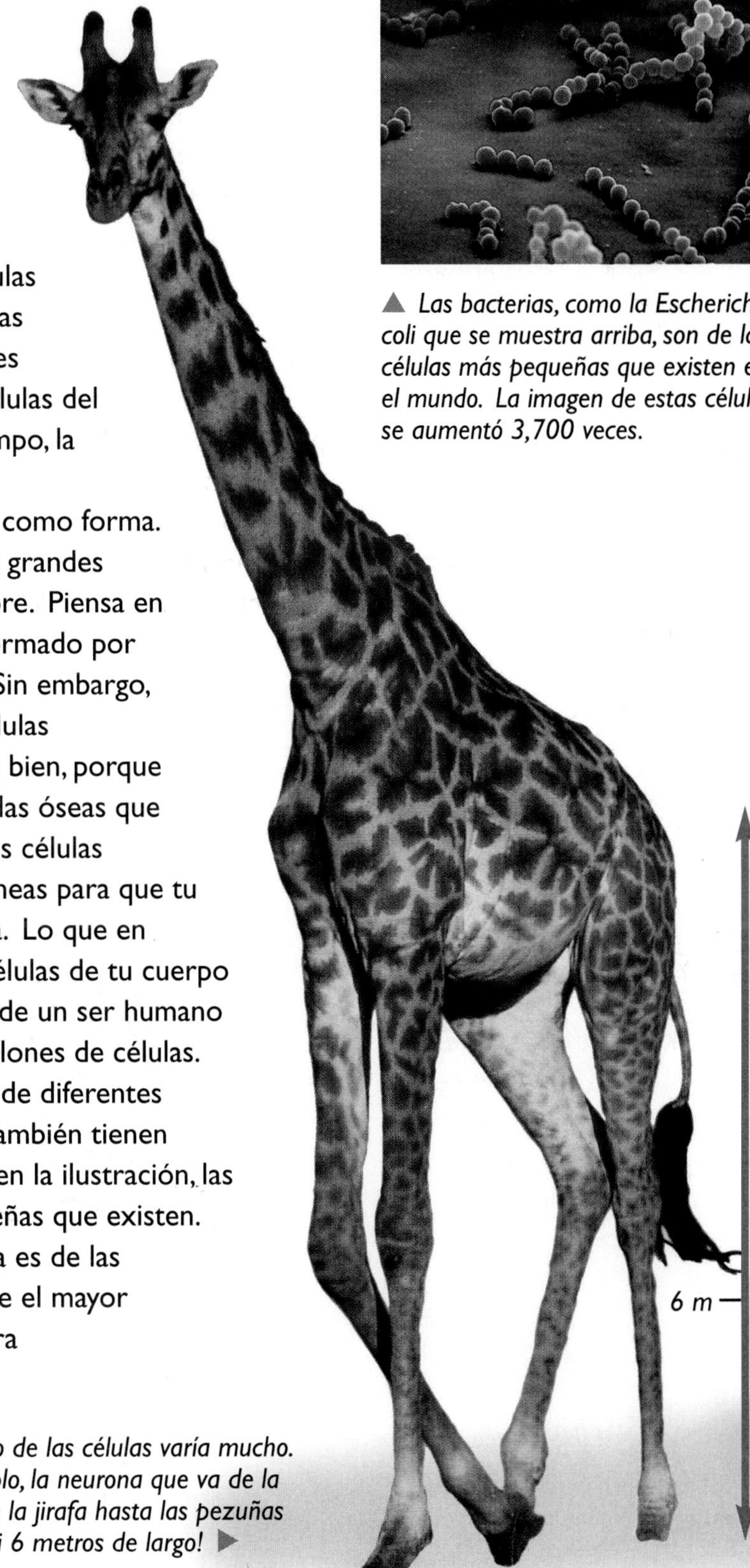

El tamaño de las células varía mucho. Por ejemplo, la neurona que va de la cadera de la jirafa hasta las pezuñas ¡mide casi 6 metros de largo! ▶

Otras diferencias estructurales

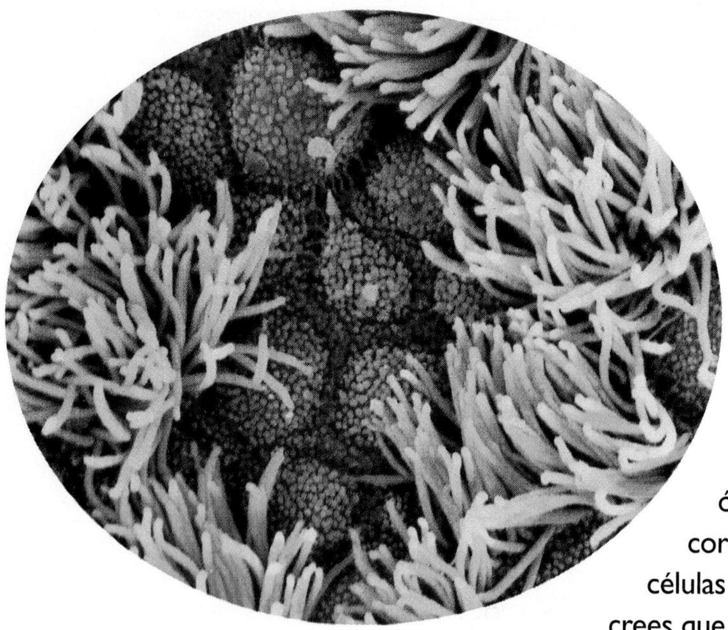

▲ *Los cilios que cubren tu tráquea transportan la mucosidad y el polvo atrapado hacia arriba, a la garganta. Estos cilios han sido aumentados de tamaño 4,170 veces.*

La función que cumple la célula determina el tipo y la cantidad de organelos que contiene. Por ejemplo, las células musculares de tus piernas tienen que contraerse rápidamente cuando te pones de pie, caminas o corres. Esas células contienen un número de mitocondrias productoras de energía mayor que el de las células óseas. Ahora piensa en las células de tu corazón, que siempre están activas, y en las células que forman las capas de tu piel. ¿Cuáles crees que tienen más mitocondrias?

Las membranas de algunas células poseen prolongaciones especiales. Las células de volvox tienen flagelos que les ayudan a moverse. Las vorticelas tienen en la parte superior del embudo estructuras semejantes a vellos llamadas cilios. Esos cilios se agitan rápidamente y crean un remolino que ayuda al organismo a alimentarse.

Las fotografías de esta página muestran otros ejemplos de células con cilios. Las células que cubren las vías respiratorias, los pulmones y la nariz poseen cientos de cilios. Su movimiento limpia esos conductos. El paramecio, organismo unicelular, tiene cilios que se agitan rítmicamente y hacen que el paramecio se desplace por las aguas donde habita.

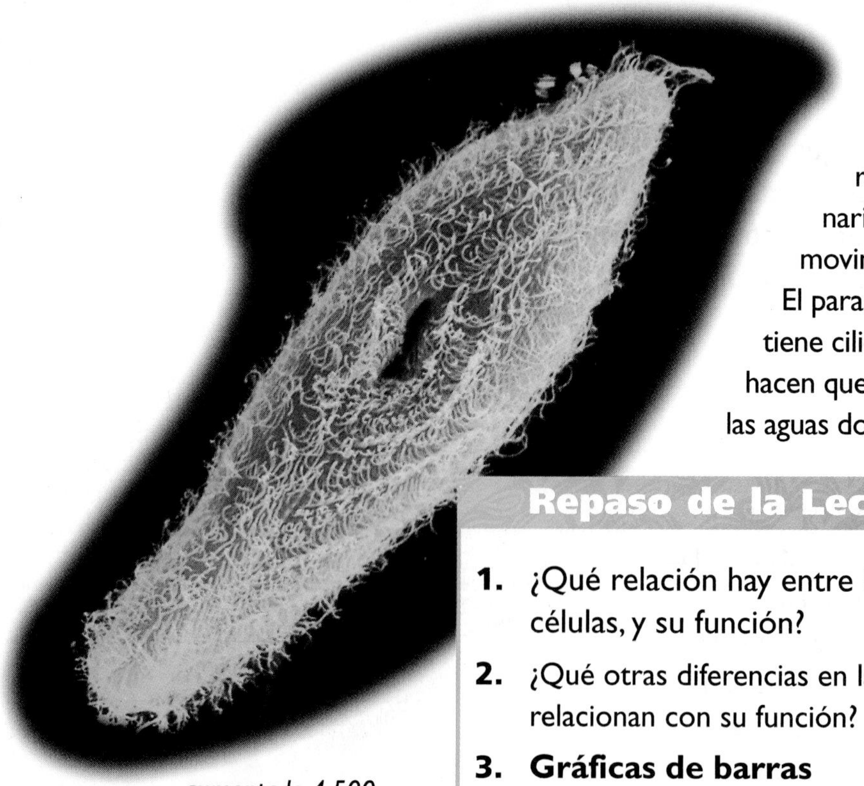

aumentado 4,500 veces

▲ *Los cilios del paramecio le permiten alimentarse y trasladarse de un lugar a otro.*

Repaso de la Lección 4

1. ¿Qué relación hay entre la forma y tamaño de las células, y su función?
2. ¿Qué otras diferencias en la estructura de las células se relacionan con su función?
3. **Gráficas de barras**
   ¿Cuál es la vida promedio de diferentes tipos de células? Haz una gráfica de barras con la información de la página A27 para contestar esta pregunta.

Experimenta con membranas

Materiales

- gafas protectoras
- 5 vasos graduados de plástico
- agua
- tiras para la prueba del azúcar con clave
- reloj
- gotero
- solución de yodo
- solución de azúcar
- solución de almidón
- cinta adhesiva de papel
- marcador
- tijeras
- tubo de diálisis
- regla métrica
- 6 pedazos de cordel
- embudo
- toalla de papel

Destrezas del proceso

- formular preguntas e hipótesis
- identificar y controlar variables
- hacer y usar modelos
- experimentar
- estimar y medir
- observar
- recopilar e interpretar datos
- comunicar

Plantea el problema

¿Qué materiales disueltos pueden pasar a través de una membrana?

Formula tu hipótesis

Si colocas modelos de células que contienen solución de almidón y solución de azúcar en agua natural, ¿qué substancias pasarán al agua a través de la membrana? Escribe tu **hipótesis.**

Identifica y controla las variables

Para observar qué materiales pasarán a través de la membrana, debes controlar las variables. La substancia disuelta es la **variable** que cambia en el experimento. Vas a usar tres **modelos** de células. Una célula contendrá sólo agua, otra contendrá una solución de almidón y la tercera contendrá una solución de azúcar. Recuerda que no debes cambiar ninguna de las demás variables.

Pon a prueba tu hipótesis

Sigue los siguientes pasos para hacer un **experimento.**

1. Haz una tabla como la que se muestra en la página A33 y anota ahí tus observaciones.

Foto A

Continúa →

2 Ponte las gafas protectoras. **Mide** 30 mL de agua en un vaso graduado. Pon en el agua una tira para la prueba del azúcar por unos 15 segundos. Saca la tira y espera 1 minuto. Compara el color de la punta de la tira con la clave (Foto A). Anota tus **observaciones.** Agrega 3 gotas de solución de yodo al mismo vaso de agua. Anota tus observaciones.

3 Repite el paso 2 con la solución de azúcar y con la solución de almidón.

4 Con cinta adhesiva y marcador, etiqueta tres vasos de plástico: *Control, Almidón* y *Azúcar*. Llena con agua dos tercios de cada vaso.

5 Con las tijeras, corta 3 pedazos de 12 cm de largo del tubo de diálisis. Remoja los tubos en un vaso de agua durante 1 minuto. Saca los tubos del agua y ata un extremo de cada pedazo de tubo con el cordel. Asegúrate de atarlos bien.

6 Con el embudo, echa agua en el extremo abierto de uno de los tubos atados y después átalo bien con el cordel (Foto B). Mete el tubo en el vaso de agua *Control.*

7 Llena el segundo tubo con solución de almidón. Enjuaga con cuidado el exterior del tubo y ata el extremo abierto con cordel. Mételo en el vaso de agua *Almidón.*

8 Limpia el embudo con una toalla de papel. Repite el paso 7 con la solución de azúcar. Mete el tubo en el vaso de agua *Azúcar* (Foto C).

9 Deja los tubos en los vasos de agua toda la noche. Luego, sácalos del agua. Haz un análisis del líquido de los 3 vasos con las tiras para la prueba del azúcar. Anota tus observaciones para **recopilar datos.** Con el gotero, echa tres gotas de solución de yodo en cada vaso. Anota tus observaciones.

Foto B

Foto C

Recopila tus datos

	Tira para la prueba del azúcar	Solución de yodo
Agua (paso 2)		
Solución de almidón (paso 3)		
Solución de azúcar (paso 3)		
Líquido del vaso *Control*		
Líquido del vaso *Almidón*		
Líquido del vaso *Azúcar*		

Interpreta tus datos

Basándote en tus datos, ¿cómo determinas si una solución contiene almidón? ¿Cómo determinas si contiene azúcar? ¿Qué vasos contenían soluciones de azúcar en el paso 9? ¿Cuáles contenían soluciones de almidón?

Presenta tu conclusión

Analiza tus datos y compara los resultados con tu hipótesis. **Comunica** tus resultados. Di qué materiales, si los hay, pueden pasar a través de una membrana.

Investiga más a fondo

¿La cantidad de azúcar o almidón disuelto en el agua de la célula afecta al resultado del experimento? Piensa en cómo vas a hallar la respuesta a ésta u otras preguntas que tengas.

Autoevaluación

- Formulé una **hipótesis.**
- **Experimenté** para determinar qué materiales pasan a través de una membrana.
- **Controlé las variables.**
- **Recopilé** e **interpreté datos.**
- **Comuniqué** mis resultados.

Repaso del Capítulo 1

Ideas principales del capítulo

Lección 1

• Una especie es un grupo de organismos que poseen las mismas características y producen descendientes semejantes.
• El invento de los microscopios compuesto y electrónico permitió estudiar las células.
• La teoría celular afirma que la célula es la unidad básica de todos los organismos vivos, y sólo las células vivas son capaces de producir nuevas células vivas.

Lección 2

• Las partes principales de la célula animal son el núcleo, la membrana celular y el citoplasma.
• Las estructuras llamadas organelos que se encuentran dentro del citoplasma cumplen una función distinta para la célula.

Lección 3

• Las partes de la célula vegetal son la membrana celular, el núcleo, el citoplasma y los organelos, entre ellos los cloroplastos y un esqueleto externo resistente llamado pared celular.
• A través de la fotosíntesis, las plantas elaboran los azúcares que almacenan energía y liberan el oxígeno que necesitan otros organismos para sobrevivir.

Lección 4

• La forma y tamaño de la célula está relacionado con su función específica dentro de un organismo.
• La función de una célula está relacionada con el tipo y la cantidad de organelos que tiene.

Repaso de términos y conceptos científicos

Escribe la letra de la palabra o frase que complete mejor cada oración.

a. membrana celular
b. teoría celular
c. pared celular
d. clorofila
e. cloroplasto
f. cromosoma
g. microscopio compuesto
h. citoplasma
i. retículo endoplásmico
j. mitocondria
k. núcleo
l. organelos
m. ribosoma
n. especie
o. vacuola

1. Las tres ranas son miembros de la misma ___.

2. El instrumento que tiene dos lentes para aumentar el tamaño de los objetos es un ___.

3. Según la ___, todos los organismos están compuestos de células.

4. El centro y la parte que controla las funciones de la célula es el ___.

5. La estructura que está en el núcleo y contiene la información para controlar las actividades de la célula es el ___.

6. La envoltura delgada y flexible de la célula es la ___.

7. La substancia gelatinosa que llena el espacio entre la membrana celular y el núcleo es el ___.

8. Los ribosomas, las mitocondrias y las vacuolas son ejemplos de ___.

9. El organelo que se encuentra en el citoplasma y donde se libera energía es la ___.

10. La ___ es el organelo en forma de saco donde se almacenan el alimento y el agua de la célula.

11. El organelo que transporta substancias por el interior de la célula es el ___.

12. La parte de la célula que reúne las proteínas para la célula es el ___.

13. La substancia verde que hay en las células vegetales es la ___.

14. El organelo que utiliza la energía solar, agua y dióxido de carbono para fabricar la glucosa es el ___.

15. El material resistente externo que sirve de soporte a las células vegetales es la ___.

Explicación de ciencias

Haz una tabla de comparación o escribe un párrafo que explique las siguientes preguntas.

1. ¿Qué diferencias hay entre las distintas especies?

2. ¿Cómo funcionan las partes de la célula animal?

3. ¿Qué diferencias existen entre las células animales y las células vegetales?

4. ¿Qué diferencias existen entre las células?

Práctica de destrezas

1. No se conoce el número exacto de especies de la Tierra porque día a día se identifican nuevas especies. La tabla muestra el número total de especies de aves que se conocían en tres años diferentes. Expresa esa información en una **gráfica de barras**.

Año	Número de especies que se conocen
1758	360
1845	4500
1990	9000

2. Haz una lista de por lo menos 10 especies que conozcas. **Clasifica** las especies según sus características. Identifica las características de cada grupo.

3. En la página A13, leíste sobre el experimento que realizó un médico belga alrededor del siglo XVII, el cual demostró que los ratones se desarrollaron a partir de granos de trigo. Describe un experimento para probar que la teoría del médico no es correcta. **Identifica** las **variables**.

Razonamiento crítico

1. **Compara** y **contrasta** las semejanzas y diferencias entre las especies de mascotas que tienen los compañeros o compañeras de clase.

2. Si observas una célula desconocida con un microscopio electrónico, ¿cómo aplicarás lo que sabes sobre la estructura de la célula para **inferir** si la célula es animal o vegetal?

3. **Compara** y **contrasta** las células del cuerpo humano que aparecen en la página A27. **Saca una conclusión** sobre el modo en que la forma de cada célula le sirve para cumplir su función.

De tal palo tal astilla

¿Qué cachorro te gusta? Cada cachorro es único, por eso puedes escoger uno del color que te guste. Pero, ¿de dónde viene esa variedad de características físicas?

Capítulo 2

Reproducción y herencia

Investiguemos: Reproducción y herencia

- **Lección 1**
  ¿Cómo se reproducen las células?
  - ¿Qué es la mitosis?
  - ¿Cómo ayuda la mitosis al crecimiento y reparación de los organismos?
  - ¿Qué es la reproducción asexual?
- **Lección 2**
  ¿Cómo se reproducen los organismos multicelulares?
  - ¿Qué es la meiosis?
  - ¿Cómo producen descendientes dos progenitores?
  - ¿Qué semejanzas y diferencias hay entre la mitosis y la meiosis?
- **Lección 3**
  ¿Cómo controla el ADN los caracteres hereditarios?
  - ¿Por qué es único cada organismo?
  - ¿Cómo es la estructura del ADN?
  - ¿Cómo se duplica el ADN?
  - ¿Cómo se usa la información del ADN?
- **Lección 4**
  ¿Cómo heredan sus caracteres los organismos?
  - ¿Por qué la reproducción sexual produce variación en los descendientes?
  - ¿Qué son los genes dominantes y recesivos?
  - ¿Cómo afectan las mutaciones a los organismos?

***Copia el organizador gráfico del capítulo** en una hoja de papel. El organizador te muestra de qué trata el capítulo. A medida que leas las lecciones y hagas las actividades, busca las respuestas a las preguntas y escríbelas en tu organizador.*

Explora la variación en las especies

Destrezas/Proceso

Destrezas del proceso

- observar
- estimar y medir
- comunicar
- inferir

Materiales

- 10 cacahuates con cáscara
- regla métrica
- papel para gráficas

Explora

Sigue este procedimiento

1 Haz una tabla como la que se muestra y anota ahí tus observaciones.

Cacahuate	Observaciones	Longitud
1		
2		
3		

2 **Observa** con atención 10 cáscaras de cacahuate y anota tus observaciones. ¿Qué diferencias notas?

3 **Mide** la longitud de 10 cáscaras de cacahuate en milímetros. Anota tus mediciones.

4 Combina tus datos con los de los demás grupos.

5 Haz una gráfica de barras que muestre los datos que recopiló toda la clase. Prepara la gráfica como se muestra.

Variaciones en las cáscaras de cacahuate

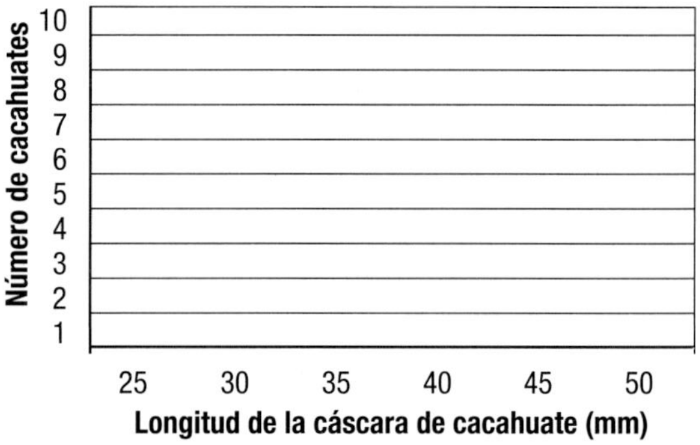

Reflexiona

1. ¿Qué puedes **inferir** acerca de la variación dentro de una especie según tus observaciones?

2. Compara la gráfica de tu grupo con los datos de la clase. ¿Qué gráfica muestra mayor variación? ¿Por qué razón? **Comunica** tus ideas al resto de la clase.

Investiga más a fondo

¿Otras especies muestran variaciones similares? Piensa en cómo vas a hallar la respuesta a ésta u otras preguntas que tengas.

Conversiones métricas

La estatura es un carácter que heredamos de nuestros padres. El sistema métrico sirve para medir la estatura.

La unidad base para medir la estatura (longitud) en el sistema métrico es el **metro**. El metro se puede convertir en distintas unidades para describir longitudes largas o cortas.

Vocabulario de matemáticas

metro, unidad básica de longitud del sistema métrico

Ejemplo

Nombre	Abreviatura	Número de unidades base	Comparación aproximada
Kilómetro	km	1,000	9 campos de fútbol americano
Metro	m	1	Mitad de la altura de una puerta
Centímetro	cm	$\frac{1}{100}$	Largo de una uva pasa
Milímetro	mm	$\frac{1}{1000}$	Anchura del punto al final de una oración

Observa la tabla. Fíjate que para convertir una unidad, multiplicas o divides por una potencia de 10. Por ejemplo, para convertir de kilómetros a metros, multiplicas por 1,000 $\frac{\text{m}}{\text{km}}$.

$1 \text{ km} \times 1{,}000 \frac{\text{m}}{\text{km}} = 1{,}000 \text{ m}$

Para convertir de centímetros a metros, divides por 100 $\frac{\text{cm}}{\text{m}}$.

$200 \text{ cm} \div 100 \frac{\text{cm}}{\text{m}} = 2 \text{ m}$

¿Sabías que...?

En un principio, el metro se definió como $\frac{1}{10{,}000{,}000}$ de la distancia que existe del ecuador al Polo Norte. Los franceses tardaron de 1792 a 1798 en medir esa distancia. Los satélites actuales confirman que sus mediciones sólo estaban erradas en 0.2 mm.

En tus palabras

1. ¿Se puede convertir en metros cualquier medición en milímetros? Explica.

2. ¿Por qué es más adecuado medir la estatura en centímetros que en metros?

¿Cuál es la idea?

En esta lección aprenderás:

- **qué es la mitosis.**
- **cómo la mitosis ayuda al crecimiento y reparación de los organismos.**
- **qué es la reproducción asexual.**

Glosario

Glosario

mitosis, proceso por el cual la célula produce dos nuevos núcleos idénticos

división celular, división de la célula después de la mitosis

Tu organismo produce 32 millones de glóbulos rojos como éstos ¡todos los días! ▼

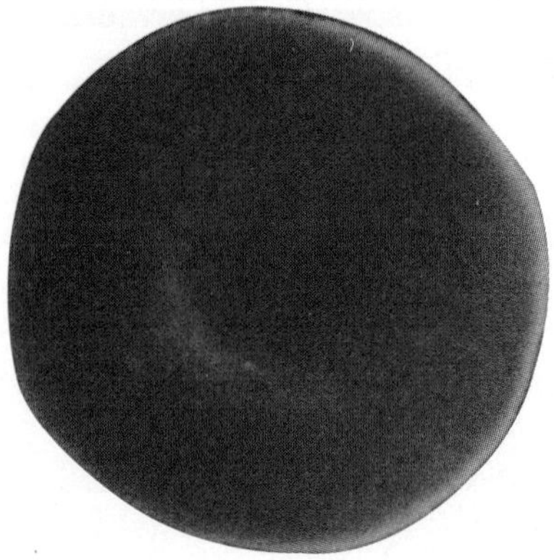

Lección 1

¿Cómo se reproducen las células?

¡Mira! ¡Cómo ha crecido el girasol desde la semana pasada! Ya debe medir casi un metro. ¿Cómo creció tanto en tan poco tiempo? ¿Habrán engordado sus células o es que ahora tiene más células? Pero, entonces, ¿de dónde salieron todas esas células?

Mitosis

Las células de todos los organismos del mundo, organismos unicelulares, plantas, animales e incluso seres humanos, se dividen para formar nuevas células. ¿Cómo sucede esto?

En el Capítulo 1 vimos que el núcleo de la célula contiene cromosomas. Cada especie tiene en sus células un número determinado de cromosomas. Por ejemplo, las células del ser humano tienen 46 cromosomas, mientras que las de la rana toro tienen 26, las del pollo 78 y las de la cebolla 32.

Antes de dividirse en dos, la célula duplica, es decir, hace una copia exacta de todos sus cromosomas. ¿Qué pasaría si la célula no duplicara sus cromosomas antes de dividirse?

Después de duplicar sus cromosomas, la célula pasa por un proceso llamado mitosis. Durante **la mitosis**, el núcleo de la célula se divide y forma dos núcleos idénticos. Aunque la mitosis es un proceso continuo, los científicos la han dividido en una serie de fases para facilitar su entendimiento. En la página siguiente podrás ver estas fases.

Terminada la mitosis, se lleva a cabo el proceso de **división celular**. La célula se divide en dos y forma dos nuevas células. A cada una de esas células le toca uno de los núcleos formados durante la mitosis. Así las dos reciben un juego completo de cromosomas. Los cromosomas de las células hijas y de la célula madre son idénticos. Todas las células de tu organismo se han formado por mitosis y división celular, y algunas de ellas, como el glóbulo rojo de la ilustración, se están formando en este preciso instante.

Fases de la mitosis

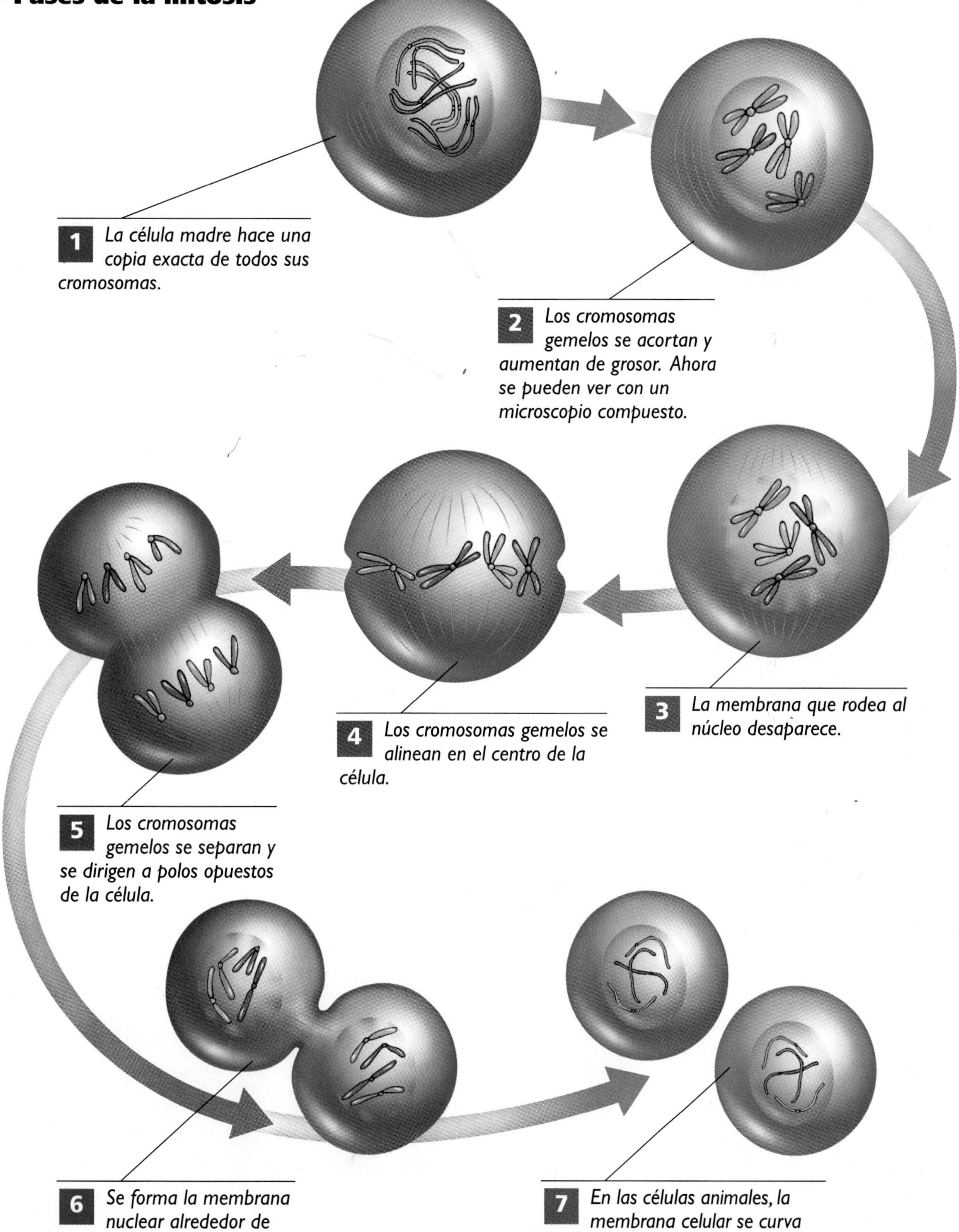

1 *La célula madre hace una copia exacta de todos sus cromosomas.*

2 *Los cromosomas gemelos se acortan y aumentan de grosor. Ahora se pueden ver con un microscopio compuesto.*

3 *La membrana que rodea al núcleo desaparece.*

4 *Los cromosomas gemelos se alinean en el centro de la célula.*

5 *Los cromosomas gemelos se separan y se dirigen a polos opuestos de la célula.*

6 *Se forma la membrana nuclear alrededor de cada juego de cromosomas. Comienza la separación de la célula.*

7 *En las células animales, la membrana celular se curva hacia adentro a la altura del centro de la célula. En las células vegetales, se forma una nueva pared celular a la altura del centro de la célula. Entonces, la célula se divide en dos.*

Crecimiento y reparación

El crecimiento es un ejemplo más de lo que sucede cuando las células se reproducen. Tú has crecido y hoy mides mucho más que cuando eras bebé. Esto se debe en gran parte a procesos de mitosis y división celular. Cuando dejes de crecer, ¡tu organismo tendrá unos 100 trillones de células! La reproducción celular es la responsable del crecimiento de los organismos.

¿Alguna vez has sembrado semillas de girasol y las has visto crecer y convertirse en plantas adultas como la de la foto? Cada semilla contiene una planta semidesarrollada llamada embrión. Cuando el embrión se hincha, crece y rompe la semilla, brota una planta joven o plántula. Al formarse nuevas células constantemente, la plántula crece.

La primera parte de la plántula que brota es la raíz. Luego aparece el retoño, es decir, la parte de la planta de la cual saldrán el tallo, las hojas, las flores y los frutos. Las células que se producen en la punta del tallo hacen que la planta crezca. A lo largo de su vida, la planta de girasol crecerá al ir agregando células nuevas a las puntas de sus raíces y retoños.

Los animales también crecen al producir nuevas células. Fíjate en el gatito de la ilustración. Por todo su cuerpo, la mitosis va produciendo nuevas células, muchas de las cuales son responsables de que el gatito se convierta en gato adulto.

Gracias a la mitosis y la división celular también se reemplazan las células muertas y se reparan los tejidos celulares. Por ejemplo, la capa

▲ *Esta planta crece gracias a la mitosis, que produce nuevas células.*

Este gatito puede llegar a vivir más de 20 años. Durante el transcurso de su vida, la mitosis produce nuevas células para su crecimiento y la reparación de su organismo. ▶

externa de la piel está formada por células muertas que se desprenden continuamente. Debajo de estas células muertas se encuentran unas células en forma de cubo que producen nuevas células para la piel. Estas nuevas células se desplazan constantemente hacia la superficie para reemplazar a las células muertas. Toda la piel de tu cuerpo se renueva por completo como una vez al mes.

Un ácido muy fuerte, que ayuda a digerir los alimentos, baña constantemente las células que recubren el estómago por dentro. Esas células se reemplazan cada dos días aproximadamente porque viven en un ambiente hostil.

La sangre contiene distintos tipos de células. Los glóbulos rojos transportan el oxígeno por el organismo y sólo viven unos 120 días. Los glóbulos blancos ayudan al organismo a defenderse de las enfermedades y pueden vivir desde unos cuantos días hasta varios meses. El organismo produce continuamente glóbulos rojos y blancos para reemplazar a los glóbulos que mueren.

La sangre contiene un tercer tipo de células: las plaquetas, que viven aproximadamente diez días. En la cortada del dedo de la foto, las plaquetas entran en contacto con los bordes de los vasos sanguíneos rotos. Después se hinchan y se adhieren a la superficie de la herida y unas a otras. De esa manera, las plaquetas ayudan a formar el coágulo que detiene la hemorragia. Con el tiempo, células nuevas repararán la lesión reemplazando las células lesionadas por la cortada.

Las plantas también producen nuevas células para reparar los tejidos. Seguramente habrás visto las ramas rotas de un árbol después de una fuerte tormenta. Cuando esto ocurre, el árbol produce nuevas células que con el tiempo cubren y reparan la herida. ¿Qué le pasa al césped después de cortarlo?

Si te cortas el dedo, con el tiempo crecen nuevas células que sanan la herida. ▼

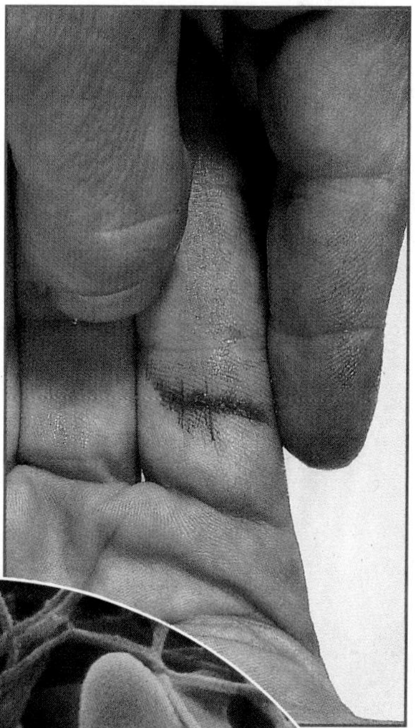

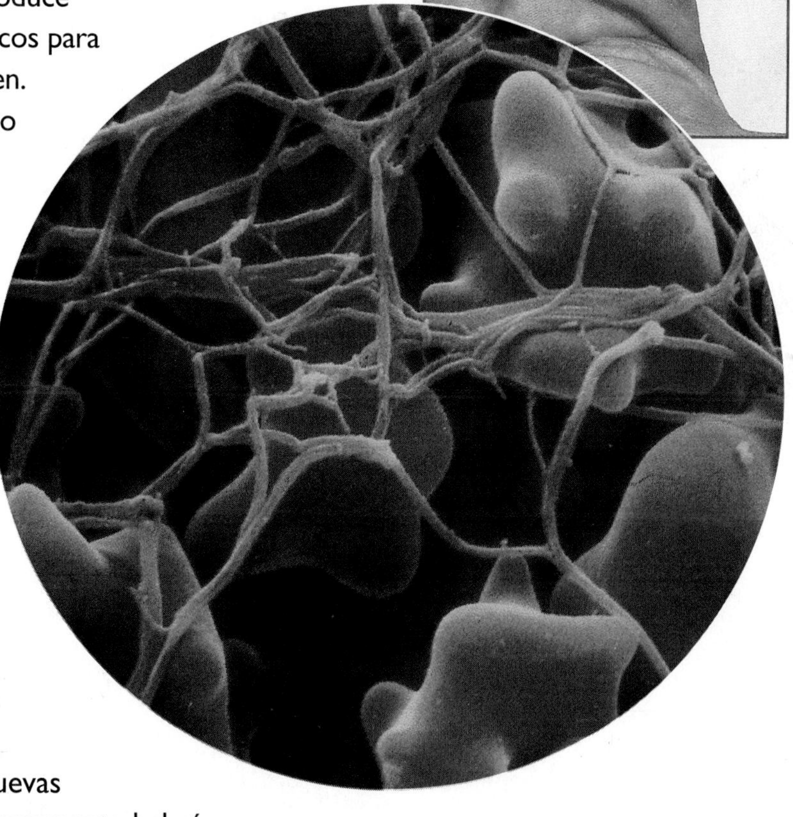

▲ *Estas plaquetas ayudan a detener la hemorragia de dos maneras. Primero, se adhieren a los cortes que hay en los vasos sanguíneos y los taponan. Tambié liberan una substancia que ha que se produzca fibrina, el componente fibroso de la f ¿Cuál es la función de lo*

Glosario

reproducción asexual, reproducción a partir de un solo progenitor

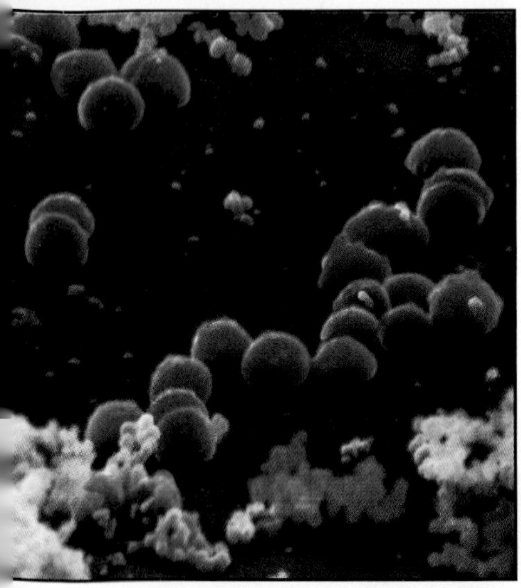

▲ *Estas bacterias pueden pasar a tu organismo a través de una herida de la piel. Una vez dentro, las bacterias pueden causar diversas enfermedades.*

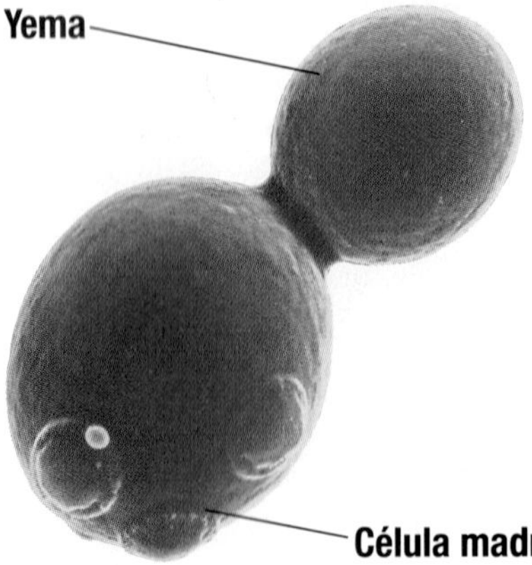

▲ *Los poros del pan se forman de las burbujas que producen organismos como el de la foto. Estos organismos, llamados levaduras, pertenecen al grupo de los hongos. La reproducción asexual de las levaduras se llama gemación.*

Reproducción asexual

Acabamos de ver cómo la reproducción celular produce nuevas células en los organismos multicelulares. Sin embargo, ¿sabías que en los organismos unicelulares la reproducción celular produce nuevos organismos? La **reproducción asexual** es el proceso por el cual se producen nuevos organismos a partir de un solo progenitor.

Las ilustraciones de abajo muestran una ameba, que es un organismo unicelular, durante el proceso de reproducción. Después de la mitosis y la división celular, podrás notar que se han formado dos nuevas amebas. Las dos amebas hijas son idénticas a la ameba madre porque sus cromosomas son idénticos.

Existen otros organismos unicelulares que también se reproducen asexualmente. Las bacterias son organismos unicelulares que causan muchas enfermedades, como la infección de garganta y la pulmonía. Pero también se usan para fabricar vinagre, yogurt, queso, pepinillos y otros alimentos. Las células de las bacterias como las de la foto no tienen núcleo. Sin embargo, poseen un solo cromosoma de forma circular. Cuando se reproducen, las bacterias duplican su cromosoma. Después se dividen en dos. Al igual que las amebas, las bacterias hijas son idénticas a la bacteria madre.

El organismo que se ve abajo a la izquierda es una levadura. Los panaderos añaden levadura a la masa del pan para hacerla crecer. Estos organismos se reproducen asexualmente. Cuando termina la mitosis en el núcleo de la levadura, una pequeña parte de la célula madre comienza a separarse. El citoplasma, esa substancia transparente y gelatinosa de la que está llena la célula, se divide de manera desigual.

1 *La ameba se reproduce asexualmente.*

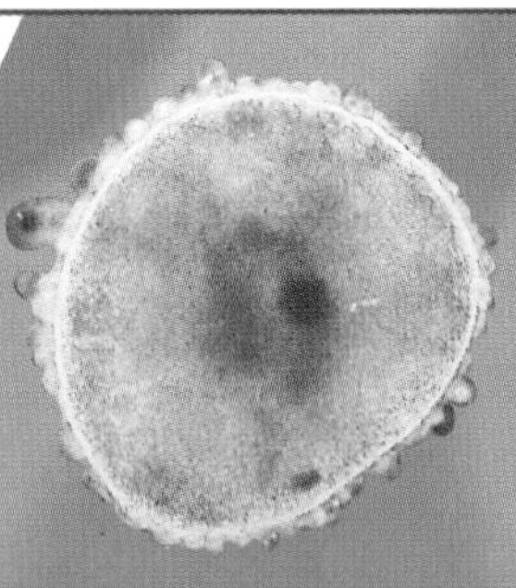

2 *La ameba, que es unicelular, se divide al alcanzar cierto tamaño.*

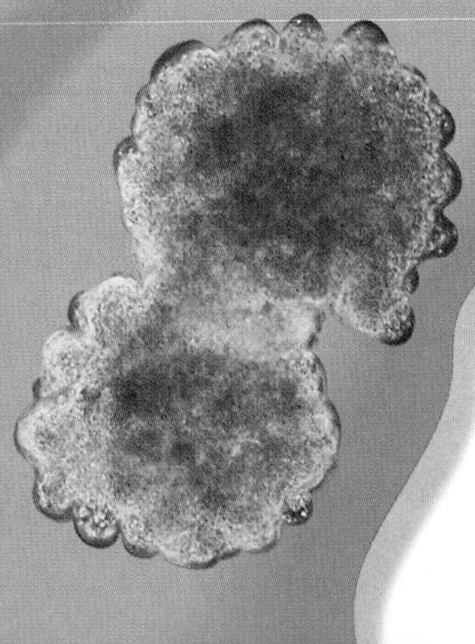

Al principio, la parte más pequeña, llamada yema, permanece junto a la célula madre. La yema continúa creciendo hasta que se separa de la célula madre y pasa a vivir independientemente. Tanto la célula madre como la célula hija son idénticas porque sus cromosomas son idénticos.

También se suelen reproducir asexualmente algunos organismos multicelulares. Por ejemplo, el nemertino, un tipo de gusano, a veces pega su cola a una roca u otra superficie dura. Después se arrastra en dirección opuesta hasta que su cuerpo se parte en dos. Cada mitad produce luego células nuevas y se convierte en gusano adulto. Los gusanos hijos son idénticos al organismo original.

En la primavera, los cultivadores de papa se preparan para la siembra y cortan las papas de manera que cada trozo contenga un "ojo". Después de plantarlos, de cada ojo brota una nueva planta. De una sola papa se forman muchas plantas. Los cromosomas de cada una de esas plantas son idénticos a los de la papa original.

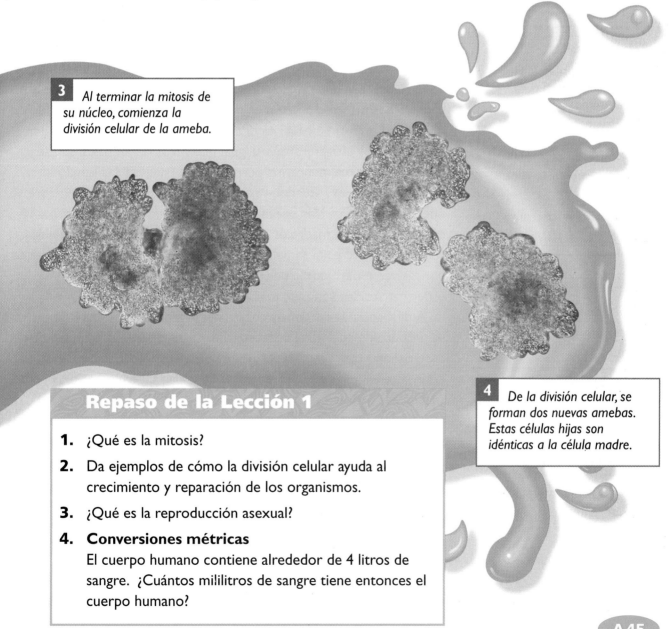

3 *Al terminar la mitosis de su núcleo, comienza la división celular de la ameba.*

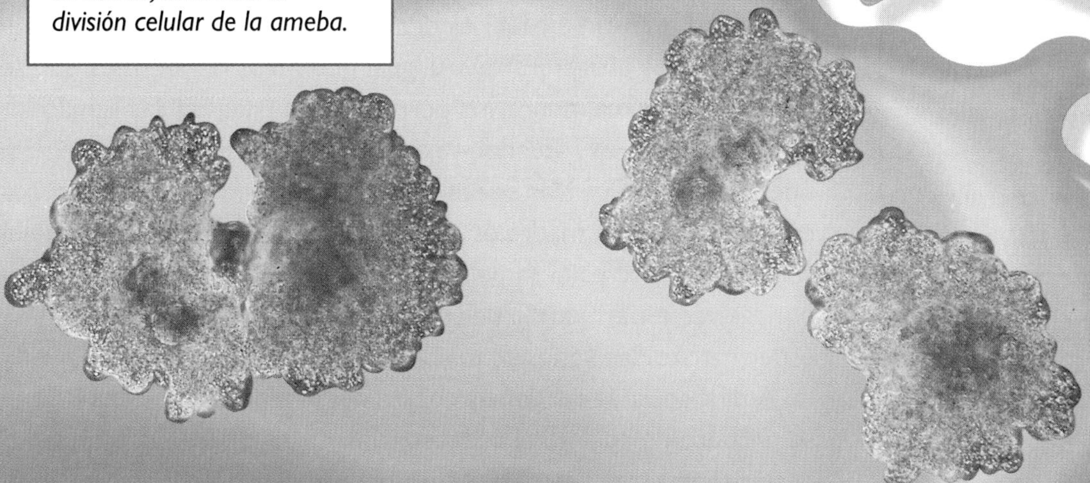

4 *De la división celular, se forman dos nuevas amebas. Estas células hijas son idénticas a la célula madre.*

Repaso de la Lección 1

1. ¿Qué es la mitosis?
2. Da ejemplos de cómo la división celular ayuda al crecimiento y reparación de los organismos.
3. ¿Qué es la reproducción asexual?
4. **Conversiones métricas**
   El cuerpo humano contiene alrededor de 4 litros de sangre. ¿Cuántos mililitros de sangre tiene entonces el cuerpo humano?

¿Cuál es la idea?

En esta lección aprenderás:

- qué es la meiosis.
- cómo producen descendientes dos progenitores.
- qué semejanzas y diferencias hay entre la mitosis y la meiosis.

Glosario

Glosario

reproducción sexual, reproducción en la que participan dos progenitores

célula sexual, célula producida por los organismos que se reproducen sexualmente

meiosis, proceso por el cual se forman las células sexuales

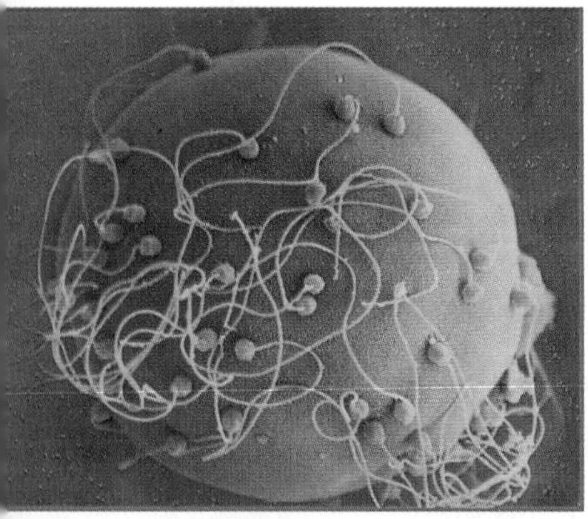

▲ *Este óvulo está rodeado de muchos espermatozoides. Sin embargo, solamente uno de ellos podrá unirse al óvulo.*

Lección 2

¿Cómo se reproducen los organismos multicelulares?

¡Qué **lindos** son! Resulta que tu amigo tiene una nueva camada de cachorros. La madre de los cachorros es una *poodle* de color negro y el padre es un *terrier* de pelo corto color blanco. ¿Cómo crees que serán los cachorros? ¿Crees que se parecerán más a la madre o al padre?

Meiosis

Cuando nace una camada de cachorros, ninguno será idéntico al padre o a la madre. La razón es que los cachorros son el resultado de la **reproducción sexual**, es decir, el tipo de reproducción en el que participan dos progenitores. Al igual que otros organismos que se reproducen sexualmente, los perros tienen unas células llamadas **células sexuales**. Cuando una de las células sexuales de la madre se une a una de las células sexuales del padre, se forma un cachorro. La célula sexual de la madre es el gameto femenino u óvulo y la célula sexual del padre es el gameto masculino o espermatozoide. En la foto puedes ver espermatozoides rodeando a un óvulo. Fíjate que los espermatozoides son mucho más pequeños que el óvulo.

A diferencia de las demás células del organismo, las células sexuales se producen mediante el proceso llamado **meiosis**. La cantidad de cromosomas que tienen las células sexuales es sólo la mitad de la que tiene la célula madre. En el diagrama de la página siguiente verás cómo sucede ese proceso.

Antes de comenzar la meiosis, todos los cromosomas de la célula se duplican y forman pares de cromosomas gemelos. La meiosis se realiza en dos fases. En la primera fase (del 1 al 5), los cromosomas gemelos se separan y la célula se divide en dos. Cada una de estas dos células posee la misma cantidad de cromosomas que la célula madre. En la segunda fase (del 6 al 9), los cromosomas de las dos células se separan y las dos células se dividen y forman cuatro células hijas.

Fases de la meiosis

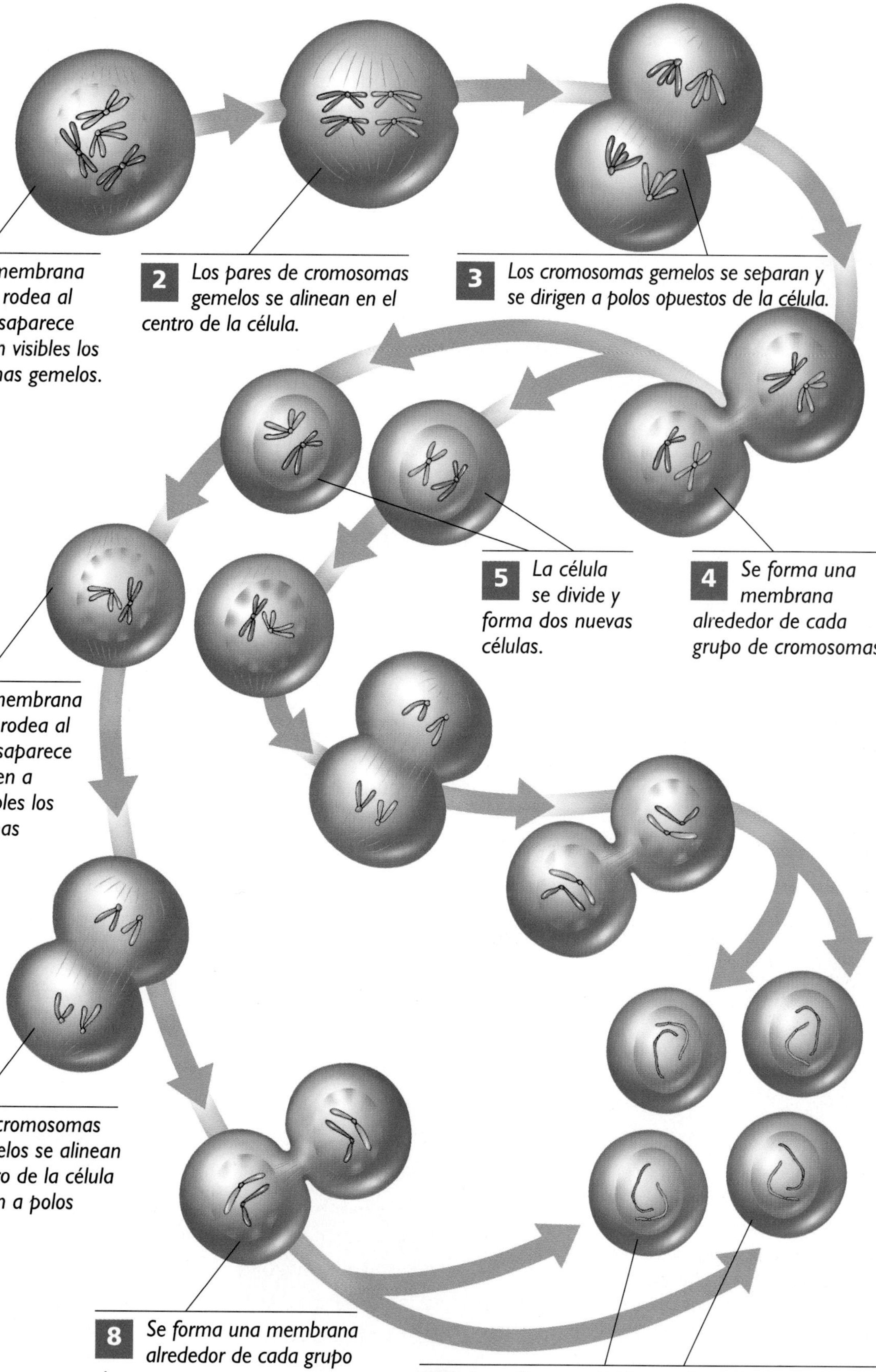

1 La membrana que rodea al núcleo desaparece y se hacen visibles los cromosomas gemelos.

2 Los pares de cromosomas gemelos se alinean en el centro de la célula.

3 Los cromosomas gemelos se separan y se dirigen a polos opuestos de la célula.

4 Se forma una membrana alrededor de cada grupo de cromosomas.

5 La célula se divide y forma dos nuevas células.

6 La membrana que rodea al núcleo desaparece y se vuelven a hacer visibles los cromosomas gemelos.

7 Los cromosomas gemelos se alinean en el centro de la célula y se dirigen a polos opuestos.

8 Se forma una membrana alrededor de cada grupo de cromosomas.

9 Las células se dividen en dos y forman cuatro células hijas. Cada célula tiene la mitad de cromosomas que la célula original.

Meiosis en los perros

Este diagrama muestra cómo el número de cromosomas de cada célula cambia a medida que se forman las células sexuales. ▼

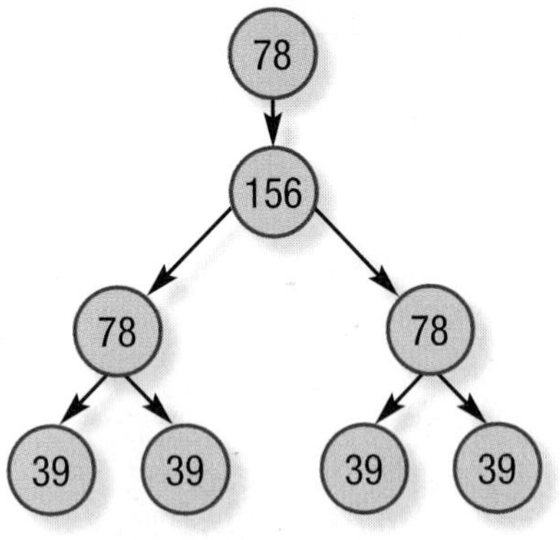

La cantidad de cromosomas que tiene cada una de estas células es la mitad de la que tiene la célula madre.

Piensa otra vez en la camada de cachorros. Cada uno de ellos se formó de la unión de las células sexuales de dos progenitores. Todas las células del perro tienen 78 cromosomas. Antes de comenzar la meiosis, los cromosomas de una célula especial, que es la que va a producir las células sexuales, se duplican. En ese instante, esa célula madre tiene 156 cromosomas.

En la primera fase de la meiosis, la célula se divide en dos. Cada una de estas dos células tiene 78 cromosomas.

En la segunda fase de la meiosis, las dos células recién formadas también se dividen. A cada una de las cuatro células resultantes le tocan 39 cromosomas. En otras palabras, cada una de esas cuatro células sexuales posee solamente la mitad de cromosomas que las demás células del perro. El proceso se resume en el diagrama que aparece a la izquierda.

Glosario

Glosario

fecundación, unión del óvulo y el espermatozoide durante la reproducción sexual

cigoto, primera célula del nuevo organismo que resulta de la unión del óvulo y el espermatozoide

Reproducción a partir de dos progenitores

La unión del óvulo con el espermatozoide durante la reproducción sexual se llama **fecundación**. Cuando la hembra de la rana, por ejemplo, deposita sus óvulos en el agua, el macho los rocía con un fluido que contiene espermatozoides. Si uno de los espermatozoides logra penetrar uno de los óvulos, se produce la fecundación. Únicamente el primer espermatozoide que logre penetrar uno de los óvulos podrá fecundar ese óvulo.

Cuando el óvulo y el espermatozoide se unen, se forma un **cigoto**. La foto de abajo muestra el cigoto, u óvulo fecundado, de una rana. Dos o tres horas después de la fecundación, el cigoto pasa por los procesos de mitosis y división celular y forma dos células.

A continuación, las dos células producidas por el cigoto se dividen y forman cuatro células. Estas cuatro células, a su vez, se dividen y forman ocho células, y así sucesivamente.

Desarrollo de la rana

Estas fotos microscópicas muestran cómo el cigoto unicelular de la rana empieza a dividirse y a producir más células. Las células se vuelven a dividir varias veces hasta que se forma el renacuajo multicelular. ▶

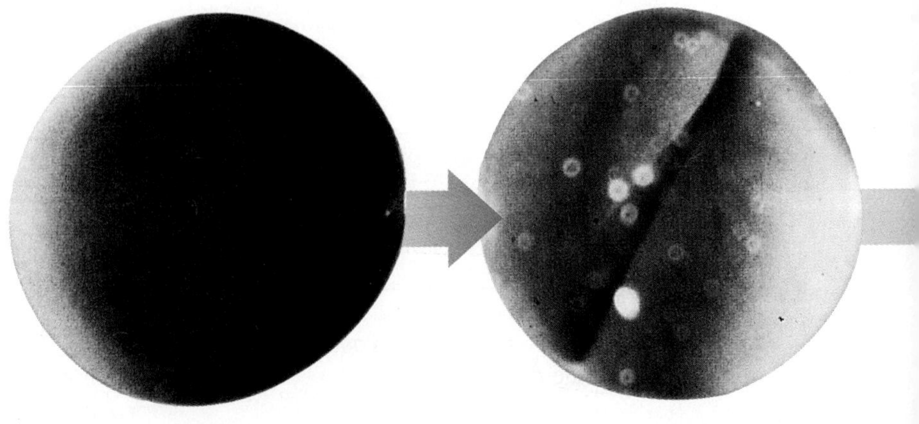

Cigoto

En las tres fotos de abajo puedes observar este proceso de desarrollo de la rana. La mitosis y la división celular continúan y cada nueva célula vuelve a producir otras células más. Al cabo de seis a nueve días, se ha formado un renacuajo.

El caimán de la foto es producto de la reproducción sexual. A diferencia de la rana, los espermatozoides del caimán macho fecundan los óvulos dentro del cuerpo de la hembra. Después de la fecundación, se forma una capa fibrosa alrededor de cada cigoto. Los cigotos se desarrollan y forman huevos que la hembra deposita en grandes nidos en la ribera de estanques o ríos. Pasados unos 60 días, el cigoto de cada huevo se convierte en un organismo multicelular y el pequeño caimán sale del cascarón. El caimán recién nacido es mucho más pequeño que sus progenitores. ¿Cómo crees que alcanzará el tamaño de adulto?

En la mayoría de los mamíferos, la fecundación y la formación de sus descendientes tienen lugar dentro del cuerpo de la hembra. Al igual que la madre de los cachorros de tu amigo, las hembras de la mayor parte de los mamíferos paren crías completamente formadas.

▲ *Al igual que en todos los casos de reproducción sexual, este joven caimán se desarrolló a partir de una sola célula.*

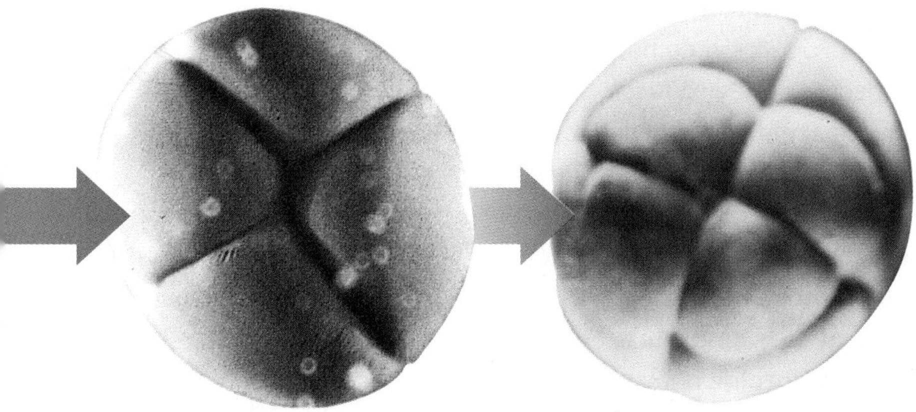

▲ *Las flores son órganos de reproducción sexual. En muchas plantas, las células sexuales masculinas y femeninas se producen en la misma flor.*

Los animales no son los únicos organismos que se reproducen sexualmente. Las plantas también lo hacen. Las flores, como el lirio de la izquierda, son los órganos reproductores de las plantas. En las plantas con flores, las células sexuales masculinas son los granos de polen. El polen se produce en el estambre mientras que los óvulos se producen en la base del pistilo, el órgano femenino de la flor. Las células sexuales masculinas bajan por el pistilo, fecundan los óvulos y así se forman los cigotos. Se forma entonces una capa protectora alrededor del cigoto que se convierte en semilla, la cual protege el organismo en desarrollo.

Existe una importante diferencia entre la reproducción sexual y la asexual. Los ansarinos de la foto son producto de la reproducción sexual. ¿Qué notas en su apariencia física? Compara cada ansarino con sus padres y verás que el color de su plumaje es distinto al del de la madre. Esa diferencia se debe a la reproducción sexual. Los óvulos de la hembra aportan la mitad de los cromosomas de los ansarinos y los espermatozoides del macho aportan la otra mitad. Por lo tanto, los ansarinos no son exactamente iguales a ninguno de sus padres. ¿Qué diferencia hay entre estas crías y las producidas por reproducción asexual?

▲ *Las crías del ganso se llaman ansarinos. ¿En qué se parecen estos ansarinos a sus progenitores? ¿En qué se diferencian de sus progenitores y entre sí?*

Diferencias entre mitosis y meiosis

Entre la mitosis y la meiosis existen diferencias notables. La tabla de la página siguiente te ayudará a comprender y a comparar los dos procesos y sus resultados.

En los organismos multicelulares, la mitosis se realiza en las células somáticas, es decir, en las células del cuerpo, y su resultado es la producción de nuevas células. La meiosis se realiza en células especiales que producen las células sexuales. La diferencia principal entre las células somáticas y las células sexuales es el número de cromosomas que tienen en el núcleo. Las células somáticas tienen el número de cromosomas que es normal para la especie. Por ejemplo, las células somáticas del ser humano tienen 46 cromosomas. Las células sexuales poseen la mitad del número normal de cromosomas de la especie. Cada óvulo y cada espermatozoide humano tiene 23 cromosomas.

Célula madre con 2 cromosomas	Cromosomas duplicados	Los cromosomas gemelos se separan	La célula se divide en dos	Las células se vuelven a dividir en dos	Células hijas
Célula somática 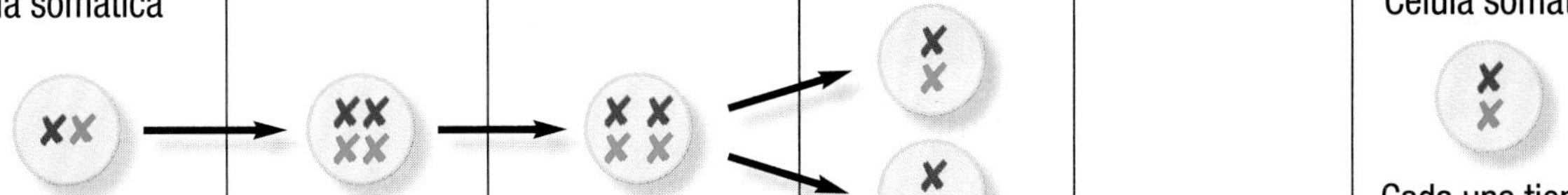 Mitosis					Célula somática Cada una tiene 2 cromosomas
Célula especial 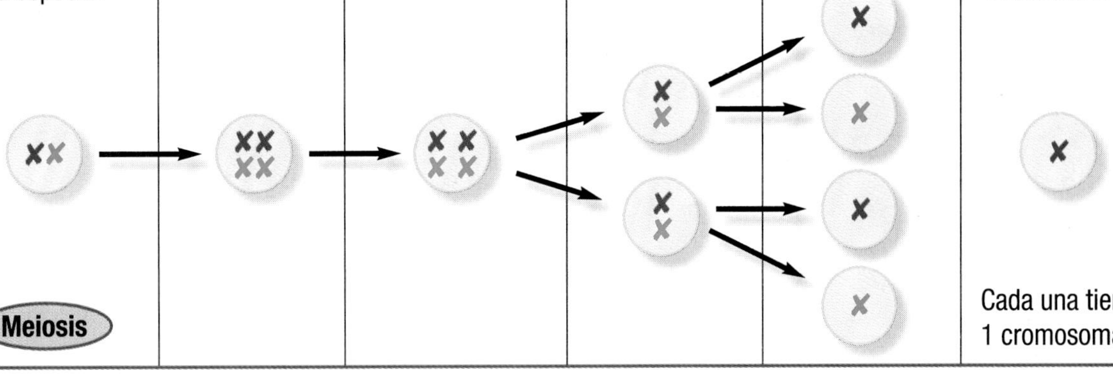 Meiosis					Célula sexual Cada una tiene 1 cromosoma

El número de cromosomas de las células somáticas y de las células sexuales es distinto porque el número de divisiones celulares que se producen durante la mitosis y la meiosis también es distinto. En la mitosis las células se dividen una vez mientras que en la meiosis ocurren dos divisiones celulares.

Por último, debido a que el número de cromosomas es distinto, también son distintos los organismos que resultan de estos dos procesos. La mitosis produce organismos idénticos al original porque sus cromosomas son idénticos. En cambio, la meiosis produce organismos diferentes porque sus cromosomas no son idénticos a los cromosomas de ninguno de los dos padres.

Repaso de la Lección 2

1. ¿Qué es la meiosis?
2. ¿Cómo producen descendientes dos progenitores?
3. ¿Qué diferencias hay entre la mitosis y la meiosis?
4. **Conversiones al sistema métrico**
   El feto humano se desarrolla por mitosis; a los 6 días mide 0.02 cm y al nacer mide unos 46 cm. Convierte estas unidades en milímetros.

¿Cuál es la idea?

En esta lección aprenderás:

- por qué es único cada organismo.
- cómo es la estructura del ADN.
- cómo se duplica el ADN.
- cómo se usa la información del ADN.

Glosario

Glosario

carácter, rasgo característico de un organismo

ADN, molécula de la célula que dirige todas sus funciones

Fíjate en estos animales reunidos alrededor de un abrevadero en Namibia, África. ¿Qué características tienen en común estos animales? ¿Crees que pertenecen a la misma especie? ¿Cómo lo sabes? ▼

Lección 3

¿Cómo controla el ADN los caracteres?

Cuando miras en un espejo, ¿a quién ves? Pues a ti, ¡claro! ¿Sabías que no hay nadie en el mundo como tú? ¡Eres un ser único! ¿Por qué? La respuesta la encontrarás en tus células.

Un ADN sin igual

Si te piden que compares los animales de la foto, ¿qué dirías? Tal vez te des cuenta de que unos son jirafas y otros son cebras. Recuerda lo que aprendiste en el Capítulo 1 acerca de las especies. Las jirafas pertenecen a una especie distinta a la de las cebras. Todo animal posee los rasgos físicos, o **caracteres,** propios de la especie a la que pertenecen.

¿Qué caracteres diferencian a las jirafas de las cebras? Las jirafas son más grandes y tienen el cuello y las patas más largas que las cebras. Los colores y diseños de su pelaje también son distintos. Sin embargo, estos animales no sólo se diferencian en su apariencia física.

El núcleo de todas las células de la jirafa contiene una serie de instrucciones sobre cómo formar el cuerpo de la jirafa. Estas instrucciones se encuentran en sus cromosomas. Ya hemos visto que los cromosomas son parte del núcleo celular y que guardan la información que controla todas las funciones de la célula. Los cromosomas contienen una substancia llamada **ADN** o acido desoxirribo nucleico. El ADN determina el tipo de organismo al que pertenece la célula. En este caso, se trata de una jirafa.

El ADN de los cromosomas está dividido en distintas secciones llamadas genes. Cada **gen** controla el desarrollo de un carácter

determinado. Por ejemplo, un gen puede controlar el color del pelaje de la jirafa. El organismo de la jirafa se desarrolla y funciona de una forma determinada debido a los genes que el cigoto recibió de sus padres durante la fecundación.

Las jirafas se parecen más a las cebras que a los avestruces. Esto quiere decir que las jirafas y las cebras tienen en común más genes que las jirafas y los avestruces. Sin embargo, existen suficientes diferencias entre los genes de las jirafas y las cebras que hacen que las dos pertenezcan a especies distintas.

¿Qué semejanzas y qué diferencias hay entre los genes de las jirafas de la foto? Las jirafas pertenecen a la misma especie y por eso la mayor parte de sus genes son iguales. Sin embargo, notarás que las jirafas no son idénticas. Cada una posee una combinación de genes ligeramente distinta que la diferencia de las demás.

Cada organismo es único. Ningún ser vivo producido por reproducción sexual, a excepción de los gemelos idénticos, tiene exactamente los mismos genes. Las células de los organismos contienen un patrón químico de ADN que los diferencia de todos los otros organismos. ¿Qué caracteres hacen que seas un ser único?

Glosario

gen, sección de ADN del cromosoma que controla un carácter determinado

[redacted]

AD [redacted]

Los [redacted]
está [redacted]
en e [redacted]
enro [redacted]
que,
un s
vece
en sí

structura del ADN

s biólogos observaron los
por primera vez
ños. Más
enes

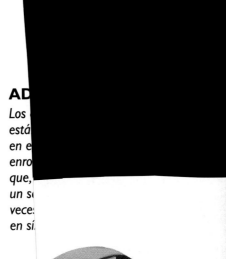

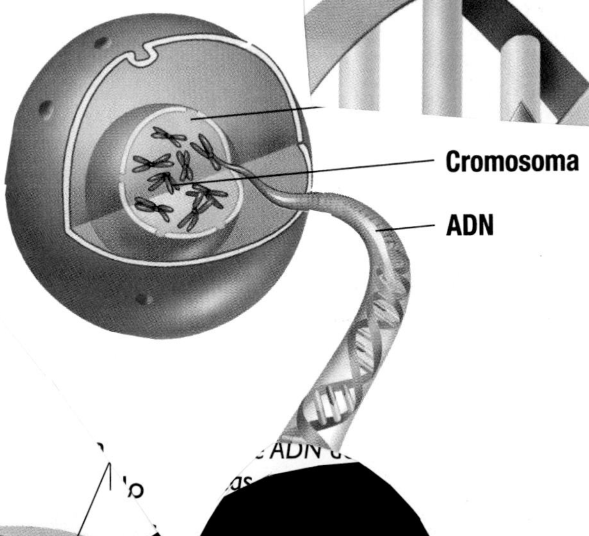

3 *Las bases libres se acoplan a las bases que están unidas a la escalera del ADN.*

ADN d
as

[redacted]

Glosario

base, uno de los tipos de moléculas que componen el ADN

▲ *Los científicos han podido ubicar con exactitud muchos caracteres en los 46 cromosomas humanos. Esta ilustración de un cromosoma humano muestra la ubicación de algunos de esos caracteres.*

No existen en el mundo dos personas que tengan las mismas huellas dactilares. El patrón de las bandas de ADN de la "huella genética" de la derecha también es diferente en cada individuo. ▼

la
fo
ba
y C.
una f
comb
diagran
El diagra
pueden a
Las bas
escalera. E
va a recibir
los pares de b
distintas seccio
tienen distintas
Las distintas
genes crear una
ntrolan todas
cia GC-T

Siguiendo la pista del ADN

Los conocimientos que se tienen del ADN han avanzado mucho desde que Watson y Crick identificaran su estructura. En 1990 se inició el Proyecto del Genoma Humano. Su objetivo es localizar todos los genes de los 46 cromosomas humanos y determinar la secuencia de todos los pares de bases del ADN. Como ya sabes, la secuencia del ADN es el orden en que están colocados los pares de bases en los peldaños de la escalera del ADN. Esta secuencia almacena las instrucciones genéticas exactas necesarias para la formación de un organismo. Al conjunto completo de instrucciones que se usa para formar un organismo se le llama genoma.

El genoma humano contiene como mínimo 100,000 genes distribuidos en los 46 cromosomas. En la ilustración de la izquierda puedes ver la ubicación de algunos genes.

Debido a que el genoma humano contiene unos 3 mil millones de pares de bases, el Proyecto del Genoma Humano constituye una tarea inmensa. Los científicos de varios países que trabajan en el proyecto esperan poder terminarlo para el año 2003.

La información obtenida del Proyecto del Genoma Humano y de otras investigaciones sobre el ADN podría ayudar a los médicos a detectar y curar enfermedades. Los científicos ya han identificado los genes que se relacionan con enfermedades como la fibrosis quística y la distrofia muscular. También han identificado genes que supuestamente hacen a una persona más susceptible a padecer enfermedades cardíacas, diabetes y ciertas formas de cáncer.

[redacted] l ADN

[redacted] ceso

[redacted]

Materiales

- gafas protectoras
- embudo
- vaso graduado de plástico
- filtro para café
- vaso con mezcla de células de cebolla
- palillo de dientes de punta plana
- polvo para ablandar carne
- alcohol etílico
- hoja de cartulina obscura

[redacted] ezcla de células [redacted] esas células. [redacted] contra la [redacted] bservar el ADN [redacted] la de cebolla.

[redacted] miento

[redacted] se muestra y

[redacted] ciones

[redacted]

❷ Ponte las gafas protectoras. Coloca un embudo en un vaso graduado. Dobla un filtro para café como se muestra abajo. Mete el filtro doblado en el embudo.

❸ Vierte la mezcla de cebolla en el filtro de papel (Foto A). Deja que se filtre el líquido de la mezcla en el vaso hasta que se acumulen 60 mL de líquido. Retira el filtro con el resto del líquido. **Observa** detenidamente el líquido filtrado y anota tus observaciones.

Cómo doblar el filtro para café

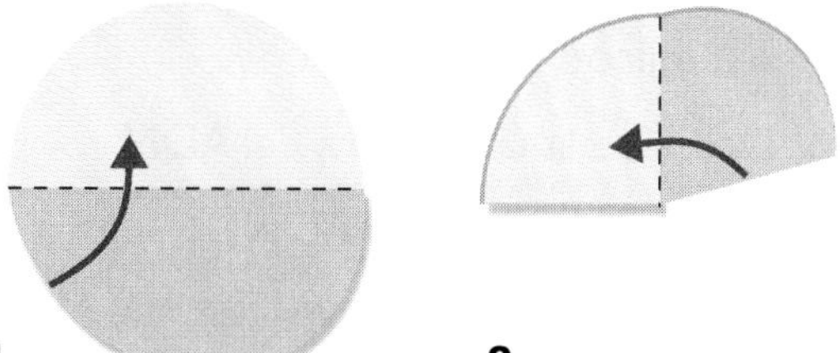

1. 2.

La huella dactilar de la página anterior es única y sólo puede pertenecer a una persona. Del mismo modo, cada individuo posee un conjunto único de ADN, que se puede utilizar para identificar a ese individuo. Las muestras de ADN se pueden obtener de la sangre, el cabello y las células de la piel. Una máquina especial analiza el ADN y produce un patrón de bandas característico llamado "huella genética". ¿Por qué crees que los científicos llaman a estos patrones huellas genéticas?

Con las huellas de ADN, la policía y otros agentes de la ley pueden determinar si un sospechoso estuvo presente en la escena de un crimen. Por ejemplo, imagínate que un ladrón, al tratar de robar una tienda, se corta la mano con el cristal de la ventana. La sangre que queda en el cristal roto puede ser una pista importante para la policía porque los glóbulos blancos contienen ADN. Así los científicos pueden analizar la sangre y sacar huellas genéticas con el ADN de la persona que rompió el cristal. Esta huella sería parte de la evidencia del delito.

Ahora imagina que hay tres posibles sospechosos del robo. La policía puede sacar huellas genéticas del ADN de los tres sospechosos y compararlas con la huella obtenida del cristal roto en la escena del crimen. Si el patrón de las bandas es igual, la policía puede estar casi segura de haber dado con el verdadero sospechoso.

La última huella de ADN de la derecha es parte de la huella obtenida de la sangre del cristal roto de la tienda. Compárala con las huellas genéticas de los tres sospechosos. ¿Quién crees tú que entró a robar a la tienda?

Repaso de la Lección 3

1. ¿Por qué los genes hacen que cada organismo sea único?

2. Describe la estructura del ADN.

3. ¿Cómo se duplica el ADN?

4. ¿Cómo se usa la información del ADN?

5. **Conversiones métricas**
Los colibríes se caracterizan por ser pájaros muy veloces. Vuelan 80 kilómetros por hora. ¿Cuántos centímetros recorren por hora?

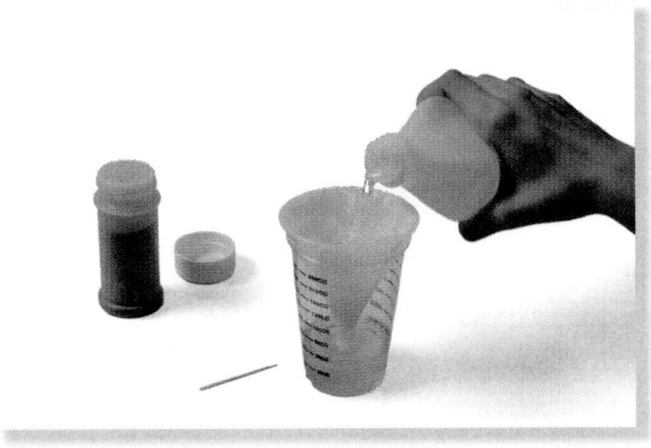

Foto A

4 Con la punta grande del palillo, agrega al vaso una pizca de polvo para ablandar carne. Revuelve con cuidado la mezcla con el palillo.

5 Poco a poco, agrega al vaso alcohol etílico hasta la raya de los 120 mL. El alcohol formará una capa encima de la mezcla de cebolla.

6 Coloca una hoja de cartulina obscura detrás del vaso. Observa la capa de alcohol desde el lado del vaso por varios minutos y anota tus observaciones.

7 Revuelve lentamente la capa de alcohol con un palillo. No revuelvas la capa inferior. ¿Qué le sucede a la punta del palillo? Anota tus observaciones.

Interpreta tus resultados

1. Compara tus observaciones del paso 3 con las del paso 7.

2. El material que recogiste con el palillo en el paso 7 es ADN. ¿Por qué crees que pudiste ver el ADN en el paso 7 pero no en el paso 3? **Comunica** tus ideas al resto del grupo.

3. Basándote en lo que viste en esta actividad, ¿qué puedes **inferir** acerca de la forma de las moléculas de ADN? Da razones que apoyen tu respuesta.

Investiga más a fondo

¿En qué se parece y en qué se diferencia el ADN de las células de cebolla que observaste y el ADN de otros organismos? Piensa en cómo vas a hallar la respuesta a ésta u otras preguntas que tengas.

Autoevaluación

- Seguí instrucciones para aislar el ADN de células vegetales.
- Anoté mis **observaciones** acerca de lo que sucedió cuando revolví la capa de alcohol.
- Comparé las células de cebolla con el material de ADN que recogí.
- **Comuniqué** mis ideas acerca del ADN en el paso 3 y en el paso 7.
- Hice una **inferencia** acerca de la estructura del ADN.

¿Cuál es la idea?

En esta lección aprenderás:

- **por qué la reproducción sexual produce variación en los descendientes.**
- **qué son los genes dominantes y recesivos.**
- **cómo ocurren las mutaciones y cómo afectan a los organismos.**

Lección 4

¿Cómo heredan sus caracteres los organismos?

Veamos el viejo álbum de fotos de la familia. ¿Quién es éste? ¡Es igualito a ti! El niño de la foto es tu papá cuando tenía tu edad. Es increíble cómo se parecen. ¿Por qué crees que se parecen tanto?

Variación

Los miembros de la familia de la foto se diferencian en su apariencia física lo suficiente como para que podamos distinguirlos unos de otros. Sin embargo, los niños, los padres y los abuelos se parecen en muchos aspectos. Primero que nada, todos tienen los caracteres propios de los seres humanos, es decir: dos ojos, una nariz, una boca y dos brazos, entre otros.

Si observas la familia con más detenimiento, notarás que algunos de ellos tienen la misma forma de la nariz o la misma forma y tamaño de la boca. Los hijos suelen tener algunos

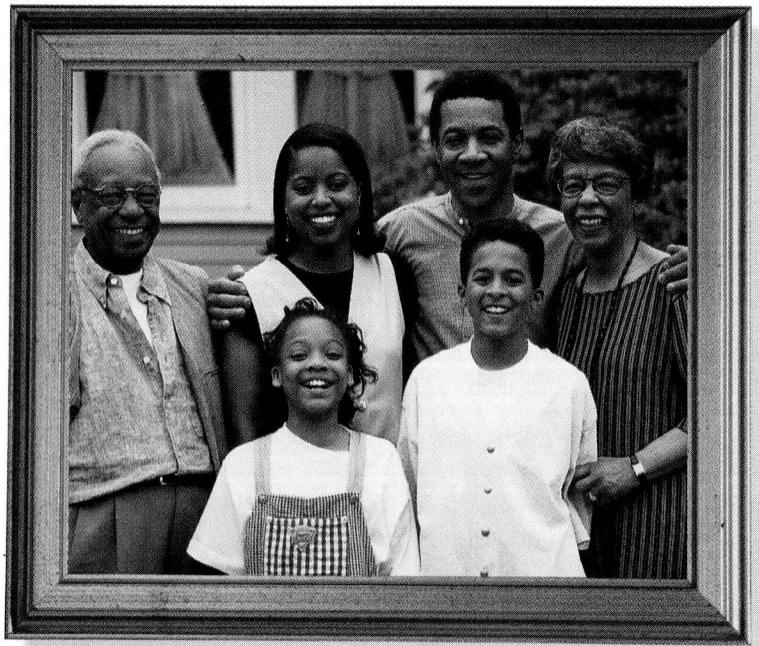

¿Qué caracteres en común tienen los niños de la foto? ¿Qué caracteres heredaron los niños de la madre? ¿Qué caracteres heredaron del padre? ¿Y de los abuelos? ▶

caracteres en común con uno o ambos padres; pero a veces, se parecen más a sus abuelos que a sus padres.

¿Por qué el niño o la niña tiene el color de ojos de su madre o la forma de la nariz del padre? Al proceso por el cual los caracteres se transmiten de padres a hijos de generación en generación se le llama **herencia.** Acuérdate de que los genes controlan el desarrollo de los caracteres. Los cromosomas están formados por genes y pasan a las células hijas durante la reproducción sexual. Así funciona la herencia.

Recuerda que el ADN del óvulo se combina con el ADN del espermatozoide durante la fecundación y forman una sola célula, el cigoto. En la ilustración de la derecha puedes ver cómo se realiza ese proceso.

Halla los cromosomas de las células sexuales que tengan igual forma y tamaño. Las bandas de os cromosomas representan los genes. Durante la fecundación, los cromosomas semejantes se agrupan en pares. De esta manera, el cigoto que resulta de la fecundación tiene un par de cromosomas que trabajan juntos para producir caracteres.

Los organismos que resultan de la reproducción sexual reciben, o **heredan,** por lo menos dos genes por cada uno de sus caracteres. Uno de esos genes proviene de la madre y el otro del padre.

Los niños de la foto de la página A62 se parecen a su padre y a su madre porque heredaron los cromosomas y, por lo tanto, los genes de los dos. Cada niño heredó 23 pares de cromosomas, es decir, un total de 46 cromosomas. Del padre heredaron un grupo de 23 cromosomas y de la madre otro grupo de 23 cromosomas.

No todos los niños de una misma familia heredan el mismo grupo de genes de la madre y del padre. Cada uno de los óvulos de la madre contiene una combinación distinta de genes. Cada uno de los espermatozoides del padre también contiene una combinación distinta de genes. La apariencia física de los niños de una misma familia es el resultado de una combinación específica de genes que el niño o la niña recibió en el momento de la fecundación. Por lo tanto, se pueden ver en los niños diferencias o variaciones de un mismo carácter. ¿Qué diferencias notas en los niños de la foto?

Glosario

herencia, transmisión de caracteres de padres a hijos

heredar, recibir algo de la madre o del padre

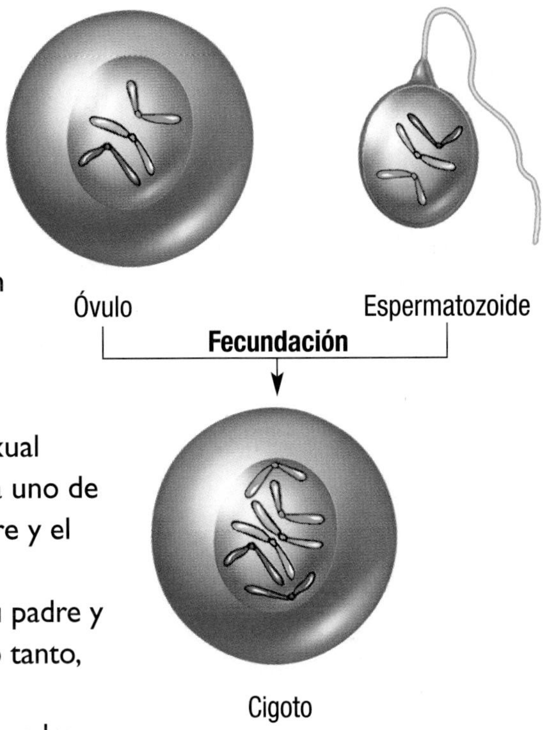

▲ *Observa detenidamente los cromosomas de este diagrama y fíjate cómo forman parejas durante la fecundación.*

Glosario

gen dominante, gen que no permite que se manifieste otro gen

Genes dominantes y recesivos

Si mezclas pintura roja con blanca, obtienes una pintura de color rosado. Algo semejante sucede con algunas flores. Los floricultores suelen mezclar los caracteres de un mismo tipo de flor para obtener variaciones en los caracteres.

Por ejemplo, los floricultores pueden recolectar los granos de polen (las células sexuales masculinas de las plantas con flores) de la planta del dragoncillo de flores rojas. Ese polen contiene genes para producir el color de flor rojo. Después se deposita el polen en los pistilos de las flores blancas de otra planta de dragoncillo. El pistilo contiene óvulos con genes para el color de flor blanco. Cuando el polen fecunda los óvulos, todas las semillas heredan un gen para el color de flor rojo y un gen para el color de flor blanco. Si se plantan esas semillas, producirán nuevas plantas de dragoncillo.

Los dos genes de color de flor se mezclarán en esas plantas. Por eso, cuando florezcan, darán flores de color rosado. El diagrama muestra cómo se mezclan los genes. Fíjate que cada una de las plantas progenitoras tiene un par de genes que determina el color de sus flores. La planta hija hereda un gen de cada progenitora.

Esta mezcla también se puede dar en los animales. En el ganado *shorthorn,* cuando se cruza un toro rojizo con una vaca blanca, los descendientes salen roanos. Los terneros roanos tienen pelaje mezclado rojizo y blanco. Lo mismo ocurre al cruzar un toro blanco con una vaca rojiza.

La mezcla de colores que producen los genes de la planta del dragoncillo es sólo una de las muchas maneras en que actúan los genes. Muchas veces, la presencia de dos genes no produce un efecto de mezcla. En lugar de esto, uno de los caracteres se manifiesta mientras que el otro permanece oculto. En este caso, se dice que el **gen dominante** oculta por completo el efecto del otro gen.

El diagrama de la página siguiente muestra cómo se hereda el color de flor en la planta del chícharo. Fíjate cómo la planta hija heredó de uno de sus padres un gen para el color de flor rojo y del otro un gen para el color de flor blanco. En la planta del chícharo, el gen para el color de flor rojo es dominante. Ese gen dominante se representa con *R* mayúscula. Todos los caracteres dominantes se representan con mayúscula.

Combinación de caracteres

Compara la descendencia que vemos en esta ilustración con la descendencia de la página siguiente. ¿Qué diferencias notas? ▼

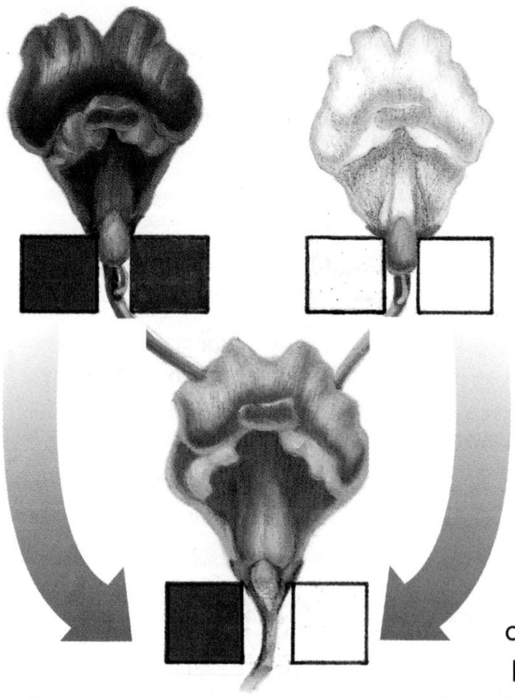

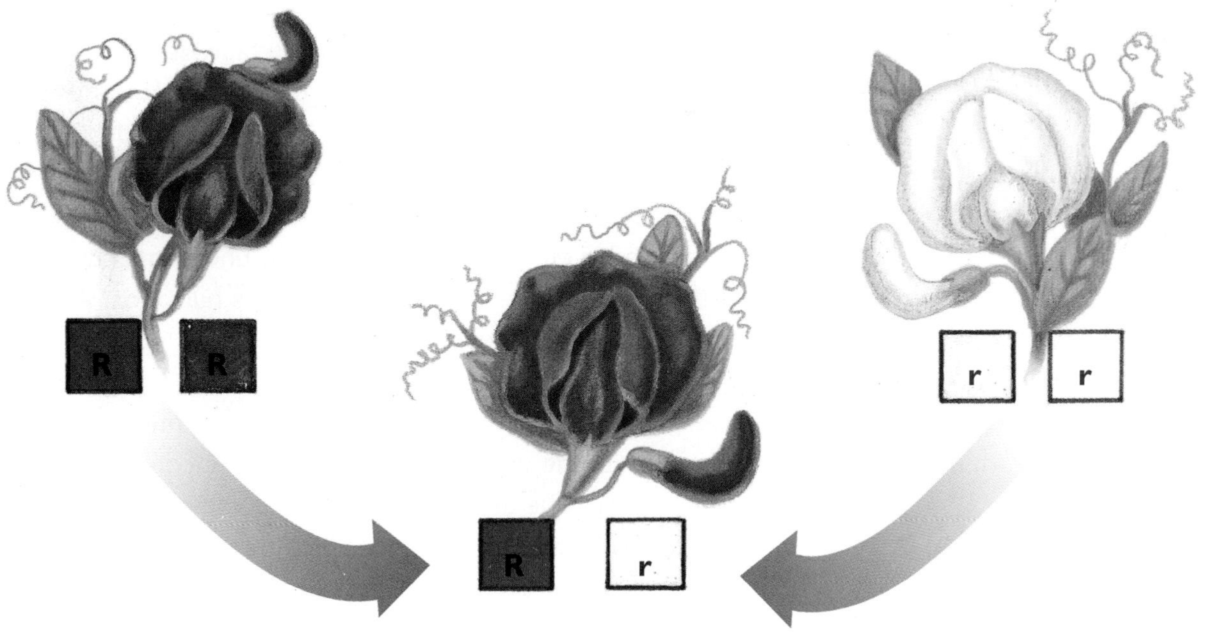

El gen para producir el color de flor rojo oculta el efecto del gen para el color de flor blanco. El gen cuyo efecto queda oculto se llama **gen recesivo.** En este caso, el gen para el color de flor blanco es recesivo. Al igual que todos los genes recesivos, se representa con una *r* minúscula.

Pero, ¿por qué las flores de la planta de chícharo son blancas si el gen para el color de flor rojo es siempre dominante? Los genes de las plantas progenitoras y los de sus descendientes nos dan la respuesta. Observa cómo la planta progenitora de flores rojas tiene dos genes para el color de flor rojo. Los descendientes de esta planta tienen un gen para el color de flor rojo y otro para el color de flor blanco. Debido a que el gen para el color de flor rojo es dominante, las flores de la planta son rojas.

Ahora fíjate en la planta progenitora de flores blancas. Esta planta tiene dos genes recesivos para el color de flor blanco. Los genes recesivos de un carácter se manifiestan únicamente si el organismo tiene dos genes recesivos para ese mismo carácter. Es decir, la planta debe heredar un gen recesivo de cada progenitor.

Cuando un organismo tiene dos genes dominantes o dos genes recesivos de un mismo carácter, se dice que es de **pura raza.** Las dos plantas progenitoras de chícharo de la ilustración son de pura raza en cuanto al color de la flor.

Ahora bien, si un organismo tiene un gen dominante y otro recesivo para un mismo carácter, se dice que es **híbrido.** Los descendientes de la planta de chícharo del diagrama son híbridos en cuanto al color de la flor. Si cruzas dos plantas de chícharo híbridas en cuanto al color de la flor, ¿de qué color crees que serían las flores de la descendencia? El diagrama de la derecha muestra las posibles combinaciones de los genes de los descendientes.

Caracteres dominantes y recesivos

▲ *Estas plantas de chícharo son de pura raza. Sus descendientes son híbridos.*

Glosario

gen recesivo, gen que no se manifiesta debido a la presencia de un gen dominante

pura raza, organismo que tiene dos genes dominantes o dos genes recesivos para un mismo carácter

híbrido, organismo que tiene un gen dominante y otro recesivo para un mismo carácter

Descendientes de plantas híbridas

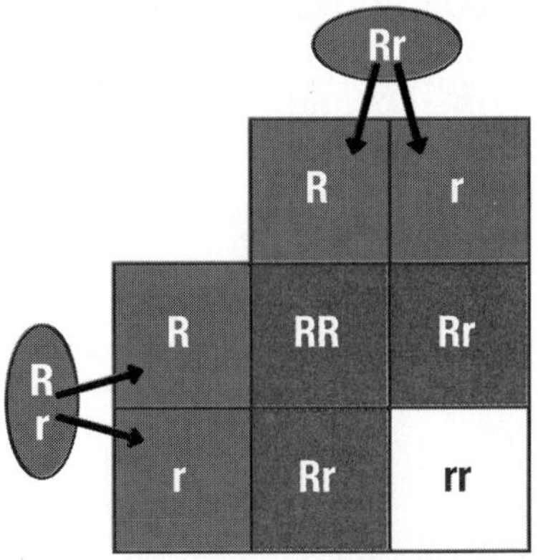

Muchos de tus caracteres son el resultado de la manifestación de caracteres dominantes o recesivos. ¿Puedes enrollar la lengua como la niña de la foto? Si lo puedes hacer, quiere decir que tienes por lo menos un gen dominante para ese carácter. Si no, debes tener dos genes recesivos para ese carácter. Poder enrollar la lengua es sólo uno de muchos caracteres dominantes que tienen los seres humanos. Ahora, veamos otros caracteres.

Fíjate en la frente de la niña que aparece abajo. La línea donde comienza el cabello forma una "v" en el medio de la frente. Ese tipo de crecimiento del cabello se conoce como "pico de viuda", que es un carácter producido por la presencia de un gen dominante. Si no tienes pico de viuda, es porque heredaste dos genes recesivos para ese carácter. Si lo tienes, quiere decir que tu papá o tu mamá (o los dos) también tienen pico de viuda.

El niño de la foto tiene pecas. Las pecas son un carácter humano producido por la presencia de dos genes recesivos. ¿Cuántos de tus compañeros o compañeras heredaron los dos genes recesivos de las pecas? ¿Cuántos heredaron un gen dominante y por lo tanto no tienen pecas Y tú, ¿qué genes heredaste?

Estos estudiantes nos muestran algunos caracteres. ¿Cuál de éstos tienes tú? ▼

Mutaciones

En la Lección 3 vimos que antes de que la célula se divida, cada una de sus moléculas de ADN se duplica. A veces, sin embargo, ocurren errores durante la duplicación. Por ejemplo, hay casos en que se reorganiza una sección completa del ADN y los pares de bases quedan colocados en distinto orden. En la mayoría de los casos el error es mínimo, como cuando una sola base queda fuera de lugar. A cualquier cambio que se produce durante la duplicación del ADN se le llama **mutación**.

Cuando se produce una mutación, los descendientes del organismo heredan una instrucción distinta del ADN. En algunos casos, los cambios no modifican mucho las instrucciones y hasta puede que ni se noten en los descendientes. Sin embargo, hay cambios que causan la aparición de un nuevo carácter.

Las ranas toro de la derecha se confunden con su medio ambiente gracias a su coloración. Así pueden esconderse de sus depredadores. Sin embargo, a la rana toro de abajo le sería más difícil esconderse de sus enemigos porque es albina. Ese carácter es el resultado de una mutación en el gen responsable de la coloración normal de estas ranas. Su organismo no es capaz de producir melanina, la substancia química que da coloración a la piel. Por eso la rana no tiene color.

Glosario

mutación, cambio permanente del ADN que ocurre durante su duplicación

La rana toro de coloración normal puede esconderse fácilmente en las orillas de los estanques y atrapar así a los insectos. ▼

▲ *La mutación que produjo a esta rana albina pudo haber sido causada por la presencia de substancias químicas o radiación en el ambiente.*

Repaso de la Lección 4

1. ¿Por qué la reproducción sexual produce variación en los descendientes?
2. Compara los genes dominantes con los recesivos.
3. Da un ejemplo de cómo una mutación puede afectar la supervivencia de los organismos.
4. **Gráficas de barras**
   Analiza el color de ojos de todos los niños de la clase. Haz una gráfica de barras que ilustre los resultados de tu investigación.

Investiga las variaciones en las plántulas

Destrezas/Proceso

Destrezas del proceso

- observar
- predecir
- recopilar e interpretar datos
- inferir

Materiales

- 15 semillas de maíz
- lupa
- marcador
- cinta adhesiva de papel
- molde de aluminio
- regla métrica
- tierra para maceta
- vaso de agua
- plástico para envolver
- fuente de luz

Preparación

En esta actividad, harás germinar semillas de maíz para observar si producen plantas parecidas.

Fíjate en la sección de Autoevaluación al final de la actividad. Ahí se indica lo que el maestro o la maestra espera de ti.

Sigue este procedimiento

1. Haz una tabla como la que se muestra y anota ahí tus observaciones y predicciones.

Predicción:

Fecha	Semillas que germinaron	Plantas de hoja verde	Plantas de hoja blanca

2. **Observa** algunas semillas de maíz con la lupa. ¿Qué diferencias notas? Haz una **predicción**. ¿Crees que todas las semillas tienen los mismos genes? Explica por qué hiciste esa predicción.

3. Con marcador y cinta adhesiva de papel, rotula el molde de aluminio con el nombre de tu grupo. Echa unos 2 cm de tierra para maceta en el molde.

4. Coloca, una a una, 15 semillas de maíz en el molde. Distribuye las semillas de manera uniforme dejando 1.5 cm de espacio entre una y otra (Foto A).

5. Cubre las semillas con otra capa de tierra de 1 cm. Rocía agua con cuidado sobre la tierra hasta humedecerla. Tapa el molde con plástico para envolver y colócalo en un lugar iluminado (Foto B).

Foto A

Foto B

6 Examina las semillas todos los días. Si la tierra se empieza a resecar, échale agua para mantenerla húmeda.

7 Observa cuando comiencen a germinar las primeras semillas. Anota la fecha y el número de semillas que germinaron. También anota el número de plantas de hoja blanca y el número de plantas de hoja verde.

8 Observa las semillas cada dos días por 4 días más. Anota tus observaciones.

Interpreta tus resultados

1. ¿Qué diferencias observaste en las semillas secas de maíz? ¿Qué diferencias observaste en las hojas de las semillas que germinaron?

2. ¿Pudiste predecir el color de las hojas que produjo cada semilla? Explica por qué.

3. ¿Qué **inferencia** puedes hacer acerca de la presencia de clorofila y el color de las hojas de las plantas de maíz que observaste?

4. ¿Qué puedes inferir acerca de los genes de las plantas de maíz que observaste?

Investiga más a fondo

¿Qué plantas crees que vivirán más tiempo, las plantas de hoja blanca o las plantas de hoja verde? Piensa en cómo vas a hallar la respuesta a esta u otras preguntas que tengas.

Autoevaluación

- Seguí instrucciones para hacer germinar plántulas de maíz.
- Hice **predicciones** acerca del color de las hojas de las plántulas.
- Expliqué por qué hice las predicciones.
- **Recopilé e interpreté** diariamente durante varios días datos acerca de las semillas que germinaron.
- Hice una **inferencia** sobre los genes de las plantas de maíz de esta actividad.

Repaso del Capítulo 2

Ideas principales del capítulo

Lección 1

- A través de la mitosis y la división celular, la célula copia su núcleo para producir una célula nueva con cromosomas idénticos.
- Gracias a la mitosis, el organismo crece y se repara.
- En la reproducción asexual se producen nuevos organismos a partir de un solo progenitor.

Lección 2

- En la meiosis, una célula produce cuatro células nuevas que tienen la mitad de los cromosomas de la célula madre.
- En la reproducción sexual, el óvulo y el espermatozoide se unen para producir un cigoto.

Lección 3

- Los organismos son únicos porque sus células tienen un ADN que los diferencia de los demás.
- El ADN se duplica cuando los pares de bases se separan y conectan con las bases que flotan libremente.
- La información del ADN sirve para tratar ciertas enfermedades y para identificar personas a través de sus "huellas genéticas".

Lección 4

- En la reproducción sexual, los organismos heredan por lo menos dos genes por cada uno de sus caracteres. Uno de esos genes proviene de la madre y el otro del padre.
- Los genes dominantes para un carácter ocultan el efecto de los genes recesivos.
- Las mutaciones ocurren cuando el ADN no hace una copia exacta de sí mismo.

Repaso de términos y conceptos científicos

Escribe la letra de la palabra o frase que complete mejor cada oración.

a. reproducción asexual
b. base
c. división celular
d. ADN
e. gen dominante
f. fecundación
g. gen
h. herencia
i. híbrido
j. heredamos
k. meiosis
l. mitosis
m. mutación
n. pura raza
o. gen recesivo
p. célula sexual
q. reproducción sexual
r. caracteres
s. cigoto

1. Un ___ es un organismo con un gen dominante y un gen recesivo para un mismo carácter.

2. Los rasgos característicos de un organismo se conocen también como ___.

3. El ___ oculta el efecto de otro gen.

4. La ___ es el proceso mediante el cual se producen células con la mitad del número de cromosomas de la célula madre.

5. La ___es la molécula que aparece en pares en una hebra de ADN.

6. Un ___ es un organismo con dos genes dominantes o dos genes recesivos para un carácter.

7. El óvulo es una clase de ___.

8. La ___ es la producción de un organismo nuevo a partir de un solo progenitor.

9. Cuando se produce un cambio en el ADN durante la división celular ocurre una ___.

10. El ___ es la célula hija que se forma después de la fecundación.
11. La ___ es el proceso mediante el cual se forman dos células a partir de una sola célula.
12. La ___ es la producción de un organismo nuevo a partir de dos progenitores.
13. Durante la ___ se unen un óvulo y un espermatozoide.
14. El proceso por el cual la célula produce dos nuevos núcleos idénticos a los de la célula madre es la ___.
15. El ___ es una substancia que se encuentra en el cromosoma y controla todas actividades de la célula.
16. La ___ es el proceso mediante el cual se transmiten los caracteres de los progenitores a los descendientes.
17. ___ caracteres de nuestros padres.
18. Un ___ es un gen cuyo efecto está oculto.
19. El ___ es la sección del ADN que controla los caracteres.

Explicación de ciencias

Contesta las siguientes preguntas con un diagrama o un párrafo.

1. ¿Qué sucede durante la reproducción asexual de un organismo unicelular?
2. ¿Qué papel desempeñan la meiosis y la mitosis en la reproducción sexual?
3. ¿Cómo determina el ADN de 2 cromosomas los caracteres de un organismo?
4. ¿Cómo heredan los caracteres los descendientes durante la reproducción sexual?

Práctica de destrezas

1. Haz una tabla con la estatura de todos tus compañeros y compañeras. Muestra la estatura de cada uno en milímetros, centímetros y metros. Determina qué unidad de medida **métrica** resulta más fácil para describir la estatura.
2. Piensa en los gemelos, ¿qué puedes **inferir** sobre sus genes? Justifica tu inferencia.
3. **Predice** cómo serían los posibles descendientes si se cruzan dos plantas. Una planta es de pura raza, con ambos genes dominantes para flores rojas. La otra es híbrida con genes para flores rojas y blancas.

Razonamiento crítico

1. Dibuja y rotula dos diagramas que muestren la secuencia de los pasos de la mitosis y la meiosis. Identifica aquellos pasos en los que puede ocurrir una mutación.
2. Imagina que quieres cultivar plantas y deseas que todos los descendientes sean del color dominante. Con lo que has aprendido sobre la herencia de caracteres, determina si las plantas progenitoras deben ser de pura raza, híbridas o ambas.

¡No te metas conmigo!

¡Esas espinas sí que clavan! Pero, si tú vivieras en el árido clima del desierto al igual que estas plantas, también tratarías de protegerte y conservar el agua de tu organismo, ¿no crees?

Capítulo 3

Cambio y adaptación

Investiguemos: Cambio y adaptación

- **Lección 1** ¿Qué son las adaptaciones?
  - ¿Cuáles son las seis funciones vitales básicas?
  - ¿Qué son las adaptaciones?
- **Lección 2** ¿Cómo sabemos que las especies cambian con el tiempo?
  - ¿Qué pistas nos dan los fósiles sobre el pasado?
  - ¿Cómo han cambiado las especies con el tiempo?
  - ¿Qué observaciones hizo Darwin en las islas Galápagos?
- **Lección 3** ¿Cómo surgen las nuevas especies?
  - ¿Qué es la teoría de la selección natural?
  - ¿Cómo surgen adaptaciones con el tiempo?
  - ¿Cómo surgen nuevas especies con el tiempo?
- **Lección 4** ¿Cómo responden los organismos a su ambiente?
  - ¿Qué relación existe entre el estímulo y la respuesta?
  - ¿Cómo perciben su ambiente los organismos?
  - ¿Qué son las adaptaciones fisiológicas?
- **Lección 5** ¿Cómo ayuda la conducta a los organismos a sobrevivir?
  - ¿Cómo ayudan las adaptaciones de la conducta a los organismos a sobrevivir?
  - ¿Qué es una conducta heredada?
  - ¿Qué es una conducta aprendida?

***Copia el organizador gráfico del capítulo** en una hoja de papel. El organizador te muestra de qué trata el capítulo. A medida que leas las lecciones y hagas las actividades, busca las respuestas a las preguntas y escríbelas en tu organizador.*

Actividad Explora

Explora las adaptaciones de alimentación

Destrezas/Proceso

Destrezas del proceso

- hacer un modelo
- inferir
- comunicar

Materiales

- sobres
- modelos de comederos de animales
- diversos utensilios para comer

Explora

1 Haz un modelo de boca. Mete la mano dentro de un sobre, con el dedo gordo en un extremo del sobre y los otros dedos en el otro. Acerca los extremos para formar una boca en forma de pico.

2 En esta actividad, tendrás que "adaptar" la boca de papel para comer el alimento de uno de los comederos. Decide si quieres que tu modelo de boca recoja lombrices de la tierra, agarre peces en el mar, o atrape insectos en el aire.

3 ¿Cómo puedes usar los utensilios para comer para hacer que la boca atrape y coma mejor los alimentos que escogiste en el paso 2? Escoge uno o varios utensilios y acóplalos a la boca de papel.

4 Ve al comedero que escogiste en el paso 2. Intenta atrapar y comer el alimento del comedero. ¿Puedes hacer que tu modelo de boca sea más eficaz? Si es así, hazle cambios y prueba otra vez.

Reflexiona

1. Comunica tus resultados al resto de la clase. Según los resultados de la clase, ¿qué puedes **inferir** acerca de la variación en la estructura de la boca y el alimento que consume un animal?

2. Haz una lista de otras "adaptaciones" de la boca que te gustaría probar.

Investiga más a fondo

Mira la variedad de modelos de boca que hizo el resto de la clase. ¿Hay uno que es eficaz en los tres comederos? Piensa en cómo vas a hallar la respuesta a ésta u otras preguntas que tengas.

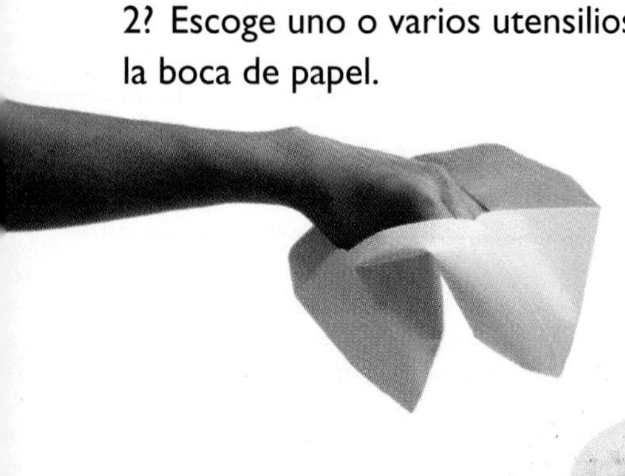

Sacar conclusiones

Sacar una **conclusión** significa usar experiencia pasada, conocimientos anteriores e información actual para tomar una decisión o formar una opinión. En la Lección 1, *¿Qué son las adaptaciones?,* sacarás conclusiones sobre cómo las adaptaciones ayudan a las especies a sobrevivir.

Vocabulario de lectura

conclusión, decisión que se obtiene después de examinar todos los datos

Ejemplo

Una manera de sacar conclusiones es pensar en las experiencias pasadas. Haz una lista acerca de lo que ya sabes sobre el tema. Después, piensa en explicaciones razonables para los hechos.

Cuando observes las fotos de las aves y leas el texto de la página A79, piensa en otras aves que has observado mientras comen. Saca una conclusión sobre lo que comen las aves con lo que ya sabes de la alimentación de esos animales. Con lo que ya sabes, haz una tabla que te ayude a sacar una conclusión sobre cada ave.

▲ *Puedes sacar conclusiones sobre lo que come cada ave.*

En tus palabras

1. ¿Qué observaciones pasadas sobre lo que comen las aves te pueden servir para entender la lectura?

2. ¿Qué características del pico de las aves te pueden ayudar a sacar conclusiones sobre la clase de alimento que comen?

¿Cuál es la idea?

En esta lección aprenderás:

- **cuáles son las seis funciones vitales básicas.**
- **qué son las adaptaciones.**

Lección 1

¿Qué son las adaptaciones?

Mírate al espejo. ¿Qué caracteres humanos notas? Ahora imagínate que en lugar de nariz tuvieras una trompa de elefante y un cuello de jirafa. ¿En qué te beneficiarían o te afectarían esos nuevos caracteres? ¿Por qué?

Funciones vitales

¿Cómo sabes que algo tiene vida? Podrías decir que porque se mueve. Pero los automóviles también se mueven y, sin embargo, no tienen vida. También podrías decir que tú tienes vida porque piensas. Pero las plantas no piensan y, a pesar de eso, son seres vivos. ¿Entonces cómo se puede saber si algo tiene vida?

Los seres vivos, como los que se ven aquí, pueden tener distinta forma y tamaño, pero todos realizan seis procesos o funciones vitales básicas. En primer lugar, absorben energía, que necesitan para realizar esas funciones. El roble obtiene su energía de la luz solar, mientras que nosotros la obtenemos de los alimentos.

Funciones vitales básicas
Absorber energía
Liberar la energía que contienen los alimentos
Usar la energía para realizar las funciones vitales
Producir y excretar desechos
Responder a los estímulos del ambiente
Reproducirse

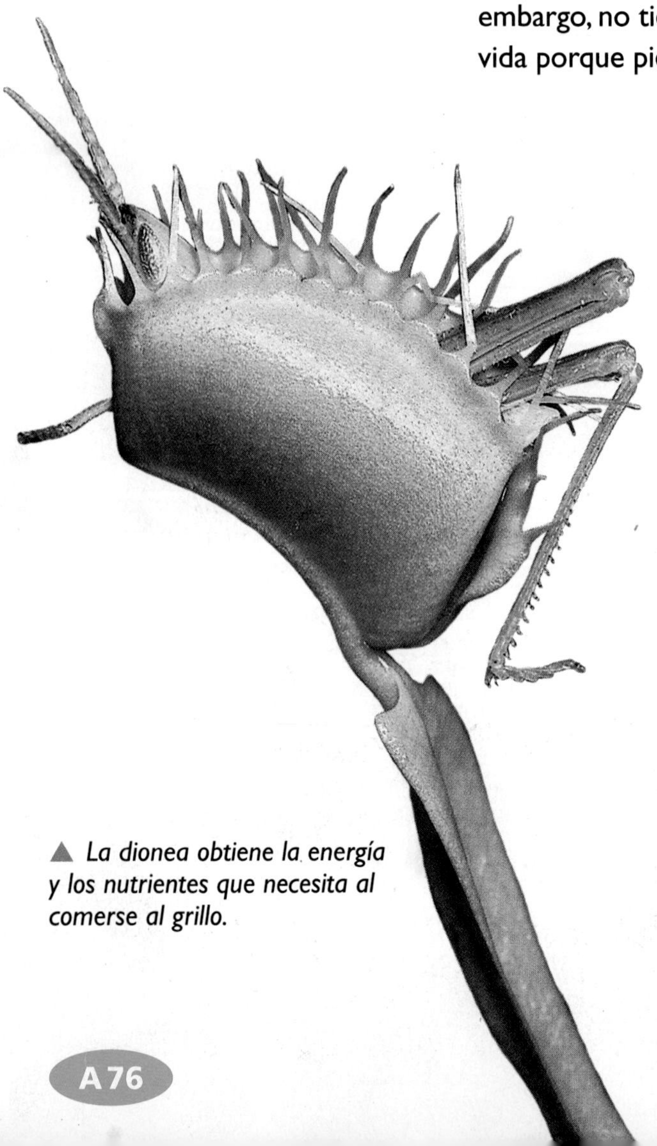

▲ *La dionea obtiene la energía y los nutrientes que necesita al comerse al grillo.*

Todos los seres vivos necesitan liberar la energía que contienen los alimentos para poder utilizarla. El organismo libera esa energía y la combina con el oxígeno mediante una función vital llamada respiración. Tanto tú como el roble y el oso hormiguero de la derecha liberan la energía de los alimentos de esa forma.

La energía que los organismos liberan de los alimentos les sirve para crecer, moverse y realizar sus otras funciones vitales. Las bellotas usan la energía para convertirse en grandes robles. Los robles a su vez la usan para reparar las heridas que sufren cuando se les corta una rama. Tú también utilizas la energía para crecer y reparar tu organismo. Por ejemplo, cuando te cortas un dedo, tu cuerpo produce nuevas células para reparar la herida.

▲ *Este oso hormiguero come alimentos y libera la energía que contienen durante la respiración. Luego excreta los desechos que produce.*

Todos los seres vivos deben eliminar los desechos que producen durante la respiración. Para ello existe una función llamada excreción, la cual evita que el organismo se intoxique con los desechos acumulados.

Otra función vital que todos los seres vivos realizan es la reproducción. En el Capítulo 2 vimos que las especies producen descendientes a partir de uno o dos progenitores. El roble puede producir millones de bellotas durante su vida. ¡Piensa en la cantidad de energía que va a necesitar! Algunas de esas bellotas producirán nuevos robles, los cuales a su vez producirán más bellotas.

Fíjate en la gota grande de agua que tiene en la boca el escarabajo de la foto de arriba. En la foto de abajo ves cómo el agua se le acumula en el lomo y luego corre hasta llegarle a la boca. ▼

El escarabajo de la foto de abajo realiza otra función vital. El desierto de Namib en África, donde vive esta especie de escarabajo, es caliente y seco durante el día. Para protegerse del calor, el escarabajo se entierra en la arena. A pesar de que no hay agua, por las noches el desierto es brumoso. Es por eso que de noche se pueden ver cientos de escarabajos en hilera parados de cabeza en lo alto de las dunas. El aire frío hace que se condense agua en el cuerpo del escarabajo. Al acumularse, el agua empieza a correrle por el cuerpo hasta llegarle a la boca. Al igual que todos los seres vivos, los escarabajos responden a los cambios de su ambiente. De lo contrario, no podrían sobrevivir en el desierto. ¿Cómo respondes tú a los estímulos de tu ambiente?

Glosario

adaptación, carácter heredado que ayuda a las especies a sobrevivir en su ambiente

Adaptaciones

Piensa en dos especies de animales que conozcas, como por ejemplo, el león y el tigre. ¿En qué se diferencian? ¿Por qué? Las diferencias entre las especies les permiten sobrevivir en su ambiente.

Veamos cómo el castor sobrevive gracias a los caracteres que tiene. Los dientes largos y filosos le sirven para roer los troncos de los árboles, mientras que las patas palmeadas le permiten nadar a una velocidad de 8 kilómetros por hora. La cola ancha y escamosa le sirve de timón para girar a la derecha o la izquierda, subir a la superficie o sumergirse. El castor tiene unas membranas transparentes que le protegen los ojos bajo el agua. También tiene dos capas de pelo: una corta y tupida que le cubre la piel y otra capa de pelo largo por encima que lo protege y le ayuda a mantener la temperatura del cuerpo incluso en agua helada. Además, gracias a unos pliegues de la piel que tiene detrás de los dientes incisivos, puede cerrar la boca y cortar madera bajo el agua sin ahogarse ni atragantarse con las astillas. Gracias a todos estos caracteres, el castor puede vivir en ríos, lagos y arroyos.

¿Pero de dónde obtuvo el castor esos caracteres? Los heredó de sus progenitores. Los caracteres heredados que ayudan a las especies a sobrevivir en su ambiente se llaman **adaptaciones**. Las adaptaciones son muy útiles para la supervivencia de una especie, porque le ayudan a obtener alimento, atraer a la pareja, construir refugios, escapar de sus depredadores, o vivir en un ambiente inhóspito.

Sin embargo, las especies no se adaptan rápidamente. Las adaptaciones como las del castor tardan mucho tiempo en desarrollarse. Esos caracteres deben transmitirse a muchas generaciones para llegar a ser adaptaciones de toda la especie.

El castor tiene muchas adaptaciones que le permiten sobrevivir en su ambiente. Por ejemplo, puede aguantar la respiración bajo el agua 20 minutos o más. ¿Cómo le ayuda a sobrevivir esa adaptación? ▼

Águila calva **Bonasa de collarín** **Pelícano**

¿Puedes emparejar cada pata de ave con su correspondiente cuerpo? Estas tres aves se alimentan de manera distinta. ¿Qué tipo de patas le permite a cada ave atrapar su alimento?

Para comprender mejor cómo las adaptaciones ayudan a las especies a sobrevivir, fíjate en las fotos de esta página. Las patas de las aves no se corresponden con sus cuerpos. El cuerpo del ave de la izquierda es el de un águila calva, un ave de rapiña que se alimenta de animales pequeños. ¿Qué tipo de patas le permitirá atrapar a su presa? La bonasa de collarín de la foto del medio es un ave terrestre. ¿Qué tipo de patas le sirve mejor para escarbar la tierra y correr? Por último, el pelícano de la derecha vive en el mar y en sus cercanías. ¿Con qué tipo de patas nadaría mejor? Si estas aves no tuvieran las patas que les corresponden, ¿se vería afectada su supervivencia?

Repaso de la Lección 1

1. ¿Cuáles son las seis funciones vitales básicas?
2. ¿Qué son las adaptaciones?
3. **Saca conclusiones**
   Imagínate que un amigo o una amiga te muestra algo interesante en el microscopio y te dice que se trata de un organismo vivo. ¿Qué conclusiones puedes sacar acerca del organismo antes de verlo?

¿Cuál es la idea?

En esta lección aprenderás:

- qué pistas nos dan los fósiles sobre el pasado.
- cómo han cambiado las especies con el tiempo.

Lección 2

¿Cómo sabemos que las especies cambian con el tiempo?

¡Zas! Si pudiéramos viajar en el tiempo y llegar a un lugar de la Tierra hace 65 millones de años, tal vez veríamos a pequeños dinosaurios saliendo del cascarón. Les sacaríamos varias fotografías porque, si no, ¿de qué otra manera podríamos saber cómo era la vida en el pasado?

Uno de los fósiles más comunes son los moldes de los caparazones de amonites. Los caparazones miden entre 13 centímetros y 2 metros. Las partes blandas del cuerpo no se fosilizaron. ▼

Fósiles: pistas del pasado

Como sabemos que no es posible viajar al pasado, entonces... ¿cómo hacen los científicos para investigar lo que había en la Tierra hace muchísimos años? El estudio de los fósiles es una de las maneras en que obtenemos información sobre los organismos que en épocas pasadas vivieron en la Tierra. Los fósiles son restos de organismos muertos que nos sirven de registro de la historia de la vida en la Tierra. Las fotos de estas páginas te muestran ejemplos de algunos tipos de fósiles.

Muchos fósiles se forman con organismos muertos que quedan en el fondo de ríos, mares y océanos o pantanos, y que se cubren de sedimentos de lodo, arena o arcilla. Después de millones de años, los sedimentos se transforman en roca y los restos de los organismos que quedan en estas capas de roca se fosilizan. Se han encontrado fósiles de túneles de gusanos y otros animales, de termiteros y excrementos de animales.

Muchas veces las partes duras de un organismo, como la concha o caparazón, los huesos o los dientes, son las únicas que se fosilizan. Las partes blandas, por lo general, se descomponen sin dejar huella.

Sin embargo, en la década de 1980, un explorador de fósiles italiano encontró un espécimen raro y pensó que se trataba del fósil de un ave. Después, en la década de 1990, unos paleontólogos, es decir, científicos que se dedican a estudiar los fósiles, lo examinaron y se dieron cuenta de que en realidad era el fósil de un dinosaurio bebé que vivió hace 110 millones de años. Lo más extraño era que algunos de los tejidos blandos también se habían fosilizado. Por eso lograron ver ciertas partes del dinosaurio que nadie había visto jamás, como por ejemplo, los intestinos, los músculos, la tráquea y lo que parecía ser el hígado.

A pesar de que los pulmones del dinosaurio no se fosilizaron, es posible que los investigadores puedan determinar su tamaño y su forma estudiando la posición de los intestinos. Esta información quizás les ayude a contestar la gran pregunta sobre si los dinosaurios están más relacionados con los reptiles o con las aves.

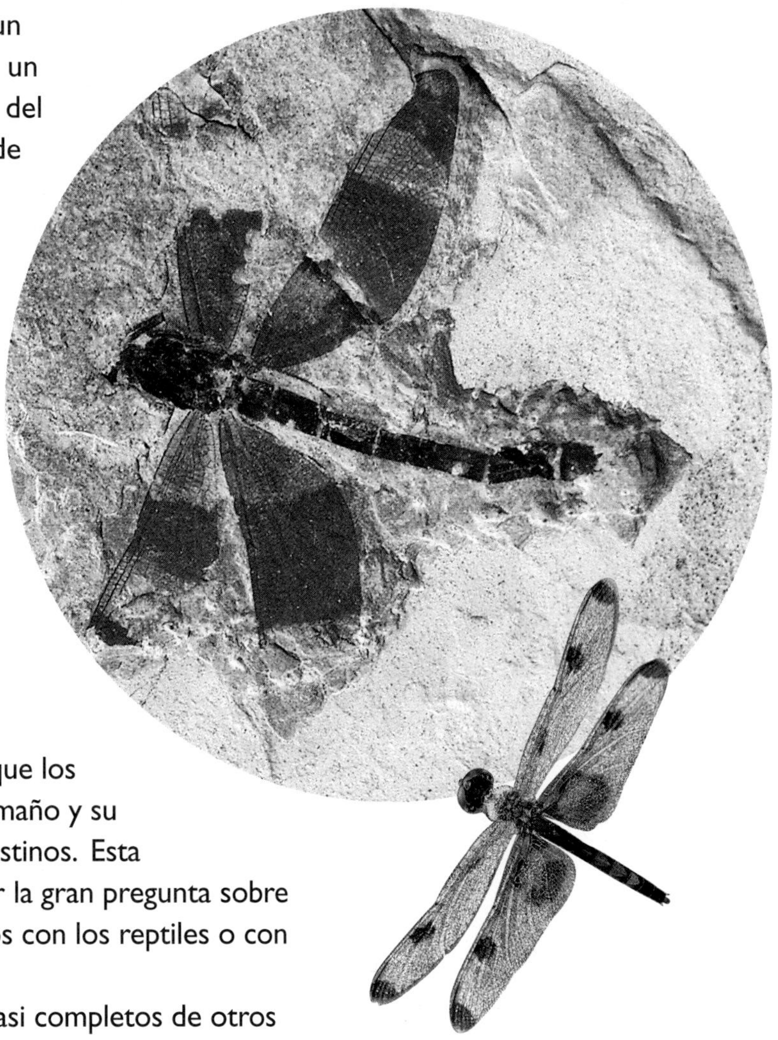

▲ *Fíjate cómo la libélula fosilizada de arriba se parece a la libélula de abajo, que existe en la actualidad. Las libélulas actuales son insectos grandes cuyas alas extendidas miden hasta 14 centímetros. Sin embargo, las alas extendidas de las libélulas que vivieron hace 250 millones de años podían llegar a medir 80 centímetros.*

También se han encontrado fósiles casi completos de otros tipos de organismos. El insecto que ves abajo se fosilizó al quedar atrapado en la resina pegajosa de un pino antiguo, la cual se endureció hasta formar lo que hoy conocemos como ámbar. En el ámbar se han conservado semillas de plantas, plumas y hasta ranas.

Cuando los científicos encuentran nuevos fósiles, los estudian y aplican lo que saben sobre otros fósiles para sacar conclusiones sobre cómo era la vida en la Tierra en el pasado. Esos nuevos fósiles sirven para confirmar sus conclusiones anteriores o demostrar que estaban equivocadas. Con cada una de las piezas del rompecabezas, se va formando una imagen más completa de esa vida pasada que nadie ha visto.

Gran parte del ámbar, como el que ves aquí, se encuentra en Europa en las costas del mar Báltico, donde se formó entre 40 y 60 millones de años atrás. Al formarse el ámbar, solían quedar atrapados organismos como los insectos de la ilustración. ▶

Glosario

Glosario

evolución, proceso que produce cambios genéticos de una especie en el transcurso de largos períodos de tiempo

Cambios a través de los años

Recuerda que en el Capítulo 2 vimos que las mutaciones son cambios en el ADN de un organismo. Aunque algunas mutaciones producen caracteres nocivos, como sucedió con la rana albina del Capítulo 2, otras producen caracteres benéficos. Las mutaciones nocivas pueden causar la muerte del organismo, mientras que las benéficas pueden ser transmitidas a los descendientes. Los caracteres de estos descendientes pueden a su vez ser transmitidos a varias generaciones.

Cuando las mutaciones benéficas se transmiten de generación en generación, la especie tiene más probabilidad de sobrevivir. El cambio genético que sufre la especie en el transcurso de largos períodos de tiempo se llama **evolución**. ¿Qué pruebas tienen los científicos de que los organismos evolucionan?

Ya hemos visto que los fósiles nos dan una idea de cómo era la vida en la Tierra en el pasado.

Los fósiles pueden mostrar los cambios graduales que sufre una especie a través del tiempo. Pero, como el registro fósil es por lo general incompleto, el trabajo de los científicos es parecido al de armar un rompecabezas. Imagínate que tratas de armar un rompecabezas al que le faltan piezas. Si faltan pocas piezas, aun así te puedes hacer una idea de como sería la figura completa. De igual manera, los científicos se pueden hacer una idea de cómo evolucionaron ciertas especies a través del tiempo utilizando las pocas piezas que tienen del rompecabezas.

Con las piezas del rompecabezas fósil, los científicos han llegado a una conclusión sobre cómo evolucionó el camello en el transcurso de millones de años. Las ilustraciones al pie de estas páginas muestran algunas de las etapas de la evolución del camello. Los fósiles de los huesos de las patas, del cráneo y de los dientes de varias especies de camellos que han vivido en un

Evolución del camello

Gracias al estudio de ciertos huesos fosilizados, se ha podido reconstruir la evolución del camello. ▼

período de 65 millones de años indican que los primeros camellos eran del tamaño de un conejo. ¿Con qué pruebas crees que los científicos llegaron a esa conclusión?

Ciertas piezas del rompecabezas indican que hace 37 millones de años los camellos todavía eran pequeños y tenían cuatro dedos en cada pata y dientes de corona baja. La corona es la parte visible de los dientes que sobresale de las encías. Parece que, con el paso del tiempo, los camellos evolucionaron hasta llegar a su tamaño actual.

Hace 26 millones de años, el camello era una especie más grande que ya tenía sólo dos dedos en cada pata y dientes de corona alta. Fue entonces que les comenzó a salir la joroba. ¿Qué otras diferencias notas en el camello en esos 65 millones de años?

Repaso de la Lección 2

1. ¿Qué pistas nos dan los fósiles sobre el pasado?
2. Da un ejemplo de cómo han cambiado las especies a través del tiempo.
3. **Saca conclusiones**
   Fíjate en los insectos atrapados en el ámbar que aparecen en la página A81. ¿Qué conclusión puedes sacar de estos insectos?

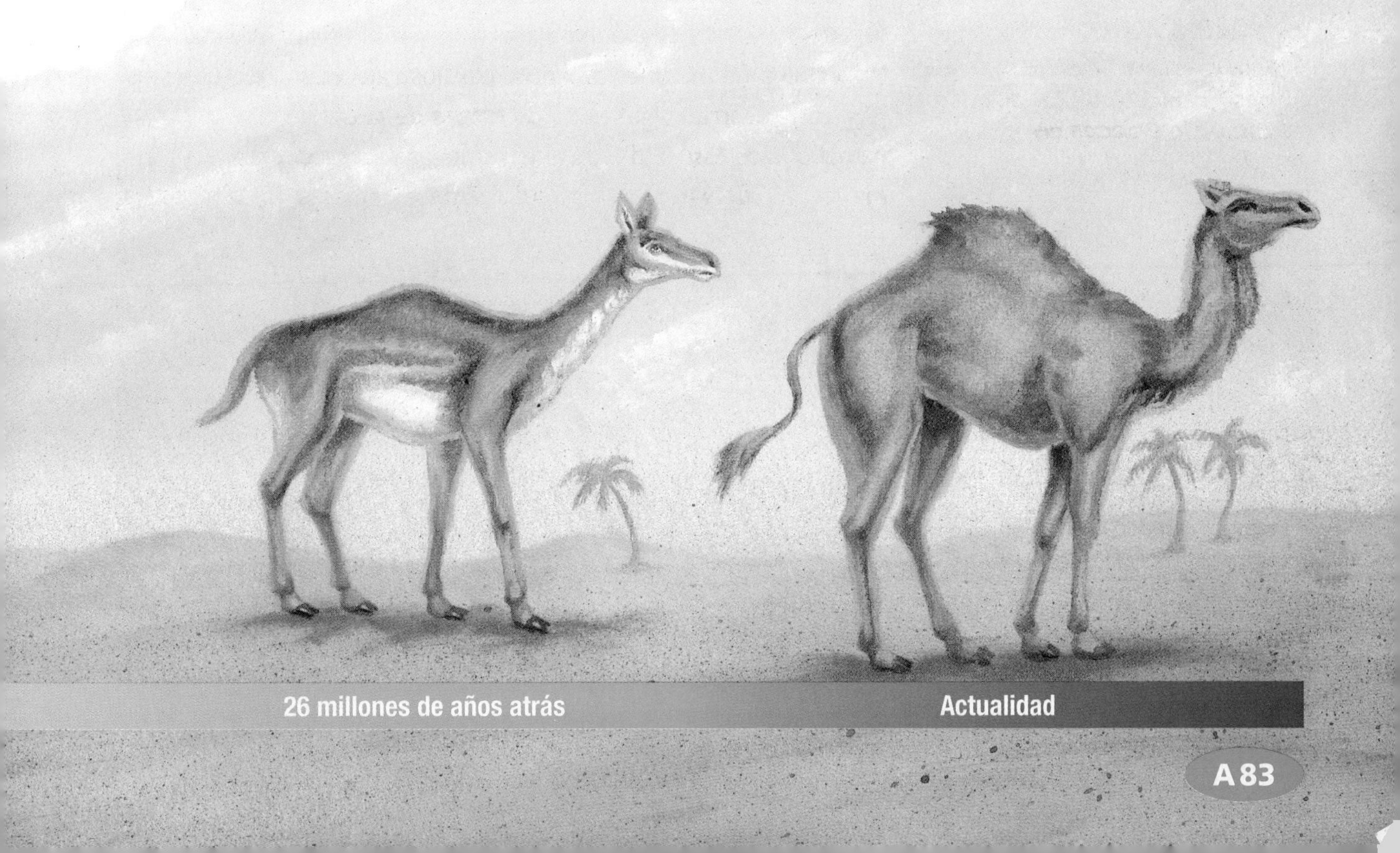

26 millones de años atrás

Actualidad

¿Cuál es la idea?

En esta lección aprenderás:

- qué observaciones hizo Charles Darwin en las islas Galápagos.
- qué es la teoría de la selección natural.
- cómo surgen las adaptaciones con el tiempo.
- cómo surgen las nuevas especies con el tiempo.

Lección 3

¿Cómo surgen las nuevas especies?

¡Fíjate! **¡Qué extraño es ese insecto! ¿Para qué le servirán las pinzas del cuerpo? ¡Y esos ojos, qué enormes son! ¿Por qué es tan raro el cuerpo de los insectos? ¿Por qué se desarrollaron así?**

Charles Darwin

Historia de las ciencias

El 27 de diciembre de 1831, el buque Beagle zarpó de Inglaterra con el fin de estudiar las costas de América del Sur. Fue en este barco donde se comenzaron a desarrollar algunas de las ideas más importantes sobre cómo evolucionan las especies. En el mapa de abajo puedes seguir la ruta del Beagle.

El buque Beagle *viajó por todo el mundo. Su escala más importante fue en las islas Galápagos donde Darwin hizo sus famosas observaciones que permitieron explicar cómo evolucionan las especies.* ▼

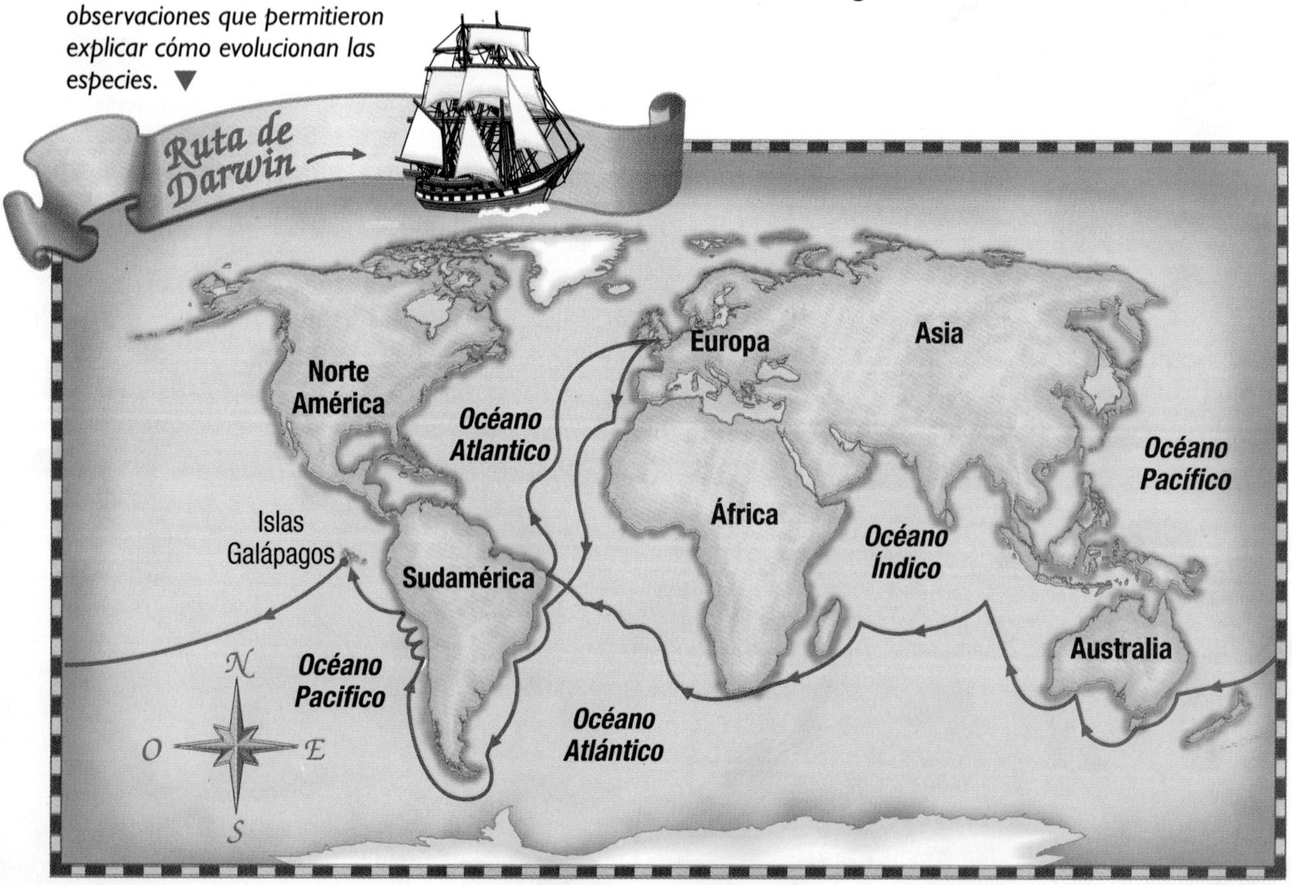

Las adaptaciones pueden tardar miles y hasta millones de años en evolucionar, aunque a veces pueden surgir más rápidamente en una población. Las polillas moteadas de la derecha son un ejemplo de evolución rápida.

Hasta la década de 1850, casi todas las polillas moteadas de Inglaterra eran de color gris claro con manchitas oscuras. Las de color gris obscuro eran tan raras que eran muy valiosas para los coleccionistas de insectos.

Alrededor de 1850, comenzaron a aparecer más polillas de color obscuro, sobre todo cerca de las ciudades que tenían fábricas. Esto coincidió con un aumento en el número de fábricas. En esa zona, la corteza clara de los árboles se ennegreció con el hollín de las chimeneas de las fábricas. Así las aves empezaron a notar más fácilmente las polillas de color claro que las de color obscuro cuando se posaban en el tronco de los árboles. Ahora las polillas obscuras se confundían con los troncos ennegrecidos y podían esconderse mejor de las aves. De esta manera, pudieron sobrevivir y transmitir el gen del color obscuro a sus descendientes.

Sin embargo, en el campo las cosas no cambiaron. Como no había contaminación, los árboles no se mancharon de hollín y las aves notaban fácilmente a las polillas de color obscuro que se posaban sobre los árboles de corteza clara. En la actualidad, la mayoría de las polillas moteadas siguen siendo de color claro.

▲ *Hay dos variedades de polillas moteadas, la de color obscuro y la de color claro. ¿Cuál de las dos se confunde mejor con el tono claro de la corteza? ¿Cuál de las dos polillas sería más visible para un ave hambrienta y sería devorada?*

▲ *Tras varias generaciones, la evolución produjo las adaptaciones de la rata topo actual.*

Glosario

Glosario

población, conjunto de todos los miembros de una especie que viven en un lugar

Evolución de nuevas especies

Ya hemos visto como surgen las adaptaciones en una especie. Sin embargo, ¿cómo surgen las nuevas especies? Fíjate en las ilustraciones de estas páginas e imagínate que un grupo de ranas de la misma especie, es decir una **población**, vive cerca de un pequeño arroyo como el de la ilustración 1. Digamos que algunas ranas son de color obscuro y otras son de color claro. Al principio, el arroyo es tan pequeño que las ranas pueden cruzar de un lado a otro para aparearse. Los descendientes de estas ranas tienen los mismos caracteres que sus progenitores.

¿Qué pasaría si, con el tiempo, el cauce del arroyo creciera y corriera más rápido como en las ilustraciones 2 y 3? Se formaría un cañón y la población quedaría dividida, pues las ranas no podrían cruzar de un lado a otro para aparearse.

¿Qué produciría este aislamiento? Al principio, las ranas de las dos poblaciones tendrían los mismos caracteres. Sin embargo, si ciertas condiciones, como la vegetación, fueran diferentes a uno y otro lado del cañón, cada población comenzaría a adaptarse a su nuevo ambiente por selección natural. Con el tiempo, las ranas de las dos poblaciones serían tan diferentes que formarían dos especies distintas. Cada especie estaría adaptada a las leves diferencias de su ambiente.

Cuando una población se divide y un grupo se queda aislado en un ambiente distinto, es posible que evolucione una nueva especie. ▼

1

2

▲ *¿En qué se diferencian estas dos especies de rana? ¿Cómo está adaptada a su ambiente cada especie?*

A veces las especies quedan aisladas después de una migración, como ocurrió con las tortugas de las islas Galápagos. Las especies de estas islas emigraron de América Central y América del Sur volando, nadando o arrastradas por el agua en pedazos de tierra o plantas. Cuando estas poblaciones se separaron, cada una se adaptó a su nuevo ambiente, evolucionó y formó una especie distinta.

Repaso de la Lección 3

1. ¿Qué observaciones hizo Darwin en las islas Galápagos?
2. ¿Qué es la teoría de la selección natural?
3. ¿Cómo cambian las adaptaciones con el tiempo?
4. ¿Cómo surgen las nuevas especies con el tiempo?
5. **Saca conclusiones**
   ¿Qué conclusiones sacó Darwin sobre las diferencias en los picos de las diversas especies de pinzones de las islas Galápagos?

¿Cuál es la idea?

En esta lección aprenderás:

- qué relación existe entre el estímulo y la respuesta.
- cómo perciben los organismos su ambiente.
- qué son las adaptaciones fisiológicas.

Glosario

Glosario

estímulo, cambio en el ambiente que produce una respuesta en un organismo

respuesta, reacción de un organismo a un cambio en su ambiente

Lección 4

¿Cómo responden los organismos a su ambiente?

Imagínate que estás jugando baloncesto con tus amigos y de repente, comienza a soplar viento y a hacer frío. ¡Brrr! Empiezas a temblar y te pones una chaqueta. Lo que haces es reaccionar a un cambio en tu ambiente.

Estímulo y respuesta

Ya vimos cómo las especies evolucionan para adaptarse a su ambiente. Una de las adaptaciones más importantes de un organismo es la capacidad de responder a los cambios que se producen en su ambiente. Fíjate en la perdiz blanca de las fotos. ¿Qué tipo de cambios en su ambiente produce esos cambios en ella?

Los cambios del ambiente que producen una reacción se llaman **estímulos**. El cambio de color del plumaje de la perdiz de la foto es la reacción o **respuesta** que produce. Todos los organismos responden a los estímulos de su ambiente. La respuesta de la perdiz es tan extrema que hasta podríamos pensar que se trata de dos aves diferentes. Este tipo de ave habita en las regiones lejanas del norte de Canadá y Alaska, donde el verano es corto y fresco. Durante esa estación, el plumaje se le mancha de un color café para confundirse con los colores café y verde de su ambiente.

Perdiz blanca en invierno

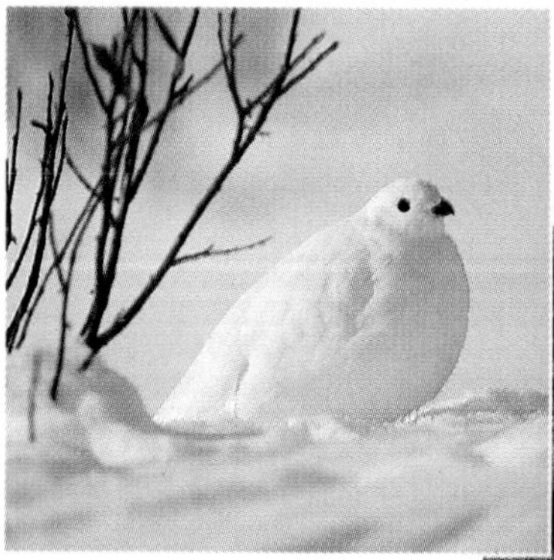

▲ *El cambio de color del plumaje de la perdiz blanca es un carácter heredado que aumenta sus probabilidades de sobrevivir en el ambiente que habita.* ▶

Perdiz blanca en verano

Sin embargo, cuando comienzan a caer las primeras nieves del invierno, poco a poco el plumaje se le vuelve blanco. Cuando el paisaje que la rodea se cubre por completo de nieve, el plumaje de la perdiz ya está totalmente blanco. Esto le ayuda a sobrevivir durante el invierno.

¿Alguna vez has jugado baloncesto como las niñas de la foto? La niña de la derecha responde a un estímulo externo, es decir, un estímulo que viene de fuera de su cuerpo. ¿De qué estímulo externo se trata? Cuando te comes una pizza o te tomas un vaso de limonada, respondes a estímulos internos, es decir, estímulos que vienen de dentro del cuerpo. Estos estímulos son el hambre y la sed.

▲ *Los estímulos y respuestas juegan un papel importante en el baloncesto.*

Las plantas también responden a los estímulos. Por ejemplo, a lo mejor has notado que, cuando pones una planta al lado de una ventana, sus tallos y sus hojas se inclinan hacia la luz del Sol. La planta crece en esa dirección en respuesta al estímulo de la luz. De la misma manera, las flores de ciertas plantas se abren o se cierran en respuesta a los cambios de luz o de temperatura. Las hojas de la dionea de la página A76 se cierran rápidamente al sentir el contacto de un insecto.

Recuerda que la respuesta a los estímulos es una función vital básica. Por eso, hasta los organismos unicelulares responden a los cambios de su ambiente. Algunas bacterias responden a la falta de agua formando una membrana gruesa por dentro de su membrana celular. Todo lo que queda fuera de la nueva membrana muere y la bacteria se convierte en una espora bacteriana. De esa forma, puede permanecer inactiva hasta que vuelva a haber agua en su ambiente.

Percepción del ambiente

Para responder a los cambios de su ambiente, los organismos primero deben ser capaces de percibirlos, es decir, recoger información acerca de esos cambios. Compara cómo los organismos de estas dos páginas perciben su ambiente.

Tiburones

▲ *Los tiburones ven bien aunque haya poca luz y sus orificios nasales son muy sensibles al olor de la sangre en el agua. Además, detectan vibraciones en el agua con unas pequeñas aberturas escamosas que tienen a los lados. La estructura de su hocico les permite percibir las débiles señales eléctricas que producen las contracciones musculares de otros organismos.*

Serpientes

◀ *Las serpientes detectan el olor de otros animales con la lengua y unos órganos que tienen en el paladar. Para detectar el calor que emana del cuerpo de sus presas, algunas tienen receptores en los bordes del labio superior y otras, un par de órganos en la parte frontal de la cabeza.*

Moscas

◀ *Las moscas prueban la comida con unos pelos que tienen alrededor de la boca y con los pies. Es por eso que caminan encima de la comida. También poseen detectores de tacto y de temperatura en las patas; y, a pesar de que sus ojos no forman imágenes nítidas, detectan fácilmente el movimiento.*

Polillas

▲ *Gracias a unos pelos sensibles que tienen en las antenas en forma de pluma, las polillas macho pueden detectar las substancias químicas que producen las hembras durante la época de apareamiento. Algunas especies de polillas las pueden detectar a más de un kilómetro de distancia.*

Calamares

◀ *Los calamares viven en las aguas obscuras de los océanos y se guían con la vista para buscar su presa y huir del peligro. Con sus grandes ojos pueden formar imágenes reales, al igual que nosotros, y así calcular las distancias con exactitud.*

Glosario

adaptación fisiológica, adaptación de la función de ciertas partes del cuerpo para poder controlar una función vital

Hoja de planta

Ésta es una imagen aumentada de la capa externa de una hoja. Fíjate en los estomas que permiten la entrada y salida de gases importantes para la célula, y en las células guardianas que controlan la apertura y el cierre de los estomas. ▼

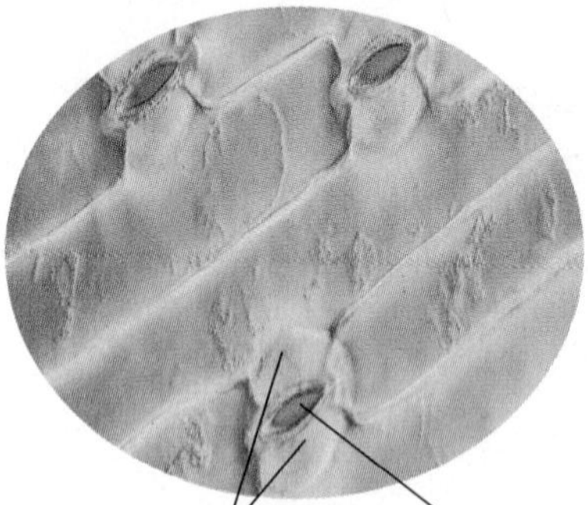

Adaptaciones fisiológicas

Para sobrevivir, las plantas necesitan dejar entrar dióxido de carbono y eliminar vapor de agua y oxígeno por sus hojas. Los pequeños poros, o estomas, de las células de la hoja que ves abajo a la izquierda, se abren y se cierran para controlar el flujo de estos y otros gases. Los estomas tienen a su alrededor dos células guardianas. Durante el día, estas células se llenan de agua, se hinchan y se curvan abriendo el estoma. Durante la noche, se vacían y se enderezan cerrando el estoma. Esto se conoce como **adaptación fisiológica**, es decir, una adaptación en la que una parte del organismo realiza su función en respuesta a un estímulo.

Al igual que todos los mamíferos marinos, la foca de la foto tiene que salir a la superficie a respirar. Cuando busca alimento bajo el agua, aguanta la respiración. ¿Sabías que algunas focas pueden aguantar la respiración hasta por una hora?

Para la foca, la disminución del oxígeno que le circula por la sangre cuando aguanta la respiración es un estímulo. ¿Cuál es su respuesta a ese estímulo? El organismo "corta" la circulación de la sangre a las capas externas del cuerpo y a las extremidades para que la foca ahorre oxígeno y no tenga que salir a la superficie a respirar con tanta frecuencia. Esta respuesta es una adaptación fisiológica.

◀ *Esta foca se alimenta de peces, calamares, krill y aves acuáticas que atrapa al nadar. Bajo el agua, la foca aguanta la respiración en respuesta a su ambiente. ¿De qué otra forma responde la foca a su ambiente?*

Sudar es una adaptación fisiológica que tenemos. Cuando hacemos mucha actividad como jugar un partido de baloncesto, nuestros músculos producen mucha energía térmica. Para que no se calienten demasiado, las células del cuerpo responden de varias maneras para eliminar el exceso de calor. Los vasos sanguíneos de la piel se ensanchan para poder llevar más sangre a la superficie del cuerpo y eliminar más calor. Las glándulas sudoríparas comienzan a trabajar más y el cuerpo se te enfría a medida que el sudor se evapora. Dicho de otro modo, tu organismo detecta un cambio interno de temperatura y responde al estímulo.

▲ *Los organismos unicelulares como esta ameba también responden a los cambios de su ambiente.*

La ameba que aparece arriba tiene adaptaciones fisiológicas que le permiten responder a los estímulos de la luz y de otros materiales a su alrededor que se encuentran en el agua. La adaptación de la mimosa le permite cerrar y retraer las hojas al sentir el contacto de la mano de una persona. Esta respuesta se debe a que las células especiales de la base de sus hojas pierden agua rápidamente al percibir el contacto. ¿De qué otras maneras responden los organismos a los estímulos externos de su ambiente?

▲ *Las hojas de la mimosa se cierran al sentir el contacto de otro ser. Los científicos piensan que esta respuesta le ayuda a conservar agua y protegerse porque le da un aspecto no muy apetitoso para los insectos y demás animales.*

Repaso de la Lección 4

1. ¿Qué relación existe entre el estímulo y la respuesta?
2. Nombra dos maneras en que los organismos perciben o recogen información sobre su ambiente.
3. ¿Qué son las adaptaciones fisiológicas?
4. **Saca conclusiones**
   Fíjate en la foto de la hoja que aparece en la página A96. ¿Crees que la foto se tomó durante el día o la noche? Explica tu conclusión.

Observa los efectos del agua salada en las células

Destrezas del proceso

- observar
- comunicar
- inferir

Materiales

- pedazo de cebolla roja
- pinzas
- portaobjetos con cubreobjetos
- gotero
- agua
- microscopio
- solución de agua salada
- toalla de papel

Preparación

Las plantas de agua dulce no sobreviven en agua salada. Realiza esta actividad para averiguar por qué.

Si lo deseas, parte pedacitos de cebolla hasta que obtengas uno con una delgada capa roja.

Repasa el uso apropiado del microscopio.

Sigue este procedimiento

1. Haz una tabla como la que se muestra y anota ahí tus observaciones.

Células en agua dulce	Células en agua salada

2. Dobla lentamente y con cuidado un pedacito de cebolla roja hasta partirlo por la mitad. En el borde del pedazo partido, encontrarás una capa delgada de tejido rojo (Foto A). Arranca esta capa delgada con cuidado para que no se arrugue.

3. Con las pinzas, coloca la capa delgada de cebolla en un portaobjetos. Echa en el portaobjetos una o dos gotas de agua con el gotero. Coloca un cubreobjetos sobre la piel de cebolla.

4. Coloca el portaobjetos en la platina del microscopio. Gira con cuidado el tornillo de ajuste del microscopio hasta enfocar varias células de cebolla. **Observa** las células y dibuja lo que ves.

¿Cómo voy?

¿Enfoqué con cuidado la lente en el portaobjetos?

Foto A

Foto B

Foto C

5 Saca el portaobjetos de la platina del microscopio. Con un gotero, echa una gota de agua salada a lo largo del borde derecho del cubreobjetos (Foto B).

6 Con las pinzas, toma un pedacito de papel toalla y colócalo contra el borde izquierdo del cubreobjetos. Esto hará que la solución de agua salada se meta por debajo del cubreobjetos. Repite este paso hasta que haya dos gotas de agua salada bajo el cubreobjetos (Foto C).

7 Vuelve a colocar el portaobjetos en la platina del microscopio. Observa las células por unos 3 minutos y dibuja lo que ves.

Interpreta tus resultados

1. Mira tus dibujos de las células de cebolla antes y después de agregarles agua salada. **Comunica** en qué se parecen y en qué se diferencian las células.

2. Usa los términos *estímulo* y *respuesta* para explicar tus observaciones. ¿Cuál fue el estímulo? ¿Cuál fue la respuesta? ¿Qué observaciones apoyan tus conclusiones?

3. Haz una **inferencia.** ¿Qué sucede si introduces una solución de agua salada en células animales?

Investiga más a fondo

¿Cómo reaccionan las células animales ante el agua salada? Piensa en cómo vas a hallar la respuesta a ésta u otras preguntas que tengas.

Autoevaluación

- Seguí instrucciones para probar los efectos del agua salada en las células vegetales.
- Hice **observaciones** de las células vegetales en agua dulce y en la solución de agua salada.
- A través de dibujos, **comuniqué** lo que vi cuando observé las células de cebolla a través del microscopio.
- Usé los términos *estímulo* y *respuesta* para explicar lo que sucedió con las células de cebolla.
- Hice una **inferencia** sobre cómo afecta el agua salada a las células animales.

¿Cuál es la idea?

En esta lección aprenderás:

- cómo las adaptaciones de la conducta ayudan a los organismos a sobrevivir.
- qué es una conducta heredada.
- qué es una conducta aprendida.

Lección 5

¿Cómo ayuda la conducta a los organismos a sobrevivir?

¡Zzzz! ¿Alguna vez fingiste estar durmiendo? Pues, el oposum a veces se comporta de forma parecida y se hace el muerto para salvar su vida.

Adaptaciones de la conducta

Otra forma que tienen los organismos de responder a los estímulos de su ambiente es por medio de la conducta. La conducta de un organismo son todas las acciones que hace. ¿Puedes dar ejemplos de conductas tuyas?

Algunas adaptaciones de la conducta ayudan a los animales a escapar del peligro, mientras que otras les sirven para proteger a sus crías. Por ejemplo, el chorlito anillado de la foto protege a sus crías fingiendo tener un ala rota. Aunque arriesga su propia vida con esta conducta, el chorlito desvía la atención de los depredadores para tratar de alejarlos del nido donde están las crías. Así éstas tienen más probabilidades de sobrevivir. Una vez pasado el peligro, el chorlito regresa a su nido. Esta respuesta poco común del chorlito es una **adaptación de la conducta.**

Las adaptaciones de la conducta, como la del chorlito anillado, ayudan a cada organismo a sobrevivir individualmente. Pero a veces ayudan a toda la población. Esto pasa con la colonia de termitas de la derecha.

En todos los termiteros existen cuatro tipos de termitas dentro de la misma especie. Cada tipo de termita tiene distintas adaptaciones de la conducta que ayudan a la supervivencia de toda la colonia. Las termitas obreras recogen alimento, cuidan a las crías y construyen los túneles y cámaras del termitero. Los

Glosario

Glosario

adaptación de la conducta, acción que ayuda a la supervivencia

El chorlito anillado finge estar herido para distraer a su depredador y alejarlo de su nido. Ésta es una adaptación de la conducta. ▼

soldados custodian los túneles y los caminos cubiertos que salen del termitero. Luego hay una reina que pone todos los huevos de la colonia y un rey que después los fertiliza.

Las adaptaciones de la conducta también ayudan a los organismos a obtener su alimento. Por ejemplo, las telarañas en realidad son trampas que las arañas usan para atrapar insectos voladores.

Otras adaptaciones de la conducta ayudan a animales como el cocodrilo a encontrar pareja. El macho nada hasta donde se encuentra la hembra y la acaricia con la cabeza y las patas delanteras. Después de aparearse, la hembra construye un nido en forma de montículo en la tierra para proteger los huevos. Cuando las crías salen del cascarón, la hembra las cuida hasta que cumplen un año. Para cruzar un río, la hembra lleva a sus crías en la boca como se ve en la foto.

¿Por qué se comportan así los cocodrilos? La conducta de un organismo corresponde a adaptaciones heredadas de sus progenitores o aprendidas. La conducta del cocodrilo es probablemente el resultado de adaptaciones que heredó de sus progenitores.

▲ *Hay pocos reptiles que cuidan a sus crías con el esmero con que lo hace la hembra del cocodrilo. Como los pequeños cocodrilos suelen ser devorados por otros depredadores, la madre los lleva a lugares seguros para protegerlos.*

◀ *En un termitero pueden vivir hasta 5 millones de insectos, pero nada más puede haber una sola reina. La termita grande que ves en la foto es la reina.*

Glosario

Glosario

instinto, conducta heredada

Conducta heredada

Son conductas heredadas las conductas con las que nacen los organismos. Las conductas heredadas son respuestas a los estímulos que no se necesitan aprender.

Uno de los tipos de conducta heredada es el **instinto**. Todas las crías nacen con instintos. Por ejemplo, la conducta que muestran al nacer los polluelos de las gaviotas kittwake en la foto se debe a un instinto. Fíjate que estas aves anidan en lo alto de los riscos. Al salir del cascarón, los polluelos instintivamente se quedan quietos en el nido y saben que, si se mueven mucho, se pueden caer. En cambio, los polluelos de las aves que anidan en el suelo no muestran este tipo de conducta y salen a explorar sus alrededores poco después de nacer.

Sin embargo, no todos los tipos de conducta instintiva son tan sencillos. Algunos se realizan en etapas y tardan varias semanas en completarse. Por ejemplo, el molotro del ganado no construye nidos. Cuando la hembra está lista para poner los huevos, ella sale a buscar por la zona los nidos de otras aves. Una vez que encuentra un nido en el que alguna hembra acaba de poner sus huevos, el molotro del ganado espera pacientemente a que la otra hembra salga a buscar alimento y deje el nido solo. Entonces aprovecha y pone rápidamente un huevo entre los demás huevos del nido. Todas las mañanas durante cuatro o cinco días, el molotro pone un huevo en un nido distinto y luego se marcha. Las hembras de las otras especies incuban los huevos del molotro junto con los suyos.

Las gaviotas kittiwake anidan en grandes colonias en lo alto de los riscos.

Otro ejemplo de conducta instintiva son las telarañas. ¿Nunca viste a una araña tejer una tela como la de la foto? A pesar de ser un trabajo muy complicado, las arañas lo hacen bien desde el primer intento. El tipo de telaraña que teje cada araña es una conducta heredada. Cada tipo de araña teje un tipo específico de telaraña. Por ejemplo, algunas tejen círculos concéntricos y otras tejen en espiral.

El tipo más sencillo de conducta heredada es el **reflejo**, que es una respuesta rápida y automática a un estímulo. En un reflejo ocurre lo siguiente: un órgano sensorial, como el ojo, recibe un estímulo y envía una señal, que viaja por los nervios hasta la médula espinal y de ahí regresa directamente a los músculos. El estímulo no tiene que llegar al cerebro para que se produzca la respuesta. Por eso, los reflejos son involuntarios y ocurren rápidamente, a veces hasta en menos de un segundo. Por ejemplo, cuando alguien te acerca algo a la cara, parpadeas como en la foto. Cuando tocas una superficie caliente o te clavas con una espina, quitas la mano rápidamente; y, cuando algo te irrita la nariz, estornudas.

Todos los animales tienen reflejos. Cuando los gatos se asustan, se les erizan los pelos; cuando los pulpos sienten peligro, cambian de color; cuando alguien enciende la luz, las cucarachas huyen; y, cuando tratamos de matar una mosca, ésta se escapa volando. Todos éstos son reflejos que permiten a los animales reaccionar rápidamente en caso de peligro.

Glosario

reflejo, respuesta rápida y automática a un estímulo

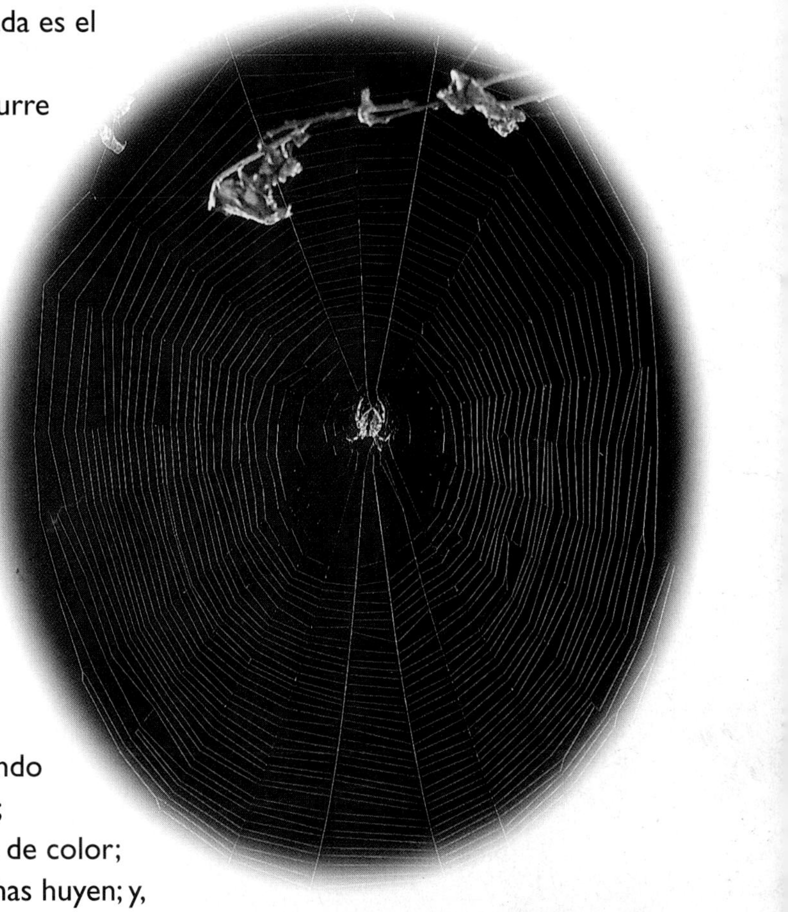

▲ *Esta araña de jardín nace con ciertos instintos que le permiten tejer su telaraña. ¿Con qué instintos naciste tú?*

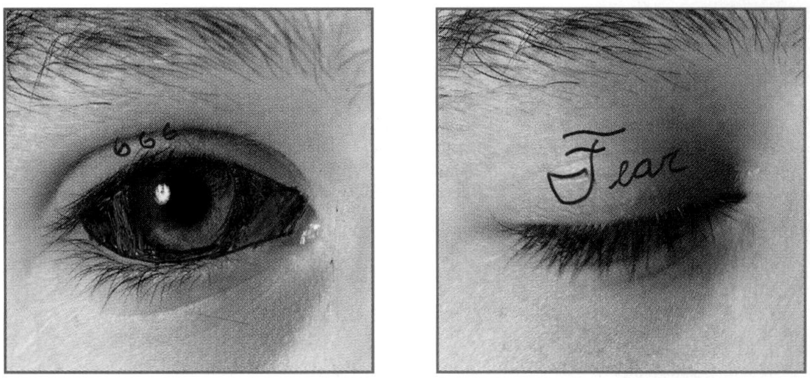

El reflejo del parpadeo

◀ *Cuando alguien te arroja algo a la cara, parpadeas por un reflejo. ¿De qué te protege ese reflejo?*

Conducta aprendida

¿Recuerdas cuando aprendiste a andar en bicicleta o en patines o a batear una pelota de sóftbol? Seguramente te caíste varias veces al perder el equilibrio con la bicicleta o los patines. A lo mejor, también, ni siquiera le podías pegar a la pelota al principio. Pero, a la larga, aprendiste las tres cosas y ahora las haces sin pensar.

Muchas de las conductas de los animales son aprendidas. Por ejemplo, los cachorros del leopardo son bastante indefensos cuando nacen. Su madre tiene que cuidarlos y amamantarlos todo el tiempo. Después, cuando son más grandes, la madre los guía hasta donde está la presa que acaba de cazar. Entonces comienzan a comer alimentos sólidos. Los cachorros viven unos dos años con su madre para aprender a cazar. Al principio sólo la observan, pero con el tiempo salen a cazar con ella. Finalmente, cuando están crecidos y saben cazar bastante bien, se van a vivir solos.

Los lazarillos son perros entrenados para guiar a los ciegos. ¿Qué necesitaría aprender un lazarillo para sordos? ▼

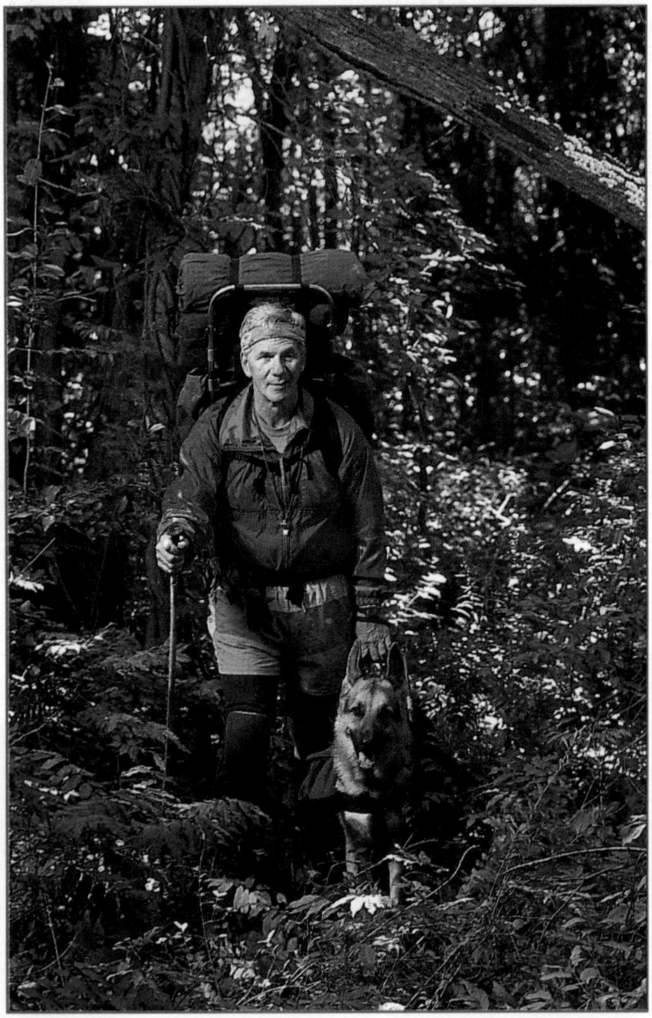

Si tienes perro, a lo mejor has observado una conducta aprendida. Por lo general, el perro aprende a acercarse cuando su amo lo llama y puede aprender a sentarse o detenerse cuando se le ordena. Otros entran corriendo a la casa al escuchar el sonido del abrelatas eléctrico porque han aprendido a relacionarlo con la hora de la comida. Ciertos peces criados por personas, como las carpas doradas, aprenden a subir a la superficie del estanque donde viven, para que se los alimente. Cuando alguien se para cerca del estanque, las carpas suben a la superficie aunque no les den alimento.

El perro que ves en la foto es un perro lazarillo. A este perro lo comenzaron a entrenar desde que tenía alrededor de un año. Tuvo que aprender a obedecer órdenes, ayudar a su amo a caminar entre la gente, cruzar calles con mucho tráfico y evitar otro tipo de peligros, como los que pueden existir en este bosque. Sin embargo, también aprendió a desobedecer órdenes que puedan poner en peligro la vida de su amo. Cuando por fin termina su entrenamiento, el perro comienza a trabajar de lazarillo.

Alguna vez habrás visto anadones como los de abajo siguiendo a su madre. Poco después de salir del cascarón, aprenden a seguir el primer objeto en movimiento que ven. Si lo que ven es su madre, aprenden a seguirla a ella. Esta conducta es importante porque aprenden a observar a su madre y a imitar su conducta para buscar alimento y escapar de sus depredadores.

Sin embargo, como lo primero que suelen ver es un ser humano, los anadones que nacen en incubadoras aprenden a seguirlo. En ese caso, la persona tiene que enseñarles cómo comportarse para sobrevivir. Deben aprender a nadar en el agua y a buscar alimento, aunque felizmente para los patitos, nadar no es una conducta aprendida.

Repaso de la Lección 5

1. ¿Cómo ayuda la adaptación de la conducta a los organismos a sobrevivir?
2. ¿Qué es una conducta heredada?
3. ¿Qué es una conducta aprendida?
4. **Saca conclusiones**
   Los niños aprenden a caminar más o menos a la edad de un año. ¿Crees que aprender a caminar es una conducta aprendida o heredada? Explica tu conclusión.

Impronta
▲ *Estos anadones silvestres seguirán al primer objeto en movimiento que vean al salir del cascarón. Este tipo de conducta se llama impronta.*

Investiga cómo reaccionan las plantas a la luz

Destrezas/Proceso

Destrezas del proceso

- predecir
- observar
- comunicar
- inferir

Materiales

- caja grande de zapatos con tapa
- planta de frijol pequeña
- marcador
- tijeras
- cartón
- cinta adhesiva de papel
- fuente de luz

Preparación
En esta actividad, descubrirás cómo afecta la luz al crecimiento de una planta.

Como parte de la actividad, harás un laberinto. Antes de hacerlo, mira o estudia algunos laberintos simples, como los de un libro de pasatiempos, para que te sirvan de guía.

Sigue este procedimiento

1. Haz una tabla como la que se muestra y anota ahí tus observaciones.

Día	Observaciones
2	
4	
6	
8	
10	

2. Pon una caja de zapatos parada sobre uno de sus extremos. Coloca una planta de frijol pequeña dentro de la caja. Con un marcador, traza una raya dentro de la caja para marcar la altura de la planta (Foto A).

3. Saca la planta de la caja.

4. Recorta un agujero de unos 4 cm de ancho en el extremo opuesto a donde vas a colocar la planta. El agujero será la fuente de luz de la planta (Foto A).

5. Dibuja un laberinto simple dentro de la caja de zapatos. Si lo deseas, puedes usar el diseño de la Foto A o crear uno propio. Deja espacio suficiente para la planta en la parte de abajo de la caja. Pega pedazos de cartón a la caja de zapatos con cinta adhesiva de papel para hacer la primera pared del laberinto (Foto B).

Foto A

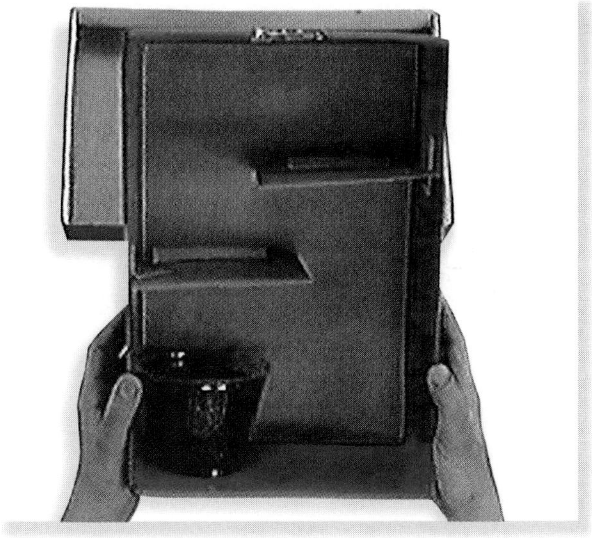

Foto B

6 Marca un lado de la maceta con una X. Coloca la planta dentro de la caja, con la X mirando hacia la parte de atrás de la caja (Foto B).

7 Tapa la caja y colócala bajo una fuente de luz. **Predice** cómo crecerá la planta. Explica las razones de tu predicción.

8 **Observa** la planta cada 2 días y anota lo que observas sobre su crecimiento. Cuando la altura de la planta rebase la primera pared, agrega otra pared al laberinto. Riega la planta cuando sea necesario. Si sacas la planta de la caja, guíate por la X para asegurarte de que, al volverla a poner en su lugar, la planta quede en la misma posición en que estaba.

9 Repite el paso 8 con todas las paredes que tengas.

Interpreta tus resultados

1. Basándote en tus observaciones, **comunica** al resto de la clase cómo afectaron las barreras puestas en la caja al crecimiento de la planta.

2. ¿Por qué crees que la planta creció de esa manera?

3. Haz una **inferencia.** ¿Cómo afecta la altura de las barreras al crecimiento de la planta?

Investiga más a fondo

¿Cómo afectaría al crecimiento de la planta si le pusieras más paredes al laberinto? Piensa en cómo vas a hallar la respuesta a ésta u otras preguntas que tengas.

Autoevaluación

- Seguí instrucciones para probar cómo reacciona una planta ante la luz.
- **Predije** cómo iba a crecer la planta.
- Anoté mis **observaciones** acerca del crecimiento de la planta.
- Basándome en mis observaciones, **comuniqué** por qué la planta creció de esa manera.
- Hice una **inferencia** sobre cómo la altura de las barreras afecta al crecimiento de la planta.

Repaso del Capítulo 3

Ideas principales del capítulo

Lección 1

• Todos los seres vivos toman energía, liberan energía de los alimentos, utilizan energía, eliminan desechos y responden al ambiente.
• Las adaptaciones son caracteres heredados que sirven a las especies para sobrevivir.

Lección 2

• Los fósiles nos dan pistas sobre los organismos que vivieron hace mucho tiempo.
• Las especies han cambiado como consecuencia de la evolución.

Lección 3

• Darwin descubrió que las especies se adaptan a su ambiente.
• La teoría de la selección natural de Darwin afirma que la naturaleza selecciona ciertos caracteres y desecha otros, y que los organismos mejor adaptados a su ambiente tienen más probabilidad de sobrevivir.
• Las adaptaciones que permiten a un organismo sobrevivir se transmiten a los descendientes.
• Cuando una población queda aislada, a veces evolucionan nuevas especies.

Lección 4

• El estímulo es un cambio en el ambiente que produce una respuesta o reacción en un organismo.
• Los organismos recogen información sobre su ambiente con los órganos sensoriales.
• Las adaptaciones fisiológicas son funciones de ciertas partes del cuerpo en respuesta a un estímulo.

Lección 5

• Las adaptaciones de la conducta son acciones que permiten la supervivencia de los organismos.
• La conducta heredada es una respuesta a los estímulos que no se necesita aprender.
• La conducta aprendida es una acción que no se hereda de los progenitores.

Repaso de términos y conceptos científicos

Escoge la letra de la respuesta que explique mejor cada descripción.

a. adaptación
b. adaptación de la conducta
c. evolución
d. instinto
e. selección natural
f. adaptación fisiológica
g. población
h. reflejo
i. respuesta
j. estímulo
k. adaptación estructural

1. La construcción de nidos de las aves es una ___, o conducta heredada.
2. Tejer una telaraña es un ___.
3. El parpadeo en respuesta a una luz brillante es una ___.
4. Un ___ es el cambio que produce una reacción.
5. El ___ es la respuesta automática a un estímulo.
6. La ___es el proceso mediante el cual sobreviven los organismos que mejor se adaptan a su ambiente.
7. Los dientes filosos del tigre son una ___.
8. Una ___ es un carácter heredado que sirve para obtener el alimento.
9. Una ___ es la reacción a un estímulo.

10. La ___ son los cambios genéticos de las especies a través del tiempo.

11. Los organismos de una especie que viven en un lugar específico forman una ___.

Explicación de ciencias

Contesta la siguientes preguntas en un párrafo o con un esquema.

1. Describe tres adaptaciones que permiten a los organismos sobrevivir.

2. ¿Con qué pruebas se justifica la evolución?

3. Da un ejemplo del modo en que las poblaciones que quedan aisladas pueden evolucionar.

4. ¿Por qué son importantes los órganos sensoriales para los organismos?

5. Haz una lista de cuatro formas en que respondes al ambiente en este momento. ¿Cuál es el estímulo y la respuesta en cada caso?

Práctica de destrezas

1. Imagínate que descubres el fósil de una nueva especie. El fósil pertenece a un organismo con dos patas largas palmeadas, dos estructuras en forma de ala y dos orejas largas. ¿Qué **conclusiones sacas** acerca del organismo?

2. **Predice** lo que le puede pasar a la población de polillas moteadas de las ciudades de Inglaterra si se disminuye la contaminación de las chimeneas de las fábricas. Da las razones de tus predicciones.

3. **Observa** la rana de la página A87. ¿Qué adaptaciones identificas? Di de qué forma le sirve cada una para sobrevivir.

Razonamiento crítico

1. Piensa en aquellas respuestas a los estímulos que te permiten sobrevivir. **Clasifica** cada conducta en instinto, reflejo o conducta aprendida.

2. **Imagínate** que hallas un fósil. Describe el fósil imaginario e **infiere** sobre su vida pasada según lo que sabes acerca de algún organismo parecido que exista hoy en día.

3. **Aplica** la teoría de la selección natural de Darwin para explicar el cambio de color de la perdiz blanca de la página A92.

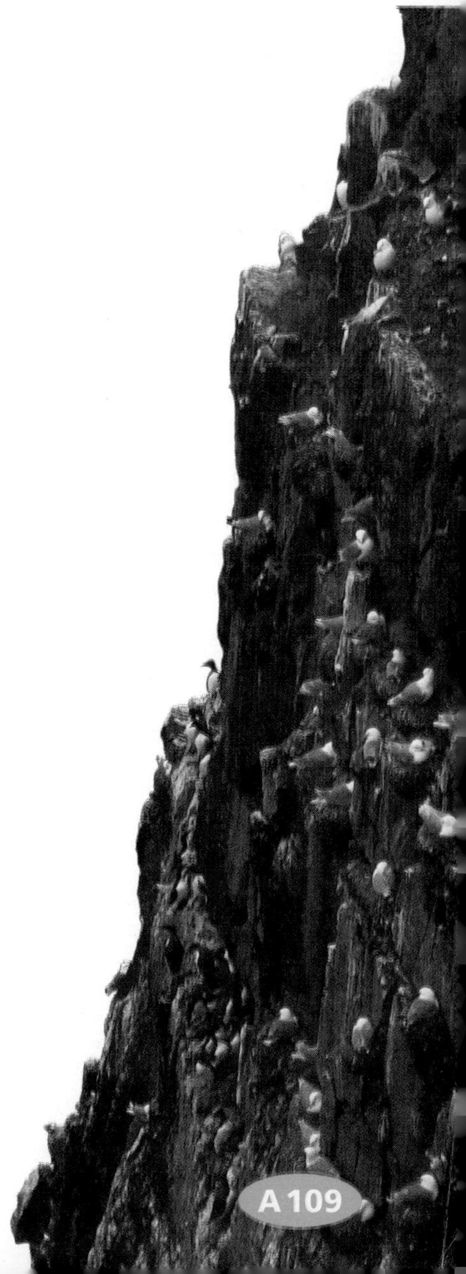

¡Todo un mundo en las manos!

Imagínate que tienes en las manos un mundo pequeñito como el de la niña de la foto. Ese mundo tiene todos los recursos que necesita en perfecto equilibrio. ¿Qué podemos hacer para promover, proteger y conservar el equilibrio natural de nuestro mundo?

Capítulo 4

Ecosistemas y biomas

Investiguemos: Ecosistemas y biomas

- **Lección 1** ¿Cómo interactúan los organismos?
  - ¿Cómo interactúan las partes de un ecosistema?
  - ¿Cómo interactúan los organismos productores, consumidores y descomponedores?
  - ¿Qué es una red alimenticia?
  - ¿Qué es una pirámide de energía?
- **Lección 2** ¿Cómo se reciclan los materiales?
  - ¿Qué es el ciclo del dióxido de carbono-oxígeno?
  - ¿Qué es el ciclo del nitrógeno?
  - ¿Cómo afecta la contaminación a los ciclos naturales?
- **Lección 3** ¿Qué sucede cuando cambian los ecosistemas?
  - ¿Cómo afectan los cambios ambientales a los ecosistemas?
  - ¿Cómo afecta la competencia entre las especies a las poblaciones?
  - ¿Cómo afectamos las personas a los ecosistemas?
- **Lección 4** ¿Cuáles son las características de los biomas terrestres?
  - ¿Qué es un bioma?
  - ¿Cuáles son los seis principales biomas terrestres?
- **Lección 5** ¿Cuáles son las características de los biomas acuáticos?
  - ¿Qué es un bioma marino?
  - ¿Qué es un bioma de agua dulce?
  - ¿Qué es un estuario?

Copia el organizador gráfico del capítulo *en una hoja de papel. El organizador te muestra de qué trata el capítulo. A medida que leas las lecciones y hagas las actividades, busca las respuestas a las preguntas y escríbelas en tu organizador.*

Explora un ecosistema acuático

Destrezas/Proceso

Destrezas del proceso

- predecir
- observar
- inferir
- comunicar

Materiales

- cinta adhesiva de papel
- botella de plástico con la parte superior cortada
- regla métrica
- piedritas
- agua de pecera
- planta de *elodea*
- marcador

Explora

1. Cubre con cinta adhesiva de papel el borde recortado de la botella de plástico a la que se le quitó la parte superior.

   *¡**Cuidado!** Ten mucho cuidado al manejar la botella porque el borde puede estar filoso.*

2. Coloca 1 cm de piedritas en el fondo de la botella. Agrega unos 8 cm de agua.
3. Coloca la planta de *elodea* en el ecosistema acuático. Asegúrate de que las raíces estén metidas dentro de las piedritas.
4. Con un marcador, marca el nivel del agua de tu ecosistema en el exterior de la botella.
5. **Predice** qué le pasará al agua después de varios días. Anota tu predicción.
6. **Observa** tu ecosistema durante por lo menos 3 días y anota tus observaciones.

Reflexiona

¿Qué puedes **inferir** de tus predicciones y observaciones? **Comunica** Comunica tus observaciones al resto de la clase. Haz una lista de explicaciones posibles de lo que observaste.

Investiga más a fondo

¿Qué pasaría si colocaras un ecosistema terrestre encima del ecosistema acuático? ¿Cómo afectaría al nivel del agua del ecosistema acuático? Piensa en cómo vas a hallar la respuesta a éstas u otras preguntas que tengas.

Hacer predicciones

A medida que leas la Lección 1, *¿Cómo interactúan los organismos?*, vas a **hacer predicciones**. Una predicción es una conjetura o suposición sobre lo que puede pasar en el futuro. Cuando hagas una predicción, debes tener en cuenta la información que te dan y lo que ya sabes sobre sucesos similares. Debes suponer que lo que pasó antes puede volver a pasar.

Ejemplo

Fíjate en la cadena alimenticia a la derecha. Para hacer una predicción sobre cómo cambiaría esta cadena alimenticia si muriera todo el pasto, sigue estos pasos.

1. Identifica los sucesos o acciones que aparecen en el dibujo.
2. Piensa en la relación que puede haber entre los sucesos y las acciones.
3. Identifica una situación similar. Recuerda lo que sucedió en esa situación.
4. Haz una predicción con la información del dibujo y de la situación pasada.

En tus palabras

1. ¿Qué información puedes obtener del análisis de la cadena alimenticia?

2. Predice qué pasará con la población de búhos si disminuye la población de grillos.

Vocabulario de lectura

predicción, conjetura o suposición sobre lo que puede pasar en el futuro

¿Cuál es la idea?

En esta lección aprenderás:

- cómo interactúan las partes de un ecosistema.
- cómo interactúan los organismos productores, consumidores y descomponedores.
- qué es una red alimenticia.
- qué es una pirámide de energía.

Lección 1

¿Cómo interactúan los organismos?

¿Oíste eso? ¿Qué será? Imagínate que estás acampando y ya es de noche. Sólo quedan unos cuantos carbones encendidos en la fogata y sientes que alguien te observa. ¿Qué animal andará merodeando en la obscuridad?

Interacción en los ecosistemas

Si quisieras averiguar qué animales merodean por el bosque, te pasarías horas leyendo libros sobre la naturaleza. En los bosques habita una enorme variedad de seres vivos, como animales, plantas, hongos, mohos, algas y organismos unicelulares. Estos seres vivos interactúan entre ellos y también con los objetos sin vida que hay en el bosque.

En el parque que se ilustra en estas páginas también existen diversos seres vivos y objetos sin vida que interactúan. Al igual que los bosques, los parques son ecosistemas formados por seres vivos y cosas sin vida que se afectan mutuamente. Los ecosistemas pueden ser pequeños como los charcos o grandes como los océanos.

En el ecosistema de este parque, podemos encontrar personas, perros, pasto, arbustos, flores, aves, ardillas, insectos y

Al igual que los demás ecosistemas de la Tierra, este parque está formado por seres vivos y cosas sin vida. ▼

gusanos. ¿Qué cosas sin vida crees que podemos encontrar en este parque? Entre las cosas sin vida que podemos encontrar están el aire, el agua de un estanque o un charco, la tierra, las rocas, el concreto de la acera y las bancas. ¿Qué otros seres vivos o cosas sin vida se te ocurren?

Para sobrevivir en el ecosistema del parque, los organismos deben adaptarse a las condiciones del ambiente, como el tipo de suelo, la temperatura del aire y la cantidad de luz y agua que hay en el lugar. Por cierto, ¿sabías que las cosas sin vida de un ecosistema suelen determinar el tipo de organismos que viven en ese ecosistema? Por ejemplo, los cactos no sobreviven en parques como éste, porque necesitan ecosistemas cálidos y secos con suelo arenoso.

Cada organismo afecta a los demás organismos del ecosistema. Por ejemplo, el pasto del parque tiene un tupido sistema de raíces que se extiende por el terreno produciendo nuevos brotes de pasto y manteniendo la humedad del suelo. Cuando las hojas del pasto mueren y se descomponen, enriquecen el suelo. La humedad y los nutrientes del suelo permiten que crezcan otras plantas, como el diente de león, el trébol y las flores de jardín.

El pasto y las plantas del parque atraen a los insectos. Si miras con atención el suelo, es posible que veas saltamontes, grillos, abejas, mariposas o luciérnagas. A su vez, los insectos y las plantas atraen a los animales. Si te fijas debajo de la tierra, puedes encontrar animales excavadores como ardillas, lombrices de tierra o serpientes tamnófidas.

Ahora fíjate en lo que está arriba del suelo. Verás aves como cardenales que bajan a la tierra a buscar semillas o petirrojos que bajan a buscar gusanos. Todo esto forma parte de un ecosistema saludable. En un ecosistema saludable, los seres vivos y las cosas sin vida se hallan en equilibrio.

Glosario

herbívoro, organismo consumidor que se alimenta sólo de plantas u otros productores

carnívoro, organismo consumidor que se alimenta sólo de otros animales

omnívoro, organismo consumidor que se alimenta de productores y consumidores

Productores, consumidores y descomponedores

En el Capítulo 3 sobre procesos vitales, vimos que los seres vivos necesitan energía para realizar esos procesos. Sin embargo, los diversos organismos obtienen energía de manera distinta. ¿Cómo obtenemos nosotros la energía que necesitamos?

Las plantas verdes se diferencian de los seres humanos y de la mayoría de los organismos, porque obtienen su energía de los alimentos que producen por fotosíntesis. En el proceso de fotosíntesis, la planta verde utiliza la luz solar para convertir el dióxido de carbono y el agua en un tipo de azúcar llamado glucosa. La glucosa queda almacenada en la planta. Cuando ésta la necesita, la planta libera esa energía alamacenada. Las plantas son organismos productores porque fabrican sus propios alimentos.

La mayoría de los organismos no puede producir su alimento con luz solar como lo hacen las plantas. Estos organismos obtienen la energía necesaria al comer o consumir alimentos; y, por eso, se llaman consumidores. ¿De qué se alimentan los consumidores? Se alimentan de otros organismos.

Algunos consumidores, como los insectos de la foto, se alimentan directamente de las plantas. La energía que necesitan para realizar sus procesos vitales la obtienen de la energía que almacenan las hojas de las plantas. Otros consumidores se alimentan de animales. Por ejemplo, hay aves que se alimentan de insectos y obtienen su energía de la energía que hay en el insecto.

Estas orugas son organismos consumidores porque se alimentan de plantas. ▼

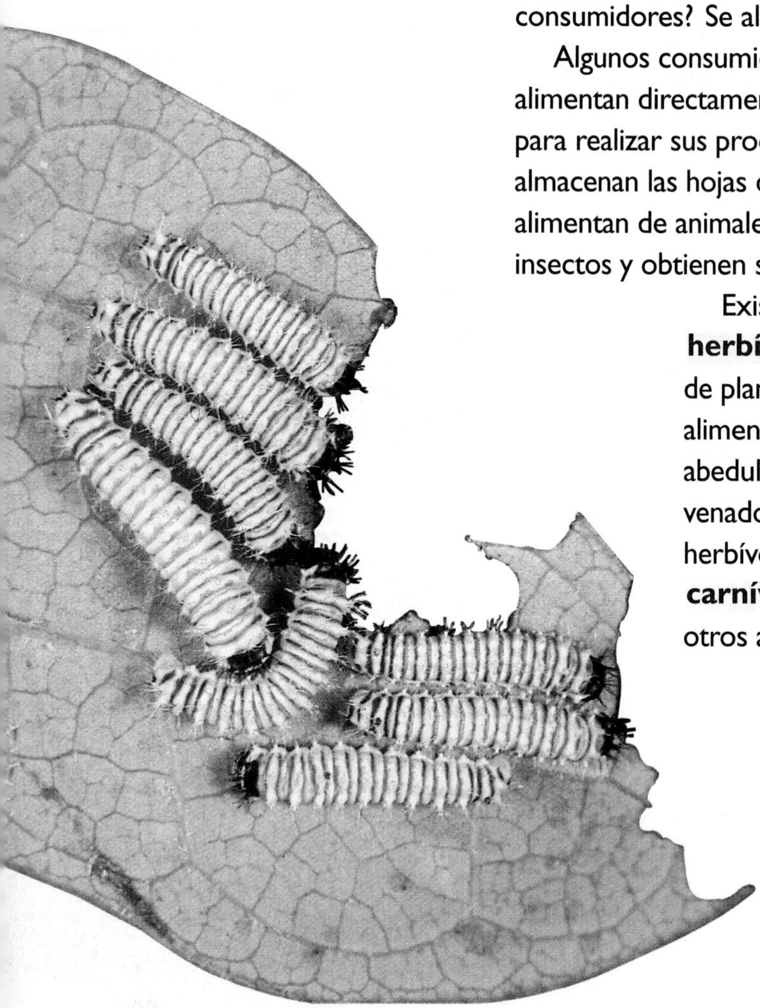

Existe un tipo de consumidores llamados **herbívoros,** herbívoros porque sólo se alimentan de plantas. Los castores son herbívoros porque se alimentan de la corteza del álamo temblón, del abedul, del sauce y de otros árboles. La oruga, el venado, el conejo, el pato y el elefante también son herbívoros. Otro tipo de consumidores son los **carnívoros,** que se alimentan únicamente de otros animales, como el murciélago pardo, que se alimenta de insectos. Entre los carnívoros tenemos al tigre, el halcón, la comadreja, la rana, el pelícano y la orca. Por último, existen consumidores conocidos como **omnívoros,** los cuales se alimentan de plantas y animales. Como ejemplo de omnívoro, podemos nombrar al zorrillo, que se alimenta de plantas, insectos y gusanos.

¿Qué clase de organismo somos nosotros: herbívoros, carnívoros u omnívoros? ¡Acertaste! Somos omnívoros porque nos alimentamos de plantas, animales, hongos e incluso ciertos tipos de bacterias.

¿Nunca pensaste qué les sucede a las hojas que caen de los árboles en otoño? ¿Sabes lo que le sucede al cuerpo de los animales que mueren en los bosques? Con el tiempo, el cuerpo de los organismos muertos desaparece. En todos los ecosistemas, habitan organismos llamados **descomponedores**, que obtienen sus nutrientes y su energía del cuerpo de los animales muertos y de los desechos de otros organismos vivos. Los descomponedores transforman los desechos y las substancias químicas complejas que hay en el cuerpo de los organismos muertos en substancias químicas más sencillas que las plantas pueden volver a usar.

Los hongos y los mohos son organismos descomponedores. Quizás has visto el moho que crece en los alimentos o los hongos que crecen en el suelo o en los árboles, como el de la foto. Ciertas especies de bacterias también son descomponedoras. ¡Imagínate si no existieran los descomponedores! ¡Habría organismos muertos y desechos de organismos vivos amontonados por todos los ecosistemas de la Tierra!

En general, las plantas son organismos productores y los animales son consumidores. Sin embargo, existe un organismo productor que no es una planta, sino una bacteria. Esta bacteria ni siquiera depende de la luz solar para producir su alimento.

Los organismos que viven en el fondo del mar no pueden realizar fotosíntesis porque no reciben luz solar. En esas profundidades hay unas columnas de agua caliente que salen de unas chimeneas pequeñas del suelo oceánico. El agua que sale de las chimeneas contiene compuestos de azufre disueltos llamados sulfuros. Alrededor de estas chimeneas habitan unas bacterias que usan el oxígeno y los sulfuros del agua para liberar energía. Con esa energía, convierten el dióxido de carbono y el agua en azúcares. En este ecosistema, las bacterias son los productores, mientras que los gusanos tubulares, las almejas gigantes y demás organismos de la foto son los consumidores.

Los organismos de las profundidades del mar que viven en los ecosistemas de las chimeneas submarinas obtienen su energía del sulfuro de la Tierra. Estos gusanos tubulares se alimentan de bacterias que convierten en energía química los compuestos de azufre disueltos en el agua. ▶

Glosario

descomponedor, organismo que obtiene energía al comer organismos muertos y desechos de organismos vivos

▲ *Los organismos descomponedores, como este hongo higroforo escarlata, descomponen los organismos muertos y devuelven los nutrientes al suelo.*

Redes alimenticias

Las fotos muestran algunos de los organismos que puedes encontrar en el campo. Con la energía del Sol, la hierba de la foto de abajo transforma el agua y el dióxido de carbono en azúcares que contienen energía almacenada. El grillo se alimenta de la hierba y la musaraña se alimenta del grillo para obtener la energía y los nutrientes que necesita. Después, el búho se alimenta de la musaraña y así obtiene energía y nutrientes.

Como puedes ver en el diagrama, en los ecosistemas la energía pasa de un organismo a otro. Las flechas indican en qué dirección se transfieren la energía y los nutrientes de un organismo al siguiente. Los organismos productores, como la hierba, sirven de alimento a ciertos consumidores y estos últimos, a su vez, son el alimento de otros consumidores. Los modelos que muestran cómo circula la energía dentro de un ecosistema se llaman cadenas alimenticias. Los eslabones de la cadena que acabamos de describir son: la hierba, el grillo, la musaraña y el búho.

Cuando el búho muere, los organismos descomponedores obtienen energía del cuerpo del búho muerto. Los minerales y los gases que se liberan se convierten en nutrientes que las plantas pueden volver a usar. Los descomponedores son el último eslabón de todas las cadenas alimenticias.

Seguramente sabes que los grillos no son los únicos animales del campo que comen hierba. Los conejos también se alimentan de hierba, mientras que ciertas serpientes se alimentan de conejos y algunos búhos comen serpientes. Entonces, los eslabones de esta cadena alimenticia son la hierba, el conejo, la serpiente y el búho. Fíjate que la hierba y el búho son eslabones de las dos cadenas. La mayoría de los organismos de un ecosistema forman parte de más de una cadena alimenticia.

◀ *Ésta es sólo una de las muchas cadenas alimenticias que puedes encontrar en el ecosistema del campo.*

Las diversas cadenas alimenticias de un ecosistema forman una red alimenticia. Fíjate en la red alimenticia de la foto de abajo. Las algas, los nenúfares, las eneas, las saetillas y las lentejas de agua son los productores. Observa la variedad de consumidores que se alimentan de estos productores, como los renacuajos, los gusanos y las pulgas de agua, que se alimentan de algas. El langostino se alimenta de lentejas de agua, pero también de gusanos. La perca y el centrarco se alimentan de langostinos y la rana toro come centrarcos.

Las flechas de la foto de la red alimenticia de esta charca muestran la dirección en la que circula la energía y los nutrientes en cada cadena alimenticia. ▼

Fíjate que los organismos de esta red alimenticia no viven en el agua de la charca. Las ratas almizcleras pasan gran parte del tiempo en el agua, pero también en tierra. ¿Qué comen las ratas almizcleras? Búscalo en la foto. Las garzas anidan y duermen en tierra, pero por las mañanas vuelan a la charca para buscar su alimento. Se posan en aguas poco profundas y se quedan quietas esperando atrapar peces o ranas con su pico largo y puntiagudo. ¿En cuántas cadenas alimenticias es la garza el último eslabón?

Glosario

Glosario

pirámide de energía, modelo que muestra la cantidad de energía que se usa y se transfiere en una cadena alimenticia o un ecosistema

Pirámides de energía

Las cadenas alimenticias muestran cómo la energía pasa de un organismo a otro. Sin embargo, la cantidad de energía que pasa de uno a otro no es la misma. ¿Por qué?

Recuerda que todos los organismos necesitan energía para realizar sus procesos vitales. Cada organismo usa una parte de la energía de los alimentos que consume, antes de convertirse en alimento de otro organismo. Las **pirámides de energía** son modelos que muestran la cantidad de energía que se usa y se transfiere en una cadena alimenticia o un ecosistema. La pirámide de energía de abajo muestra cómo se utiliza la energía en un pastizal.

La cantidad de energía que tiene disponible un grupo de organismos está determinada por el lugar que el grupo ocupa en la cadena alimenticia. Esto quiere decir que depende de a qué altura de la pirámide se encuentra. En cada eslabón de la cadena, los organismos usan parte de la energía para realizar sus procesos vitales. Esto significa que cada nivel de la pirámide tiene menos energía disponible que el nivel que está debajo. ¿Qué nivel crees que tiene la menor cantidad de energía disponible?

La mayoría de las cadenas alimenticias tienen sólo cinco eslabones, porque, al llegar al quinto eslabón, sólo queda un pequeño porcentaje de la energía que había en el primero.

A medida que nos acercamos a la punta de la pirámide, la energía disminuye. ▼

Las dos pirámides de energía de abajo muestran la cantidad de energía que se transfiere entre los organismos del océano Glacial Ártico. La pirámide de la izquierda muestra una cadena alimenticia de seis eslabones y la de la derecha, una de sólo tres eslabones. Fíjate que las dos cadenas comienzan con las algas y terminan con la orca.

En la primera cadena alimenticia, la energía se transfiere de las algas a los protistas y al zooplancton. Después, la energía de estos dos organismos se transfiere al calamar. Sin embargo, el calamar también se alimenta de algas y, cuando lo hace, pasa a un nivel más bajo de la pirámide, donde hay más energía. ¿Qué diferencia hay en la cantidad de energía que tiene disponible la orca en cada pirámide? Si la orca se alimenta directamente de calamares, como sucede n la segunda pirámide, se le transfiere mucha más energía. Cuanto menos eslabones hay en una cadena alimenticia, mayor es la energía que reciben los animales de la punta de la pirámide.

Si se eliminan los consumidores de los niveles intermedios de la pirámide, los productores podrán alimentar a una mayor cantidad de consumidores de la punta de la pirámide. ▼

Repaso de la Lección 1

1. ¿Cómo interactúan las partes de un ecosistema?
2. ¿Cómo interactúan los organismos productores, consumidores y descomponedores?
3. ¿Qué es una red alimenticia?
4. ¿Qué es una pirámide de energía?
5. **Predecir**
   ¿Qué le puede suceder a la población de peces de la red alimenticia de la página A119 si desaparecen las garzas?

Observa un ecosistema de botella

Destrezas del proceso

- predecir
- observar
- inferir

Materiales

- gasa
- vaso de agua
- montaje hecho con una botella de plástico
- regla métrica
- plástico para envolver
- piedritas
- 2 vasos graduados
- tierra
- semilla de pasto
- ecosistema acuático de la Actividad: Explora, página 112

Preparación

¿Cómo interactúan los ecosistemas? En esta actividad, observarás la interacción de un ecosistema acuático con un ecosistema terrestre.

Usa el ecosistema acuático que hiciste en la Actividad: Explora para realizar esta actividad.

Sigue este procedimiento

1. Haz una tabla como la que se muestra y anota ahí tus observaciones.

Día	Observación
2	
4	
6	

2. Coloca un pedazo de gasa de algodón en un vaso de agua. Saca la gasa del vaso y exprímela para quitarle el exceso de agua. Después, ensarta la gasa por un agujero hecho en la tapa de la botella de plástico. Enrosca la tapa en el pico de la botella.

3. Acopla la parte superior de la botella a la sección del medio como se muestra en la Foto A.

4. Acopla este montaje encima del ecosistema acuático que hiciste en la Actividad: Explora de la página 112. Ajusta la gasa de algodón de manera que quede un poco por encima del fondo del ecosistema acuático (Foto B).

Foto A

Photo B

Photo C

5 Para hacer el ecosistema terrestre, coloca 2 cm de piedritas en la parte superior de la botella vacía. Agrega unos 240 mL de tierra. Verifica que la gasa esté en la tierra y no pegada a la pared de la botella.

6 Esparce uniformemente unas semillas de pasto sobre la tierra. Rocía la tierra con agua para humedecerla, pero sin empaparla. Tapa la parte superior de la botella con plástico para envolver. (Foto C).

7 Piensa en cómo los dos sistemas van a interactuar durante varios días. **Predice** Predice lo que le sucederá al ecosistema terrestre y al ecosistema acuático. Di en qué información te basaste para hacer la predicción.

8 **Observa** los ecosistemas terrestre y acuático durante varios días y anota tus observaciones.

Interpreta tus resultados

1. Estudia tus observaciones de los ecosistemas terrestre y acuático. ¿Qué interacciones observaste entre los dos ecosistemas?

2. Haz una **inferencia.** ¿Qué les sucederá a los ecosistemas si les pones más plantas?

Investiga más a fondo

¿Afectaría al ecosistema si se pusiera una cantidad doble de plantas? Piensa en cómo vas a hallar la respuesta a ésta u otras preguntas que tengas.

Autoevaluación

- Seguí instrucciones para crear un ecosistema combinado terrestre y acuático.
- **Predije** lo que pasaría a los ecosistemas terrestre y acuático después de varios días.
- Puse a prueba mi predicción.
- Anoté mis **observaciones** sobre los ecosistemas durante varios días.
- Hice una **inferencia** sobre cómo se relacionan los dos ecosistemas.

¿Cuál es la idea?

En esta lección aprenderás:

- **qué es el ciclo del dioxido de carbono-oxígeno.**
- **qué es el ciclo del nitrógeno.**
- **cómo afecta la contaminación a los ciclos naturales.**

El oxígeno y el dióxido de carbono circulan por los seres vivos del ecosistema. ▼

Lección 2

¿Cómo se reciclan los materiales?

¡Mira! ¡Fíjate en esa hojita! ¿Sabías que no sólo capta la energía del Sol para producir alimento para otros seres vivos, sino que también nos ayuda a respirar? ¿Sabes cómo?

Ciclo del dióxido de carbono-oxígeno

Ya vimos cómo la energía que reciben los organismos se va perdiendo al circular por la cadena alimenticia. Felizmente, mientras brille el Sol, toda la energía de la Tierra se puede reponer. Sin embargo, los organismos también necesitan otros materiales para vivir. Al igual que la energía, esos materiales circulan por la cadena alimenticia y se reciclan de manera natural, pero no se pierden entre un eslabón y otro.

El agua es uno de los materiales más importantes para los organismos. Es posible que sepas que el agua se recicla gracias a la precipitación y la evaporación. Del mismo modo, el dióxido de carbono y el oxígeno son materiales necesarios que circulan dentro de los ecosistemas. Recuerda que, en el proceso de la fotosíntesis, las plantas verdes usan la energía del Sol para combinar el dióxido de carbono con el agua y producir así oxígeno y azúcares. En la primera ecuación se muestra este proceso.

Fotosíntesis
dióxido de carbono + agua + energía → azúcar + oxígeno
Respiration
azúcar + oxígeno → dióxido de carbono + agua + energía

Ahora fíjate en la segunda ecuación de la página anterior. En ella se muestra el proceso de la **respiración**, mediante el cual las células de los organismos liberan la energía de los nutrientes. Durante la respiración, los azúcares se combinan con el oxígeno y producen dióxido de carbono y agua. ¿Qué diferencia hay entre la ecuación de la fotosíntesis y la de la respiración?

En el proceso de respiración, los organismos usan gran parte del oxígeno que liberan las plantas durante la fotosíntesis. Las plantas pueden luego usar el dióxido de carbono que exhalan los animales al respirar. Este intercambio de gases se conoce como ciclo del dióxido de carbono-oxígeno. Sigue el trayecto del ciclo en el diagrama de abajo.

Glosario

respiración, proceso en el que la célula combina el oxígeno con los azúcares para producir energía y liberar dióxido de carbono y agua

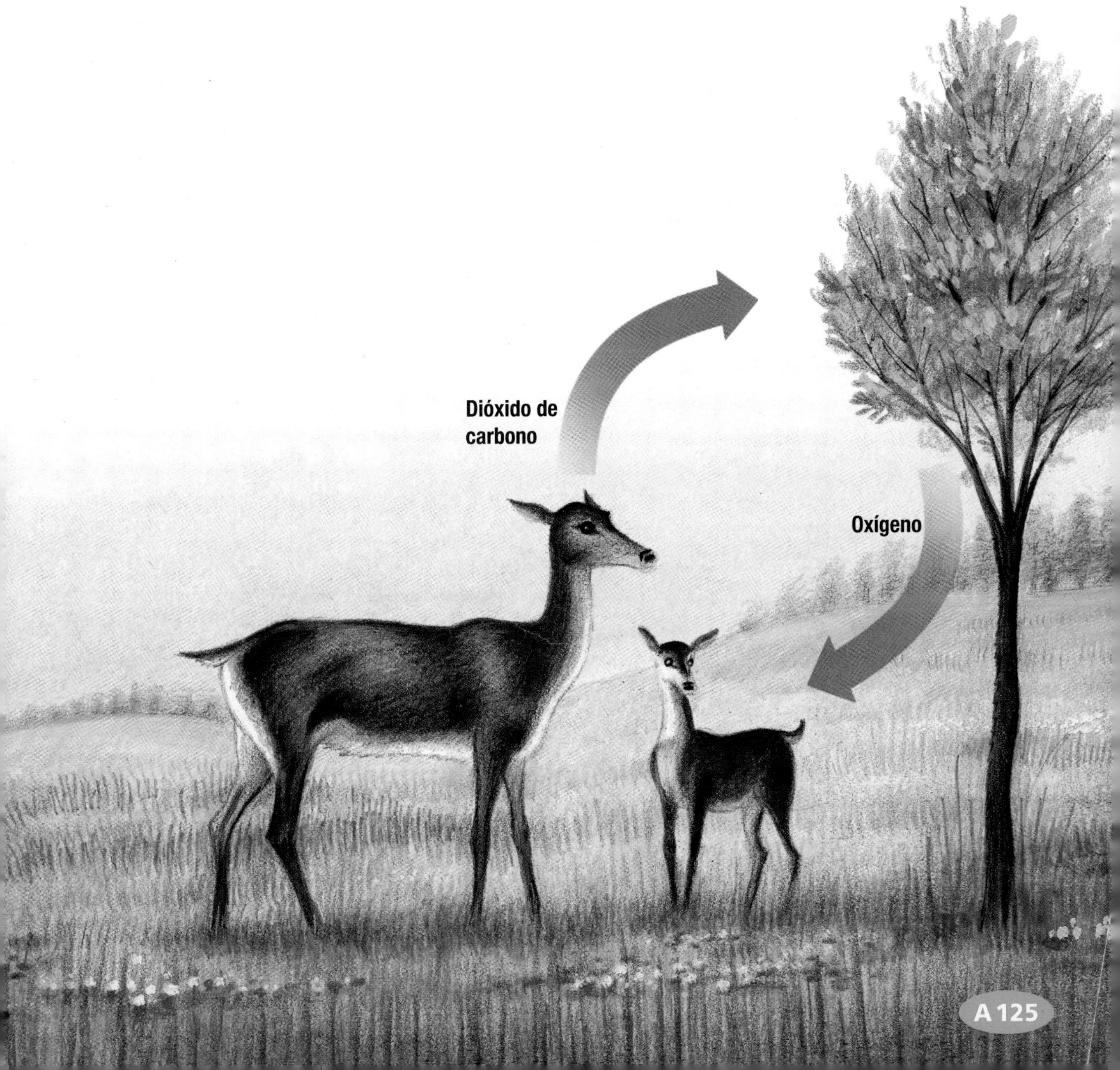

Ciclo del nitrógeno

El nitrógeno es otro de los materiales que se recicla en los ecosistemas.

Todos los seres vivos necesitan nitrógeno para producir las proteínas que el cuerpo necesita para vivir. Como el aire de la Tierra contiene casi un 80 por ciento de gas nitrógeno, podría pensarse que este material es fácil de conseguir. Sin embargo, el gas nitrógeno no puede pasar directamente del aire a los organismos, sino que debe transformarse primero en compuestos. Esto sucede de dos maneras en el medio ambiente.

En la tierra, viven cierto tipo de bacterias y otros organismos microscópicos que transforman el nitrógeno en compuestos nitrogenados. Dichas bacterias se conocen como bacterias fijadoras de nitrógeno y crecen en los nódulos de las raíces de plantas tales como el chícharo, la soya y el trébol. En la página siguiente, puedes ver los nódulos de las raíces del trébol. Estas bacterias transforman el nitrógeno del aire en compuestos que se disuelven en el agua. Luego, las plantas los pueden absorber a través de las raíces. Al comer estas plantas, los animales obtienen el nitrógeno que necesitan.

¿Ves el rayo del diagrama? Ésa es otra manera de transformar el gas nitrógeno. Cuando el rayo relampaguea en el aire, el nitrógeno se mezcla con el oxígeno del aire y forma compuestos nitrogenados. Después, estos compuestos se combinan con la lluvia y producen substancias que las plantas pueden aprovechar.

Sin el nitrógeno que estas bacterias producen durante la descomposición, no existiría el ciclo del nitrógeno en la naturaleza. ▶

En la primera mitad del ciclo, el nitrógeno llega a la tierra; y, en la segunda, regresa al aire en forma de gas. Una vez que las plantas transforman los compuestos nitrogenados en proteínas, éstos empiezan a circular por las redes alimenticias. Luego las bacterias descomponen los organismos muertos o los desechos de los organismos vivos y transforman los compuestos nitrogenados en gas nitrógeno. De esa manera, el nitrógeno regresa al aire y se completa el ciclo.

◀ *Los nódulos de las raíces del trébol contienen bacterias que transforman el nitrógeno del aire en compuestos que las plantas pueden aprovechar.*

Glosario

Glosario

contaminación, todo lo que se produce que daña al ambiente

La contaminación afecta a los ciclos naturales

Los seres humanos formamos parte de varios ecosistemas, pero a menudo producimos **contaminación** y los dañamos. Parte de la contaminación se produce de manera natural, como cuando hacen erupción los volcanes y arrojan polvo y gases venenosos al aire. Sin embargo, la mayor parte de la contaminación la provocamos los seres humanos.

Algunos tipos de contaminación interrumpen los ciclos naturales. Por ejemplo, cuando quemamos combustibles fósiles, interrumpimos el ciclo del dióxido de carbono-oxígeno. El carbón, el petróleo y el gas natural son combustibles fósiles que se usan para hacer funcionar los carros y las fábricas, para calentar los edificios y para generar electricidad. Cuando esos combustibles fósiles se queman, se libera dióxido de carbono. Este gas impide que el calor de la Tierra vuelva al espacio.

Mediante perforaciones hechas en el interior de los glaciares, se ha comprobado que el dióxido de carbono del aire ha aumentado mucho desde el siglo XVIII. Algunos científicos piensan que este incremento podría ser la causa del calentamiento de la atmósfera, o sea, el aumento de la temperatura de la Tierra. El calentamiento de la atmósfera puede hacer que una parte del hielo de los polos se derrita. Si esto sucediera, el nivel del mar subiría y se inundarían las tierras bajas de la costa.

El ciclo del nitrógeno también se interrumpe cuando usamos fertilizantes que contienen compuestos nitrogenados.

Ciertas actividades de los seres humanos contaminan el aire, el suelo, el agua superficial y el agua subterránea.▼

PROHIBIDO
TIRAR BASURA

En algunos sitios, los fertilizantes que usan los agricultores penetran en el suelo y en las aguas subterráneas. Como los organismos descomponedores no los pueden descomponer rápidamente, estos compuestos se comienzan a acumular. Las aguas subterráneas contaminadas con compuestos nitrogenados son perjudiciales para la salud, sobre todo para los niños de tierna edad.

En los Estados Unidos, el gobierno federal, estatal y local ha promulgado varias leyes para controlar la contaminación. Hoy en día, las leyes exigen a las comunidades el tratamiento de las aguas cloacales y prohíben que las fábricas arrojen substancias químicas.

Al reciclar periódico, plásticos, latas de aluminio y botellas y frascos de vidrio, ayudas a reducir la contaminación, como lo hace el niño de la ilustración. También puedes reducir la contaminación haciendo una pila de abono orgánico. Para ello, mezcla tierra con desechos del jardín, como pasto y hojas, y otros desechos, como cáscaras de frutas y vegetales. Si conservas el abono húmedo, los organismos descomponedores reciclarán los materiales y obtendrás una tierra rica en nutrientes que te servirá para el jardín de tu casa.

Repaso de la Lección 2

1. Describe el ciclo del dióxido de carbono-oxígeno en el ambiente.
2. ¿Cómo se recicla el nitrógeno en el ambiente?
3. ¿Cómo afecta la contaminación a los ciclos naturales de los ecosistemas?
4. **Predecir**
   Si se talan todos los árboles de un ecosistema, ¿cuál será el efecto en el ciclo del dióxido de carbono-oxígeno?

Cuando los materiales se reciclan, se pueden volver a usar. Así se evita tener que fabricar nuevos materiales y la contaminación que ello provoca. ▼

En esta lección aprenderás:

- cómo afectan los cambios ambientales a los ecosistemas.
- cómo afecta la competencia entre las especies a las poblaciones.
- cómo afectamos las personas a los ecosistemas.

Lección 3

¿Qué sucede cuando cambian los ecosistemas?

¡Cabrúm! Cae un rayo en un árbol y empieza a arder. El bosque está seco porque no ha llovido y el fuego se propaga rápidamente entre los árboles y la maleza. ¿Cómo crees que el incendio cambiará el ecosistema del bosque?

Cambios del ambiente

Los cambios en los ecosistemas se producen de forma natural. Los incendios, las sequías, las inundaciones y los cambios de temperatura modifican los ecosistemas.

Cuando las condiciones de un ecosistema cambian, las poblaciones que viven en él también pueden cambiar. En un ecosistema, los organismos sólo pueden vivir dentro de un cierto rango de condiciones. Piensa en la temperatura, por ejemplo. Como se muestra en la ilustración de abajo, hay especies de peces que toleran un rango reducido de temperaturas. Otras, sin embargo, pueden tolerar un rango más amplio de temperaturas. ¿Qué crees que pasaría si subiera la temperatura del agua donde viven estos peces?

La ilustración nos muestra los distintos rangos de temperatura que pueden tolerar los peces de estas dos especies. ▼

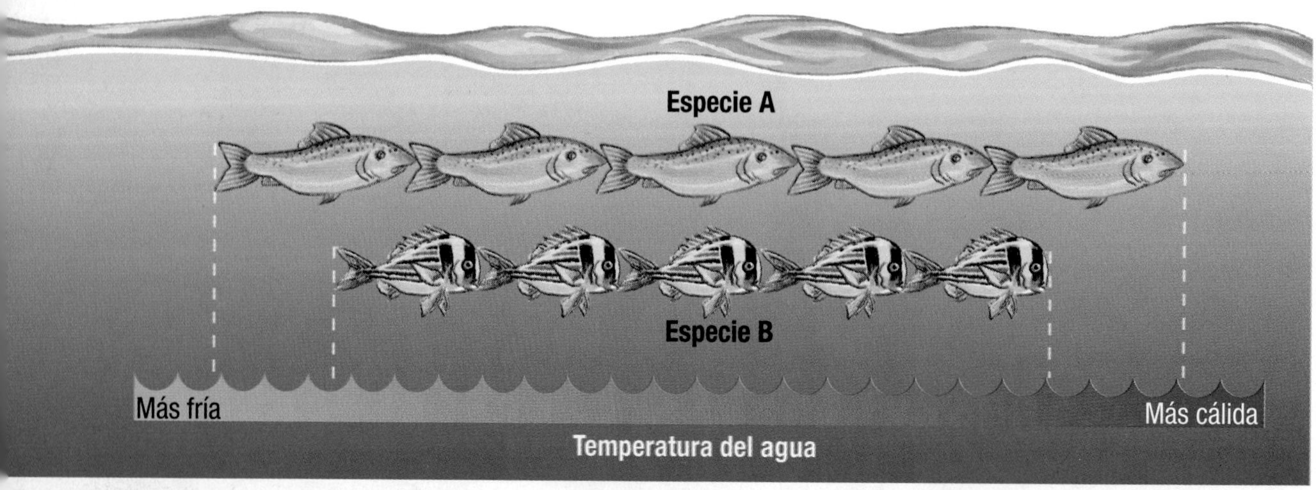

La cantidad de luz es otra de las condiciones que afecta a las poblaciones que viven en un ecosistema. Los pólipos de coral son pequeños animales marinos que forman un caparazón de piedra caliza. Al acumularse, estos caparazones forman arrecifes de coral multicolores como el que se ve abajo. Los arrecifes de coral sólo se forman en el mar a una profundidad de menos de 10 metros, en aguas donde la temperatura es superior a los 25°C. Si cambian los climas de la Tierra, podría subir el nivel del mar y disminuir así la cantidad de luz que llega a los arrecifes. Si reciben menos luz de la que necesitan para sobrevivir, los pólipos de coral pueden morir junto con todo el ecosistema.

▲ *Estos corales blandos son sólo una de las muchas especies que podemos encontrar en los arrecifes de coral.*

Seguramente estarás enterado de un fenómeno natural conocido como El Niño. Cada tantos años, los vientos alisios que soplan hacia el oeste en el océano Pacífico cambian de dirección y empujan una masa de agua cálida hacia el este a lo largo del ecuador. El Niño produce cambios en los climas de todo el mundo y puede causar desde inundaciones en California hasta sequías en Australia. Esto produce cambios en los ecosistemas. Por ejemplo, si la temperatura del agua de las costas de América del Sur sube, mueren el plancton y los peces. En consecuencia, las aves que se alimentan de esos peces mueren de hambre o abandonan sus nidos.

Al cambiar las condiciones del ambiente, cambian las poblaciones de todos los ecosistemas y vienen a vivir nuevas poblaciones que pueden tolerar las nuevas condiciones. Así se establece una nueva comunidad de organismos y se forma un ecosistema nuevo y distinto al anterior.

La mayoría de los arrecifes de coral tiene una gran variedad de especies en su entorno. ▼

Glosario

competencia, situación en la que dos o más organismos se esfuerzan por usar un mismo recurso

Competencia entre las especies

Las poblaciones de las diversas especies que viven en un ecosistema interactúan constantemente. Seguramente ya te diste cuenta de que las relaciones entre los productores y los consumidores de las redes alimenticias son una forma de interacción entre los organismos de un ecosistema.

Otra forma de interacción entre los organismos es la **competencia**. Los organismos pueden sobrevivir únicamente en aquellos ecosistemas que satisfacen sus necesidades. Entre estas necesidades están el alimento, el agua, el espacio, la vivienda, la luz, los minerales y los gases. Sin embargo, los ecosistemas cuentan con una cantidad limitada de esos recursos. Es por eso que, cuando dos o más organismos necesitan el mismo recurso, tienen que competir por él. Las distintas especies compiten entre sí por el alimento, el agua y el espacio. También los integrantes de una misma especie compiten entre sí por los mismos recursos y por la pareja.

Piensa en el ecosistema de la llanura central estadounidense que se muestra abajo. Está habitado por poblaciones de diversos tipos de hierbas y pastos, saltamontes, ratones, bisontes y halcones. Los saltamontes, los ratones y los bisontes son herbívoros y compiten por las plantas, mientras que todos los organismos del ecosistema compiten por el agua.

Los ratones que viven en estas llanuras también compiten por el espacio, el alimento, el agua y la pareja. Al crecer la población de ratones, aumenta la competencia entre ellos y no todos los ratones sobreviven. En ese sentido, la competencia es una manera natural de controlar el tamaño de una población.

Imagínate si, un año, la llanura central recibe menos lluvias que lo habitual. La falta de lluvia impediría el crecimiento de las hierbas y los cardos, lo cual afectaría a las poblaciones de otros

Los organismos de un ecosistema compiten por los recursos. ¿Cómo crees que compiten las plantas de la llanura central estadounidense? ▼

organismos. La falta de hierbas aumentaría la competencia entre los animales herbívoros y, por lo tanto, habría menos ratones y saltamontes. Esto también aumentaría la competencia entre los halcones que se alimentan de ratones, como el que aparece a la derecha. ¿Qué efecto tendría en la población de halcones el aumento de la competencia?

Cuando hay pocos recursos en un ecosistema, sólo sobreviven los organismos que están mejor adaptados a las nuevas condiciones. Éstos son los que pueden competir mejor. Por ejemplo, en las praderas de la sabana africana sólo hay dos estaciones: lluviosa y seca. Durante la estación seca, las hojas de las hierbas se marchitan y mueren, y las acacias se deshojan. Sin embargo, las acacias y las raíces de las hierbas sobreviven con los alimentos que almacenaron hasta que llegue la estación lluviosa. Estas dos especies están adaptadas para sobrevivir en condiciones secas. Durante esa temporada, la mayoría de los animales herbívoros, como las cebras y los ñues, abandonan el lugar y se van a buscar hierbas y pasto a otros sitios. A veces, los animales más débiles de estas manadas migratorias, sobre todo los más jóvenes y los más viejos, mueren durante el viaje.

¿Qué les sucede a los organismos de la sabana que no emigran? Las ranas, los sapos y los erizos se entierran e hibernan hasta la siguiente temporada de lluvias. Cuando los abrevaderos se secan, los elefantes suelen excavar la tierra con sus colmillos para buscar agua o quitar la corteza de los árboles para tomar el agua que almacenan los árboles. Cuando ya no encuentran más agua, se van a buscarla a otros lugares.

Durante la estación seca, los leones cambian de dieta. Como no hay cebras ni ñues para cazar, los leones compiten por comerse a los facóqueros y otros animales pequeños. Algunos leones mueren en esta estación; sólo sobreviven los mejores cazadores.

▲ *Los halcones vuelan en círculos sobre la llanura central estadounidense por largo rato, compitiendo por ratones u otros mamíferos pequeños de los que se alimentan.*

Los seres humanos afectan a los ecosistemas

▲ ¿Que cambios ha hecho el ser humano en este ecosistema? ¿Qué efecto tienen esos cambios?

Los ecosistemas cambian de manera natural, pero también los seres humanos los modificamos. Todos los materiales que usamos y los alimentos que comemos provienen de la naturaleza. Al usar recursos, como los árboles de la izquierda, cambiamos los ecosistemas de donde sacamos esos recursos.

Para poder cultivar la tierra, construir carreteras y casas, obtener agua, generar electricidad y otros materiales, los seres humanos cortamos o quemamos los bosques, drenamos los pantanos y construimos represas o desviamos el cauce de los ríos. Cuando eliminamos los bosques y los pantanos, se quedan sin hogar y sin territorio muchos animales y organismos. Así, se les hace más difícil encontrar alimento, lo que puede provocar la desaparición total de algunas poblaciones de organismos y aun de especies enteras.

También modificamos los ecosistemas cuando introducimos nuevas especies en una zona. Por ejemplo, la salicaria que se muestra abajo no es originaria de los Estados Unidos, sino traída de Europa. Como no había depredadores ni enfermedades naturales que la atacaran, esta planta comenzó a ocupar el lugar de las demás plantas de los pantanos y se extendió rápida y descontroladamente.

Hace diez mil años, cuando el ser humano empezó a cultivar la tierra, había unos 10 millones de habitantes en el planeta. Hacia el año 1997, había casi 6 mil millones de habitantes, es decir, la población se había multiplicado 600 veces. Cada día nace más de un cuarto de millón de personas. Y, a medida que la población humana crece, aumenta su efecto en el ambiente.

La salicaria es sólo una de las muchas plantas que se han introducido y han dañado los ecosistemas. ▶

La extracción de carbón, petróleo y gas natural de la tierra daña o pone en peligro los ecosistemas. Sin embargo, en todo el mundo hay personas que tratan de proteger el ambiente. Los métodos de conservación hacen que se necesiten menos combustibles; y los carros eléctricos, como el de la foto, también ayudan a proteger el ambiente. Al reciclar papel, conservamos los ecosistemas de los bosques y, al usar menos agua, conservamos los pantanos, los ríos y los ecosistemas de los lagos. ¿Qué están haciendo las personas de la foto para proteger el ambiente?

▲ *Los carros eléctricos ayudan a proteger el ambiente porque no usan combustibles fósiles, los cuales pueden dañar el ambiente.*

◀ *Hay muchos grupos que trabajan para restaurar los ecosistemas que la gente ha dañado. Las personas de la foto están replantando especies nativas para restaurar un prado.*

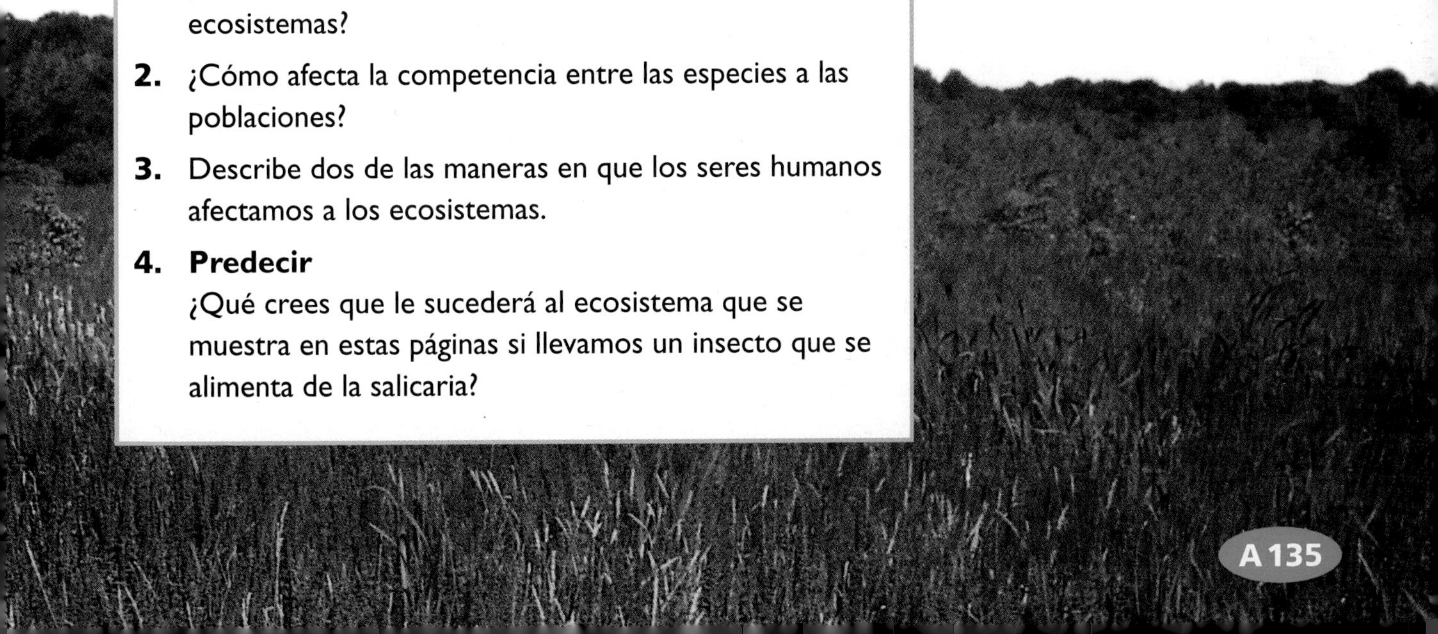

Repaso de la Lección 3

1. ¿Cómo afectan los cambios ambientales a los ecosistemas?
2. ¿Cómo afecta la competencia entre las especies a las poblaciones?
3. Describe dos de las maneras en que los seres humanos afectamos a los ecosistemas.
4. **Predecir**
   ¿Qué crees que le sucederá al ecosistema que se muestra en estas páginas si llevamos un insecto que se alimenta de la salicaria?

¿Cuál es la idea?

En esta lección aprenderás:

- qué es un bioma.
- cuáles son los seis principales biomas terrestres.

Glosario

Glosario

bioma, extensa región geográfica con un determinado tipo de clima y comunidad

▲ *El clima de estos biomas es muy diferente. Debido a esto, también son diferentes los organismos que viven en cada uno de ellos.*

Lección 4

¿Cuáles son las características de los biomas terrestres?

¡El Sol está que quema! El aire es tan seco que te irrita la garganta. Las pocas plantas que ves a tu alrededor tienen espinas en lugar de hojas y parece que no hay muchos animales. ¿Puedes adivinar dónde estamos?

Los biomas

Si el lugar donde estás es muy cálido, seco y tiene pocas plantas y animales, quizás adivines que se trata de un desierto. La primera pista es el aire cálido y seco. Las plantas espinosas y la escasez de animales son la segunda pista.

Los principales tipos de ecosistemas terrestres se clasifican, en su mayoría, según su clima y las comunidades de organismos que viven en ellos. Los ecosistemas que tienen climas y comunidades semejantes se conocen como **biomas** . Los biomas son extensas regiones geográficas que se pueden encontrar en varias partes de la Tierra. Por ejemplo, en casi todos los continentes hay biomas de desierto.

El clima es uno de los factores más importantes que determinan el tipo de organismos que viven en un bioma. Por ejemplo, hay plantas que necesitan más agua que otras; los árboles de hojas anchas no pueden vivir en lugares con poca precipitación, a diferencia de los cactos; hay animales que necesitan temperaturas frías todo el año pero otros no. ¿Crees que un oso polar puede sobrevivir en un desierto? ¿Por qué?

Los tipos de plantas que habitan en el bioma determinan los tipos de animales que viven en ese lugar. Por ejemplo, en la sabana hay grandes poblaciones de animales, como las gacelas, que se alimentan de pasto y grandes depredadores, como el león, que se alimentan de las gacelas. En un bioma de desierto no encontrarás a ninguno de estos animales porque ahí no crece casi pasto.

Los biomas cambian con la latitud, o la distancia al ecuador, porque el clima también cambia con la latitud. En las latitudes cercanas al ecuador, el Sol está en lo alto del cielo; y, por eso, los climas de esas regiones son los más cálidos del planeta. En las latitudes cercanas a los polos, el Sol nunca está muy alto en el cielo; y, por eso, los climas de esas regiones son los más fríos del planeta. En las latitutes intermedias, el Sol está bastante alto en verano y bastante bajo en invierno, lo que da lugar a climas con cambios de estación.

El clima también cambia con la altitud. Cuando subes una montaña o vas de viaje a los polos, la temperatura baja y el clima cambia. Fíjate en el diagrama cómo cambian los biomas en una montaña.

El mapa de las dos páginas siguientes muestra la ubicación de seis de los principales biomas terrestres. Consulta el mapa a medida que lees el capítulo.

Si subes una montaña en América del Norte, verás que los biomas cambian igual que cuando viajas hacia el Polo Norte. ▼

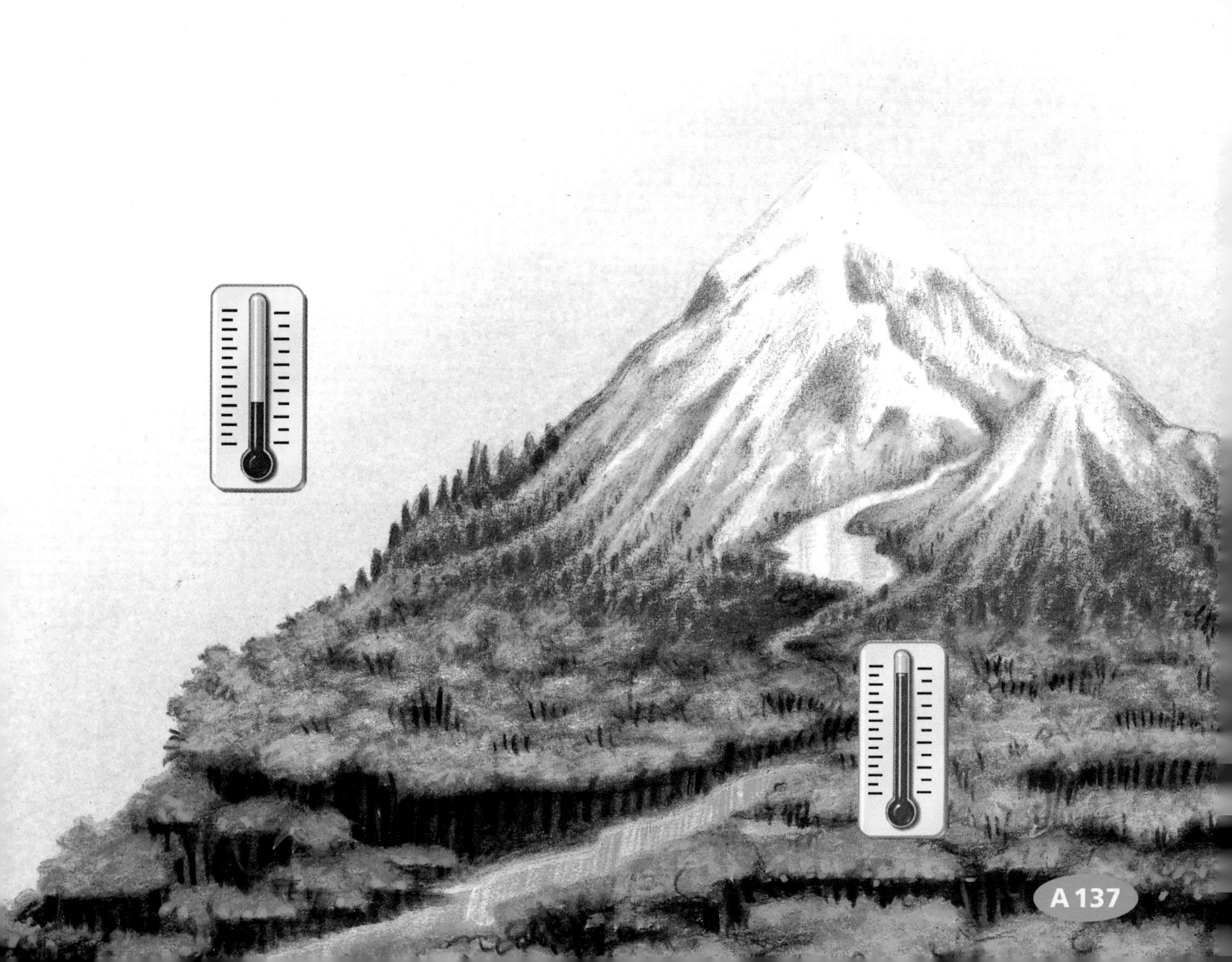

Los biomas del mundo

El tipo de clima de cada bioma está determinado por sus temperaturas anuales y su precipitación promedio. Mira el mapa y busca el bioma del lugar donde vives. ¿En qué otros biomas has estado?

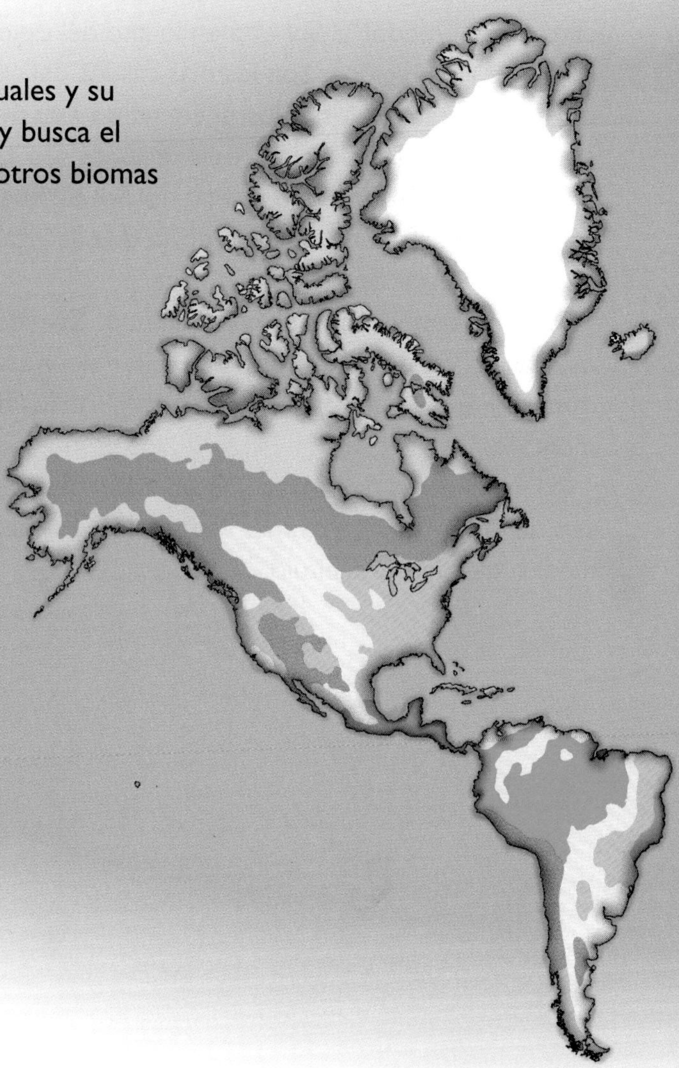

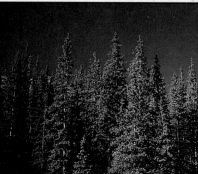

Tundra	Taiga	Bosque caducifolio templado
Temperaturas anuales: –57°C a 10°C *Precipitación promedio: 20 cm*	*Temperaturas anuales: –29°C a 22°C* *Precipitación promedio: 50 cm*	*Temperaturas anuales: –20°C a 35°C* *Precipitación promedio: 125 cm*
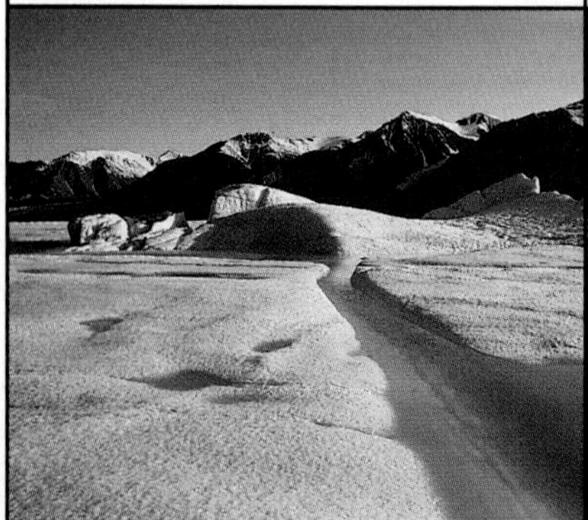		

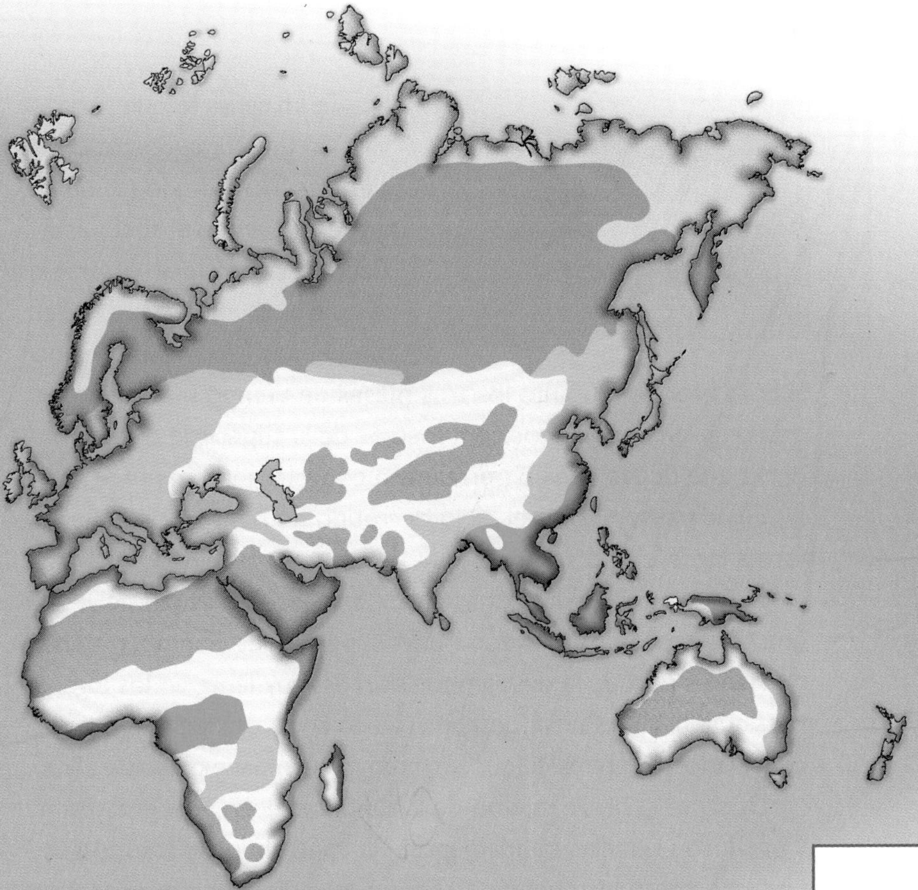

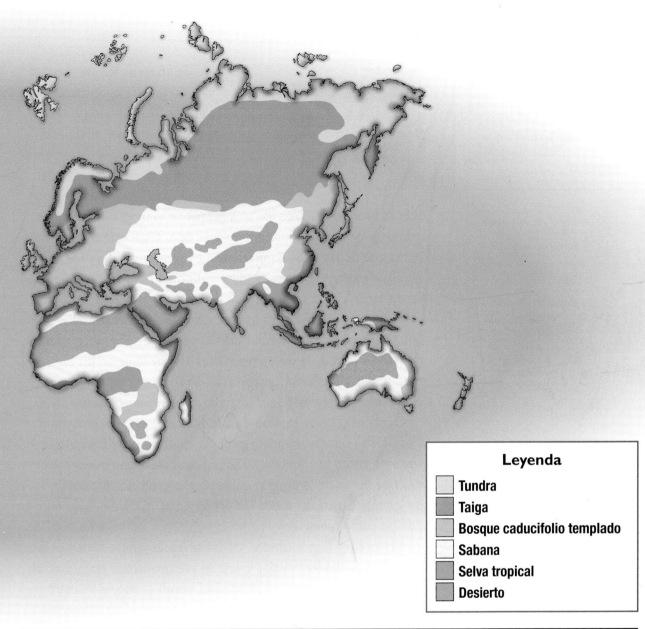

Leyenda

- Tundra
- Taiga
- Bosque caducifolio templado
- Sabana
- Selva tropical
- Desierto

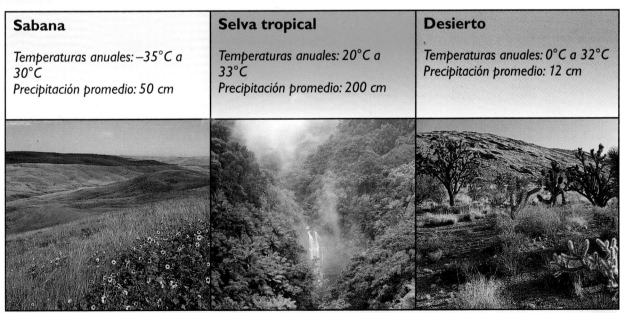

Sabana	Selva tropical	Desierto
Temperaturas anuales: –35°C a 30°C *Precipitación promedio: 50 cm*	*Temperaturas anuales: 20°C a 33°C* *Precipitación promedio: 200 cm*	*Temperaturas anuales: 0°C a 32°C* *Precipitación promedio: 12 cm*

Glosario

tundra, el bioma más frío y más cercano al Polo Norte

permafrost, tierra que se halla permanentemente congelada

Biomas terrestres

Tundra

¿Te imaginas lo que sería vivir en un bioma donde el clima es frío y crudo los nueve meses del año y el suelo está siempre congelado? Así son las condiciones en la **tundra**, el bioma más frío y más cercano al Polo Norte. Durante los tres meses de tiempo más cálido, se descongelan unos pocos centímetros de la superficie del suelo. La tierra que queda debajo permanece congelada y se conoce como **permafrost**. Como el hielo derretido no penetra en la tierra, forma lagos, charcas y áreas pantanosas.

En la mayoría de las zonas de tundra, el suelo es tan delgado que sólo crecen plantas con raíces superficiales. Tampoco tiene nutrientes porque la descomposición es muy lenta en los lugares fríos. De hecho, se han descubierto en la tundra los cuerpos congelados de animales que se extinguieron hace miles de años.

Durante el breve verano de la tundra, crecen pequeñas plantas y producen semillas rápidamente. También abundan los musgos y líquenes, como los que ves abajo. En este bioma no pueden vivir muchos organismos porque las plantas, organismos productores de los que dependen todos los ecosistemas, no tienen suficiente tiempo para crecer.

Sin embargo, en la tundra habitan animales como el oso polar, el lobo, el caribú y el ratón. Entre las aves podemos encontrar al ganso, la perdiz blanca y el búho nival, como el que se muestra abajo. Durante el breve verano abundan los insectos, como las moscas y los mosquitos.

El búho nival que vive en la tundra se alimenta de pequeños mamíferos, sobre todo de lemings y perdices blancas. ▼

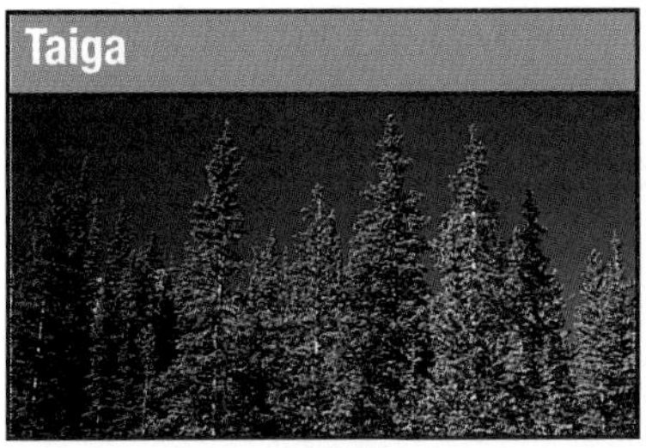

La **taiga,** o bioma de bosque de coníferas, se encuentra en el hemisferio norte al sur de la tundra. En los Estados Unidos podemos encontrar regiones de taiga en Alaska, Maine, Michigan y en las montañas de los estados del oeste del país. ¿Alguna vez has estado en el Parque Nacional Yellowstone *(Yellowstone National Park)* en Wyoming o los parques Yosemite *(Yosemite National Park)* y Sequoia *(Sequoia National Park)* en California? Si no lo sabias, estos parques son zonas de taiga. Mira otra vez el mapa. ¿En qué otros lugares se encuentran biomas de taiga?

En la taiga, el invierno es frío, pero el verano es más largo y cálido que en la tundra. Eso permite que el hielo del suelo se derrita completamente y no haya permafrost.

Las plantas más comunes de la taiga son las coníferas, que son árboles como el pino, el abeto, la picea, el cedro y la secoya. Las coníferas, como las de la derecha, producen semillas en conos y no pierden todas sus hojas al mismo tiempo. La gran cantidad de árboles que crecen en la taiga sirven de alimento y vivienda a los animales. Sin embargo, estos árboles dan mucha sombra, lo que no permite el crecimiento de arbustos bajos ni plantas con flores. Las hojas y las ramas de los árboles que caen al suelo tardan mucho en descomponerse. ¿Sabes por qué? Porque los principales organismos descomponedores de la taiga son los hongos.

Entre los mamíferos que habitan la taiga se encuentran el oso negro, el alce, el alce americano, el lobo, el puerco espín, el ratón y la ardilla. Entre las aves de esas regiones podemos encontrar al halcón, el búho, el ganso, el arrendajo gris y el paro carbonero.

Glosario

taiga, bioma de bosque de coníferas que se encuentra al sur de la tundra

Glosario

Las hojas de estas coníferas parecen espinas verdes y flexibles. Esta adaptación de las hojas permite que las plantas sobrevivan al frío y a los constantes vientos de la taiga. ▼

Glosario

Glosario

bosque caducifolio templado, bioma de bosque con árboles que se deshojan anualmente

Bosque caducifolio templado

Si vives en el este del país en un bosque o cerca de uno, probablemente vives en un bioma de **bosque caducifolio templado**. Este bioma recibe su nombre por el tipo de árboles que crecen en él. A los árboles que pierden sus hojas en el otoño se les llama caducifolios. El arce, la haya, el sauce y el roble que se muestran aquí son caducifolios.

Las hojas que otoño tras otoño caen al suelo sirven de alimento a los gusanos, hongos y bacterias. Estos organismos descomponen las hojas y reciclan los nutrientes. Por lo general, debajo de la capa superior del suelo, rica en nutrientes, existe una capa más profunda de arcilla.

El bosque caducifolio templado tiene las cuatro estaciones que ya has estudiado. El invierno es frío, el verano es cálido, pero la primavera y el otoño son templados.

En estas regiones crecen muchos tipos de plantas debido a que el suelo es rico en nutrientes, el invierno es relativamente corto y llueve mucho. Además de los árboles, hay arbustos, musgos y pequeñas plantas con flores. La presencia de tanta vegetación atrae a una variedad de animales como águilas, búhos, venados, ardillas listadas, mapaches, codornices, serpientes y salamandras. Estos animales habitan en diferentes niveles del bosque: en los árboles, los arbustos y debajo de la tierra.

▲ *Las hojas de los árboles caducifolios, como el roble, cambian de color en el otoño antes de caer al suelo. En la primavera brotan nuevas hojas verdes.*

En la ilustración vemos a un grupo de personas talando un bosque. Cuando los colonizadores llegaron a América del Norte, comenzaron a talar grandes zonas de bosque para cultivar la tierra. Muchos de los bosques que vemos hoy son bosques que volvieron a crecer después de la tala.

◄ *Estos colonizadores talaron los árboles para despejar campos para el cultivo. Hoy, las regiones de bosques caducifolios templados ya no son tan extensas como antes.*

¿Has comido hoy alguno de los alimentos de la foto? Esos alimentos vienen de la **pradera,** un bioma con temperaturas y estaciones parecidas a las de los bosques caducifolios templados. La diferencia es que en las praderas hay menos precipitación y las sequías son más frecuentes. Debido a esto, crece en las praderas un tipo distinto e importante de plantas. Como no llueve demasiado, no crecen muchos árboles en las praderas, pero sí crecen hierbas y pastos. Estas plantas pueden sobrevivir las sequías porque sus raíces se extienden por grandes áreas. Cuando llega la temporada de lluvias, brotan nuevas plantas de las raíces.

En el mapa de los biomas del mundo, notarás que hay praderas en muchos lugares. En las distintas praderas crecen especies distintas de hierbas y pastos.

El suelo de las praderas es muy fértil. Ello se debe a que durante el invierno, la parte de arriba de muchas hierbas muere y los organismos descomponedores reciclan los materiales y los devuelven al suelo, en el que viven bacterias, hongos, gusanos y animales excavadores. En las praderas de América del Norte podemos encontrar animales como el bisonte, el berrendo, el conejo, el perro de la pradera y el ratón, todos los cuales se alimentan de pastos. El coyote, el lince rojo, el tejón y las serpientes se alimentan de estos herbívoros. Entre las aves de la pradera, se encuentran el triguero, el chorlito y el urogallo del Mississippi.

A las praderas se les conoce como los "graneros" del mundo, porque son ideales para cultivar cereales, como se muestra abajo. El trigo, el maíz, el arroz, la avena, el centeno, la cebada, el sorgo, el mijo y la caña de azúcar son hierbas con las que se hacen productos alimenticios. Las hierbas también sirven de pasto para los animales de granja, como el ganado y las ovejas.

Glosario

pradera, bioma con pocos árboles y muchos tipos de hierbas y pastos

▲ *Los cereales son plantas que se cultivan en las praderas. Sus semillas, o granos, proporcionan alimento a personas y animales de todo el mundo.*

El trigo que cosecha el tractor de la foto es sólo uno de los productos alimenticios que crecen en las praderas. ▼

Glosario

selva tropical, bioma con mucha lluvia y altas temperaturas todo el año

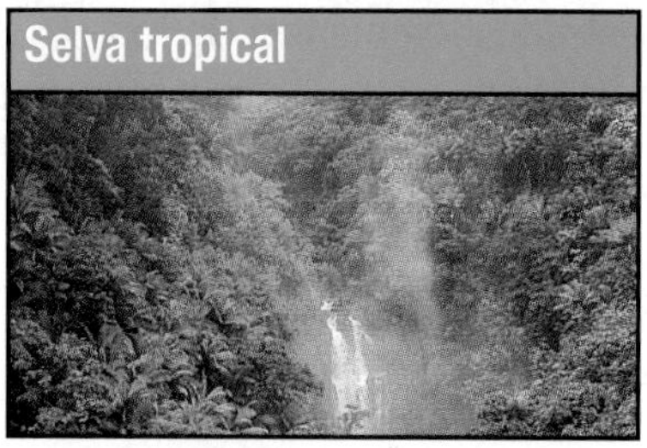

Imagínate un bioma en el que los árboles miden 50 metros o más de altura y a su sombra crecen otros árboles más bajos. En la mayoría de los lugares que tienen este tipo de bioma, los árboles forman un dosel tan grueso que llega muy poca luz al suelo. Por eso, sólo unas cuantas plantas, como los helechos y musgos, pueden crecer en el suelo de la selva tropical. Sin embargo, se ven enredaderas colgando de los árboles, así como también orquídeas y otras plantas que viven en sus ramas.

La mayoría de los animales de este bioma habita en los árboles. Los loros, monos, perezosos, serpientes, ranas y mariposas están adaptados para vivir en los árboles. Las frutas muy maduras y las hojas muertas que caen de los árboles sirven de alimento a los organismos que viven en la tierra. Dichos organismos, como los insectos, mohos y bacterias, consumen rápidamente ese alimento.

¿Ya has adivinado de qué bioma se trata? ¡Acertaste! Se trata de la **selva tropical.** Como este bioma se encuentra cerca del ecuador, no existen las estaciones. La temperatura es muy alta y llueve mucho todo el año. En este tipo de bioma viven más especies de animales que en todos los demás biomas juntos.

En el calor y la humedad de la selva tropical, los nutrientes que llegan al suelo son rápidamente absorbidos por las plantas. Por eso, el suelo es delgado y no contiene muchos nutrientes. Los árboles de la selva tropical son el principal lugar de almacenamiento de nutrientes, y, si los talamos, afectamos a todo el ecosistema. A pesar de esto, se está talando una gran parte de la selva tropical para cultivar la tierra. Los cultivos agotan los nutrientes del suelo rápidamente y el Sol quema el suelo y lo convierte en un material parecido a la arcilla endurecida.

La selva tropical es importante porque nos da muchas de las cosas que consumimos. Muchas frutas, nueces y especias vienen de la selva, y otras plantas de esas regiones se usan para hacer medicinas, perfumes y cosméticos. El látex se usa para fabricar caucho.

La planta de cacao crece en los bosques tropicales y sus semillas se usan para hacer el chocolate. Hoy en día, en vez de talar los árboles de la selva para cultivar el cacao, los productores lo cultivan a la sombra de éstos. ▼

Seguramente pensarás que los **desiertos** son lugares secos y calurosos. Y sí es cierto: todos los desiertos son secos porque en esos biomas cae menos de 25 cm de lluvia al año. El desierto de Atacama, en Chile, es el más seco del planeta, con una precipitación anual de cero. La mayoría de los desiertos también tienen temperaturas altas durante el día. Sin embargo, ¿sabías que en los desiertos hace frío por las noches? La temperatura puede llegar hasta el punto de congelación. En algunos desiertos, como el de Gobi en Asia y el de la Patagonia en América del Sur, hace frío durante varios meses del año.

En general, se piensa que todos los desiertos están cubiertos de arena. Aunque algunos sí son arenosos, como el desierto de Namib que aparece en la foto de arriba a la derecha, otros son de grava y piedra, como el desierto Creosote Bush de la foto de abajo.

Por lo general, el suelo del desierto tiene pocos nutrientes porque la sequedad del ambiente no es buena para los organismos descomponedores que reciclan los nutrientes del suelo.

Los organismos que viven en el desierto tienen ciertas adaptaciones que les permiten sobrevivir en lugares de clima seco, suelo pobre y cambios bruscos de temperatura del día a la noche. Muchos animales pasan las horas más calurosas del día debajo de la tierra. Algunos no necesitan tomar agua con tanta frecuencia porque almacenan una gran cantidad de agua en sus tejidos. Por ejemplo, los cactos y otras plantas del desierto almacenan agua en el tallo. ¿Qué otras adaptaciones crees que permiten a los cactos sobrevivir en su ambiente cálido y seco?

En algunas áreas, las praderas que una vez bordeaban a los desiertos se han convertido también en desiertos debido al pastoreo excesivo y a las sequías. Se están tratando de restaurar estas áreas mediante la replantación de árboles y otras plantas.

Repaso de la Lección 4

1. ¿Qué es un bioma?
2. ¿Cuáles son los seis principales biomas terrestres?
3. **Predice**
   ¿Qué sucede si plantamos una orquídea de la taiga en una sabana? Explica.

Glosario

desierto, bioma con poca lluvia y temperaturas generalmente muy altas durante el día

Glosario

▲ *El desierto arenoso del Namib en Namibia (foto de arriba) es diferente del desierto rocoso Creosote Bush de Death Valley, California (foto de abajo).*

Investiga tipos de suelos

Destrezas/Proceso

Destrezas del proceso

- observar
- clasificar
- comunicar
- dar definiciones operacionales

Materiales

- muestra de suelo
- vaso de plástico
- agua destilada
- cuchara
- papel tornasol
- reloj con segundero

Preparación

Las características del suelo de un bioma determinan la clase de plantas que crecerán en ese bioma. En esta actividad, harás una prueba al suelo local para determinar una característica importante: la acidez.

Sigue este procedimiento

1. Haz una tabla como la que se muestra y anota ahí tus observaciones.

	Color del papel tornasol
10 segundos	
5 minutos	
15 minutos	

2. Recoge en un vaso de plástico una muestra de suelo del jardín de tu casa o de la escuela.

3. Vierte lentamente agua destilada al vaso y revuelve con una cuchara. Vierte agua hasta que el suelo esté fangoso y espeso como puré de manzana.

4. La acidez de la muestra de suelo la determinarás con papel tornasol. El papel cambiará de azul a rojo si el suelo es ácido.

5. Introduce 3 tiras de papel tornasol hasta la mitad en el suelo fangoso (Foto A) y espera 10 segundos.

Foto A

Foto B

6 Saca una de las tiras de papel tornasol (Foto B) y métela en un vaso de agua destilada para quitarle la tierra. **Observa** el color del papel tornasol y anótalo en tu tabla.

7 Si el papel tornasol sale azul, espera 5 minutos más y saca otra tira del suelo. Repite el paso 6.

8 Si la segunda tira de papel tornasol también sale azul, espera 10 minutos más y repite el paso 6.

Interpreta tus resultados

1. El papel tornasol azul cambia a rojo o rosado si hay ácido. Según tus observaciones, ¿cómo **clasificarías** tu muestra de suelo: ácida o no ácida?

2. ¿Por qué crees que algunos suelos ácidos tardan más que otros en hacer que cambie a rojo el color del papel tornasol? **Comunica** tus ideas al resto del grupo.

3. Una **definición operacional** describe lo que hace un objeto o lo que observas del objeto. Escribe una definición operacional de suelo ácido.

Investiga más a fondo

¿Qué efecto tendría en las plantas si cambiara la acidez del suelo donde crecen? Piensa en cómo vas a hallar la respuesta a ésta u otras preguntas que tengas.

Autoevaluación

- Seguí instrucciones para hacer una prueba sobre la acidez de una muestra de suelo.
- Hice y anoté mis **observaciones** del color del papel tornasol.
- **Clasifiqué** la muestra de suelo en ácida o no ácida.
- **Comuniqué** a mi grupo los resultados de la actividad.
- Escribí una **definición operacional** de suelo ácido.

¿Cuál es la idea?

En esta lección aprenderás:

- qué es un bioma marino.
- qué es un bioma de agua dulce.
- qué es un estuario.

Lección 5

¿Cuáles son las características de los biomas acuáticos?

Imagínate que estás en la playa y, de repente, rompe una ola enorme y te hace tragar agua. ¡Puaj! ¡El agua tiene gusto a salado! Sin duda alguna, estás en el mar.

Glosario

bioma marino, bioma acuático con alto contenido de sal

plancton, organismos microscópicos que flotan o nadan en el agua y sirven de alimento a organismos más grandes

Biomas marinos

Casi las tres cuartas partes de la superficie de la Tierra están cubiertas de agua. Al igual que la tierra firme, el mar también forma un bioma con características propias, en el que viven ciertas comunidades de organismos. El **bioma marino** es un bioma acuático que tiene un alto contenido de sal. Como se muestra en la foto de la izquierda, este bioma es el más grande del planeta.

El bioma marino se puede dividir en tres grandes regiones, que se diferencian por sus características físicas y el tipo de animales que las habitan. A medida que leas sobre cada una, busca la foto correspondiente en la página siguiente.

La zona de aguas poco profundas representa sólo una pequeña parte del bioma marino. Si alguna vez has ido al mar, es posible que conozcas bien esta zona porque se encuentra a lo largo de las costas de los continentes y las islas. Allí el agua es poco profunda y la luz del Sol llega hasta el fondo. La temperatura cambia muy poco durante el día o la noche o entre una estación del año y otra.

La región de mar abierto se divide en dos: zona superficial y zona profunda del mar. La luz solar llega a las partes superiores de la zona superficial, pero no llega a la zona profunda. A medida que aumenta la profundidad, baja la temperatura. ¿Cómo crees que afectan esas diferencias de temperatura y luz a los organismos que viven en las dos zonas?

▲ *Casi las tres cuartas partes de la superficie de la Tierra están cubiertas por el bioma marino.*

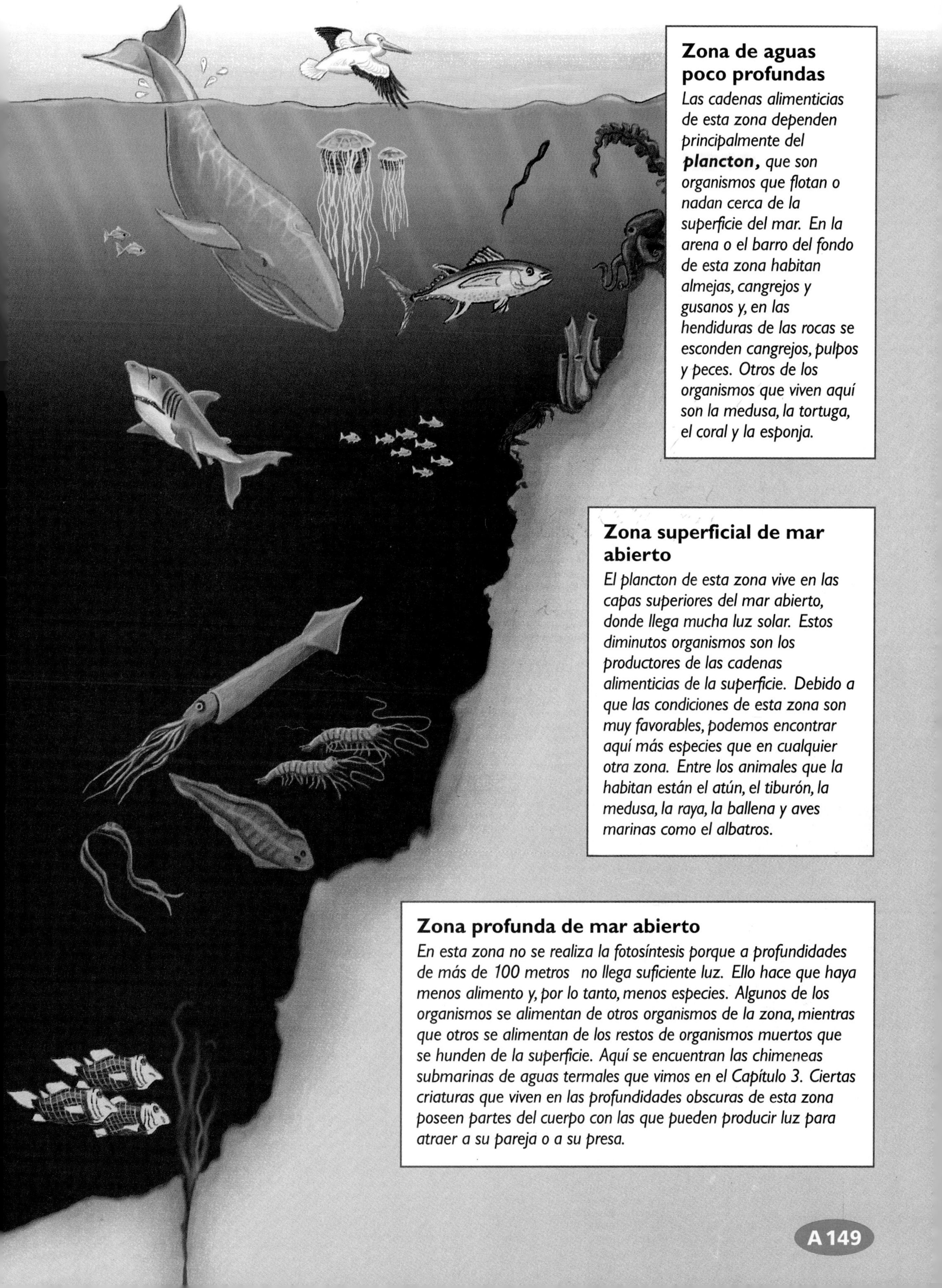

Zona de aguas poco profundas

Las cadenas alimenticias de esta zona dependen principalmente del ***plancton,*** *que son organismos que flotan o nadan cerca de la superficie del mar. En la arena o el barro del fondo de esta zona habitan almejas, cangrejos y gusanos y, en las hendiduras de las rocas se esconden cangrejos, pulpos y peces. Otros de los organismos que viven aquí son la medusa, la tortuga, el coral y la esponja.*

Zona superficial de mar abierto

El plancton de esta zona vive en las capas superiores del mar abierto, donde llega mucha luz solar. Estos diminutos organismos son los productores de las cadenas alimenticias de la superficie. Debido a que las condiciones de esta zona son muy favorables, podemos encontrar aquí más especies que en cualquier otra zona. Entre los animales que la habitan están el atún, el tiburón, la medusa, la raya, la ballena y aves marinas como el albatros.

Zona profunda de mar abierto

En esta zona no se realiza la fotosíntesis porque a profundidades de más de 100 metros no llega suficiente luz. Ello hace que haya menos alimento y, por lo tanto, menos especies. Algunos de los organismos se alimentan de otros organismos de la zona, mientras que otros se alimentan de los restos de organismos muertos que se hunden de la superficie. Aquí se encuentran las chimeneas submarinas de aguas termales que vimos en el Capítulo 3. Ciertas criaturas que viven en las profundidades obscuras de esta zona poseen partes del cuerpo con las que pueden producir luz para atraer a su pareja o a su presa.

Glosario

Glosario

bioma de agua dulce, bioma acuático que contiene bajo contenido de sal

Biomas de agua dulce

La mayoría de las masas de agua que no son marinas, como lagos, charcas, ríos y arroyos, contienen muy poca sal. Cada una de estas masas de agua es un **bioma de agua dulce.** Los biomas de agua dulce se pueden dividir en dos tipos: los de agua estancada como los lagos y charcas, y los de agua corriente como los ríos y arroyos.

Los lagos, como el que se ilustra en esta página, son grandes y por lo general más profundos que las charcas. La mayoría de los lagos tienen capas profundas donde no llega o llega muy poca luz solar y la temperatura es más fría. La temperatura y la luz solar determinan qué tipo de organismos vive en las diversas áreas de los lagos.

Si piensas en lo que sabes sobre los organismos productores y las cadenas alimenticias, es posible que te des cuenta de que la mayoría de los organismos vive cerca de la superficie del lago, donde llega más luz solar. Los productores de las cadenas alimenticias son las lentejas de agua y otras plantas que crecen en aguas poco profundas a orillas de los lagos. Estas cadenas están formuladas por peces, insectos, ranas, tortugas, castores y una variedad de aves como garzas y somormujos.

Pocos animales viven en el fondo del lago. Entre los organismos que viven ahí se encuentran bacterias, gusanos y otros descomponedores, todos los cuales se alimentan de los restos de otros organismos muertos que van a parar al fondo.

La principal diferencia que hay entre los lagos y los ríos o arroyos es el movimiento del agua. Las corrientes de agua, como la que se

Los lagos de las montañas, como el de la ilustración, se formaron cuando los glaciares de montaña se derritieron y depositaron grandes trozos de hielo con arena, grava y rocas a lo ancho de un río creando una barrera. Otros lagos se formaron de distintas maneras. ▼

muestra en esta página, fluyen rápidamente. Esto hace que el aire y el oxígeno se mezclen con el agua, lo cual permite que vivan ahí truchas, ranas y muchos insectos. ¿Notas alguna diferencia en la forma del cuerpo de los peces que viven en aguas de corriente rápida? ¿Puedes decir por qué la forma del cuerpo les sirve para desplazarse en el río?

Las corrientes de agua de las montañas se componen de una serie de trechos rocosos y poco profundos llamados rápidos, seguidos de pozas más profundas y tranquilas. Cuando el agua corre por los rápidos, recoge partículas de arena, cieno y hasta grava y las arrastra río abajo. Debido a esto, en la zona de los rápidos, la roca está desnuda. Las larvas de los insectos, las algas y ciertos gusanos se adhieren al lecho de rocas. En algunas partes, las larvas de la mosca negra son tan abundantes que parecen formar una alfombra de musgo negro sobre las rocas.

A medida que el agua corre por los rápidos, también arrastra alimento a las pozas más tranquilas que se encuentran río abajo. Ahí las plantas acuáticas pueden echar raíces sin que las arrastre el agua y los animales pueden encontrar suficiente alimento. Las pozas también les dan a las ranas un lugar donde reproducirse.

El agua de las corrientes tiene una temperatura más constante que la de las charcas debido a que se mueve y se mezcla constantemente. En las cadenas alimenticias de las corrientes de agua podemos encontrar dafnias y otros organismos microscópicos. ▼

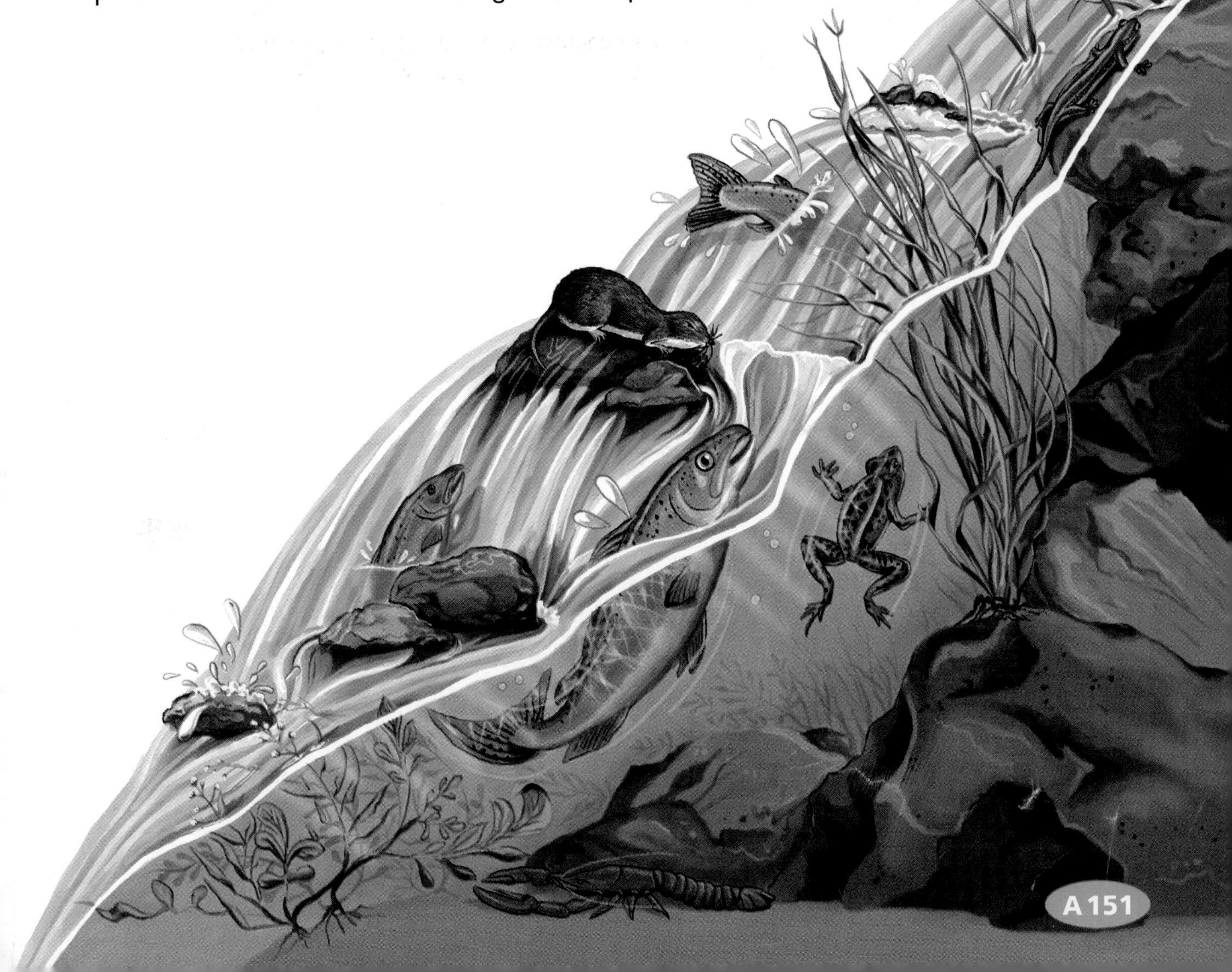

Glosario

Glosario

estuario, lugar donde el agua dulce de los ríos y corrientes se mezcla con el agua salada del mar

Los estuarios

Muchos ríos y corrientes desembocan en el mar. En el lugar donde el agua dulce se mezcla con el agua salada, se forman los **estuarios.**

El río y las mareas arrastran trozos de roca, tierra y otros materiales al estuario, los cuales se sedimentan y forman un fondo fangoso o arenoso. Por lo general, el agua de los estuarios es más cálida y contiene menos sal que el agua de mar. Sin embargo, el contenido de sal cambia con las mareas. Durante la marea alta fluye más agua de mar y aumenta el contenido de sal, pero durante la marea baja el agua regresa al mar y disminuye el contenido de sal del estuario.

Muchos organismos microscópicos como esta Hyperia sirven de alimento a las especies que viven en los estuarios. ▼

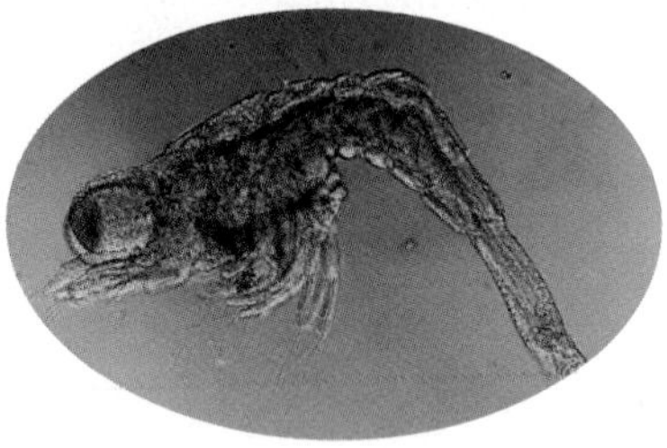

El contenido de sal no es lo único que cambia diariamente en el estuario. Durante una parte del día, todo el estuario queda bajo agua, pero, cuando la marea baja, parte del fango o la arena del fondo queda expuesta al Sol. Esto hace que los restos de las algas y otros organismos se comiencen a descomponer, con lo cual regresan los nutrientes al fondo del estuario. Las plantas como el Spartina pectinata??, la lavanda y la uniola espigada sirven de alimento y vivienda a muchos organismos.

Las especies que viven en los estuarios están adaptadas a los cambios en el ritmo de las mareas. Por ejemplo, el Melampus bidentatus? sube por los tallos del Spartina pectinata?? dos veces al día cuando sube la marea. Los insectos que no vuelan trepan por las plantas para evitar el agua de la marea alta. En ese momento, estos insectos se convierten en presa fácil para aves como el troglodita de pantano y los gorriones costeros.

Los estuarios cambian constantemente. Por eso, los organismos que los habitan se deben adaptar a los cambios diarios en el nivel y contenido de sal del agua. ▼

Los estuarios son importantes lugares de reproducción para muchas aves y organismos marinos. Muchos peces depositan sus huevos en los estuarios para que, al salir del cascarón, los pececitos se alimenten del plancton que abunda en los estuarios. Más de las tres cuartas partes de los pescados y mariscos que se comen en los Estados Unidos, como el cangrejo que se muestra aquí, pasan la primera parte de su vida en un estuario. Los cangrejos, camarones y mejillones sirven de alimento a los émidos y las aves vadeadoras como la garceta blanca y la rálida crepitante.

Muchas aves migratorias se posan en los estuarios para descansar y alimentarse. El ganso blanco, el ganso canadiense, el pato vadeador, el pato negro y la querquédula de alas azules se alimentan con plantas de los estuarios. El aguilucho del norte y el búho de orejas cortas se alimentan de ratones y mamíferos pequeños que viven en los estuarios.

¿Alguna vez has comido cangrejo? Es muy probable que ese cangrejo haya pasado la primera parte de su vida en un estuario. ▼

Repaso de la Lección 5

1. ¿Qué es un bioma marino?
2. ¿Qué es un bioma de agua dulce?
3. ¿Qué es un estuario?
4. **Predice**
   Imagínate que cierta fábrica arroja desechos dañinos a un río que desemboca en el estuario que se muestra abajo. ¿Qué cambios crees que sufriría el estuario con el tiempo?

Repaso del Capítulo 4

Ideas principales del capítulo

Lección 1

• Los seres vivos y las cosas sin vida de un ecosistema permiten a los organismos sobrevivir.
• Los productores obtienen la energía necesaria para los procesos vitales, los consumidores la usan y los descomponedores la reciclan.
• Las diversas cadenas de un ecosistema forman una red alimenticia.
• La pirámide de energía es un modelo que muestra la cantidad de energía que se usa y se transfiere dentro de una cadena alimenticia o un ecosistema.

Lección 2

• Las plantas verdes usan dióxido de carbono y liberan oxígeno durante la fotosíntesis. Los organismos usan oxígeno y liberan dióxido de carbono durante la respiración.
• En el ciclo del nitrógeno, el nitrógeno pasa por un ecosistema.
• La contaminación interrumpe el reciclaje natural de los materiales de un ecosistema.

Lección 3

• Los cambios ambientales afectan a las poblaciones de un ecosistema.
• Cuando las poblaciones compiten por los recursos, los organismos se adaptan o mueren.
• Podemos cambiar los ecosistemas si usamos sus recursos o introducimos nuevas especies.

Lección 4

• Los biomas son extensas regiones geográficas con un determinado tipo de clima y comunidad.
• Los seis principales biomas terrestres son la tundra, la taiga, el bosque caducifolio, la selva tropical, la sabana y el desierto.

Lección 5

• Los biomas marinos son biomas acuáticos con alto contenido de sal.
• Los biomas de agua dulce son biomas acuáticos que contienen bajo contenido de sal.
• Los estuarios son biomas acuáticos donde se mezclan el agua dulce y el agua salada.

Repaso de términos y conceptos científicos

Escribe la letra de la palabra o frase que complete mejor cada oración.

a. bioma
b. carnívoro
c. competencia
d. pirámide de energía
e. estuario
f. hervívoro
g. omnívoro
h. permafrost
i. plancton
j. respiración
k. taiga
l. tundra

1. La tierra que se encuentra permanentemente congelada se llama ___.

2. La región que tiene un determinado tipo de clima y comunidad se llama ___.

3. El proceso que libera energía en las células se conoce como la ___.

4. Un ___ es un animal que se alimenta sólo de otros animales.

5. La ___ es un bioma de bosque de coníferas.

6. El ___ es el lugar donde el agua salada se mezcla con el agua dulce.

7. Un ___ es un consumidor que se alimenta de plantas y animales.

8. La ___ es el bioma más frío y más cercano al Polo Norte.

9. El ___ es una fuente de alimento microscópica que flota en el agua del mar.

10. La ___ se produce cuando los organismos interactúan y tratan de usar los mismos recursos.

11. Un ___ es un consumidor que se alimenta sólo de plantas.

12. La ___ es un modelo del uso de energía en una cadena alimenticia.

Explicación de ciencias

Explica las siguientes preguntas en un párrafo o escribiendo un diálogo para un programa de radio.

1. ¿Por qué varía la cantidad de energía de la que disponen los diversos organismos de una cadena alimenticia?

2. Proporciona dos ejemplos de lo que ocurriría si interrumpiéramos los ciclos naturales.

3. ¿Cómo afectan los cambios ambientales a las poblaciones?

4. ¿Cómo afectan el clima, la altitud y la latitud a los biomas?

5. ¿Qué determina la cantidad y clase de organismos que viven en cada región o zona de un bioma acuático?

Práctica de destrezas

1. Predice qué pasaría si se eliminan todos los grillos de un ecosistema de campo.

2. Escoge un ecosistema, como el patio de la escuela o un parque. Haz una lista de seis interacciones que **observas** en el ecosistema.

3. Identifica tres alimentos que hayas comido hoy. Haz un **modelo** de cadena alimenticia que muestre la dirección en la que circula la energía de los alimentos que comiste.

Razonamiento crítico

1. Haz un cartel para **comparar** y **contrastar** los seis principales biomas terrestres.

2. Imagínate que tienes una pecera con varios peces. Un amigo o amiga te quiere regalar dos peces más. ¿Qué datos debes **evaluar** antes de **tomar la decisión** de meter los peces en la pecera?

3. Haz un **modelo** de un bioma acuático con una caja de zapatos. Dibuja una escena y coloca tres objetos tridimensionales dentro de la caja para representar los organismos. Cúbrela con plástico para envolver, en lugar de la tapa.

Repaso de la Unidad A

Repaso de términos y conceptos

Escoge por lo menos tres palabras de la lista del Capítulo 1 y escribe con ellas un párrafo sobre cómo se relacionan esos conceptos. Haz lo mismo con los otros capítulos.

Capítulo 1
teoría celular
cromosoma
citoplasma
mitocondrias
organelos
especie

Capítulo 2
ADN
genes
heredar
meiosis
células sexuales
reproducción sexual

Capítulo 3
adaptación
evolución
conducta hereditaria
instinto
selección natural
reflejo

Capítulo 4
bioma
competencia
pirámide de energía
pradera
contaminación
taiga

Repaso de las ideas principales

Estas oraciones son falsas. Cambia la palabra o palabras subrayadas para que sean verdaderas.

1. La vacuola es un organelo encargado de ensamblar proteínas para la célula.
2. Los cloroplastos de las células vegetales contienen un cromosoma que usa la luz solar para elaborar azúcares.
3. Células corporales, largas y delgadas, llevan mensajes por todo el cuerpo.
4. En la meiosis, las células corporales se dividen y producen dos células nuevas que poseen un núcleo idéntico.
5. Un gen es la célula que se forma cuando se une un gameto femenino con un gameto masculino.
6. Los organismos que se forman mediante la reproducción asexual heredan caracteres de los dos progenitores.
7. Una evolución es un carácter heredado que ayuda a un organismo a sobrevivir en su ambiente.
8. Una conducta aprendida es una reacción rápida a un estímulo.
9. Las redes alimenticias son modelos que muestran cómo se utiliza la energía en un ecosistema.
10. Un desierto es un bioma que presenta temperaturas anuales muy altas y que recibe aproximadamente 200 cm de lluvia.

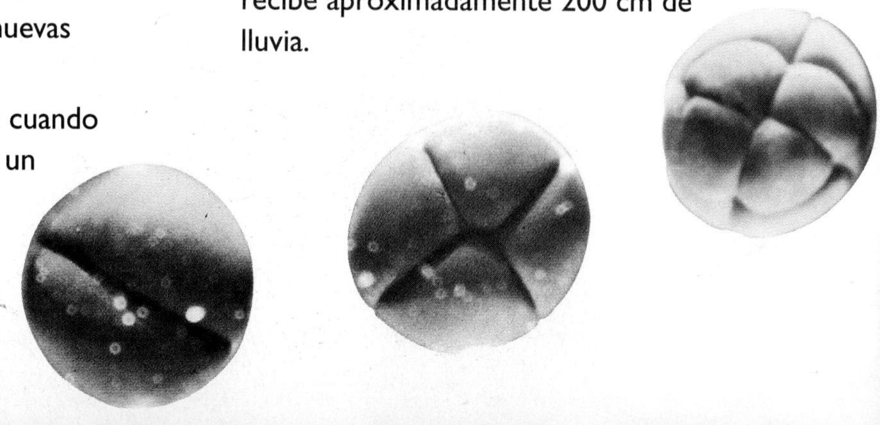

Interpretar datos

Esta tabla muestra el número de cromosomas que hay en el núcleo de una célula corporal de especies diferentes.

Animal	Nº de cromosomas en el núcleo de células corporales
Mosca	12
Rana toro	26
Conejo	44
Ser humano	46
Pollo	78
Cangrejo de río	200

1. ¿Cuántos cromosomas hay en el gameto masculino o en el gameto femenino de un pollo?

2. ¿Cuántos cromosomas tendrán las células corporales de un conejo por nacer?

3. ¿Qué relación parece existir entre el tamaño o complejidad de un animal y el número de cromosomas que poseen sus células corporales?

Comunicar las ciencias

1. Dibuja e identifica las secciones de un diagrama que compare las partes principales de las células vegetales y animales.

2. Explica en un párrafo cuándo las células pasan por los procesos de la mitosis y la meiosis. Describe los resultados de esos procesos.

3. Haz una tabla que muestre ejemplos de adaptaciones fisiológicas, estructurales y de la conducta.

4. Muestra con un diagrama cómo la contaminación puede afectar los ciclos del dióxido de carbono-oxígeno y del nitrógeno.

Aplicar las ciencias

1. Explica en un párrafo por qué los miembros de una misma familia tienen características semejantes y diferentes.

2. Escribe un folleto que explique por qué no se debe abusar de los antibióticos. Explica cómo las bacterias pueden desarrollar resistencia a los antibióticos a través de la selección natural.

Repaso de la práctica de la Unidad A

Conferencia sobre las ciencias de la vida

Con lo que aprendiste en esta unidad, realiza una o más de las actividades siguientes para que formen parte de una conferencia en tu escuela sobre las ciencias de la vida. Puedes trabajar por tu cuenta o en grupo.

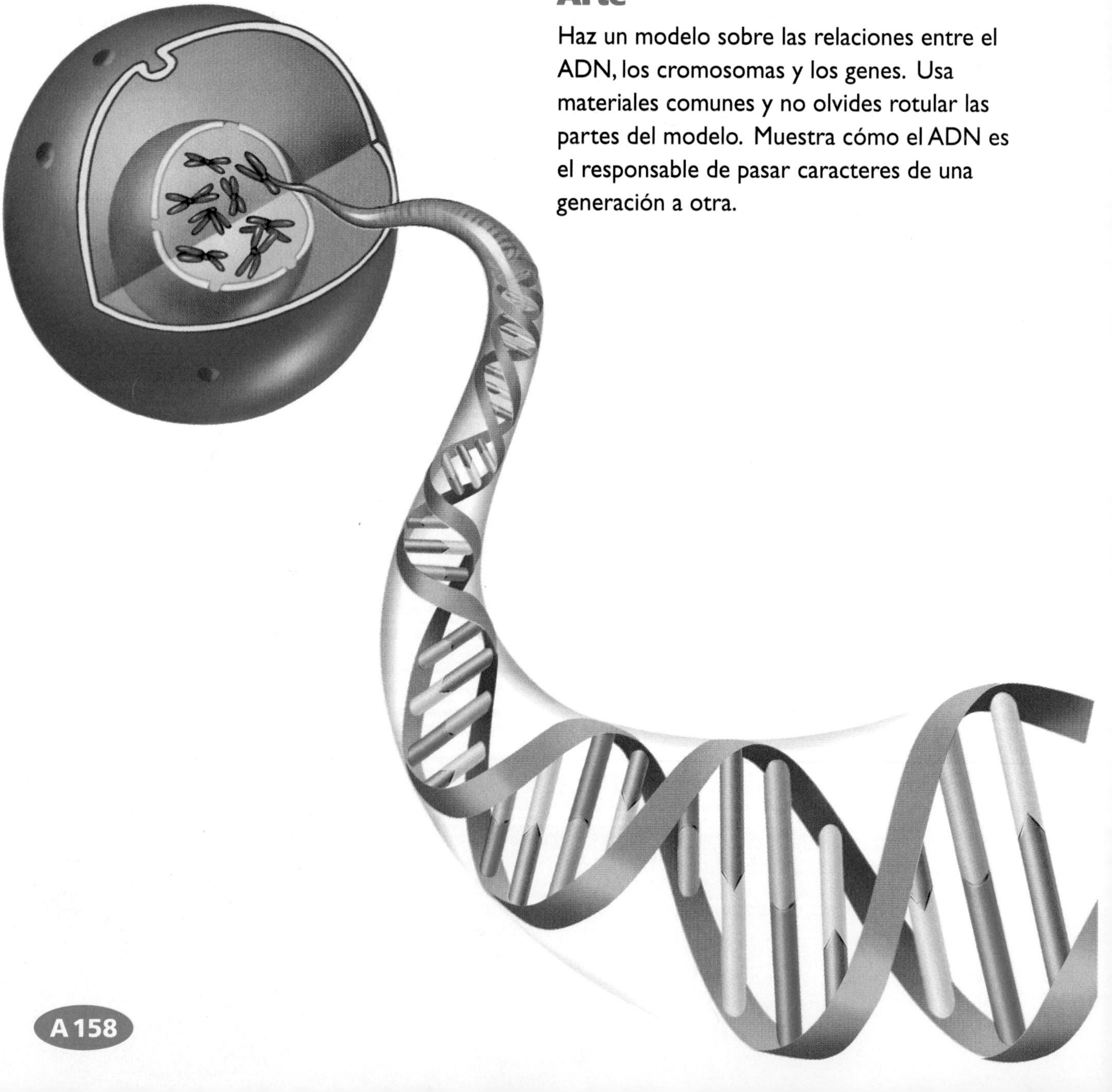

Arte

Haz un modelo sobre las relaciones entre el ADN, los cromosomas y los genes. Usa materiales comunes y no olvides rotular las partes del modelo. Muestra cómo el ADN es el responsable de pasar caracteres de una generación a otra.

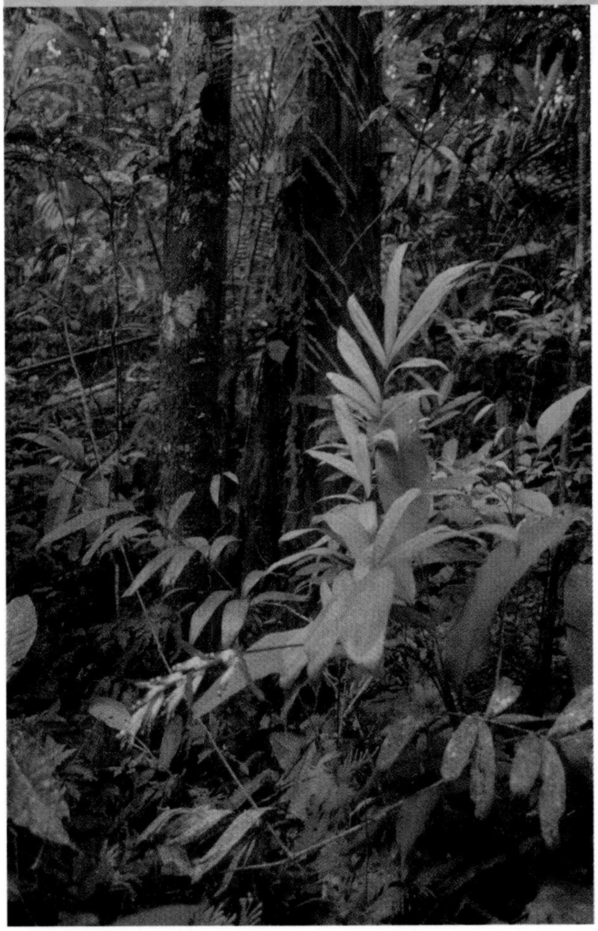

Variedad de vida

Prepara una exposición sobre la variedad de especies de organismos que habitan nuestro planeta. Debes incluir muestras de distintos organismos microscópicos en portaobjetos listos para la observación. Si puedes, escoge tipos diferentes de microscopios. Debes estar preparado para contestar cualquier pregunta que tengan los visitantes.

Matemáticas

Prepara una exposición sobre la anemia falciforme en un tablero de anuncios. Muestra cómo podemos predecir la posibilidad de que los hijos hereden células falciformes de sus padres. Incluye tablas que muestren lo que ocurre cuando el padre o la madre posee genes para células normales y falciformes, y cuando los dos padres poseen genes para células normales y falciformes.

Ambiente

Con otros compañeros, forma un panel. Hablen de las razones por las cuales están desapareciendo las selvas tropicales y el efecto que esto tiene sobre el ambiente, tanto a nivel nacional como mundial. Cada estudiante del panel debe hablar sobre un tema distinto. Después de las presentaciones, los visitantes pueden hacer preguntas.

Teatro

En 1962, James Watson, Maurice Wilkins y Francis Crick compartieron el premio Nobel por su trabajo de investigación sobre la estructura del ADN. Planea una presentación de la ceremonia de entrega de premios. Un presentador del comité de premios Nobel deberá dar un discurso primero, y luego Watson, Wilkins y Crick deberán explicar su modelo y dar su discurso de aceptación del premio.

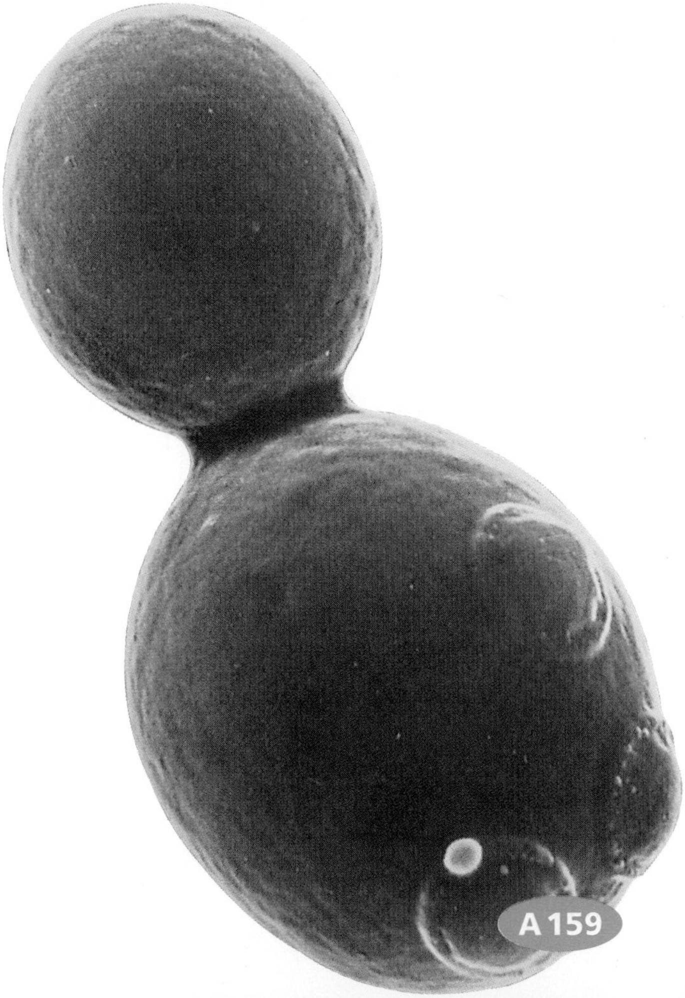

Usar organizadores gráficos

Un organizador gráfico es una ayuda visual donde podemos mostrar cómo se relacionan las ideas y los conceptos. Hay muchas clases diferentes de organizadores gráficos. Entre ellos podemos mencionar las redes de palabras, los diagramas de flujo y las tablas.

Haz un organizador gráfico

En el Capítulo 1, estudiaste las partes de las células. Con esa información, haz un organizador gráfico que muestre cómo las partes de las células nos ayudan a clasificar las células vegetales y animales. Usa como modelo este organizador gráfico.

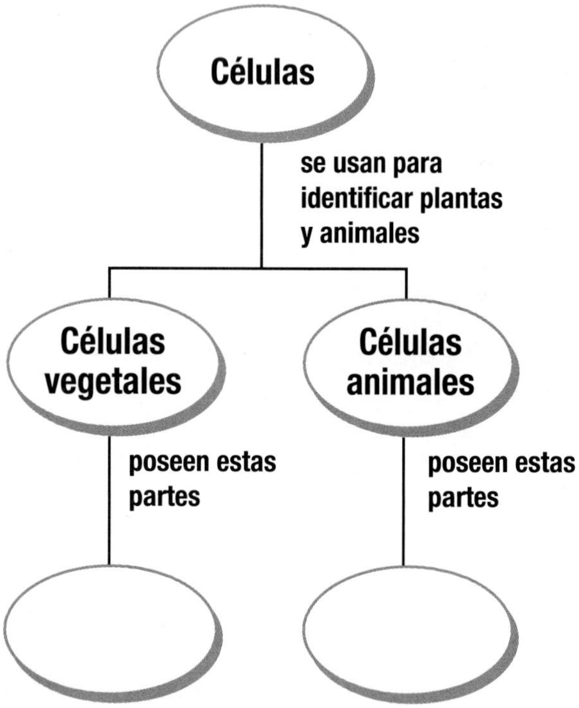

Escribe párrafos descriptivos

Con el organizador gráfico que completaste como referencia, escribe una descripción de tres párrafos sobre las células y sus partes. El primer párrafo debe tener una introducción y comentar las partes comunes de todas las células. El segundo párrafo debe tratar sobre las partes presentes solamente en las células vegetales. El tercer párrafo deberá incluir una descripción de las partes presentes sólo en las células animales y un resumen de lo que has escrito.

Recuerda:

1. **Antes de escribir** Organiza tus ideas.
2. **Hacer un borrador** Escribe la descripción.
3. **Revisar** Comparte tu trabajo con un compañero o compañera y haz los cambios necesarios.
4. **Corregir** Vuelve a leer y corrige los errores.
5. **Publicar** Comparte tu descripción con la clase.

Unidad B

Ciencias físicas

Capítulo 1
Calor y materia B 4

Capítulo 2
Cambios de la materia B 30

Capítulo 3
Movimiento de los objetos B 74

Capítulo 4
Luz, color y sonido B 114

Tu cuaderno de ciencias

Contenido 1

Precaución en las ciencias 2

Usar el sistema métrico 4

Destrezas del proceso de ciencias: Lecciones 6

Sección de referencia de ciencias 30

Historia de las ciencias 44

Glosario 56

Índice 65

Tecnología y ciencias ¡en tu mundo!

¿Cuál es la temperatura de tu oído?

¡Ahora es por el oído! El nuevo método de tomar la temperatura es midiendo el calor del tímpano. Un dispositivo electrónico microscópico lee la temperatura y la muestra en una pantalla en 21 segundos. Aprenderás más sobre el calor y los termómetros en el **Capítulo 1, Calor y materia.**

Metal con memoria

La nueva aleación de metal, llamada nitinol, de la que se hacen monturas de anteojos y frenos para los dientes, hace que los objetos se deformen por poco tiempo. El metal "recuerda" regresar a su forma original después de que se dobla. Aprenderás más sobre aleaciones en el **Capítulo 2, Cambios en la materia.**

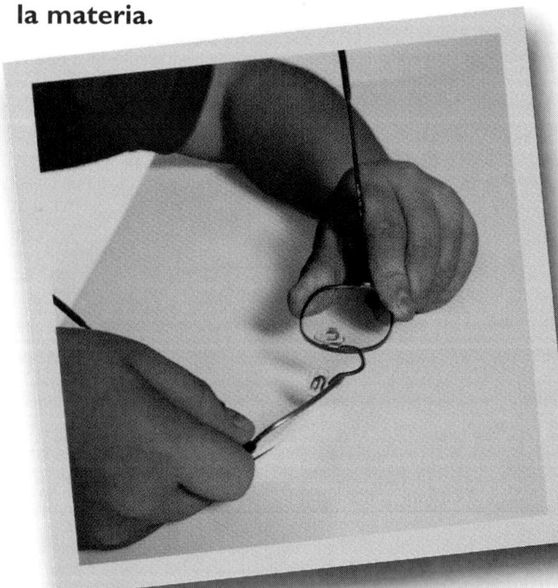

A más velocidad, pero dentro de las leyes

Los ciclistas profesionales de hoy en día, con cascos y trajes ceñidos, se inclinan sobre el manubrio para que aumente un poco más la velocidad de su bicicleta. Los ciclistas y los diseñadores de implementos deportivos aprovechan las leyes de movimiento para competir a mayor velocidad. Aprenderás sobre los principios de las leyes de movimiento en el **Capítulo 3, Movimiento de los objetos.**

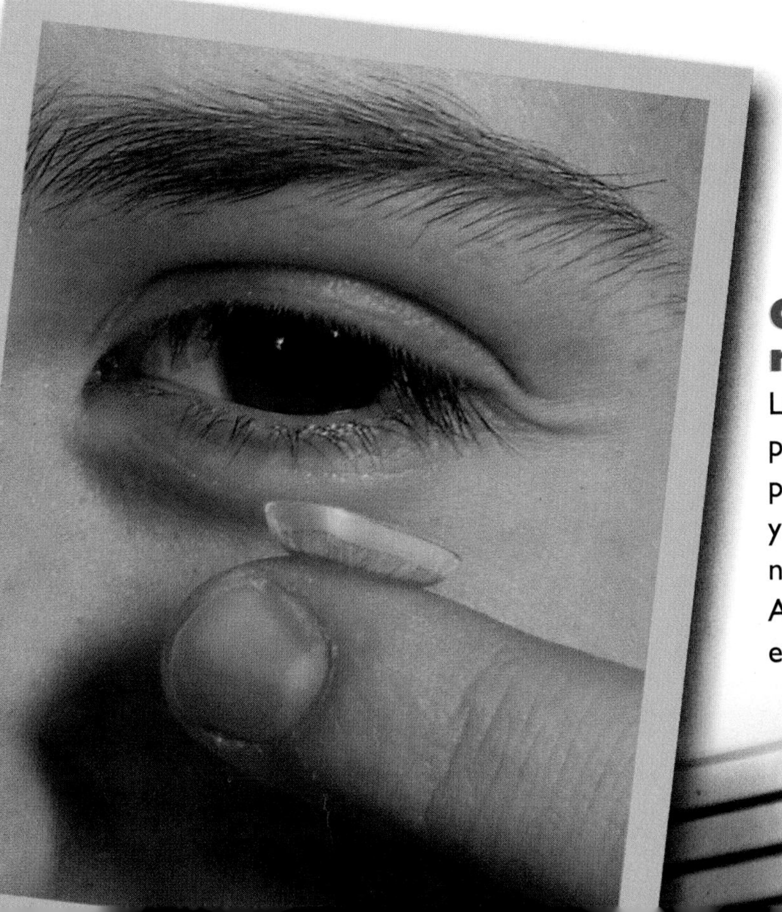

Con más claridad y con mucho colorido

Los anteojos no son la única solución para los problemas de la vista. Hoy en día, pequeñas lentes de plástico se ajustan al ojo y no sólo corrigen la vista, sino que también nos permiten "cambiar" el color de los ojos. Aprenderás más sobre luz, lentes y sonido en el **Capítulo 4, Luz, color y sonido.**

¡Estoy radiante!

¿Cuántas cosas de las que ves en esta foto despiden calor? El secador de cabello, claro. Pero... ¿y la niña? ¿Sabías que los seres humanos también despedimos calor?

Capítulo 1

Calor y materia

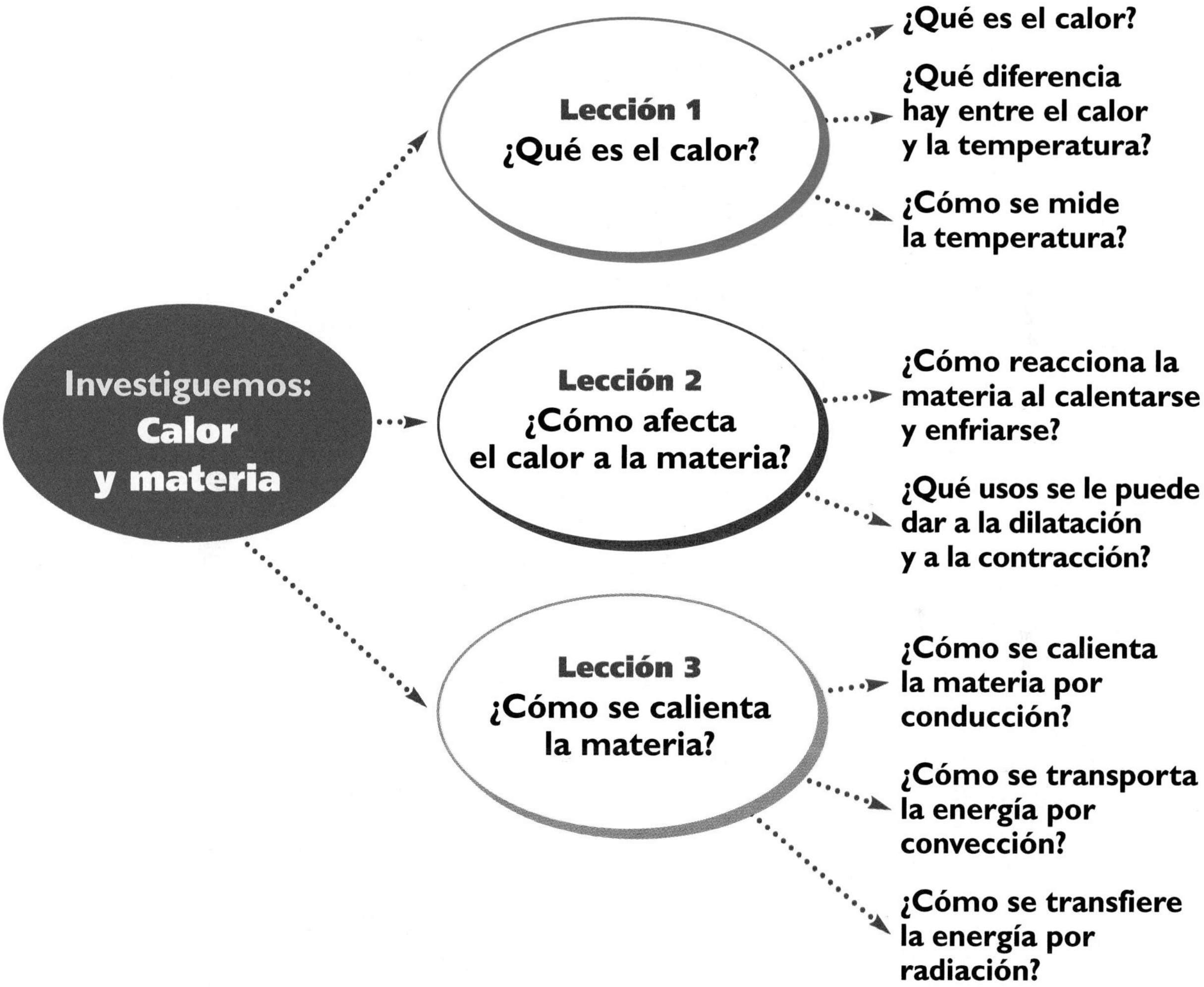

Copia el organizador gráfico del capítulo *en una hoja de papel. El organizador te muestra de qué trata el capítulo. A medida que leas las lecciones y hagas las actividades, busca las respuestas a las preguntas y escríbelas en tu organizador.*

Explora las escalas de termómetro

Destrezas/Proceso

Destrezas del proceso

- estimar y medir
- predecir
- comunicar

Materiales

- 3 vasos de plástico
- termómetro
- agua helada
- agua a temperatura ambiente
- agua tibia

Explora

1. Llena un vaso con agua helada. Coloca un termómetro en el vaso. Espera 1 minuto y lee la temperatura en las escalas Fahrenheit y Celsius. Anota tus **mediciones.**

2. Llena otro vaso con agua a temperatura ambiente. Coloca el termómetro en el vaso.

3. **Predice** cuál de las dos escalas, Fahrenheit o Celsius, indicará la temperatura del agua con un número más alto. Explica por qué.

4. Espera I minuto y anota las temperaturas indicadas en ambas escalas.

5. Llena el tercer vaso con agua tibia. Coloca el termómetro en el vaso. Repite los pasos 3 y 4.

Reflexiona

1. ¿En qué se parecen las escalas Fahrenheit y Celsius? ¿En qué se diferencian? **Comunica** tus ideas al resto de la clase.

2. ¿La temperatura a la que hierve el agua será más alta en la escala Celsius o en la escala Fahrenheit? ¿Por qué?

Investiga más a fondo

Las dos escalas de termómetro usan grados. ¿Un grado Fahrenheit es igual a un grado Celsius? Piensa en cómo vas a hallar la respuesta a ésta u otras preguntas que tengas.

Números positivos y negativos

Cero grados (0°) es el punto de congelación del agua en la escala Celsius. Las temperaturas por debajo de ese punto se indican con **números negativos** y llevan el signo menos (–). Las temperaturas por encima de ese punto se indican con **números positivos** y por lo general no llevan ningún signo.

El punto de ebullición del agua en la escala Celsius es de 100°. ¿Es esa temperatura un número positivo o negativo?

Vocabulario de matemáticas

número positivo, número mayor que cero

número negativo, número menor que cero

Ejemplo

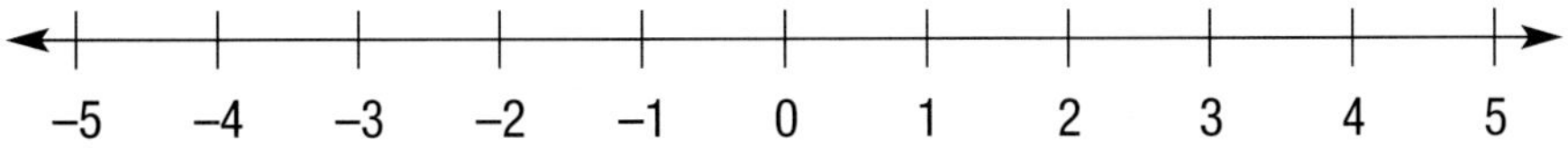

Esta recta numérica muestra números positivos y negativos. Los números mayores que cero aumentan hacia la derecha de la recta. Los números menores que cero disminuyen hacia la izquierda de la recta.

Coloca en orden de menor a mayor estos números enteros: 1, –2, 4, –5, 0.

Primero, ubica los números en la recta numérica.

$-5 < -2$ $\quad$ $-2 < 0$ $\quad$ $0 < 1$ $\quad$ $1 < 4$

Los números enteros de menor a mayor son –5, –2, 0, 1, 4.

En tus palabras

1. ¿Son los números negativos siempre menores que los números positivos? Explica.

2. ¿Qué temperatura es un número mayor, 2°C ó –5°C?

¿Sabías que...?

La temperatura más alta que se ha registrado en el mundo es de 58°C (136°F) en Al Aziziyah, Libia, el 13 de septiembre de 1922. La más baja ha sido de –89.6°C (–128.6°F) en la Estación Vostok de la Antártida, el 21 de julio de 1983.

¿Cuál es la idea?

En esta lección aprenderás:

- **qué es el calor.**
- **qué diferencia hay entre el calor y la temperatura.**
- **cómo se mide la temperatura.**

Lección 1

¿Qué es el calor?

"¡Ay! ¡Qué caliente está esto!" "¡Brrr! ¡Esto está helado!" "¡El Sol está que quema!" "¡Me congelo!" "Vamos a recalentar la comida de ayer" Lo usamos para cocinar, nos quejamos de él, nos vestimos según como esté y tratamos de controlarlo. Pero, ¿qué es exactamente el calor?

Calor

El ser humano comenzó a usar el calor mucho antes de saber lo que era. En la antigüedad, la gente se reunía alrededor de fogatas para conservar el calor del cuerpo y cocinar los alimentos. Quizás no sabían lo que era el calor, pero sí se daban cuenta de que, cuando hacía frío, el fuego los calentaba. Los antiguos griegos observaron que el calor estaba en todas partes y pensaron que toda materia se componía de sólo cuatro elementos básicos: agua, tierra, viento y fuego.

Durante siglos, el ser humano trató de explicar lo que era el calor. En el siglo XVIII, muchos creían que el calor era materia y por eso lo llamaron "fluido calórico". Se pensaba que la temperatura de los objetos cambiaba cuando ese fluido calórico entraba o salía de ellos. En la actualidad, a pesar de que los científicos ya no opinan que el calor sea materia, sí nos hablan de las partículas que forman la materia para explicar lo que es el calor.

Cuando la niña de la foto agarra el vaso de agua, ¿por qué crees que se le enfrían los dedos? ¡Piensa en esas traviesas partículas! Toda materia, como la materia de la que está compuesta la niña, el vaso, los alimentos que comemos, la ropa que vestimos y el aire que respiramos, se compone de pequeñas partículas. Estas partículas están siempre en movimiento. Las partículas que tiene la materia se mueven porque tienen energía.

Los dedos de la niña se enfrían porque la energía pasa de las manos al vaso. ▼

No todas las partículas de una substancia tienen la misma cantidad de energía; por eso algunas se mueven más rápido que otras. La energía total de las partículas que componen la materia se llama **energía térmica**.

Por ejemplo, si tú y tus compañeros se ponen a dar vueltas en una habitación pequeña, al poco tiempo chocarían unos con otros. Si tropiezas con alguien que va más despacio, parte de tu energía pasaría a ese compañero. Entonces él o ella comenzaría a andar más rápido y tú irías más despacio.

Lo mismo sucede con las partículas de materia. Cuando las partículas rápidas chocan con las lentas, las partículas rápidas pierden la energía que las lentas ganan. Sin embargo, la suma total de la energía sigue siendo la misma.

Si tocamos materia formada por partículas de movimiento rápido, sentimos que está caliente. Pero, si la materia está formada por partículas de movimiento lento, sentimos que está fría.

La piel también está formada por partículas en movimiento. Cuando la niña de la página anterior agarró el vaso de líquido frío, las partículas de su piel chocaron con las partículas lentas del vaso. Como las partículas de la piel de la niña se movían más rápido, transfirieron parte de su energía al vaso. Por eso, las partículas de la piel empezaron a moverse más despacio y los dedos de la niña se enfriaron. La niña habrá pensado que el vaso estaba frío, pero lo que en realidad sintió fue el cambio de temperatura de sus dedos.

Cuando las partículas chocan, la energía pasa siempre de las partículas rápidas a las lentas. La energía que pasa de la materia más caliente a la más fría se llama **calor**. La substancia más caliente se enfría y la más fría se calienta hasta que las dos alcanzan la misma temperatura. ¿Qué les sucede a las partículas de materia cuando el niño de la derecha toma en sus manos el tazón de sopa caliente?

Glosario

energía térmica, energía total de las partículas que componen la materia

calor, energía que pasa de la materia más caliente a la más fría

La energía pasa del tazón de sopa caliente a las manos del niño. ▼

¿De dónde obtienen energía las partículas de materia? La mayor parte de la energía térmica de la Tierra proviene del Sol. Cuando recibes sus rayos, sientes calor. En los días soleados, la energía del Sol choca con los carros y las aceras. Por esa razón se calientan.

No toda la energía térmica de la Tierra proviene directamente del Sol. Frótate las manos rápidamente como se muestra en la foto. ¿Sientes el calor? Lo mismo sucede con las piezas del motor de un automóvil: se rozan mientras el motor está funcionando. Al rozarse, los objetos producen calor.

Seguramente has sentido el calor de la estufa encendida de la cocina de tu casa. ¿De dónde viene ese calor? Las estufas eléctricas convierten la electricidad en calor y las estufas de gas producen calor mediante una reacción química que ocurre al quemar el gas natural. El Sol, los cambios químicos, el roce de los objetos y la electricidad son sólo algunas fuentes de calor. ¿Puedes dar otros ejemplos?

▲ *El calor que se produce cuando las partículas de la piel se frotan hace que se te calienten las manos.*

Diferencia entre el calor y la temperatura

Al calentarse las cazuelas de agua que aparecen a la derecha, las hornillas transfieren energía a las partículas de las cazuelas y éstas se calientan. A su vez, las partículas de las cazuelas chocan con las partículas de agua que están en el fondo de la cazuela. Al ganar energía, esas partículas de agua se empiezan a mover con más rapidez y a chocar entre sí. Así pasan su energía a otras partículas de agua. La **temperatura** es la medida del movimiento promedio de las partículas de una substancia o de un objeto. La temperatura del agua sube al aumentar la cantidad de partículas que ganan energía y aceleran su movimiento. ¿En qué cazuela crees que el agua hervirá primero?

Cuanta más agua hay en un recipiente, más tarda el agua en

Glosario

Glosario

temperatura, medida del movimiento promedio de las partículas de una substancia o de un objeto hervir. ¿Por qué? Si hay más agua, hay más partículas y se necesita más energía para acelerar su movimiento. Por esta razón, el agua de la cazuela más pequeña hervirá primero porque necesita menos energía.

Una vez que el agua de las dos cazuelas comience a hervir, las partículas del agua de ambas tendrán la misma temperatura. Sin embargo, el agua de la cazuela más grande tendrá más energía térmica porque tiene más partículas. Cuando hay más partículas, es necesario usar más calor para hervir el agua. Fíjate en la foto de la derecha. ¿Cuál tiene más energía térmica, el agua de mar que hay en la cubeta o en el mar?

Como puedes ver, la temperatura y el calor son dos cosas distintas. La temperatura de una substancia depende de la velocidad promedio de sus partículas. La cantidad de energía térmica que contiene una substancia, y por tanto la cantidad de calor que puede liberar, dependen del número y la velocidad de las partículas. La temperatura mide el movimiento de las partículas, mientras que el calor se refiere a la transferencia de energía que produce ese movimiento.

▲ *El agua de la cubeta de la niña contiene cierta cantidad de energía. Compara esa cantidad de energía con la que hay en el agua del mar.*

Si echas más agua en estas cazuelas, ¿cómo cambiará el tiempo que demora el agua en hervir? ▼

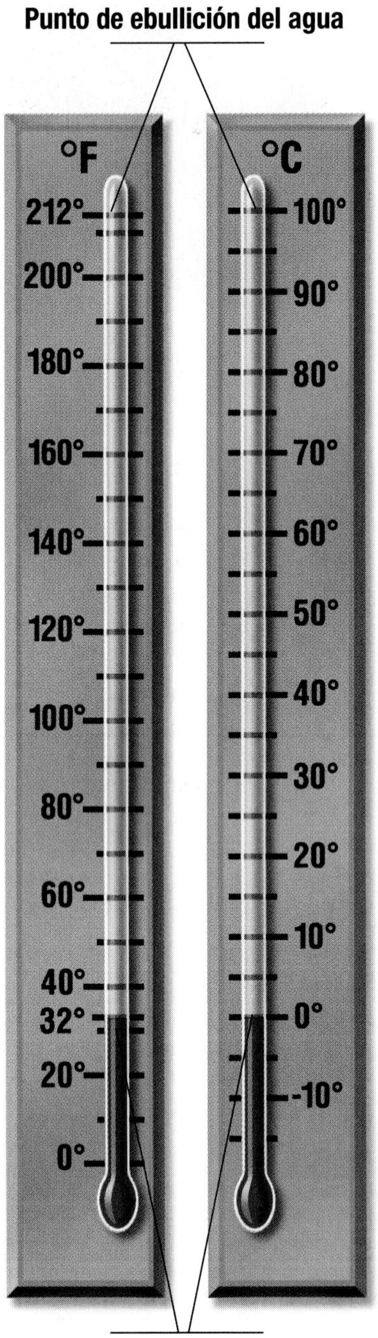

▲ *Compara estas dos escalas de temperatura. ¿Qué temperatura hace afuera en grados Fahrenheit y en grados Celsius?*

Medición de la temperatura

No todos percibimos el calor de la misma manera. Por ejemplo, imagínate que tú y una amiga van a un lago a nadar. A ti te parece que el agua está ideal, pero tu amiga dice que está muy fría. ¿Quién tiene razón? En este caso, los dos porque cada uno está describiendo cómo percibe el agua y no su temperatura real. Por eso conviene usar un instrumento para medir la temperatura exacta.

Recuerda que la temperatura es la medida del movimiento promedio de las partículas de una substancia u objeto. Sin embargo, no es fácil medir directamente el movimiento de las partículas de la misma manera que medimos la longitud o el peso de un objeto. Por esta razón, los científicos desarrollaron un sistema para medir la temperatura. Se basa en cómo substancias comunes, como el agua, se comportan a distintas temperaturas. Parece complicado, pero en realidad es muy sencillo: se trata del termómetro.

Historia de las ciencias

A principios del siglo XVIII, el científico alemán Gabriel Fahrenheit creó la primera escala estándar para medir la temperatura. Fahrenheit puso un poco de mercurio en un tubo sellado (es decir, un termómetro) y lo colocó en un recipiente que contenía una mezcla de hielo, sal y amoníaco. Esa mezcla le dio la temperatura más baja que pudo obtener. Fahrenheit midió el nivel de la columna de mercurio en el tubo a esa temperatura y le dio el valor de 0 grados ó 0°. Después midió el nivel de la columna de mercurio a la temperatura del cuerpo humano y le dio el valor de 96°. También midió el nivel del mercurio a la temperatura de congelación del agua y le dio el valor de 32°.

La escala Fahrenheit fue el primer sistema de medición estándar de temperatura; y es aún hoy la que más se usa en los Estados Unidos. Una temperatura de 38°F quiere decir "38 grados en la escala Fahrenheit".

En 1742, el astrónomo sueco Anders Celsius creó otra escala para medir la temperatura. Celsius midió el punto de fusión de la nieve y el punto de ebullición del agua y les dio el valor de 0° y 100° respectivamente. Después dividió la distancia entre esos dos puntos en 100 grados iguales. Ese sistema se conoce como escala Celsius y es el que utilizan los científicos en la actualidad. La escala Celsius es parte del sistema métrico. Compara las escalas Fahrenheit y Celsius en los termómetros de la ilustración.

▲ *Este termograma muestra a cuatro personas haciendo ejercicio. Los partes frías se ven en azul y verde, y las calientes, en rojo y amarillo. Con la información que conocemos sobre lo que ocurre cuando hacemos ejercicio, ¿cuál de estas personas crees que ha estado haciendo ejercicio por más tiempo? ¿Cuál de ellas acaba de comenzar?*

No todas las temperaturas de la Tierra pueden medirse con una escala que va de 0°C a 100°C. Para medir la temperatura de la lava de un volcán, la escala del termómetro tendría que sobrepasar los 1000°C. En el laboratorio, los científicos han logrado producir temperaturas tan bajas que las partículas de materia casi dejan de moverse, como sucede a –273°C. En el espacio, las temperaturas van de los –270°C a los millones de grados, como en el Sol. Para poder medir estas temperaturas extremas se han creado diversos tipos de termómetros y otros instrumentos.

En algunos casos, los científicos no buscan medir la temperatura exacta de los objetos. La imagen de arriba, llamada termograma, muestra con distintos colores las variaciones de temperatura. Los termogramas se pueden usar para detectar puntos débiles en los sólidos, pérdidas de calor en los edificios, y localizar algunas enfermedades como el cáncer en el cuerpo humano.

Repaso de la Lección 1

1. ¿Qué es el calor?

2. ¿Qué diferencia hay entre calor y temperatura?

3. ¿Cómo se mide la temperatura?

4. **Números positivos y negativos**
El agua hierve, o alcanza su punto de ebullición, a 100°C; el hidrógeno a –252°C; y el oxígeno a –184°C. ¿Qué substancia tiene el punto de ebullición más alto? ¿Qué substancia tiene el punto de ebullición más bajo?

¿Cuál es la idea?

En esta lección aprenderás:

- cómo reacciona la materia al calentarse y enfriarse.
- qué usos se le puede dar a la dilatación y a la contracción.

Lección 2

¿Cómo afecta el calor a la materia?

¡Pum! ¡Bam! "¡Dejen de empujar y a ver si se fijan por dónde van!" Si fueras una partícula de materia, te pasarías todo el tiempo chocando con otras partículas. ¿Cómo crees que reaccionan las partículas a los cambios de temperatura?

La materia al calentarse y enfriarse

Imagina que eres una partícula de gas de un globo inflado y que vuelas por todos lados rebotando contra las paredes del globo como en una cama elástica. A ratos chocas con otra partícula y sales disparado en otra dirección.

De pronto, alguien pone el globo al Sol. Los rayos te dan de lleno a ti y a las otras partículas, cargándoles de energía y haciendo que se muevan más rápido. Entonces tú y las demás partículas empiezan a chocar unas con otras y con las paredes del globo con más fuerza y más frecuencia. Debido a esto, el globo se hincha, o sea, se dilata. **Dilatar** significa "ocupar más espacio".

Ahora alguien mete el globo en el congelador. ¡Brrr, qué frío! El calor pasa del globo al aire del congelador, que está más frío. El globo se contrae. **Contraer** significa "ocupar menos espacio". ¿Por qué sucede eso? Cada vez que rebotas contra

Glosario

dilatar, ocupar más espacio; aumentar de tamaño

contraer, ocupar menos espacio; reducir su tamaño

Dilatación y contracción

A temperaturas normales, el nitrógeno es un gas; pero a temperaturas muy bajas, de aproximadamente –200°C, se convierte en líquido. En las fotos 2 y 3, el globo se contrae al echarle nitrógeno líquido, mientras que en las ilustraciones 4 y 5 se dilata cuando se le deja de echar. ▶

1

2

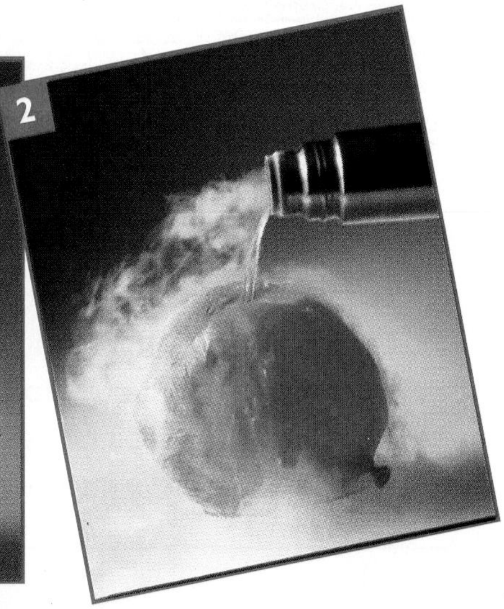

el globo, transfieres más energía a sus paredes. Al perder energía, tú y las demás partículas de gas comienzan a moverse más despacio y ya no tienen la energía suficiente para ir muy lejos ni para golpear las paredes con fuerza. ¿Qué les pasa a las partículas de materia al enfriar con nitrógeno líquido el globo que se ve abajo?

Toda materia se dilata al calentarse y se contrae al enfriarse, pero no siempre en la misma medida. Por cada grado de aumento de la temperatura, los gases son los que más se dilatan; luego siguen los líquidos y por último los sólidos.

¿Has visto en las carreteras trozos de llantas reventadas en verano cuando el asfalto está muy caliente? A veces, esto sucede porque el calor del asfalto dilata el aire que hay en las llantas y hace que revienten como si fueran globos. El caucho de las llantas no se dilata tanto como el aire. Por eso, cuando el aire se dilata demasiado, las llantas se rajan y revientan.

El hielo es sólido, pero no por eso pesa más que el agua líquida. Si así fuera, se hundiría. El agua no se comporta igual que otros líquidos. Al enfriarse, el agua se contrae como la mayoría de los líquidos hasta que su temperatura llega a los 4°C. A esa temperatura, las partículas de agua se agrupan de la forma más compacta posible. Sin embargo, el agua se transforma en hielo a 0°C. Al pasar de 4°C a 0°C, las partículas de agua forman pequeños anillos como los de la figura y así se transforman en hielo. Como estos anillos ocupan más espacio, el trozo de hielo es mayor que el volumen de agua líquida que lo formó.

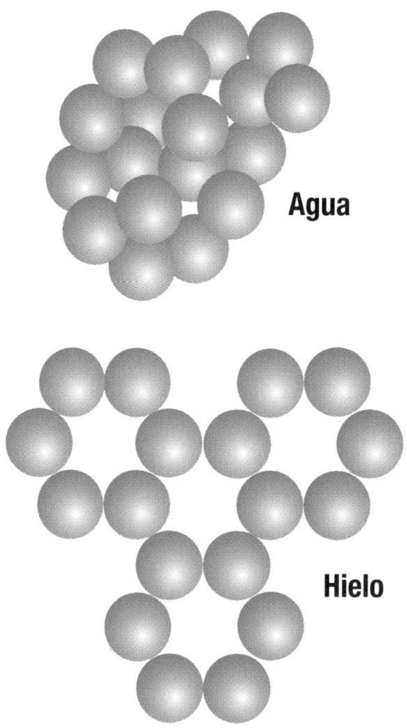

▲ *Las partículas de agua líquida se agrupan de forma más compacta que las partículas de hielo.*

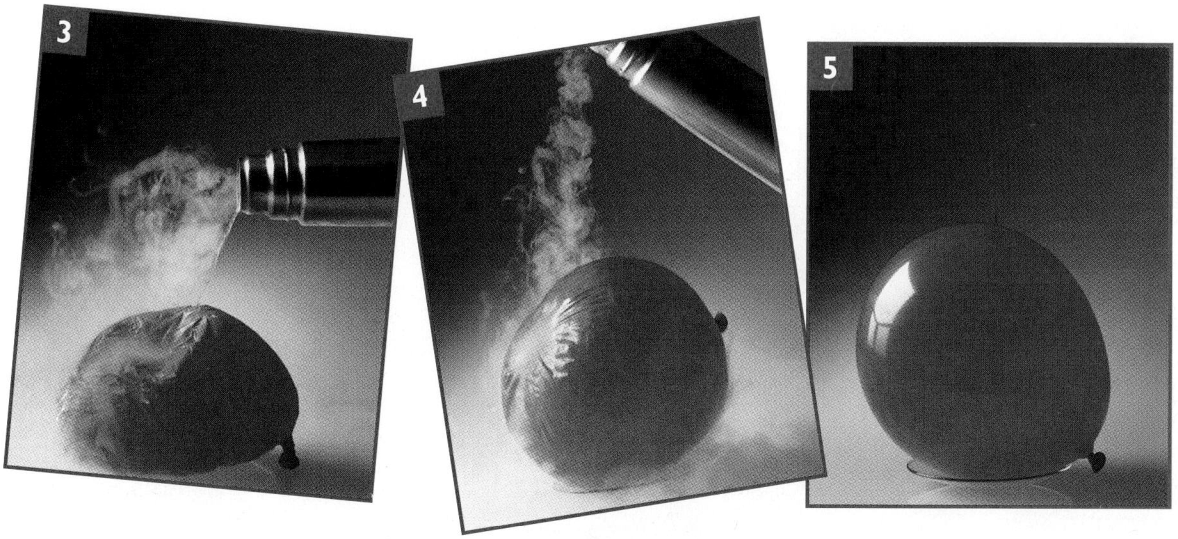

Usos de la dilatación y la contracción

Pacatum, pacatum... Seguramente has escuchado ese ruido cuando pasa un tren. El ruido lo hacen las ruedas al pasar por los espacios que hay entre las vías. Pero, ¿por qué se dejan esos espacios? El frío del invierno y el calor del verano hacen que las vías se dilaten y contraigan constantemente. Unas vías de una milla de largo pueden variar de longitud hasta medio metro. Si no hubiera espacio para la dilatación, las vías se podrían arquear o torcer.

En los puentes y carreteras se usan junturas como ésta para permitir la dilatación y contracción del concreto. ▼

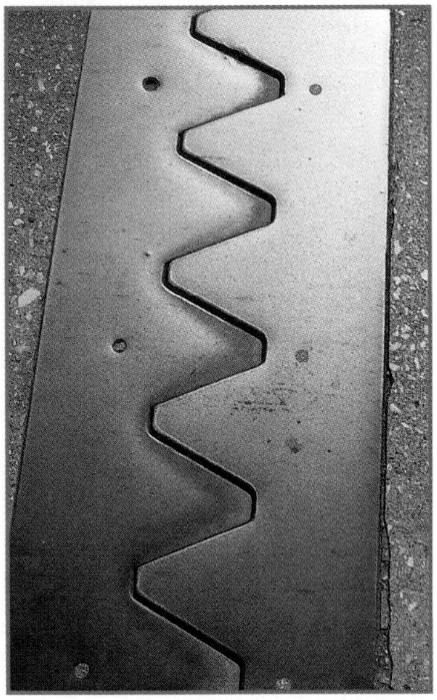

El concreto también se dilata. Cuando se construyen puentes largos como el de la foto, se colocan junturas metálicas entre las distintas secciones del pavimento de concreto. Al dilatarse, el concreto empuja las junturas metálicas haciendo que encajen. De esa manera, el concreto no se raja ni se pandea.

Los científicos aprovechan la dilatación y la contracción del mercurio, un metal líquido pesado, para fabricar un instrumento importante que se usa no sólo en laboratorios, sino también en muchos hogares. ¿Sabes de qué instrumento se trata? En la escala que va de 0°C a 100°C, la medida de dilatación del mercurio es casi igual para cada grado de aumento de temperatura. Si se colocara en una superficie plana, el mercurio se dilataría por igual en todas las direcciones; pero, al ponerlo en un tubo delgado, sólo se puede dilatar en una dirección. Al calentar el tubo, la columna de mercurio se alarga a medida que sus partículas se alejan unas de otras. En cambio, al enfriar el tubo, la columna se acorta. Ya lo habías oído antes, ¿no? Así es precisamente cómo funciona el termómetro.

Puedes ver los efectos de la dilatación en tu propia casa. Los cables eléctricos se alargan y se aflojan en verano; y se contraen tanto en invierno que pueden partirse. Las tuberías de agua también se dilatan y se contraen. Algunas veces crujen o hacen ruido al hacerlo.

Cada vez que ajustas el termostato de tu casa, utilizas la dilatación y la contracción. Muchos termostatos tienen una tira bimetálica como la de la ilustración. Se le llama bimetálica porque está hecha de dos metales: de latón y de hierro. A las mismas temperaturas, el latón se dilata y se contrae más que el hierro. Cuando la tira se enfría, el latón se contrae más que el hierro. Por eso la tira se arquea hacia el lado del latón. Cuando se calienta, el latón se dilata más y la tira se arquea hacia el lado del hierro.

A la derecha puedes ver cómo funciona la tira bimetálica del termostato. A medida que la habitación se calienta, la tira se endereza un poco, lo cual abre el interruptor y apaga la calefacción. Cuando la habitación se enfría, la tira se encorva más, lo cual cierra el interruptor y enciende la calefacción. ¿Qué otros ejemplos de dilatación y contracción se te ocurren?

A bajas temperaturas, la tira bimetálica se arquea hacia arriba porque el latón se contrae más que el hierro. A temperaturas más altas, la tira se arquea hacia abajo porque el latón se dilata más que el hierro. ▼

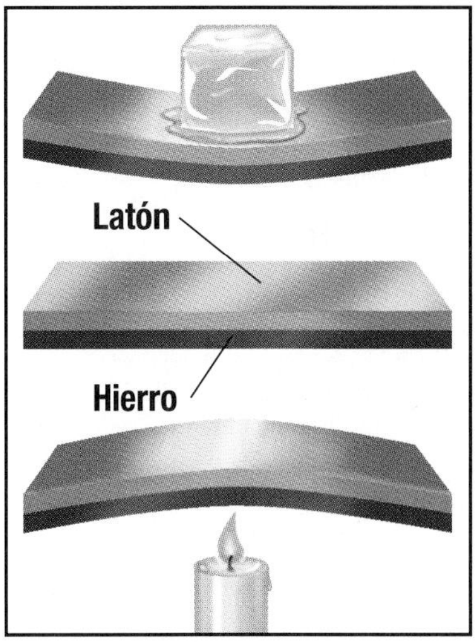

Interruptor apagado

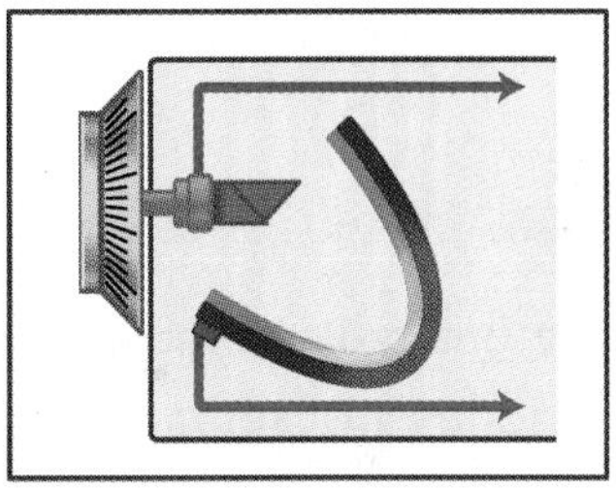

Interruptor encendido

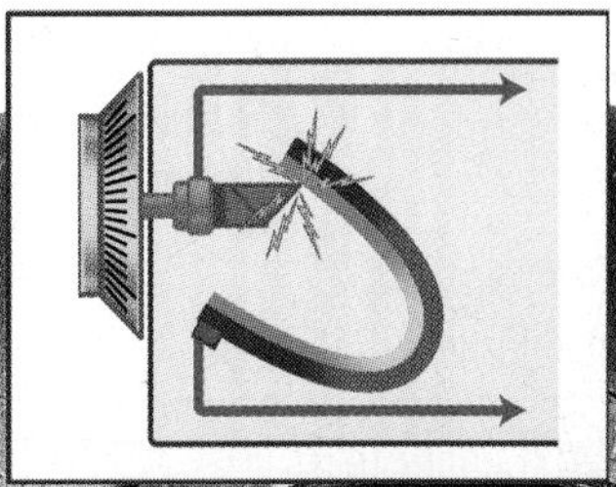

Repaso de la Lección 2

1. Explica cómo reacciona la materia al calentarse y al enfriarse.
2. Da dos ejemplos de los usos de la dilatación y la contracción de los materiales.
3. **Números positivos y negativos**
   El mercurio es un metal que se contrae al enfriarse. ¿Se contraería más a –2°C o a –20°C?

Termostato

El termostato posee una tira bimetálica que controla la caldera de la calefacción. Al cambiar la temperatura del aire, la tira abre y cierra el interruptor, que así apaga y enciende la caldera. ▶

Actividad Investiga

Compara la dilatación con la contracción

Destrezas del proceso

- observar
- predecir
- inferir

Materiales

- gafas protectoras
- globo
- botella de plástico
- liga
- cubeta de agua caliente (a una temperatura prudente)
- cubeta de agua helada

Preparación
Piensa en las palabras *dilatar* y *contraer*. Escribe con tus propias palabras una definición de cada una. A continuación, realiza esta actividad para averiguar qué relación tienen la dilatación y la contracción con la temperatura.

Sigue este procedimiento

1. Haz una tabla como ésta y anota ahí tus predicciones y observaciones.

Temperatura	Predice: ¿Qué le pasará al globo?	Descripción del globo
Temperatura ambiente	x	
Agua caliente		
Agua fría		

2. Ponte las gafas protectoras. Ensancha la abertura del globo y acóplalo al cuello de la botella. Sujeta el globo a la botella con una liga para que no entre ni se escape el aire.

3. **Observa** el globo y la botella. Anota tus observaciones.

4. ¿Qué crees que le pasará al globo si colocas la botella en la cubeta de agua caliente? Escribe tu predicción en la tabla. Explica qué información utilizaste para hacer tus predicciones.

¡Cuidado! El agua caliente puede causar quemaduras.

5. Coloca la botella con el globo en la cubeta de agua caliente, como se indica en la foto. Mantén la botella en posición vertical dentro del agua por unos 10 a 15 segundos hasta que se caliente.

6 Observa el globo otra vez y anota tus observaciones. Anota en la tabla los cambios que veas en el globo.

7 ¿Qué sucederá si sacas la botella del agua caliente y la colocas en la cubeta de agua helada? Escribe tu predicción en la tabla. Explica qué información utilizaste para hacer tu predicción.

8 Saca la botella y el globo del agua caliente y colócalos en seguida en la cubeta de agua helada. Mantén la botella en el agua hasta que la botella se enfríe. A continuación, repite el paso 6.

Interpreta tus resultados

1. ¿Qué le pasó al globo cuando se calentó la botella?

2. Describe lo que observaste cuando se enfrió la botella.

3. **Infiere** qué le pasó al aire que hay dentro de la botella cuando se calentó. ¿Qué observación apoya tu inferencia?

Investiga más a fondo

Supón que hubieras enfriado la botella antes de acoplarle el globo. ¿Qué cambios habrías observado al calentar la botella? Piensa en cómo vas a hallar la respuesta a ésta u otras preguntas que tengas.

Autoevaluación

- Seguí instrucciones para calentar y enfriar un gas (el aire).
- Hice **predicciones** sobre cómo afectaría al globo un cambio de temperatura.
- Hice **observaciones** sobre los cambios producidos en el globo.
- Anoté mis observaciones sobre el globo.
- Hice una **inferencia** sobre lo que le pasa al aire que hay dentro de la botella cuando se calienta y se enfría.

¿Cuál es la idea?

En esta lección aprenderás:

- cómo se calienta la materia por conducción.
- cómo se transfiere la energía térmica por convección.
- cómo se transfiere la energía por radiación.

Lección 3

¿Cómo se calienta la materia?

"¡Uf! ¡Me estoy asando de calor!" Te parece exagerado, ¿no? Sin embargo, si oyes decir que se pueden freír huevos sobre la acera cuando está muy caliente, ¿te parecería eso también exagerado? ¿Por qué?

Conducción

Si la temperatura está lo suficientemente alta, sí es posible cocinar huevos en la acera. El huevo se calentaría por conducción. La **conducción** es la transferencia de calor, o sea, energía térmica, de un objeto a otro por contacto directo. Las partículas de la acera están más calientes y por lo tanto tienen más energía que las del huevo. Su calor pasaría al huevo y lo cocinaría.

En todo el mundo, los alimentos se cocinan principalmente por conducción. En algunos lugares, se colocan los alimentos en contacto directo con superficies calientes como rocas; en otros, utilizan ollas y sartenes para cocinar. ¿Cómo se transfiere la energía que cocina los alimentos de la foto?

¿Te has fijado que, cuando revuelves un líquido caliente con una cuchara de metal, la cuchara se calienta? A veces, se calienta tanto que tienes que soltarla. El calor se transfiere a la cuchara y de la cuchara pasa a los dedos por conducción. El metal de la cuchara es un conductor. Los **conductores** son substancias que dejan pasar fácilmente la energía. La mayoría de los metales son buenos conductores. Los metales se usan para transferir el calor con rapidez, como en las sartenes de cocina o las planchas de ropa. Los conductores también se usan en computadoras y otros aparatos eléctricos para apartar de las piezas eléctricas el calor producido.

Glosario

Glosario

conducción, transferencia de calor de un objeto a otro por contacto directo

conductor, substancia que deja pasar fácilmente el calor

Esta señora usa la conducción para cocinar sus alimentos. ¿De qué otras maneras se puede cocinar por conducción ▼

Los mangos de las sartenes de cocina suelen ser de madera o plástico, materiales llamados aislantes. Los **aislantes** no dejan pasar fácilmente la energía. Como no permiten que el calor se transfiera con facilidad, disminuyen la transferencia del mismo.

Si tocas una bicicleta que ha estado en el Sol por un tiempo, notarás la diferencia entre aislantes y conductores. ¿Por qué el metal está más caliente que las llantas si los dos están a la misma temperatura? El metal es conductor y por lo tanto transfiere el calor a los dedos más rápido que el caucho, el cual es un aislante.

Los edificios se construyen con materiales aislantes para evitar que el calor entre o salga por las paredes o el techo. En Túnez, hay casas que se construyen en las laderas de colinas donde la tierra sirve de aislante. En Japón, China y Corea se utiliza el barro en la construcción de paredes porque es un buen aislante.

Los animales también tienen su aislamiento propio. ¿Cómo conserva el calor del cuerpo el oso de la foto? El aire es aislante y el pelo del oso polar posee bolsas de aire que lo aíslan del frío del agua y del aire de su medio ambiente. El niño de la foto lleva puestas varias prendas de vestir. El aire atrapado entre las prendas aísla su cuerpo del frío. ¿Cómo crees que las plumas de las aves les ayudan a conservar el calor del cuerpo?

Glosario

aislante, substancia que no deja pasar el calor fácilmente

Glosario

El aire atrapado en cada pelo de la piel del oso polar evita que el calor del cuerpo se pierda en el aire o en el agua. ▼

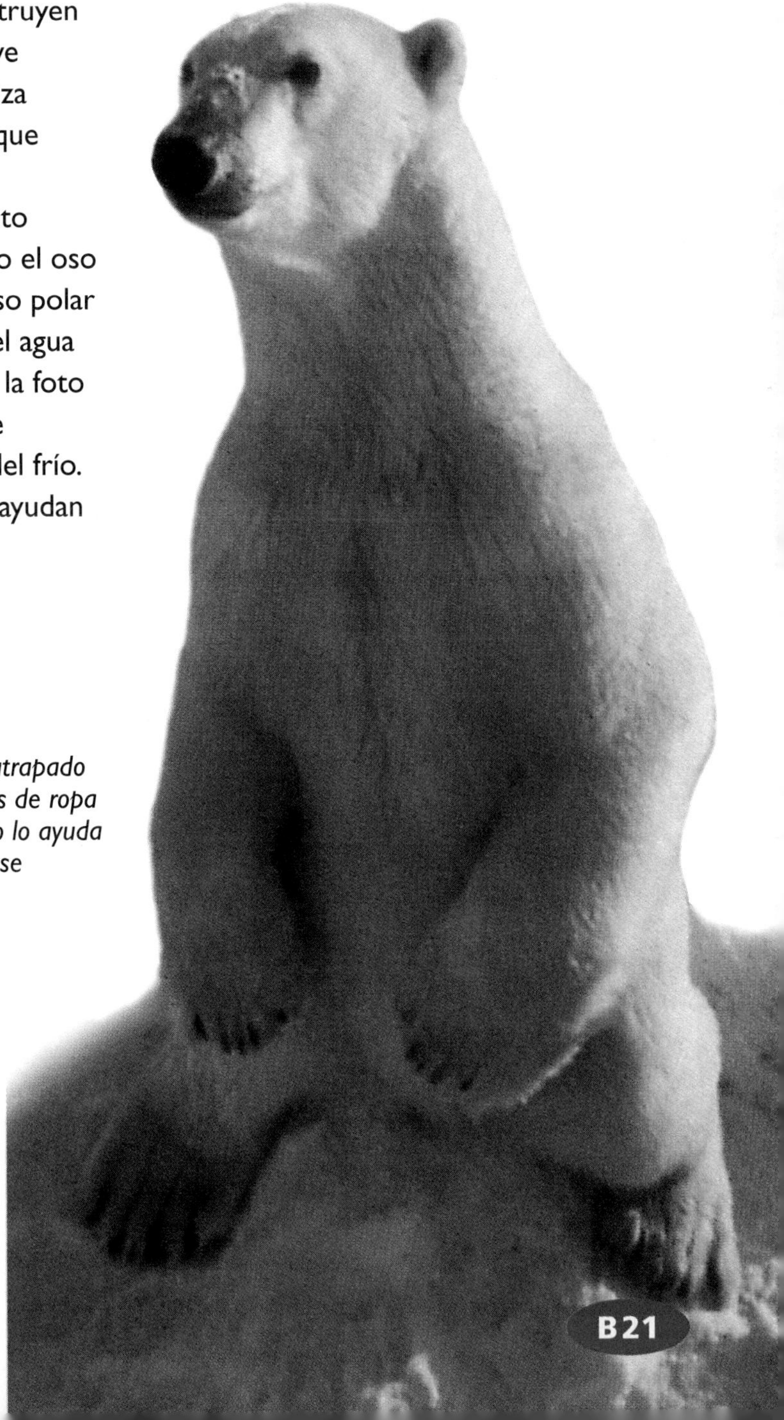

◀ *El aire atrapado en las capas de ropa de este niño lo ayuda a mantenerse abrigado.*

Glosario

convección, transferencia de calor que se produce al desplazarse un líquido o gas caliente

Convección

Cuando pones una cazuela con agua a calentar en la estufa, las partículas de agua del fondo ganan energía por conducción y comienzan a moverse más rápido. Las partículas del agua que se ha calentado se separan más que las partículas del agua más fría. Las partículas del agua que no se ha calentado son más densas (es decir, más pesadas) y por eso van al fondo del recipiente. Mientras tanto, el agua ya calentada es más ligera y sube a la superficie.

Cuando las partículas del agua más caliente llegan a la superficie, transfieren parte de su energía a las partículas del aire. Debido a esto se enfrían, se vuelven más densas y se hunden. Al mismo tiempo, las partículas del fondo se calientan y suben a la superficie. El movimiento del líquido para arriba y para abajo crea una corriente circular que transporta la energía térmica. A ese movimiento se le llama "corriente de convección". La **convección** es la transferencia de energía térmica que se produce al desplazarse un líquido o gas caliente.

En la lámpara de la ilustración puedes observar la acción de las corrientes de convección. La lámpara se compone de dos líquidos que no se mezclan y que tienen distintos colores y propiedades. Por ejemplo, los líquidos no se dilatan ni se contraen a la misma velocidad cuando se calientan o se enfrían.

Cuando la lámpara está fría, las burbujas azules son más densas que el líquido que las rodea y se hunden. Al encender la lámpara, el foco de la base calienta las burbujas y el líquido que las rodea. Las burbujas se dilatan más que el líquido. Al dilatarse, las burbujas suben y vuelven a enfriarse. Luego se contraen y se vuelven a hundir. El movimiento de las partículas del líquido transporta la energía por toda la lámpara.

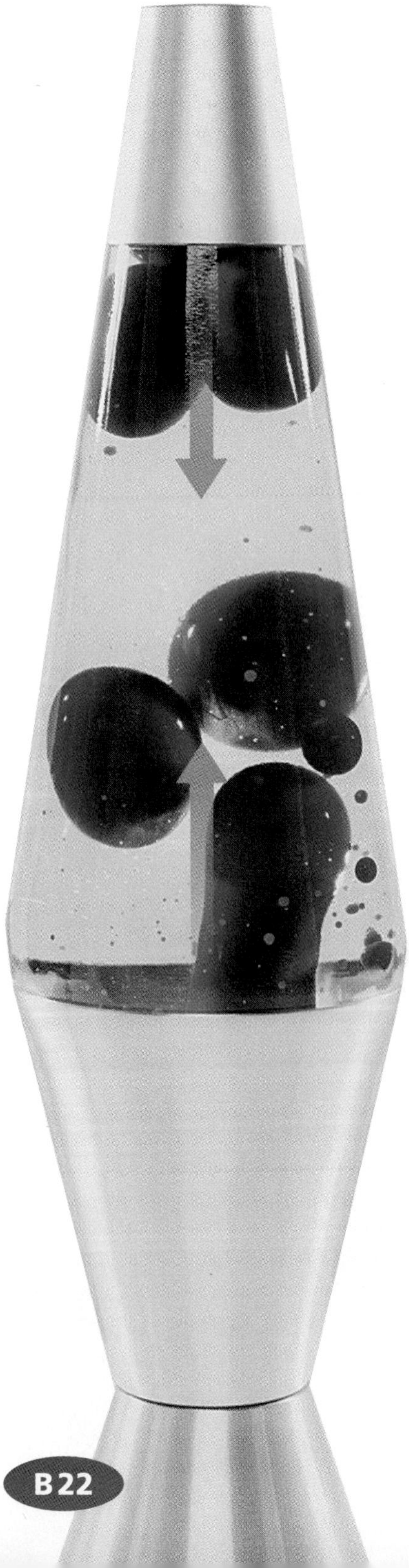

◀ *En esta lámpara se pueden observar las corrientes de convección en el movimiento de las burbujas de líquido hacia arriba y hacia abajo.*

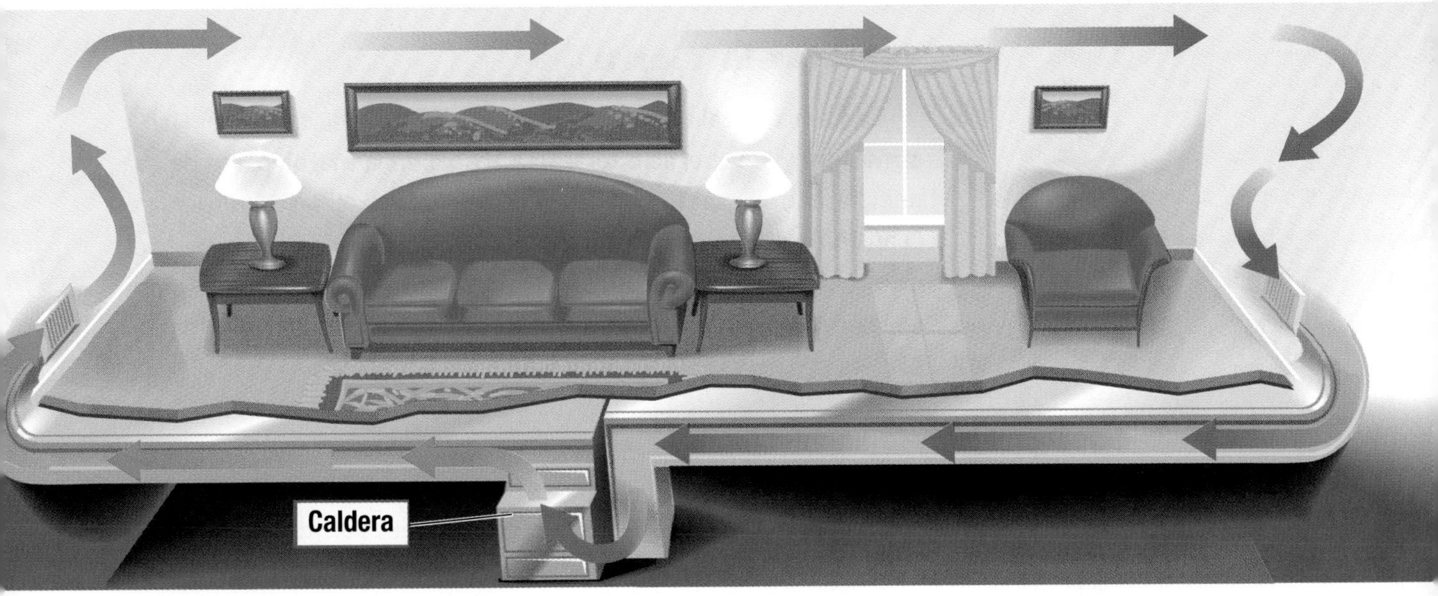

▲ *Las corrientes de convección transportan el calor por esta habitación. ¿Cuál es la fuente de calor?*

La calefacción de muchos hogares se hace por convección. Sigue la dirección de la corriente de aire de la ilustración para ver cómo sucede. El aire se calienta en la caldera de la calefacción y entra a la habitación por los ductos de ventilación. El aire caliente sube hacia el techo y lleva la energía a toda la habitación mientras que el aire frío baja al piso. Ese aire frío regresa por los ductos de ventilación a la caldera, donde se vuelve a calentar.

Radiación

Cuando te pones al Sol, sientes su calor. Sus rayos te tocan y transfieren su energía a las partículas de tu piel. Sin embargo, las pocas partículas que hay en el espacio que existe entre la Tierra y el Sol están tan lejos unas de otras que no pueden transferir la energía por conducción. La energía tampoco se transfiere por convección porque no hay un flujo de partículas. La energía del Sol llega hasta nosotros sin necesidad de materia. Esta forma de transferir energía de un lugar a otro, que no se realiza a través de la materia, se llama **radiación**. La energía que viaja de esa manera se conoce como "energía radiante".

El calor que sientes al acercarte a una fogata es energía radiante. Esa energía viaja por el aire hasta donde estás, pero no necesita de las partículas de aire para trasladarse.

Por lo general, nosotros recibimos más energía por radiación que por conducción o convección. Los materiales de superficie obscura y opaca absorben mucha de la radiación; los otros materiales la reflejan. El aire, el vidrio y otros materiales transparentes dejan pasar la energía radiante. Por eso, cuando te sientas en la ventana en un día soleado, sientes el calor del Sol.

Glosario

radiación, transferencia de calor de un lugar a otro que no se realiza a través de la materia

Glosario

Calentar la Tierra

La Tierra se calienta de forma natural por radiación solar. La atmósfera y la superficie terrestre absorben la mayor parte de esa energía; la otra parte se refleja y regresa al espacio o se dispersa en la atmósfera. La convección y la conducción ayudan a transferir el calor a toda la Tierra. Estudia la información de estas páginas para ver cómo la conducción, convección y radiación calientan nuestro planeta.

Convección
El aire caliente sube y el aire frío baja por convección.
Conducción
El aire que está cerca de la superficie se calienta por conducción.

Dispersión
Las nubes y la atmósfera reflejan y dispersan alrededor del 25 por ciento de la radiación solar.
Absorción
La superficie terrestre absorbe alrededor del 50 por ciento de la radiación solar que llega a la Tierra. La atmósfera absorbe aproximadamente el 20 por ciento.
Radiación
La energía radiante del Sol calienta la Tierra.
Reflexión
Alrededor del 5 por ciento de la radiación solar se refleja y regresa al espacio.

Repaso de la Lección 3

1. ¿Cómo se calienta la materia por conducción?
2. Describe cómo se transfiere la energía térmica por convección.
3. ¿Qué diferencia hay entre la radiación y los fenómenos de conducción y convección?
4. **Predecir**
   Mira la fotografía que está en estas dos páginas y predice lo que pasaría si se nublara el cielo.

Actividad Investiga

Cómo mantener congelado el hielo

Destrezas/Proceso

Destrezas del proceso

- comunicar
- predecir
- observar
- inferir

Materiales

- 2 cubitos de hielo
- 2 bolsas de plástico con cierre
- diversos materiales aislantes y de embalaje
- reloj

Preparación

En esta actividad, diseñarás y pondrás a prueba un embalaje que pueda mantener congelado un cubito de hielo.

Recuerda que el calor se transfiere por conducción, convección y radiación. Piensa en qué tipos de materiales podrían limitar mejor la transferencia del calor.

Sigue este procedimiento

1. Haz una tabla como la que se muestra y anota ahí tus predicciones y observaciones.

	Después de 30 minutos	
	Predicciones	Observaciones
Cubito de hielo sin aislar		
Cubito de hielo aislado		

2. **Comunica.** Plantea a tu compañero o compañera formas en que se puede embalar un cubito de hielo para mantenerlo congelado. Utiliza uno de los materiales aislantes que te da tu maestro o maestra (Foto A). Elige el método de embalaje que te parezca más eficaz.

3. Coloca un cubito de hielo en una bolsa de plástico. Saca todo el aire que puedas de la bolsa y ciérrala (Foto B). Este cubito de hielo será el control y mostrará la rapidez con que se derrite un cubito de hielo sin embalaje aislante.

¿Cómo voy?

¿Cerré bien la bolsa?

Foto A

4 Coloca otro cubito de hielo en otra bolsa de plástico con cierre. Saca todo el aire que puedas de la bolsa y ciérrala.

5 Prepara tu embalaje aislante. Coloca la bolsa con el cubito de hielo dentro del embalaje que diseñaste y cierra el paquete.

6 **Predice** qué le pasará a tu cubito de hielo y al cubito de hielo control después de 30 minutos. Escribe tus predicciones con la mayor precisión posible.

7 Después de 30 minutos, abre el paquete. **Observa** cuánto se ha derretido tu cubito de hielo y compáralo con el cubito control. Anota tus observaciones en la tabla.

Interpreta tus resultados

1. Describe tu embalaje. ¿Lo diseñaste para impedir la conducción, la convección y la radiación del calor?

2. ¿Qué tan eficaz resultó ser tu embalaje? ¿Se mantuvo el cubito de hielo totalmente congelado o se derritió un poco, casi todo o por completo?

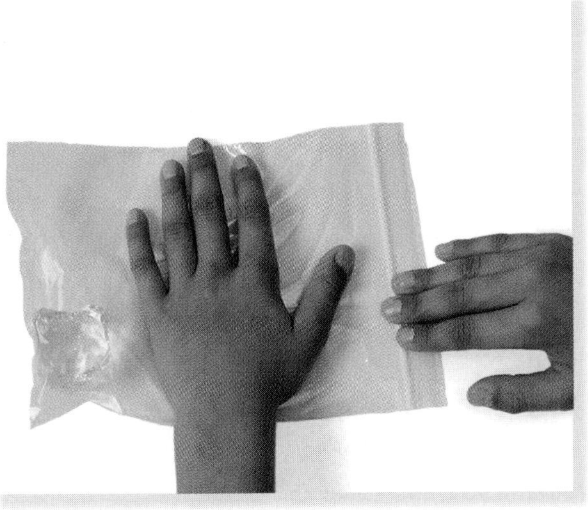

Foto B

3. **Infiere** cómo el calor pudo haber llegado al cubito de hielo. ¿Qué pruebas apoyan tu inferencia?

4. Compara tus resultados con los del resto de la clase. Describe el método de embalaje que fue más eficaz. ¿Cómo impidió que el calor llegara al cubito de hielo?

Investiga más a fondo

¿Cómo se podría embalar un cubito de hielo para mantenerlo congelado 24 horas? Piensa en cómo vas a hallar la respuesta a ésta u otras preguntas que tengas.

Autoevaluación

- Seguí instrucciones para diseñar un embalaje que pudiera mantener congelado un cubito de hielo.
- **Comuniqué** mis ideas sobre el diseño del embalaje.
- **Predije** qué tan eficaz sería mi diseño y qué le pasaría al cubito de hielo control.
- Puse a prueba mi diseño y anoté mis **observaciones** de los resultados.
- **Inferí** cómo el calor llegó al cubito de hielo de mi paquete.

Repaso del Capítulo 1

Ideas principales del capítulo

Lección 1

• El calor es un flujo de energía que pasa de la materia más caliente a la más fría.

• La temperatura es la medida del movimiento promedio de las partículas de una substancia o de un objeto.

• Para medir la temperatura se usan termómetros con escalas que calculan el punto de fusión y el punto de ebullición del agua.

Lección 2

• La mayoría de las substancias se dilatan con el calor y se contraen con el frío.

• La dilatación y la contracción sirven para varios fines útiles pero pueden causar problemas debido a los cambios de temperatura.

Lección 3

• En la conducción, el calor se transfiere de un objeto a otro por contacto directo.

• En la convección, las partículas de un líquido llevan el calor de un lugar a otro.

• La energía térmica viaja por radiación, que es una transferencia de energía sin uso de materia.

Repaso de términos y conceptos científicos

Escribe la letra de la palabra o frase que complete mejor cada oración.

a. conducción	**f.** calor
b. conductores	**g.** aislante
c. contrae	**h.** radiación
d. convección	**i.** temperatura
e. dilatan	**J.** energía térmica

1. La ___ de las substancias sube al aumentar la cantidad de partículas que reciben energía y aceleran su movimiento.

2. Los mangos de las sartenes de cocina suelen ser de madera porque la madera es un ___.

3. Se dice que una substancia se ___ cuando ocupa menos espacio o se reduce su tamaño.

4. La ___ es la energía total de las partículas que componen la materia.

5. La ___ es el proceso por el cual la energía del Sol llega a la Tierra.

6. El ___ es la energía que pasa de la materia más caliente a la más fría.

7. La ___ es el proceso por el cual la energía térmica pasa de una partícula a otra.

8. Cuando las substancias se ___, aumentan de tamaño u ocupan más espacio.

9. La ___ es el flujo de energía térmica que ocurre cuando un líquido caliente pasa de un lugar a otro.

10. El calor pasa fácilmente a través de los metales porque son buenos ___.

Explicación de ciencias

Escriba y rotula un diagrama o escribe un párrafo para explicar las siguientes preguntas.

1. ¿Qué diferencia hay entre el calor y la temperatura?

2. ¿Cómo reaccionan las partículas de la materia a un aumento de temperatura?

3. ¿Por qué es importante el movimiento de las partículas para la transferencia de energía por conducción?

4. ¿Qué les sucede a las partículas durante el proceso de convección?

Práctica de destrezas

1. Las temperaturas que están por debajo del punto de congelación del agua en la escala Celsius, ¿son **positivas** o **negativas**?

2. Clasifica cada uno de los siguientes métodos de cocción en conducción, convección o radiación.

a. asar pollo en una parrilla eléctrica

b. freír un huevo en una sartén

c. cocinar arroz al vapor en una olla tapada

3. ¿De qué manera la ropa aislante te permite mantenerte abrigado cuando hace frío? **Comunica** tus ideas con un dibujo.

Razonamiento crítico

1. Imagínate que la chimenea que prendes cuando hace frío se encuentra en la misma habitación que el termostato que controla la calefacción. **Predice** el modo en que esto afectará a las otras habitaciones de la casa cuando se usen al mismo tiempo la chimenea y la calefacción. Da las razones de tus predicciones.

2. Después de una noche muy fría, encuentras que se ha partido una maceta de arcilla llena de tierra húmeda que estaba en el porche. ¿Que **inferirás** que sucedió?

a. Alguien la pateó sin querer.

b. La arcilla se contrajo con el frío.

c. El agua de la tierra se expandió cuando se congeló.

3. Clara coloca un malvavisco en la punta de una rama que quitó de un árbol, mientras que Javier estira una percha del mismo largo de la rama y pone su malvisco en la punta. **Formula una hipótesis** sobre lo que ocurrirá cuando Clara y Javier coloquen los malvaviscos sobre la fogata.

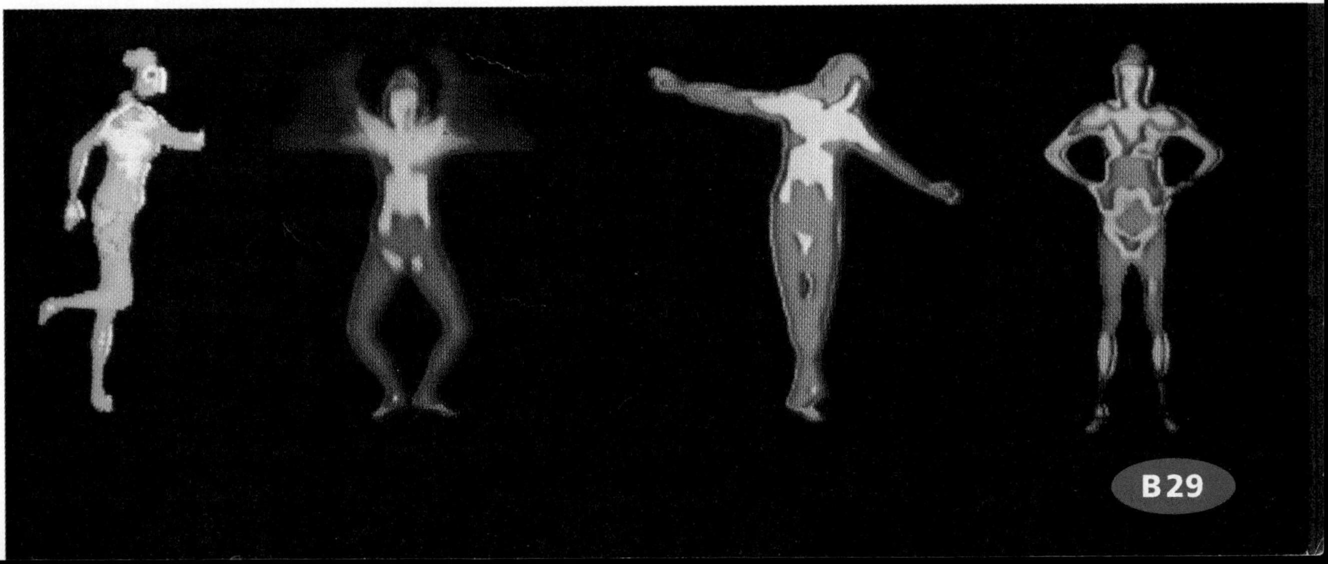

¡Hagamos una reacción!

Veamos... Si mezclamos este líquido amarillo con este polvo blanco, ¿qué puede pasar? Hmmm. Tal vez el polvo reaccione químicamente y se convierta en una substancia completamente distinta. ¿Qué crees tú que se produzca?

Capítulo 2

Los cambios de la materia

Investiguemos: Los cambios de la materia

- **Lección 1** ¿Cómo cambia de estado la materia?
  - ¿Qué relación existe entre la temperatura y los estados de la materia?
  - ¿Qué pasa durante la fusión y la congelación?
  - ¿Qué diferencia hay entre ebullición y evaporación?
- **Lección 2** ¿Cómo se forman las soluciones?
  - ¿Qué pasa cuando se forman las soluciones?
  - ¿Qué tipos de soluciones hay?
  - ¿Cómo pueden las substancias disolverse más rápidamente?
- **Lección 3** ¿Qué son las reacciones químicas?
  - ¿Qué pasa durante una reacción química?
  - ¿Cuáles son los cuatro tipos de reacciones químicas?
  - ¿Cómo participa la energía en las reacciones químicas?
  - ¿Qué es una ecuación química?
- **Lección 4** ¿Cuáles son las propiedades de los ácidos y las bases?
  - ¿Qué son los ácidos y las bases?
  - ¿Qué es el pH?
  - ¿Cómo afectan el medio ambiente los cambios de pH?
  - ¿Qué es la neutralización?

Copia el organizador gráfico del capítulo en una hoja de papel. El organizador te muestra de qué trata el capítulo. A medida que leas las lecciones y hagas las actividades, busca las respuestas a las preguntas y escríbelas en tu organizador.

Explora la disolución

Destrezas del proceso

- predecir
- observar
- inferir
- comunicar

Materiales

- cinta adhesiva de papel
- 3 vasos de plástico transparentes
- cronómetro o reloj con segundero
- agua helada, agua a temperatura ambiente, agua caliente (a una temperatura prudente)
- 3 terrones de azúcar

Explora

1. Etiqueta tres vasos de plástico: *H, A, C.* Vierte agua helada en el vaso *H,* agua a temperatura ambiente en el vaso *A* y agua caliente en el vaso *C.* El agua debe llenar la mitad de cada vaso.

   ¡Cuidado! *El agua caliente puede causar quemaduras.*

2. Si colocas un terrón de azúcar en cada vaso, ¿se disolverá el azúcar a la misma velocidad en los tres vasos? Escribe tu **predicción.**

3. **Observa** el azúcar de cada vaso cada 30 segundos durante 3 minutos. Observa cuál de los terrones se disuelve más rápidamente.

Reflexiona

1. ¿En qué vaso se disolvió más rápidamente el terrón de azúcar? ¿En cuál se disolvió más lentamente?

2. ¿Qué puedes **inferir** sobre el efecto de la temperatura en la velocidad con que se disuelve un sólido?

3. Formula una posible explicación para lo que has observado. **Comunica.** Comenta tu explicación con el resto de la clase.

Investiga más a fondo

¿Qué se puede hacer para que el terrón de azúcar se disuelva más rápidamente en el agua? Piensa en cómo vas a hallar la respuesta a ésta u otras preguntas que tengas.

Usar claves de contexto

A medida que leas la Lección 1, *¿Cómo cambia de estado la materia?*, puedes usar claves de contexto para comprender las palabras que no conoces. Las **claves de contexto** son las palabras o ideas conocidas que están antes y después de una palabra nueva. Las claves de contexto te ayudan a visualizar las palabras nuevas o a entender su significado.

Vocabulario de lectura

claves de contexto, palabras o ideas conocidas que están antes o después de una palabra nueva

Ejemplo

A medida que leas las oraciones de la página B39, busca claves para hallar el significado de la palabra humedad. Escribe las claves en una tabla como la que se muestra abajo.

Claves de contexto	Significado de la palabra
vapor de agua un gas está siempre en el aire	

El vapor de agua, un gas, está siempre presente en el aire en forma de humedad. A esto le llamamos humedad. Las partículas rápidas del vapor de agua pierden energía al chocar con superficies frías como el vidrio de una ventana.

En tus palabras

1. ¿Qué son claves de contexto?

2. ¿Qué aprendiste del significado de la palabra *humedad* con las claves de contexto?

▼ *¿Te has preguntado de dónde viene el agua que ves sobre el vidrio de una ventana?*

¿Cuál es la idea?

En esta lección aprenderás:

- qué relación existe entre la temperatura y los estados de la materia.
- qué pasa durante la fusión y la congelación.
- qué diferencia hay entre ebullición y evaporación.

Lección 1

¿Cómo cambia de estado la materia?

"¡Oye! ¡El agua cambia de forma cuando sale de la botella! ¡Qué suerte que a mi bicicleta no le pasa eso!" ¿Alguna vez te has preguntado por qué ciertas substancias cambian de forma con facilidad y otras no? Veamos por qué.

Estados de la materia

Fíjate en toda la materia que hay a tu alrededor. ¿Cuántos tipos de materia ves? Si te piden que clasifiques la materia en tres grupos, ¿cómo lo harías?

La puedes clasificar, por ejemplo, según sus tres estados. Los tres estados de la materia son sólido, líquido y gaseoso; y todo lo que se ve en la Tierra se puede agrupar en una de esas tres categorías. Los estados de la materia se diferencian en la forma que tienen y el espacio que ocupan. El espacio que ocupa una cantidad determinada de materia se llama volumen.

La bicicleta de la foto está hecha de distintos sólidos. Los sólidos tienen forma y volumen definidos. Es decir, que aunque la muevas de lugar, la bicicleta no cambia su forma ni su volumen. Lo mismo pasa con todos los sólidos.

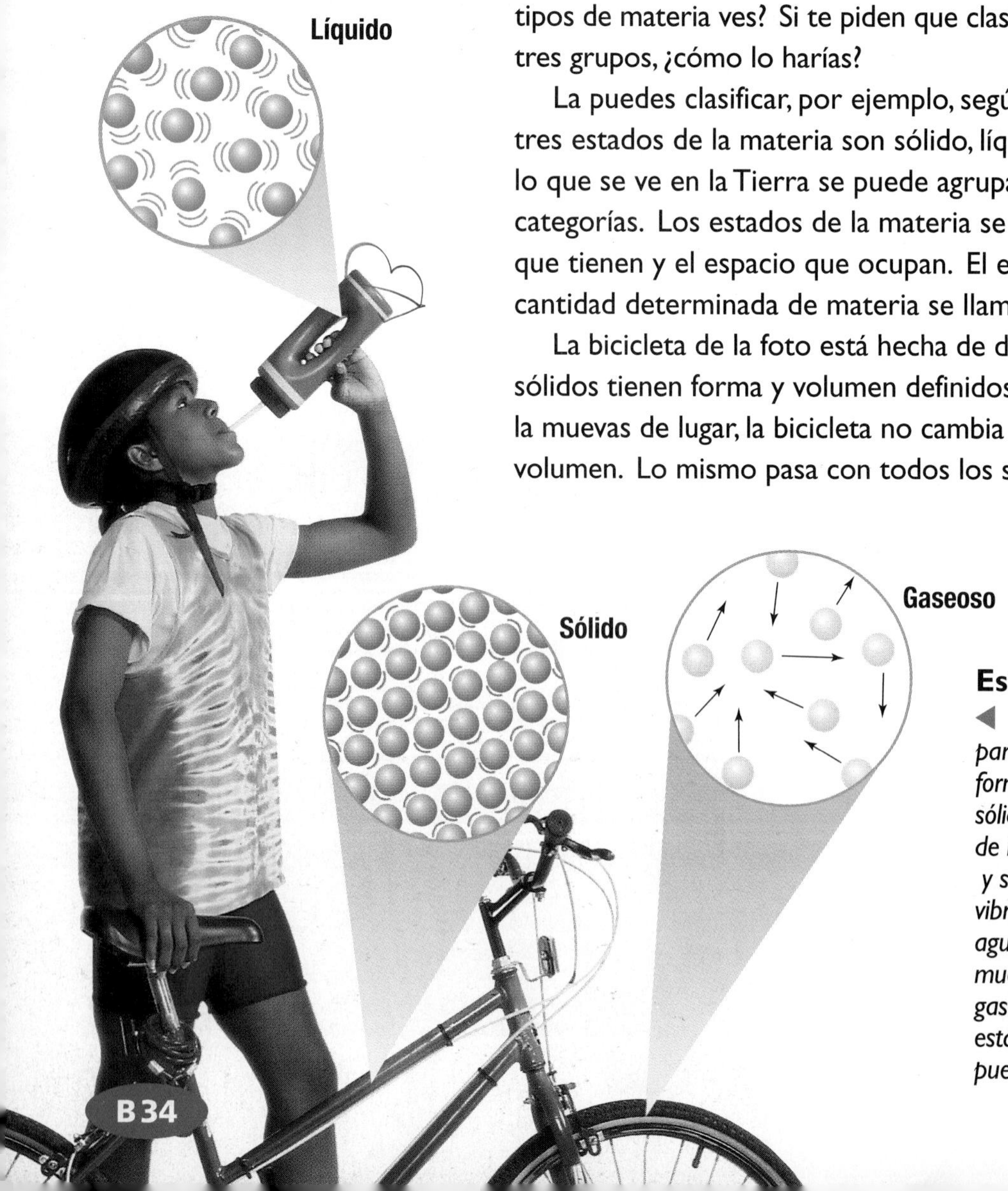

Estados de la Materia

◀ *En sus tres estados, las partículas de materia se mueven de forma distinta. Las partículas de los sólidos como el metal del armazón de la bicicleta, están muy juntas y se mueven solamente por vibración. En los líquidos como el agua, están más separadas y se mueven con más libertad. En los gases como el aire de las llantas, están mucho más separadas y se pueden mover en todas direcciones.*

El agua de la botella de la niña es un líquido. Cuando pasamos un líquido de un recipiente a otro, el líquido adopta la forma del recipiente pero su volumen sigue siendo el mismo.

El aire de las llantas de la bicicleta es un gas. Los gases no tienen forma ni volumen definidos. Si la llanta se agujerea, el aire de la llanta sale y se mezcla con el aire exterior. Así, tanto la forma como el espacio que ocupa el aire cambian.

¿Por qué a una misma temperatura algunos objetos son sólidos mientras que otros son líquidos o gases? Las partículas de la materia se atraen entre sí. En algunos objetos esta atracción es más fuerte que en otros.

Por ejemplo, la atracción entre las partículas de los sólidos es muy fuerte y por esa razón sólo se pueden mover por vibración. La atracción entre las partículas de los líquidos es más débil, lo cual les permite deslizarse unas sobre otras. Por eso los líquidos pueden adoptar formas distintas. En el caso de los gases, la atracción es tan débil que las partículas pueden moverse rápida y libremente en todas direcciones. Esto permite que los gases adopten la forma y el volumen del recipiente que los contiene.

Ya sabes que la fuerza con que se atraen las partículas de la materia es lo que determina que sea sólida, líquida o gaseosa. Pero, ¿cómo cambian del estado sólido al líquido algunas substancias como el hielo? Piensa en lo que hace que se derrita el hielo.

Para que no se derrita, lo pones en el congelador. Si lo sacas del congelador, el calor del aire pasa a las partículas del hielo. Al calentarse el hielo o cualquier otro sólido o líquido, las partículas ganan energía y aceleran su movimiento. Finalmente, las partículas ganan la energía suficiente para escapar de la atracción que las une. Con esto, cambia el estado de la materia.

En la Tierra, a temperaturas normales, son muy pocas las substancias que se encuentran de forma natural en los tres estados. El agua es una de las excepciones. En la foto, el agua se encuentra en sus tres estados a un mismo tiempo. Las partículas del vapor de agua, que es un gas, son las que se mueven más rápidamente, mientras que las del hielo son las que se mueven más despacio.

Estos macacos asiáticos viven en manadas de distintos tamaños. ¿Qué estados del agua se ven donde está esta manada? ▼

Fusión y congelación

Ciencias de la Tierra

Si la temperatura es adecuada, todas las substancias se pueden encontrar en cualquiera de los estados: sólido, líquido o gaseoso. En la Tierra, el plomo es sólido, el mercurio es líquido y el oxígeno gaseoso. ¿Cómo serían esas substancias a las temperaturas de otros planetas?

En la calurosa superficie de Venus, cuya temperatura puede llegar a los 425°C, el plomo podría encontrarse en estado líquido, y el mercurio y el oxígeno en estado gaseoso. En la superficie de Neptuno, donde la temperatura es de –210°C, el plomo y el mercurio serían sólidos, y el oxígeno líquido. ¿Te imaginas lo que sería respirar un líquido?

▲ *Las temperaturas de Venus son mucho más altas que las de la Tierra. Debido a esto, las substancias que en la Tierra se encuentran en estado sólido, en Venus se encuentran en estado líquido o gaseoso.*

El estado de cualquier substancia depende de su temperatura y de la fuerza de atracción que hay entre sus partículas. Cuando calientas un sólido como se ve abajo, sus partículas comienzan a vibrar cada vez con más rapidez. Así ganan la energía suficiente para escapar de la atracción que las mantiene unidas en forma de cubito de hielo. El calor hace que las partículas se deslicen libremente unas sobre otras. El hielo pasa del estado sólido al líquido y se convierte en agua.

El cambio del estado sólido al líquido se llama fusión. La temperatura de fusión de los sólidos se conoce como punto de fusión. El punto de fusión del hielo es 0°C, mientras que el del plomo es 327°C. Como la temperatura de la superficie de Venus sobrepasa los 400°C, ahí el plomo sólido se fundiría y se convertiría en líquido.

Se produce fusión cuando las partículas ganan calor. ¿Qué sucede si las partículas pierden calor? ¿Has tocado un cubito de hielo con los dedos húmedos y se te ha pegado a los dedos? Al tocar el hielo, el calor del agua de las manos pasa al hielo. Entonces el agua de las manos se enfría tanto que se congela y se pega a las partículas del cubito de hielo.

Fusión

Al ganar energía, las partículas del cubito de hielo sólido vibran con más rapidez y se separan, por eso se convierten en agua líquida. ▶

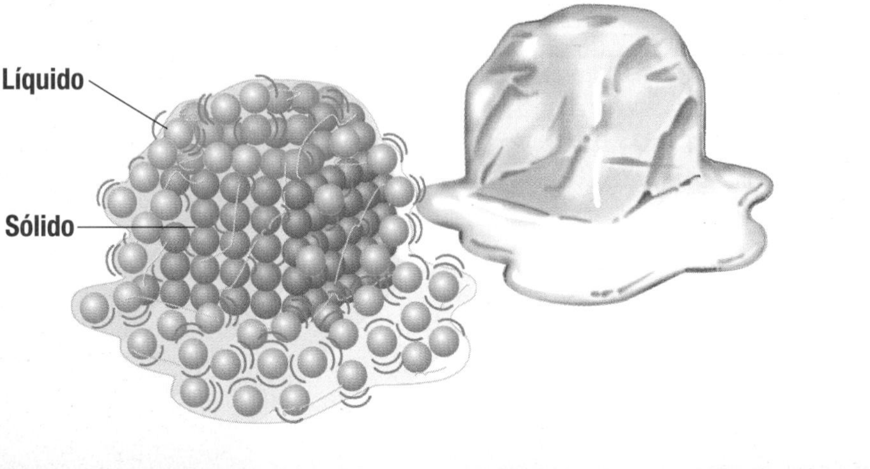

Se produce congelación cuando una substancia pasa del estado líquido al sólido. La temperatura de congelación de los líquidos se llama punto de congelación. ¿Qué diferencia hay entre el punto de fusión y el punto de congelación?

Para contestar esta pregunta, piensa en el agua. Al enfriarse el agua líquida, sus partículas se mueven más despacio. El agua se contrae porque las partículas se van acercando unas a otras. Al alcanzar los 0°C, se mueven tan despacio que la fuerza de atracción que hay entre ellas las une. Las partículas forman entonces un sólido, es decir, hielo.

Seguramente pensarás que la temperatura que las partículas de los sólidos necesitan para separarse (punto de fusión) es más alta que la temperatura que necesitan para atraerse y formar sólidos (punto de congelación). Sin embargo, en las substancias puras, la fusión y la congelación se producen a la misma temperatura. En la foto de abajo puedes ver tanto agua líquida como hielo.

En este río del Sawtooth National Forest *(Bosque Nacional Sawtooth) en Idaho, hay agua líquida y hielo. A lo largo de sus riberas la fusión y la congelación ocurren continuamente al mismo tiempo.*

Glosario

Glosario

evaporación, cambio del estado líquido al gaseoso en la superficie de los líquidos

Ebullición y evaporación

"¡El agua está hirviendo!" Quizás hayas oído decir esto en un día de verano en una alberca, un lago o el mar. Si en realidad hiciera tanto calor, toda el agua del mar y de los ríos pasaría del estado líquido al gaseoso. El agua de las células de tu cuerpo se podría dilatar y hacerlas explotar.

Cuando los líquidos se convierten en gases, se dice que hierven o que entran en ebullición. A la temperatura de ebullición de los líquidos se le llama punto de ebullición. El agua hierve a 100°C; pero otras substancias hierven a temperaturas mucho más bajas o más altas. El oxígeno hierve a aproximadamente –183°C. A las temperaturas de la Tierra, el oxígeno es gaseoso, pero podría pasar a ser líquido en planetas como Neptuno, donde la temperatura no llega a los –210°C.

Ebullición

Al llegar al punto de ebullición, las partículas del agua ganan la energía suficiente para desprenderse y convertirse en gas. ▼

Al calentarse, las partículas del agua de la cazuela de abajo se mueven cada vez más rápidamente y aumentan de temperatura. El agua sigue siendo líquida porque sus partículas aún se atraen lo suficiente como para no dejar que ninguna partícula se desprenda del líquido. Al llegar al punto de ebullición, las partículas ganan la energía suficiente para desprenderse y convertirse en gas.

Si se sigue calentando el agua hirviendo, las partículas ya no se aceleran más sino que se alejan unas de otras. ¿Cómo afecta este movimiento la atracción entre las partículas? La temperatura se mantiene constante hasta que toda el agua pasa al estado gaseoso, convirtiéndose en vapor de agua.

Recuerda que la temperatura es la medida del movimiento promedio de las partículas. No todas las partículas del agua de un recipiente se mueven a la misma velocidad. Incluso a temperatura ambiente, siempre hay en la superficie unas cuantas partículas que se mueven lo suficientemente rápido como para soltarse y convertirse en gas. Este fenómeno se llama **evaporación.**

La diferencia que hay entre ebullición y evaporación es que, al llegar al punto de ebullición, todas las partículas del líquido tienen la energía suficiente para escapar. En la evaporación, sólo las partículas de la superficie que tienen suficiente energía pueden soltarse y convertirse en gas. La evaporación puede producirse casi a cualquier temperatura. Cuanto más se acerca el líquido al punto de ebullición, más partículas pueden evaporarse.

¿Te has dado cuenta de que al salir de una alberca sientes frío? Esto sucede porque el calor de tu cuerpo pasa al agua que moja la piel. Entonces, las partículas de tu piel se empiezan a mover más despacio y sientes frío. Más tarde, las partículas del agua ganan suficiente energía y se evaporan. Sin darte cuenta, te has secado. Como la evaporación deja escapar las partículas rápidas de los líquidos, siempre hace que la temperatura baje. ¿Qué otros ejemplos del enfriamiento que produce la evaporación se te ocurren?

Fíjate en el agua que empaña el cristal de la foto. ¿De dónde vino el agua? El vapor de agua, un gas, está siempre presente en el aire en forma de humedad. Las partículas rápidas del vapor de agua pierden energía al chocar con superficies frías como el cristal. Su velocidad disminuye y se acercan unas a otras. Cuando están lo suficientemente cerca, la atracción las une. El vapor de agua se convierte en las gotas que empañan el cristal. Es decir, el agua vino del aire. El cambio del estado gaseoso al líquido se llama **condensación.**

Glosario

condensación, cambio del estado gaseoso al líquido

Glosario

No se pueden ver esas flores claramente a través del cristal porque el agua que hay en el aire se ha condensado sobre el cristal frío. ▼

Repaso de la Lección 1

1. ¿Qué relación existe entre la temperatura y los estados de la materia?
2. Describe lo que pasa durante la fusión y la congelación.
3. ¿Qué diferencia hay entre ebullición y evaporación?
4. **Usar claves de contexto**
   ¿Qué significa la palabra *contraer* que aparece en la página B37? ¿Qué claves de contexto usaste para encontrar la respuesta?

En esta lección aprenderás:

- qué pasa cuando se forman las soluciones.
- qué tipos de soluciones hay.
- cómo pueden las substancias disolverse más rápidamente.

Lección 2

¿Cómo se forman las soluciones?

¡Plop! Echas un terrón de azúcar en un vaso de agua y cinco minutos después, ¡ha desaparecido! ¿Qué le pasó al azúcar? ¿En realidad desapareció? ¿Puede volver aparecer?

Formación de las soluciones

Si juntas azúcar con arena, se forma una mezcla. En esa mezcla es posible distinguir las partículas de azúcar de las de arena. Sin embargo, si echas el azúcar en agua, aparentemente el azúcar desaparece, como sucede con muchas otras substancias. El azúcar se disuelve al mezclarse con el agua. Cuando una substancia se disuelve, sus partículas se separan. Al disolverse el azúcar, sus partículas se mezclan con las del agua y se produce una solución. En las soluciones, las partículas están uniformemente distribuidas. ¿Cómo sucede esto?

Fíjate en la ilustración de abajo. Si pones un terrón de azúcar en agua, las partículas sólidas del azúcar atraen las

Disolución

El azúcar se disuelve a medida que las partículas del agua chocan con las del azúcar y las desprenden del cristal. Las partículas del azúcar se distribuyen en el agua, pero son tan pequeñas que no las podemos ver. ▼

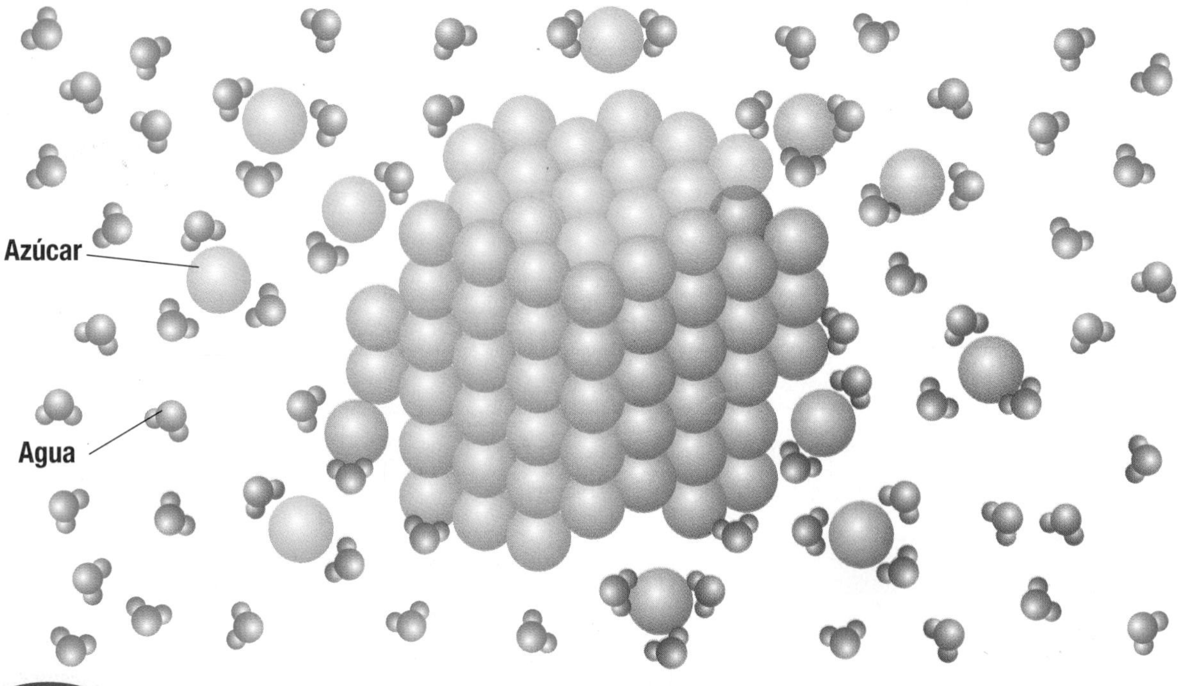

partículas de agua. Las partículas de la superficie del terrón se desprenden y las partículas de agua ocupan su lugar. Así se llenan los espacios que hay entre ellas. Al poco tiempo, todas las partículas de azúcar y de agua se mezclan uniformemente. Cuando todo el azúcar se ha disuelto, se forma una solución de agua azucarada.

¿Cómo se sabe que el azúcar todavía está en la solución? Si pruebas el agua azucarada, sabrás que tiene azúcar porque el agua sabe dulce. El azúcar no se ve porque las partículas son tan pequeñas que pueden pasar por un filtro de papel. Es por eso que la solución parece que fuera una sola substancia.

El agua de la solución azucarada es el solvente. Los **solventes** son substancias que disuelven otras substancias. El azúcar es el **soluto,** es decir, una substancia que se disuelve en otra. Todas las soluciones se componen de solventes y solutos. Muchas soluciones comunes, como el agua azucarada, están formadas por solutos sólidos disueltos en solventes líquidos.

También se pueden preparar soluciones con solutos y solventes líquidos. En la ilustración, el colorante líquido de alimentos (el soluto) se disuelve en agua (el solvente). Las partículas de los dos líquidos se mezclan. Al principio se puede distinguir claramente el colorante, pero luego toda la solución presenta el mismo color. Las partículas del agua y del colorante se han distribuido uniformemente.

Es muy fácil distinguir cuál de las dos substancias de una solución es el solvente y cuál es el soluto. Cuando las substancias de la solución se encuentran en estados diferentes, como el azúcar y el agua, la substancia que aparentemente cambia es el soluto. En ese caso, el azúcar es el soluto porque aparentemente desaparece en el agua.

Glosario

solvente, substancia que disuelve otras substancias

soluto, substancia que se disuelve en otra

Glosario

Cuando mezclamos agua y un colorante de alimentos, las partículas del colorante se distribuyen uniformemente en el agua. ▼

▲ *Muchos perfumes son soluciones de substancias disueltas en alcohol.*

Las soluciones se usan de muchas maneras. Por ejemplo, los solventes pueden extraer el aceite que contienen ciertas flores, como las rosas. También pueden extraer el aceite de la hoja de la menta, de la flor del clavero o de la semilla de la vainilla. Esos aceites contienen las esencias y los sabores de las plantas. Después de extraer el aceite, se evapora parte del solvente para que la esencia o el sabor del soluto sea más fuerte. Las soluciones que resultan de este proceso se usan para cocinar y hornear alimentos. En la ilustración de la izquierda puedes ver otro de los usos de las soluciones.

Historia de las ciencias

Las soluciones siempre han interesado a los científicos. Mucho antes de la era científica moderna, los alquimistas, como el de la ilustración de abajo, realizaron experimentos con substancias comunes para comprender lo que era la materia. Una gran parte de su tiempo la emplearon en tratar de convertir metales comunes en oro. ¡Imagínate lo que hubiera ocurrido si lo hubieran logrado!

Uno de los alquimistas más famosos fue Paracelso, quien vivió en el siglo XVI. Él pensaba que todas las substancias provenían de una sola y creía que si se lograba encontrar esa substancia original, se podría curar cualquier enfermedad y disolver cualquier material. Paracelso llamó a esta substancia alkahest.

¿Crees que sería útil un solvente capaz de disolver cualquier cosa? Si descubrieras esa substancia, ¿en qué la guardarías? Aunque hoy nos parezca extraño parte de lo que hicieron los alquimistas, el equipo y los métodos que usaron marcaron el inicio de la química moderna.

Los alquimistas fueron antiguos químicos que trataron de comprender mejor la materia. Ellos inventaron parte del equipo de laboratorio que usan los químicos hoy en día. ▶

Tipos de soluciones

Solución		Soluto	Solvente
Bebida carbonatada		Dióxido de carbono (gas)	Agua (líquido)
Latón		Cobre (sólido)	Cinc (sólido)
Amalgamas dentales		Mercurio (líquido)	Plata (sólido)

▲ *Se pueden obtener nueve tipos de soluciones. La tabla muestra cuatro de ellas. ¿Puedes nombrar las demás?*

El aire que respiramos, la gasolina que hace funcionar los automóviles, las bebidas carbonatadas y hasta las monedas de cinco centavos que usas para comprarlas, son soluciones. Seguramente creías que todas las soluciones son líquidas; pero lo cierto es que los solventes o solutos de las soluciones pueden ser sólidos, líquidos o gaseosos. Eso significa que hay nueve tipos de soluciones. En la tabla puedes ver algunos ejemplos.

¿Sabías que el aire es una solución formada por un gas disuelto en otro? Debido a que el aire tiene más nitrógeno que oxígeno, el nitrógeno es el solvente y el oxígeno el soluto. Hay otros solutos gaseosos disueltos en el nitrógeno, como el vapor de agua y el dióxido de carbono.

La gasolina también es una solución que se prepara con diferentes líquidos llamados hidrocarburos porque contienen hidrógeno y carbono. Al quemarse, los líquidos de la solución producen energía.

Las monedas de cinco centavos se producen con una solución de dos sólidos: níquel y cobre. Como contienen más cobre que níquel, el cobre es el solvente y el níquel el soluto. Para obtener ese tipo de solución, es necesario fundir los sólidos, mezclarlos y dejar que se enfríen.

A las soluciones de sólido en sólido, como la moneda de cinco centavos, se les llama en algunos casos aleaciones. Otras aleaciones comunes son el acero (carbono en hierro), la plata de ley (cobre en plata) y el bronce (estaño y cinc en cobre). Los sistemas de rocío automático contra incendios se fabrican con una aleación que se funde con el calor. Cuando la aleación se funde, deja pasar el agua, que fluye por las tuberías y sale por los rociadores.

Algunas amalgamas o empastes dentales se hacen con soluciones de un líquido, como el mercurio, disuelto en un sólido, como la plata. Otras se hacen con soluciones de plástico y distintos sólidos.

Probablemente las bebidas carbonatadas son las soluciones que mejor conoces. Son soluciones de gas en líquido. Mientras el envase está cerrado, la substancia tiene apariencia líquida. Pero tan pronto lo destapas, las burbujas de dióxido de carbono que estaban disueltas en el líquido empiezan a escapar de la solución.

Esta moneda de cinco centavos es sólo un ejemplo de los muchos tipos de soluciones que usas todos los días ▼

Glosario

solución diluida, solución que contiene una cantidad pequeña de soluto disuelta en el solvente

solución concentrada, solución que contiene una gran cantidad de soluto disuelta en el solvente

Estas dos jarras contienen las mismas substancias: agua y ponche. Sin embargo, la cantidad de ponche que contiene cada jarra es diferente. ▶

El ponche de frutas también es una solución. Cuando preparas el ponche, ¿le añades mucho o poco azúcar? Las soluciones se pueden preparar agregando mucho o poco soluto al solvente.

Compara las dos jarras de ponche de la ilustración. Si agregas a una jarra de agua varias cucharadas de la mezcla en polvo de ponche, la solución te quedaría muy fuerte. Cada sorbo contendría muchas partículas de la mezcla. Si agregas sólo una cucharadita, habría muy pocas partículas en cada sorbo y el ponche te quedaría aguado.

Las soluciones que contienen una cantidad pequeña de soluto disuelta en el solvente se llaman **soluciones diluidas.** En las soluciones diluidas, las partículas del soluto están muy separadas unas de otras. En el caso del ponche, algunos dirían que está "poco cargado".

En las **soluciones concentradas,** las partículas del soluto se encuentran más cerca unas de otras que en las soluciones diluidas, porque hay una gran cantidad de soluto en el solvente. Volviendo al ponche, si alguien dice que está "muy cargado", quiere decir que está muy concentrado porque hay muchas partículas de ponche en el agua.

Disolución más rápida

¿Qué se puede hacer para que un sólido se disuelva rápidamente en un líquido? Para contestar esta pregunta, repasa cómo se disuelven las substancias.

Al agregar un soluto como el azúcar a un solvente como el agua, las partículas del solvente tienen que chocar con las del soluto para poder desprenderlas. Las moléculas del soluto y del solvente tienden a atraerse; pero, para que se atraigan, deben estar cerca. Si se aumentan las probabilidades de que las moléculas del solvente choquen con las del soluto, se podría acelerar la disolución. ¿Se te ocurre una manera de hacerlo?

Piensa en tus compañeros y compañeras sentados en sus pupitres. ¿Crees que se podrían tropezar unos con otros estando sentados? Ahora imagínate que comienzan a dar vueltas por el salón de clase. ¿Crees que ahora sí se podrían tropezar? ¿Se tropezarían más si caminaran más rápidamente?

Asimismo, al agitar una solución, las partículas del solvente y del soluto se mueven más. Cuanto más se mueven, más chocan las partículas y más rápido se desprenden del sólido las partículas del soluto. Así las partículas del solvente pueden entrar en contacto con el soluto que aún no se ha disuelto. En el matraz de la derecha, que está sin agitar, se pueden ver los cristales de sulfato de cobre en el fondo. Sólo las partículas de agua que están en contacto directo con los cristales los están disolviendo.

Las partículas del agua están siempre en movimiento. Por lo tanto, si le das tiempo, verás que los cristales del matraz acaban por disolverse. El proceso se puede acelerar agitando la solución. El movimiento aumenta los choques entre las partículas del sulfato de cobre y el agua, lo cual distribuye con más rapidez el sulfato de cobre.

Agitar

Al agitar la solución, las partículas de agua y de sulfato de cobre chocan con más frecuencia, acelerando la disolución. ▼

La fotografía de la izquierda muestra algunos de los ingredientes que se usan para preparar limonada. Cuando preparas limonada, ¿pones los limones enteros en el agua o primero los partes y los exprimes? ¿Prefieres endulzarla con terrones de azúcar o con azúcar granulado?

Lo más probable es que partas primero los limones, exprimas el jugo, le añadas agua y luego endulces la limonada con azúcar granulado y no con terrones. Por experiencia, sabes que cuanto más pequeños son los pedazos, más rápidamente se disuelven. Para comprender por qué, recuerda cómo se disuelven las substancias. Las ilustraciones de abajo te facilitarán comprender el proceso.

Recuerda que las partículas de una substancia se disuelven solamente si están en la superficie. ¿Cuántas caras o superficies tiene un terrón de azúcar? Al partir el terrón por la mitad, tenemos 12 superficies. Observa la ilustración y fíjate cómo cada vez que el terrón se parte en trozos más pequeños, aumenta el número de superficies y por lo tanto aumenta el área superficial. El área superficial de un objeto es igual a la suma de las áreas de todas sus superficies.

Aumento del área superficial

▲ *La disolución del soluto se acelera al exprimir los limones y triturar el terrón de azúcar.*

Las partículas de un soluto sólo pueden desprenderse y mezclarse con el solvente si están en la superficie. Al aumentar el área superficial del terrón de azúcar, más partículas de azúcar pueden entrar en contacto con el agua y desprenderse. Mientras más partículas se desprenden, más rápidamente se disuelve el soluto.

Sin embargo, no siempre se puede agitar o triturar el soluto. ¿De qué otra forma se puede acelerar la disolución de una substancia? Piensa en las dos maneras de preparar el té que se muestran en la página siguiente. ¿Cómo crees que es más fácil preparar el té, con agua caliente o con agua fría? ¿Por qué?

El color y el sabor del té provienen de substancias que se encuentran en las hojas de té. Para preparar la solución que conocemos como té, hay que disolver las hojas en agua y extraer su substancia. Mientras más contacto haya entre el agua y las hojas, más choques se producirán entre las moléculas del agua y el soluto.

Área superficial

Fíjate cómo el número de superficies aumenta cada vez que el terrón de azúcar se parte en trozos cada vez más pequeños. ▼

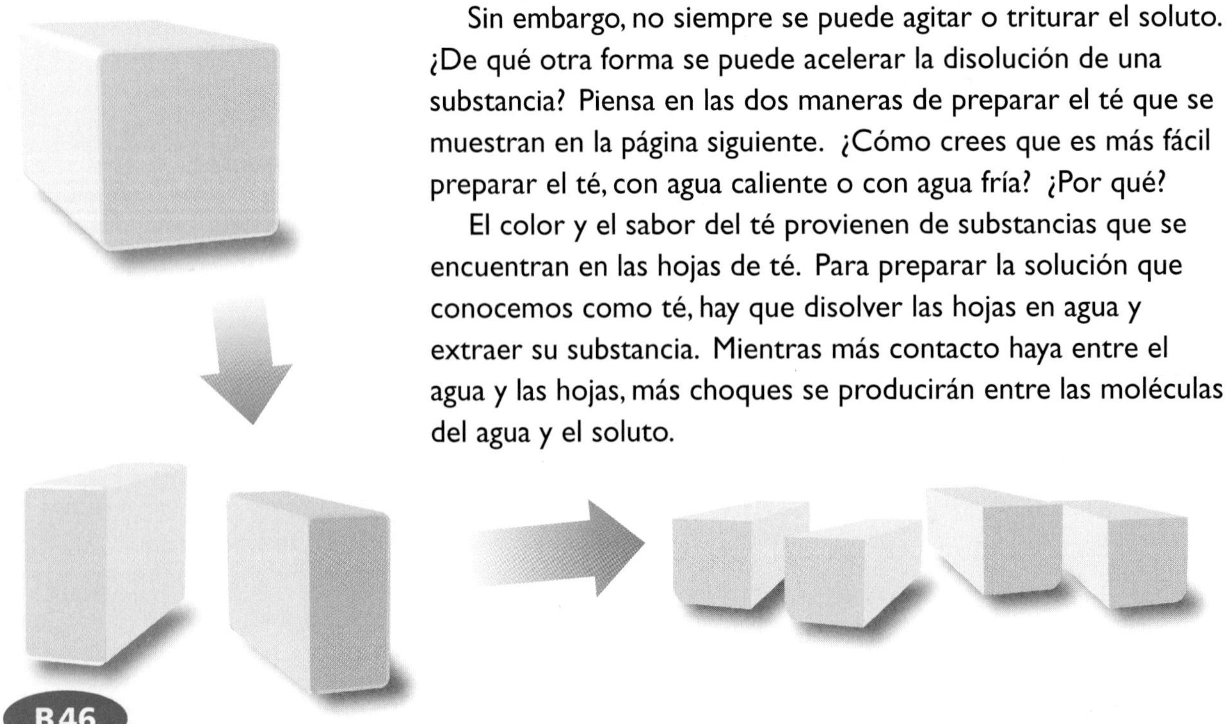

Agua fría **Agua caliente**

Ya vimos que, al calentar una substancia, sus partículas se mueven con más rapidez y rebotan más. Esa aceleración del movimiento afecta la disolución del soluto de varias formas. Primero, las partículas del agua caliente chocan con las hojas de la bolsita de té con más fuerza y frecuencia que las partículas del agua fría. Segundo, el calor del agua acelera las partículas del té y hace que se separen. Así no se necesita tanta energía para que se desprendan. Tercero, el movimiento del agua hace que las partículas disueltas de té se alejen más rápido de la bolsita. Así las partículas de agua pueden entrar en contacto con las partículas de té que todavía quedan en la bolsita.

Muchos sólidos y líquidos se disuelven mejor cuando el solvente está caliente. Si calentamos el solvente, no sólo aumentamos la velocidad de disolución, sino también la cantidad de soluto que se disuelve. Como las partículas del agua caliente están más separadas que las del agua fría, hay más espacio entre ellas y se pueden preparar soluciones más concentradas.

Calentamiento

▲ *Las moléculas del agua hirviendo se mueven rápido y chocan con las hojas de la bolsita de té con más fuerza y frecuencia que las moléculas del agua fría que se mueven despacio.*

Repaso de la Lección 2

1. Describe lo que les pasa a las partículas cuando se forman soluciónes.
2. Describe varios tipos de soluciones.
3. ¿Cómo puedes hacer que una substancia se disuelva más rápidamente?
4. **Usar claves de contexto**
   Escribe una definición de la palabra *hidrocarburos* que aparece en la página B43 usando las claves de contexto.

Investiga las soluciones

Destrezas/Proceso

Destrezas del proceso

- predecir
- observar
- comunicar
- inferir
- clasificar

Materiales

- embudo
- aceite vegetal
- botella de plástico transparente con tapa
- agua
- colorante de alimentos azul o verde

Preparación

En este experimento, mezclarás varias substancias para averiguar cuáles son solventes y cuáles son solutos.

Repasa los términos *solvente, soluto* y *solución.*

Sigue este procedimiento

1. Haz una tabla como la que se muestra y anota ahí tus predicciones y observaciones.

En la botella	Predicciones	Observaciones
Aceite y agua		
Aceite, agua y colorante de alimentos		

2. Con el embudo, llena de aceite la botella de plástico hasta la mitad aproximadamente.

3. ¿Qué sucederá si agregas agua a la botella de aceite? Escribe tu **predicción.**

4. Agrega agua a la botella hasta que quede casi llena, como se indica en la foto. Tapa bien la botella y, con cuidado, voltéala boca abajo tres a cuatro veces para mezclar el contenido. Anota tus **observaciones.**

5 ¿Qué sucederá si agregas colorante de alimentos a la botella de agua y aceite? Escribe tu predicción.

6 Agrega al líquido 3 gotas de colorante de alimentos. Tapa bien la botella y, con cuidado, voltéala boca abajo 10 veces para mezclar el contenido. Anota tus observaciones.

*¡**Cuidado!** Ten cuidado al usar el colorante de alimentos porque mancha la piel y la ropa.*

Interpreta tus resultados

1. Comunica. Di lo que observaste al mezclar el agua con el aceite. ¿Qué explicación les das a los resultados?

2. Basándote en los resultados de esta actividad, ¿qué puedes **inferir** sobre la solubilidad del colorante de alimentos en agua y en aceite? ¿Qué pruebas apoyan tus inferencias?

3. Clasifica las substancias que están dentro de la botella en solventes y solutos.

Investiga más a fondo

¿Cómo afecta la temperatura a la solubilidad de las substancias colocadas dentro de la botella? Piensa en cómo vas a hallar la respuesta a ésta u otras preguntas que tengas.

Autoevaluación

- Seguí instrucciones para probar la solubilidad de substancias colocadas dentro de una botella.
- Hice **predicciones** sobre la interacción del aceite, el agua y el colorante de alimentos.
- Anoté mis **observaciones** sobre el comportamiento de las soluciones al mezclar estas substancias.
- Hice **inferencias** sobre la solubilidad de las substancias colocadas dentro de la botella.
- **Clasifiqué** las substancias en solventes y solutos.

¿Cuál es la idea?

En esta lección aprenderás:

- qué pasa durante una reacción química.
- cuáles son los cuatro tipos de reacciones químicas.
- cómo participa la energía en las reacciones químicas.
- qué es una ecuación química.

Lección 3

¿Qué son las reacciones químicas?

Primero echamos en la jarra un poco del líquido transparente. Después agregamos un poco del líquido amarillo y, ¡abracadabra! , ahora tenemos una substancia roja. El líquido amarillo ha desaparecido. ¿Qué pasó?

Reacciones químicas

Fíjate en los objetos que se muestran al pie de esta página. ¿Qué tienen en común? El collar es de plata y el jaguar es de oro. La plata y el oro son elementos. Los elementos son las formas más simples de materia. Los que se ilustran aquí son elementos metálicos. Entre los elementos no metálicos se encuentran el oxígeno y el nitrógeno del aire, el carbono del carbón y el neón de algunos anuncios luminosos.

Cada elemento contiene un solo tipo de partícula llamada átomo. Los átomos de cada elemento son diferentes de los átomos de los demás. Las propiedades de cada elemento son distintas porque sus átomos son distintos. Por ejemplo, el oro es amarillo y brillante, y se puede moldear en diversas formas. El carbono es negro y se quiebra fácilmente. El oxígeno es un gas incoloro.

Estos dos objetos se hicieron con elementos metálicos. Compara los metales en su forma natural y en los objetos terminados. ▼

Plata

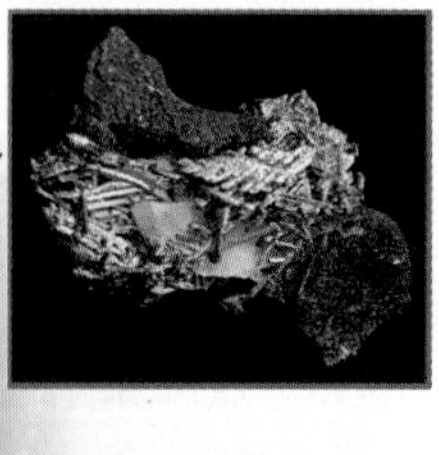

Oro

Existen más de 100 elementos, pero muchos de ellos no son muy comunes. ¿Qué elementos conoces?

Toda materia está formada por combinaciones de elementos. Quizás te preguntes cómo es posible que toda la materia que existe en la Tierra esté formada por tan pocos elementos. Piensa en el siguiente ejemplo: si mezclas harina, azúcar, huevos, leche y saborizantes, y horneas la mezcla, aparentemente los ingredientes desaparecen en el horno. El producto que sacas del horno es un pastel. Pero las substancias en realidad no desaparecieron, sino que se combinaron para producir algo con propiedades completamente distintas a las de cualquiera de sus ingredientes.

Lo mismo ocurre al combinar los elementos. Observa el diagrama de la molécula de agua y fíjate que está formada por átomos de hidrógeno y oxígeno. Esos dos elementos son gases incoloros y ambos explotan en contacto con el fuego. Es más, el oxígeno es el gas que debe estar presente para que las cosas ardan. Sin embargo, cuando dos átomos de hidrógeno y uno de oxígeno se combinan, forman algo muy diferente: una molécula de agua. El agua ni se quema ni explota. De hecho, ¡se usa para apagar incendios!

El agua es un compuesto, es decir, una substancia formada por dos o más elementos unidos por enlace químico. Este enlace químico es la atracción que existe entre los distintos átomos del compuesto. El azúcar, la sal y la herrumbre son compuestos. El azúcar contiene los elementos carbono, hidrógeno y oxígeno; la sal contiene sodio y cloro; y la herrumbre contiene hierro y oxígeno.

Las propiedades de los compuestos son siempre distintas a las propiedades de los elementos que los forman. Las propiedades de una substancia son el color, la dureza, el estado físico y la capacidad de disolverse en agua.

Los compuestos se pueden descomponer en los elementos que los forman o combinar con otros compuestos para producir nuevas substancias. Las reacciones químicas son procesos por los cuales se forman nuevas substancias con propiedades diferentes. Las substancias que sufren una reacción química se llaman **reactivos.** Los reactivos son las substancias iniciales. Por otro lado, las substancias que se forman durante la reacción química se llaman **productos.**

Glosario

Glosario

reactivo, substancia que sufre una reacción química, por lo general al combinarse con otra

producto, substancia que resulta de una reacción química

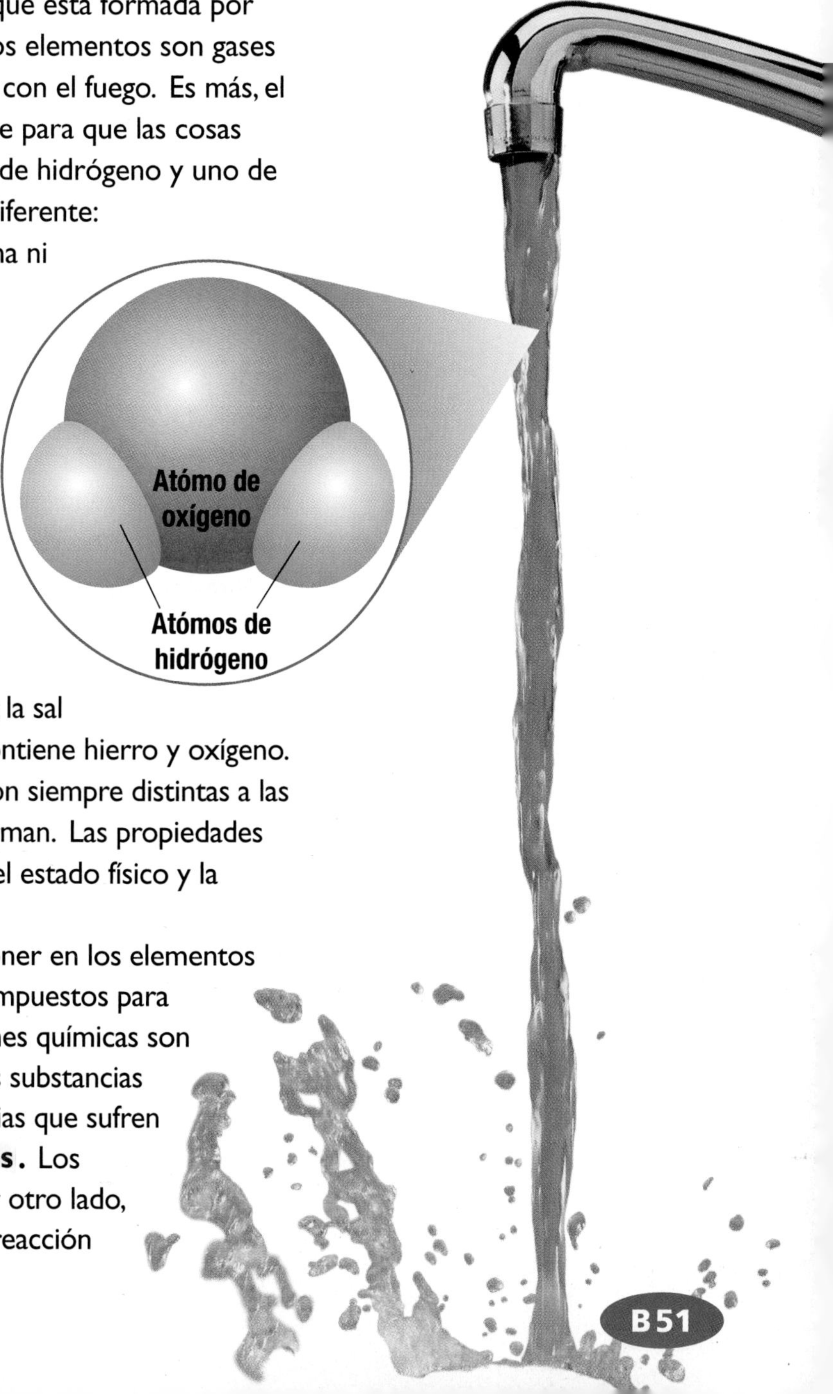

El agua se compone de pequeñas moléculas formadas por dos átomos de hidrógeno y uno de oxígeno. Los átomos están unidos por enlace químico. ▼

A veces es difícil darse cuenta de si se está o no produciendo una reacción química. Por ejemplo, al destapar una botella de agua carbonatada, se ven en el líquido unas burbujas que antes no se podían ver. ¿Se habrá formado una nueva substancia? No, lo que pasa es que el agua carbonatada es una solución formada por un gas (dióxido de carbono) disuelto en un líquido (agua). Al destapar la botella, se escapa la presión de la solución y por eso se forman las burbujas de dióxido de carbono. Las burbujas no son producto de una reacción porque ya estaban en la botella antes de destaparla. Por lo tanto, no hubo reacción química.

En la foto de la izquierda también puedes notar que se forman unas burbujas. ¿Se trata de una reacción química? En este caso, sí. Cuando pones una tableta de antiácido en un vaso de agua, las burbujas se forman tan rápido que a veces el agua salpica fuera del vaso. Esas burbujas contienen el mismo tipo de gas que las burbujas de agua carbonatada (dióxido de carbono). Sin embargo, el dióxido de carbono no está en la tableta, sino que se forma cuando los compuestos reaccionan con el agua. La tableta antiácida es un reactivo. El producto de la reacción son las burbujas de dióxido de carbono.

Las reacciones químicas suceden a todo tu alrededor. Cuando la madera se quema, se produce una reacción química. La madera está formada por una mezcla de compuestos. Cuando se calientan al quemarse, algunos de estos compuestos reaccionan con el oxígeno del aire. Durante la reacción, los compuestos que forman la madera desaparecen pero se forman nuevos productos, gases y cenizas que se componen de carbono principalmente.

Cuando cocinamos los alimentos, comienza a crecer el pasto después de cortarlo, se forma la herrumbre de los automóviles, o sana la herida que nos hicimos en un dedo, están ocurriendo reacciones químicas. Imagínate que hasta el pensar es producto de reacciones químicas. ¿Qué otras reacciones químicas conoces? (Recuerda que durante las reacciones químicas siempre se forma un nuevo producto.)

Algunas reacciones ocurren rápidamente, como la reacción de la tableta antiácida que produce dióxido de carbono al combinarse con el agua. Encender un cerillo, hacer explotar un cartucho de dinamita y la luz que emiten las luciérnagas también son reacciones que ocurren rápidamente.

▲ *Las burbujas que se forman en el vaso son uno de los productos de la reacción de la tableta con el agua.*

Otras reacciones ocurren muy lentamente, como la formación de la herrumbre en el hierro de esta lata. A pesar de que no notamos lo que está ocurriendo, con el tiempo podemos ver en la lata algo que antes no tenía: herrumbre.

Recuerda que durante las reacciones químicas se forman una o más substancias con propiedades distintas a las propiedades de los reactivos.

▲ *La herrumbre de esta lata es el producto de la reacción química del hierro con el oxígeno del aire.*

Tipos de reacciones químicas

¡Vaya desayuno! Primero se te quema el pan, y ahora los plátanos que te ibas a comer están pasados. Ésas son sólo dos de las miles de reacciones químicas que suceden a nuestro alrededor diariamente. La mayoría de las veces estamos tan acostumbrados a ellas que ni nos damos cuenta cuando ocurren. Hasta en tu estómago se producen cambios químicos al digerir el desayuno.

¿Qué tienen en común todos estos cambios químicos? Como hemos visto, existen en la Tierra unos 100 elementos y sólo son comunes alrededor de la mitad de ellos. Esos pocos elementos participan en la mayoría de las reacciones que suceden a nuestro alrededor. Pero, a pesar de ser tan pocos, pueden formar miles de compuestos. ¿Cómo puede ser esto?

Piensa en la palabra *acero*. Aunque sólo tiene cinco letras, se pueden formar con ellas otras palabras como se ve en la ilustración. ¿Qué otras palabras se te ocurren?

Al igual que las letras, los elementos se combinan de distintas maneras para formar los compuestos que hay a nuestro alrededor. A su vez, esos compuestos pueden reaccionar y formar miles de productos.

Al igual que las letras que forman esas palabras, los elementos se combinan de maneras distintas para producir compuestos distintos. ▼

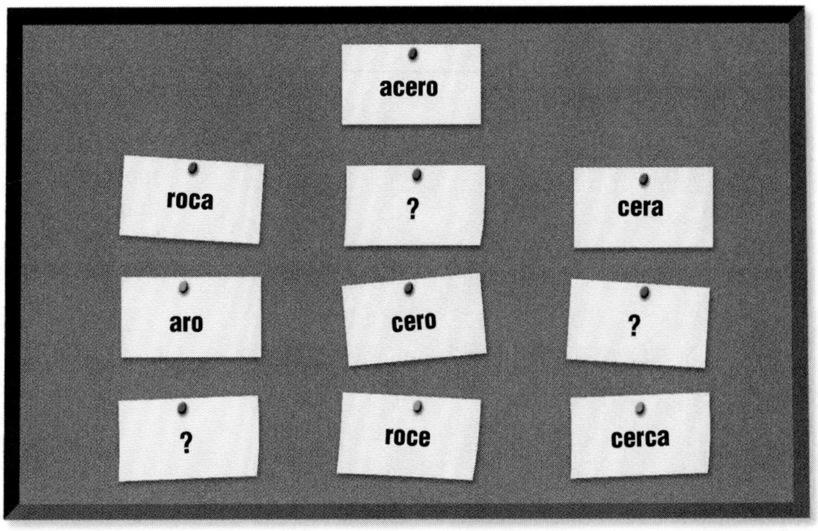

Debido al gran número de reacciones químicas que se producen continuamente, podría ser confuso tratar de comprender cómo esas reacciones forman nuevos productos. Afortunadamente, los elementos sólo pueden reaccionar de cuatro maneras. En las dos páginas siguientes hallarás información sobre esos cuatro tipos de reacciones químicas.

Las fotos de esas páginas muestran los cuatro tipos de reacciones químicas. El diagrama de cada foto indica lo que les sucede a los elementos y compuestos durante la reacción. Cada bolita de color representa una substancia. La substancia puede estar formada por un solo elemento o un grupo de elementos unidos. Dos bolitas juntas representan un compuesto. ¡Sigue las bolitas!

Combinación de substancias

El primer tipo de reacción química se produce cuando dos substancias se combinan para producir una sola. En 1937, el gas de hidrógeno que hacía flotar el dirigible Hindenburg se combinó con el oxígeno del aire produciendo agua. La reacción generó tanto calor que el dirigible explotó y se quemó. ▶

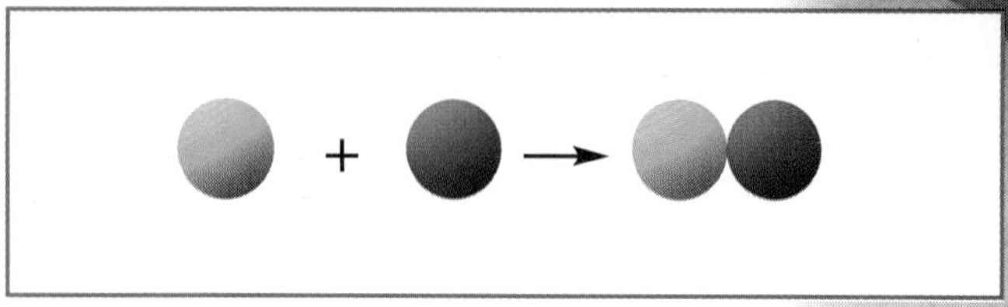

Descomposición de substancias

◀ *El segundo tipo de reacción se produce cuando una substancia se descompone en dos nuevas substancias. Cuando el azúcar se quema, produce carbono y agua. El carbono es la substancia de color negro que queda en la sartén y el agua escapa al aire en forma de gas.*

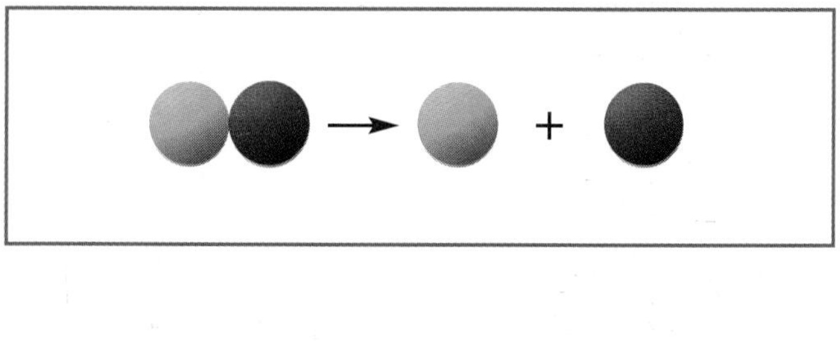

Sustitución de un elemento por otro

El tercer tipo de reacción química se produce cuando un elemento pasa a ocupar el lugar de otro en un compuesto. La pulsera de la niña está hecha del elemento cobre. Su piel contiene muchos compuestos. Cuando el cobre pasa a ocupar el lugar de uno de los elementos de estos compuestos, se forma un nuevo compuesto de color verde sobre la piel de la niña. ▶

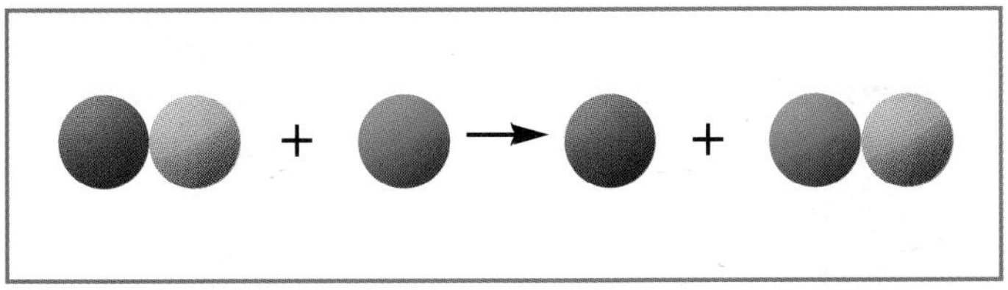

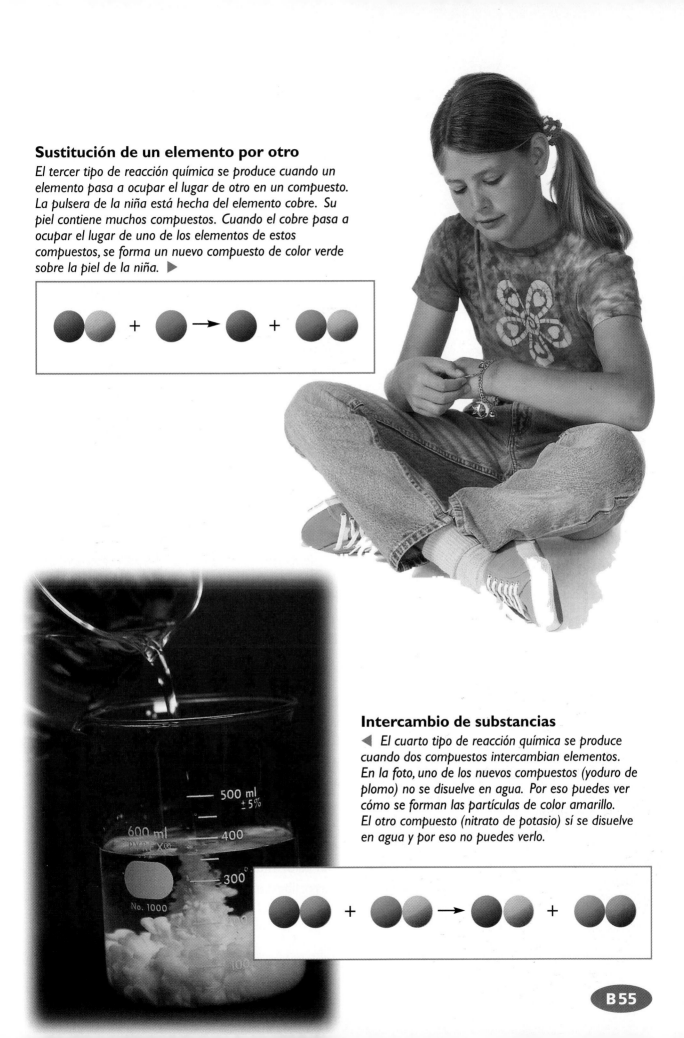

Intercambio de substancias

◀ *El cuarto tipo de reacción química se produce cuando dos compuestos intercambian elementos. En la foto, uno de los nuevos compuestos (yoduro de plomo) no se disuelve en agua. Por eso puedes ver cómo se forman las partículas de color amarillo. El otro compuesto (nitrato de potasio) sí se disuelve en agua y por eso no puedes verlo.*

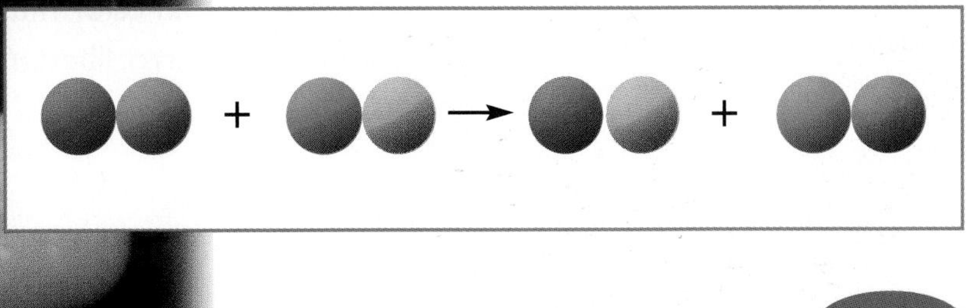

La energía en las reacciones químicas

¿Por qué comemos? ¿Por qué usan gasolina los automóviles? ¿Por qué quemamos gas, petróleo, leña o carbón en la calefacción de nuestras casas? ¡Para generar energía! La energía es necesaria para vivir y trabajar, para hacer funcionar los automóviles y las máquinas y para calentar nuestras casas en invierno. La luciérnaga que se ve a la izquierda también necesita obtener energía de los alimentos que consume para producir su luz. ¿Cómo se libera la energía de los alimentos?

▲ *La luz que emiten las luciérnagas se debe a las reacciones químicas que se producen en el interior de su cuerpo.*

Si tienes dos imanes "pegados", necesitas usar energía para vencer la atracción que los une y separarlos. Si usas la energía necesaria, puedes separarlos y alejarlos de manera que no vuelvan a unirse. De igual manera, las reacciones químicas necesitan energía para romper los enlaces que unen los átomos de los reactivos.

Imagínate que, después de separar los imanes, los colocas sobre una mesa y los empiezas a mover por su superficie. En un momento dado, se acercarán lo suficiente como para atraerse y, ¡zas!, se "pegarán" rápidamente. Si en ese momento tuvieras el dedo puesto entre los imanes, podrías sentir la energía que liberan al unirse. También las partículas de la materia se mueven continuamente. Liberan energía cuando los átomos de los elementos se unen para producir compuestos.

▲ *La quema de la madera es un ejemplo de reacción exotérmica que no sólo libera la energía suficiente para seguir ardiendo sino también energía adicional para cocinar.*

Para quemar algo, primero tienes que prenderle fuego. Así proporcionas la energía necesaria para romper algunos de los enlaces que unen a los átomos y producir reacciones químicas que forman nuevos productos. Al formarse estos compuestos, se libera energía, la cual a su vez rompe más enlaces haciendo que se formen más productos. Así, las reacciones continúan hasta que se usan por completo todos los reactivos.

Cuando la madera arde se produce una **reacción exotérmica,** es decir, una reacción que libera más energía de la que absorbe. Algunas reacciones exotérmicas, como las explosiones, liberan calor muy rápidamente. Otras, como la herrumbre del hierro, liberan el calor tan lentamente que ni lo notas.

Glosario

Glosario

reacción exotérmica, reacción química en la que se libera más energía de la que se absorbe

El calor no es el único tipo de energía que liberan las reacciones exotérmicas. La luz que emiten las luciérnagas es el producto de una reacción exotérmica. Esta reacción se produce cuando su cuerpo consume lentamente los alimentos.

La energía exotérmica se usa para calentar las casas y encender los automóviles. Siempre buscamos nuevas fuentes de energía para las máquinas y los aparatos. Los combustibles son substancias que se usan como fuentes de energía química. Muchos de los combustibles que usamos, como la gasolina, el petróleo y el gas natural, se componen de substancias que una vez fueron seres vivos. Hace mucho tiempo, los restos de plantas y animales antiguos quedaron enterrados bajo toneladas de roca. Durante millones de años, el calor y la presión descompusieron esos restos. Así se producen los combustibles llamados combustibles fósiles o carbónicos. ¿Qué otras cosas funcionan con combustible fósil?

No todas las reacciones liberan energía. Por ejemplo, el agua se puede descomponer para producir hidrógeno y oxígeno. Esa reacción no libera energía, sino que necesita energía.

La fuerza de atracción que existe entre los átomos de hidrógeno y oxígeno que forman la molécula de agua es muy fuerte. Por eso, para separar estos átomos es necesario agregar la energía necesaria para vencer la atracción. Sin embargo, cuando se forman los productos de la reacción (hidrógeno y oxígeno) se libera muy poca energía. Ese tipo de reacción se llama **reacción endotérmica** porque absorbe más energía de la que libera.

Las reacciones endotérmicas no pueden continuar por sí solas. Para descomponer las moléculas de agua, se necesita energía eléctrica. Al pasarle electricidad, se forman burbujas de hidrógeno y oxígeno; pero, al apagar la electricidad, la reacción se detiene. Es decir, ya no se forman más burbujas.

El niño de la foto produce una reacción endotérmica para sanar la herida de su rodilla. Al presionar la compresa fría, el sello que separa los reactivos se rompe, lo que permite que se mezclen. Al mezclarse, los reactivos usan la energía del aire y del cuerpo del niño para continuar la reacción. El niño siente que la compresa está fría porque el calor pasa de su cuerpo a la compresa.

Glosario

reacción endotérmica, reacción química en la que se absorbe más energía de la que se libera

La reacción endotérmica que se produce en esta compresa fría evita que la rodilla del niño se inflame. ▼

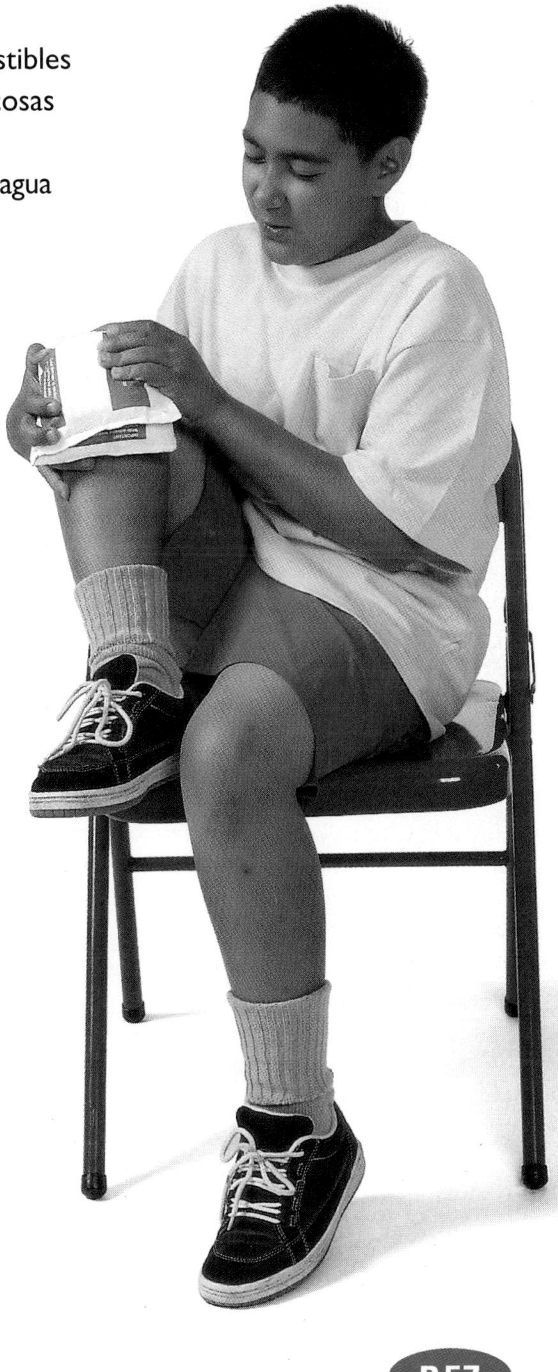

Glosario

fórmula, conjunto de símbolos que representa el tipo y número de átomos que tiene un compuesto

ecuación química, conjunto de símbolos y fórmulas que representa lo que sucede durante una reacción química

Estos símbolos se usan para representar los nombres de los elementos neón (Ne), argón (Ar) y silicio (Si). ▼

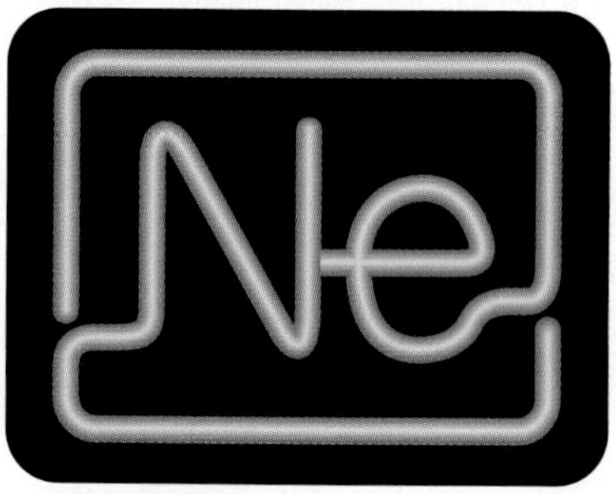

Ecuaciones químicas

¿En qué estado vives tú? Cuando escribes el nombre del estado, probablemente usas una abreviatura, como NC en lugar de North Carolina, o NJ en lugar de New Jersey. Es más rápido que escribir el nombre completo.

Así también los científicos utilizan abreviaturas para representar los nombres de los elementos. La abreviatura del nombre de un elemento se llama símbolo. En la ilustración se muestran los símbolos de tres elementos comunes. ¿Qué elemento representa cada símbolo? ¿Qué otros símbolos conoces?

Las **fórmulas** vienen a ser las abreviaturas de los compuestos. Una fórmula es un conjunto de símbolos que representa el tipo y número de átomos que tiene un compuesto. Por ejemplo, la fórmula del agua, H_2O, te dice que el agua contiene hidrógeno y oxígeno. También te dice que su molécula tiene dos átomos de hidrógeno y uno de oxígeno. Compara esta fórmula con la molécula del agua de la página B51.

Los científicos utilizan símbolos y fórmulas para representar lo que pasa durante una reacción química. Ese conjunto de símbolos, fórmulas y números se llama **ecuación química.** Fíjate en la siguiente ecuación química:

	Reactivos		→	Productos
Fe	+	S	→	FeS
El hierro	(al reaccionar con)	el azufre	(produce)	sulfuro de hierro

Esta ecuación nos dice que un átomo de Fe (hierro) al reaccionar con un átomo de S (azufre) produce una molécula de FeS (sulfuro de hierro). La flecha quiere decir "produce". Los reactivos se escriben a la izquierda de la flecha y los productos a la derecha.

Ahora analiza la ecuación de la formación del agua:

$$2H_2 + O_2 \rightarrow 2H_2O$$

Observa que el hidrógeno y el oxígeno se escriben H_2 y O_2. Esto quiere decir que toda molécula de gas oxígeno o de gas hidrógeno contiene dos átomos unidos por enlace químico. El aire que respiramos contiene moléculas de H_2 y O_2.

Ahora ubica en la ecuación el número 2 que aparece antes del símbolo H. Ese número representa el número de moléculas que tiene la substancia. Cuando no se pone ningún número significa que sólo hay una molécula. La ecuación de arriba dice que dos moléculas de hidrógeno al reaccionar con una molécula de oxígeno producen dos moléculas de agua.

Observa que el número de átomos de oxígeno e hidrógeno es igual en los dos lados de la ecuación. Cada vez que la materia sufre un cambio químico, la cantidad de materia presente es la misma antes y después de la reacción. Es decir, el número de átomos de cada elemento no cambia. Ninguno de los átomos se destruye ni se crean nuevos átomos; lo único que cambia es la forma en que están ordenados y conectados.

Para escribir una ecuación correctamente, el número de átomos de la izquierda de la ecuación debe ser igual al número de átomos de la derecha. Se dice entonces que la ecuación está equilibrada. Una de las leyes de la ciencia, conocida como "Ley de la conservación de la masa", dice que durante las reacciones químicas los átomos se conservan: ni se crean ni se destruyen. Analiza la ecuación de la formación del agua. ¿El número de átomos de los reactivos es igual al de los productos?

Aunque a veces parece que el producto de una reacción es más pequeño que el material original, como cuando se quema un trozo de leña y se convierte en un montoncito de cenizas, en realidad no se pierde ningún átomo. Cuando se quema algo, la mayoría de los átomos del producto pasa al aire en forma de gas. No los podemos ver, ¡pero no han desaparecido!

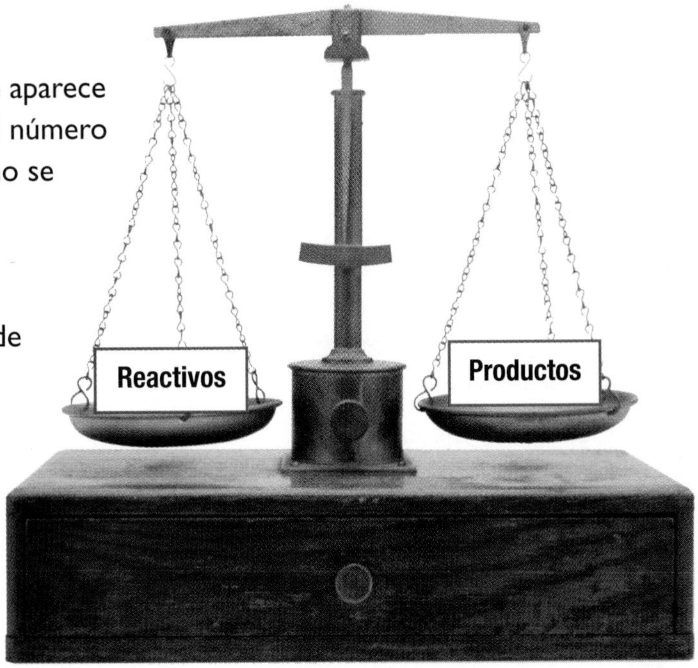

Conservación de la masa

▲ *La Ley de la conservación de la masa dice que durante una reacción química la masa no se pierde, porque la masa de los reactivos es igual a la masa de los productos.*

Repaso de lal Lección 3

1. ¿Qué pasa durante una reacción química?
2. Describe los cuatro tipos de reacciones químicas.
3. ¿Cómo participa la energía en las reacciones químicas?
4. ¿ Qué es una ecuación química?
5. **Usar claves de contexto**
   ¿Qué significa la palabra *enlace químico* que aparece en la página B51?

Investiga el cambio de temperatura en una reacción

Destrezas/Proceso

Destrezas del proceso

- estimar y medir
- predecir
- observar
- inferir

Materiales

- gafas protectoras
- termómetro
- vaso graduado de plástico
- vinagre
- cuchara de plástico
- bicarbonato
- reloj con segundero
- toallas de papel

Preparación

En este experimento, observarás una reacción química en la que se produce un cambio de temperatura.

Mezcla los ingredientes lentamente para evitar que se derramen. Ten a mano toallas de papel.

Sigue este procedimiento

1. Haz una tabla como la que se muestra y anota ahí tu predicción y tus observaciones.

Predice: ¿Aumentará o disminuirá la temperatura?

Tiempo	Temperatura
Antes de la reacción	
30 segundos	
60 segundos	
2 minutos	
3 minutos	
5 minutos	
10 minutos	

2. Ponte las gafas protectoras. Coloca un termómetro en el vaso. Vierte un poco de vinagre en el vaso hasta cubrir el depósito del termómetro (aproximadamente 30 mL). **Mide** la temperatura del vinagre y anótala en la tabla en la hilera titulada "Antes de la reacción".

3. Cuando añadas el bicarbonato al vinagre, se producirá una reacción química y un cambio de temperatura. Antes de añadir el bicarbonato, **predice** si la temperatura de las substancias después de la reacción será más alta o más baja que la temperatura inicial. Escribe tu predicción en la tabla.

4. Añade al vinagre media cucharada de bicarbonato aproximadamente y revuelve la mezcla. A continuación, añade otra media cucharada de bicarbonato, como se indica en la foto.

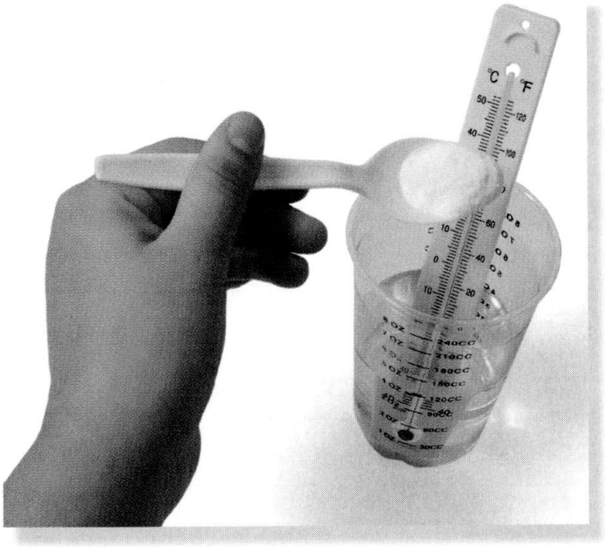

5 Lee y anota la temperatura de las substancias después de 30 segundos.

¿Cómo voy?
¿He leído el termómetro y anotado la temperatura correctamente?

6 Sigue anotando la temperatura en los intervalos indicados en la tabla durante 10 minutos o hasta que la reacción haya terminado.

Interpreta tus resultados

1. ¿Qué sucedió cuando añadiste el bicarbonato al vinagre? Describe por lo menos dos **observaciones** que muestren que se produjo una reacción química.

2. Escribe los reactivos de la reacción química. ¿Qué sabes sobre los productos de la reacción química?

3. Lee tus mediciones. ¿Qué le sucedió a la temperatura de los ingredientes cuando los combinaste?

4. Haz una **inferencia.** ¿La reacción química fue exotérmica (con emisión de calor) o endotérmica (con absorción de calor)? Utiliza tus mediciones para apoyar tu inferencia.

Investiga más a fondo

¿El derretimiento del hielo es un cambio exotérmico o endotérmico? Piensa en cómo vas a hallar la respuesta a ésta u otras preguntas que tengas.

Autoevaluación

- Seguí instrucciones para producir una reacción química.
- Hice y anoté **predicciones** sobre el cambio de temperatura que se produciría al combinar las substancias.
- Anoté mis **mediciones** de la temperatura de la mezcla durante la reacción química.
- Utilicé mis **observaciones** para determinar si se estaba produciendo una reacción química.
- Utilicé mis mediciones para **inferir** si la reacción química que se produjo fue exotérmica o endotérmica.

¿Cuál es la idea?

En esta lección aprenderás:

- qué son los ácidos y las bases.
- qué es el pH.
- cómo afectan el medio ambiente los cambios de pH.
- qué es la neutralización.

Glosario

Glosario

ácido, compuesto que libera iones de hidrógeno al disolverse en el agua

Lección 4

¿Cuáles son las propiedades de los ácidos y las bases?

¡Ten! ¡Tómate este ácido! ¿Lo harías? Pues, aunque no lo creas, ¡probablemente ya lo has hecho! ¡Qué horror! Cada vez que tomas jugo de toronja o limonada, o le echas vinagre a la ensalada, te llevas un ácido a la boca. Estos alimentos tienen ácidos; pero, por suerte, no muy fuertes.

Ácidos y bases

Cuando piensas en ácidos, tal vez te imaginas un líquido horroroso y humeante disolviendo un pedazo de metal. Algunos ácidos sí reaccionan de esa manera, pero hay otros mucho más comunes y seguros. La toronja, el limón y el vinagre tienen un sabor agrio porque contienen ácidos. La palabra *ácido* viene del latín *acidus,* que significa "agrio". Todos los **ácidos,** como los de la foto, tienen sabor agrio además de otras propiedades en común.

Todos los ácidos poseen átomos de hidrógeno. Los átomos de hidrógeno son neutros, es decir, tienen el mismo número de cargas positivas y negativas. Cuando dos elementos se combinan, los átomos de uno pueden transferir algunas de sus cargas negativas a los átomos del otro. Al final, los átomos de un elemento quedan con más cargas negativas y los del otro con más cargas positivas. Esos átomos con carga eléctrica se llaman iones.

Ácidos comunes

Muchas substancias comunes contienen ácidos. De los que se ven aquí, ¿cuáles son peligrosos? ▼

Cuando se agrega un compuesto ácido al agua, el ácido se disuelve y forma una solución ácida que contiene iones de hidrógeno. Los iones de hidrógeno tienen carga positiva y por eso se representan con el símbolo H^+.

Cuanto más iones de hidrógeno libera el ácido al disolverse en agua, más fuerte es el ácido. Los ácidos fuertes te queman el cuerpo y son venenosos. Esos ácidos reaccionan rápidamente con muchos metales, liberando gas hidrógeno. Es por eso que muchos se imaginan substancias humeantes cuando alguien les habla de ácidos. Son ácidos débiles los que dan ese sabor agrio y punzante al vinagre, al agua de soda, las manzanas, las espinacas y los limones de la foto.

Tu estómago contiene un ácido que disuelve los alimentos. Si comes demasiados pepinillos u otros alimentos agrios, el ácido se vuelve muy fuerte y por eso sientes acidez.

Los productos que se ven abajo contienen **bases.** Las bases liberan iones de hidroxilo al disolverse en agua. Los iones de hidroxilo se representan con el símbolo OH^-, lo cual significa que están formados por un átomo de oxígeno y otro de hidrógeno, y tienen carga negativa.

Al igual que los ácidos y los iones de hidrógeno, cuanto más iones de hidroxilo libera al disolverse en el agua, más fuerte es la base. Las bases tienen un sabor amargo y una textura resbalosa como la de los jabones, que se elaboran con bases. El bicarbonato de sodio y algunos antiácidos como la leche de magnesia contienen bases débiles, mientras que los productos de limpieza como el amoníaco suelen contener bases fuertes.

Es importante recordar que las bases fuertes como la lejía, que se usa para destapar tuberías, son tan peligrosas y venenosas como los ácidos fuertes. Esas substancias te pueden quemar igual que los ácidos.

Glosario

base, compuesto que libera iones de hidroxilo al disolverse en el agua

▲ *Estos limones y la manzana contienen ácido cítrico, el cual se usa como remedio y en la preparación de tintes.*

Bases comunes

◀ *Las fórmulas de todas esas bases de uso casero contienen OH. Cuando esas bases se disuelven en agua liberan iones de hidroxilo (OH^-).*

Glosario

escala de pH, escala que va del 0 al 14 y que se usa para medir la concentración de ácidos y bases

Indicadores de pH

Los ácidos y las bases pueden ser muy peligrosos y por eso no los debes tocar ni probar. Pero, ¿cómo se sabe si una substancia es un ácido o una base?

Una prueba muy sencilla es la del papel tornasol, que te dice si una substancia es ácida o básica. Como puedes ver en las fotos, el papel cambia de color al entrar en contacto con ácidos o bases. Si colocas una tira de papel tornasol en un ácido, su color cambia a rosa o rojo; si lo colocas en una base, cambia a azul.

Sin embargo, a pesar de que el papel tornasol te indica si la substancia es ácida o básica, no te dice qué tan fuerte es. ¿Qué tan fuerte crees que es el ácido del estómago? ¿Cuánto de base debe tener un detergente para que no te haga agujeros en la ropa?

La concentración, es decir, la fuerza de un ácido o una base, se mide usando una escala que va del 0 al 14. Esta escala, o serie de números, se llama **escala de pH.** Los ácidos más fuertes están en la parte baja de la escala. Por ejemplo, si el pH de un compuesto es 1, significa que es un ácido muy fuerte.

Cuanto más alto sea su pH, más débil será el ácido. Por ejemplo, un ácido de pH 3 es más débil que un ácido de pH 1. Una solución de pH 7 (a mitad de la escala) es neutra, es decir, que ni es ni ácida ni básica. El agua pura es neutra. ¿Cuál es su pH?

Las substancias con un pH mayor que 7 son bases. Cuanto más alto sea su pH, más fuerte será la base.

Escala de pH

Las substancias de pH bajo son ácidos fuertes y las de pH alto son bases fuertes. Las de pH medio, como el agua, son neutras: ni ácidas ni básicas. ▼

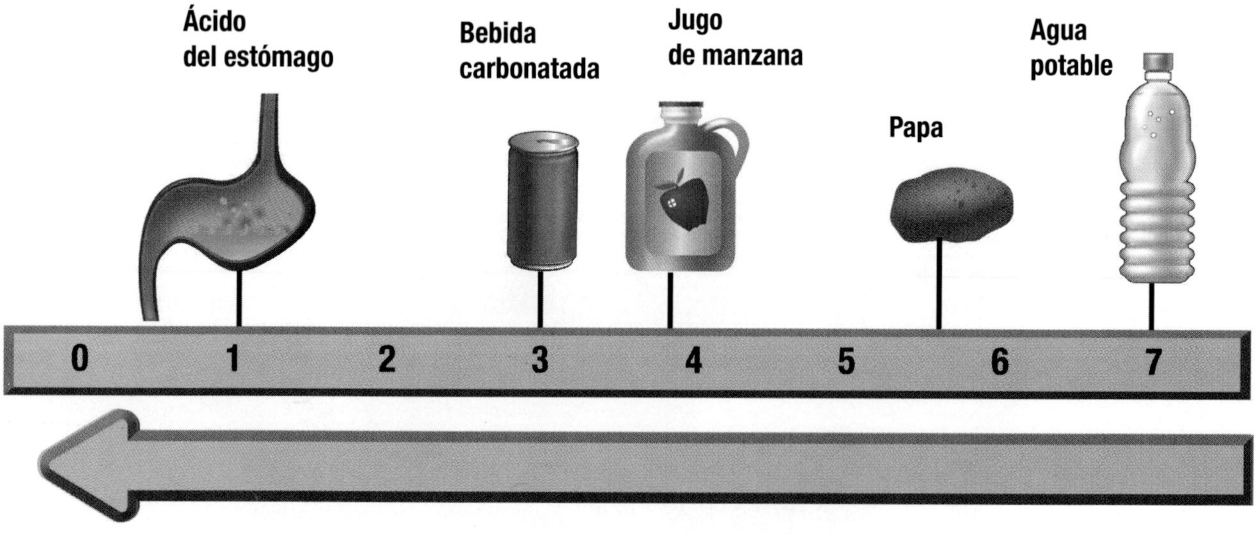

Tal vez te sorprenda saber qué substancias son ácidas o básicas. El huevo es ligeramente básico, igual que el agua de mar. Fíjate en el pH del ácido del estómago. Es muy ácido, ¿no crees? Las paredes del estómago pueden resistir la fuerza de este ácido; pero, si se vuelve más fuerte, las puede irritar. ¿Por qué crees que las bebidas carbonatadas pueden aumentar la fuerza del ácido estomacal?

Algunos animales utilizan substancias ácidas para protegerse. Las hormigas de la foto inyectan ácido fórmico al morder a sus víctimas. Ese ácido da una sensación de ardor porque es un ácido fuerte. ¿En qué extremo de la escala crees que está su pH?

A diferencia del papel tornasol, otras substancias llamadas indicadores sí pueden medir qué tan ácida o básica es una substancia. Los **indicadores** cambian de color cuando el pH de la substancia con la que entran en contacto cae dentro de ciertos límites de la escala de pH. Algunos cambian de color varias veces al cambiar el pH de la substancia.

Muchas substancias comunes son buenos indicadores. Por ejemplo, el jugo de la col morada puede cambiar de rojo a verde y luego a amarillo verdoso a medida que cambia el pH. Los arándanos azules y el jugo de uva también contienen indicadores naturales. El jabón es una base. Si limpias las sobras de arándano azul de un plato, fíjate cómo su color cambia de morado rojizo a morado verdoso. La próxima vez que laves los platos y veas que el agua cambia de color, puede que sea debido a la presencia de algún indicador. Trata de descubrir qué pH te indica.

Glosario

indicador, substancia que cambia de color según el pH de la substancia con la que entra en contacto

▲ *Esas hormigas inyectan ácido fórmico al morder. En la antigüedad las hervían para producir ácido fórmico.*

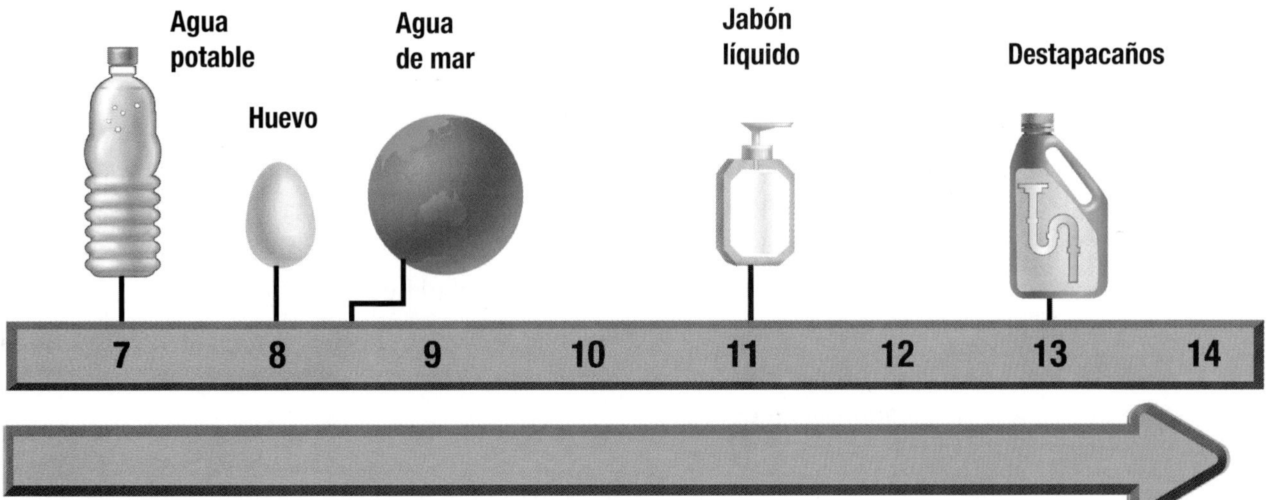

Efecto de los cambios en el pH

▲ *Los jardineros cambian el color de la flor de esas hortensias agregándole al suelo un ácido o una base. Las hortensias son indicadores naturales.*

Ciencias de la vida

El pH de la tierra, los ríos, los lagos y hasta el de la lluvia es muy importante para la vida en la Tierra. Muchas de las plantas comestibles crecen bien en suelos con un pH ligeramente ácido de 5 a 7. Parte de esa acidez viene del ácido que forman las plantas al descomponerse. La lluvia hace que el ácido penetre en el suelo. Este proceso conserva la acidez adecuada del suelo. Los agricultores también le agregan fertilizantes para conservar el pH dentro de los mismos límites. En áreas de clima seco, el suelo es por lo general básico y por eso crecen muy pocas plantas.

Como ves en las fotos, el pH del suelo tiene un efecto muy visible en el color de la flor de la hortensia. Si la planta crece en suelos ácidos con un pH de 4.5 a 5.5, sus flores son azules; si crece en suelos neutros o ligeramente básicos con un pH de 6.5 a 7.5, son rosadas; y si el pH es de 5.5 a 6.5, son moradas (entre azul y rosado). Hay otras plantas que también cambian de color al cambiar el pH del suelo.

Muchos lagos tienen un pH natural ligeramente ácido de 6 a 7. Dentro de esos límites de pH puede vivir un gran número de especies. Si el pH no se mantiene dentro de estos límites, la mayoría de los organismos y las especies que habitan los lagos no puede sobrevivir.

¿Qué hace que el pH cambie? El humo que emiten las fábricas y los automóviles contienen compuestos ácidos. A veces puedes sentir sus efectos cuando sales fuera: esos compuestos ácidos se disuelven en la humedad de los ojos o la nariz y te dan una sensación de ardor. Una vez que escapan al aire, esos compuestos pueden caer a la tierra o disolverse en el agua del aire que luego cae en forma de lluvia. Esa lluvia se conoce como lluvia ácida.

La lluvia ácida puede tener efectos graves en los seres vivos. Por ejemplo, cuando en la primavera se derrite la nieve formada con lluvia ácida, se transportan los compuestos ácidos disueltos a los ríos y lagos, con lo cual baja el pH del agua. Las consecuencias pueden ser devastadoras, ya que al bajar el pH, los peces dejan de depositar huevos y muchas plantas y animales mueren.

Algunos, como las ranas, pueden sobrevivir al aumento de acidez, pero se quedan sin nada que comer. La baja del pH afecta todo el ecosistema del lago.

Los daños que causa la lluvia ácida no se limitan a los ríos y lagos. También afecta a los organismos terrestres. Fíjate en la foto y verás cómo la lluvia ácida también daña los árboles.

La lluvia ácida no sólo afecta a los organismos vivos, sino que también puede afectar a edificios y estatuas. Esto se debe a que reacciona con los compuestos de sus materiales y produce nuevos compuestos que el agua disuelve y arrastra. Poco a poco los materiales se quiebran. El resultado puede ser semejante al que se ve en la estatua de la foto.

Para evitar el aumento de la lluvia ácida, los gobiernos estatales y locales han promulgado ciertas leyes. Algunas controlan el tipo de humo que las fábricas pueden emitir; otras controlan las emisiones de los automóviles.

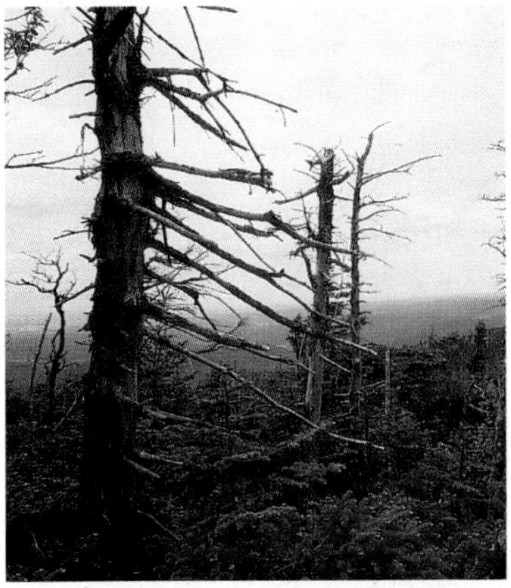

▲ *La lluvia ácida dañó las hojas de este y otros árboles de la zona, los cuales murieron debido a la gravedad del daño sufrido.*

Neutralización

Tal vez te preguntes cómo se pueden modificar las substancias que son muy ácidas o muy básicas. Recuerda que el agua es una substancia neutra que tiene el mismo número de iones de hidrógeno que de iones de hidroxilo. Por eso, cuando un ácido reacciona con una base, el agua es siempre uno de los productos resultantes. El otro producto depende del tipo de ácido y de base que participan en la reacción.

Por ejemplo, analiza la siguiente ecuación:

NaOH	**+**	**HCl**	→	**NaCl**	**+**	**H_2O**
Base	+	Ácido	→	Sal	+	Agua

▲ *El ácido que lleva la lluvia ácida puede reaccionar con la piedra y el metal y corroer estatuas y edificios.*

El hidróxido de sodio (NaOH) es la base que contienen algunos destapacaños. El ácido clorhídrico (HCl) es un ácido que se usa para limpiar el concreto. Cuando esas dos substancias reaccionan, se produce sal de mesa (NaCl) y agua (H_2O). La mezcla del ácido fuerte con la base fuerte, en cantidades adecuadas, produjo agua salada neutra.

La **neutralización** es la reacción de un ácido con una base que produce una sal y agua. El tipo de sal que resulta depende del tipo de ácido y de base que participan en la reacción. El cloruro de sodio (o sal de mesa) es sólo una de las sales que se pueden producir por neutralización.

Glosario

neutralización, reacción de un ácido con una base que produce una sal y agua

Glosario

La gente toma antiácidos para reducir el exceso de acidez del estómago. El prefijo *anti* significa "contra". El ácido del estómago es el ácido clorhídrico (HCl), es decir, el mismo de la reacción de neutralización de la página B67. Muchos antiácidos son bases que neutralizan algunos de los ácidos del estómago. Si el antiácido fuera hidróxido de calcio, entonces la sal que se produciría sería cloruro de calcio, en lugar de cloruro de sodio.

Las sales tienen muchos usos. Fíjate en la sal que se ve en la foto del Great Salt Lake. Es sal de mesa, que también usan los agricultores, los productores de carne elaborada, los fabricantes de vidrio y los curtidores de cuero. Otros tipos de sales son el bicarbonato de sodio, que se usa para hornear; el cloruro de calcio, que se usa para derretir el hielo de las calles y las aceras; el bromuro de plata, que se usa para revelar películas; y el sulfato de calcio, que se usa para hacer las placas de yeso con las que se construyen las paredes de muchas casas. Todas esas sales se producen haciendo reaccionar un ácido con una base.

A pesar de estar lejos del agua salada del mar, el Great Salt Lake (Gran Lago Salado) de Utah contiene una solución concentrada de agua salada. La sal proviene de los depósitos que hay en el suelo. ▼

Repaso de la Lección 4

1. ¿Qué son los ácidos y las bases?
2. ¿Qué es el pH?
3. ¿Cómo afectan el medio ambiente los cambios de pH?
4. ¿Qué es la neutralización?
5. **Usar claves de contexto**
   El último párrafo de la página B66 dice que las consecuencias de la lluvia ácida pueden ser devastadoras. Haz una lista de las claves de contexto de las páginas B66 y B67 para ayudarte a comprender el significado de la palabra *devastadoras*.

Experimenta con ácidos y bases

Materiales

- marcador
- cinta adhesiva de papel
- 10 vasitos graduados
- gafas protectoras
- solución de bicarbonato
- vinagre blanco
- jugo de col roja
- agua destilada
- gotero
- 9 agitadores de plástico
- jugo de limón
- agua carbonatada
- leche de magnesia
- solución de sulfato de magnesio
- agua de la llave
- solución transparente para la limpieza

Destrezas del proceso

- formular preguntas e hipótesis
- identificar y controlar variables
- experimentar
- observar
- recopilar e interpretar datos
- comunicar

Plantea el problema

De las substancias que puedes encontrar en tu hogar, ¿cuáles son ácidos y cuáles son bases?

Formula tu hipótesis

El jugo de col roja es un indicador que cambia de color cuando se le agrega a ácidos y bases. Si agregas jugo de col roja a distintas substancias utilizadas en el hogar, ¿cuáles cambiarán el color del jugo de col a uno que indique que son ácidos? ¿Cuáles cambiarán el color a uno que indique que son bases? Escribe tu **hipótesis.**

Identifica y controla las variables

Para que la prueba sea válida, debes controlar las **variables.** El agua destilada es tu substancia control. No es ni ácida ni básica. El tipo de substancia que pones a prueba es la variable que puedes cambiar.

Pon a prueba tu hipótesis

Sigue estos pasos para hacer un **experimento.**

1. Haz una tabla como la que se muestra en la página siguiente y anota ahí tus **observaciones.**
2. Con marcador y cinta adhesiva de papel, etiqueta 4 vasitos graduados: *Indicador (jugo de col roja)*, *Base (solución de bicarbonato)*, *Ácido (vinagre)* y *Control (agua destilada)*.
3. Ponte las gafas protectoras. Vierte 15 mL de solución de bicarbonato en el vasito *Base* y 15 mL de vinagre en el vasito *Ácido*. Vierte 15 mL de agua destilada en el vasito *Control* y 15 mL de jugo de col roja en el vasito *Indicador*. **Observa** el color del indicador (Foto A).

Continúa →

Continúa

Foto A

Foto B

4 Con el gotero, añade 10 gotas del jugo de col indicador al vasito Base. Revuelve con cuidado el líquido con un agitador limpio. Anota en la tabla los cambios de color que **observes** (Foto B).

5 Ahora añade 10 gotas del indicador al vasito *Ácido* y revuelve el líquido con un agitador limpio. Anota en la tabla los cambios de color que observes.

6 Añade 10 gotas del indicador al agua destilada del vasito Control. Revuelve con cuidado el líquido con un agitador limpio. Anota tus observaciones.

7 Con la cinta adhesiva de papel, prepara etiquetas para las demás substancias de la tabla. Coloca cada etiqueta en un vasito.

8 Vierte 15 mL de cada una de las substancias en su vasito correspondiente.

¡Cuidado! No lleves a la boca ninguna de las substancias.

9 Añade 10 gotas de jugo de col a cada substancia y revuélvela con un agitador limpio. Anota cualquier cambio de color.

Recopila tus datos

Substancia puesta a prueba	Color después de añadir el indicador	¿Ácido o base?
Solución de bicarbonato		base
Vinagre		ácido
Agua destilada		neutra
Jugo de limón		
Agua carbonatada		
Leche de magnesia		
Solución de sulfato de magnesio		
Solución para la limpieza		
Agua de la llave		

Interpreta tus datos

Completa la tabla rellenando la última columna. Utiliza tus observaciones de los cambios de color del indicador para determinar si las substancias son ácidas o básicas.

Compara los resultados con tu hipótesis

Lee la última columna de la tabla. Explica cómo determinaste qué substancias eran ácidas y qué substancias eran básicas. Compara los resultados con tu hipótesis sobre cada substancia.

Presenta tu conclusión

Comunica tus resultados. Explica cómo utilizaste el cambio de color del indicador en un ácido conocido (vinagre), una base conocida (solución de bicarbonato) y una substancia neutra conocida (agua destilada) para determinar si otras substancias eran ácidas o básicas. Nombra las variables que controlaste durante el experimento. ¿Qué cambios harías en el experimento si tuvieras que repetirlo?

Investiga más a fondo

¿De qué forma se podría usar el jugo de col para crear una escala de pH? Piensa en cómo vas a hallar la respuesta a ésta u otras preguntas que tengas.

Autoevaluación

- Formulé una **hipótesis** sobre el uso de un indicador para identificar ácidos y bases.
- Seguí instrucciones para averiguar qué substancias son ácidas y cuáles son básicas.
- Identifiqué y controlé **variables.**
- **Recopilé datos** en un tabla e **interpreté** los resultados para determinar qué substancias eran ácidas y cuáles eran básicas.
- **Comuniqué** mi conclusión.

Repaso del Capítulo 2

Ideas principales del capítulo

Lección 1

• El estado en que se encuentra una substancia depende de la cantidad de energía que haya en sus partículas. Las partículas de la materia obtienen calor durante la fusión y lo pierden durante la congelación.

• Durante la ebullición, las partículas del líquido adquieren energía suficiente como para desprenderse. En la evaporación, sólo se desprenden las partículas de la superficie.

Lección 2

• En una solución, las substancias se mezclan y se ven como una sola.

• Los solventes y los solutos pueden ser sólidos, líquidos o gaseosos.

• Un sólido se disuelve más rápidamente cuando se agita, se tritura o se calienta.

Lección 3

• Cuando ocurre una reacción química, se forman una o más substancias.

• Existen cuatro tipos de reacciones químicas.

• En las reacciones químicas, se libera o absorbe energía.

• Las ecuaciones químicas muestran el número y la clase de átomos que hay en los reactivos y los productos.

Lección 4

• Muchas substancias comunes contienen ácidos y bases.

• El pH es la medida de la concentración de los ácidos y las bases.

• Los cambios del pH de los materiales el ambiente pueden aparejar efectos positivos y negativos.

• En la neutralización, un ácido reacciona con una base para formar sal y agua.

Repaso de términos y conceptos científicos

Escribe la letra de la palabra o frase que complete mejor cada oración.

a. ácido
b. base
c. ecuación química
d. concentrada
e. condensación
f. diluida
g. reacción endotérmica
h. evaporación
i. reacción exotérmica
j. fórmula
k. indicador
l. neutralización
m. escala de pH
n. producto
o. reactivo
p. soluto
q. solvente

1. Las gotas de agua que vemos en la parte de afuera de un vaso frío se deben a la ___.

2. Un ___ es una substancia que disuelve otros materiales.

3. Al disolver dos tazas de azúcar en una taza de agua, se produce una solución ___.

4. Un ___ sirve para determinar el pH de un ácido o base.

5. Una ___ describe lo que pasa cuando los reactivos se reorganizan para formar productos.

6. El ___ es la substancia que se forma durante una reacción química.

7. Un ___ es una substancia, como HCl, que libera iones de hidrógeno en una solución.

8. Cuando el agua se descompone en hidrógeno y oxígeno, el agua es el ___.

9. Si se disuelve una cucharadita de jugo de limón en un galón de agua, la solución es ___.

10. La ___ describe la concentración de los ácidos y las bases.

11. La ___ es el proceso mediante el cual un ácido reacciona con una base para producir sal y agua.

12. La ___ es el cambio del estado líquido al gaseoso que se produce en la superficie de un líquido.

13. Cuando se quema papel, se libera calor y luz, y se produce una ___.

14. La ___ es el conjunto de símbolos que representa el tipo y número de átomos que tiene un compuesto.

15. Una ___ es una substancia, como el NaOH, que libera iones de hidróxido en una solución.

16. La compresa fría que se usa para calmar lesiones se enfría a través de una ___.

17. El gas dióxido de carbono se encuentra como un ___ en las bebidas carbonatadas.

Explicación de ciencias

Escribe un párrafo para responder las siguientes preguntas, o coméntalas con un compañero o compañera.

1. ¿Cómo cambia una substancia de sólida a líquida?

2. Da ejemplos de tres tipos de soluciones.

3. ¿En qué se parecen y en qué se diferencian los cuatro tipos de reacciones químicas?

4. ¿Cómo se prueba una substancia para saber si es un ácido o una base?

Práctica de destrezas

1. Escribe una breve descripción de los indicadores. Proporciona **claves de contexto** que sirvan para explicar el significado de la palabra *indicador*.

2. Cuando pasa electricidad a través de agua en estado líquido (H_2O), se forman los gases hidrógeno (H_2) y oxígeno (O). **Clasifica** esta reacción en uno de los cuatro tipos principales.

3. Es un día frío y dejas afuera un recipiente con agua. Una hora después, el agua está congelada. ¿Qué puedes **inferir** sobre la temperatura del aire?

Razonamiento crítico

1. Alejandra mezcló vinagre y antiácido líquido para ver qué pasaba. Tras formarse muchas burbujas, el líquido se volvió transparente. Unos días después, Alejandra regresó y encontró que el agua se había evaporado y sólo quedaba un sólido blancuzco en el fondo del vaso. Ayuda a Alejandra a **sacar una conclusión** sobre lo sucedido.

2. Si pones cubitos de hielo en un vaso con líquido a temperatura ambiente, y agitas los cubitos, el vaso se enfría. ¿Qué puedes **inferir** sobre la reacción?

3. Estás con tu amigo o amiga en la tienda de comestibles decidiendo qué bebida comprar. Cuando eligen una, tu amigo o amiga lee la etiqueta y se da cuenta de que, entre otros ingredientes, tiene ácido carbónico. Te dice que no es bueno tomar bebidas con contiene ácido. **Toma una decisión**. ¿Comprarías la bebida? Explica tu razonamiento.

¡Qué cabezazo!

¡PUM! El equipo contrario patea la pelota. La pelota sube y empieza a caer. Corres a recibirla y le das un cabezazo. ¡ESO! La pelota cambia de dirección y va hacia tu compañero de equipo. ¿Cómo funcionan las fuerzas que hacen que tú, tu equipo y la pelota se muevan?

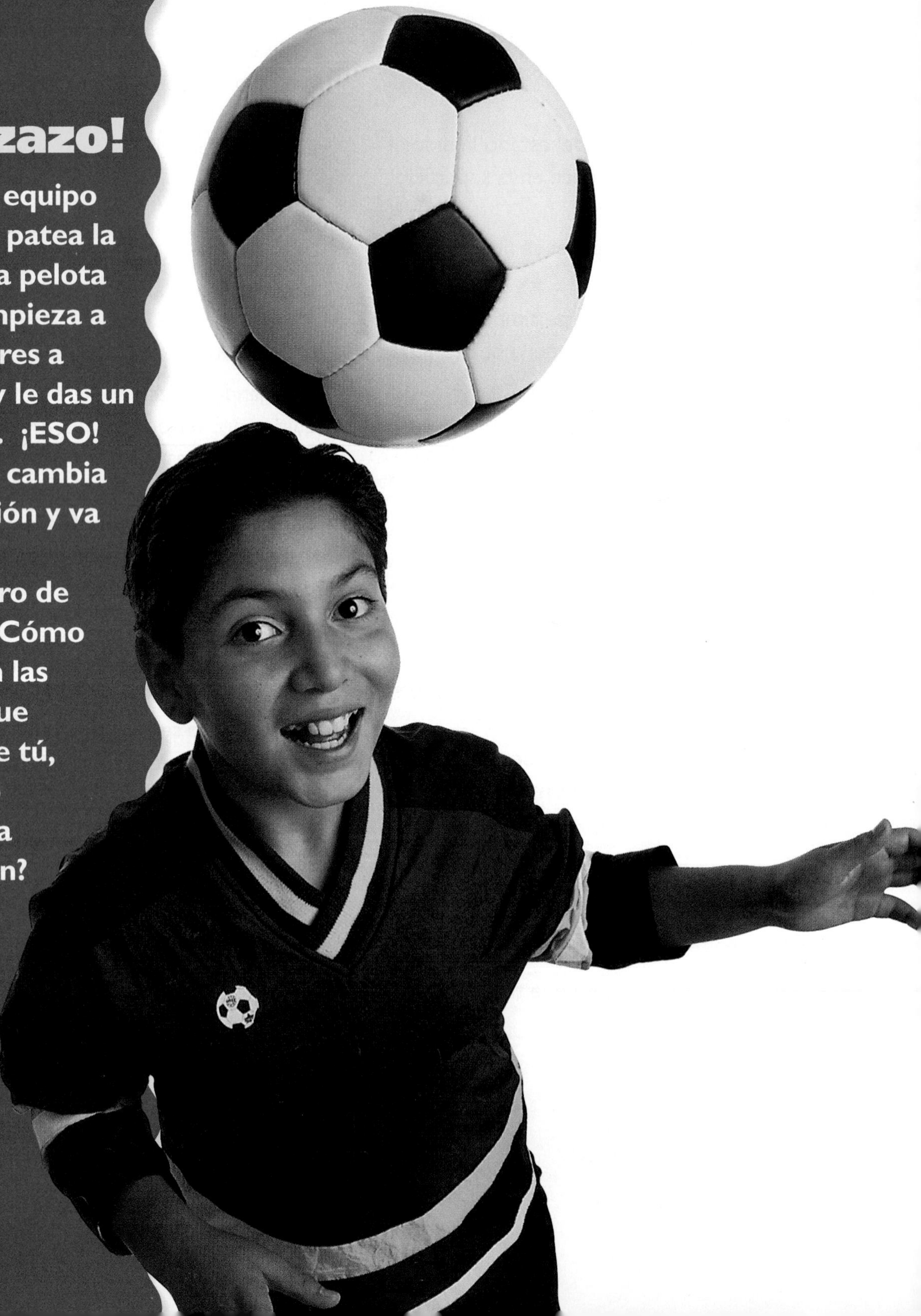

Capítulo 3

Objetos en movimiento

Investiguemos: Objetos en movimiento

- **Lección 1**
  ¿Qué hace que un objeto se mueva o se detenga?
  - ¿Qué es una fuerza?
  - ¿Qué factores afectan a la fuerza de gravedad?
  - ¿Qué diferencia hay entre masa y peso?
  - ¿Cómo afectan al movimiento las fuerzas en equilibrio y en desequilibrio?
- **Lección 2**
  ¿Qué es el movimiento?
  - ¿Cuáles son los tres tipos de movimiento?
  - ¿Qué son la distancia y el desplazamiento?
  - ¿Qué diferencia hay entre velocidad y rapidez?
  - ¿Cómo aceleran los objetos?
- **Lección 3**
  ¿Cuál es la primera ley del movimiento de Newton?
  - ¿Cómo afecta la inercia al movimiento?
  - ¿Cómo afecta la fricción a los objetos en movimiento?
  - ¿Cómo explica el movimiento circular la primera ley de Newton?
- **Lección 4**
  ¿Cuál es la segunda ley del movimiento de Newton?
  - ¿Qué relación hay entre masa, fuerza y aceleración?
  - ¿Por qué caen los objetos a distinta velocidad?
- **Lección 5**
  ¿Cuál es la tercera ley del movimiento de Newton?
  - ¿Qué son las acciones y reacciones?
  - ¿Cómo explican las leyes de Newton los juegos de los parques de diversiones?

Copia el organizador gráfico del capítulo *en una hoja de papel. El organizador te muestra de qué trata el capítulo. A medida que leas las lecciones y hagas las actividades, busca las respuestas a las preguntas y anótalas en tu organizador.*

Explora la aceleración

Destrezas/Proceso

Destrezas del proceso

- observar
- predicir
- comunicar
- inferir

Materiales

- gafas protectoras
- 10 monedas de un centavo
- 2 vasos de plástico
- plástico para envolver
- 2 ligas
- 10 sujetapapeles
- regla

Explora

1. Ponte las gafas protectoras. Coloca 10 monedas en un vaso. Cubre el vaso con plástico para envolver y sujeta el plástico con una liga.

2. Repite el paso 1 con 10 sujetapapeles.

3. Sostén un vaso en cada mano. **Observa** y compara sus masas.

4. Coloca ambos vasos a lo largo del borde de una mesa. Coloca una regla detrás de los vasos, como se indica en la foto.

5. Haz una **predicción.** ¿Qué sucederá si empujas los dos vasos de manera que caigan de la mesa al mismo tiempo? ¿Caerán a la misma velocidad? De no ser así, ¿cuál caerá más rápidamente? **Comunica** al resto de la clase en qué basas tu predicción.

6. Con la regla, empuja los vasos de manera que caigan de la mesa al mismo tiempo. Observa los vasos cuando caen.

7. Repite el paso 6 cuatro veces más. Anota tus observaciones.

Reflexiona

1. Compara los resultados de la actividad y tu predicción.

2. Basándote en tus predicciones y observaciones, ¿qué **inferencias** puedes hacer sobre la masa y los objetos que caen?

Investiga más a fondo

¿Qué sucedería si dejaras caer una pelota de ping-pong y una pelota de fútbol desde la misma altura y al mismo tiempo? Piensa en cómo vas a hallar la respuesta a ésta u otras preguntas que tengas.

Identificar causa y efecto

A lo largo del capítulo, ten en cuenta las ideas que indican una relación de **causa** y **efecto.** Cuando hablas de causa y efecto, dices por qué sucede algo. Si recuerdas que una causa provoca un resultado, o efecto, podrás entender mejor lo que lees.

Ejemplo

Cuando leas la Lección 1, *¿Qué hace que un objeto se mueva o se detenga?*, busca causas y efectos en esta foto de la pelota y la raqueta y en la foto de la página B78. Por ejemplo, pregúntate, "¿Qué hizo que la pelota se aplastara?" Una tabla como la de abajo te puede ayudar a identificar las causas y los efectos.

Causas	Efectos
	La pelota se aplasta.
	La raqueta se abolla.

En tus palabras

1. ¿Cómo puedes hallar una causa y un efecto?
2. ¿Qué causas y efectos encontraste en la foto?

Vocabulario de lectura

causa, persona, lugar o cosa que hace que algo suceda

efecto, producto de una causa; resultado

¿Cuál es la idea?

En esta lección aprenderás:

- qué es una fuerza.
- qué factores afectan a la fuerza de gravedad.
- qué diferencia hay entre masa y peso.
- cómo afectan al movimiento las fuerzas en equilibrio y en desequilibrio.

Lección 1

¿Qué hace que un objeto se mueva o se detenga?

¡Zas! Le das a la pelota con la raqueta y cae fuera de la cancha. Seguramente la golpeaste con mucha fuerza. La pelota sube y luego empieza a caer. No importa si le pegas con fuerza o no, la pelota siempre vuelve a bajar. ¿Por qué será?

Las fuerzas: empujones y tirones

Las **fuerzas** son empujones o tirones que se dan a un objeto. Cuando le das a la pelota con la raqueta, le aplicas una fuerza. Pero, ¿sabías que la pelota ejerce a su vez una fuerza sobre la raqueta? Fíjate en la ilustración. ¿Qué pruebas tienes de que cada objeto está ejerciendo una fuerza sobre el otro?

En las ilustraciones de la página siguiente verás otros ejemplos de los numerosos tipos de fuerzas que existen a tu alrededor. Analiza cada caso. ¿La fuerza empuja o tira del objeto? ¿De dónde viene la fuerza? ¿Qué hace la fuerza?

Es fácil identificar una fuerza cuando vemos un objeto que empuja o que tira de otro objeto. Por ejemplo, cuando un jugador de tenis pega la pelota, vemos cómo la raqueta la empuja. Otras veces no vemos a la fuerza en acción, pero sabemos que se encuentra presente porque algo se mueve.

Glosario

Glosario

fuerza, empujón o tirón dado a un objeto

¿Qué o quién ejerce la fuerza que hace que esta raqueta se mueva hacia la pelota? ▼

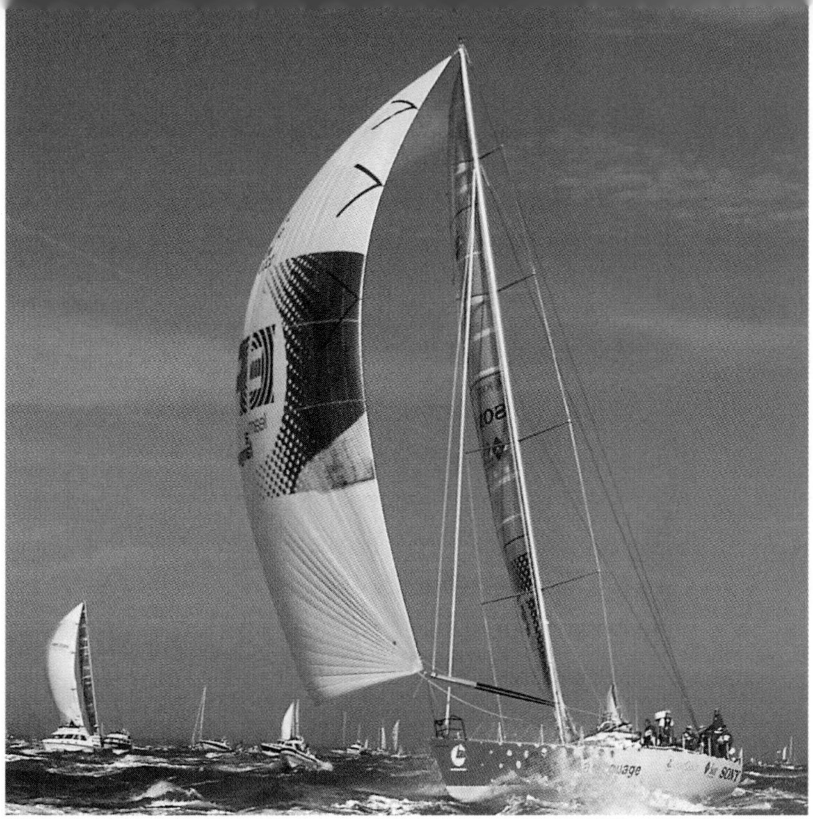

Para avanzar con mayor rapidez, los tripulantes de estos veleros giran las velas para que reciban el máximo empuje del viento.

Los veleros de la foto se mueven porque el viento empuja las velas. Aunque el viento no se ve, sí se ve el resultado de su fuerza: los veleros se mueven.

Tampoco se ve la fuerza magnética que tira de los objetos y los atrae hacia un imán, pero sí se ve el movimiento de los objetos hacia el imán. Si acercas bastante los polos iguales de dos imanes, sentirás cómo se empujan y se repelen.

Fíjate en la foto de la niña con su globo. ¿Qué fuerza hace que el pelo se le pare de esa manera? Seguramente ella ha frotado el globo contra la ropa y, al hacerlo, han pasado cargas eléctricas de la ropa al globo. Como son opuestas, las cargas del globo atraen a las cargas del pelo de la niña. Estas cargas opuestas hacen que el pelo de la niña y el globo se atraigan.

Cargas estáticas

Las cargas desiguales del globo y el pelo de la niña ejercen una fuerza de atracción mutua. Esto quiere decir que el globo tira del pelo de la niña y viceversa. Estas cargas se conocen como cargas estáticas. ¿Conoces otros ejemplos de carga estática?

▲ *¿Qué le pasaría a esta pelota si no existiera gravedad entre ella y la Tierra?*

La gravedad

Ciencias de la Tierra

Tal vez hayas oído decir que "todo lo que sube, tarde o temprano tiene que bajar". No importa la fuerza con que se le pegue, la pelota de la ilustración siempre volverá a caer a la Tierra. ¿Por qué? Muy simple. Por la fuerza de la **gravedad.**

Muchos piensan que la gravedad es la fuerza con que la Tierra atrae a los objetos. En realidad, así como la Tierra ejerce una fuerza que atrae a la pelota, la pelota también ejerce una fuerza que atrae a la Tierra. Entre dos objetos cualesquiera existe siempre una fuerza de atracción llamada gravedad.

Como quizás sepas, la Tierra atrae a la Luna. Sin la atracción de la Tierra, la Luna se alejaría en el espacio. Al girar alrededor de la Tierra, la Luna atrae todo lo que hay en nuestro planeta. Esa atracción hace que las aguas del mar se acumulen en el lado de la Tierra que da a la Luna. Este fenómeno se conoce como marea alta. Cuando hay mareas altas en un lugar de la Tierra, baja el nivel del agua en otros lugares. Ese descenso produce las mareas bajas, como la que se ve abajo.

Glosario

Glosario

gravedad, fuerza de atracción que existe entre dos objetos

▲ *La fuerza de gravedad que existe entre la Tierra y la Luna mantiene a la Luna en órbita y produce las mareas. Dos veces al día, los habitantes de las costas ven cómo sube y baja el nivel del mar.* ▶

La gravedad es lo que hace que el pingüino de la ilustración sea atraído hacia la Tierra. La Tierra atrae al pingüino y el pingüino atrae a la Tierra. La fuerza de gravedad entre dos objetos depende de la **masa**, o cantidad de materia, que tiene cada objeto. Cuanto mayor es la masa de los objetos, mayor es la fuerza de gravedad que existe entre ellos. La gravedad atrae a los dos objetos con la misma fuerza. Pero, si esto es cierto, ¿por qué la Tierra no sube al encuentro del pingüino cuando éste se arroja del témpano?

Para contestar esta pregunta, imagínate que tiras con igual fuerza de un pingüino y de la Tierra. ¿Cuál de los dos se moverá más? Como la Tierra posee una enorme cantidad de masa, la fuerza de gravedad que existe entre la Tierra y el pingüino hace que la Tierra se mueva casi nada. Sin embargo, como la masa del pingüino es mucho menor, esta misma cantidad de fuerza sí atrae al pingüino hacia el centro de la Tierra.

La gravedad que existe entre dos objetos no depende únicamente de la masa. Piensa en la siguiente pregunta: ¿A qué distancia de la Tierra debe alejarse un objeto para que desaparezca la gravedad? ¿Crees que a millones de kilómetros o más? Aunque no lo creas, incluso a esa distancia actúa una pequeñísima fuerza entre el objeto y la Tierra. Cuanto más cerca estén los centros de los dos objetos, mayor será la fuerza de gravedad entre ellos. Entenderás mejor esta idea si piensas en otro tipo de fuerza: la magnética. Si acercas los polos opuestos de dos imanes, se pegarán rápidamente. A medida que alejes los polos, la fuerza que hay entre ellos irá disminuyendo hasta que ya no se pueden atraer.

La gravedad actúa de igual modo. La fuerza de gravedad disminuye a medida que nos alejamos del centro de la Tierra. Cuando se lanza un cohete a la Luna, la fuerza de gravedad de la Tierra disminuye a medida que aumenta la distancia entre el cohete y la Tierra. Al alcanzar una cierta distancia, la fuerza de gravedad que la Luna ejerce sobre el cohete será mayor que la de la Tierra, y el cohete será atraído hacia la Luna. Al entender cómo actúa la gravedad, los científicos pueden determinar con qué rapidez y en qué dirección se deben lanzar los cohetes al espacio para que se mantengan en órbita alrededor de la Tierra o para que puedan escapar de su gravedad.

Glosario

masa, cantidad de materia que posee un objeto

La fuerza de gravedad que existe entre la Tierra y el pingüino es la misma. Como la masa del pingüino es mucho menor que la de la Tierra, la gravedad ejerce un efecto mucho mayor sobre el pingüino que sobre la Tierra. ▼

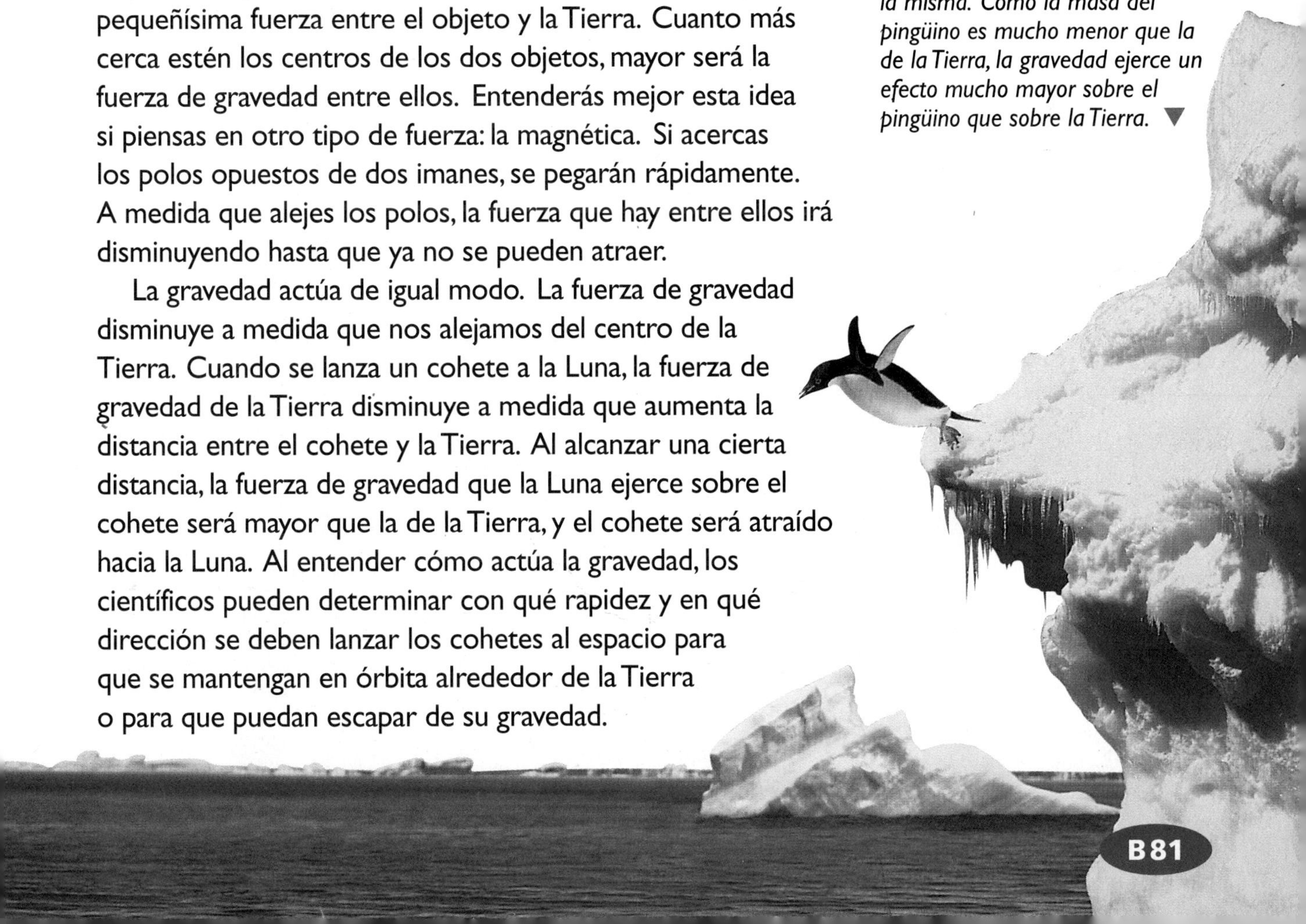

Glosario

Glosario

peso , medida de la fuerza que la gravedad ejerce sobre la masa de un objeto

newton , unidad del sistema métrico que se usa para medir la fuerza o el peso

Masa y peso

Si quieres bajar de peso rápidamente, ¡ve a la Luna! Mira el dibujo al pie de la página y compara lo que pesa el niño en la Tierra y en la Luna. ¿Por qué pesa menos en la Luna que en la Tierra?

Para contestar esta pregunta, necesitas saber cómo se relacionan la gravedad, el peso y la masa. Recuerda que la masa es la cantidad de materia que posee un objeto. En el sistema métrico, la masa se mide en gramos o en kilogramos. Estés donde estés, la cantidad de materia que hay en tu cuerpo, o sea, tu masa, no cambia: es igual en tu casa, en la escuela o en la Luna.

Ya vimos que la gravedad es la fuerza que actúa entre dos objetos. Como la masa de cualquier objeto que hay en la Tierra es mucho menor que la masa de la Tierra, todas las cosas son atraídas hacia el centro de la Tierra. Cuando te subes a la balanza, lo que ésta mide es tu **peso**. Tu peso es la fuerza con la cual la Tierra te atrae. Una manzana posee menos masa que tú, y, por eso, no es atraída hacia el centro de la Tierra con la misma fuerza. Debido a esto, su peso es menor que el tuyo.

Seguramente mides tu peso en libras. Fíjate que la ilustración muestra el peso del niño tanto en libras como en newtons. El **newton** es la unidad del sistema métrico que se usa para medir la atracción entre un objeto y la Tierra. La piña de la página siguiente pesa unos 10 newtons y su masa es de aproximadamente 1 kilogramo.

Una persona puede "perder" peso si viaja a la Luna. ¿Pero crees que se vería más delgada esa persona? ▼

Pongamos en práctica lo que acabamos de ver sobre la masa, el peso y la gravedad para entender por qué el niño pesa menos en la Luna que en la Tierra. Como la Luna tiene menos masa y es más pequeña que la Tierra, la fuerza con la que la Luna atrae a un objeto es aproximadamente una sexta parte de la fuerza con la que la Tierra atrae a los objetos. Una persona que pesa 450 newtons en la Tierra pesaría solamente unos 77 newtons en la Luna. En el gigantesco planeta Júpiter, donde la gravedad es mucho más fuerte, esa misma persona pesaría la increíble cantidad de 1143 newtons! Cuando un objeto viaja por el espacio, su peso puede oscilar desde casi cero hasta varias veces el peso que tiene en la Tierra, pero su masa sigue siendo la misma.

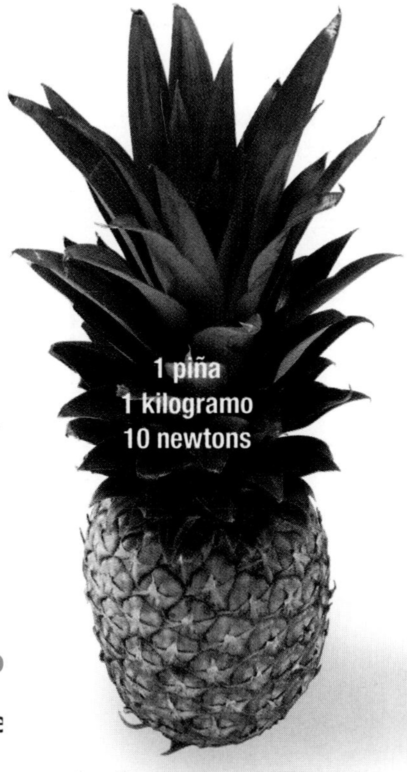

▲ *¿Cuánto pesaría una piña que tuviera la mitad de la masa de ésta?*

Fuerzas en equilibrio y en desequilibrio

Cuando andas en bicicleta, muchas fuerzas actúan sobre ti al mismo tiempo. Por ejemplo: la gravedad tira de ti hacia abajo; el viento quizás te empuja hacia un lado o hacia el otro; y las fuerzas que actúan entre las llantas de tu bicicleta y el camino te empujan hacia adelante. En todo momento existen numerosas fuerzas que actúan sobre los objetos. Pero, si hay varias fuerzas que empujan y tiran de un objeto al mismo tiempo, ¿en qué dirección se mueve el objeto?

Mira la ilustración y observa las pesas. Aunque las pesas no se mueven, hay fuerzas que actúan sobre ellas. ¿Cuáles son? En ciencias, las fuerzas se representan con flechas. La longitud de una flecha muestra la intensidad de la fuerza. La dirección de la flecha indica la dirección de la fuerza y la punta de la flecha indica el sentido de la fuerza. Por ejemplo, se pueden indicar las fuerzas que actúan sobre las pesas con dos flechas. Como las fuerzas que actúan sobre las pesas tienen la misma intensidad y dirección, la longitud y orientación de ambas flechas es igual. Pero fíjate que las flechas apuntan en sentido contrario.

¿Qué nos indican las flechas sobre las fuerzas que actúan sobre la pesa? ▼

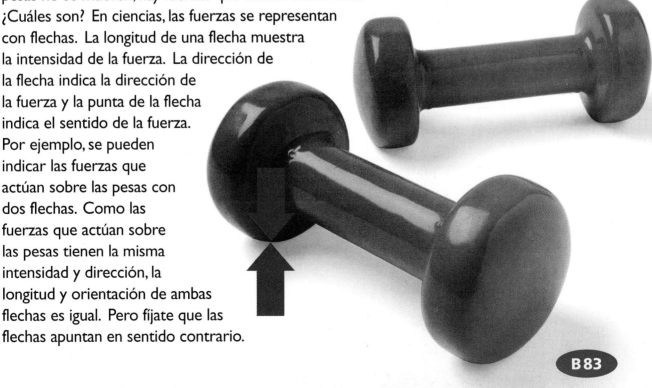

Glosario

Glosario

fuerza resultante, combinación de todas las fuerzas que actúan sobre un objeto

fuerzas en equilibrio, fuerzas iguales que actúan en sentido contrario

La combinación de las fuerzas que actúan sobre un objeto se conoce como **fuerza resultante**. En el caso de las pesas de la página B83, una fuerza anula a la otra, por lo cual la fuerza resultante es cero. Ello significa que las fuerzas se hallan en equilibrio. Las fuerzas iguales que actúan en sentido contrario son **fuerzas en equilibrio**.

¿Cómo cambiaría la fuerza resultante si alguien levantara las pesas? La niña vestida de amarillo está levantando dos pesas. La fuerza de gravedad sigue atrayendo las pesas hacia abajo, pero la niña también está ejerciendo una fuerza hacia arriba para tratar de levantarlas.

Estudiemos la situación usando las flechas. Fíjate que la flecha que apunta hacia abajo es más corta que la que apunta hacia arriba, porque la fuerza que ejerce la niña sobre las pesas es mayor que la fuerza que ejerce la gravedad. Cuando se ejercen dos fuerzas en una misma dirección pero en sentido contrario, la fuerza resultante es la diferencia entre las dos fuerzas. En este caso, las pesas se mueven hacia arriba.

Veamos ahora a la niña que tiene las pesas levantadas en alto. ¿Cuáles son las fuerzas que actúan sobre las pesas? ¿Cómo sabes que las fuerzas que actúan sobre cada una están en equilibrio?

Al levantarlas, esta niña ejerce sobre las pesas una fuerza opuesta y mayor que la fuerza de gravedad. ▼

▲ Si el tren empezara a subir una cuesta, ¿qué debería pasar para que siguiera avanzando? ¿Por qué?

Las fuerzas que actúan sobre las pesas, actúan en sentido contrario. ¿Qué pasa con la fuerza resultante cuando las fuerzas que actúan sobre un objeto tienen el mismo sentido?

Debido a su gran masa, el tren de la ilustración necesita dos locomotoras para poder avanzar. Cada una de ellas produce una fuerza que lo mueve hacia adelante. ¿Cómo afectan estas fuerzas al movimiento del tren?

Cuando dos o más fuerzas actúan en la misma dirección y sentido, la fuerza resultante es la combinación de todas las fuerzas. La fuerza resultante que actúa sobre el tren es la suma de las fuerzas de las dos locomotoras, y es la que hace que el tren avance.

Repaso de la Lección 1

1. ¿Qué es una fuerza? Da tres ejemplos.
2. ¿Cuáles son los dos factores que afectan a la fuerza de gravedad que existe entre dos objetos?
3. ¿Qué diferencia hay entre masa y peso?
4. ¿Cómo afectan al movimiento las fuerzas en equilibrio y en desequilibrio?
5. **Causa y efecto**
   Cuando bateas, la pelota de béisbol cambia de dirección y sentido. ¿Qué otra relación de causa y efecto ocurre al mismo tiempo?

¿Cuál es la idea?

En esta lección aprenderás:

- cuáles son los tres tipos de movimiento.
- qué son la distancia y el desplazamiento.
- qué diferencia hay entre velocidad y rapidez.
- cómo aceleran los objetos.

Glosario

Glosario

movimiento relativo, cambio en la posición de un objeto con respecto a la posición de otro

El semáforo sirve de sistema de referencia para esta serie de ilustraciones. ¿Qué otras referencias se pueden usar para determinar si algo está en movimiento? ▼

Lección 2

¿Qué es el movimiento?

"¡Ya! ¡Estáte quieto aunque sea un minuto!" Por mucho que le pidas, no es muy probable que el universo te haga caso. En el universo, las cosas están en constante movimiento, incluso aquéllas que parecen estar fijas. Pero, ¿qué es en realidad el movimiento?

Tipos de movimiento

¿Estás sentado en una silla en este momento? ¿Qué dirías si alguien te pregunta si tu silla y tú se están moviendo? Pues, aunque no lo parezca, tu silla y tú se están moviendo a unos 1600 kilómetros por hora. La silla y tú están en la superficie de la Tierra, la cual hace una rotación completa cada 24 horas. ¡Eso equivale a un recorrido de casi 40,000 kilómetros por día! No sientes ese movimiento porque la superficie en que estás, la Tierra, también se mueve.

La manera en que percibimos el movimiento de un objeto depende de su **movimiento relativo,** es decir, de su posición con respecto a la posición de otro objeto. Si comparas tu posición con la de la superficie de la Tierra mientras estás en la silla, no percibirás ningún movimiento. Sin embargo, si comparas tu posición con la del Sol, sí observarás movimiento.

Estudia las siguientes ilustraciones. ¿En cuál de las tres ves que el niño se mueve? La respuesta

depende del **sistema de referencia** que escojas. En la primera ilustración, el sistema de referencia puede ser el semáforo. En ese caso, ni el autobús ni el chofer ni el niño se están moviendo. Si usas el mismo **sistema de referencia** (el semáforo) en las otras dos ilustraciones, ¿qué es lo que se mueve?

Existe movimiento en todo lo que nos rodea. Las hojas de los árboles se agitan con el viento, las aves vuelan por el aire y los barcos se deslizan por las olas. Aunque muchos tipos de movimiento nos parezcan complicados, son por lo general combinaciones de tres movimientos básicos: vibratorio, circular y rectilíneo (en línea recta).

Observa la foto. ¿Cómo se mueven el platillo y la piel del tambor? No pueden moverse mucho porque están acoplados a otros objetos. Sólo hacen un movimiento de vaivén muy pequeño pero muy rápido. A este tipo de movimiento se le llama vibración. La vibración de algunas de las partes de los instrumentos musicales produce ondas sonoras en el aire que llevan la música a nuestros oídos. Cuando las vibraciones se vuelven más rápidas o más lentas, escuchamos distintas notas. ¿Qué otras cosas conoces que realizan movimiento vibratorio?

¿Has visto alguna vez un yoyo como el de abajo? Al subir y bajar por el cordel, el yoyo también gira alrededor de su centro. El movimiento circular es un tipo de movimiento que se realiza alrededor de un punto central. Lo observamos en los planetas que giran alrededor del Sol, en las ruedas de la bicicleta y en varios juegos de los parques de diversiones.

Glosario

sistema de referencia, objeto que el observador utiliza para detectar movimiento

▲ *¿Qué fuerza produce las vibraciones en la piel del tambor y en el platillo?*

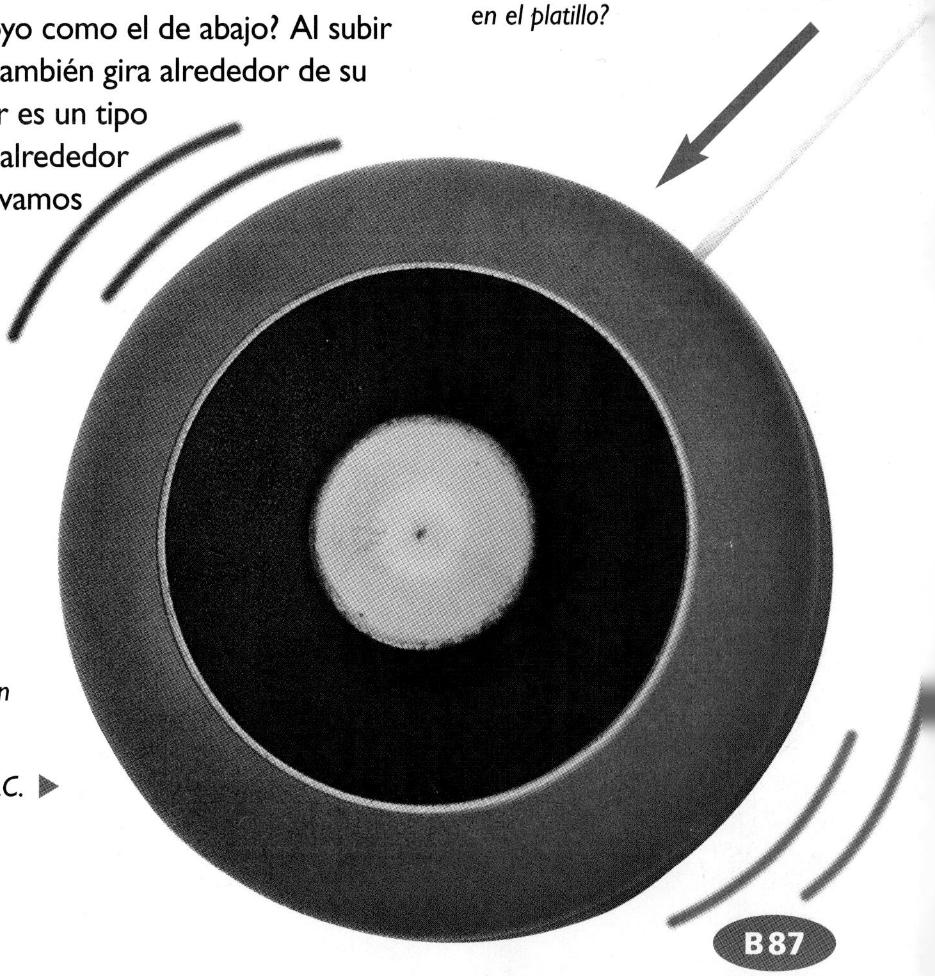

Los yoyos se mueven tanto en círculo como en línea recta. No se sabe con certeza cuándo se inventó el yoyo. Sin embargo, muchos historiadores creen que apareció por primera vez en la antigua Grecia cerca del año 500 a.C. ▶

La fotografía del avión a chorro nos muestra otro tipo de movimiento: el movimiento rectilíneo. Al observar la estela de humo que deja el avión, te das cuenta de que el avión voló en línea recta. Hay muchos tipos de movimiento que son rectilíneos. En general, las personas caminan en línea recta; y también las bicicletas, trenes y carros se desplazan en línea recta.

Piensa en los tipos de movimiento que hacen ciertos objetos que hay a tu alrededor. ¿Qué clases de movimiento ves?

La estela de humo que deja el avión a chorro forma una línea recta que muestra la dirección en que voló el avión. La estela de humo se forma cuando el vapor de agua que produce el escape del motor se condensa en las partículas frías del aire. ▼

Distancia y desplazamiento

¿Has oído alguna vez que "la distancia más corta entre dos puntos es una línea recta"? Expresamos la misma idea cuando decimos que "vamos recto" o "seguimos derecho".

Imaginas que vas a visitar a una amiga. ¿Podrías llegar a su casa yendo en línea recta desde la tuya o tendrías que dar muchas vueltas porque hay edificios u otro tipo de construcciones en medio? Imagina también que te desvías de tu camino y pasas por la casa de un compañero o entras en una tienda. Cuando por fin llegas a la casa de tu amiga, la distancia total que habrás recorrido será mucho mayor que si hubieras ido en línea recta.

Fíjate en la escuela que aparece en la ilustración de la siguiente página. Se halla a sólo 50 metros al norte de la casa de la estudiante. Pero el trayecto que ella debe recorrer es el siguiente: primero 10 metros al sur, 150 metros al oeste, 200 metros hacia el norte, otros 150 metros hacia el este y luego 10 metros al sur hasta llegar a la escuela. La distancia del trayecto que recorrió la niña es mucho mayor que la distancia real entre la escuela y su casa. Para calcular la distancia total recorrida, tienes que sumar la longitud de los cinco tramos del trayecto.

$$10\text{ m} + 150\text{ m} + 200\text{ m} + 150\text{ m} + 10\text{ m} = 520\text{ m}$$

La distancia sólo incluye la suma de la longitud de los cinco tramos del trayecto. La dirección de cada tramo no importa.

Cuando la estudiante llega a la escuela, ¿a qué distancia se encuentra de su casa y en qué dirección está? La flecha amarilla muestra esa medida. La flecha indica que el desplazamiento de la niña fue de 50 metros hacia el norte. El desplazamiento es la distancia más corta recorrida en una dirección determinada al ir de una posición a otra. El desplazamiento siempre incluye tanto la dirección como la distancia más corta entre los dos puntos. ¿Cuál sería la distancia y el desplazamiento de la niña si fuera desde su casa hasta la casa de al lado?

Piensa ahora en esta pregunta: Si un carro de carreras da una vuelta completa por una pista circular y recorre una distancia de una milla, ¿cuál es su desplazamiento?

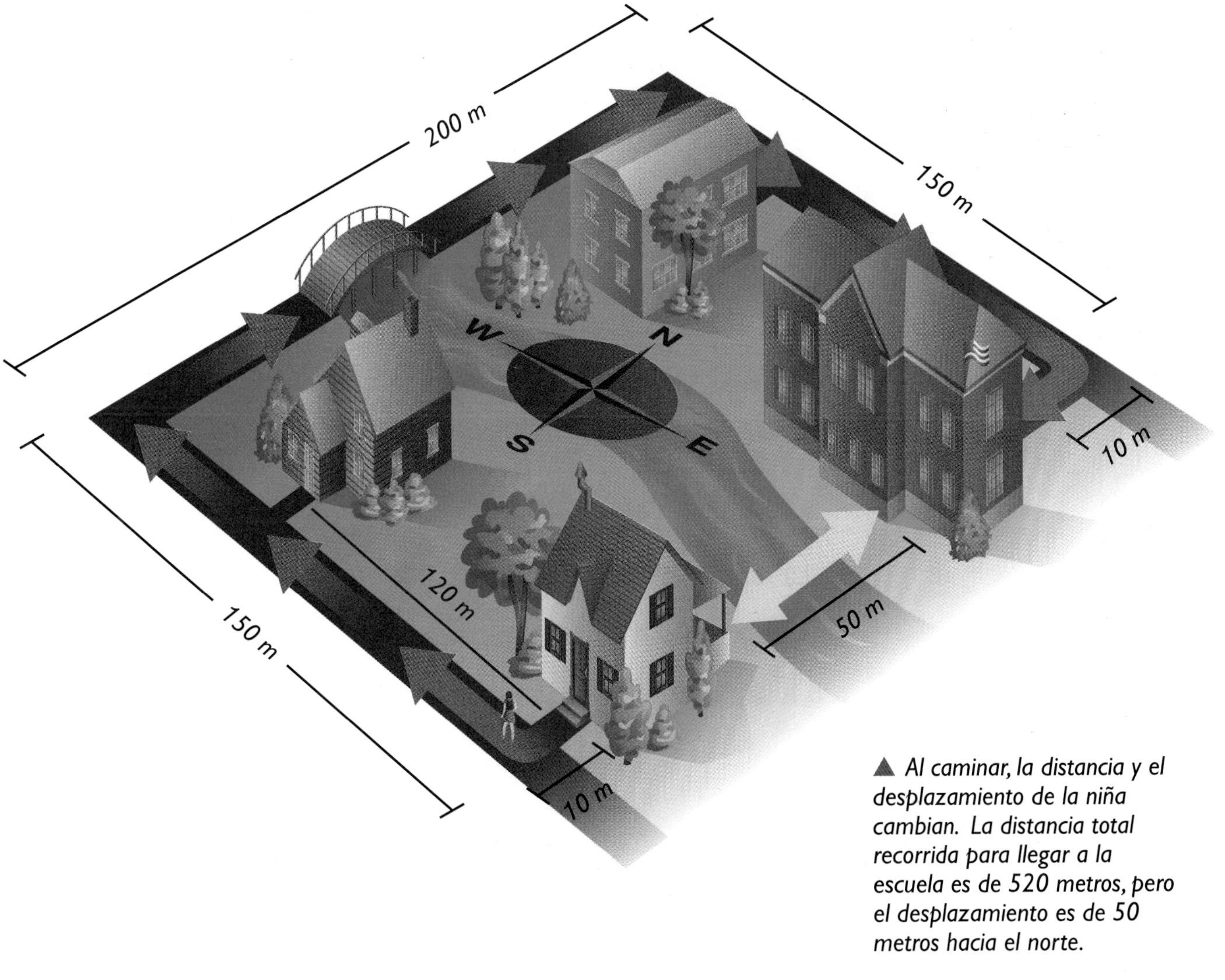

▲ *Al caminar, la distancia y el desplazamiento de la niña cambian. La distancia total recorrida para llegar a la escuela es de 520 metros, pero el desplazamiento es de 50 metros hacia el norte.*

Glosario

Glosario

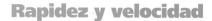

rapidez, distancia que recorre un objeto en un determinado período de tiempo

La rapidez del guepardo se puede expresar de varias maneras: 110 kilómetros por hora, 110 kilómetros/hora ó 110 km/h. La rapidez incluye siempre una unidad de distancia dividida por una unidad de tiempo. ▼

Rapidez y velocidad

En ciencias, la **rapidez** nos indica qué tan "rápido" o despacio se mueve un objeto. ¿Cuál es tu rapidez?

El guepardo africano de la fotografía es, sin lugar a dudas, un animal rápido. De hecho, es el animal más rápido del mundo y puede correr a 110 kilómetros (70 millas) por hora. Con esa rapidez, el guepardo puede ir a la par de los vehículos que circulan por la carretera más rápida. Más rápido aun es el cohete, que debe superar la gravedad de la Tierra. El cohete recorre cerca de 10.6 kilómetros (aproximadamente 6 millas y media) por segundo. ¡A eso sí se le puede llamar rapidez! Incluso un caracol tiene rapidez, aunque sea poca. Se arrastra tan lentamente que parece que no se mueve. Sin embargo, recorre 0.05 kilómetros por hora. Para calcular la rapidez de un objeto, hay que saber la distancia que ha recorrido y el tiempo que tardó en recorrerla. Usa la siguiente ecuación:

rapidez = distancia ÷ tiempo

Veamos este ejemplo: En la siguiente ilustración, el punto A se halla a 8 kilómetros del punto B. Supongamos que el corredor tarda una hora en recorrer esa distancia por la pista. Su rapidez es igual a:

8 kilómetros ÷ 1 hora = 8 kilómetros/hora

La rapidez del corredor es de 8 kilómetros por hora.

Es probable que la rapidez del corredor no sea la misma a lo largo de todo el trayecto. Seguramente correrá más despacio al ir cuesta arriba que cuesta abajo, y más rápido al comienzo que al final de la carrera. Su **velocidad instantánea** es decir, la rapidez que lleva en un punto determinado a lo largo del trayecto, podrá ser de 250 metros por minuto en su punto de mayor rapidez y de 100 metros en su punto de mayor lentitud, por ejemplo.

Si quieres saber tu velocidad instantánea cuando vas en carro, fíjate en lo que indica el **velocímetro.** Cuando caminas o corres, es muy probable que no sepas a qué velocidad vas en cada momento. Cuando alguien dice que corre a 10 kilómetros por hora, no se refiere a la velocidad instantánea sino a la velocidad promedio.

Pongamos un ejemplo: si la pista de la ilustración mide 12 kilómetros de largo y el corredor tarda una hora en recorrerla, ¿cuál es su velocidad promedio?

La rapidez mide qué tan rápido recorres cierta distancia, pero no indica en qué dirección. Para indicar tanto la rapidez como la dirección del recorrido, hay que mostrar la **velocidad** del objeto en movimiento. Si cambia la rapidez o la dirección del objeto, cambia su velocidad. Aunque el corredor mantenga la misma rapidez por toda la pista, no siempre viajará en la misma dirección. Si medimos su dirección y su velocidad instantánea en cualquier punto, tendremos su velocidad. Para expresar la velocidad, hay que indicar la rapidez y la dirección; por ejemplo: 10 metros por segundo hacia el norte.

Glosario

velocidad instantánea, rapidez que se tiene en un punto determinado
velocímetro, dispositivo que indica la velocidad instantánea
velocidad, medida de la rapidez y la dirección de un objeto en movimiento

¿En qué parte de la pista es probable que el corredor tenga la menor velocidad instantánea? ¿Y la mayor velocidad instantánea? ▼

Glosario

aceleración, cambio de velocidad en un período de tiempo determinado

Aceleración

Todos los participantes de esta carrera de sillas de ruedas empiezan con una velocidad de 0, es decir, no se mueven. Una vez que escuchan el disparo de partida, empiezan a impulsar sus sillas y aumentar su rapidez. Pasado el primer segundo, es posible que su velocidad instantánea sea de 1 metro por segundo. A los 2 segundos, es de 2 metros por segundo; y, a los 3 segundos, es de 3 metros por segundo. Cada segundo, su rapidez aumenta 1 metro por segundo. Cuando los corredores aumentan su rapidez, también aumentan su velocidad.

La velocidad de los corredores cambia lentamente cuando recién empiezan a moverse. Pero, a medida que se alejan del punto de partida, su velocidad aumenta más rápidamente. La **aceleración** indica cuánto cambia la velocidad en un período de tiempo determinado. La velocidad de los corredores cambió 1 metro por segundo cada segundo. Para aumentar su aceleración, tendrán que impulsar sus sillas más rápidamente.

Aceleración no sólo significa aumento de rapidez. También hay aceleración cuando un objeto disminuye su rapidez o cambia de dirección. Cuando los corredores doblan por una curva sin cambiar su rapidez, aceleran porque cambian de dirección.

Estos corredores tienen que tener mucha fuerza y coordinación para poder acelerar desde la largada, correr lo más rápidamente posible y mantener sus sillas en movimiento por la pista. ▼

El avión que ves a la derecha viaja a una velocidad constante. Mientras vuela por el cielo, los pasajeros que están dentro también viajan a una velocidad constante. Ni el avión ni sus pasajeros tienen aceleración. Sin embargo, en un momento dado, la paracaidista salta del avión. ¿Cómo afecta esto a su aceleración?

En primer lugar, la paracaidista cambia de dirección porque cae hacia la Tierra. También aumenta su rapidez porque los objetos al caer (la paracaidista en este caso) van unos 10 metros por segundo más rápido cada segundo. Pasados unos segundos, ¡la paracaidista va cayendo con mayor rapidez que un carro! La paracaidista está acelerando en dirección descendente.

Cuando la paracaidista abre el paracaídas, el aire choca contra la tela ejerciendo una fuerza ascendente sobre el paracaídas. Esa fuerza vence parcialmente la fuerza de atracción de la gravedad y hace que la rapidez de la paracaidista empiece a disminuir. El aire también puede hacer que la paracaidista cambie de dirección. Estas fuerzas cambian la velocidad y la aceleración de la paracaidista.

Al cambiar la aceleración, este paracaídas mantiene a la paracaidista fuera de peligro. Leonardo da Vinci dibujó un paracaídas alrededor del año 1495, pero pasaron casi 300 años para que alguien lo llegara a usar para saltar sin peligro desde una torre. ▼

Repaso de la Lección 2

1. Menciona tres tipos de movimiento.
2. ¿Qué son la distancia y el desplazamiento?
3. ¿Qué diferencia hay entre rapidez y velocidad?
4. Menciona las tres maneras en que puede acelerar un objeto.
5. **Causa y efecto**
   Cuando los corredores de la página B92 vayan cuesta arriba, ¿qué efecto puede tener esto en su velocidad?

¿Cuál es la idea?

En esta lección aprenderás:

- **cómo afecta la inercia al movimiento.**
- **cómo afecta la fricción a los objetos en movimiento.**
- **cómo la primera ley de Newton explica el movimiento circular.**

Lección 3

¿Cuál es la primera ley del movimiento de Newton?

"Me costó hacer mi recorrido en bicicleta esta mañana: no podía ni moverme. Pero una vez que empecé a andar, ¡ya no pude parar!" Estas ideas pueden parecer opuestas, pero ambas se pueden explicar con la misma ley.

Inercia y movimiento

Historia de las ciencias

Desde la antigüedad, los seres humanos se han interesado por conocer mejor el movimiento. A lo mejor has visto fotos de las grandes piedras que se muestran abajo. Esta estructura de piedra, llamada Stonehenge, se construyó alrededor del año 2200 a.C. en Inglaterra. Los historiadores y los científicos creen que probablemente fue construida para observar el movimiento de los cuerpos celestes.

Más tarde, en los siglos XVI y XVII, se llevaron a cabo varios experimentos para poder entender el movimiento. El científico italiano Galileo Galilei estudió los cuerpos que caen y el concepto de la gravedad. Sir Isaac Newton, un científico inglés, continuó con el estudio de estas ideas. En el siglo XVI, Newton propuso tres leyes del movimiento que explican cómo se mueven todas las cosas. En ciencias, una **ley** es un enunciado que describe sucesos o relaciones que se dan en la naturaleza.

Newton combinó las observaciones hechas en experimentos con ideas acerca de cómo se moverían las cosas en condiciones ideales. Las leyes de Newton todavía se aplican a la mayoría de los movimientos que se dan en la Tierra y nos ayudan a comprender cómo y por qué las cosas se comportan de tal o cual manera.

La primera de las tres leyes de Newton afirma que todos los objetos resisten los cambios de movimiento. Es decir, si un objeto está en reposo, se mantiene en reposo a menos que una fuerza en desequilibrio actúe sobre él desde fuera. Si el objeto está en movimiento, continúa en movimiento rectilíneo. No aumenta ni disminuye su rapidez, ni cambia de dirección a menos que una fuerza en desequilibrio vuelva a actuar sobre él.

Glosario

Glosario

ley, enunciado que describe sucesos o relaciones que se dan en la naturaleza

▲ *Stonehenge es un inmenso círculo de piedras que posiblemente usaron los antiguos astrónomos para seguir el movimiento del Sol.*

La **inercia** es la tendencia de un objeto a resistir cualquier cambio en su estado de movimiento. Mientras mayor sea la masa del objeto, mayor será su inercia. La primera ley de Newton se conoce también como ley de la inercia.

La primera parte de la ley no es muy difícil de comprender. ¡Tremenda sorpresa nos llevaríamos si viéramos que una piedra que estaba en una superficie plana empezara a rodar por sí sola! La experiencia nos dice que se requiere un esfuerzo, es decir, una fuerza externa, para que las cosas se muevan cuando están en reposo.

La segunda parte de la ley es más complicada. Estamos acostumbrados a ver que los objetos en movimiento disminuyan su rapidez, se caigan, o parezcan "quedar sin energía". Mira al jugador de béisbol de la foto. Una vez que el jugador comienza a correr por las bases, le es difícil detenerse. Como su cuerpo tiene mucha inercia, tiende a seguir moviéndose. Para detenerse, tiene que "poner los frenos" literalmente. Debe inclinar el cuerpo hacia atrás y ejercer más fuerza sobre el piso. Ésa es la fuerza externa.

Newton pensó en el movimiento en condiciones ideales. Las condiciones del espacio exterior son muy parecidas a éstas. Una vez que se lanza una nave espacial al espacio rumbo a la Luna y ésta avanza con suficiente rapidez como para vencer la fuerza de gravedad, los motores se apagan. La gravedad de la Tierra disminuye un poco la velocidad de la nave. Pero, debido a la distancia a la que se encuentra, la velocidad de la nave no disminuye tanto como lo haría si la nave estuviera más cerca de la Tierra. De esa manera, continúa avanzando hacia la Luna.

Glosario

inercia, resistencia de un objeto a cambiar su estado de movimiento

Glosario

Primera ley del movimiento de Newton

Todos los objetos resisten los cambios de movimiento.

En esta foto, Sammy Sosa sigue avanzando gracias a la inercia. ▶

¿Has visto imágenes de astronautas en el transbordador espacial? ¿Te fijaste lo que pasa cuando sueltan un objeto? El objeto flota por la nave y sólo cambia de dirección cuando choca contra una pared u otra superficie. No se cae ni reduce su velocidad. Ésta es la primera ley de Newton.

La primera ley de Newton la puedes experimentar aquí en la Tierra cuando vas en carro. Cuando el carro comienza a ir hacia adelante, sientes como que te empujan hacia atrás. En realidad, sucede lo contrario. Como tu cuerpo está en reposo, se resiste a moverse y trata de quedarse donde estaba el carro antes de empezar a andar. Al moverse el carro hacia adelante, el asiento te empuja hacia adelante.

Según la primera ley de Newton, una vez que el carro está en movimiento, tanto tú como el vehículo tienden a seguir moviéndose a la misma velocidad. De repente, el conductor detiene el movimiento del carro con una fuerza externa: los frenos. Sin embargo, los frenos a ti no te afectan. Como eres un objeto en movimiento, te sigues moviendo hacia adelante. Dependiendo de la velocidad a la que ibas antes de que el carro se detuviera, ¡te podrías seguir moviendo hasta traspasar el parabrisas! Tú también necesitas una fuerza externa que te detenga, como un cinturón de seguridad y un arnés para los hombros. Cuando el carro se detiene, también se detienen el cinturón y el arnés porque están fijos en el carro. Nota que, a pesar de que el carro de la foto se ha dañado, los maniquíes de prueba están ilesos. Ello se debe en parte al uso del cinturón de seguridad y al arnés para los hombros. Las bolsas de aire también juegan un papel importante.

▲ *El cinturón de seguridad, el arnés para los hombros y la bolsa de aire de este carro actúan como fuerzas externas para evitar que el maniquí se mueva hacia adelante.* ▶

Fricción

Según la primera ley de Newton, una vez que un objeto entra en movimiento deberá seguir moviéndose. Sin embargo, si estás en una superficie plana y te das un impulso para hacer andar tu patineta, llega un momento en que te detienes. ¿Por qué no te sigues moviendo?

La primera ley también afirma que un objeto seguirá moviéndose A MENOS QUE una fuerza externa actúe sobre él. En la Tierra, muchas fuerzas externas actúan sobre los objetos en movimiento. Una de ellas es la fuerza de gravedad, que atrae al objeto hacia el centro de la Tierra. Otra fuerza es la que tú experimentas todo el tiempo: la fricción.

La **fricción** es la fuerza que actúa entre las superficies y que resiste al movimiento de una superficie sobre otra. Frótate las manos. ¿Sientes que se calientan? La fricción convirtió la energía que usaste para mover las manos en energía térmica. De igual manera, se produce fricción cuando la cuchilla del patín de la foto roza con el hielo. Esa fricción produce calor que derrite parte del hielo.

La fricción entre las llantas de un carro y la carretera convierte la energía del vehículo en energía térmica. Esa energía térmica se pierde en el aire y el carro disminuye su velocidad. Cuando se le acaba toda la energía, el carro se detiene. Si deseas que se siga moviendo, debes continuar dándole más energía. Para eso, debes quemar más gasolina.

Si observaras la superficie de la carretera con un microscopio potente, verías que parece una cadena de montañas. Hasta las superficies que parecen lisas, como el caucho de las llantas, tienen salientes y entrantes. Imagínate que frotas dos pedazos de papel de lija. Cuanto más ásperas sean las superficies, mayor será la fricción.

La fricción también te afecta cuando andas en bicicleta y sientes que el aire empuja contra tu piel. Ésa es otra forma de fricción. Recuerda que en el Capítulo 1 vimos que las partículas que se chocan se transfieren energía. Tanto tú como la bicicleta pierden energía cuando chocan con las partículas del aire. Si no sigues pedaleando, la fricción del aire y de la superficie de la carretera convertirán toda la energía de la bicicleta en energía térmica y te detendrás.

La **resistencia del aire** es la fricción que producen las partículas de aire cuando chocan con un objeto que se mueve. Cuanto más rápido se mueve el objeto, mayor es la cantidad de partículas que chocan contra él y mayor es la resistencia del aire.

Glosario

fricción, fuerza que actúa entre las superficies y que resiste al movimiento de una superficie sobre otra

resistencia del aire, fricción que producen las moléculas de aire cuando chocan con un objeto que se mueve por el aire

Se produce fricción entre el hielo y los patines de la niña. ¿Qué otra fricción experimenta ella? ▼

Los efectos de la fricción pueden ser útiles. Piensa en cómo sería andar en bicicleta por una carretera cubierta de hielo. Las ruedas girarían, pero no avanzarías. Normalmente, la bicicleta se mueve hacia adelante porque, al girar las ruedas, las llantas empujan contra la superficie de la carretera. Sin embargo, hay mucho menos fricción entre las llantas y el hielo. El empuje se convierte en deslizamiento y por eso no te mueves.

¡Imagínate lo que sucedería si no hubiera fricción! No podrías caminar y, si empujaras algo, te resbalarías y te alejarías del objeto. Tampoco podrías disminuir la velocidad. La foto del niño en patineta muestra cómo la fricción puede producir efectos tanto buenos como malos en el movimiento.

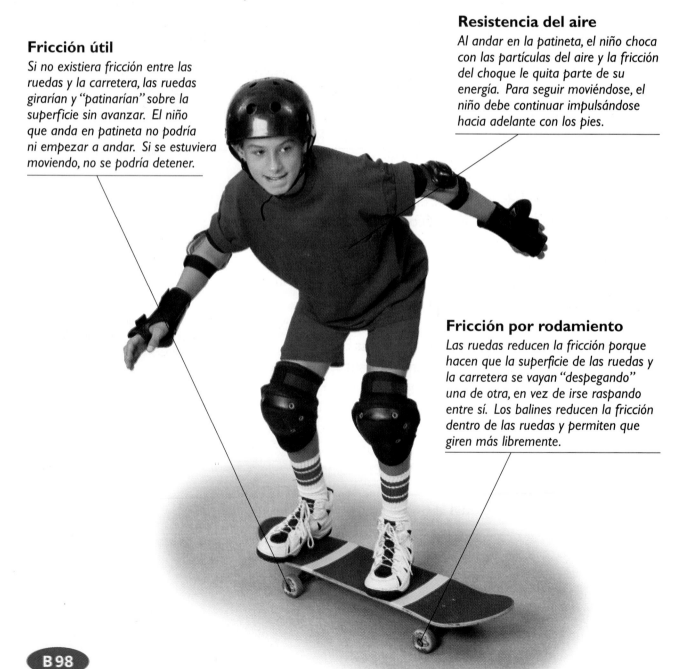

Resistencia del aire

Al andar en la patineta, el niño choca con las partículas del aire y la fricción del choque le quita parte de su energía. Para seguir moviéndose, el niño debe continuar impulsándose hacia adelante con los pies.

Fricción útil

Si no existiera fricción entre las ruedas y la carretera, las ruedas girarían y "patinarían" sobre la superficie sin avanzar. El niño que anda en patineta no podría ni empezar a andar. Si se estuviera moviendo, no se podría detener.

Fricción por rodamiento

Las ruedas reducen la fricción porque hacen que la superficie de las ruedas y la carretera se vayan "despegando" una de otra, en vez de irse raspando entre sí. Los balines reducen la fricción dentro de las ruedas y permiten que giren más libremente.

Movimiento circular

Según la primera ley de Newton, un objeto se mueve en línea recta a menos que una fuerza externa actúe sobre él. Entonces, ¿cómo explicas que un objeto se mueva en forma circular, como los satélites que giran alrededor de la Tierra?

Imagínate que tienes en la mano una pelota de sóftbol y haces un movimiento circular con el brazo. Cuando tu mano llega a la parte inferior del círculo, sueltas la pelota. ¿Qué sucede? La pelota sale disparada en línea recta. Eso es lo que predice la primera ley. La mano se mantiene en la parte externa del círculo y ejerce una fuerza que tira de la pelota, y hace que mueva en círculo y no en línea recta. Al eliminar esa fuerza, la inercia hace que la pelota salga disparada en línea recta.

Lo mismo sucede cuando la rueda de un carro al girar arroja barro o agua. Es la misma razón por la que la gente se pone arneses de seguridad cuando sube a un juego que se mueve en círculos en el parque de diversiones. Si no se los pusieran, ¡saldrían todos disparados en línea recta!

Los cohetes, como el transbordador espacial, despegan en línea recta. ¿Pero por qué no siguen derecho hacia el espacio? En realidad, lo que quieren los pilotos del transbordador es girar alrededor de la Tierra. Para hacerlo, ajustan la velocidad de tal modo que la fuerza de gravedad siga atrayéndolos y no deje que se salgan del círculo de órbita, como puedes ver en la foto. Los pilotos mantienen el equilibrio entre la inercia, es decir, la tendencia a seguir moviéndose en línea recta, y la fuerza de gravedad que los sigue atrayendo hacia la Tierra.

La fuerza que mantiene a un objeto en movimiento circular puede ser de atracción o de empuje. Las pistas de bobsled tienen lados en desnivel que se inclinan hacia adentro. Cuando el trineo llega a una curva y trata de seguir en línea recta, la pared lo empuja hacia la curva.

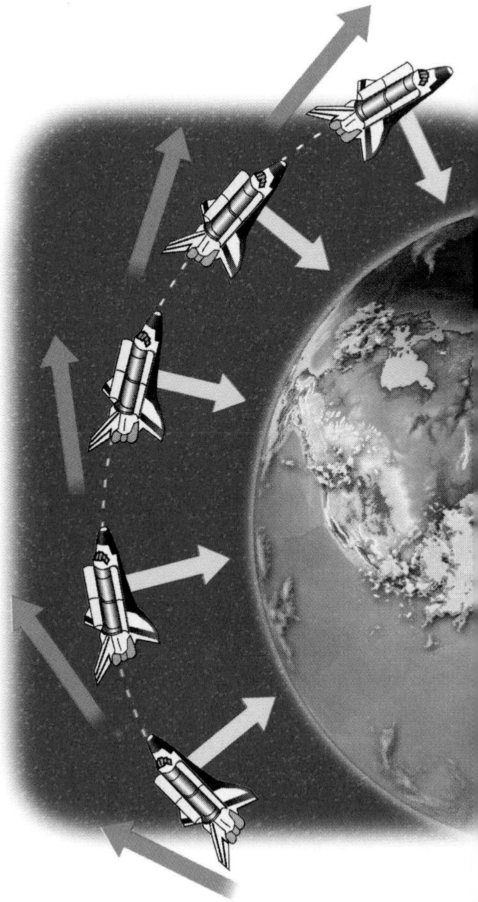

▲ *Las flechas amarillas muestran que la gravedad es la fuerza externa que evita que el transbordador se mueva en línea recta. Las flechas rojas muestran la dirección en que se movería la nave si la fuerza de gravedad desapareciera en ese punto.*

Repaso de la Lección 3

1. ¿Cómo afecta la inercia al movimiento?
2. ¿Cómo afecta la fricción a los objetos en movimiento?
3. ¿Cómo explica el movimiento circular la primera ley de Newton?
4. **Causa y efecto**
   Gracias a la fricción, puedes sujetar un lápiz con los dedos. Usa el concepto de causa y efecto para explicar cómo sucede esto.

Investiga la fricción y el movimiento

Destrezas/Proceso

Destrezas del proceso

- observar
- estimar y medir
- predecir
- inferir

Materiales

- gafas protectoras
- globo
- caja de zapatos con un agujero en un extremo
- cinta adhesiva
- regla métrica
- 5 palos de madera

Preparación

En este experimento, averiguarás cómo la fricción afecta al movimiento de un objeto.

Realiza el experimento sobre una superficie lisa. No lo intentes sobre una alfombra.

Si se te escapa el globo en el paso 5, deberás repetir el procedimiento.

Sigue este procedimiento

1. Haz una tabla como la que se muestra y anota ahí tus predicciones y tus datos.

	Predicción	Distancia
Caja sobre la mesa	x	
Caja sobre palos		

2. Ponte las gafas protectoras. Coloca el globo dentro de la caja. Inserta la abertura del globo en el agujero del extremo de la caja.

3. Infla el globo. Aprieta el cuello del globo con los dedos para que no se escape el aire. No lo ates.

4. Sigue apretando el cuello del globo y coloca la caja con el globo inflado sobre una mesa u otra superficie lisa. Con un pedazo pequeño de cinta adhesiva, marca en la mesa la posición del extremo posterior de la caja (Foto A).

Foto A

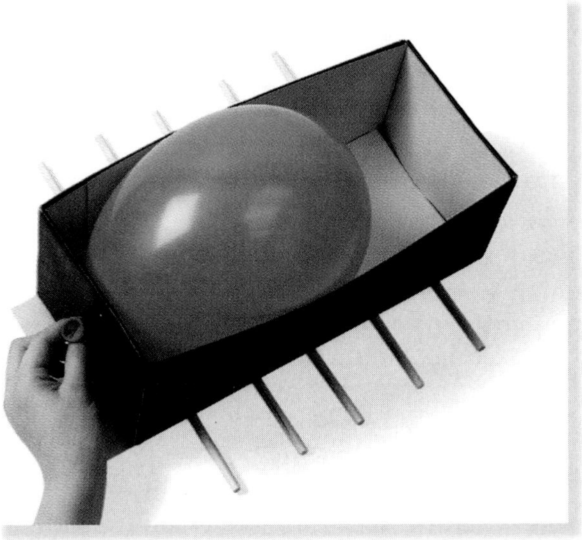

Foto B

5 Suelta el globo. **Observa** lo que le pasa a la caja. A continuación, **mide** la distancia de la cinta al extremo posterior de la caja. Anota tu medición en la tabla.

6 ¿Qué distancia crees que recorrerá la caja si la colocas sobre palos de madera? Anota tu **predicción.**

7 Repite los pasos 3 a 5; pero, esta vez, coloca 5 palos de madera, uno al lado del otro, debajo de la caja. Asegúrate de que, al inflarlo, el globo quede del mismo tamaño que tenía en la prueba anterior (Foto B).

¿Cómo voy?
¿Anoté mis mediciones en la tabla?

Interpreta tus resultados

1. ¿En qué prueba recorrió la caja una distancia mayor?

2. En la prueba 1, ¿qué fuerzas tuvo que vencer la caja para poder desplazarse? ¿Y en la prueba 2?

3. Haz una **inferencia.** ¿En qué prueba fue mayor la fricción entre la caja y la superficie sobre la cual se encontraba? ¿Qué efecto tuvo esto en la distancia recorrida por la caja?

4. ¿Por qué, al final, se detuvo la caja en ambas pruebas?

Investiga más a fondo

¿Qué otros métodos se podrían utilizar para disminuir la fricción entre la caja y la mesa? Piensa en cómo vas a hallar la respuesta a ésta u otras preguntas que tengas.

Autoevaluación

- Seguí las instrucciones para **observar** cómo la fricción puede afectar al movimiento de un objeto.
- **Predije** la distancia que recorrería la caja antes de la segunda prueba.
- **Medí** la distancia recorrida por la caja cada vez.
- Anoté las mediciones en la tabla.
- **Inferí** cómo la fricción afectó a la caja en cada prueba.

¿Cuál es la idea?

En esta lección aprenderás:

- qué relación hay entre fuerza, masa y aceleración.
- por qué caen los objetos a distinta velocidad.

Lección 4

¿Cuál es la segunda ley del movimiento de Newton?

"¡Impresionante! Bateó tan fuerte que tiró la pelota fuera del parque. ¡Y yo que apenas la pude hacer subir!" ¿Por qué unos tiran la pelota más lejos que otros? ¿Qué hay que hacer para pegarle a la pelota con más fuerza?

Masa, fuerza y aceleración

Mira al niño de la foto. ¿Le es más fácil mover el recipiente de reciclaje vacío o el que está lleno de periódicos? Qué pregunta tan tonta, ¿no? Ya sabes que, cuando un objeto tiene más masa que otro, debes empujarlo o tirar de él con más fuerza. Mientras mayor sea la masa de un objeto, mayor es su inercia y mayor es la fuerza que se necesita para moverlo.

Esta fue la idea propuesta por Newton en su segunda ley del movimiento, que muestra cómo se relacionan la fuerza, la masa y la aceleración. La segunda ley del movimiento se puede expresar con la siguiente ecuación:

fuerza = masa x aceleración

En esta ecuación, la fuerza se refiere a la fuerza que se aplica al objeto; la masa es la masa del objeto; y la aceleración es la aceleración del objeto. La ecuación te indica que la fuerza que necesitas para mover un objeto es igual a la masa del objeto multiplicada por la aceleración que quieres obtener.

La segunda ley de Newton también explica que los objetos aceleran en la misma dirección y sentido de la fuerza que actúa sobre ellos. Como puedes ver claramente en las fotos, los dos recipientes se mueven en la dirección y sentido en que el niño los empuja.

▲ *El recipiente de reciclaje que está lleno de periódicos tiene más masa que el que está vacío. Como los objetos de mayor masa tienen mayor inercia, el niño debe aplicar más fuerza para mover el recipiente.*

Mira las fotos de arriba. El camión vacío viaja por un camino llano desde un lugar en construcción hasta una madedería. En la maderería, recoge una carga entera de madera y regresa a la construcción por el mismo camino. En el viaje de regreso, el conductor nota que no puede alcanzar la misma velocidad tan rápidamente como lo hizo con el camión vacío. El motor le da la misma fuerza en los dos viajes, pero el camión cargado acelera más despacio porque tiene más masa. ¡Es la segunda ley del movimiento de Newton en acción!

La segunda ley del movimiento también explica que, si cambia la aceleración de un objeto, es porque ha cambiado la cantidad de fuerza que actúa sobre él. Si al regresar de la maderería el camión debe parar en un semáforo en rojo, el conductor aplica los frenos y la velocidad del camión disminuye. ¿Qué fuerza actúa ahora sobre el camión que hace que disminuya su velocidad?

▲ *Usa la segunda ley del movimiento de Newton para explicar cómo la resistencia del aire afecta a la aceleración de este camión*

Segunda ley del movimiento de Newton

La aceleración de un objeto depende de la masa del objeto y de la intensidad, dirección y sentido de la fuerza que actúa sobre él.

Objetos en caída

Historia de las ciencias

Aristóteles, filósofo griego del siglo IV a.C., afirmaba que la velocidad con que cae un objeto depende de su masa. Como esa idea parecía razonable, nadie la cuestionó sino hasta varios siglos después.

Es posible que hayas oído la historia de Galileo Galilei. Se dice que a finales del siglo XVI, Galileo dejó caer dos balas de cañón desde la torre inclinada de Pisa. La masa de una de las balas era diez veces mayor que la de la otra, pero tal como sospechaba Galileo, las dos llegaron al suelo al mismo tiempo.

Ya vimos que mientras mayor sea la masa de un objeto, mayor es la fuerza que la gravedad ejerce sobre el mismo. Es posible que hayas pensado que la bala de cañón de mayor masa caería más rápidamente. ¿Pero por qué llegaron al suelo al mismo tiempo?

Galileo no usó la palabra *inercia*, pero creyó que mientras más masa tuviera un objeto, más difícil sería moverlo. La gravedad ejerce más fuerza sobre el objeto de mayor masa. Pero como el objeto también tiene más inercia, no se mueve tan fácilmente. Debido a esto, todos los objetos caen con la misma aceleración. Esto se cumple siempre a menos que la resistencia del aire los afecte de alguna manera.

En la ilustración de la siguiente página encontrarás una demostración sencilla del experimento de Galileo. Se usaron dos hojas de papel del mismo tamaño y del mismo peso. Con una de ellas se hizo un bollo mientras que la otra se dejó plana. Dos estudiantes dejaron caer las hojas desde la misma altura al mismo tiempo. Como ves en la foto, la hoja abollada cae más rápidamente. ¿Por qué?

A diferencia de las balas de cañón de Galileo, las dos hojas de papel experimentan distinta cantidad de resistencia del aire. Al caer un objeto, la resistencia del aire se comporta como una fuerza que actúa en sentido contrario a la fuerza de gravedad. Si el objeto tiene suficiente área superficial y su caída dura lo suficiente, debajo del objeto se acumula una cantidad de aire que evita que el objeto acelere. La hoja plana de papel tiene más área superficial que la abollada. Por ello, experimenta más la resistencia del aire y cae más despacio.

La foto de la niña muestra que, aunque las pelotas son de distinto tamaño, caen a la misma velocidad. ▼

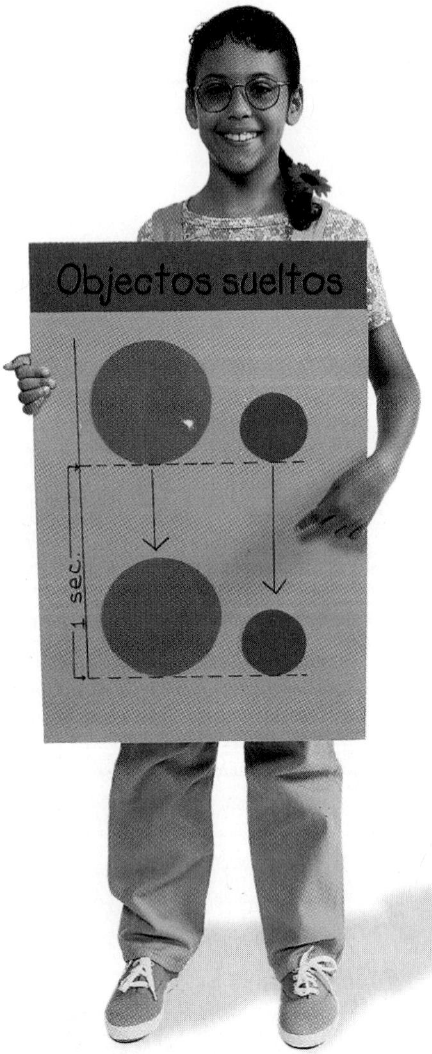

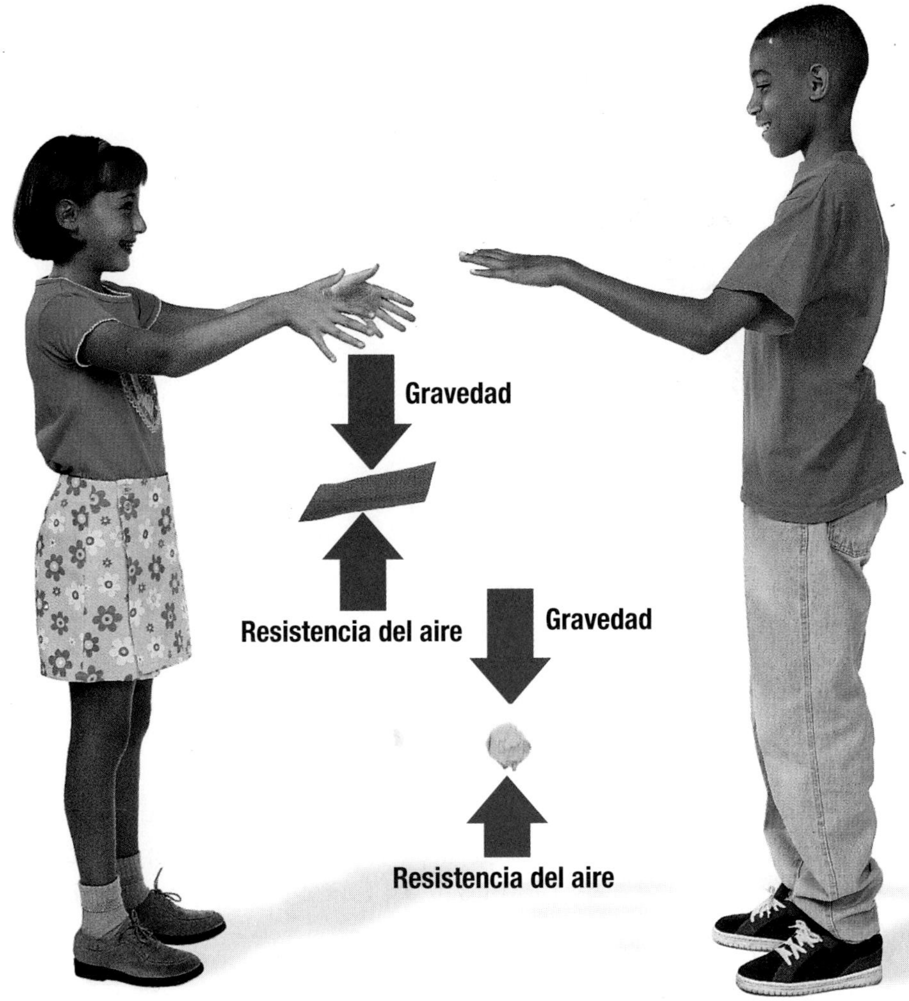

Resistencia del aire
Estas dos hojas de papel caen a distinta velocidad porque la resistencia del aire es mayor en la hoja extendida. ¿Qué pasaría si abollaras dos hojas de papel juntas y las dejaras caer al mismo tiempo que dejas caer una sola hoja abollada?

Los paracaidistas usan la resistencia del aire para controlar su velocidad de caída. Cuando los paracaidistas extienden el cuerpo para recibir mayor cantidad de aire, su velocidad disminuye. Cuando pegan los brazos y las piernas al cuerpo y apuntan la cabeza hacia abajo, su aceleración aumenta. Al adoptar esa posición, los paracaidistas consiguen una forma más aerodinámica. Cuando se le da forma aerodinámica a un objeto, se intenta reducir su área superficial lo más posible. Por lo general, los objetos aerodinámicos también tienen bordes redondeados para que el aire fluya a su alrededor en vez de acumularse por debajo de ellos.

Este paracaidista extendió su cuerpo para lograr una mayor resistencia del aire. Esto hace que el paracaidista caiga más despacio.

Repaso de la Lección 4

1. ¿Qué relación hay entre masa, fuerza y aceleración?
2. ¿Por qué caen los objetos a distinta velocidad?
3. **Causa y efecto**
   Identifica las relaciones de causa y efecto que encuentres en el párrafo anterior.

¿Cuál es la idea?

En esta lección aprenderás:

- **qué son las acciones y reacciones.**
- **cómo las leyes de Newton explican el funcionamiento de los juegos de los parques de diversiones.**

▲ *Por las flechas, te puedes dar cuente que el niño empuja contra la pared y que la pared empuja contra él. ¿Qué otro par de fuerzas puedes identificar?*

Lección 5

¿Cuál es la tercera ley del movimiento de Newton?

Imagínate que eres astronauta y estás haciendo una caminata espacial fuera del transbordador. Para regresar a la nave, accionas tu propulsor a chorro. ¡No puede ser! Se le acabó el combustible. ¿Cómo regresarás? ¡No tienes nada contra que empujarte!

Acción y reacción

Los astronautas saben exactamente lo que tienen que hacer en una situación como ésa: quitarse el propulsor a chorro y darle un fuerte empujón EN DIRECCIÓN OPUESTA al transbordador. Al alejarse el propulsor, el astronauta se mueve HACIA el transbordador. Los astronautas usan la tercera ley de Newton.

La tercera ley de Newton afirma que, cuando un objeto ejerce una fuerza sobre otro, el segundo objeto ejerce una fuerza igual y contraria sobre el primero. Al empujar el astronauta el propulsor, el propulsor empuja al astronauta. Este empujón hace que el astronauta se mueva hacia el transbordador.

Todas las fuerzas actúan en pares. Empuja el pupitre hacia abajo con la mano. El pupitre te empuja la mano con la misma fuerza. Del mismo modo, cuando el niño de la foto se apoya contra la pared, la pared también empuja al niño.

¿Cómo pueden ejercer fuerza un pupitre y una pared? Tal vez te resulte más fácil comprender esto si piensas en lo que sucedería si esos objetos no empujaran con la misma fuerza. Tu mano haría que el pupitre atravesara el suelo y te caerías. Siempre que haya un objeto en reposo, debe haber equilibrio entre las fuerzas.

Fíjate en la rana de la ilustración de la siguiente página. Cuando la rana está quieta en la hoja de nenúfar, la hoja empuja a la rana hacia arriba con la misma fuerza con que la rana empuja la hoja hacia abajo. Pero, cuando la rana salta de la hoja, ejerce una fuerza que empuja a la hoja hacia atrás. Debido a esto, la hoja se aleja de la rana. A su vez, la hoja empuja a la rana con una fuerza igual pero contraria, y así la rana se mueve hacia adelante.

Una vez que la rana está en el agua, se pone a nadar aplicando la tercera ley del movimiento. Con las patas, empuja hacia atrás contra el agua. Esta fuerza se conoce como acción. Al mismo tiempo y con la misma fuerza, el agua empuja las patas de la rana hacia adelante. Esta fuerza es la reacción. El empujón del agua le permite a la rana avanzar Las patas palmeadas de la rana le sirven para desplazarse más fácilmente por el agua.

Los diseñadores de cohetes también aplican la tercera ley de Newton, conocida como la ley de acción y reacción. Es posible que pienses que los cohetes despegan cuando los gases de sus motores empujan contra el suelo. Si eso fuera verdad, ¿cómo funcionarían entonces en el espacio? En el espacio, los motores no tienen nada contra que empujar.

Al mismo tiempo que una fuerza empuja hacia atrás los gases producidos en el motor del cohete, una fuerza igual pero contraria empuja a la nave hacia adelante. En la realidad, los cohetes funcionan mejor en el espacio porque allí es más fácil empujar los gases hacia atrás. ¿A qué se debe esto? En el espacio no hay partículas de aire que disminuyan la velocidad de los gases.

Hasta una acción simple como caminar es un ejemplo de acción y reacción. Al empujar el pie contra el suelo, el suelo empuja al pie en sentido contrario. Como empujamos con un ángulo ligeramente inclinado hacia atrás, el suelo nos empuja hacia adelante.

La tercera ley del movimiento de Newton

Cuando un objeto ejerce una fuerza sobre otro, el segundo objeto ejerce una fuerza igual y contraria sobre el primero.

¿Qué fuerza hace que la rana se mueva hacia adelante ▼

Las leyes de Newton en acción en el parque de diversiones

El movimiento, la gravedad, la masa, las fuerzas, la aceleración, la fricción, la inercia, la acción y la reacción son elementos importantes para el funcionamiento de los juegos de un parque de diversiones. El parque de diversiones es uno de los mejores lugares para ver en acción las tres leyes del movimiento de Newton. Después de leer los ejemplos, fíjate si puedes ubicar otras partes de los juegos donde se aplica cada ley.

Primera ley de Newton

◀ *En la cima de la cuesta de la montaña rusa, el carrito y tú están casi en reposo. La inercia tiende a que te quedes en ese lugar. Si no estuvieras sujeto con arneses de seguridad, el carrito te dejaría en el aire y bajaría sin ti.*

Movimiento circular

La primera ley de Newton nos dice también que, si estas personas no tuvieran un apoyo detrás, saldrían disparadas en línea recta. ▼

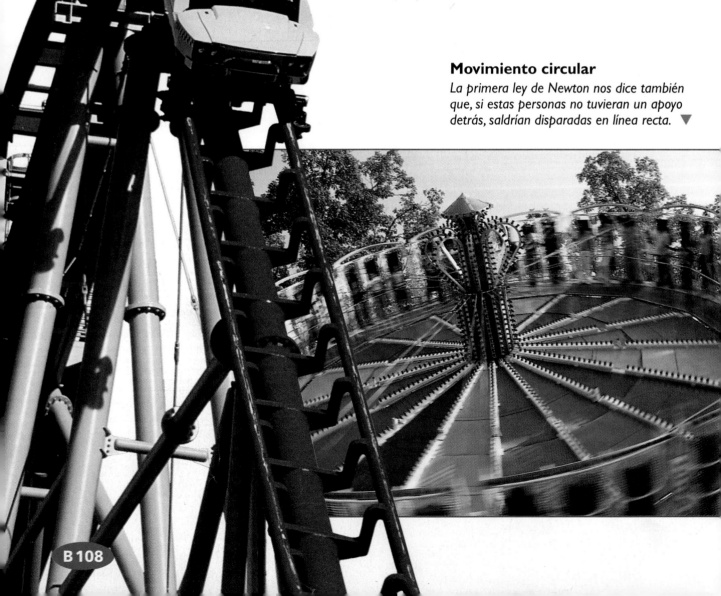

Segunda ley de Newton

¿Qué se puede hacer para pegar en el blanco con suficiente fuerza como para hacer sonar la campana? Podrías usar un martillo con mucha masa, pero posiblemente te resulte difícil moverlo con rapidez. O podrías usar un martillo más liviano y moverlo lo más rápido que puedas. La mayor fuerza se lograría con una persona muy fuerte que pudiera mover un martillo pesado con rapidez. ▶

Tercera ley de Newton

Una de las cosas más divertidas de los carritos chocadores es hacerlos rebotar unos contra otros. Cuando chocan dos carros, ambos rebotan porque el primero empuja al segundo y el segundo empuja al primero con la misma fuerza. ▼

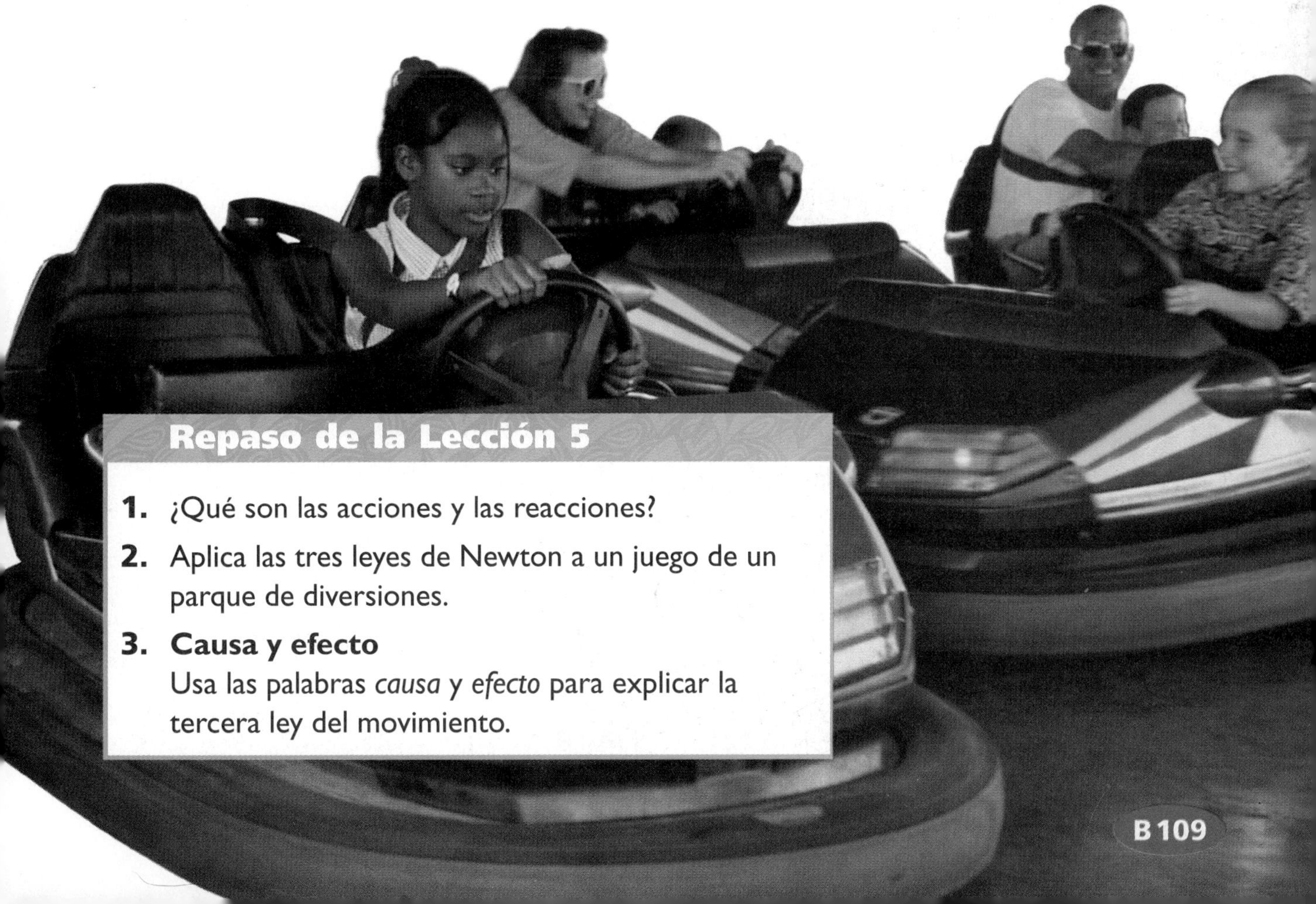

Repaso de la Lección 5

1. ¿Qué son las acciones y las reacciones?
2. Aplica las tres leyes de Newton a un juego de un parque de diversiones.
3. **Causa y efecto**
   Usa las palabras *causa* y *efecto* para explicar la tercera ley del movimiento.

Investiga la acción y reacción

Destrezas/Proceso

Destrezas del proceso

- estimar y medir
- predecir
- observar
- comunicar

Materiales

- cuadrado de cartón grueso de 10 cm de lado
- tijeras
- regla métrica
- liga
- molde de aluminio poco profundo con agua
- toallas de papel

Preparación

En esta actividad, construirás un bote de aspas para observar la ley de Newton sobre la acción y la reacción.

Sigue este procedimiento

1. Haz una tabla como la que se muestra y anota ahí tus predicciones y observaciones.

Dirección en que se se gira el aspa para enrollar la liga	Dirección en que giró el aspa al soltarla	Dirección en que se desplazó el bote

2. Recorta un extremo del cuadrado de cartón en forma de punta para darle forma de bote. En el centro del lado opuesto, haz un corte en U de 5 cm de lado.

3. **Mide** y recorta un cuadrado de 4 cm de lado del pedazo de cartón que acabas de cortar. Este cuadrado será el aspa del bote.

4. Estira y coloca la liga alrededor del bote cruzándolo de lado a lado en medio del corte de la parte de atrás. Inserta el aspa entre las hebras de la liga (Foto A).

Foto A

5 Enrolla la liga dándole 4 ó 5 vueltas al aspa hacia el frente del bote. Sujeta el aspa para que no se mueva.

6 Cuando coloques el bote en el agua y sueltes el aspa, ¿en qué dirección girará el aspa? ¿En qué dirección se desplazará el bote? Anota tus **predicciones.**

¡Cuidado! Si derramas agua, sécala de inmediato con las toallas de papel.

7 Coloca el bote en el molde con agua y suelta el aspa (Foto B). **Observa** la dirección en que se desplaza el bote. Anota tus observaciones.

¿Cómo voy?
¿Debo repetir algún paso para asegurarme de mis observaciones?

8 Repite los pasos 5 a 7; pero, esta vez, enrolla la liga dándole vueltas al aspa hacia la parte de atrás del bote. Predice en qué dirección se moverán el aspa y el bote. Anota tus predicciones y observaciones.

Foto B

Interpreta tus resultados

1. Cuando enrollaste el aspa hacia adelante, ¿en qué dirección giró cuando la soltaste? ¿En qué dirección se desplazó el bote?

2. Haz un dibujo que muestre dos pares de fuerzas de acción y reacción que hicieron que el bote se desplazara hacia adelante.

3. Comunica. Utiliza la ley de acción y reacción de Newton para explicar al resto de la clase por qué el aspa y el bote se movieron en una dirección determinada.

Investiga más a fondo

¿Cómo se pueden utilizar las fuerzas de acción y reacción para lanzar un cohete al espacio? Piensa en cómo vas a hallar la respuesta a ésta u otras preguntas que tengas.

Autoevaluación

- Seguí instrucciones para construir un bote de aspas.
- Hice **predicciones** sobre la dirección en la cual se moverían el bote y el aspa.
- Anoté mis **observaciones.**
- Hice un dibujo para mostrar dos pares de fuerzas de acción y reacción que actuaron en el bote de aspas.
- **Comuniqué** por qué el aspa y el bote se movieron en una dirección determinada.

Repaso del Capítulo 3

Ideas principales del capítulo

Lección 1

• Ejercer una fuerza es empujar o tirar de un objeto.

• La fuerza de gravedad depende de la masa de los objetos y de la distancia que existe entre ellos.

• La cantidad de materia que posee un objeto es su masa. El peso es la medida de la fuerza que la gravedad ejerce sobre su masa.

• Los objetos se mueven cuando las fuerzas que actúan sobre ellos no están en equilibrio.

Lección 2

• Los tres tipos de movimiento son rectilíneo, circular y vibratorio.

• La distancia y el desplazamiento son formas de medir la distancia recorrida.

• La velocidad es la rapidez con que se mueve un objeto en una dirección determinada.

• El objeto se acelera al aumentar o disminuir su rapidez, o al cambiar de dirección.

Lección 3

• La inercia es la tendencia de un objeto a permanecer en movimiento o en reposo.

• La fricción es la fuerza que resiste al movimiento.

• Un objeto se mueve en círculo cuando existe una fuerza externa que lo atrae o lo empuja hacia el centro del círculo.

Lección 4

• La fuerza necesaria para mover un objeto es igual a la masa del objeto multiplicada por la aceleración que se desea obtener.

• Los objetos caen a distinta velocidad debido a la resistencia del aire.

Lección 5

• Por cada acción, existe una reacción igual pero contraria.

• Las leyes de Newton explican el funcionamiento de muchos de los juegos de los parques de diversiones.

Repaso de términos y conceptos científicos

Escribe la letra de la palabra o frase que complete mejor cada oración.

a. aceleración
b. resistencia del aire
c. fuerzas equilibradas
d. fuerza
e. sistema de referencia
f. fricción
g. gravedad
h. inercia
i. velocidad instantánea
j. masa
k. fuerza resultante
l. newton
m. movimiento relativo
n. rapidez
o. velocímetro
p. velocidad
q. peso

1. La ___ es la velocidad con que un objeto cambia de posición.

2. La unidad con que se mide la fuerza o el peso en el sistema métrico es el ___.

3. El ___ escogido determina la manera en que se percibe el movimiento.

4. La ___ es la fricción que producen las moléculas de aire cuando chocan con un objeto que se mueve.

5. La ___ es la fuerza de atracción que existe entre dos objetos.

6. El ___ es el dispositivo que indica la velocidad instantánea.

7. Cuando un carro se detiene de repente, los pasajeros continúan moviéndose hacia adelante debido a la ___.

8. La ___ es la cantidad de materia que compone un objeto.
9. La ___ es la medida del cambio de velocidad de un objeto.
10. Ejecer una ___ es empujar o tirar de un objeto.
11. Las ___ son fuerzas iguales que actúan en dirección contraria.
12. El ___ de un objeto es la fuerza que la gravedad ejerce sobre la masa del mismo.
13. La ___ es la combinación de todas las fuerzas que actúan sobre un objeto.
14. La ___ es la fuerza que resiste al movimiento de una superficie sobre otra.
15. El ___ de un objeto depende del movimiento del observador y los demás objetos.
16. La ___ es la velocidad con que se mueve un objeto en un punto determinado.
17. Cuando se dice que un objeto viaja a 10 m/seg hacia el Norte se habla de su ___.

Explicación de ciencias

Contesta las siguientes preguntas en un párrafo o con un dibujo con leyendas.

1. ¿Qué factores determinan la fuerza de gravedad que existe entre dos objetos?

2. ¿Por qué es importante la idea del movimiento relativo cuando se estudia el movimiento?

3. ¿Cómo explica la primera ley de Newton la importancia de usar el cinturón de seguridad?

4. ¿Qué fuerzas actúan sobre un libro que está en una mesa?

Práctica de destrezas

1. Haz una tabla de **causa y efecto** para mostrar el modo en que los objetos se mueven en círculo a pesar de la inercia.

2. Dibuja un mapa del salón. Indica el recorrido que seguirías para ir desde tu pupitre hasta el escritorio del maestro. **Estima** y **mide** la distancia y el desplazamiento de ese recorrido.

3. ¿Para qué te sirve la fricción cuando haces la tarea escolar? **Comunica** tus ideas en unos párrafos.

Razonamiento crítico

1. Para que la pelota llegue más lejos y su equipo gane el partido, Tomás decide pegarle con un bate más pesado. Sin embargo, cae aún más cerca. ¿Qué otro **experimento** le sugerirías a Tomás para arrojar la pelota más lejos?

2. Escribe la **secuencia** de lo que hiciste esta mañana cuando te preparabas para salir a la escuela. Identifica las fuerzas de acción y reacción en cada actividad.

3. Viajas de pasajero en una moto de nieve que se mueve en línea recta a velocidad constante. Si lanzas una pelota de béisbol hacia arriba, ¿en dónde **predices** que caerá?

¡Qué buena onda!

Esta máquina produce ondas de distinta longitud. Pero, ¿conoces algo que produce ondas sin usar máquinas? ¿No serán tus cuerdas vocales?

Capítulo 4

Luz, color y sonido

Investiguemos: Luz, color y sonido

- **Lección 1** ¿Qué es la luz?
  - ¿Cómo definen la luz los científicos?
  - ¿Qué características tienen las ondas luminosas?
- **Lección 2** ¿Cómo se comporta la luz?
  - ¿Cómo se refleja la luz?
  - ¿Cómo se refracta la luz?
  - ¿Qué es la luz láser?
- **Lección 3** ¿Qué es el color?
  - ¿Qué relación hay entre los colores y el espectro electromagnético?
  - ¿Cómo se producen otros colores con los colores primarios de la luz?
  - ¿Cómo obtienen su color los cuerpos opacos?
  - ¿Cómo obtienen su color los cuerpos transparentes?
- **Lección 4** ¿Qué es el sonido?
  - ¿Cómo se produce el sonido?
  - ¿En qué se diferencian los sonidos?
  - ¿Qué sucede cuando el sonido se refleja y se refracta?
  - ¿Qué diferencia hay entre música y ruido?

***Copia el organizador gráfico del capítulo** en una hoja de papel. El organizador te muestra de qué trata el capítulo. A medida que leas las lecciones y hagas las actividades, busca las respuestas a las preguntas y anótalas en tu organizador.*

Explora los rayos de luz

Destrezas/Proceso

Destrezas del proceso

- observar
- estimar y medir
- comunicar

Materiales

- espejo pequeño rectangular
- papel blanco sin rayas
- lápiz
- linterna
- regla métrica
- peine
- transportador

Explora

1 Coloca un espejo de costado sobre una hoja de papel. Traza una raya sobre el papel a lo largo del borde inferior del espejo.

2 Coloca la linterna encendida delante del espejo, a unos 30 cm de distancia.

3 Coloca el peine, con los dientes hacia abajo, entre la linterna y el espejo. Pídele a un compañero o a una compañera que incline el espejo hacia adelante unos 10°. Mueve la linterna y el peine hasta que puedas **observar** rayos de luz que se dirigen al espejo y que se reflejan de él. Se verán como varias letras V una al lado de la otra.

4 Sobre el papel, traza el camino que sigue uno de los rayos de luz desde que sale del peine y choca con el espejo hasta que se refleja. Pon a un lado el espejo.

5 Coloca el transportador alineado con la raya del espejo haciendo coincidir el centro del transportador con el punto donde se juntan las dos rayas que acabas de trazar. **Mide** el ángulo que cada raya forma con la raya del espejo. Anota tus mediciones.

6 Repite los pasos 2 a 5 dos veces más trazando y midiendo rayos de distintos ángulos.

Reflexiona

1. Para cada prueba, compara el ángulo en que choca cada rayo de luz con el espejo con el ángulo en que se refleja. **Comunica** tus resultados al resto de la clase.

2. Formula un enunciado general sobre el ángulo en que un rayo de luz choca con un espejo y el ángulo en que se refleja.

Investiga más a fondo

¿Puede ser superior a 90° el ángulo de los rayos de luz que se dirigen a un espejo o se reflejan de él? Piensa en cómo vas a hallar la respuesta a ésta u otras preguntas que tengas.

Medir ángulos

La luz choca contra un espejo en ángulo y de ahí rebota también en ángulo. Si mides esos dos ángulos, te darás cuenta que son del mismo tamaño.

Los ángulos se miden con un instrumento llamado transportador en unidades llamadas **grados.** El símbolo ° indica grados. Un círculo completo mide 360°. Un ángulo de 1° equivale a $\frac{1}{360}$ de un círculo.

Vocabulario de matemáticas

grado, unidad de medida de los ángulos, que equivale a $\frac{1}{360}$ de un círculo completo

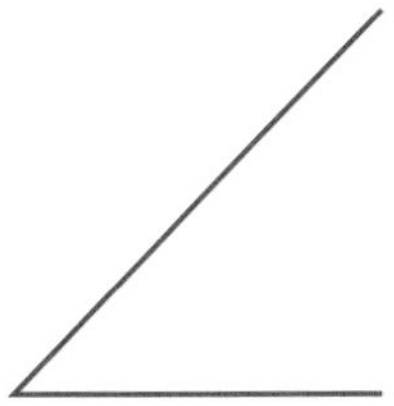

Un ángulo agudo mide más que 0° y menos que 90°.

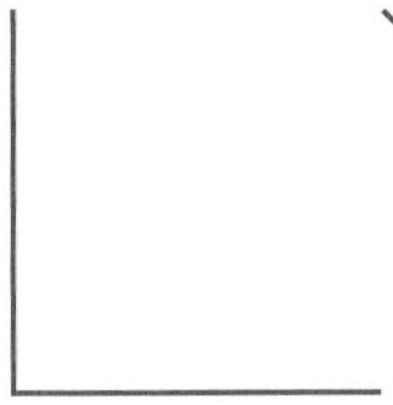

Un ángulo recto mide exactamente 90°.

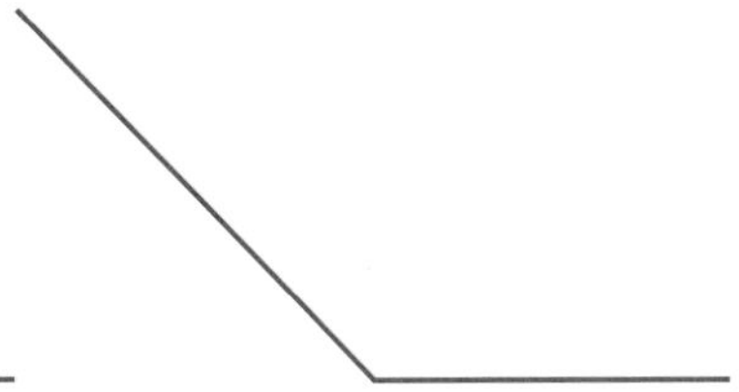

Un ángulo obtuso mide más que 90° y menos que 180°.

Ejemplo

Aquí se indica cómo medir y clasificar el ∠DAE. Coloca el transportador de manera que la mitad del borde inferior esté sobre A. Lee los dos números en el transportador por los que pasan los extremos AD. Si el ángulo es agudo, usa el menor de los dos números. Si el ángulo es obtuso, usa el número mayor.

El ángulo es agudo. Por lo tanto, el ángulo de ∠DAE es de 60°.

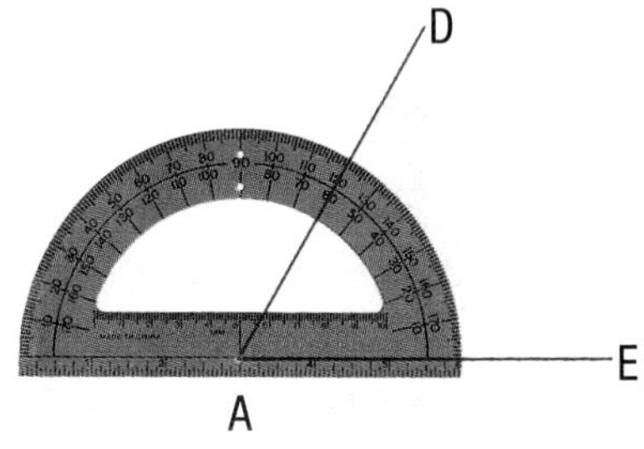

En tus palabras

¿Cómo te puedes dar cuenta si el ángulo es agudo, recto u obtuso?

¿Cuál es la idea?

En esta lección aprenderás:

- **cómo definen la luz los científicos.**
- **qué características tienen las ondas luminosas.**

La energía viaja a través del agua en forma de ondas, al igual que la luz. ▼

Lección 1

¿Qué es la luz?

" ¿Qué pasó? ¡Alguien apagó la luz y no veo nada!" Imagínate cómo sería el mundo si no hubiera luz: ni Sol, ni estrellas, ni velas, ni focos eléctricos, ni fuego. ¿Cómo cambiaría tu vida?

Definición de luz

Historia de las ciencias

Pocas cosas son tan comunes como la luz. Podemos ver gracias a ella. La luz nos da información sobre todo lo que nos rodea en la Tierra y en el espacio. Si no existiera, las plantas no podrían realizar la fotosíntesis y, entonces, los animales no tendrían alimentos.

Pero, aunque la luz está por todas partes, los científicos no han podido definirla con exactitud. Los antiguos griegos creían que estaba formada por partículas que creaban imágenes al entrar en el ojo. También creían que la luz viajaba en línea recta y a gran velocidad. Los antiguos griegos no tenían los instrumentos que tenemos hoy en día, pero sus ideas se aproximaron bastante a las actuales.

En el siglo XVI, el artista Leonardo da Vinci se dio cuenta de que la luz rebotaba al chocar con ciertas superficies, más o menos de la misma forma en que las ondas sonoras rebotan y producen eco. Por eso pensó que quizás la luz tenía algunas de las propiedades de las ondas. ¿En qué crees que se parece la luz a las ondas que se forman cuando un objeto cae en el agua, como en la foto?

En el siglo XVII, los científicos no pudieron ponerse de acuerdo sobre la naturaleza de la luz. Algunos, como Sir Isaac Newton, pensaban que la luz viajaba en forma de pequeñas partículas. Newton también notó que cuando algún objeto, como un poste, se encontraba en el trayecto de la luz, parecía que parte de la luz chocaba con el poste y se detenía. Detrás del poste se formaba una zona obscura a donde no llegaba la luz: una sombra. Esta observación confirmó a Newton en su opinión de que la luz viaja en forma de partículas.

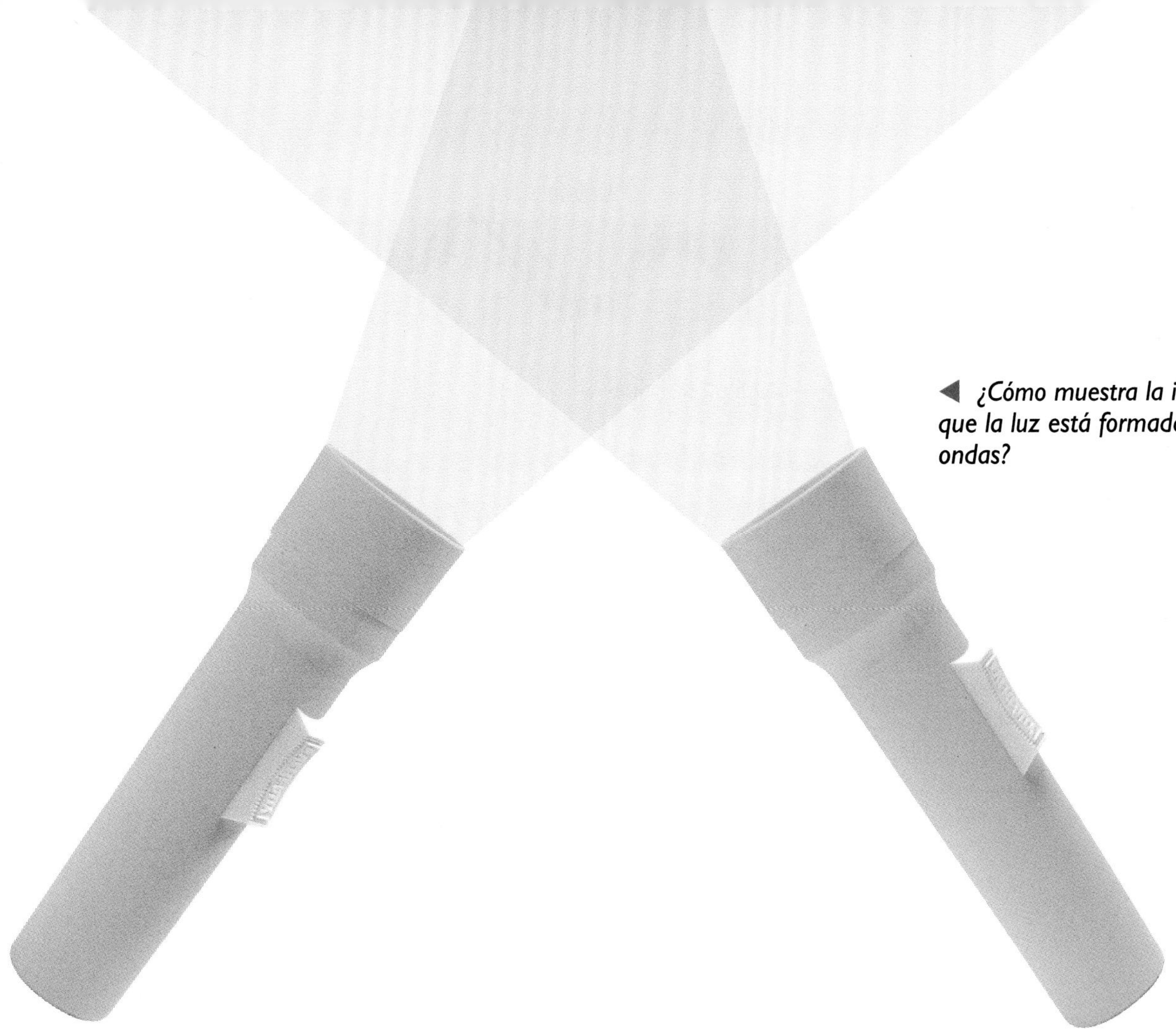

◀ *¿Cómo muestra la ilustración que la luz está formada por ondas?*

Sin embargo, el físico holandés Christian Huygens observó que, cuando dos rayos de luz se cruzan, como en la ilustración de arriba, se atraviesan mutuamente. Como no creía que las partículas se podían comportar de esa manera, Huygens pensó que la luz se propagaba más bien en forma de ondas.

Hoy en día, los científicos opinan que la luz tiene propiedades tanto de las ondas como de las partículas, dependiendo de qué forma de luz se trate. En otras palabras, piensan que la luz está formada por partículas de energía que se propagan en forma de ondas.

Pero, ¿de dónde viene la luz? Los científicos opinan que la luz se produce cuando los átomos pierden energía. Esta energía se desprende en forma de "paquetes" llamados **fotones.** Los rayos de luz están formados por una serie de fotones que se desplazan.

Newton no conocía la existencia de los fotones, pero pensaba que la luz estaba formada por distintos tipos de partículas. En la actualidad, sabemos que la luz está formada por diferentes tipos de fotones. Dependiendo de la cantidad de energía que contengan los fotones, se forman distintos tipos de onda.

Glosario

fotón, cantidad de energía que se libera cuando un átomo pierde parte de su energía

Propiedades de las ondas

Este diagrama muestra cómo se miden algunas de las propiedades de las ondas. ▼

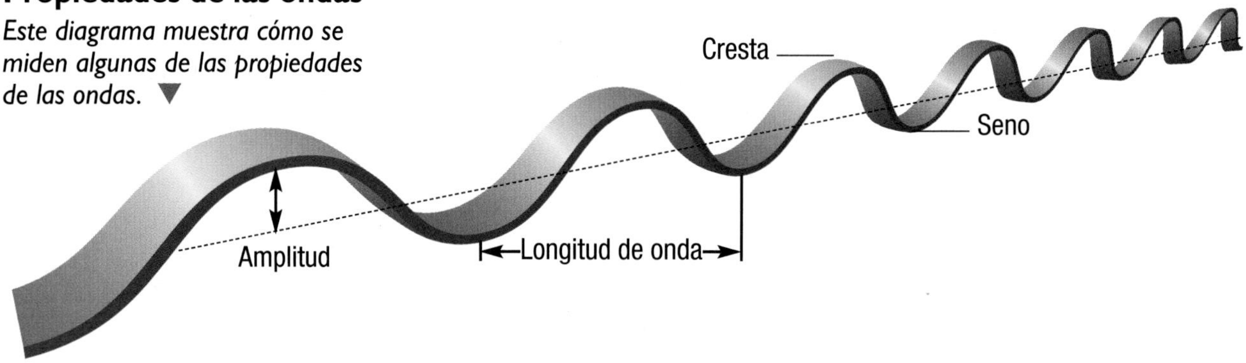

Glosario

frecuencia, número de ondas (crestas o senos) que pasan por un punto en un determinado período de tiempo

Ondas luminosas

Para que tengas una idea de cómo son las ondas luminosas, piensa en las olas que se forman en el mar, los lagos y lagunas. También en tu propia bañera verás olas y hasta en los charcos si tiras una piedra. Las olas del mar y las ondas luminosas tienen las mismas propiedades: la cantidad de veces que una onda se repite y la cantidad de energía que contiene.

La ilustración de arriba muestra cómo se pueden medir algunas propiedades de las ondas observando el movimiento de sube y baja que hacen. El punto más alto de una onda se llama cresta, y el punto más bajo se llama seno.

Supón que marcas dos puntos en la onda, uno en la parte más baja de un seno y otro en la parte más baja del seno siguiente. La distancia entre esos dos puntos se llama longitud de onda. La distancia también puede ser entre las crestas o entre puntos intermedios marcados en el mismo lugar de las dos ondas. El número de ondas (es decir, de crestas o senos) que pasan por un punto fijo en un determinado período de tiempo se llama **frecuencia.**

Todas las ondas tienen energía. Fíjate que la energía de las olas que formó el huracán dañó las casas de la foto. Para comprender la relación entre las ondas y la energía, imagínate que estás en un barco en el mar durante un huracán.

La gran cantidad de energía que tienen los vientos del huracán pasa al agua del mar y crea olas de enorme amplitud. ▼

Los vientos del huracán contienen enormes cantidades de energía y forman crestas y senos al chocar con el agua del mar. Las crestas pueden ser más altas que los barcos. Cuanto mayor es la energía de la onda, más altas son las crestas y más profundos los senos.

Cuanto más energía tiene una onda, más grande es su **amplitud**. Para determinar la amplitud de una onda, traza una línea punteada a todo lo largo de su centro, como se muestra en la parte de arriba de la página anterior. Si mides desde esa línea punteada la altura de la cresta o la profundidad del seno, hallarás la amplitud.

Imagínate que estás en un muelle viendo cómo se desplazan las olas del mar hacia la costa. Si lanzas al agua una pelota cuando las olas van pasando junto al muelle, ¿crees que la pelota se desplazará con las olas? Fíjate en la pelota que se ve a la derecha. Aunque las olas se desplazan hacia la derecha, en la dirección de la flecha, la pelota sólo se mueve hacia arriba y hacia abajo porque el agua también se mueve hacia arriba y hacia abajo (y no en la misma dirección que las olas). En las **ondas transversales**, las crestas y los senos se mueven perpendicularmente a la dirección en que se desplazan la onda y la energía.

Aunque el agua del mar y la luz viajan en forma de ondas transversales, hay una diferencia muy importante entre las dos. La energía del agua viaja en las olas del mar, pero ¿en qué viaja la energía de las ondas transversales de luz? ¡En nada! La luz no necesita de la materia para viajar, pero puede atravesar ciertos tipos de materia, como el vidrio y el aire.

Repaso de la Lección 1

1. ¿Cómo definen la luz los científicos?
2. ¿Cuáles son algunas de las características de las ondas luminosas?
3. **Causa y efecto**
   Describe la relación de causa y efecto del primer párrafo de esta página.

Glosario

amplitud, distancia que hay entre la línea media de la onda y la cresta o el seno

onda transversal, onda cuyas crestas y senos se mueven perpendicularmente a la dirección en que se desplaza la onda

Glosario

¿En qué se diferencia el movimiento de la pelota del movimiento de la ola? ▼

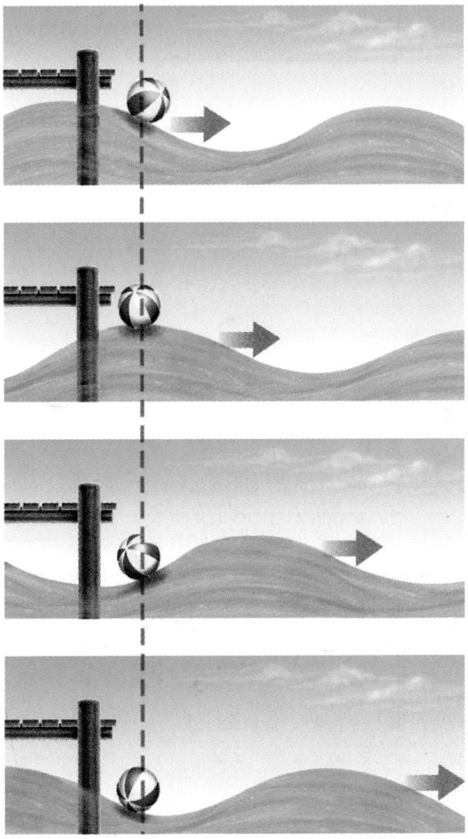

¿Cuál es la idea?

En esta lección aprenderás:

- cómo se refleja la luz.
- cómo se refracta la luz.
- qué es la luz láser.

Lección 2

¿Cómo se comporta la luz?

"Espejito, espejito, dime quién es . . ." No es probable que tu espejo te conteste, pero bien que te sirve cuando quieres peinarte o arreglarte. ¿Por qué podemos vernos en el espejo?

Reflexión de la luz

Historia de las ciencias

Los espejos existen desde hace mucho tiempo. Entre los primeros, están los encontrados en tumbas de mujeres enterradas en Turquía alrededor del año 6000 a.C. Esos espejos se hicieron con un tipo de vidrio volcánico muy pulido llamado obsidiana. Los egipcios y los habitantes de lo que hoy son India y Paquistán fabricaban espejos de metal con cobre o bronce pulido hace casi 4000 años. ¿Cómo funcionan estos espejos?

La luz viaja en línea recta. Esta característica de la luz se puede comprobar cuando en una habitación hay mucho polvo y se observan los "rayos de Sol" que entran por una ventana.

La luz de fuentes luminosas como el Sol o una linterna se propaga en línea recta hasta chocar con una superficie, como el espejo de la izquierda. La luz rebota en la superficie lisa del espejo al igual que una pelota rebota contra una pared. Cuando la luz nos llega a los ojos, la percibimos como un reflejo.

Para comprender cómo la luz rebota en las superficies, piensa en cómo rebota una pelota. Por ejemplo, si estás frente a una pared y quieres que la pelota la reciba una persona que se encuentra a tu lado, ¿a qué parte de la pared lanzarías la pelota? Seguramente a un punto intermedio entre los dos para que rebote en ángulo hacia la otra persona. Si lanzas la pelota derecho a la pared, rebotará hacia ti.

Reflexión de la luz en superficies lisas

Como la superficie del espejo es completamente lisa, todos los rayos de luz de la linterna rebotan en el mismo ángulo y reflejan la imagen. ▼

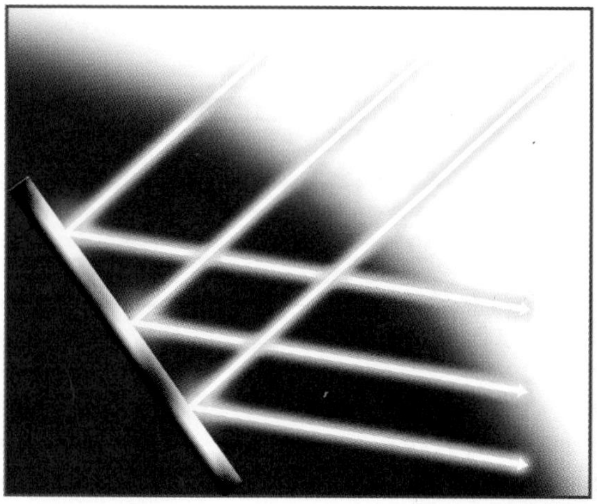

Pues bien, la luz rebota de la misma manera. Fíjate en la línea punteada de la ilustración de la derecha. Como puedes ver, el rayo de luz choca con el espejo en el punto donde la línea punteada toca el espejo. El rayo y la línea forman un ángulo. ¿Cuánto mide? Las superficies lisas reflejan (o hacen que rebote) la luz en el mismo ángulo que forma la luz al chocar con la superficie, pero hacia el otro lado de esa línea imaginaria. Observa en la ilustración de la página B122 que todos los rayos que se reflejan son paralelos. Esos rayos paralelos forman una imagen reflejada idéntica a la original.

La luz se refleja de una superficie en el mismo ángulo en que choca con ella. ▼

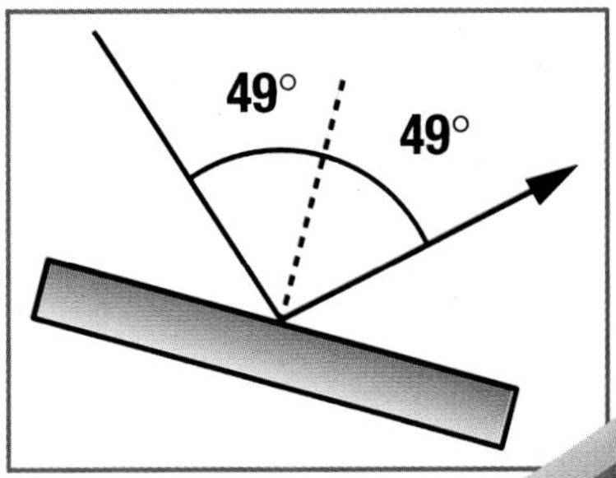

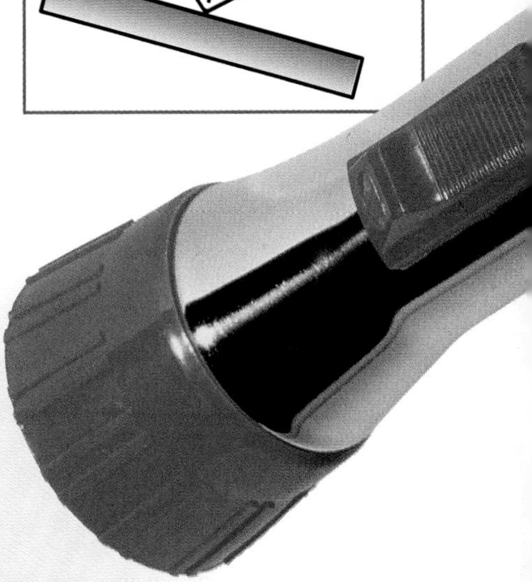

▲ *La luz de esta linterna viaja en línea recta.*

¿En qué ángulo se refleja la luz? Este comportamiento de la luz explica por qué puedes ver tu reflejo en una superficie lisa, como un espejo, por ejemplo. Pero, ¿por qué no puedes ver tu imagen en una superficie áspera? Piensa otra vez en el ejemplo de la pelota. Si lanzas una pelota contra un piso de grava, puede rebotar casi en cualquier dirección, dependiendo de cómo y dónde choque la pelota contra la grava. La luz se comporta de la misma manera. En la ilustración de abajo, fíjate que los rayos de luz siguen la misma trayectoria y rebotan en distintas direcciones al chocar con la superficie áspera. La imagen que se produce no es nítida porque la luz se refleja en distintas direcciones.

¿No crees que sería muy confuso si las imágenes de todos los objetos de una habitación se reflejaran en todas las superficies? Por lo general, el acabado de las paredes y el cielo raso de las construcciones se hace con una superficie áspera o se recubre con pintura no reflectiva para que no se reflejen los objetos. Si observas con un microscopio las superficies pintadas que son aparentemente lisas, te darás cuenta de que tienen entrantes y salientes.

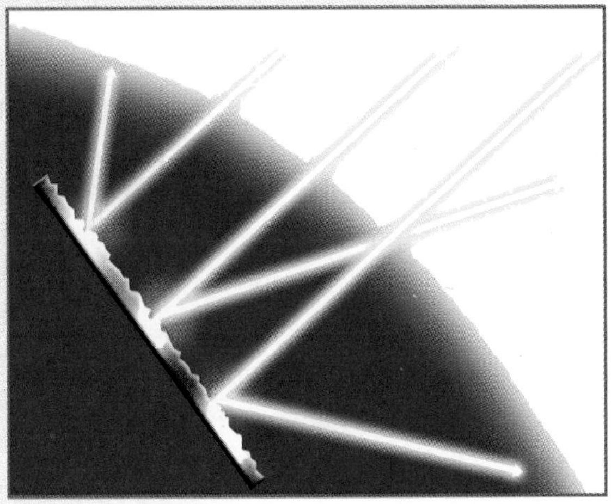

Reflexión de la luz en superficies ásperas

◀ *Imagínate que cada parte de esta superficie áspera es una superficie lisa muy pequeña. Ahora piensa en cómo se reflejarían los rayos de luz al chocar con esas superficies. La imagen que observas no es nítida porque la luz se dispersa al reflejarse en la superficie.*

Glosario

espejo convexo, espejo curvo que tiene el centro más levantado que los bordes

espejo cóncavo, espejo curvo que tiene el centro más hundido que los bordes

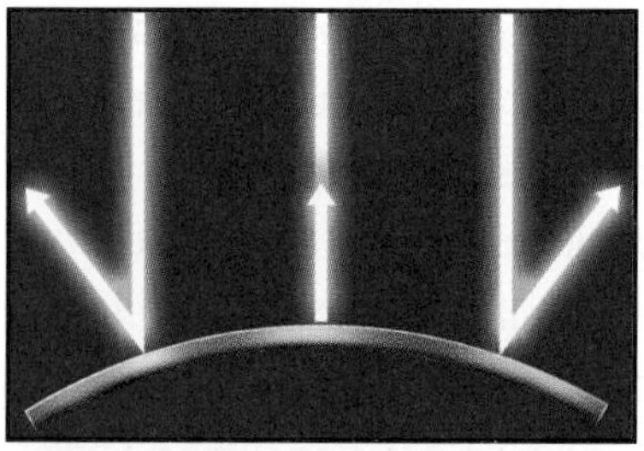

Espejo convexo

▲ *Los rayos de luz reflejados por un espejo convexo se separan, como indican las flechas.*

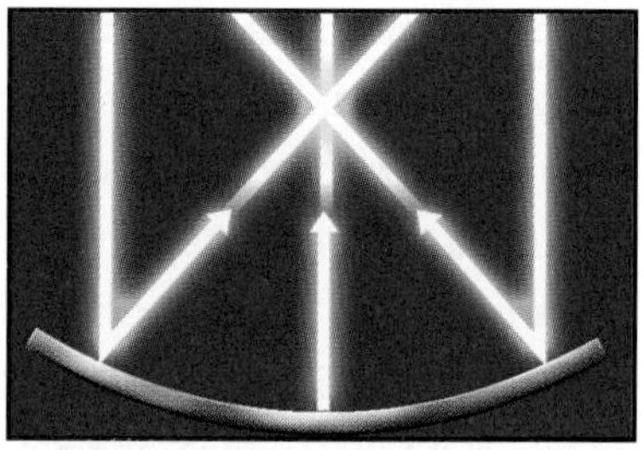

Espejo cóncavo

▲ *Los rayos de luz reflejados por un espejo cóncavo se juntan y se cruzan.*

¿Has estado en una casa de espejos? Fíjate abajo en el reflejo de la niña. ¿Sabías que estas imágenes tan raras se forman porque los espejos son curvos? Los espejos curvos no sólo sirven para divertirse. ¿Has visto los espejos curvos que se ponen cerca del techo en algunas tiendas? Fíjate bien y verás que la parte del centro se curva hacia afuera, en dirección al centro de la tienda. Esos espejos se llaman **espejos convexos** y su curvatura permite que la luz de toda la tienda llegue a su superficie al mismo tiempo. En el diagrama puedes ver cómo se separan los rayos de luz que se reflejan en un espejo convexo. Las imágenes se ven más pequeñas y parece que estuvieran detrás del espejo. Haz la prueba mirándote en la parte de atrás de una cuchara.

A diferencia de los espejos convexos, la parte del centro de los **espejos cóncavos** se curva hacia adentro. En este caso, los rayos de luz al reflejarse, se juntan y se cruzan en el centro como se muestra en la ilustración de arriba. Ahora, observa tu imagen en la parte honda de la cuchara mientras te la acercas y alejas de la nariz. ¡Fíjate que tu imagen se ve de cabeza!

Las casas de espejos combinan espejos cóncavos y convexos para crear imágenes divertidas. ▼

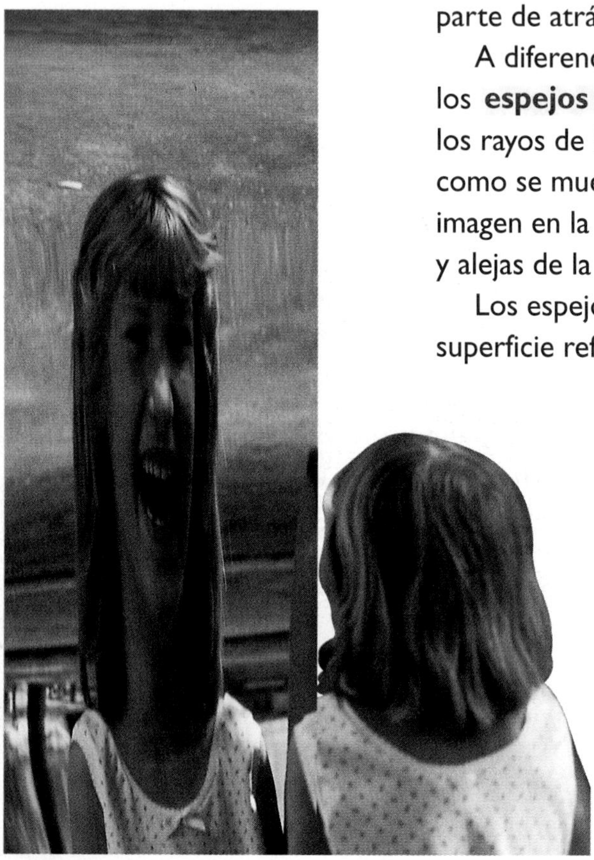

Los espejos curvos son muy útiles. Por ejemplo, la superficie reflectora de la linterna es un espejo cóncavo que concentra la luz formando un solo rayo. Así la luz no se dispersa en todas las direcciones, como ocurriría con un foco.

Para observar el efecto contrario, fíjate en los reflectores de tu bicicleta. La mayoría tiene espejos convexos muy pequeños orientados en distintos ángulos. Cuando sales en bicicleta por la noche y las luces de los automóviles chocan con los reflectores, los conductores pueden ver el reflejo sea cual sea el ángulo entre los automóviles y la bicicleta.

Los cristales de las ventanas también reflejan la luz como si fueran espejos. De noche, cuando miras por la ventana, a veces lo que ves es el reflejo del cuarto, y no lo que hay afuera. Durante el día entra tanta luz que no te das cuenta del reflejo, pero por la noche entra muy poca luz, o ninguna, y el reflejo del cristal es la única luz que llega a tus ojos.

Así es como funcionan los espejos dobles. Por ejemplo, en los programas policíacos de la televisión, el espejo doble que ponen entre dos cuartos es en realidad una simple ventana. Por lo general, el cuarto adonde se lleva al sospechoso se ilumina bien, mientras que el cuarto de observación se deja a obscuras. Así, cuando el sospechoso mira al cristal, sólo ve su reflejo, mientras que las personas que están en el cuarto de observación ven todo lo que pasa en el otro cuarto. A veces, en el cristal de la ventana se coloca una capa de metal muy delgada del lado del cuarto de observación. Esto refleja aun más la luz hacia el lado del sospechoso pero no impide que del cuarto de observación se pueda ver a través del cristal.

La reflexión tiene otros usos importantes. Por ejemplo, la luz puede viajar a través de fibras ópticas de plástico o de vidrio tan delgadas como un cabello. En la ilustración puedes ver cómo la luz que entra por un extremo se va reflejando dentro la fibra hasta llegar al otro extremo. Muchos tipos de información se pueden transformar en energía luminosa que se transmite por cables de fibra óptica como los de la foto. Las fibras ópticas también se usan para observar el interior de los motores de los aviones u otras máquinas complicadas sin tener que desarmarlos.

La capacidad que tiene la luz de reflejarse le permite viajar a través de los cables curvos de fibra óptica. ▼

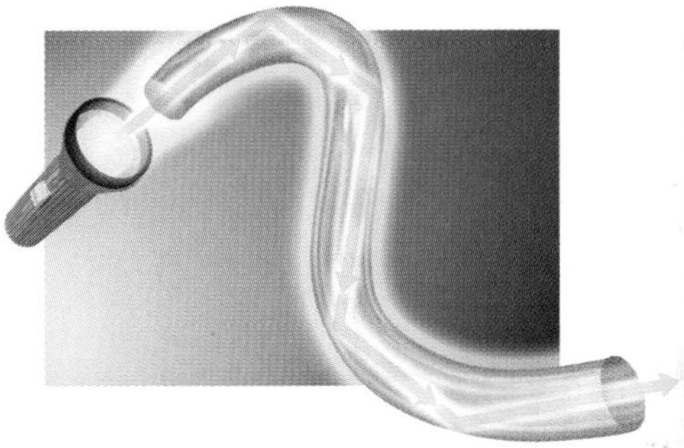

Los cables de fibra óptica de las líneas telefónicas tienen una gran capacidad. Sólo dos de estos cables pueden transmitir hasta 24,000 llamadas al mismo tiempo. En cambio, los cables de cobre requieren un cable mucho más grueso para transmitir una sola llamada. ▶

Glosario

Glosario

refracción, cambio de dirección de una onda luminosa al pasar de un material a otro

Refracción de la luz

Fíjate abajo en la agarradera de la red de pescar y verás que parece que está rota o doblada. Aunque la luz viaja en línea recta, cuando pasa de un material transparente como el aire a otro como el cristal o el agua, cambia de dirección. Esto ocurre porque la onda de luz cambia de velocidad al pasar de un material a otro.

Para comprender mejor cómo ocurre este fenómeno, imagínate que tú y varios amigos caminan tomados del brazo por la acera, formando una línea recta. De repente te toca a ti ir por una parte con pasto y lodo, y el lodo te hace ir más despacio. Si tú y tus amigos van por el lodo al mismo tiempo, todos disminuirán la velocidad y la línea seguirá recta. Pero si tú eres el único que pisa el lodo y disminuyes tu velocidad, mientras que los demás siguen caminando por la acera con la misma rapidez, ¿qué pasará? La línea se desviará.

Las ondas luminosas hacen lo mismo porque se desvían al pasar de una substancia transparente como el agua a otra como el aire. Este cambio de dirección se llama **refracción.** Cuando la luz pasa del agua al aire, cambia de dirección. Si la niña de la foto observa al pez por encima del agua al intentar atraparlo, probablemente se le escapará. Aunque la luz que refleja el pez aparentemente viaja en línea recta, en realidad cambia de dirección al salir del agua. ¡El pez no está donde ella cree que está!

La refracción de las ondas luminosas hace que la agarradera de la red parezca partida. ▼

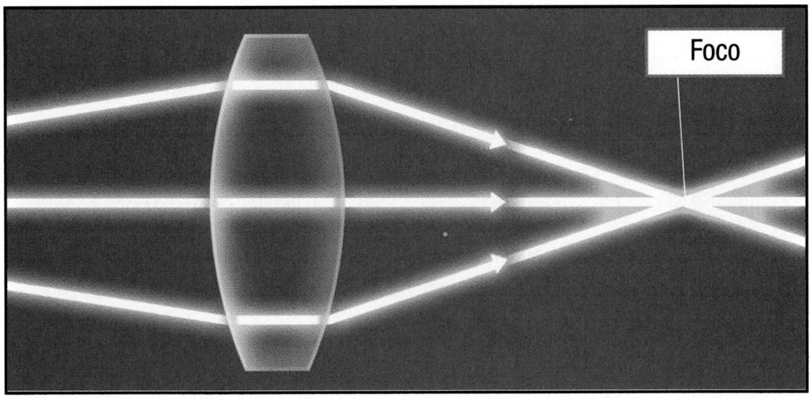

Lente convexa

◀ *Los rayos de luz que atraviesan una lente pueden cambiar de dirección dos veces: una al entrar y otra al salir. En las lentes convexas, los rayos se cruzan en el foco de la lente. Si tus ojos están más allá del foco, ves los objetos más grandes y de cabeza.*

Si usas anteojos o lentes de contacto o conoces a alguien que los usa, ya tienes una idea de lo que es la refracción. Las lentes son piezas curvas de vidrio, plástico u otro material transparente que refractan la luz. No todas las lentes son iguales. Cada lente tiene que cambiar la dirección de la luz de una forma distinta, según para qué se use.

La lente de arriba es una lente convexa. Fíjate que es más gruesa en el centro que en los bordes. Como puedes ver, cuando los rayos de luz atraviesan la lente, cambian de dirección y se dirigen a su parte más gruesa.

Así también, el cristalino de tus ojos es una lente convexa que hace que los rayos de luz se concentren en la retina, situada en la parte de atrás del ojo. Este cambio de dirección te permite ver imágenes nítidas.

Fíjate en el diagrama y observa que los rayos de luz se cruzan después de salir de la lente. El punto donde se reúnen se llama **foco.** Si tus ojos están más allá del foco, verás el objeto de cabeza. En realidad, las imágenes llegan de cabeza a la retina, pero por suerte el cerebro es capaz de voltear las imágenes para que las podamos ver en su posición normal.

A la derecha, tenemos una lente cóncava. Fíjate que es más gruesa en los bordes que en el centro. Sigue los rayos de luz que pasan por la lente y observa que, al igual que en la lente convexa, también cambian de dirección y se dirigen a su parte más gruesa. Sin embargo, en las lentes cóncavas la luz se dispersa en lugar de concentrarse porque su parte más gruesa está en los bordes y no en el centro.

Las lentes cóncavas se usan en los microscopios para aumentar las imágenes de objetos pequeños que no se pueden ver a simple vista. También se usan en los anteojos para aumentar el tamaño de las letras y facilitar su lectura.

Glosario

foco, punto donde los rayos de luz se reúnen al reflejarse o refractarse

Glosario

Lente cóncava

En las lentes cóncavas, los rayos de luz se separan al entrar y al salir de la lente. ▼

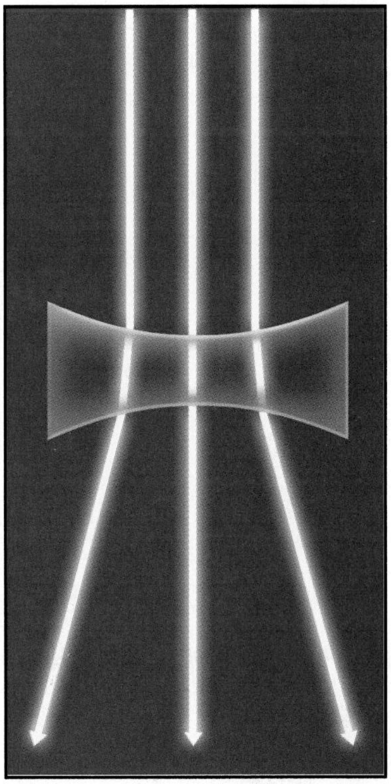

Glosario

Glosario

luz láser, luz formada por ondas alineadas que tienen la misma longitud de onda

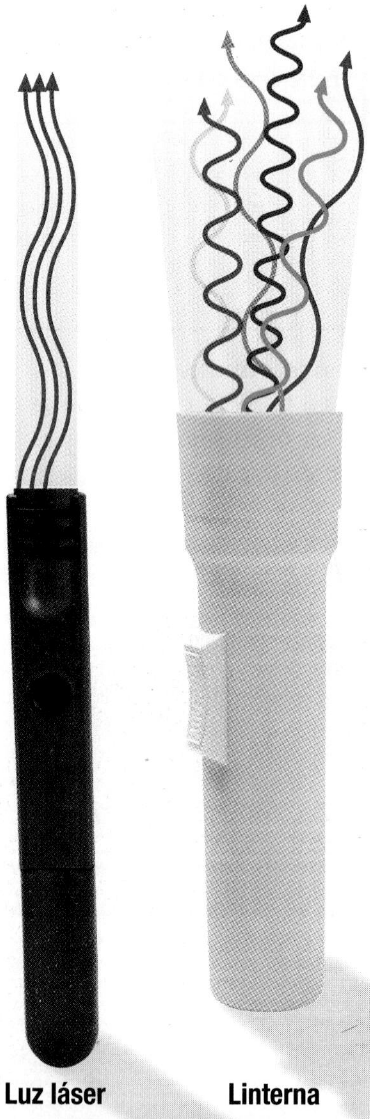

▲ *Compara las ondas luminosas que producen estas dos fuentes de luz.*

Luz láser

Historia de las ciencias

¿Has usado una linterna? El dibujo de la izquierda te muestra cómo la luz se dispersa en todas las direcciones al salir de la linterna. Mientras más se aleja la luz de la linterna, más se dispersa y más débil se hace. La luz de las linternas y de otras fuentes comunes de luz está formada por ondas luminosas de distinta longitud de onda.

En 1960, el científico estadounidense Theodore Maiman inventó un nuevo tipo de luz llamado láser. Maiman construyó una fuente de luz que producía ondas luminosas que tenían casi la misma longitud de onda y que viajaban de una forma distinta.

Para comprender más fácilmente cómo viaja la luz láser, piensa en este ejemplo. ¿Has visto cómo el público en las graderías de los estadios hace "olas"? Muchas personas se mueven, pero todas hacen el mismo movimiento. Las ondas de la luz láser viajan de manera semejante: en lugar de propagarse en todas direcciones, se mueven juntas, de modo que sus crestas y senos queden alineados. La **luz láser,** es una luz formada por ondas alineadas que tienen la misma longitud de onda, como las que salen del aparato láser de la izquierda.

La luz láser tiene muchos usos. Como no se dispersa, puede transmitir información de un lugar a otro a la velocidad de la luz con muy poca pérdida de calidad. Esta información puede presentarse en muchas formas: puede ser tu propia voz al hablar por teléfono o la música que sale de tu tocadiscos de compactos, por ejemplo.

La luz láser se suele usar como fuente de luz del endoscopio, instrumento con el que los médicos observan el interior del cuerpo de sus pacientes. Otros aparatos láser muy pequeños pero muy potentes se ponen en la punta de los endoscopios para quemar tejidos dañados. Así el paciente no se tiene que operar y se puede recuperar más rápidamente.

Cuando en el supermercado pasan los productos por una placa de vidrio que hay en la caja, un láser de baja energía lee las bandas blancas y negras del código de barras de cada producto. Después, una computadora identifica el código e imprime el nombre y el precio del producto en el recibo de la compra.

El láser tiene muchas aplicaciones en la industria. Por ejemplo, el láser de la foto de la derecha sirve para cortar metales y piezas mecánicas de bordes muy lisos. También se usa en la confección de ropa y puede cortar pilas gruesas de tela sin quemarlas.

Algunos láseres se usan en trabajos muy delicados, como la limpieza de obras de arte o la sutura de la retina del ojo cuando se desgarra. También se usan para hacer hologramas, fabricar y escuchar discos compactos, fabricar y ver videodiscos, hablar por teléfono, enviar instrucciones a los satélites y quemar células cancerosas.

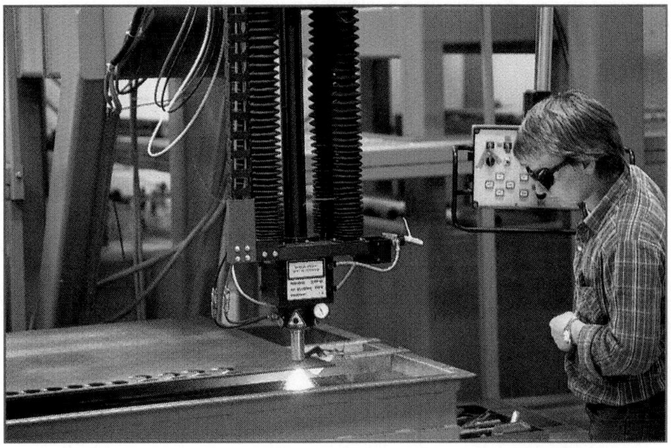

▲ *Este láser se usa para dar forma a unas piezas muy pequeñas empleadas en la fabricación de aparatos electrónicos miniaturizados, instrumentos médicos, sensores y detectores. Otros aparatos láser más grandes se usan en la fabricación de automóviles, herramientas mecánicas, barcos y vehículos espaciales.*

Repaso de la Lección 2

1. ¿Cómo se refleja la luz?
2. ¿Cómo se refracta la luz?
3. ¿Qué es la luz láser?
4. **Medir ángulos**
   ¿Qué tipo de ángulo es el que se ve en la parte superior de la página B123? ¿Cómo lo sabes?

Gracias al láser, la música de tus discos compactos tiene un sonido de mejor calidad. ▼

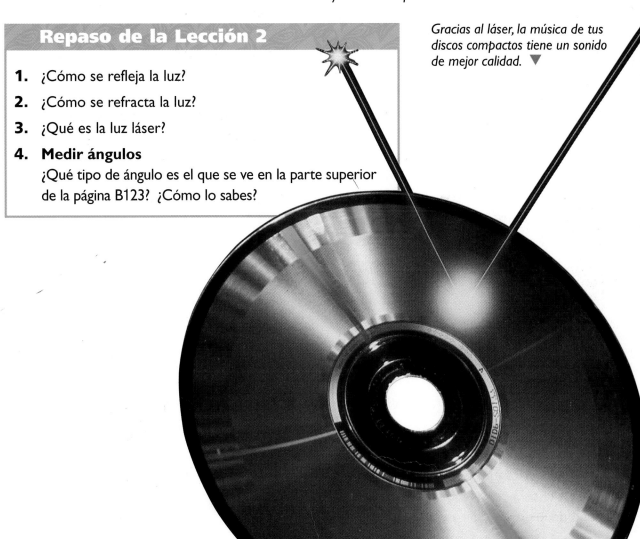

Actividad Investiga

Investiga la desviación de la luz

Destrezas/Proceso

Destrezas del proceso

- observar
- predicir
- inferir

Materiales

- perforadora de papel
- regla métrica
- pedazo de cartulina negra
- botella de plástico transparente de 1 litro con tapa
- tijeras
- cinta adhesiva
- embudo
- molde de aluminio
- tachuela
- linterna
- agua

Preparación

Aunque la luz viaja en línea recta, en esta actividad observarás cómo parece que se desvía al pasar por el agua en ciertas condiciones.

Sigue este procedimiento

1. Haz una tabla como la que se muestra y anota ahí tus predicciones y observaciones.

	Predicción	Observaciones
Botella tapada	x	
Botella sin tapar		
Botella exprimida	x	

2. Con la perforadora de papel, haz un agujero a unos 3 cm del borde en el centro de uno de los lados de la cartulina negra.

3. Envuelve la botella con la cartulina dejando el agujero en la parte de abajo. Con las tijeras, recorta la cartulina dejando una ranura vertical de 3 cm de ancho entre los bordes de la cartulina. La ranura debe quedar exactamente del lado opuesto al agujero. Pega la cartulina a la botella con cinta adhesiva.

4. Con el embudo, llena la botella con agua. Tapa la botella y colócala en el molde de aluminio (Foto A).

Foto A

Foto B

5 Con la tachuela, haz un agujero en la botella en el centro de la perforación hecha en la cartulina negra. Mueve la tachuela para agrandar un poco el agujero (Foto B). Retira la tachuela.

6 Baja las luces del salón de clase. Ilumina la ranura de la cartulina con una linterna. **Observa** la luz que sale de la perforación de la cartulina. Anota tus observaciones.

7 **Predice** lo que le sucederá a la luz cuando destapes la botella. Escribe tu predicción.

8 Destapa la botella. Observa el chorro de agua que sale del agujero de la botella. Anota tus observaciones.

9 Exprime la botella ligeramente y suéltala para cambiar el ángulo del chorro de agua. ¿Qué le sucede a la luz? Anota tus observaciones.

Interpreta tus resultados

1. ¿Qué predijiste que le sucedería a la luz que sale de la perforación de la cartulina al destapar la botella? Compara tu predicción con tu observación.

2. Haz una **inferencia.** Si la luz viaja en línea recta, ¿qué explicación les das a tus observaciones?

Investiga más a fondo

¿El número de agujeros hechos en la botella afecta la manera en que se comporta la luz? Piensa en cómo vas a hallar la respuesta a ésta u otras preguntas que tengas.

Autoevaluación

- Seguí instrucciones para construir un instrumento que pudiera mostrar las propiedades de la luz.
- **Predije** lo que sucedería al destapar la botella.
- **Observé** la interacción de la luz y el agua.
- Comparé mi predicción con mis observaciones.
- Hice una **inferencia** para explicar mis observaciones.

¿Cuál es la idea?

En esta lección aprenderás:

- qué relación hay entre los colores y el espectro electromagnético.
- cómo se producen otros colores con los colores primarios de la luz.
- cómo obtienen su color los cuerpos opacos.
- cómo obtienen su color los cuerpos transparentes.

Lección 3

¿Qué es el color?

"¡Mira! ¡Un arco iris!" Dicen que al final del arco iris hay un tesoro. Pero, aunque ésta es sólo una creencia popular, los colores del arco iris siguen siendo espectaculares. ¿De dónde vienen esos colores?

El espectro electromagnético y el color

Historia de las ciencias

Mira por la ventana y fíjate en la luz del Sol. La luz solar se conoce como luz blanca. Es posible que su nombre te haga pensar que no tiene color, pero en realidad la luz blanca contiene todos los colores de los objetos que te rodean. La luz blanca es una mezcla de todos los colores de luz.

¿Cómo saben los científicos que la luz blanca está formada por muchos colores? En 1666, Isaac Newton fue el primero en separar los colores que forman la luz blanca mediante una técnica muy sencilla que quizás ya has visto. Con un pedazo triangular de vidrio, como el prisma que se muestra aquí, Newton descompuso la luz blanca en todos los colores del arco iris.

¿Cómo el prisma separa los colores de la luz blanca? Cuando un rayo de luz solar pasa del aire al vidrio del prisma, disminuye de velocidad y cambia de dirección, es decir, se refracta. Como los colores tienen longitudes de onda distintas, cambian de velocidad y de dirección en diferente medida. Esto hace que los colores se separen y se forme un arco iris.

Si nunca has visto cómo el prisma separa los colores de la luz, tal vez sí has visto efectos parecidos cuando la luz pasa a través de otros objetos. Por ejemplo, cuando la luz pasa a través de las gotas de lluvia, se forma un arco iris. A veces, hasta cuando atraviesa los cristales de las ventanas, se forma una especie de arco iris.

Cuando la luz blanca pasa a través de un prisma, las ondas luminosas de sus colores viajan más lentamente y cambian de dirección. Las ondas de la luz roja son las que se desvían menos y las de la luz violeta son las que se desvían más. El orden de los colores se debe a cuánto se refracta cada onda. ▼

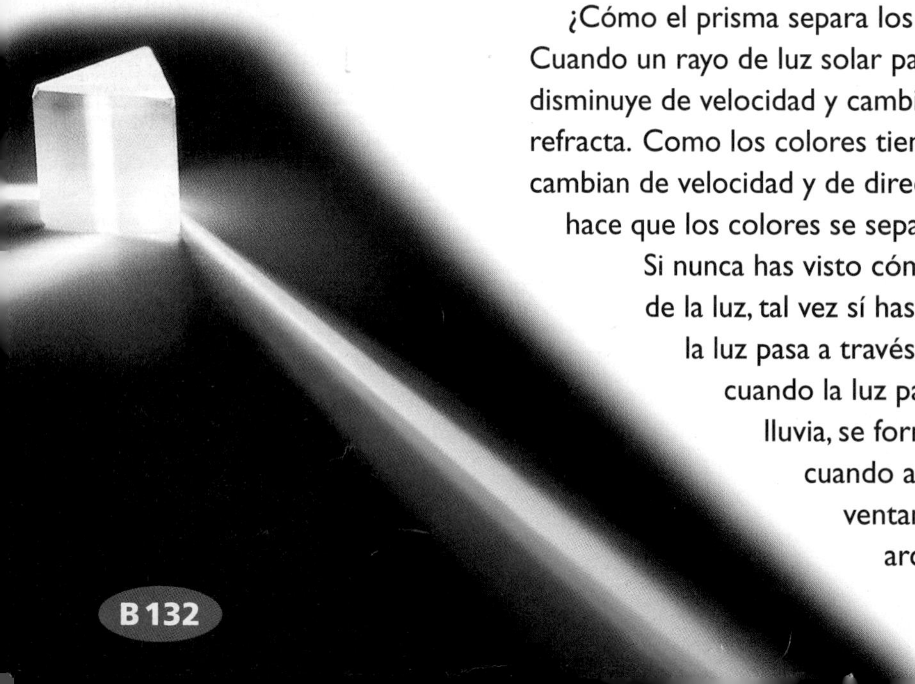

La luz que podemos ver se llama luz visible. Como puedes ver a la derecha, la luz visible es sólo una pequeña parte de todas las ondas que irradia el Sol. La energía térmica, los rayos X, las microondas y las ondas de radio también son radiaciones solares. En conjunto, las ondas que irradia el Sol se conocen como ondas electromagnéticas (EM).

Los distintos tipos de radiación EM, entre los que se encuentra la luz visible, son muy parecidos porque todos viajan en forma de ondas a la velocidad de la luz. ¿Y cuál es la velocidad de la luz? La luz del Sol tarda sólo 8 minutos en llegar a la Tierra, es decir, ¡tarda 8 minutos en recorrer 149,730,000 kilómetros! ¡Imagínate! Los científicos creen que la velocidad de la luz es la velocidad más rápida a la que puede viajar un objeto en el universo.

Hay una diferencia importante entre los distintos tipos de radiación EM. Cada tipo de radiación EM tiene su propia longitud de onda o frecuencia y contiene una cantidad distinta de energía.

La ondas EM se ordenan según su longitud de onda o frecuencia. A este conjunto ordenado de ondas se le llama espectro electromagnético. El rango de longitudes de onda que el ojo humano puede ver se conoce como espectro visible. Este rango es muy pequeño si lo comparamos con el rango total de ondas EM. Sin embargo, esas pocas longitudes de onda son las que le dan al mundo todo su color.

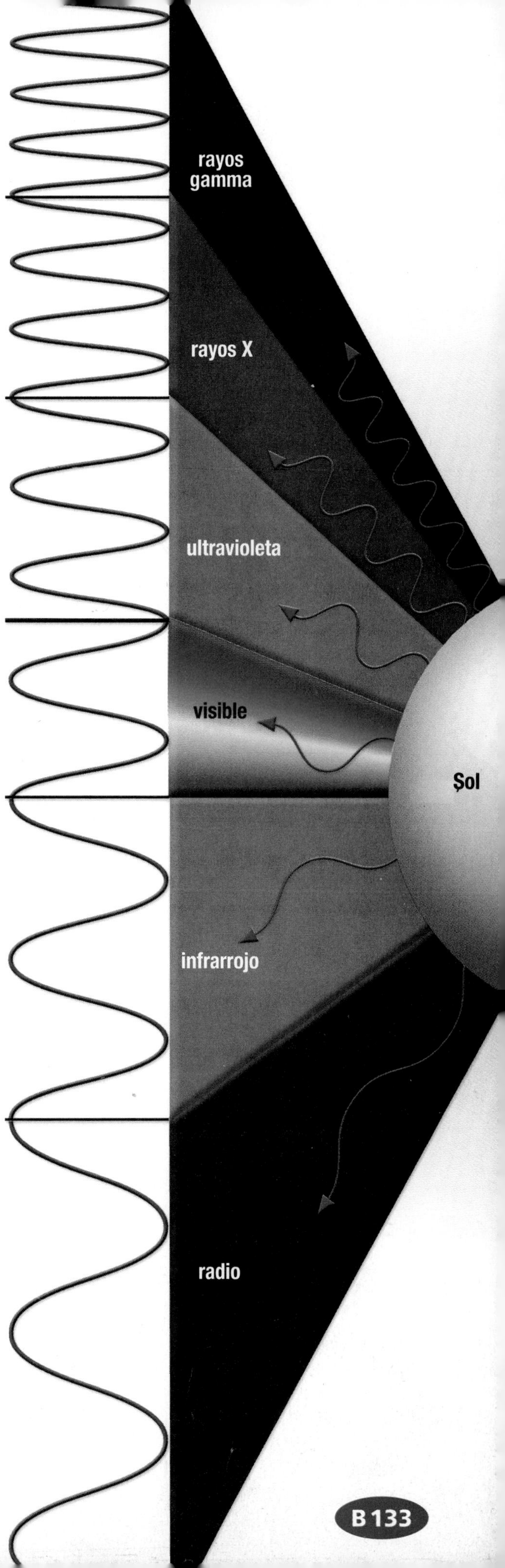

Espectro electromagnético

Los fotones que vienen del Sol viajan por el espacio llevando diferentes cantidades de energía. Este conjunto total de ondas de energía forma el espectro electromagnético. ▶

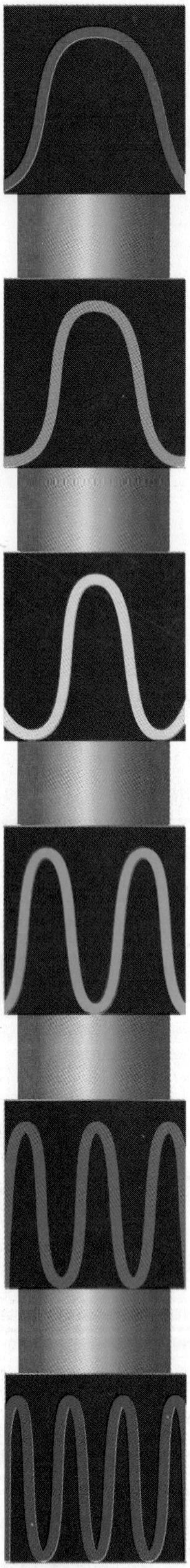

▲ *La mayoría de nosotros sólo podemos nombrar seis de los colores principales del espectro visible, aunque en realidad el ojo humano es capaz de distinguir miles de colores.*

Es posible que hayas notado que los colores del arco iris siempre aparecen en el mismo orden: rojo, anaranjado, amarillo, verde, azul, añil y violeta. Como puedes ver a la izquierda, la luz roja es la que tiene la longitud de onda más larga y la menor cantidad de energía de todos los colores. La luz violeta es la que tiene la mayor cantidad de energía y la longitud de onda más corta del espectro visible.

Aunque la luz solar contiene todos los colores del espectro, el Sol se ve de color amarillo porque los colores de frecuencia más alta, como el azul y el violeta, se dispersan en la atmósfera de la Tierra. Los demás colores se mezclan y al llegar a tus ojos los percibes de color amarillo.

Ciencias de la vida

No todos los organismos perciben el mismo rango de longitudes de ondas electromagnéticas que tú. A principios del siglo XX, los científicos pensaban que las abejas veían los mismos colores que los seres humanos. Pero en 1910, el científico alemán Karl von Frisch realizó una serie de experimentos para estudiar la vista de las abejas. Von Frisch llegó a la conclusión de que las abejas no ven algunos colores que nosotros vemos, como los tonos carmesíes del rojo, pero sí pueden ver la luz ultravioleta, una longitud de onda invisible para nosotros.

Es posible que te preguntes qué ventaja tiene para las abejas ver la luz ultravioleta. Pues bien, gracias a esta capacidad, las abejas pueden buscar el néctar de las flores. ¿Cómo lo hacen? Algunas flores reflejan la luz ultravioleta de una manera que les indica a las abejas en qué parte de la flor está el néctar.

Cómo se mezclan los colores

El cuerpo humano

Ya sabemos que las abejas ven la luz ultravioleta. ¿Qué colores vemos nosotros? El fucsia, el turquesa, el lila son algunos nombres con los que describimos la gran variedad de colores que vemos. Sin embargo, te sorprenderá saber que sólo necesitamos percibir tres colores del espectro visible para distinguir todos los colores. Estos tres colores se conocen como los colores primarios de la luz y son: el rojo, el verde y el azul.

Tus ojos tienen tres tipos de células sensibles a la luz llamadas conos. Cada tipo de cono es más sensible a la longitud de onda de uno de los tres colores primarios de la luz. Cuando las ondas del color rojo, azul o verde llegan a tus ojos, sólo uno de los tipos de cono responde y envía el mensaje al cerebro.

Por ejemplo, si las longitudes de onda del color rojo llegan a los conos sensibles a ese color, percibirás el color rojo.

Los ojos y el cerebro mezclan los colores primarios en diferentes proporciones para crear todos los colores que vemos. Cada color que vemos depende del número de señales que el cerebro reciba de cada uno de los tres tipos de conos. Por ejemplo, ¿qué color verías si tu cerebro recibiera el mismo número de señales de los tres tipos de conos? Usa el diagrama de la derecha para contestar esta pregunta.

Ahora fíjate en el diagrama cómo se forma el color amarillo cuando se superponen solamente los círculos rojo y verde. Cuando la luz amarilla entra en tus ojos, los conos sensibles al azul responden poco, mientras que los conos sensibles al rojo y al verde responden más. Esta señal le indica al cerebro: "rojo + verde". Como el cerebro sabe que rojo y verde da amarillo, ése es el color que ves. Sin embargo, si en lugar de luz amarilla llegan a tus ojos luz roja y verde, ¡también verías el mismo color amarillo!

Cuando ves la televisión o usas una computadora como la de esta página, ves una gran variedad de colores. Sin embargo, las pantallas de los televisores y de las computadoras en realidad están llenas de puntos diminutos de los tres colores primarios. Las cámaras de televisión captan las imágenes y transforman los colores de la luz en señales eléctricas que representan el rojo, el azul y el verde. Al llegar a tu televisor, estas señales hacen que los puntos del color correspondiente se enciendan en los lugares correspondientes. Cuando la luz de todos los puntos de colores entra en tus ojos, tu cerebro interpreta el número de señales de cada color. Por eso ves los globos rojos y azules y el azul y el verde de la ropa, es decir, cada cosa del color que debe ser.

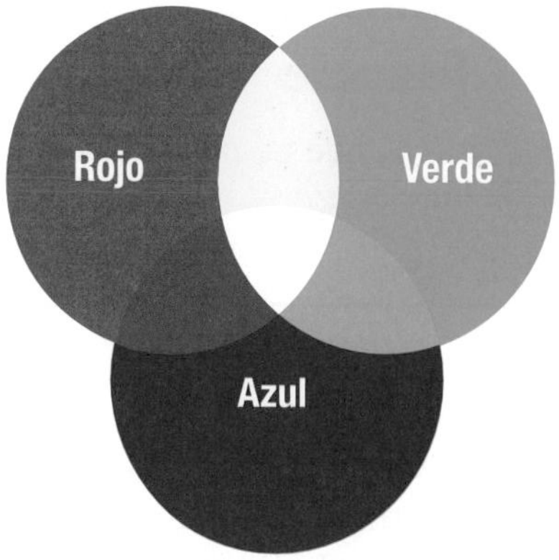

Colores primarios de la luz

▲ *Cuando se superponen rayos de luz roja, azul y verde, tus ojos los combinan en pares y los ven como amarillo, cian y magenta. Si los tres colores se superponen, todos los conos de tus ojos envían las mismas señales al cerebro y así percibes el color blanco.*

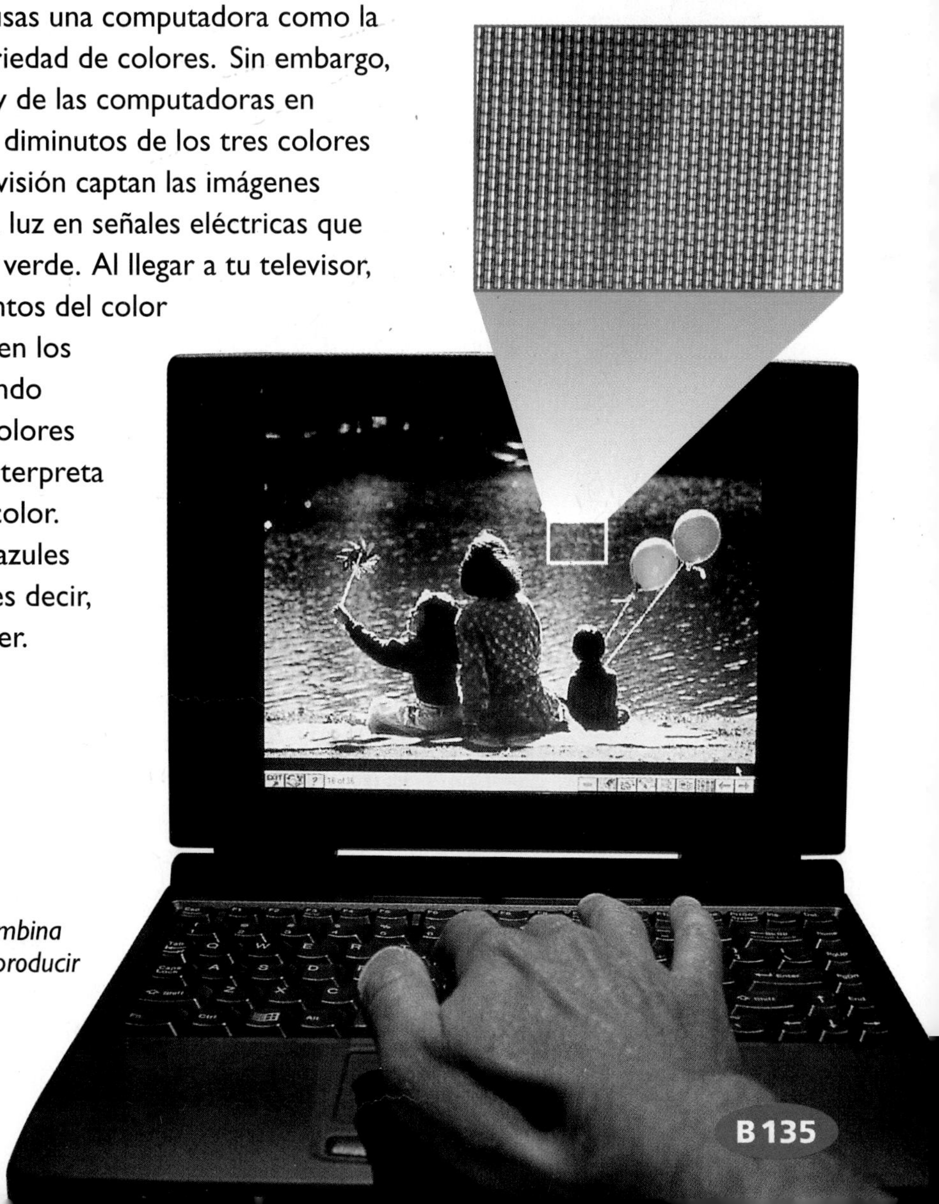

La pantalla de esta computadora combina los colores primarios de la luz para producir las imágenes que ves. ▶

Glosario

Glosario

opaco, que no deja pasar la luz

Colores primarios de las pinturas

Los tres colores primarios de las pinturas en la imagen de arriba son los mismos que se producen al combinar en pares los colores primarios de la luz, como se ve en la imagen de abajo. ▼

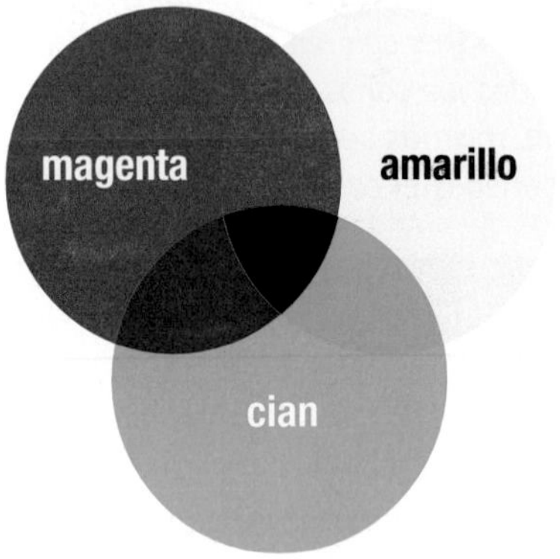

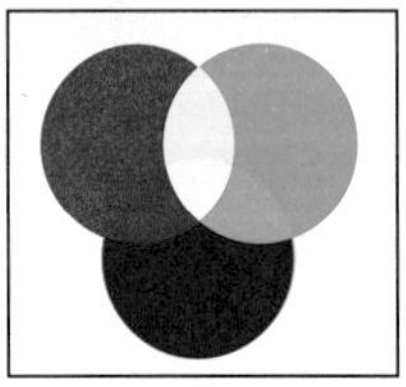

Cuerpos opacos

Si el color blanco es una combinación de todos los colores, ¿entonces qué es el color negro? En una cueva donde no hay luz, en realidad no ves todo de color negro, sino que simplemente no ves nada porque tus ojos no reciben energía. Cuando a tus ojos llega muy poca luz de cualquier color, percibes el color negro.

Los cuerpos **opacos** son objetos que la luz no puede atravesar, como el metal de los automóviles o los ladrillos de las paredes. Estos cuerpos absorben una parte de las ondas luminosas que reciben y reflejan la otra parte. Las ondas que reflejan son las únicas que vemos. Por ejemplo, la cáscara de una naranja refleja las ondas anaranjadas y absorbe las ondas de los demás colores.

Cuando un cuerpo opaco contiene substancias que absorben casi todas las ondas de luz visible por igual, refleja muy poca luz y se ve de color negro o gris obscuro.

En invierno, la gente suele ponerse ropa obscura porque absorbe la mayor parte de la energía luminosa que recibe. Esta energía hace que las moléculas de la ropa se muevan más rápidamente y ¡así aumenta la temperatura de la ropa!

Una forma de cambiar el color de los cuerpos opacos es pintándolos. Como puedes ver en la ilustración, no es igual mezclar pinturas que mezclar los colores de la luz. ¿Qué pasaría si en lugar de mezclar los tres colores primarios de la luz mezclaras pintura roja, azul y verde? El resultado no sería precisamente pintura blanca. El rojo, el verde y el azul son los colores primarios de la luz, pero los colores primarios de las pinturas son el amarillo, el cian y el magenta. ¿Qué diferencia hay entre combinar los colores primarios de la luz y los colores primarios de las pinturas?

¿Por qué los colores de la luz y los colores de las pinturas no se comportan igual cuando se mezclan? La pintura roja se ve roja porque refleja las ondas del color rojo de la luz blanca y absorbe las demás. La pintura azul refleja las ondas del color azul y la pintura verde refleja las ondas del color verde. Es posible que pienses que, si mezclas los tres colores primarios de las pinturas, tendrás una pintura blanca. Pero fíjate que cada pintura absorbe las ondas de los otros dos colores y no las refleja. Por lo tanto, cuando mezclas pinturas de color rojo, azul y verde, muy pocas ondas se reflejan y la mezcla se ve casi de color negro.

La ropa blanca refleja la mayor parte de las on y es más fresca porque absorbe poca energía. color negro u obscuro absorbe no sólo las onda visible sino también ondas electromagnéticas in humano, como la energía infrarroja. ▶

Por otra parte, los objetos de color blanco reflejan casi toda la luz que reciben. Por eso, cuando hace calor, la gente suele ponerse ropa blanca o de colores claros. La ropa de este color e más fresca que la ropa obscura porque refleja la energía solar en lugar de absorberla.

Fíjate en la ilustración de la hoja. Es posible que pienses que los árboles, pasto y las plantas son verdes. En realidad, estos cuerpos absorben y usan muchas longitudes de onda excepto las de color verde, que son las que reflejan. La longitud de onda de las luces artificiales que se usan para estimular el crecimiento de las plantas se encuentran en el rango de los rayos violeta y ultravioleta.

El color de los cuerpos no siempre se ve igual. Cuando el Sol se pone, los cuerpos reflejan menos luz porque llega menos luz a la Tierra. Por eso vemos los objetos con menos color. Como los conos de tus ojos sensibles al color reciben poco estímulo cuando hay poca luz, comienzan a funcionar otras estructuras llamadas bastoncillos. Los bastoncillos no son sensibles al color, pero sí responden cuando hay poca luz. Gracias a ellos puedes ver con poca luz, pero sin percibir los colores.

Esta hoja se ve verde porque refleja las longitudes de onda de color verde. ▼

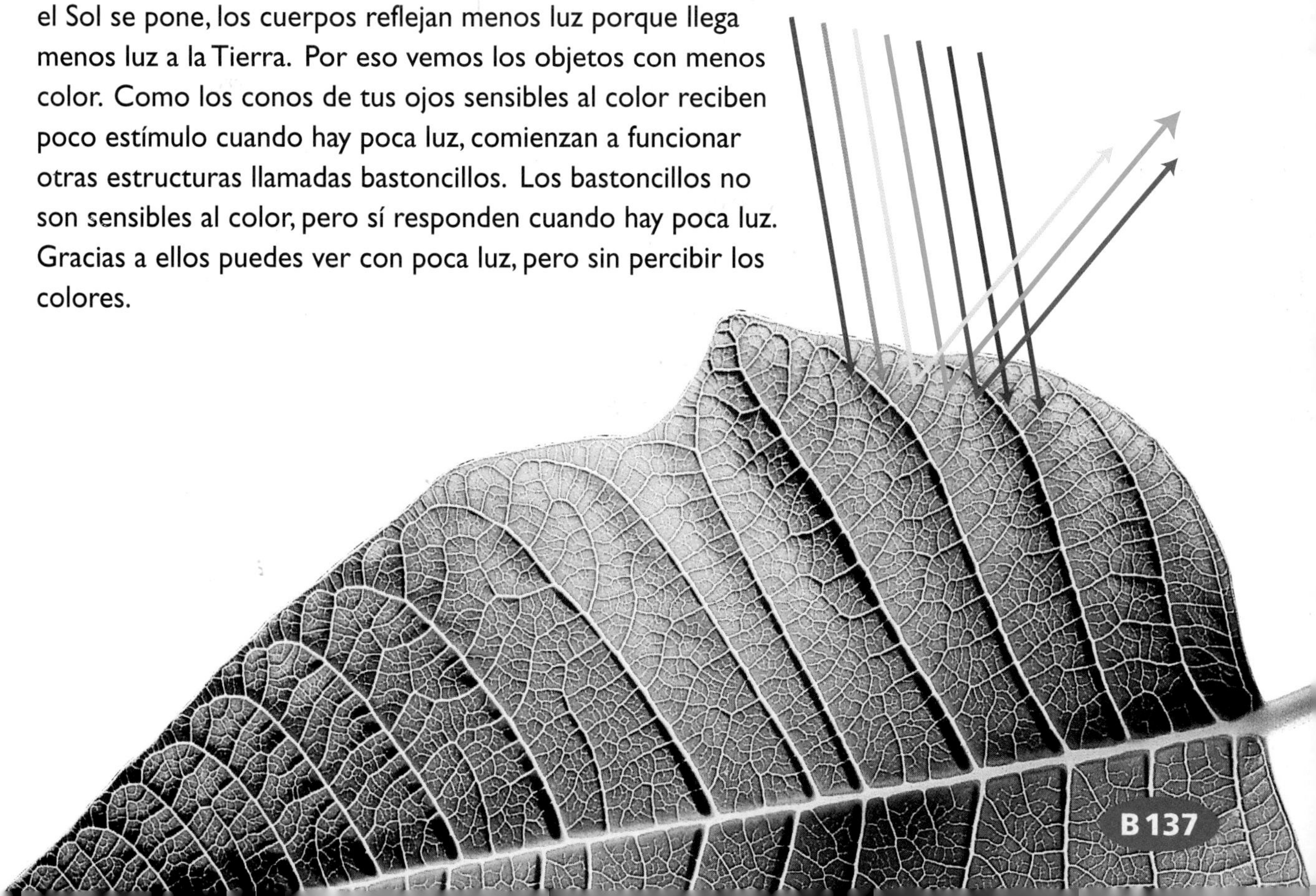

Minerales iluminados con luz blanca

Minerales iluminados con "luz negra"

▲ *Cuando se les ilumina con luz blanca, estos minerales reflejan las longitudes de onda que les dan su color. En cambio, con "luz negra", sus átomos absorben la energía ultravioleta invisible y producen su propia luz visible.*

Glosario

Glosario

transparente, que deja pasar la luz y permite ver con claridad los objetos del otro lado

Las fotos muestran dos imágenes distintas del mismo grupo de minerales. La foto de la izquierda se tomó con luz blanca natural, y la de la derecha se tomó con una luz especial llamada luz negra. En realidad, la luz negra no es de color negro, sino que emite longitudes de onda en el rango visible del color violeta y en el rango ultravioleta del espectro electromagnético.

Cuando una luz ultravioleta que contiene gran cantidad de energía ilumina los minerales, la energía no se absorbe o se refleja como la luz visible. En este caso, los átomos de los minerales absorben la energía ultravioleta invisible y producen su propia luz visible. Cuando se iluminan con luz normal, no vemos su resplandor y su color es igual al de rocas comunes. Pero cuando los minerales están bajo luz negra, parece que resplandecen.

Si te pones una camisa blanca y te paras cerca de una fuente de luz negra, es posible que la camisa también resplandezca. En la fabricación de detergentes, se añaden tintes que reaccionan con la luz ultravioleta de la misma manera que los minerales. Esta reacción hace que la ropa se vea más blanca y "resplandeciente".

Otros cuerpos que reaccionan de manera semejante bajo luz negra son los carteles fosforescentes, tus dientes, las pastillas de gaultería, ¡y hasta los escorpiones!

Cuerpos transparentes

Ya sabes que la luz puede atravesar distintos objetos hechos de materiales como el vidrio y el plástico. Los cuerpos **transparentes** dejan pasar la luz y nos permiten ver con claridad los objetos que se encuentran del otro lado. En este caso, se dice que estos cuerpos "transmiten" la luz. ¿Qué objetos transparentes ves a tu alrededor?

Recuerda que vemos un color cuando la luz de cierta longitud de onda llega a nuestros ojos. Cuando la luz atraviesa un objeto transparente coloreado, éste absorbe una parte de las ondas luminosas y transmite sólo las que producen el color que vemos. ¿Por qué algunos cuerpos transparentes no tienen color?

Cuando miramos a través de una ventana común como la de la derecha, vemos la luz de afuera que atraviesa el cristal. Las ventanas que aparentemente no tienen color transmiten todas las ondas de luz que reciben de los objetos de afuera y por eso es posible ver perfectamente a través de ellas, como si estuvieras del otro lado.

Por otra parte, los vitrales como el de abajo son ejemplos de cuerpos transparentes que transmite luz de distintas longitudes de onda. Cada sección del vitral transmite ciertas longitudes de onda y absorbe las demás. Las ondas que transmite llegan a la retina manteniendo la misma posición que tenían al salir del vitral. Los conos sensibles al color responden a esas longitudes de onda y el cerebro transforma las señales en una imagen completa del vitral.

▲ *Las ventanas de vidrio sin color dejan pasar todas las longitudes de onda de la luz visible.*

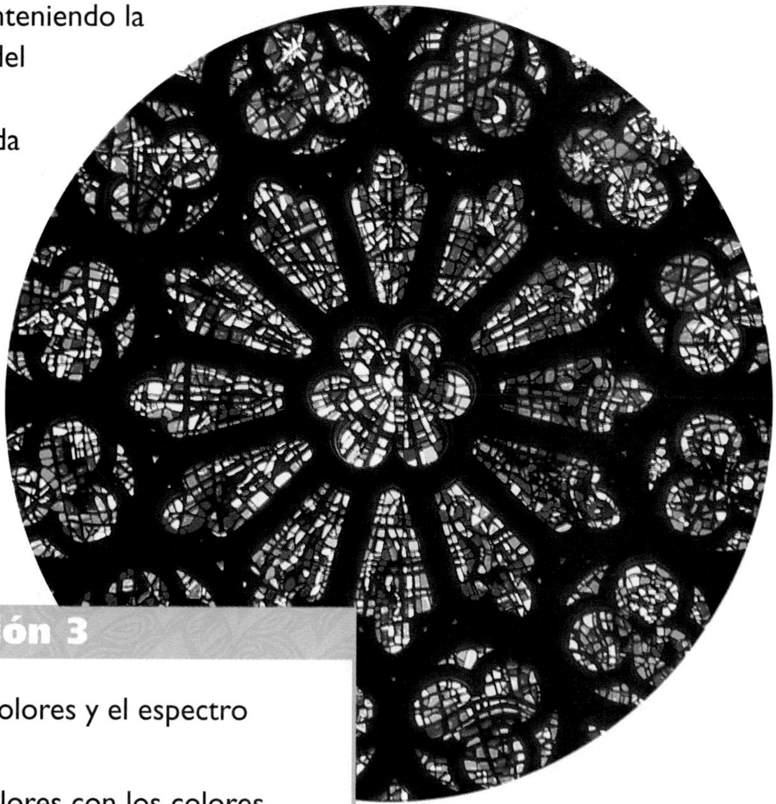

▲ *Los colores de los vitrales se logran mezclando ciertos compuestos con el vidrio antes de que éste se endurezca o fundiéndolos con la superficie del vidrio después de que se endurece. Se escogen compuestos específicos que transmiten los colores que el artista quiere que se vean.*

Repaso de la Lección 3

1. ¿Qué relación hay entre los colores y el espectro electromagnético?
2. ¿Cómo se producen otros colores con los colores primarios de la luz?
3. ¿Cómo obtienen su color los cuerpos opacos?
4. ¿Cómo obtienen su color los cuerpos transparentes?
5. **Saca conclusiones**
   Una ciruela morada refleja y absorbe los colores de la luz blanca. ¿Qué colores refleja y qué colores absorbe?

¿Cuál es la idea?

En esta lección aprenderás:

- cómo se produce el sonido.
- en qué se diferencian los sonidos.
- qué sucede cuando el sonido se refleja y se refracta.
- qué diferencia hay entre música y ruido.

Lección 4

¿Qué es el sonido?

"¡Increíble! ¡Escucha al Sol!" Imagínate que pudiéramos oír los sonidos que hace el Sol. Del Sol recibimos muchos tipos de energía, pero ¿por qué no recibimos energía del sonido?

Cómo se produce el sonido

Imagínate que pones un reloj dentro de un frasco de vidrio y después le sacas todo el aire al frasco. ¿Todavía se podría ver el reloj? ¿Se podría oír su tictac? En 1658, un científico inglés llamado Robert Boyle llevó a cabo un experimento para responder estas preguntas.

Boyle puso un reloj en un frasco de vidrio al que después le sacó poco a poco el aire. Cuando quedaba muy poco aire en el frasco, notó que el tictac ya no se oía pero todavía se veía el reloj. Aunque el frasco ya no contenía partículas de aire, la luz podía atravesarlo pero el sonido no. Con este sencillo experimento, Boyle llegó a la conclusión de que para que el sonido pueda llegar al oído es preciso que haya partículas de aire.

¿Por qué el sonido no puede viajar en el vacío y la luz sí? El sonido se produce al vibrar la materia. Lo puedes comprobar fácilmente si te tocas la garganta al hablar, como hace la niña de la izquierda.

¿Cómo se producen las vibraciones del sonido? En la página siguiente verás que, cuando los objetos vibran, las partículas de aire se comprimen. Luego estas partículas se expanden y vuelven a comprimirse y expandirse varias veces. Así se forma una onda sonora.

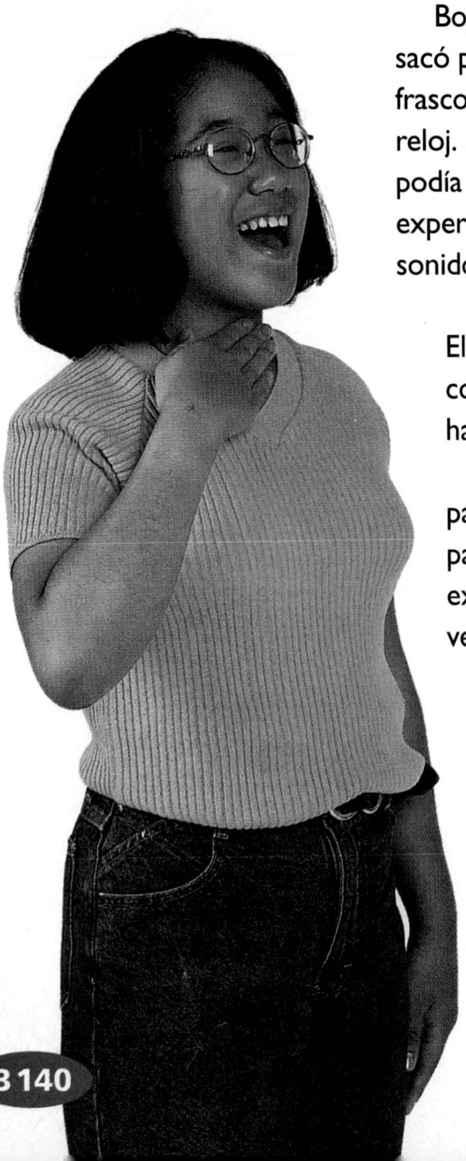

◀ *Cuando la niña habla, el aire pasa por sus cuerdas vocales y las hace vibrar. Las vibraciones producen ondas sonoras.*

Cómo se producen las ondas sonoras

▲ *El badajo golpea el metal y hace vibrar la campana. Al moverse la campana a la derecha, empuja y comprime las partículas de aire que hay de ese lado.*

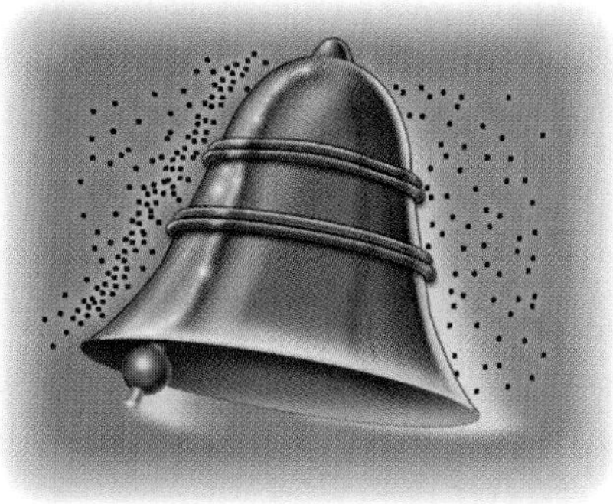

▲ *Al moverse la campana hacia la izquierda, deja de empujar las partículas de la derecha. Ahora empuja y comprime las partículas de aire de la izquierda.*

▲ *Estos movimientos de vaivén producen ondas sonoras. Las ondas sonoras están formadas por dos tipos de áreas: unas en las que la materia se comprime y otras en las que se expande. Estas áreas son como las crestas y senos de las ondas transversales.*

Recuerda que la luz viaja en forma de ondas transversales. En este tipo de ondas, la energía se desplaza en una dirección, mientras que las crestas y senos se mueven en dirección perpendicular. La energía del sonido viaja en forma de **ondas de compresión**, en las cuales la materia vibra en la misma dirección de la energía que pasa por ella.

Mira el dibujo de abajo y compara la onda de compresión y la onda transversal. En la onda de compresión, las áreas donde las partículas se juntan, es decir, las compresiones, son como las crestas de las ondas transversales; y las áreas donde se separan son como los senos.

Glosario

onda de compresión, onda en la que la materia vibra en la misma dirección en que se desplaza la energía a través de ella

Glosario

Las áreas de una onda de compresión donde las partículas del aire se comprimen y se separan se parecen a las crestas y senos de las ondas transversales. ▼

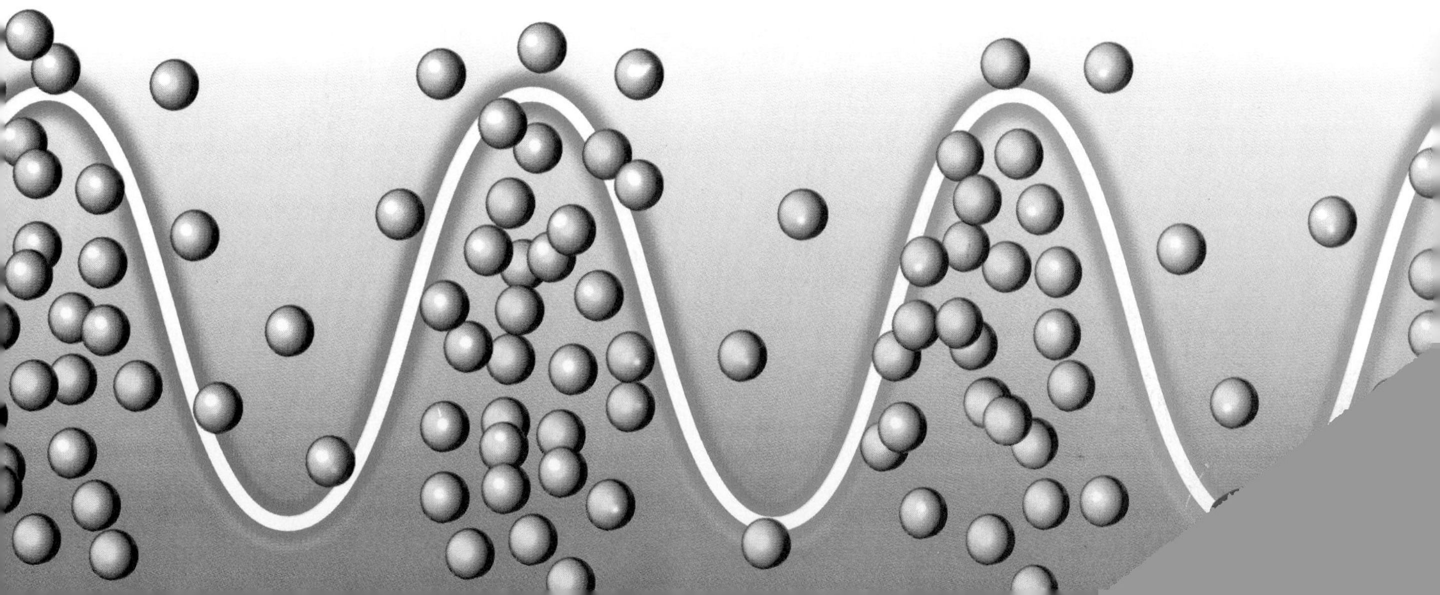

La longitud de onda del sonido se determina igual que la longitud de onda de la luz, es decir, midiendo la distancia que hay entre las crestas o los senos de las ondas. La frecuencia de las ondas sonoras es el número de compresiones que pasan por un punto fijo en un determinado período de tiempo.

Las ondas sonoras sólo pueden viajar a través de la materia, es decir, a través de líquidos, sólidos o gases. Cuando pones el oído sobre tu pupitre y le das unos golpecitos con el dedo, como el niño de la foto, puedes escuchar el sonido a través del pupitre.

Las ondas sonoras se mueven más lentamente y tienen menos energía que las ondas luminosas porque viajan a través de la materia. La velocidad de la luz es casi 87 millones veces mayor que la velocidad del sonido en el aire. En las tormentas eléctricas puedes observar muy claramente esta diferencia. Aunque las nubes de tormenta producen los truenos y relámpagos exactamente al mismo tiempo, siempre vemos la luz del relámpago mucho antes de oír el trueno.

En qué se diferencian los sonidos

Nuestro mundo está lleno de sonidos: desde el gorjeo de los pájaros hasta el estampido de los trenes. ¿Pero por qué unas vibraciones producen un tipo de sonido y otras producen un sonido distinto? Como ya vimos, las diferentes frecuencias y longitudes de onda de la luz producen colores distintos. De igual manera, las ondas sonoras de diferentes frecuencias producen sonidos distintos.

El sonido que hace el niño al golpear el pupitre con el dedo llega a su oído a través de los materiales de los que está hecho el pupitre. ▼

El cuerpo humano

El tímpano de tus oídos es como la tapa de cartón de las bocinas. Cuanto más fuerte es el sonido, más rápidamente vibra. El tímpano también se puede romper si vibra demasiado. Cuando el tímpano se rompe, las cicatrices que quedan después de sanar lo hacen más grueso. Esto impide a la persona oír el mismo rango de sonidos que antes.

Ni siquiera un oído sano puede captar las ondas sonoras con frecuencias de más de 20,000 hertz. El sonido por encima de este nivel se llama ultrasonido y tiene muchos usos. Por ejemplo, sirve para soldar piezas de plástico y para localizar grietas o roturas en piezas de aviones.

¿Alguna vez te han hecho una prueba de ultrasonido? Con el ultrasonido, los médicos examinan los tejidos blandos del cuerpo para ver si hay lesiones.

Ciertos animales también usan ultrasonidos. Los delfines, como los que ves abajo, emiten ondas ultrasónicas (o de ultrasonido) para identificar los objetos que los rodean. Estas ondas rebotan en los objetos, regresan al delfín y le permiten calcular la distancia, la forma y el tamaño de los objetos. Los murciélagos emiten sonidos hasta de 100,000 hertz para guiarse al volar en la obscuridad. Con el eco que producen estos sonidos, pueden esquivar los objetos aunque no los vean.

El delfín tiene la frente grande y huesuda. La frente le sirve de receptor cuando las ondas ultrasónicas que emite el delfín chocan con objetos en el agua y rebotan. ▼

Reflexión y refracción del sonido

Al igual que las ondas luminosas, las ondas sonoras se reflejan. El eco es una onda sonora reflejada que se produce cuando la onda choca en superficies lisas y sólidas del tamaño apropiado y regresan a nuestros oídos.

¿Por qué no siempre oímos ecos? ¿Por qué el sonido de tu voz no siempre rebota en las paredes de tu cuarto y regresa a tus oídos? En realidad, siempre hay eco. Pero si llega a tu oído en menos de una décima de segundo después del sonido original, no lo percibes.

En los espacios grandes y cerrados se puede producir tanto eco que se vuelve difícil distinguir los sonidos. Piensa en todo el ruido que hay en un partido de baloncesto. Ese ruido se produce porque los sonidos rebotan en todas las superficies. Por suerte, el sonido no es tan importante como el partido. ¿Pero qué tal si hubiera eco en una sala de cine o de conciertos como la que se muestra en la ilustración? El eco no dejaría oír bien las voces o la música.

Fíjate en los paneles de la pared que muestra la foto. ¿Has visto paneles semejantes en las paredes y los techos de las salas de cine? A veces están hechos de materiales blandos o tienen pequeños orificios para absorber la energía del sonido en lugar de reflejarla. Las superficies irregulares y ásperas dispersan el sonido en vez de reflejarlo. Además, los asientos de la sala se tapizan con tela para absorber las ondas sonoras, y las personas también absorben parte del sonido. Todos estos objetos en conjunto evitan que se produzca eco.

A veces el eco es útil. Por ejemplo, el sonar es un aparato que sirve para medir la distancia bajo el agua mediante el eco de las ondas sonoras. El científico francés Paul Langevin lo inventó después del naufragio del *Titanic* en 1912. La ilustración de la página siguiente muestra cómo funciona el sonar.

Desde un barco, se envían ondas sonoras hacia el fondo del mar. Estas ondas rebotan en el fondo y forman ecos que se

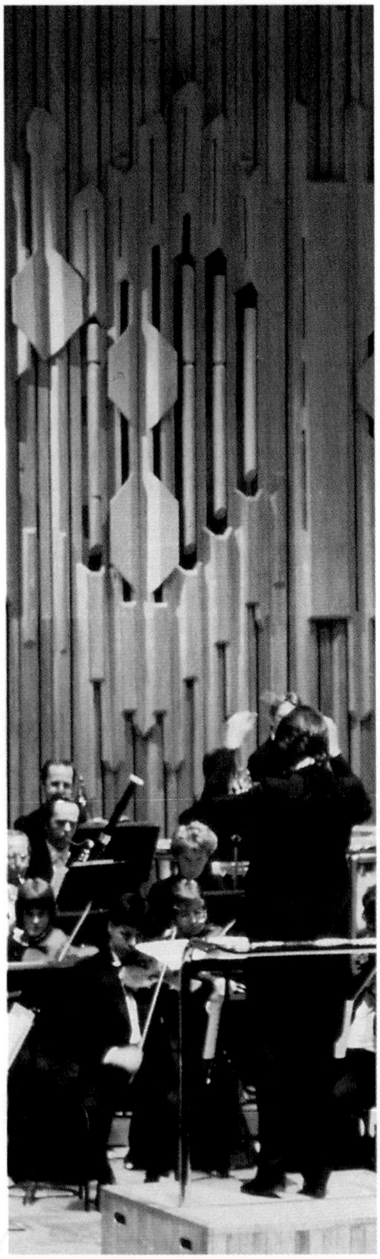

◀ *La acústica es el estudio de la relación que hay entre el sonido y la materia. Los ingenieros y arquitectos deben saber cómo se refleja el sonido y cómo usar materiales para evitar ecos en espacios grandes como las salas de conciertos.*

registran cuando regresan al barco. Como los científicos saben a qué velocidad viaja el sonido en el agua, se puede calcular la profundidad del mar. Las imágenes que se obtienen nos permiten ver qué forma tiene el fondo de los lagos y océanos. Muchos mapas del suelo oceánico se hicieron de esta manera.

El **sonar** también permite localizar barcos hundidos como el que se muestra en la ilustración, incluso en las aguas más profundas y turbias. El *Titanic* fue localizado en 1985 con la ayuda de un sonar.

Las ondas sonoras no sólo se reflejan sino también se refractan. El sonido se suele refractar cuando cambia el estado de la materia por la que se desplaza, como por ejemplo, al pasar del aire al agua. También se refracta cuando la temperatura de la materia cambia. Si un barco navega de noche a través de aire cálido de la niebla y hay aire más frío por encima de la niebla, el sonido de la sirena de la costa se puede desviar hacia arriba. Si esto sucede, es posible que el capitán no sepa en qué dirección está la costa.

Glosario

sonar, aparato que emplea ondas sonoras para medir la distancia

Sonar

El área más obscura que se observa en la imagen de sonar de este barco hundido es la "sombra sonora" del barco en el fondo del lago. Si el sonido viaja a unos 1,500 metros por segundo en el agua del mar y la señal tarda 2 segundos en regresar al barco, ¿a qué profundidad está el barco hundido? ▼

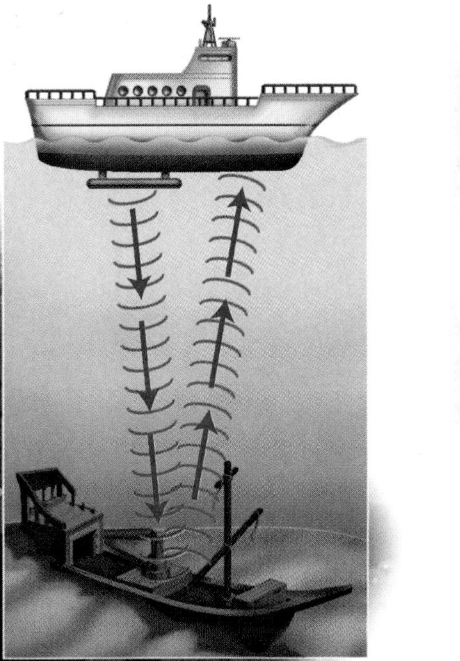

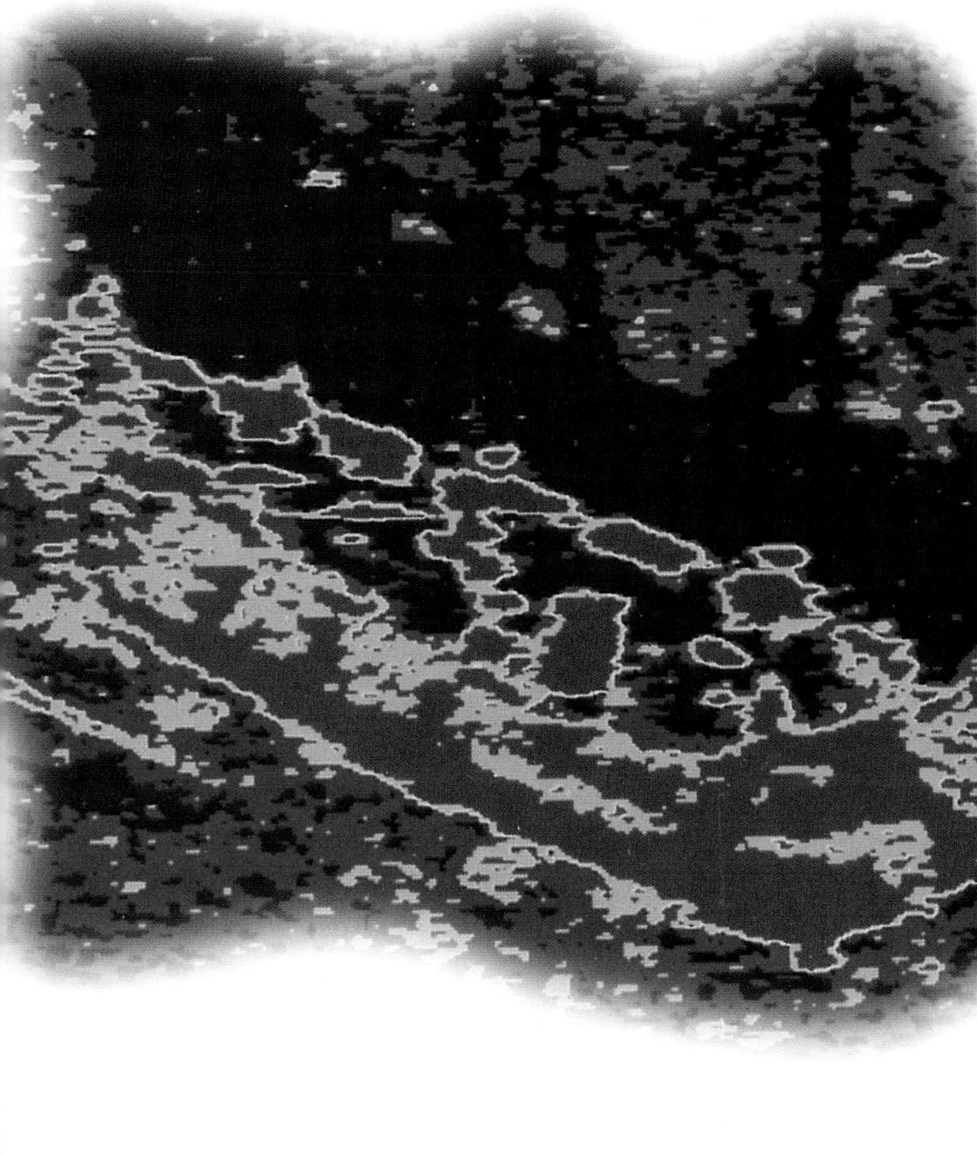

Glosario

Glosario

música, sonido formado por ondas sonoras ordenadas en secuencias regulares

ruido, sonido formado por ondas sonoras que no siguen una secuencia regular

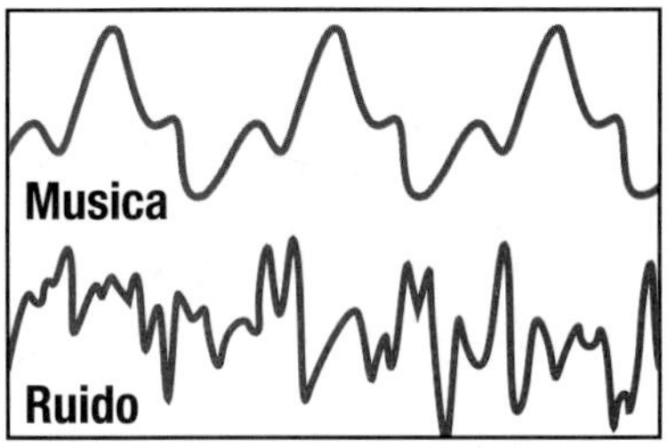

▲ *Compara la secuencia de las ondas sonoras del ruido con la de la música.*

Música y ruido

Aunque para ti la música de tu grupo favorito es excelente, tu amiga piensa que es ¡puro ruido! ¿Qué diferencia hay entre música y ruido? Fíjate en las ondas sonoras de la gráfica de la izquierda y observa la diferencia entre las ondas de la música y las del ruido. La **música** es un sonido agradable, con ondas ordenadas en secuencias que muchas veces se repiten. En cambio, el **ruido** es un sonido que no sigue una secuencia regular. Por ejemplo, el claxon de los automóviles, el martilleo de las obras de construcción y el ulular de las sirenas producen sonidos con ondas de forma irregular.

Todos los instrumentos musicales producen sonidos mediante tres tipos de vibraciones. Los instrumentos de viento producen sonidos cuando se hace vibrar el aire dentro de un tubo. Por ejemplo, para hacer sonar su flauta de madera, el niño de la foto sopla directamente en el interior del tubo. Otros instrumentos, como el clarinete, producen sonidos cuando se hace vibrar primero una lengüeta, la que a su vez hace vibrar el aire dentro del tubo.

En los instrumentos de viento, como el trombón de varas, las notas graves y agudas se producen cambiando la longitud del tubo en el que se hace vibrar el aire.

Los instrumentos de cuerda, como el violín y la guitarra, producen sonidos cuando sus cuerdas se pulsan o se frotan con un arco para hacerlas vibrar. La frecuencia de las vibraciones varía al cambiar la longitud y la tensión de las cuerdas.

Los instrumentos de percusión, como el tambor, los bloques de madera o los platillos, producen sonidos cuando se golpea su superficie con palillos o con las manos. Al golpearlo, el objeto empieza a vibrar y produce sonido. El tono cambia según el tamaño, el grosor y la tensión de la superficie del instrumento. Algunos instrumentos de percusión no producen mucha variedad de notas y sirven para llevar el ritmo de la música. Sin embargo, el xilófono es un instrumento de percusión que tiene listones de madera de varios tamaños y produce una gran variedad de frecuencias. La mujer de la foto de la página siguiente está tocando un instrumento de percusión.

Aunque todos los instrumentos producen sonidos mediante vibraciones, cada uno tiene un sonido propio que lo distingue de los demás porque vibra de distinta manera. Por ejemplo, cuando haces vibrar tus cuerdas vocales a cierta velocidad,

Este niño cambia el tono de los sonidos que produce su flauta tapando distintos orificios. ▼

produces una nota que tiene una determinada frecuencia. Al mismo tiempo que de tu boca sale ese sonido con esa frecuencia, tu garganta, tus mejillas y hasta los huesos de tu cabeza vibran con distintas frecuencias. Todas esas vibraciones llegan al mismo tiempo al oído del oyente. Esta persona reconoce el sonido de esas ondas como el sonido característico de tu voz. Trata de cambiar la forma de la boca al cantar una misma nota. ¿Notas la diferencia?

Aunque tu voz tiene un sonido característico, al cantar puedes cambiar la frecuencia de las notas para que los sonidos sean más agudos o más graves. *Do, re, mi, fa, sol, la, si, do.* Cuando la frecuencia de una nota es dos veces mayor que la frecuencia de otra, se dice que las dos notas están a una **octava** de distancia. La escala musical, como la que se muestra en la ilustración, está formada por una serie de notas en la que la frecuencia de la nota más alta de la escala (es decir, el segundo *do*) es exactamente dos veces mayor que la frecuencia de la nota más baja de la escala (es decir, el primer *do*).

Glosario

octava, serie de sonidos de una escala en la que la frecuencia de la nota más alta es dos veces mayor que la de la nota más baja

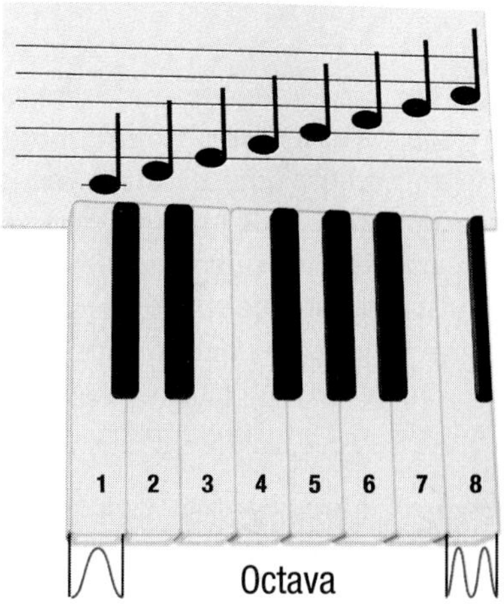

▲ *La escala musical occidental tiene siete notas y la frecuencia de cada nota aumenta de manera natural y agradable. Octava en este caso se refiere a la nota número ocho, que lleva el mismo nombre que la primera nota.*

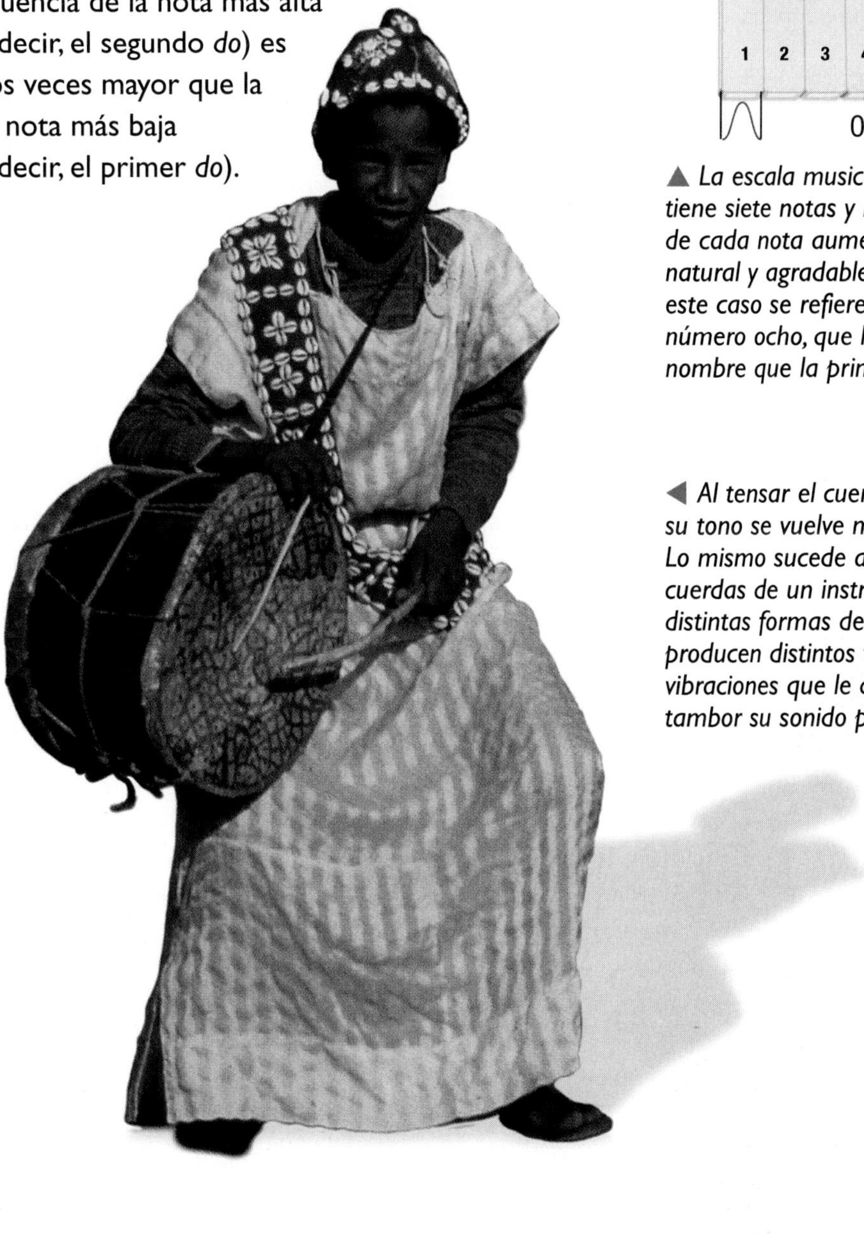

◀ *Al tensar el cuero del tambor, su tono se vuelve más agudo. Lo mismo sucede al tensar las cuerdas de un instrumento. Las distintas formas de los tambores producen distintos tipos de vibraciones que le dan a cada tambor su sonido propio.*

Los vehículos, las herramientas de construcción, las máquinas de las oficinas y tiendas y los aparatos de comunicación producen ondas sonoras que generan ruido. La contaminación sonora, o contaminación producida por el ruido, es un problema tan grave como la contaminación del aire o del agua. Si vives en una ciudad, puedes hallar formas de reducir el ruido.

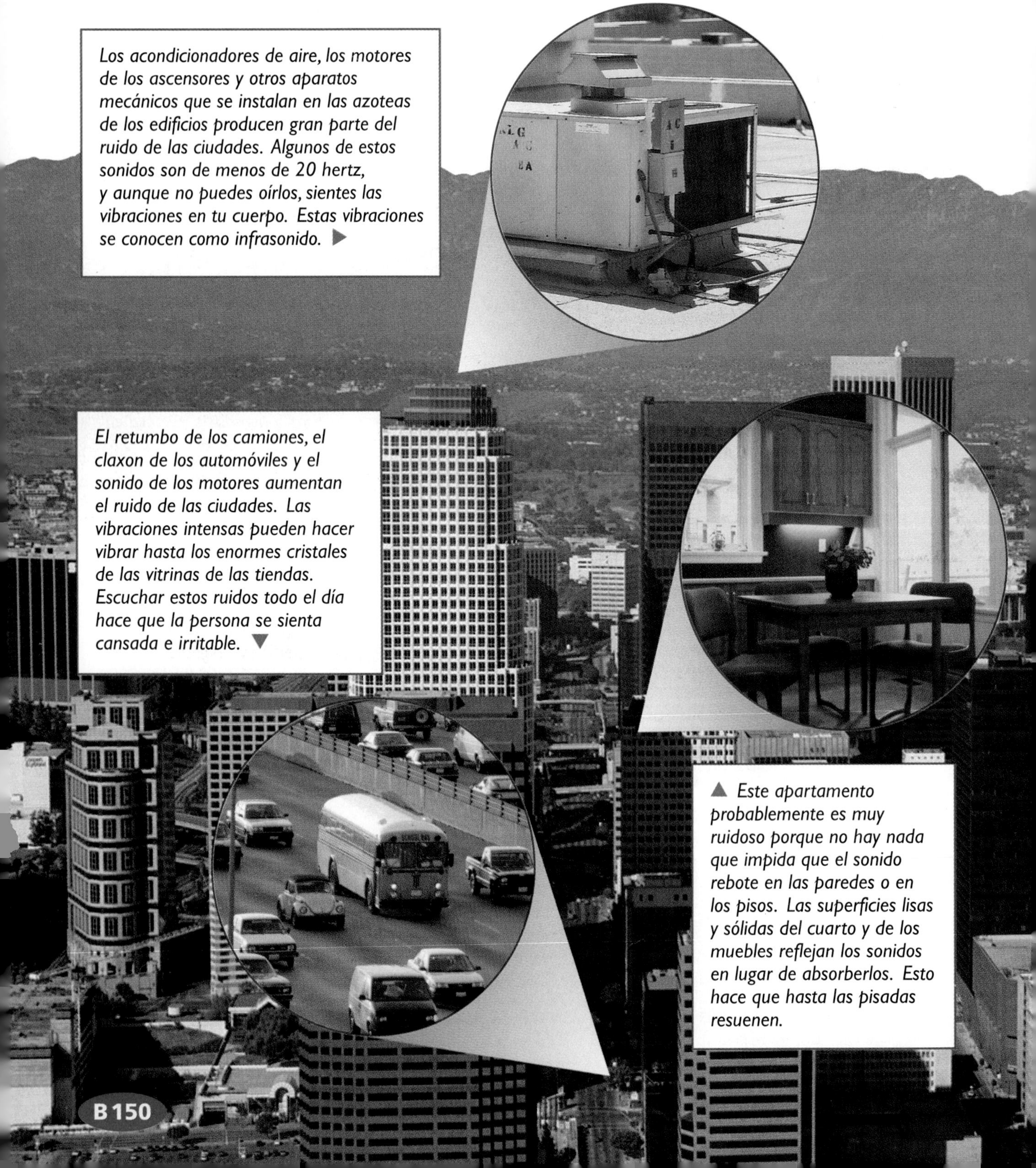

Los acondicionadores de aire, los motores de los ascensores y otros aparatos mecánicos que se instalan en las azoteas de los edificios producen gran parte del ruido de las ciudades. Algunos de estos sonidos son de menos de 20 hertz, y aunque no puedes oírlos, sientes las vibraciones en tu cuerpo. Estas vibraciones se conocen como infrasonido. ▶

El retumbo de los camiones, el claxon de los automóviles y el sonido de los motores aumentan el ruido de las ciudades. Las vibraciones intensas pueden hacer vibrar hasta los enormes cristales de las vitrinas de las tiendas. Escuchar estos ruidos todo el día hace que la persona se sienta cansada e irritable. ▼

▲ *Este apartamento probablemente es muy ruidoso porque no hay nada que impida que el sonido rebote en las paredes o en los pisos. Las superficies lisas y sólidas del cuarto y de los muebles reflejan los sonidos en lugar de absorberlos. Esto hace que hasta las pisadas resuenen.*

Los edificios construidos para no dejar pasar el ruido tienen materiales que absorben el sonido en los pisos y entre la paredes interiores y exteriores. Las paredes que separan los apartamentos también se hacen con materiales aislantes, para que el sonido no pase a los apartamentos vecinos. Además, las ventanas tienen un cristal doble sin aire entre ellos para evitar que entre el sonido. ▼

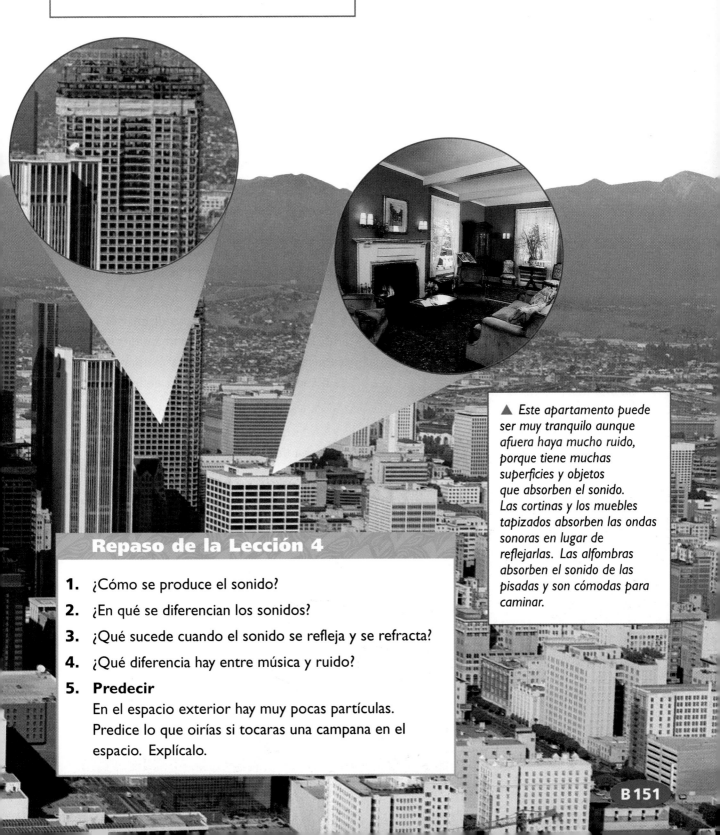

▲ *Este apartamento puede ser muy tranquilo aunque afuera haya mucho ruido, porque tiene muchas superficies y objetos que absorben el sonido. Las cortinas y los muebles tapizados absorben las ondas sonoras en lugar de reflejarlas. Las alfombras absorben el sonido de las pisadas y son cómodas para caminar.*

Repaso de la Lección 4

1. ¿Cómo se produce el sonido?
2. ¿En qué se diferencian los sonidos?
3. ¿Qué sucede cuando el sonido se refleja y se refracta?
4. ¿Qué diferencia hay entre música y ruido?
5. **Predecir**
   En el espacio exterior hay muy pocas partículas. Predice lo que oirías si tocaras una campana en el espacio. Explícalo.

Investiga el aislamiento acústico

Destrezas/Proceso

Destrezas del proceso

- comunicar
- predecir
- observar
- estimar y medir
- inferir

Materials

- reloj que hace tictac
- cinta adhesiva de papel
- regla de 50 centímetros
- diversos materiales aislantes como lana, periódicos, trocitos de poliestireno, goma espuma

Preparación

Diseña y pon a prueba un embalaje que pueda aislar el sonido de un reloj que hace tictac.

Piensa en cómo puedes limitarle al sonido su capacidad de desplazarse. Decide qué tipos de materiales poner a prueba.

Sigue este procedimiento

1. Haz una tabla como la que se muestra y anota ahí tus datos.

Predicción: ¿Qué grupo hizo el diseño que aísla más el sonido?

Distancia del paquete a la cual no puede oírse el sonido

Estudiante 1:	
Estudiante 2:	
Estudiante 3:	
Estudiante 4:	
Promedio:	

2. **Comunica.** Plantea al resto del grupo formas en que pueden embalar un reloj para que no se oiga su tictac. Pueden usar sólo dos materiales de embalaje para aislar el sonido.

3. Decidan en grupo cómo diseñar el embalaje. Dibujen un diagrama indicando los materiales que van a usar para aislar el sonido de manera que no pase fuera del embalaje.

4. Observa los diseños de todos los grupos. **Predice** qué diseño producirá el embalaje a prueba de sonido más eficaz.

5. Prepara con tu grupo el embalaje que diseñaron. Coloca el reloj dentro y cierra el paquete. Pon el paquete en un extremo del salón de clase o del corredor.

6 Primero, párate al lado del paquete. Luego, aléjate del paquete lentamente prestando atención y **observando** el tictac del reloj. Deténte cuando ya no puedas oír el tictac y marca el lugar en el piso con un trozo de cinta adhesiva de papel.

7 **Mide** la distancia de la cinta al paquete. Anota tu medición en la tabla.

8 Cada miembro del grupo deberá realizar los pasos 6 y 7.

9 Calcula la distancia promedio de tu grupo y anótala en la tabla.

Interpreta tus resultados

1. Describe tu embalaje. ¿Qué materiales utilizaste para impedir que el sonido pudiera viajar?

2. Compara los resultados de tu grupo con los de otros grupos. Describe el tipo de embalaje que dio mejor resultado.

3. Compara el diseño de tu embalaje con el del embalaje que aisló mejor el sonido. ¿Qué características tenía el embalaje más eficaz que el tuyo no tenía?

4. Haz una **inferencia.** ¿Cómo impidieron que viajara el sonido los materiales aislantes?

Investiga más a fondo

¿Qué se puede hacer para que tu embalaje aísle mejor el sonido? Piensa en cómo vas a hallar la respuesta a ésta u otras preguntas que tengas.

Autoevaluación

- Seguí instrucciones para diseñar y poner a prueba un embalaje que pudiera aislar el sonido.
- **Comuniqué** a mi grupo mis ideas sobre el diseño del embalaje.
- Hice una **predicción** acerca de qué grupo tenía el diseño qué aislaría mejor el sonido.
- **Observé** el sonido y anoté **mediciones** para determinar la eficacia de mi embalaje para aislar el sonido.
- Comparé el embalaje de mi grupo con otros diseños e hice una **inferencia** sobre los materiales aislantes y el sonido.

Repaso del Capítulo 4

Ideas principales del capítulo

Lección 1

• La luz posee las propiedades de las ondas y de las partículas.

• Las ondas luminosas son ondas transversales con longitud de onda, frecuencia, amplitud y velocidad.

Lección 2

• La luz se refleja de la misma manera que una pelota rebota contra la pared.

• En su paso de un material a otro, las ondas luminosas se pueden desviar o refractar.

• La luz láser es una luz formada por ondas alineadas que tienen la misma longitud de onda.

Lección 3

• La luz visible es sólo una pequeña parte del espectro electromagnético.

• Los colores se producen al mezclarse diferentes proporciones de colores primarios.

• Los objetos opacos se ven del color de la luz que reflejan.

• Los objetos transparentes se ven del color de la luz que transmiten.

Lección 4

• El sonido se produce por la vibración de la materia.

• Los sonidos se distinguen por el tono y la intensidad.

• Los sonidos se pueden reflejar y refractar, lo que causa ecos o sonidos distorsionados.

• La música es un sonido agradable, con ondas ordenadas en secuencia que se repiten, mientras que el ruido es un sonido que no sigue una secuencia regular.

Repaso de términos y conceptos científicos

Escribe la letra de la palabra o frase que complete mejor cada oración.

a. amplitud
b. ondas de comprensión
c. espejo cóncavo
d. espejo convexo
e. foco
f. frecuencia
g. intensidad
h. luz láser
i. música
j. ruido
k. octava
l. opaco
m. fotones
n. refracción
o. transparente
p. ondas transversales

1. Una ___ es luz que transmite información en un rayo que no se dispersa.

2. Un ___ es un espejo cuyo centro se curva hacia adentro, lejos del objeto.

3. El sonido se transmite a través de las ___.

4. La ___ es un sonido agradable con ondas ordenadas en secuencia que se repiten.

5. La ___ es el cambio de dirección de una onda luminosa al pasar de un material a otro.

6. La ___ de la onda es el número de ondas que pasan por un punto en un determinado período de tiempo.

7. El ___ es un sonido desagradable que no sigue una secuencia regular.

8. El ___ es el punto donde los rayos de luz se reúnen al reflejarse o refractarse.

9. Una onda sonora que lleva una gran cantidad de energía y posee una gran amplitud tiene mucha ___.

10. La energía luminosa viaja en forma de ___.

11. La luz, los rayos y las ondas de radio están compuestos por ___ con diferentes cantidades de energía.

12. Los rayos de luz que se reflejan en un ___ se dispersan.

13. Este libro es un objeto ___.

14. Cuando el objeto es ___ vemos los objetos que están del otro lado.

15. La ___ de una onda transversal se observa por la altura de la cresta o la profundidad del seno.

16. Cuando la frecuencia de una nota es dos veces mayor que la frecuencia de otra, las dos notas están a una ___ de distancia.

Explicación de ciencias

Contesta las siguientes preguntas en un párrafo o con un dibujo con leyendas.

1. ¿Qué comportamiento tiene la luz como partícula? ¿y como onda?

2. ¿En qué se parecen y en qué se diferencian los tipos de energía que hay en el espectro electromagnético?

3. ¿Por qué ves un texto impreso en una hoja blanca?

4. ¿Por qué no puede viajar el sonido del Sol a la Tierra?

Práctica de destrezas

1. Con un transportador, **mide los ángulos** de los rayos de luz que chocan contra la superficie áspera de la página B123.

2. Observa la ilustración de la hoja de la página B137. **Predice** lo que sucedería si a la hoja solamente la iluminara luz roja.

3. Observas que cuando haces sonar un silbato de perro, tu perro viene aunque tú no hayas oído el sonido. **Infiere** por qué el perro viene aunque tú no oigas el silbato.

Razonamiento crítico

1. Luis tiene su cuadro favorito colgado en la recámara, pero durante el día no lo puede ver desde la silla porque hay un reflejo en el vidrio del cuadro. Aplica lo que aprendiste sobre la reflexión para **resolver** el **problema** de Luis.

2. Cuando Carlos quiere leer la letra diminuta de un mapa, cubre el mapa con plástico transparente y le echa una gota de agua a cada letra. **Aplica** lo que aprendiste sobre lentes para explicar por qué sucede esto.

3. Aunque te pongas protectores de oídos para no oír, sigues oyendo tu propia voz. **Evalúa** las siguientes posibilidades para explicar el motivo.

a. Tus oídos reciben algunas ondas sonoras.

b. El sonido viaja a través de los huesos de la cabeza.

c. Las cuerdas vocales continúan vibrando.

d. Las ondas sonoras viajan a través de los protectores de oídos.

Repaso de la Unidad B

Repaso de términos y conceptos

Escoge por lo menos tres palabras de la lista del Capítulo 1 y escribe con ellas un párrafo sobre cómo se relacionan esos conceptos. Haz lo mismo con los otros capítulos.

Capítulo 1
conducción
expandirse
calor
aislante
temperatura
energía térmica

Capítulo 2
ácido
base
concentrado
neutralización
soluto
solvente

Capítulo 3
fuerza
fricción
gravedad
masa
newton
peso

Capítulo 4
amplitud
espejo cóncavo
frecuencia
fotones
foco
onda transversal

Repaso de las ideas principales

Estas oraciones son falsas. Cambia la palabra o palabras subrayadas para que sean verdaderas.

1. La temperatura es un flujo de energía que va desde áreas cálidas hasta áreas más frías.
2. El calor viaja de un lugar a otro por medio de la conducción, la convección y el aislamiento.

3. En una solución, el soluto es la substancia que disuelve el solvente.
4. Hay tres maneras para que un sólido se disuelva rápidamente en un líquido: revolviéndolo, enfriándolo y calentándolo.
5. El reactivo es una substancia que se forma en una reacción química.
6. En la neutralización, un ácido y un ion reaccionan para formar agua y un tipo de sal.
7. El peso mide la cantidad de materia que posee un objeto.
8. La inercia y la resistencia del aire son dos fuerzas que resisten el movimiento.
9. La luz se dobla o refleja a medida que pasa de una substancia transparente a otra.
10. Mientras más alta sea la frecuencia de una onda sonora, más fuerte es el sonido.

Interpretar datos

Esta gráfica muestra el número de problemas que los estudiantes contestaron correctamente en una prueba, mientras la tomaban bajo tres condiciones acústicas diferentes.

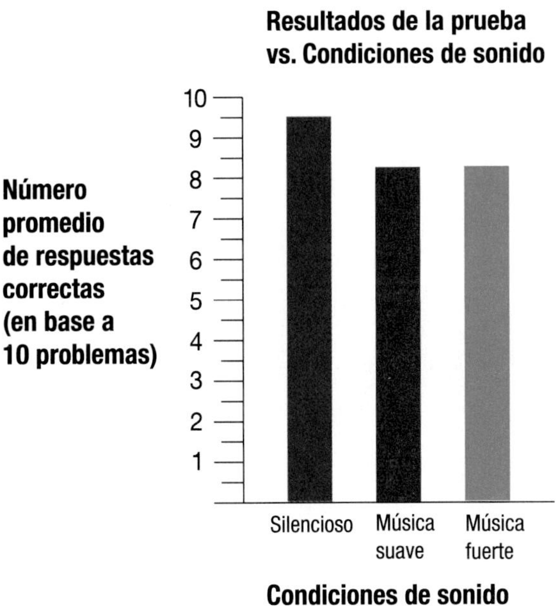

1. Compara el número de respuestas correctas bajo condiciones ruidosas con el número de respuestas correctas bajo las otras dos condiciones.

2. ¿A qué conclusiones puede llegar una persona al analizar los resultados?

3. ¿Qué otras variables pueden haber afectado los resultados de este experimento?

Comunicar las ciencias

1. Explica en un párrafo qué le pasa a las partículas de un sólido cuando se calienta.

2. Muestra en un diagrama lo que les ocurre a las substancias de los reactivos durante los cuatro tipos de reacciones químicas.

3. Explica en un párrafo y con un diagrama por qué un satélite se mantiene en órbita alrededor de la Tierra.

4. Muestra en un diagrama cómo un objeto transparente obtiene su color.

Aplicar las ciencias

1. Explica en un párrafo cómo puedes aplicar a la siguiente ilustración por lo menos seis de los conceptos que estudiaste en los cuatro capítulos de esta unidad.

2. Crea un folleto para vender una clase de protector de oído que puedan usar las personas que trabajen en ambientes donde el sonido alcanza un nivel de decibel alto. Explica por qué sería útil el protector y cómo protege los oídos.

Repaso de la práctica de la Unidad B

Feria de ciencias físicas

Con lo que aprendiste en esta unidad, realiza una o más de estas actividades para que formen parte de una feria que demuestre cómo los conceptos de las ciencias físicas se aplican a la vida diaria. Siempre que sea posible, prepara actividades interactivas que permitan la participación de los visitantes. Puedes trabajar por tu cuenta o en grupo.

Salud y seguridad

Prepara una exposición en la que los visitantes puedan comparar los efectos del uso del cinturón de seguridad con los daños que sufre una persona cuando un vehículo se detiene repentinamente. Usa una tabla como rampa, un auto de juguete, un ladrillo para detener el auto, y un pedazo de plastilina que represente al pasajero. Necesitarás otros materiales como hilo, ligas y tela que sirvan como cinturones de seguridad. Los visitantes a la exposición pueden investigar lo que le ocurre al "pasajero" de plastilina cuando se pone el cinturón de seguridad y cuando no lo usa. Prepárate para explicarles los resultados.

Historia

Investiga más a fondo sobre los razonamientos que tenían Newton y Huygens para defender la naturaleza ondulatoria y de partícula de la luz. Planea una escena en la cual Newton y Huygens intercambian creencias y razones que apoyan sus teorías. Los participantes pueden usar ayudas visuales para apoyar sus posiciones. Presenta esta escena corta en la feria de ciencias físicas.

Música

Inventa un instrumento musical que pueda tocar notas de tonos diferentes y en volúmenes distintos. Aprende a tocar varias canciones con tu instrumento para que actúes en la feria. Explícales a los visitantes cómo tu instrumento produce sonidos, y cómo cambia de tono y volumen.

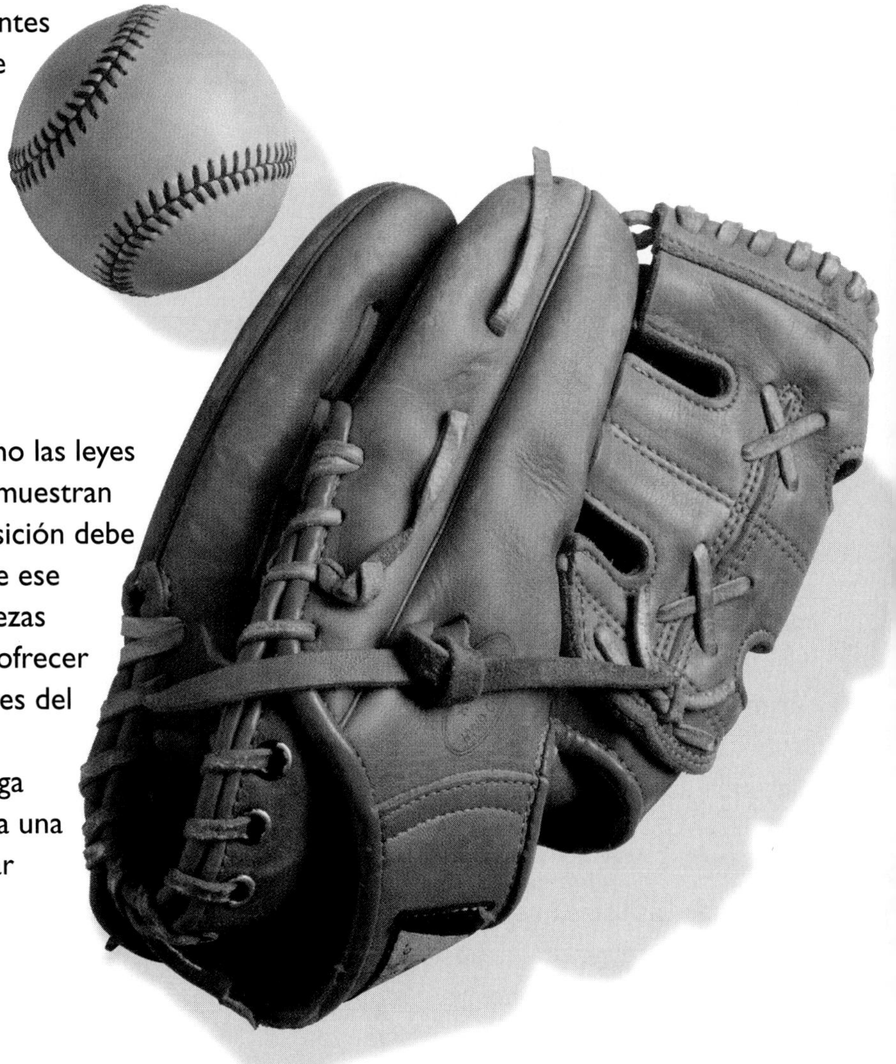

Educación física

Prepara una exposición sobre cómo las leyes del movimiento de Newton se demuestran durante varios deportes. Tu exposición debe incluir ilustraciones del equipo que ese deporte requiere o, en su lugar, piezas reales del equipo. También debes ofrecer explicaciones de cuáles son las leyes del movimiento que se llevan a cabo mientras se usa el equipo o se juega el deporte. Usa el equipo o realiza una actividad deportiva para demostrar cada una de las tres leyes del movimiento.

Biología

Prepara una exposición en la que los visitantes puedan poner a prueba el pH de alimentos conocidos. Si lo deseas, puedes usar papel de pH o el indicador de jugo de col que preparaste para la actividad del Capítulo 3. No olvides hacer una clave de color que les permita a los visitantes identificar el pH de los alimentos que ponen a prueba. Debes saber explicar a los visitantes lo que es el pH.

Organizar la información

Una buena manera de organizar la información es hacer listas. Las listas sirven para organizar muchos tipos diferentes de información. Entre los ejemplos de listas están las listas de compras, las listas de números telefónicos y las listas de los nombres de los invitados a una fiesta. Para que sea útil, una lista debe incluir información de un solo tema.

Haz dos listas

En el Capítulo 2 estudiaste las propiedades de los ácidos y las bases. Haz dos listas: una titulada Ácidos y la otra titulada Bases. En la primera lista, escribe descripciones cortas sobre las propiedades de los ácidos y en la segunda, sobre las bases.

Escribe un ensayo

Estudia las listas que acabas de hacer. Esa información te servirá de apoyo para escribir un ensayo en el que compares y contrastes los ácidos y las bases. Escribe por lo menos dos párrafos. No olvides incluir en cada párrafo una oración que contenga la idea principal.

Recuerda:

1. **Antes de escribir** Organiza tus ideas.
2. **Hacer un borrador** Haz un bosquejo y escribe el ensayo.
3. **Revisar** Comparte tu ensayo con un compañero o compañera y haz los cambios necesarios.
4. **Corregir** Vuelve a leer y corrige los errores.
5. **Publicar** Comparte tu ensayo con la clase.

Unidad C

Ciencias de la Tierra

Capítulo 1
Tiempo y tecnología C 4

Capítulo 2
Procesos de la Tierra C 40

Capítulo 3
Exploración del universo C 78

Capítulo 4
Recursos y conservación C 108

Tu cuaderno de ciencias

Contenido 1

Precaución en las ciencias 2

Usar el sistema métrico 4

Destrezas del proceso de ciencias: Lecciones 6

Sección de referencia de ciencias 30

Historia de las ciencias 44

Glosario 56

Índice 65

Tecnología y ciencias ¡en tu mundo!

¿Llueve o no llueve?

Sacar la mano por la ventana para saber si llueve es cosa del pasado. En la actualidad, la televisión y la Internet muestran imágenes de radar de tornados o tormentas que se acercan. ¡Hasta puedes llevar contigo un instrumento que indica cuándo va a haber truenos o relámpagos! Aprenderás sobre el pronóstico del tiempo en el **Capítulo 1, Tiempo y tecnología.**

Exploración de las aguas profundas de la Tierra

Los mares y océanos cubren dos terceras partes de la Tierra. Con modernos submarinos tripulados que pueden permanecer sumergidos bajo presiones extremas, hoy se resuelven los misterios de las profundidades marinas. Se han descubierto cientos de especies desconocidas y chimeneas de agua caliente ricas en minerales en el fondo del mar. Aprenderás más sobre los mares y océanos de nuestro planeta en el **Capítulo 2, Procesos de la Tierra.**

Usos terrenales para instrumentos lunares

¿Sabías que los instrumentos inalámbricos se desarrollaron para ayudar a los astronautas a excavar en la Luna? ¿Y que los controles del Rover lunar permiten a los parapléjicos manejar carros? Leerás más sobre las exploraciones espaciales en el **Capítulo 3, Exploración del universo.**

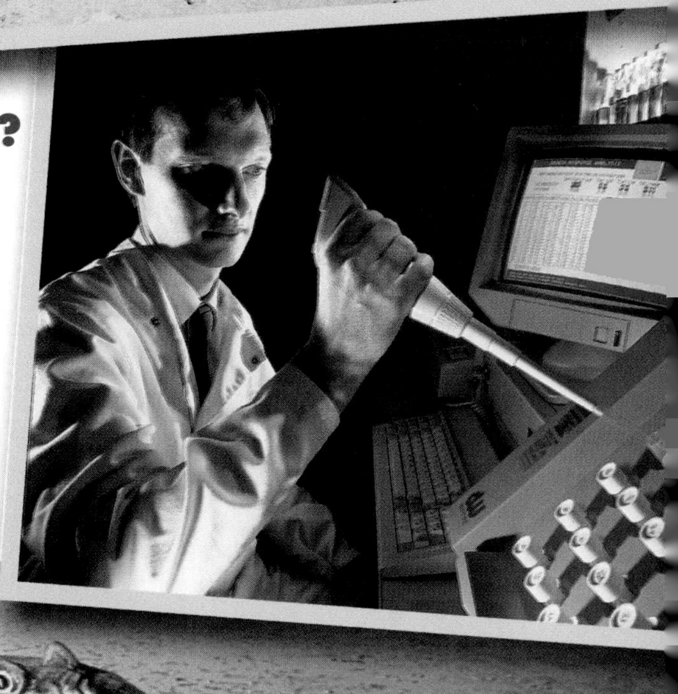

¿Microbios que mascan metal?

La explotación y refinamiento de las menas ha perjudicado al ambiente por mucho tiempo. Los científicos, sin embargo, han descubierto microbios que simplemente "mastican" la roca y ¡LISTO! Los desechos de las menas desaparecen y hasta queda más metal. Aprenderás más sobre recursos y cómo proteger el ambiente en el **Capítulo 4, Recursos y conservación.**

¡Llévate el paraguas!

El mapa meteorológico del radar nos indica que se acerca un aguacero. ¿Con qué otra tecnología se pronostica el tiempo?

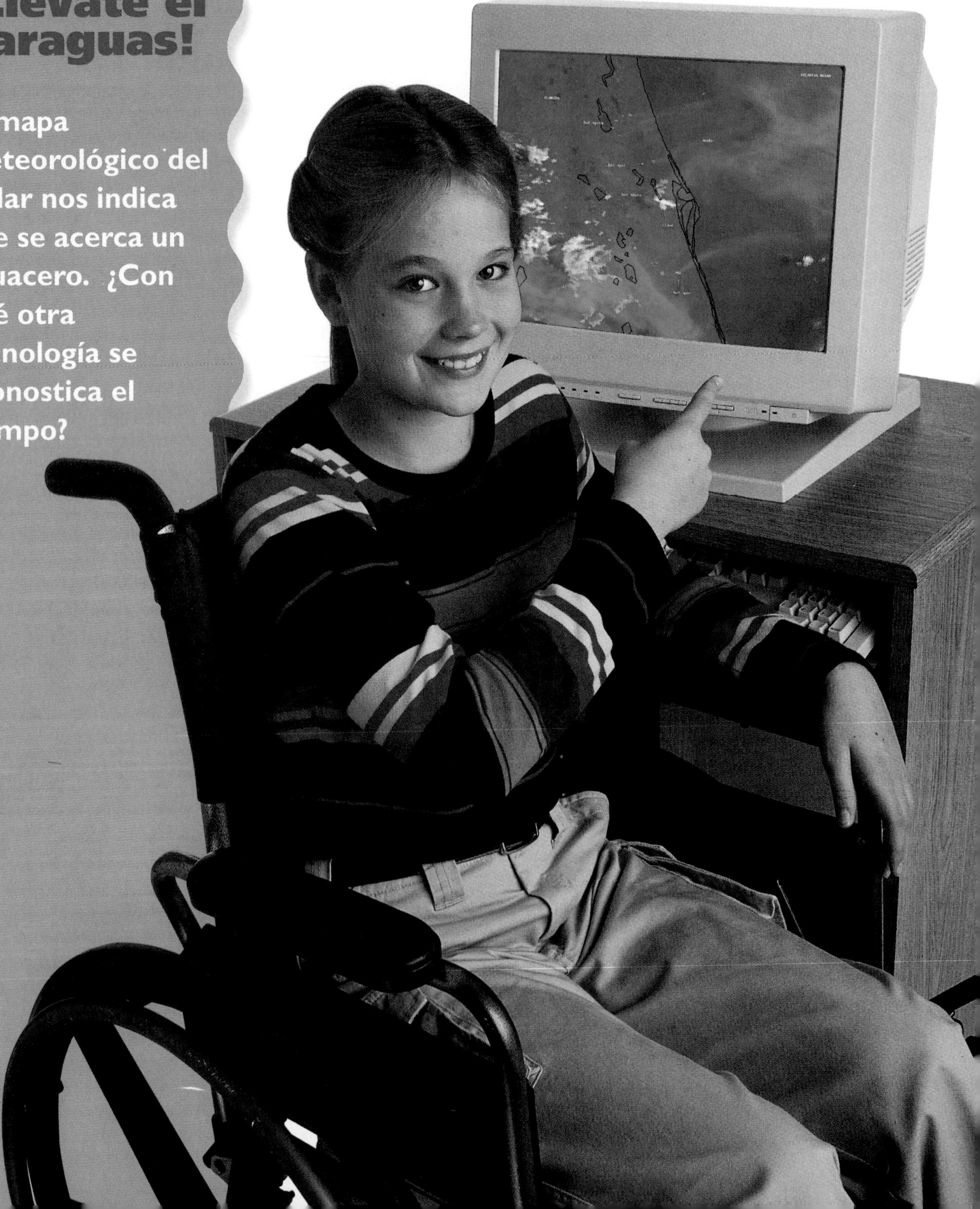

Capítulo 1

Tiempo y tecnología

Investiguemos: Tiempo y tecnología

- **Lección 1** ¿Cómo nos afectan el tiempo y la tecnología?
  - ¿Qué efectos pueden tener las condiciones extremas de tiempo?
  - ¿Cómo nos ayudan a protegernos los pronósticos del tiempo?
- **Lección 2** ¿Qué interacciones meteorológicas determinan el tiempo?
  - ¿Cómo la presión atmosférica produce los vientos?
  - ¿Qué relación hay entre la humedad y la temperatura?
  - ¿Qué provoca los diferentes tipos de precipitación?
- **Lección 3** ¿Cómo se recopilan datos meteorológicos con la ayuda de la tecnología?
  - ¿Cómo ha cambiado la tecnología meteorológica a través del tiempo?
  - ¿Cómo se recopilan los datos meteorológicos?
  - ¿Cómo recopilan los científicos datos meteorológicos de la atmósfera superior?
- **Lección 4** ¿Cómo se pronostica el tiempo?
  - ¿Cómo los frentes y los sistemas de presión afectan el tiempo?
  - ¿Cómo se pronostica el tiempo con la ayuda de la tecnología?
  - ¿Cómo se pronostica el tiempo con los mapas meteorológicos?
- **Lección 5** ¿Qué pasa durante las tormentas?
  - ¿Cómo se forman los diferentes tipos de tormentas?
  - ¿Qué debemos hacer para protegernos durante una tormenta?

Copia el organizador gráfico del capítulo *en una hoja de papel. El organizador te muestra de qué trata el capítulo. A medida que leas las lecciones y hagas las actividades, busca las respuestas a las preguntas y escríbelas en tu organizador.*

Explora el comportamiento del tiempo

Destrezas/ Proceso

Destrezas del proceso

- observar
- comunicar

Materiales

- boletines meteorológicos del periódico

Explora

1. Recorta los boletines meteorológicos del periódico durante una semana. Pon los boletines en orden cronológico, con la fecha menos reciente en primer lugar, como se muestra en la foto.

2. **Observa** los símbolos del mapa de cada boletín meteorológico. Estudia los distintos tipos de símbolos que ves. Observa la ubicación de los símbolos en cada mapa y cómo cambian de posición de un día a otro.

3. Lee el boletín meteorológico del Día 1 y anota el pronóstico del tiempo para el Día 2. A continuación, averigua el tiempo que hizo el Día 2. Esta información puede estar en el boletín del Día 2 o del Día 3. Anota el tiempo que hizo el Día 2.

4. Repite el paso 3 hasta que anotes 5 días en total.

Reflexiona

1. ¿Qué tipos de símbolos había en los boletines meteorológicos?

2. ¿Cómo cambió la posición de los símbolos?

3. **Comunica.** Habla con tu grupo sobre cómo crees que los meteorólogos pronostican el tiempo en base a esos cambios.

Investiga más a fondo

¿Qué otros tipos de datos crees que pueden servir para pronosticar el tiempo? Piensa en cómo vas a hallar la respuesta a ésta u otras preguntas que tengas.

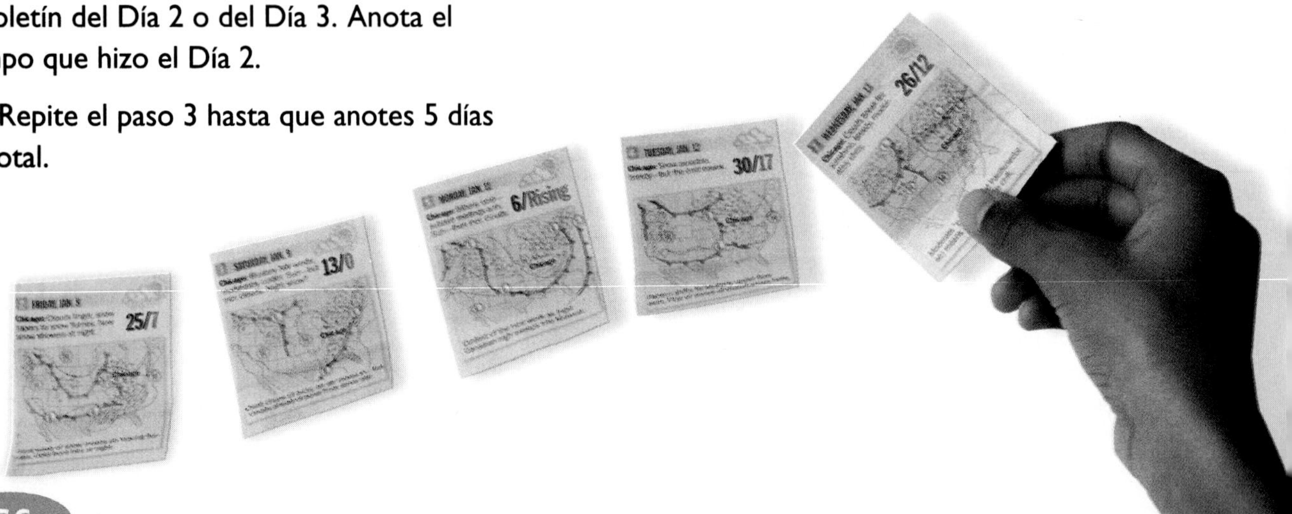

Porcentaje

¿Cada cuánto tiempo crees que un meteorólogo acierta sus pronósticos? Esa cantidad la puedes expresar como un **porcentaje.** Por ejemplo, puedes decir que el meteorólogo acierta los pronósticos el 85% de las veces.

Un porcentaje es una proporción que compara una parte de un entero con el número 100. El porcentaje es el número de centésimas que representa esa parte.

Vocabulario de matemáticas

porcentaje, proporción que compara una parte de un entero con el número 100. El porcentaje es el número de centésimas que representa la parte

Ejemplo

La porción sombreada de la figura representa la cantidad total de vapor de agua que puede haber en el aire a una temperatura determinada. El porcentaje de vapor de agua en el aire se conoce como humedad relativa. ¿Cuál es la humedad relativa del aire?

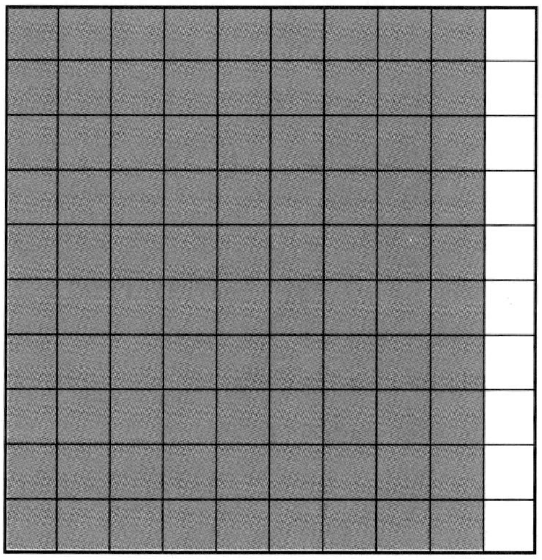

Cada sección sombreada equivale a $\frac{1}{100}$ de la figura. Noventa cuadros, ó $\frac{90}{100}$, 100 están sombreados. Por consiguiente, puesto que $\frac{90}{100} = 0.90$, la humedad relativa es 90%.

En tus palabras

1. ¿Qué es el 100% de algo? ¿Qué es el 0% de algo?

2. Escribe 86% en forma de fracción.

¿Cuál es la idea?

En esta lección aprenderás:

- **qué efectos pueden tener las condiciones extremas de tiempo.**
- **cómo nos ayudan a protegernos los pronósticos del tiempo.**

Lección 1

¿Cómo nos afectan el tiempo y la tecnología?

¡Cruje! ¡Sisea! ¡Crepita! Suele ser agradable el ruido del fuego cuando arde en una chimenea o en una fogata. Sin embargo, ¿cómo te sentirías si el fuego no se pudiera contenery avanzara hacia tu casa quemando a su paso todos los árboles y arbustos? ¿Qué harías?

Condiciones extremas de tiempo

El estado de la Florida es famoso por su clima cálido y húmedo. Sin embargo, en la primavera de 1998, el calor llegó a grados extremos. En mayo entró una onda de calor que duró hasta junio: en una ciudad, la temperatura sobrepasó los 35°C durante más de 20 días seguidos. Pero, al aumentar la temperatura, la humedad normal disminuyó. Las lluvias que solían caer al final de primavera no llegaron. Esta combinación de calor y sequía afectó la vida de los floridanos.

Al principio, los efectos no eran tan fuera de lo común. Se realizaban menos actividades al aire libre y se usaba cada vez más agua. Los funcionarios públicos advirtieron a la población acerca de los efectos dañinos que podía tener el calor extremo en la salud.

Sin embargo, durante el fin de semana del *Memorial Day* surgió una amenaza más seria: los incendios forestales. La falta de lluvias había resecado los pinares y arbustos de la Florida, que ahora podían arder con más facilidad. Los relámpagos producidos por las breves tormentas eléctricas desataron incendios forestales, los cuales se extendieron rápidamente por todo el estado. El mapa y la foto de la página siguiente muestran la cantidad de incendios forestales que se produjeron en el estado y hasta dónde llegaron.

El mapa muestra los miles de incendios forestales que afectaron a la Florida a principios del verano de 1998. La mayor parte de ellos se produjo en el noreste del estado. ▼

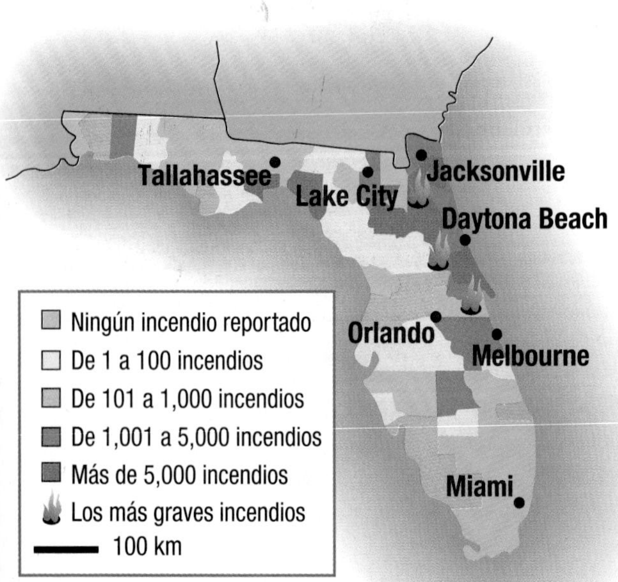

Los pronósticos del tiempo salvan vidas

¿Por qué los bomberos no pudieron contener los incendios? Todos los años, en la Florida, ocurren incendios forestales. Sin embargo, las tormentas tropicales suelen ayudar a apagarlos. En 1998, los habitantes de la Florida esperaron durante todo el mes de junio y principios de julio esas tormentas, que nunca llegaron. Los secos vientos del noroeste propagaron el fuego por las copas de los árboles y hasta hicieron que las llamas cruzaran carreteras y senderos cortafuegos cavados por los bomberos. Los incendios seguían ardiendo.

Como el viento contribuye a propagar los incendios y la lluvia a apagarlos, los datos meteorológicos resultaban de suma importancia. Los bomberos como el que aparece en la foto necesitaban sobre todo saber con exactitud la dirección y la velocidad del viento. Su vida y la de las personas que vivían en la trayectoria de los incendios dependían de esta información.

Aquí es donde los **meteorólogos** juegan un papel importante. Los meteorólogos son científicos que estudian el tiempo atmosférico. Los meteorólogos recopilan datos meteorológicos con instrumentos especiales. Entre esos datos figuran la temperatura, la velocidad y dirección del viento, la precipitación y la presión atmosférica. Con esos datos y los conocimientos sobre los patrones de tiempo pueden hacer una predicción o **pronóstico del tiempo** .

Cuando ocurre un incendio forestal, los meteorólogos del *National Weather Service* (Servicio Nacional de Meteorología) colaboran con los bomberos. Los meteorólogos de campo (*IMETs*, por sus siglas en inglés) se trasladan al lugar del incendio con equipos y computadoras portátiles para pronosticar el tiempo. Gracias a esta tecnología, pueden preparar pronósticos actualizados a "microescala", es decir, pueden predecir el tiempo que va a hacer en el lugar preciso del incendio. También observan las condiciones meteorológicas que pueden poner en peligro la vida de los bomberos. Después, pasan esa información a las cuadrillas de control de incendios para que puedan combatir el fuego desde lugares seguros.

Glosario

meteorólogo , científico que estudia el tiempo atmosférico

pronóstico del tiempo , predicción del tiempo que va a hacer en un futuro cercano

A pesar de arriesgar su vida, los bomberos no lograron contener estos incendios en la Florida. La imagen tomada por un satélite meteorológico muestra el humo producido por los incendios. ▼

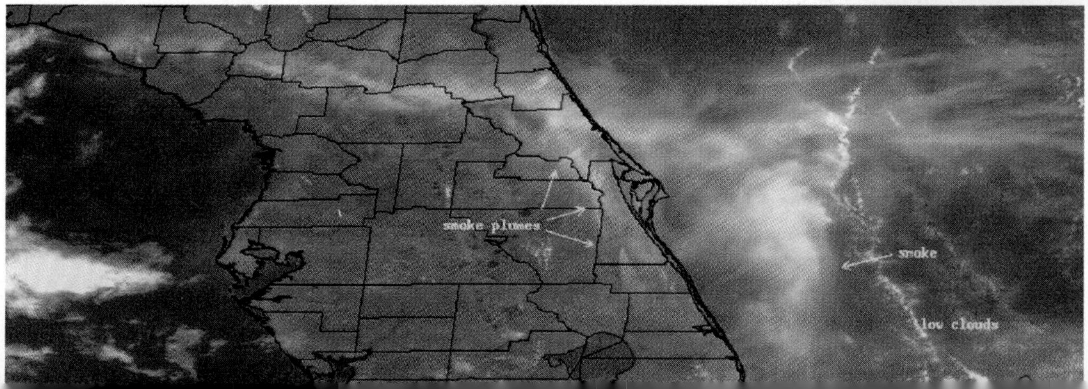

Los pronósticos del tiempo no siempre son acertados. Si el pronóstico de la zona en que vives resulta equivocado, ¿qué te puede pasar? Puede que la lluvia te sorprenda sin paraguas, por ejemplo. Pero, ¿y si resulta equivocado para una cuadrilla de control de incendios? Se pueden perder vidas, destruir casas y tiendas al igual que valiosos recursos naturales como los bosques. De ahí el constante e importante afán por mejorar la ciencia del pronóstico del tiempo.

Los meteorólogos de campo que llegaron a la Florida se dedicaron a predecir hacia dónde el viento llevaría los incendios. Se evacuaron a los habitantes de vecindarios, pueblos y hasta de condados enteros porque se pensaba que los incendios se propagarían a esas áreas. En esta importante labor participó el personal de ayuda de emergencia.

Hacia mediados de julio, lluvias aisladas y vientos marinos del este comenzaron a detener los incendios. Los bomberos pudieron contener la mayoría de ellos. Para entonces, por lo menos 350 casas habían sido dañadas o destruidas, como la de la foto. Sin embargo, gracias a la labor de los meteorólogos, bomberos y otros, no hubo ni un solo muerto o herido de gravedad.

El dueño de esta casa fue evacuado a tiempo, pero su hogar se quemó en un incendio forestal de la Florida. ▼

Repaso de la Lección 1

1. ¿Cuáles son algunos de los efectos que pueden tener las condiciones extremas de tiempo?
2. ¿Cómo nos ayudan a protegernos los pronósticos del tiempo?
3. **Causa y efecto**
   Nombra dos de las causas de los incendios forestales de la Florida en la primavera de 1998.

Lección 2

¿Qué interacciones meteorológicas determinan el tiempo?

¡Fuuuf! **¡Agárrate el sombrero! Esa ráfaga de viento indica un posible cambio de tiempo. ¡Qué extraño es el viento! No lo puedes ver ni dibujar ni tomarle una foto; pero sí lo puedes sentir.**

Presión atmosférica y viento

¿Dónde se origina el tiempo? Se origina en el mismo aire que nos rodea. ¿Qué ocurre en el aire que causa el tiempo atmosférico? Muchas cosas. Las partículas de los gases del aire se mueven constantemente. Se empujan unas a otras y chocan contra el suelo. El aire tiene una determinada temperatura y humedad. También contiene nubes, lluvia o nieve. Todos esos fenómenos o condiciones meteorológicas interactúan y crean el tiempo que hace en este instante.

Ciencias físicas

Una de las condiciones meteorológicas que afecta al tiempo es la presión atmosférica. Las partículas de los gases del aire son partículas de materia y por lo tanto tienen masa. La fuerza de gravedad atrae esa masa y hace que los gases ejerzan presión contra la superficie terrestre. Esa presión se llama **presión atmosférica**. Podemos definir la presión atmosférica como el peso del aire. No sentimos la presión atmosférica porque el aire que está dentro de nuestro cuerpo presiona hacia afuera con la misma fuerza con que el aire atmosférico presiona hacia adentro.

Pero, ¿qué tiene que ver la presión atmosférica con el tiempo? La ilustración te da la clave. Cuando el aire se calienta, las moléculas se mueven más rápidamente y se alejan unas de otras. El aire se vuelve menos denso y así la presión atmosférica baja. Este fenómeno crea las áreas conocidas como zonas de baja presión. Al enfriarse el aire, las moléculas se mueven más despacio y se acercan unas a otras. El aire se vuelve más denso y presiona con más fuerza. Este fenómeno crea las llamadas zonas de alta presión.

¿Cuál es la idea?

En esta lección aprenderás:

- **cómo la presión atmosférica produce los vientos.**
- **qué relación hay entre la humedad y la temperatura.**
- **qué causa los diferentes tipos de precipitación.**

Glosario

Glosario

presión atmosférica, fuerza que ejerce la atmósfera contra la superficie terrestre

Alta presión **Baja presión**

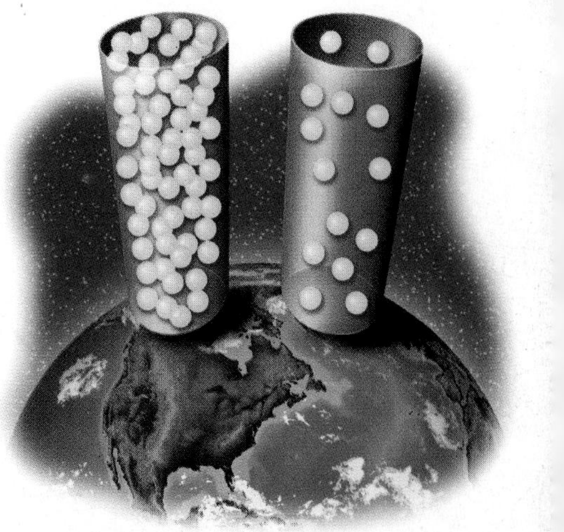

▲ *¿Cuál de estas dos columnas de aire representa el aire más frío? ¿Qué crees que pasa cuando hay una zona de alta presión junto a otra de baja presión?*

▲ *El viento se produce cuando el aire se desplaza de las zonas de alta presión a las de baja presión.*

¿Todavía te preguntas qué tiene que ver la presión atmosférica con el tiempo? Recuerda que las moléculas del aire caliente de una zona de baja presión están más separadas que las del aire que las rodea. Es decir, el aire caliente es menos denso si lo comparamos con un volumen igual de aire frío. Por ser menos denso, el aire caliente tiende a subir y alejarse de la superficie terrestre.

Al igual que otros gases, el aire se desplaza de las zonas de alta densidad a las de baja densidad. Como se muestra a la izquierda, el aire frío de las zonas de alta presión pasa a ocupar el espacio que deja el aire caliente al subir. Aunque no puedes ver ese proceso, lo has sentido muchas veces. Ese desplazamiento del aire de las zonas de alta presión a las de baja presión recibe el nombre de viento. Si la diferencia en la presión atmosférica es muy grande, ¡cuidado! Habrá vientos fuertes. En cambio, si la diferencia es pequeña, lo más seguro es que sople una brisa agradable.

Temperatura y humedad

La primera condición meteorológica que probablemente notas al salir afuera por la tarde es la temperatura del aire. Si el Sol ha calentado el aire a 32°C, puede que sientas muchísimo calor. Los días nublados son más frescos porque las nubes no dejan pasar toda la energía del Sol. En lugares elevados como las montañas, el aire también es más fresco. En esos lugares el aire es menos denso y, por lo tanto, hay menos moléculas que absorban la energía del Sol.

Seguro que la niña de la foto ya habrá notado la temperatura del aire. Pero también ha notado otra condición atmosférica. ¿La adivinas? A veces sientes que el aire está caliente y que se te pega la ropa. El sudor te corre por la frente aunque no estés haciendo ninguna actividad. Entonces se dice que "hay mucha humedad".

El agua se evapora al cambiar del estado líquido al gaseoso. Cuando el sudor de la piel se evapora, usa parte de la energía del cuerpo y por eso te refresca. Sin embargo, la evaporación es lenta si el aire húmedo contiene ya su máxima cantidad de vapor de agua. ▼

La **humedad** es vapor de agua presente en el aire en forma de gas. El vapor de agua proviene de los océanos, los lagos, la lluvia y otras fuentes de las que se evapora el agua.

En algunas ocasiones hay más vapor de agua en el aire que en otras. La cantidad de vapor de agua que el aire puede contener depende mucho de la temperatura. Imagínate que tienes un recipiente como el de la derecha. Fíjate que cuanto más caliente es el aire, más vapor de agua puede contener. Si la temperatura baja, disminuye la cantidad de vapor de agua que puede contener el aire.

Cuando los meteorólogos hablan de humedad relativa, se refieren al vapor de agua del aire. La **humedad relativa** es una medida que compara la cantidad de vapor de agua que contiene el aire con la cantidad máxima de vapor de agua que puede contener a una temperatura determinada. Por ejemplo, una humedad relativa del 65 por ciento significa que el aire contiene el 65 por ciento del vapor de agua que puede contener a esa misma temperatura. Si la temperatura aumenta, ¿crees que la humedad relativa aumenta, disminuye o sigue igual? ¿Por qué?

Cuando el aire llega al 100 por ciento de humedad relativa, ya no puede contener más vapor de agua. Entonces el vapor se condensa, es decir, regresa a su forma líquida. La temperatura a la que se condensa el vapor de agua se llama **punto de condensación**. Las gotitas de agua de la planta de la foto se formaron cuando el aire frío de la noche llegó a su punto de condensación.

¿Has notado que el pasto y las flores suelen amanecer húmedos aunque no haya llovido? Las gotas de rocío se forman cuando el vapor de agua se condensa al enfriarse el aire por la noche. ▼

Glosario

humedad, vapor de agua presente en el aire

humedad relativa, medida que compara la cantidad de vapor de agua que contiene el aire con la cantidad máxima que puede contener a una temperatura determinada

punto de condensación, temperatura a la cual un volumen determinado de aire no puede contener más vapor de agua

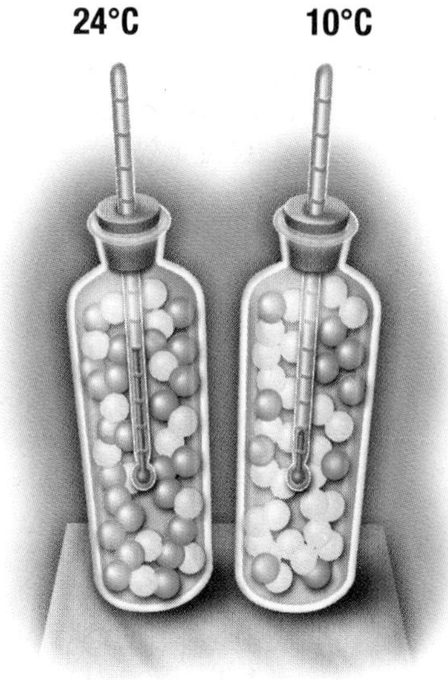

▲ *El aire caliente puede contener más vapor de agua que un volumen igual de aire frío.*

Nubes y precipitación

¿Viste agua en el aire hoy? Si viste una nube en el cielo, entonces puedes contestar que sí. Las nubes están formadas principalmente por agua.

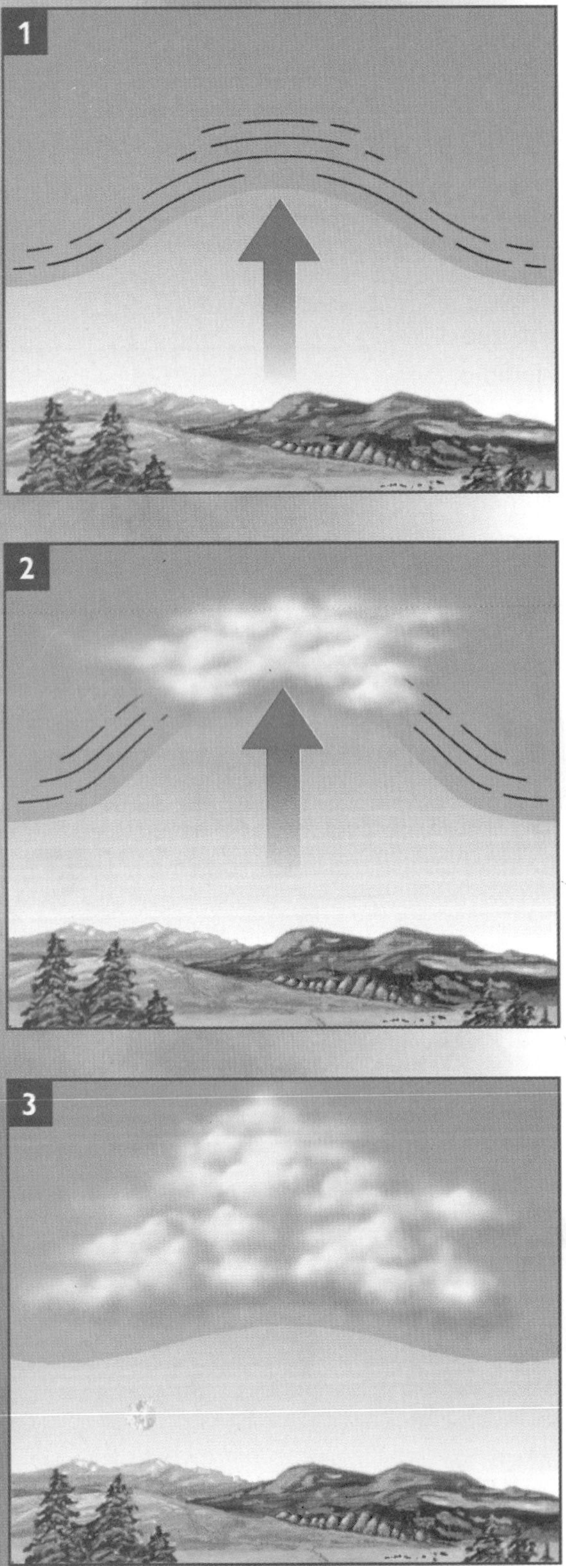

Para comprender cómo se forman las nubes, recuerda que los cambios de temperatura afectan a la humedad. Ahora analiza el siguiente ejemplo. Imagínate que es un día despejado de primavera. A lo largo del día, el Sol calienta el suelo, que a su vez calienta el aire. Ese aire caliente, que contiene cierta cantidad de vapor de agua, sube a la atmósfera y se enfría como en la primera ilustración de la izquierda. Por haberse enfriado, el aire ya no puede contener la misma cantidad de vapor de agua. El vapor de agua "que sobra" se condensa sobre partículas microscópicas de sal y polvo que hay en el aire, formando diminutas gotas de agua. Estas gotitas son tan pequeñas y livianas que flotan en el aire. Cuando se juntan millones de esas gotitas, se forman las nubes. Como la temperatura del interior de las nubes puede ser menor que el punto de congelación aun en el verano, una parte del vapor de agua se convierte en diminutos cristales de hielo.

¿Te has fijado que a veces las nubes forman figuras? A medida que el viento las mueve y se evaporan, las nubes pueden adoptar todo tipo de formas. Sin embargo, las nubes se pueden clasificar en unos cuantos tipos y formas básicos. Sus nombres te dan una idea de su aspecto. Por ejemplo, la palabra *estrato* significa "capa", *cirro* significa "rizo", *nimbo* significa "lluvia" y *cúmulo* significa "pila o montón". Las nubes se agrupan según la altura a que estén del suelo. En la siguiente página se muestran los cuatro tipos básicos de las nubes.

Cómo se forman las nubes

◀ *(1) El Sol calienta el suelo, y en los lugares donde más se calienta, se forman burbujas de aire que se elevan. (2) Si hay suficiente humedad en el aire, se forman nubes cuando el aire que sube se enfría y llega a su punto de condensación. (3) Las nubes crecen a medida que se condensa el aire húmedo que sube. Así se forman millones de diminutas gotitas de agua y cristales de hielo.*

Clasificación de las nubes

Nubes bajas

Las nubes bajas, como estos estratos, parecen velos suaves y uniformes. Pueden formar capas gruesas y grises que causan llovizna, lluvia o nieve.

Nubes medias

Entre las nubes medias se encuentran los altocúmulos, que se observan por el cielo como una masa de globos ordenados en hileras o en grupos irregulares.

Nubes altas

Las nubes altas, como estos cirros, son nubes parecidas a delicadas plumas de bordes rizados que se observan a gran altitud en el cielo. Los cirros se encuentran tan alto y son tan fríos que están completamente formados por cristales de hielo.

Nubes verticales

Estas nubes se extienden por distintas altitudes. La parte más alta de estas nubes de tipo cumulonimbos alcanza grandes altitudes, pero su base se encuentra cerca del suelo. Estas nubes suelen producir tormentas eléctricas.

Seguramente sabes que las nubes tienen que ver con los distintos tipos de precipitación, como la lluvia y la nieve. Lo que quizás no sepas es que la mayor parte de la lluvia que cae en los Estados Unidos comienza en forma de nieve. Los cristales de hielo que se encuentran en la parte alta de las nubes crecen a medida que más y más vapor de agua se condensa en ellos. Los cristales se vuelven tan pesados que bajan por la nube. Al atravesarla, pueden chocar y combinarse con otros cristales o gotas de agua. Cuando su peso ya no les permite seguir flotando en el aire, caen en forma de precipitación.

Las ilustraciones de abajo y de la página siguiente muestran lo que sucede cuando los cristales de hielo pasan por capas de aire a diversas temperaturas. Si el aire se mantiene frío, los cristales llegan al suelo en forma de nieve. Pero si atraviesan una ancha capa de aire caliente, se derriten y llegan al suelo en forma de lluvia.

A veces, la lluvia pasa brevemente por una capa de aire frío justo antes de llegar al suelo y las gotas de agua se congelan en el instante en que tocan una superficie. Este tipo de precipitación se llama lluvia helada y puede ser peligrosa porque cubre de hielo los caminos y las aceras.

Tipos de precipitación

En los Estados Unidos, la mayor parte de la precipitación comienza en forma de cristales de hielo. El tipo de precipitación que llega al suelo depende de la temperatura del aire que atraviesa. ▼

La nieve derretida por el aire cálido…
… se vuelve a enfriar y se congela al atravesar zonas de aire frío, y se convierte en hielo al tocar el suelo.

Lluvia helada

La precipitación comienza en forma de nieve pero se convierte en lluvia al atravesar zonas de aire cálido.

Lluvia

El aguanieve se forma cuando los cristales de hielo se derriten y forman gotas de lluvia que se vuelven a congelar al atravesar una ancha capa de aire frío. Si te caen gotas de agua congelada del aguanieve en la piel, te pueden causar ardor. La foto muestra un tipo de precipitación poco común: el granizo. Estas bolitas de hielo se forman cuando las corrientes de aire arrojan los cristales de hielo hacia arriba y hacia abajo en el interior de las nubes cumulonimbo. Al bajar dentro de la nube, el cristal acumula más agua a su alrededor, la cual se congela cuando el cristal vuelve a subir por la nube. El grano de granizo crece hasta que se vuelve muy pesado y cae en forma de precipitación. ¿Qué tipo de precipitación ha caído últimamente donde tú vives?

▲ *Algunas veces, las tormentas eléctricas fuertes producen granizo. Las piedras del granizo son de varios tamaños: desde el de un grano de arena hasta el de una pelota de béisbol.*

Repaso de la Lección 2

1. ¿Qué hace que se produzca el viento?
2. ¿Qué relación hay entre la humedad y la temperatura?
3. ¿Cómo se forma la precipitación en las nubes?
4. **Porcentaje**
   En el día de ayer, la humedad relativa de una determinada región ascendió al 60 por ciento; hoy fue del 75 por ciento. ¿Qué día hubo más vapor de agua en el aire?

La precipitación cae en forma de nieve.

Nieve

La nieve se derrite al atravesar zonas de aire cálido…
… pero vuelve a congelarse y se convierte en aguanieve al atravesar zonas de aire frío.

Aguanieve

¿Cuál es la idea?

En esta lección aprenderás:

- **cómo ha cambiado la tecnología meteorológica a través del tiempo.**
- **qué instrumentos se usan hoy en día para recopilar los datos meteorológicos.**
- **cómo se recopilan datos meteorológicos sobre la atmósfera superior.**

Lección 3

¿Cómo se recopilan datos meteorológicos con la ayuda de la tecnología?

"Cuando el Sol mucho calienta, barrunta la tormenta". ¿Qué quiere decir? ¡Anuncia la tormenta! Este dicho es un ejemplo de la sabiduría popular que se usaba para pronosticar el tiempo. ¿Crees que tiene algo de cierto? ¿Cómo se convirtió el pronóstico del tiempo en la ciencia que hoy conocemos?

Historia del pronóstico del tiempo

Historia de las ciencias

Los antiguos babilonios fueron de los primeros que intentaron pronosticar el tiempo. Observaron la naturaleza y anotaron miles de presagios o señales sobre el tiempo en tablillas de arcilla como las de la foto.

Uno de los primeros instrumentos para medir el tiempo que se conoce es la veleta, usada ya en la antigua Roma. Aún hoy se utiliza para determinar la dirección del viento.

Los antiguos griegos también intentaron pronosticar el tiempo. De hecho, la palabra *meteorología* viene de la palabra griega *meteora*, que quiere decir "fenómenos del cielo". Aristóteles, filósofo griego, escribió en el año 340 A.C. un libro acerca del tiempo. Sus ideas se basaban en sus observaciones del cielo.

A veces componían dichos o refranes basados en sus propias observaciones meteorológicas. Esos refranes los han usado principalmente los agricultores y marineros, quienes los han transmitido de generación en generación. Fíjate en los refranes de la página siguiente. Algunos de ellos eran bastante precisos, sobre todo los que hablaban de las condiciones meteorológicas como las nubes, los vientos o el cielo.

El deseo y la necesidad del ser humano de comprender el tiempo son tan antiguos como la misma civilización. Los antiguos babilonios anotaban datos meteorológicos en estas tablillas de arcilla. ▼

Durante los siglos XVI y XVII, se inventaron muchos instrumentos para medir las condiciones meteorológicas. Por ejemplo, el científico italiano Galileo inventó un termómetro en 1593. Unos 50 años después, uno de sus alumnos, llamado Evangelista Torricelli, inventó el **barómetro**. Este instrumento mide la presión atmosférica. Como muestra la ilustración, el barómetro de Torricelli consistía en un recipiente con mercurio y un tubo de vidrio. El aire, al presionar sobre el mercurio del recipiente, mantiene la columna de mercurio del tubo a cierta altura. Al cambiar la presión sobre el mercurio del recipiente, cambia también la altura de la columna. Los científicos de aquella época usaron estos instrumentos y sus conocimientos sobre la materia y el movimiento para estudiar el tiempo atmosférico.

La tecnología meteorológica continuó avanzando. En 1837, el inventor estadounidense Samuel B. Morse perfeccionó el telégrafo. Esta tecnología permitió a los meteorólogos transmitir rápidamente sus observaciones de un lugar a otro. Así se podía advertir a la población cuando se acercaba una tormenta. Con el tiempo, los servicios meteorológicos de diferentes países comenzaron a compartir la información meteorológica que recopilaban y en 1890 los Estados Unidos estableció el *Weather Bureau* (Agencia de Meteorología).

◀ *Con este sencillo barómetro, Torricelli comprobó en 1643 el descubrimiento de Galileo de que el aire tiene peso propio.*

Glosario

barómetro, instrumento que mide la presión atmosférica

Refranes

Parece que va a llover, el cielo se está nublando. Parece que va a llover, ¡ay, mamá, me estoy mojando!

Luna llena brillante, buen tiempo por delante.

Cuando no llueve en febrero, no hay buen prado ni buen centeno.

Marzo ventoso y abril lluvioso sacan a mayo florido y hermoso.

▲ *¿Crees que estos refranes son acertados desde el punto de vista científico? Escribe tus propios refranes sobre el tiempo.*

Glosario

anemómetro, instrumento que mide la velocidad del viento

psicrómetro, instrumento que mide la humedad relativa del aire

Cómo se recopilan los datos meteorológicos

La observación meteorológica está llena de sorpresas. Para poder llevar un registro de todos los factores que afectan el tiempo, hay que medir los cambios de las condiciones meteorológicas como la temperatura, la velocidad del viento, la humedad y la presión atmosférica. ¿Qué instrumentos usarías?

Anemómetro

◀ *Este **anemómetro** manual de alta tecnología mide la velocidad del viento. Es una versión moderna del instrumento que Leonardo da Vinci inventó hace más de 500 años. Las semiesferas giran con el viento y activan un indicador en el que se lee la velocidad del viento. Tú también puedes calcularla. Simplemente mira por la ventana y compara lo que ves con la tabla de abajo.*

Velocidad del viento	
km/h	**Indicación de la velocidad**
Menos de 1	Calma; el humo sube en línea recta
2–5	El humo se mueve en la dirección del viento
6–12	Se siente el viento en la cara y las hojas susurran
13–20	Las hojas y pequeñas ramas se agitan constantemente
21–29	El viento levanta el polvo y las hojas de papel
30–39	Se inclinan los árboles pequeños
40–50	Se mueven las ramas grandes
51–60	Se inclinan los árboles grandes

Psicrómetro

*El **psicrómetro** es un instrumento compuesto de dos termómetros que sirve para medir la humedad relativa del aire. La bola de uno de los termómetros está cubierta con un paño húmedo. Cuando el agua del paño se evapora, la temperatura de ese termómetro baja. La humedad relativa se determina comparando la temperatura de los dos termómetros con una tabla especial.* ▶

Barómetro aneroide

Este instrumento es más sensible a los cambios de presión atmosférica que el barómetro de mercurio de Torricelli. La palabra aneroide significa "sin líquido". El barómetro se compone de una caja metálica de la que se ha vaciado todo el aire. La caja se expande o se contrae según cambie la presión atmosférica. Esto hace que se mueva la aguja del indicador. Los números del indicador te dicen a qué altura estaría una columna de mercurio a esa presión atmosférica. ▼

Termómetro

Los termómetros pueden medir la temperatura del aire porque la materia se dilata al calentarse. La mayoría de los termómetros son tubos de vidrio cerrados que contienen líquidos como el alcohol, por ejemplo. Cuando el aire exterior calienta el líquido, éste se dilata y sube por el tubo. Los números de las escalas Fahrenheit o Celsius situados a los lados del tubo indican la temperatura en grados. ▶

▲ *Los datos meteorológicos se transmiten por ondas de radio a un monitor en el cual se pueden leer fácilmente.*

A lo largo del siglo XX, se realizaron grandes avances en el diseño de equipos para observar e informar sobre el tiempo. Los matemáticos y científicos desarrollaron ecuaciones matemáticas para pronosticar el tiempo y los resultados de esas ecuaciones proporcionaron una predicción, es decir, un pronóstico del tiempo. Sin embargo, los cálculos eran tan complicados y lentos que no resultaron prácticos sino hasta que se desarrollaron las computadoras en 1940. En la actualidad, los meteorólogos utilizan computadoras para resolver rápidamente esas ecuaciones matemáticas y pronosticar el tiempo.

Hoy en día, la recopilación de datos meteorológicos está altamente computarizada y automatizada. Los instrumentos tradicionales han sido reemplazados en gran parte por aparatos electrónicos de medición como el que se muestra arriba a la izquierda. Por ejemplo, en lugar de termómetros, se suelen usar ahora sensores térmicos. Esos sensores poseen pequeños cables en su interior que se dilatan según la temperatura. Los datos obtenidos con los sensores se pueden transmitir automáticamente a una computadora para hacer pronósticos.

Datos sobre la atmósfera superior

Ya desde principios de la década de 1890, los meteorólogos sabían que el tiempo que hacía cerca de la superficie terrestre estaba relacionado con los vientos que circulaban en la parte más alta de la atmósfera. En la década de 1930, el *Weather Bureau* de los Estados Unidos contrató pilotos para que volaran e hicieran observaciones meteorológicas a más de 5,500 metros de altitud. Sin embargo, los pilotos sufrieron de falta de oxígeno a esa altitud y muchos se desmayaron. Enviar globos equipados con instrumentos resultó una forma más segura de recoger datos a gran altitud.

En la actualidad, se lanzan dos veces al día en todo el mundo cientos de globos inflados con gas y equipados con pequeños paquetes de instrumentos que contienen sensores especiales y un radiotransmisor. A medida que el globo sube, los instrumentos miden la temperatura, la dirección y velocidad del viento y la humedad del aire. Los datos se transmiten por radio a las computadoras y de allí a todo el mundo.

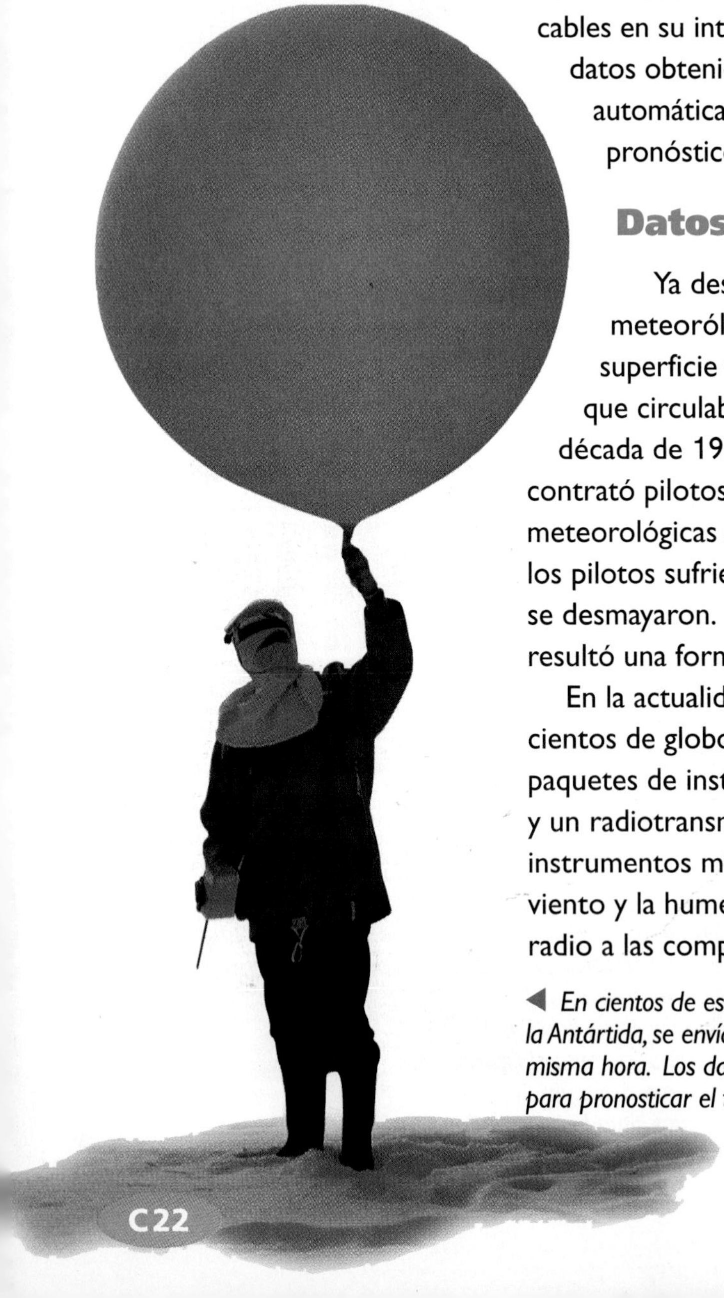

◀ *En cientos de estaciones meteorológicas de todo el mundo, como ésta de la Antártida, se envían globos radiosonda dos veces al día, exactamente a la misma hora. Los datos que recogen estos globos son de suma importancia para pronosticar el tiempo.*

Los radares de las torres de control de los aeropuertos vigilan el tráfico de los aviones en vuelo. Los radares emiten ondas de radio que rebotan, como si fueran un eco, al chocar contra los objetos. La distancia entre el objeto y el radar se calcula midiendo el tiempo que tarda en regresar la señal. ¿Para qué crees que los meteorólogos usan los radares? ¡Para buscar precipitaciones! Las localizan cuando las ondas del radar rebotan contra la lluvia o la nieve.

El **radar Doppler** es un tipo avanzado de radar que no sólo localiza las tormentas, sino que también detecta la dirección en que se desplazan. Como se muestra abajo, las precipitaciones que se dirigen hacia el radar reflejan ondas de radio a una frecuencia más alta que las precipitaciones que se alejan. El radar Doppler es capaz de detectar esas diferencias. Como puedes ver en la imagen, estas frecuencias se representan con distintos colores en la pantalla del radar Doppler. Al observar el movimiento de las precipitaciones y vientos de una tormenta, los meteorólogos pueden pronosticar con más precisión el mal tiempo.

Glosario

radar Doppler, tipo de radar que calcula la distancia e indica la dirección de desplazamiento

Glosario

¿Qué diferencias notas en las ondas radiales que reflejan estas dos nubes? ▼

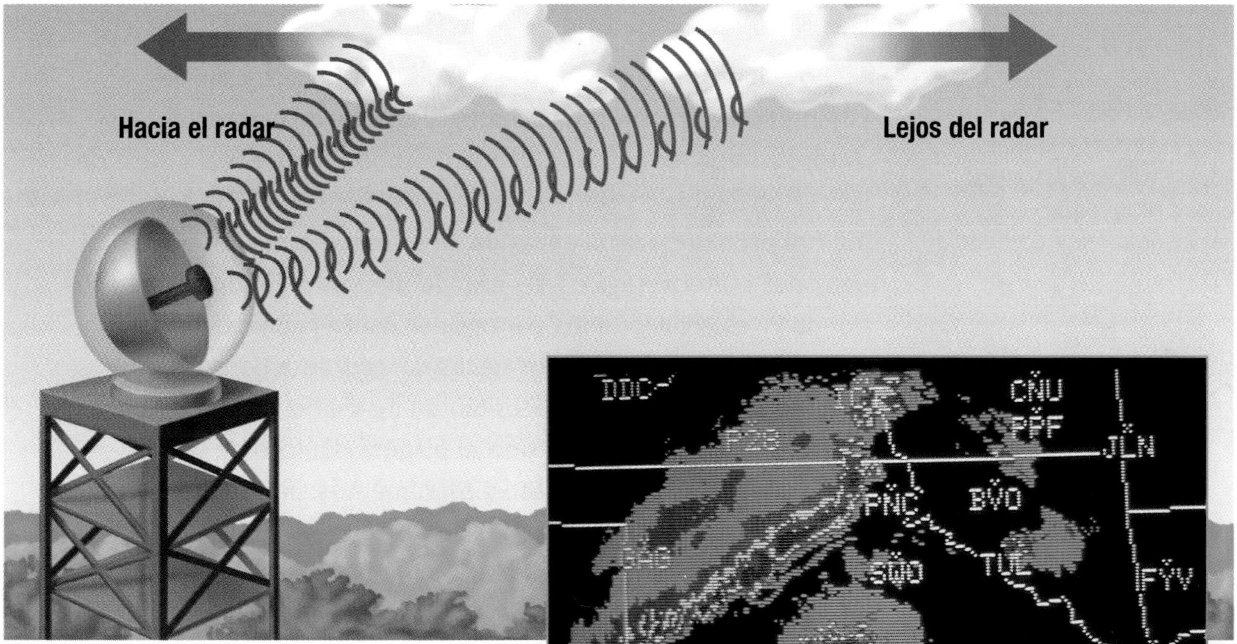

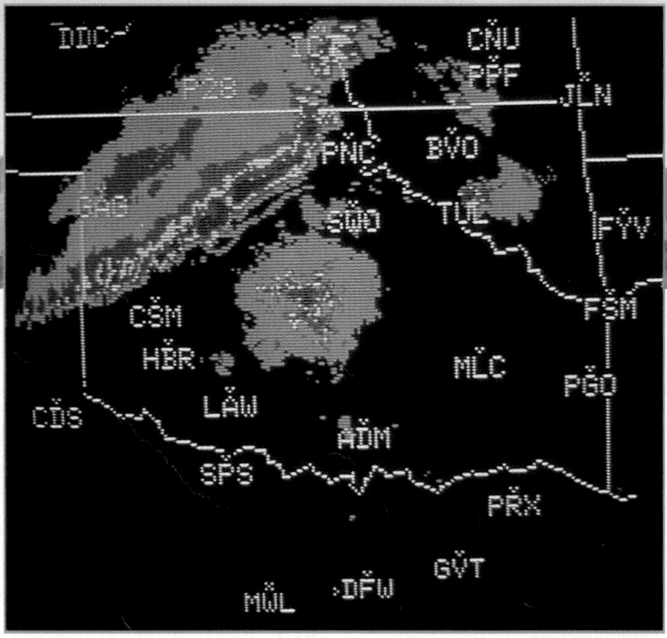

El radar Doppler

Las áreas en verde que se observan en el radar Doppler representan vientos que se están acercando al radar. Las áreas en rojo representan vientos que se están alejando del radar. El área donde se juntan los dos colores representa vientos que soplan en direcciones opuestas muy cerca uno de otro. En esta área los vientos se pueden arremolinar. ¿Qué tipo de tormenta crees que se está formando aquí? ▶

▲ *Las imágenes de satélite de estas dos páginas han sido intensificadas a color. El rojo representa las zonas con más precipitación y el azul las zonas con menos precipitación. Las imágenes se obtuvieron con un día de diferencia.*

Los vientos soplan por todo el planeta. El aire caliente y húmedo de las regiones ecuatoriales sube a la atmósfera y se desplaza hacia los polos. Del mismo modo, el aire frío y seco de las regiones polares se desplaza hacia el ecuador. ¿Qué te indican esos desplazamientos de aire? Entre otras cosas, que los patrones meteorológicos del mundo afectan el tiempo que hace donde vives. Por lo tanto, para poder hacer pronósticos acertados, los meteorólogos necesitan una vista como la que aparece en esta página. Necesitan un instrumento que les dé un "panorama completo" de todo el planeta. La foto de la izquierda muestra uno de esos instrumentos: un satélite meteorológico.

El primer satélite meteorológico fue puesto en órbita en 1960. Llevaba cámaras de televisión y almacenaba las imágenes en una cinta para transmitirlas después a la Tierra. Desde entonces se han puesto en órbita muchos satélites meteorológicos. Algunos viajan a gran velocidad y cada 110 minutos envían datos obtenidos de un giro completo alrededor de la Tierra. Otros satélites llamados geoestacionarios

Satélites metereológicos

◀ *Los satélites meteorológicos no sólo detectan los sistemas meteorológicos de gran magnitud de todo el mundo, sino que también vigilan y determinan los daños que causan los fenómenos en el medio ambiente. Casi cualquier persona que cuente con una computadora puede tener acceso a la información de estos satélites.*

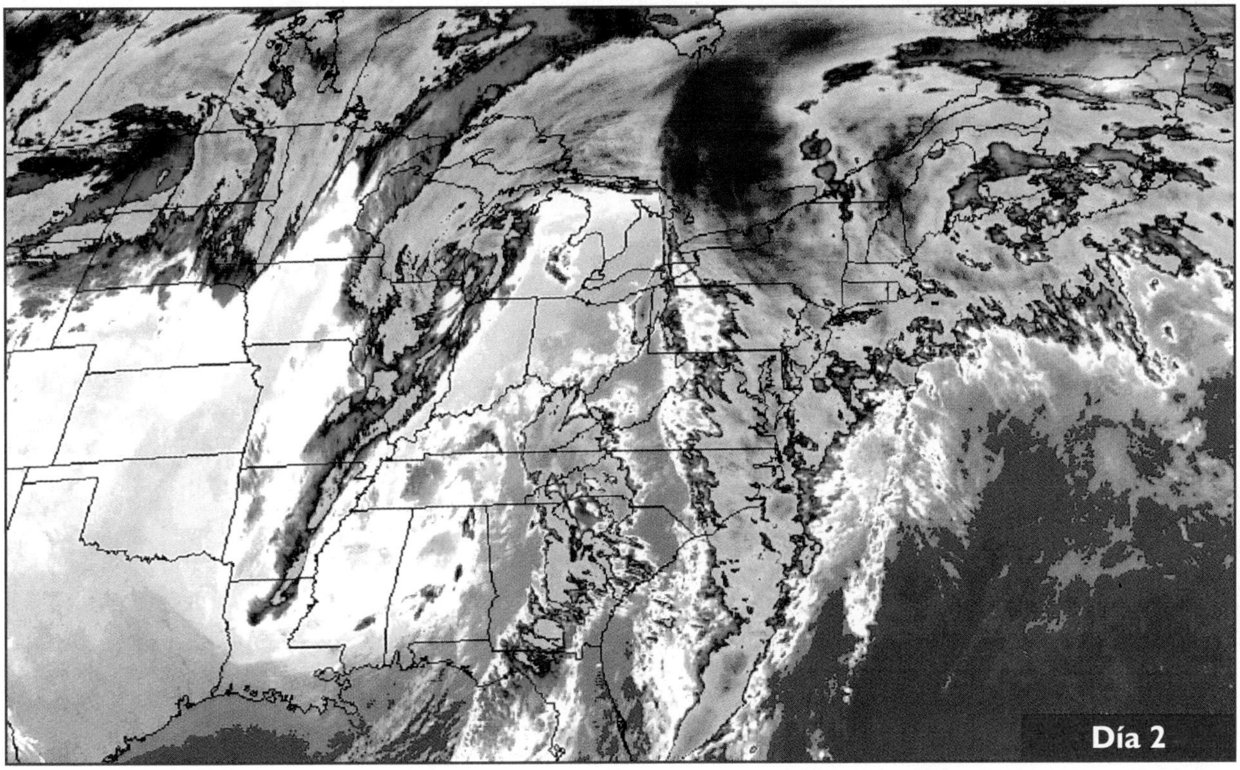

se encuentran fijos en ciertas zonas de la Tierra y se mueven a la velocidad de la rotación del planeta. Por esa razón, los satélites geoestacionarios sólo envían información de las áreas sobre las cuáles están estacionados.

Hoy en día, existe una red de satélites que transmite imágenes a las estaciones meteorológicas terrestres mediante señales de radio. Esas imágenes muestran el desplazamiento del vapor de agua o el análisis a color de las temperaturas de los océanos del mundo. Compara las imágenes de satélite que se ven arriba. Fueron tomadas con un día de diferencia. ¿Qué tipo de desplazamiento muestran? ¿Cuáles son las ventajas de las imágenes de satélite?

Repaso de la Lección 3

1. ¿Cómo ha cambiado la ciencia del pronóstico del tiempo de ser una simple observación de la naturaleza a lo que es hoy?
2. ¿Qué instrumentos se usan hoy en día para recopilar los datos meteorológicos?
3. ¿Cómo se recopilan datos meteorológicos sobre la atmósfera superior?
4. **Claves de contexto**
   Escribe una definición de *satélite geoestacionario* y di qué claves de contexto te permitieron llegar a esa definición.

Mide la humedad relativa

Destrezas del proceso

- estimar y medir
- observar
- recopilar e interpretar datos
- inferir

Materiales

- gafas protectoras
- estopilla
- 2 termómetros
- 2 ligas
- envase de leche de cartón con agujero
- agua

Preparación

En esta actividad, construirás un psicrómetro, que es un instrumento que se utiliza para determinar la humedad relativa. Repasa la información sobre la humedad que aparece en las páginas A12 y A13 antes de comenzar la actividad.

Sigue este procedimiento

1. Haz una tabla como la que se muestra y anota ahí tus observaciones.

Depósito húmedo (°C)	Depósito seco (°C)	Diferencia (°C)	Humedad relativa (%)

2. Ponte las gafas protectoras. Cubre y amarra el depósito de uno de los termómetros con un trozo de estopilla. El termómetro debe quedar con dos "colas" colgantes de estopilla. Coloca estas colas en la parte de atrás del termómetro. Éste será el termómetro de depósito húmedo (Foto A).

¿Cómo voy?

¿Está la estopilla bien ajustada al depósito del termómetro?

3. Pon dos ligas alrededor del envase de leche.

4. En el lado del envase de leche que tiene el agujero, inserta el termómetro de depósito húmedo entre las ligas y el envase, justo encima del agujero. Inserta las "colas" de estopilla de este termómetro en el agujero del envase (Foto B).

5. Inserta el otro termómetro entre las ligas y el envase como se indica en la Foto B. Éste es el termómetro de depósito seco con que **medirás** la temperatura del aire.

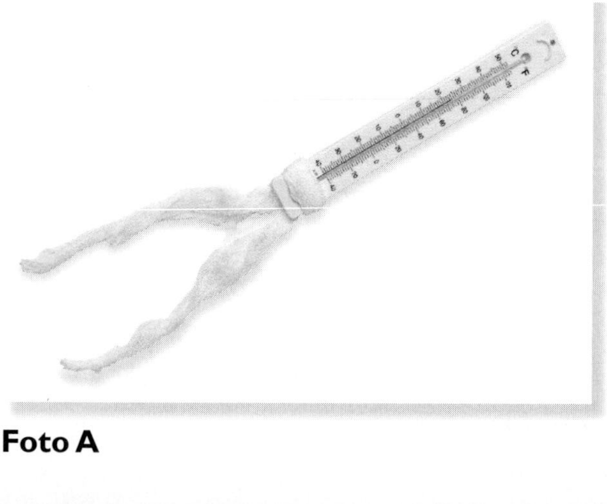

Foto A

6 Vierte agua en el envase de leche hasta que el nivel del agua esté justo debajo del agujero del costado. Asegúrate de que las colas de estopilla del termómetro estén en el agua. Coloca el envase de leche en un lugar seguro.

7 Después de unos minutos, la estopilla que cubre el depósito del termómetro estará húmeda. **Observa** el cambio de temperatura en el termómetro de depósito húmedo a medida que el agua se evapore de la estopilla.

8 Cuando la temperatura del termómetro de depósito húmedo deje de cambiar, anota en la tabla la temperatura de los dos termómetros para **recopilar datos.** Luego, calcula la diferencia entre las dos temperaturas y anótala en la tabla.

9 Utiliza la tabla de la derecha para determinar la humedad relativa. Anótala en tu tabla.

Interpreta tus resultados

1. Explica por qué la temperatura del termómetro de depósito húmedo es más baja que la del termómetro de depósito seco.

2. Haz una **inferencia.** Si es grande la diferencia de temperatura entre el termómetro de depósito húmedo y el de depósito seco, ¿el aire está relativamente seco o relativamente húmedo?

Foto B

Humedad relativa (porcentaje)

Depósito seco (°C)	Diferencia de temperatura entre el termómetro de depósito húmedo húmedo y el de depósito seco (°C)									
	1	**2**	**3**	**4**	**5**	**6**	**7**	**8**	**9**	**10**
18	91	82	73	65	57	49	41	34	27	20
19	91	82	74	65	58	50	43	36	29	22
20	91	83	74	67	59	53	46	39	32	26
21	91	83	75	67	60	53	46	39	32	26
22	92	83	76	68	61	54	47	40	34	28
23	92	84	76	69	62	55	48	42	36	30
24	92	84	77	69	62	56	49	43	37	31
25	92	84	77	70	63	57	50	44	39	33

Investiga más a fondo

¿Qué diferencia de temperatura habría entre un termómetro de depósito húmedo y un termómetro de depósito seco si la humedad relativa fuera del 100 por ciento? Piensa en cómo vas a hallar la respuesta a ésta u otras preguntas que tengas.

Autoevaluación

- Seguí instrucciones para construir un psicrómetro que midiera la humedad relativa.
- **Observé** el cambio en el termómetro de depósito húmedo.
- **Medí** y anoté las temperaturas registradas por los dos termómetros.
- Utilicé mis **datos** y la tabla para determinar la humedad relativa.
- **Inferí** la relación que existe entre la humedad relativa y una diferencia grande en la temperatura registrada por los dos termómetros.

¿Cuál es la idea?

En esta lección aprenderás:

- **cómo los frentes y los sistemas de presión afectan el tiempo.**
- **cómo se pronostica el tiempo con la ayuda de la tecnología.**
- **cómo se puede pronosticar el tiempo con la ayuda de los mapas meteorológicos.**

Lección 4

¿Cómo se pronostica el tiempo?

"¡No puede ser! Se suponía que hoy iba a ser un día soleado". Sabes perfectamente que los pronósticos del tiempo no siempre aciertan. Aun con la tecnología actual, los meteorólogos no pueden saber todas las condiciones meteorológicas que afectan a un pronóstico. A pesar de eso, los pronósticos son cada vez mejores.

Frentes y sistemas de presión

¿Has salido en un día caluroso y de repente sentiste que la temperatura bajó unos 10° grados en cuestión de minutos? ¿Sabes qué pasó? No es que el aire caliente se haya enfriado: se alejó porque el aire frío llegó a ocupar su lugar.

El aire que rodea tu escuela y tu casa en este momento forma parte de una masa de aire. Las **masas de aire** son grandes extensiones de aire que tienen propiedades o condiciones meteorológicas semejantes. Las masas de aire son tan grandes que bastarían dos o tres para cubrir todo un país. Los meteorólogos siguen el desplazamiento de esas masas para poder pronosticar la temperatura, la humedad y la presión atmosférica del área a la cual se desplazan.

Glosario

Glosario

masa de aire, gran extensión de aire con propiedades o condiciones meteorológicas semejantes

En los Estados Unidos, los fenómenos meteorológicos se desplazan, por lo general, de oeste a este. ▼

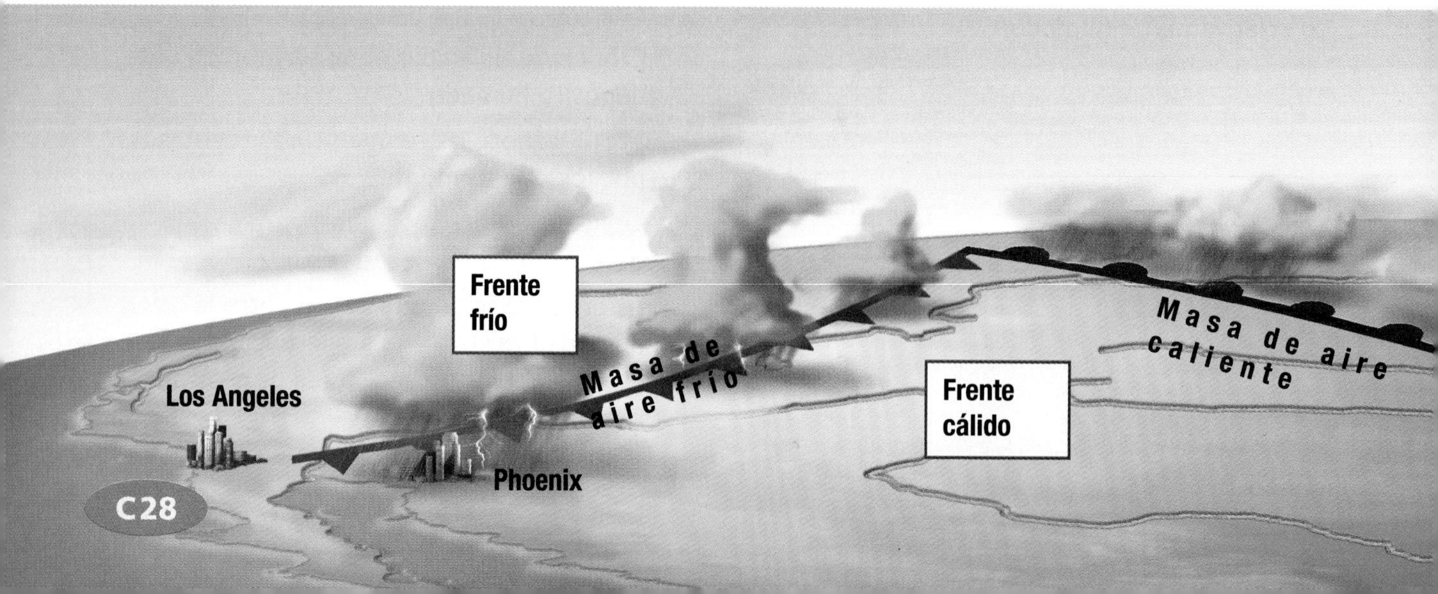

Por lo general, cuando una masa de aire caliente choca con una de aire frío, el aire de las dos masas no se mezcla porque sus propiedades son diferentes. Un límite, o **frente**, se forma entre las dos masas. Los descensos tan abruptos de temperatura, como el que se menciona al principio de la lección, se deben al paso de un frente frío por el área. Los frentes fríos se forman cuando las masas de aire frío desplazan las masas de aire caliente. Por otro lado, los frentes cálidos se forman cuando las masas de aire caliente desplazan las masas de aire frío.

¿Cómo podemos explicar el tiempo que hace en los lugares de la ilustración con lo que ya sabemos sobre los frentes y las masas de aire? Vamos a comenzar con Los Angeles. Ayer pasó un frente frío por la ciudad y causó tormentas eléctricas. Hoy, sin embargo, el cielo está despejado y la temperatura ha refrescado. Ahora el frente está atravesando Phoenix. Por ser más denso, el aire frío se introduce por debajo del aire caliente y lo empuja hacia arriba. Si el aire caliente contiene suficiente humedad, se pueden formar cumulonimbos y se producen así tormentas eléctricas. Esto es lo que está sucediendo en Phoenix. Las tormentas serán intensas pero durarán menos de una hora. Como a unos 400 kilómetros hacia el este, un frente cálido pasa por Dallas. La masa de aire caliente se desliza por encima de la masa de aire frío y sube poco a poco extendiéndose por muchos kilómetros. Los estratos y la precipitación llegan hasta New Orleans.

En los Estados Unidos, los fenómenos meteorológicos se desplazan, por lo general, de oeste a este debido a las corrientes de viento. Pon en práctica tus conocimientos de meteorología para pronosticar el tiempo que va a hacer mañana en todos los lugares de la ilustración.

Glosario

frente, límite entre una masa de aire caliente y una masa de aire frío

Glosario

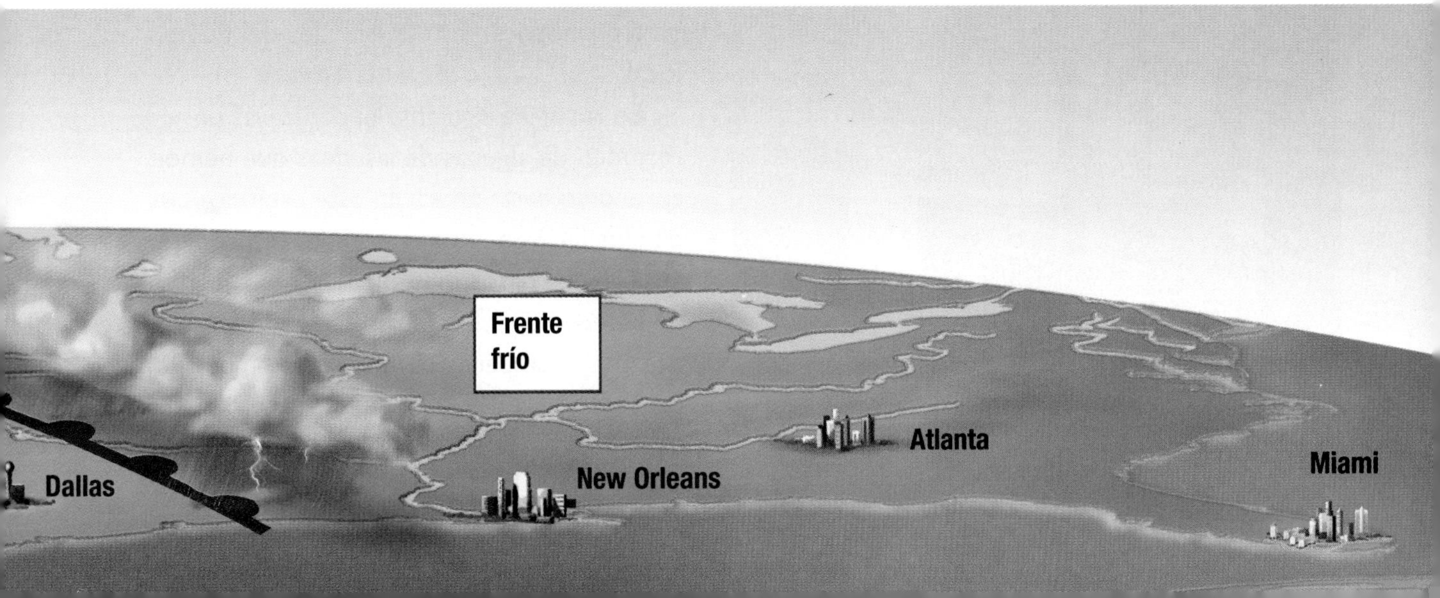

Las masas de aire y los frentes son pistas importantes que tanto tú como los meteorólogos pueden analizar para pronosticar el tiempo. Otra pista importante la proporcionan los sistemas de presión atmosférica. Ciertas condiciones meteorológicas están relacionadas con las zonas de alta y baja presión. Por ejemplo, cuando el viento sopla en una zona de baja presión, el aire caliente sube. Esta corriente de aire ascendente suele producir nubes y precipitación. Por otro lado, las zonas de alta presión se asocian, por lo general, con buen tiempo. El aire pesado de estas zonas de alta presión presiona hacia abajo y suele ser más frío y seco.

Pronósticos del tiempo y tecnología

Para pronosticar el tiempo, los meteorólogos se valen de la tecnología facilitada por el *National Weather Service*, o NWS. La foto de abajo muestra un ejemplo de la tecnología más reciente del NWS. Este grupo de sensores es uno de los 900 *Automated Surface Observing Systems* (Sistemas automatizados de observación de superficie), o *ASOS*, instalados en aeropuertos de todo el país para recoger, procesar y distribuir datos meteorológicos. Los *ASOS* recogen información sobre el manto de nubes, la visibilidad, la temperatura, la humedad, la presión atmosférica, la velocidad y dirección del viento y la precipitación.

Los ASOS registran los datos automáticamente cada minuto y los transmiten directamente a las oficinas del *National Weather Service*. Ahí los datos se procesan en el *Advanced Weather Interactive Processing System* (Sistema avanzado de procesamiento interactivo de información meteorológica), o AWIPS. ¿Para qué sirve el AWIPS? Ese sistema permite a los meteorólogos consultar y utilizar eficientemente los datos meteorológicos de todo el mundo para pronosticar las condiciones del tiempo local.

En la página siguiente encontrarás un resumen de algunas de las ideas que hemos aprendido hasta ahora en este capítulo. Los dibujos ilustran cómo se recopilan, procesan y analizan los datos meteorológicos con la ayuda de la tecnología, que permite pronosticar el tiempo y compartir esa información con otras personas.

Los Automated Surface Observing Systems *son sensores que transmiten datos meteorológicos directamente al* National Weather Service. ▼

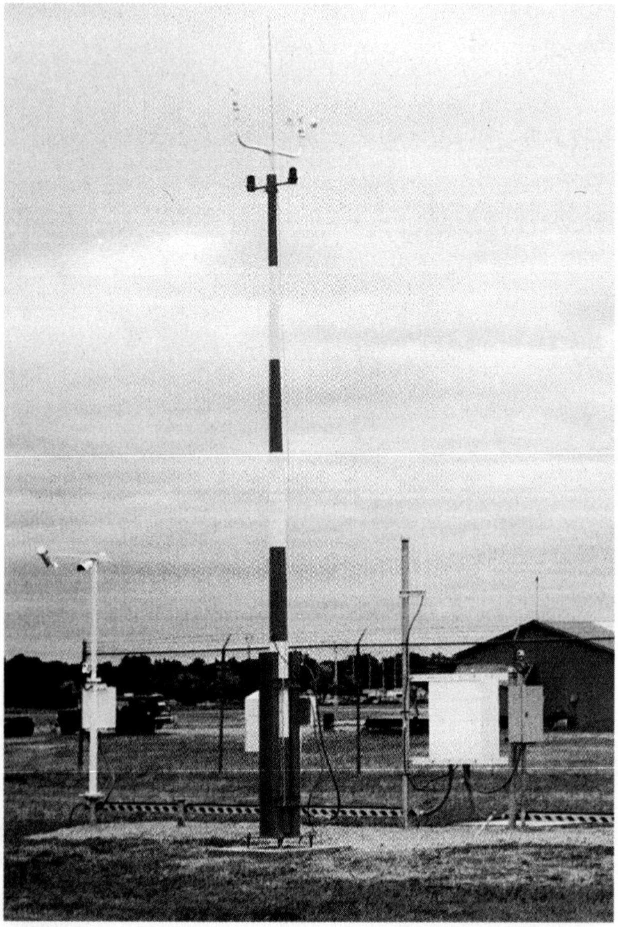

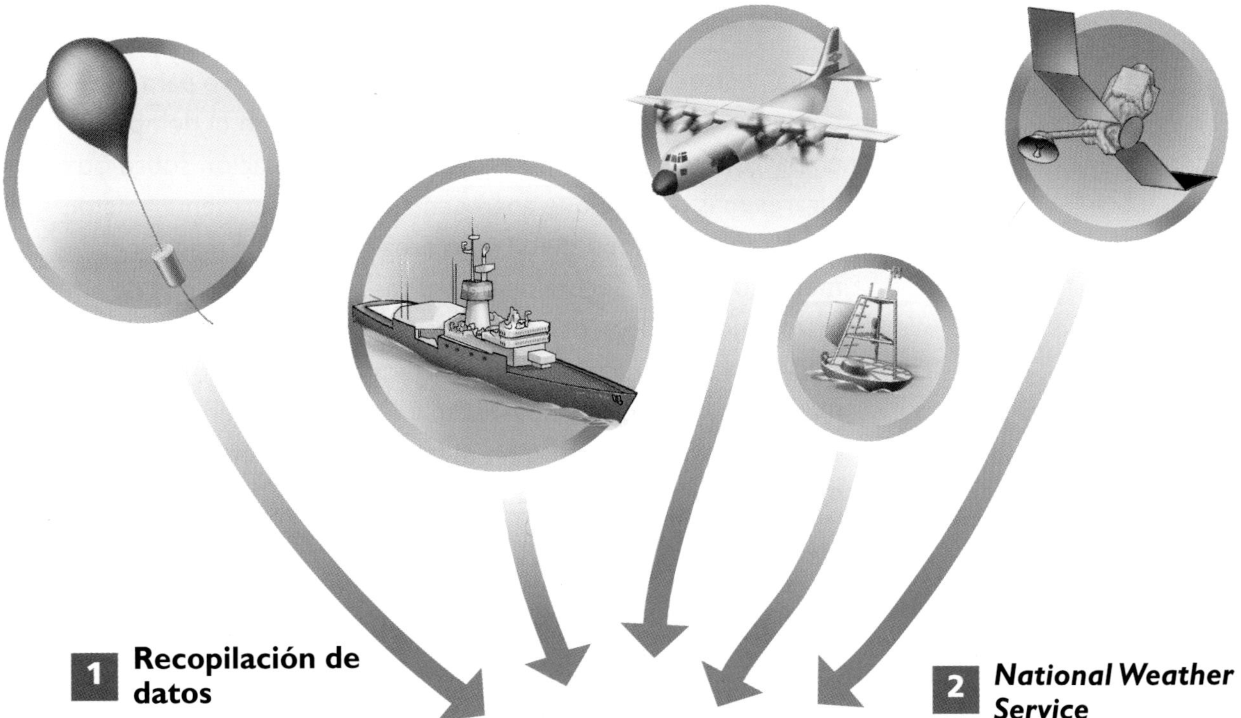

1 Recopilación de datos

Los datos meteorológicos se recogen de varias fuentes, como por ejemplo: globos radiosonda, estaciones terrestres con ASOS, satélites, estaciones de radar, estaciones meteorológicas situadas en todo el mundo, observadores, aviones y barcos meteorológicos y hasta boyas marinas especiales. Los datos se transmiten al National Weather Service.

2 *National Weather Service*

Todos los datos meteorológicos que recibe el National Weather Service se procesan en el AWIPS. Las poderosas computadoras de este sistema procesan la información por medio de complejas ecuaciones matemáticas. Los datos procesados se registran en forma de mapas o tablas que los meteorólogos analizan para preparar pronósticos.

3 Informes meteorológicos

A su vez, el National Weather Service emite pronósticos del tiempo a las oficinas meteorológicas locales. Los envía a través de líneas de comunicación especiales en intervalos de pocas horas. De ahí se transmiten los pronósticos, avisos y advertencias a los aeropuertos, estaciones de radio y televisión, periódicos, bases militares y otros países.

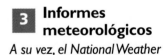

Usos de los mapas meteorológicos

La ilustración de las páginas C28 y C29 te sirve para comprender qué son los frentes y cómo afectan el tiempo. Sin embargo, la ilustración no proporciona información sobre otros lugares más que los que aparecen ahí. Para representar mejor el estado del tiempo de un gran área usamos los mapas meteorológicos. Seguramente habrás visto varios tipos de mapas meteorológicos en los periódicos o la televisión. Esos mapas a veces utilizan símbolos ligeramente distintos, pero lo más probable es que se parezcan a los del mapa de la página siguiente. ¿Qué información meteorológica contiene este mapa? Fíjate en la leyenda para averiguarlo.

Observa en el mapa que los frentes se extienden a partir de las zonas de baja presión. Ubica un frente frío y otro cálido. ¿Qué tiempo hace a lo largo de los dos frentes? ¿Son estas condiciones de tiempo las que se suelen dar en frentes de este tipo? El mapa también muestra un frente estacionario. Esos frentes se forman cuando las masas de aire se detienen. En esas áreas puede haber precipitación durante varios días. ¿Qué lugar crees que es el de la foto? Intenta ubicarlo en el mapa.

Es probable que esta tormenta se encuentre a lo largo de un frente frío o en una zona de baja presión. ▼

Mapa metereológico

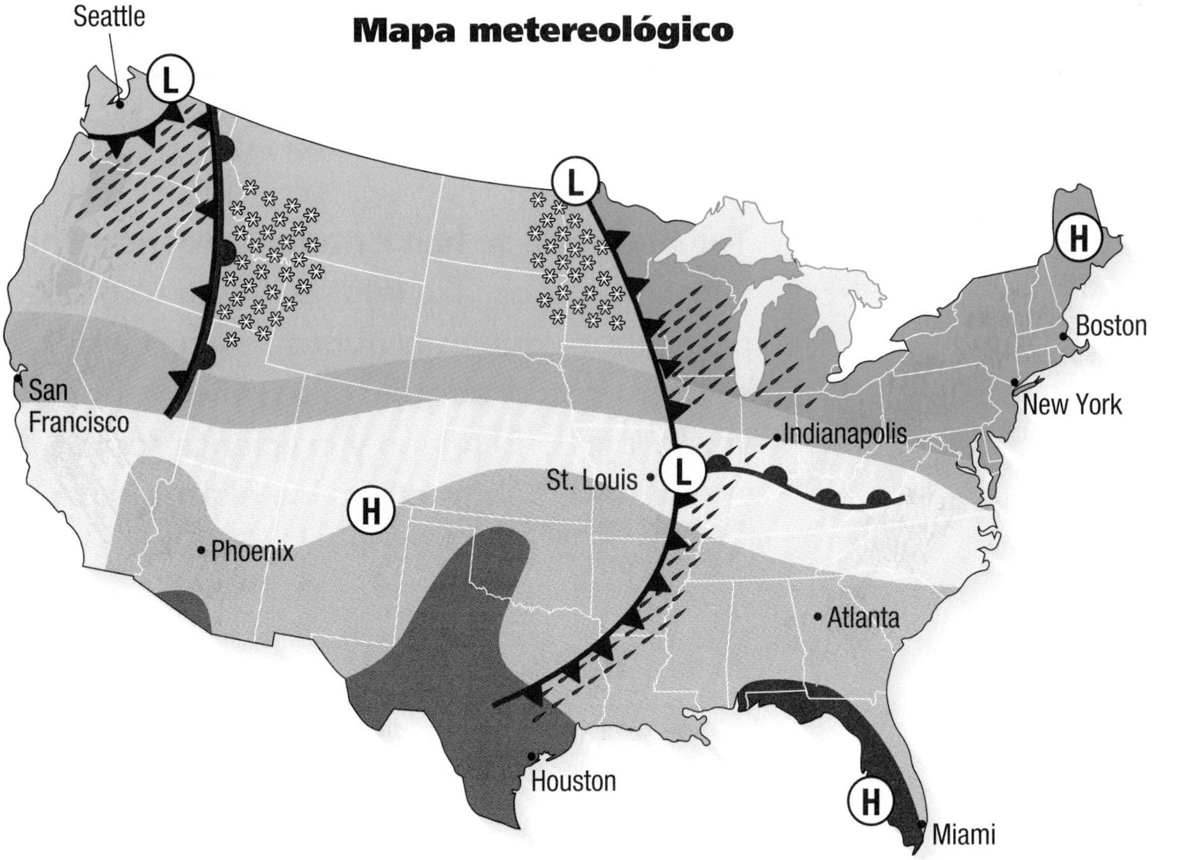

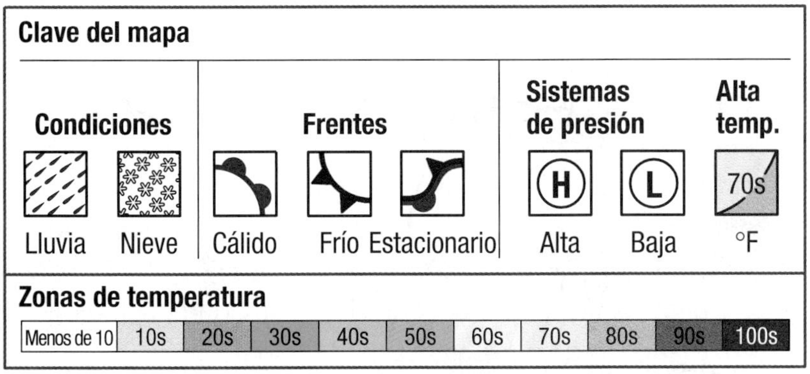

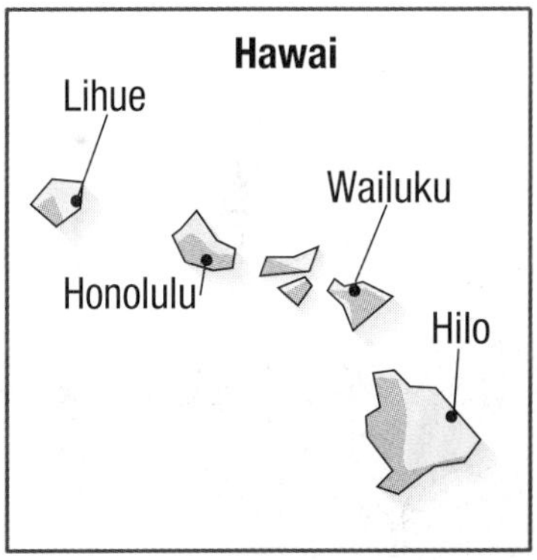

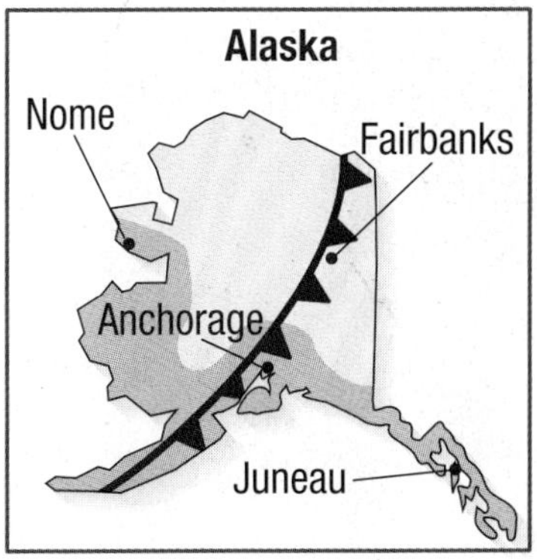

Repaso de la Lección 4

1. ¿Cómo afectan las condiciones del tiempo a los frentes y los sistemas de presión ?
2. ¿Qué utilidad tiene la tecnología para pronosticar el tiempo?
3. ¿Cómo se puede pronosticar el tiempo con la ayuda de los mapas meteorológicos?
4. **Porcentaje**
   ¿Qué porcentaje de los estados del mapa de arriba tiene temperaturas de entre 90 y 100°F?

¿Cuál es la idea?

En esta lección aprenderás:

- cómo se forman los diferentes tipos de tormentas.
- qué medidas de seguridad se deben tomar en caso de tormentas.

Los relámpagos se producen cuando las cargas eléctricas positivas y negativas fluyen entre una nube y el suelo, entre dos nubes o dentro de una misma nube. ▼

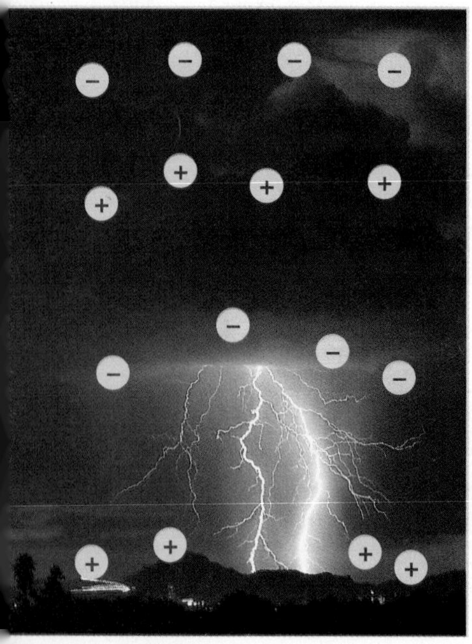

Lección 5

¿Qué pasa durante las tormentas?

Toda la tarde se han estado formando enormes cumulonimbos. De lejos se veían majestuosos pero, ahora que esas nubes se acercan, el cielo se obscurece y adquiere extraños tonos de verde y gris. El lejano y creciente sonido de una sirena hace aún más tétrico el ambiente. ¡Brrruuum! ¿Qué pasa? ¿Qué vas a hacer?

Tipos de tormentas

Como ya vimos en la lección anterior, las tormentas suelen acompañar a los frentes y sistemas de baja presión. Por ejemplo, las tormentas eléctricas se forman a lo largo de los frentes fríos o en el interior de las masas de aire caliente, cuando este aire caliente y húmedo se eleva con rapidez. El vapor de agua se condensa rápida y continuamente, lo que produce cúmulos altos como el de la foto de la izquierda. La parte alta de esas nubes puede encontrarse a más de 15,000 metros de altura. A esa altitud las nubes están formadas por cristales de hielo, mientras que en su parte más baja están formadas por gotas de agua. Los cristales de hielo y las gotas de agua crecen al chocar con otros cristales de hielo y otras gotas de agua. Con el tiempo llegan a ser tan grandes y pesadas que caen al suelo en forma de precipitación. Al atravesar el aire más caliente de la parte baja de las nubes, el hielo se derrite y se une a otras gotas de agua formando lluvia.

Al caer la lluvia, arrastra aire frío y crea corrientes de aire conocidas como corrientes descendentes. Mientras tanto, el aire caliente sigue subiendo. Eso genera corrientes ascendentes. Si alguna vez has experimentado turbulencia al volar en avión por nubes de tormenta, la culpa la tienen probablemente esas corrientes ascendentes y descendentes.

Las corrientes ascendentes y descendentes son responsables de otra característica de las tormentas eléctricas: los relámpagos. Cuando el aire se desplaza, las cargas eléctricas se acumulan. Fíjate en la foto cómo se distribuyen las cargas negativas

▲ *El aspecto obscuro del tornado se debe a la densidad de las partículas de la nube y al polvo y los desechos que arrastra el viento.*

y positivas por toda la nube. Cuando la diferencia entre las cargas positivas y negativas es lo suficientemente grande, los electrones comienzan a fluir entre ellas. El flujo de electrones genera una corriente eléctrica llamada relámpago. Al producirse, el relámpago calienta tanto el aire a su paso que hace que se expanda de forma explosiva. Esa expansión del aire produce una onda sonora que se oye como trueno.

Algunas tormentas eléctricas intensas crean una columna giratoria de aire ascendente llamada mesociclón. A veces, ese mesociclón aspira el aire frío de las corrientes descendentes de las nubes de tormenta. Al entrar y empezar a girar el aire frío en el mesociclón, se forma una nube arremolinada llamada tornado. El **tornado** es una nube violenta en forma de embudo cuyos vientos son sumamente fuertes.

Si bien los tornados suelen durar tan sólo unos minutos, los daños que causan pueden ser devastadores. A pesar de que el tornado se desplaza a una velocidad promedio de sólo unos 60 kilómetros por hora, los vientos de su remolino pueden alcanzar los 500 kilómetros por hora. Esos vientos son capaces de levantar los tejados de los edificios. Los objetos lanzados al aire rompen las ventanas y dejan que entre el viento, el cual empuja las paredes hacia afuera y el techo hacia arriba. Al final puede que queden sólo los cimientos.

Los meteorólogos todavía tienen mucho que aprender sobre los tornados. Los investigadores, como T. Theodore Fujita en la foto de la derecha, dedican sus esfuerzos a pronosticar cuándo y dónde ocurrirán esas tormentas; y han realizado algunos avances en su estudio. Como ya vimos en la Lección 3, el radar Doppler es un instrumento útil, ya que detecta en qué lugares es probable que se formen los tornados.

Glosario

tornado, nube violenta en forma de embudo cuyos vientos son sumamente fuertes

Glosario

▲ *T. Theodore Fujita genera modelos de tornados con hielo seco y ventiladores. Sus modelos ayudan a comprender cómo se forman los tornados.*

Glosario

huracán, tormenta tropical de gran tamaño que se forma sobre el agua cálida de los océanos y cuyos vientos soplan a velocidades de por lo menos 110 kilómetros por hora

Los tornados son las tormentas más destructivas de la naturaleza, pero los huracanes son las más potentes. Los **huracanes** son tormentas tropicales de gran tamaño que se forman sobre el agua cálida de los océanos y cuyos vientos soplan a velocidades de por lo menos 110 kilómetros por hora. Los huracanes son más potentes que los tornados debido a su enorme tamaño, ya que abarcan áreas de por lo menos 200 kilómetros de diámetro.

Al igual que otras tormentas intensas, los huracanes se forman alrededor de áreas de muy baja presión. El aire caliente y húmedo de los océanos genera una corriente ascendente en espiral alrededor del área de baja presión, agrupando las nubes en la típica formación que se ve abajo en la imagen de satélite. Estas nubes giratorias se desplazan y llevan vientos fuertes y lluvias intensas a los lugares por donde pasan. La presencia de vientos fuertes y sostenidos sobre los océanos produce enormes olas que causan todavía más destrucción en las costas, como puedes ver en la foto de abajo.

Cuando un huracán se desplaza sobre tierra, ya no se puede alimentar del aire caliente y húmedo de los océanos. Ya no se produce más la condensación del vapor de agua que daba al huracán su energía. Pasados unos dos días, la tormenta pierde fuerza y la corriente en espiral de los vientos se termina.

Gran parte de los daños que causan los huracanes se debe a las enormes olas que azotan las costas, arrasándolo todo a su paso. ▶

◀ *En esta foto se puede ver que en el centro, u ojo, del huracán se forman pocas nubes. El ojo de los huracanes es un área de relativa calma alrededor de la cual se desenvuelve la tormenta.*

Seguridad durante tormentas intensas

Es interesante observar las tormentas, pero es peligroso. Se deben respetar medidas de seguridad.

El mayor peligro de las tormentas eléctricas son los rayos. Cuando se avecine una tormenta eléctrica, entra a la casa y aléjate de ventanas y puertas abiertas. Evita tocar los teléfonos, aparatos eléctricos o tuberías de metal; los rayos pueden pasar fácilmente por estos objetos. Si estás fuera de casa y no puedes entrar a ningún edificio, no te refugies bajo los árboles. La foto de la derecha te muestra por qué. Los rayos tienden a caer sobre los objetos más altos del área. Si estás en un campo abierto, tu podrías ser el objeto más alto. Acuéstate en el suelo o agáchate en un lugar bajo, como una zanja, por ejemplo. Si estás nadando o en alguna embarcación, sal inmediatamente del agua ya que el agua conduce la electricidad.

Los meteorólogos observan cuidadosamente el desarrollo de las condiciones meteorológicas. Si las condiciones son favorables para la formación de tornados, el *National Weather Service* emite un aviso. El aviso significa que debes prestar atención a cambios repentinos en el estado del tiempo y tener un plan de seguridad. Cuando se avista un tornado, el NWS emite una advertencia para que te protejas. Lee las medidas de seguridad de la tabla para saber qué debes hacer.

A diferencia de los tornados, la población dispone generalmente de varios días para prepararse en caso de huracán. El NWS sigue el desplazamiento de los huracanes para predecir en qué lugar tocaran tierra. Las casas rodantes, los automóviles o las embarcaciones no son sitios seguros donde refugiarse en caso de huracán. Entra a un edificio que resista los fuertes vientos y el oleaje. Si vives en una zona baja, tal vez tengas que evacuar tu casa hasta que pase el huracán.

Medidas de seguridad en caso de tornado

- **Busca refugio en el sótano o en un cuarto interior del nivel más bajo del edificio, como un baño o clóset.**
- **Aléjate de las ventanas y métete debajo de cualquier cosa que te pueda proteger de los objetos lanzados por la tormenta.**
- **Si estás en un edificio público, evita los lugares con techos grandes.**
- **Si estás en un automóvil o casa rodante, sal inmediatamente.**
- **Agáchate en una zanja o viaducto, o cerca de alguna estructura sólida si no hay ningún refugio cerca.**

Repaso de la Lección 5

1. ¿Cómo se forman las tormentas eléctricas, los tornados y los huracanes?
2. Escribe dos medidas de seguridad que se deben tomar en caso de tormenta eléctrica, dos en caso de tornado y dos en caso de huracán.
3. **Causa y efecto**
   Las corrientes ascendentes y descendentes de aire causan la acumulación de cargas eléctricas en las nubes. ¿Qué efecto tiene esa acumulación de cargas?

Repaso del Capítulo 1

Ideas principales del capítulo

Lección 1

• Las condiciones extremas de tiempo pueden provocar incendios e inundaciones.

• Si se pronostican condiciones de tiempo extremas, deben tomarse medidas de seguridad.

Lección 2

• El viento es el aire que se desplaza de las zonas de alta presión a las de baja presión.

• El aire caliente contiene más humedad que el aire frío.

• La mayor parte de las precipitaciones comienzan en forma de nieve. El tipo de precipitación que llega al suelo depende de la temperatura del aire que atraviesa.

Lección 3

• El pronóstico del tiempo se hace con instrumentos tradicionales, como el barómetro, y sofisticados como el radar Doppler y los satélites meteorológicos.

Lección 4

• Los frentes se desplazan del oeste al este, y traen cambios en las condiciones meteorológicas.

• El Servicio Nacional de Meteorología *(National Weather Service, o NWS)* recoge datos meteorológicos y los transmite. Las computadoras los analizan para predecir el estado del tiempo.

• La información meteorológica que aparece en forma de símbolo en los mapas meteorológicos se usa para determinar frentes y sistemas de presión.

Lección 5

• Cuando el aire caliente y húmedo sube rápidamente por los frentes, se forman tormentas y tornados en la tierra y huracanes en el mar.

• Cuando haya amenaza de condiciones extremas de tiempo, busca refugio y presta atención a los avisos que envía el NWS.

Repaso de términos y conceptos científicos

Escribe la letra de la palabra o frase que complete mejor cada oración.

a. masa de aire
b. presión atmosférica
c. anemómetro
d. barómetro
e. punto de condensación
f. radar Doppler
g. pronóstico del tiempo
h. frente
i. humedad
j. huracán
k. meteorólogo
l. psicrómetro
m. humedad relativa
n. tornado

1. El ___ sirve para medir la velocidad.

2. El ___ mide la humedad relativa.

3. El ___ mide la presión atmosférica.

4. El ___ es la persona que estudia el tiempo.

5. Un ___ es el límite entre una masa de aire caliente y una de aire frío.

6. Una ___ es una gran extensión de aire con propiedades semejantes.

7. El ___ es un tipo de radiotransmisor que rastrea la precipitación.

8. El ___ es la temperatura a la que un volumen de aire no puede contener más vapor de agua.

9. Un ___ es una tormenta tropical con vientos fuertes que se forma sobre el mar.

10. La ___ es una tormenta tropical con vientos fuertes que se forma sobre el mar.

11. La ___ es la cantidad de vapor de agua que hay en el aire.

12. El ___ es la predicción del tiempo que va a hacer en un futuro próximo.

13. La ___ aumenta a medida que el aire se enfría.

14. Un ___ es un nube violenta en forma de embudo.

Explicación de ciencias

Contesta las siguientes preguntas en un párrafo o con un esquema.

1. ¿De qué manera nos ayudan los pronósticos del tiempo?

2. ¿Qué condiciones afectan al tiempo?

3. ¿Cómo ha avanzado la tecnología meteorológica?

4. ¿Cómo pronostican los meteorólogos el tiempo?

5. ¿Cuáles son las características de las tormentas, los tornados y los huracanes? ¿Qué precauciones se deben tomar en cada caso?

Práctica de destrezas

1. Observa el tiempo del lugar donde vives durante una semana. Determina el **porcentaje** de días lluviosos.

2. Comunica. Escribe una lista de preguntas que desees hacerle a un meteorólogo sobre la historia del pronóstico del tiempo.

3. Escucha los informes o interpreta un mapa meteorológico de los últimos días para **recopilar datos** sobre la evolución del tiempo en una ciudad que quede al oeste de donde vives. Después **predice** el tiempo que hará en los días que siguen.

Razonamiento crítico

1. Evalúa el papel del telégrafo en el pronóstico del tiempo. Explica en un párrafo si el telégrafo fue o no un invento importante.

2. Imagina que se anuncia un huracán en la zona donde vives. **Toma una decisión** sobre las medidas de seguridad que debes tomar y ponlas en una lista.

3. Imagínate que eres meteorólogo. Dibuja un diagrama de flujo que muestre la **secuencia** de los pasos que se siguen para hacer un pronóstico.

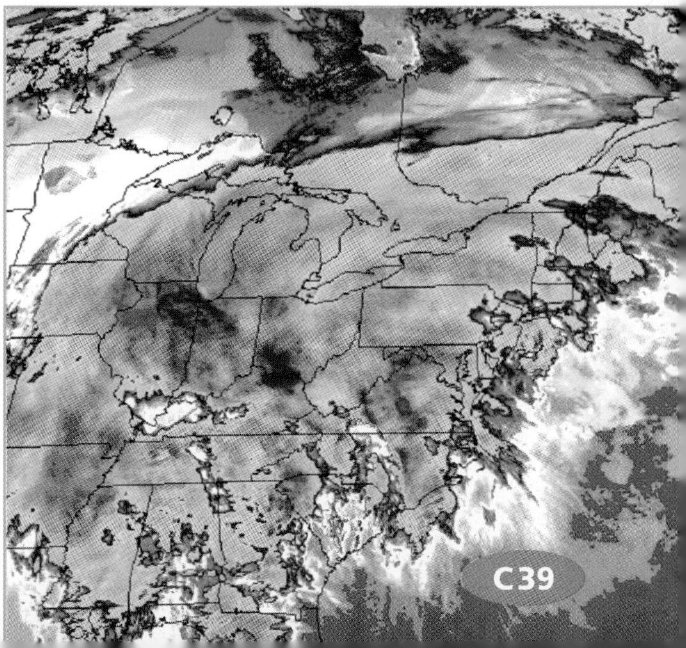

Capas de arena

Es fácil ver cómo se forman estas capas de arena. ¿Pero cómo se formaron las capas de arena, rocas y otros minerales de la corteza terrestre? ¿Cuáles fueron las primeras capas?

Capítulo 2

Procesos de la Tierra

Investiguemos: Procesos de la Tierra

- **Lección 1: ¿Qué cambios se producen en la corteza terrestre?**
  - ¿Qué es la teoría de la tectónica de placas?
  - ¿Qué produce los terremotos?
  - ¿Qué produce las erupciones volcánicas?
  - ¿Qué instrumentos se han usado para predecir los terremotos y las erupciones volcánicas?
- **Lección 2: ¿Cómo se forma el suelo?**
  - ¿Qué es el suelo?
  - ¿Por qué hay distintos tipos de suelo?
- **Lección 3: ¿Cómo el agua modela la corteza terrestre?**
  - ¿Cómo los ríos modelan el relieve terrestre?
  - ¿Cómo las aguas subterráneas modelan el terreno?
  - ¿Cómo las olas del mar modelan la costa?
  - ¿Cómo los glaciares modelan el relieve terrestre?
- **Lección 4: ¿Qué nos dicen las rocas de los cambios del pasado?**
  - ¿Qué nos dicen del pasado las capas de roca?
  - ¿Qué nos dicen del pasado los fósiles?
  - ¿Cómo se interpreta y se registra la historia de la Tierra?

Copia el organizador gráfico del capítulo *en una hoja de papel. El organizador te muestra de qué trata el capítulo. A medida que leas las lecciones y hagas las actividades, busca las respuestas a las preguntas y escríbelas en tu organizador.*

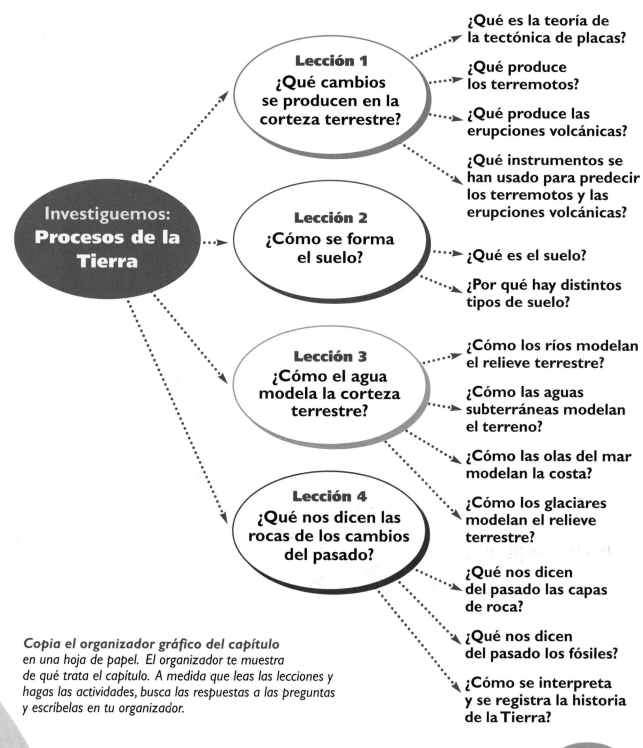

Explora las propiedades del núcleo de la Tierra

Destrezas/Proceso

Destrezas del proceso

- estimar y medir
- observar

Materiales

- periódico
- cinta adhesiva de papel
- agua
- vaso graduado de plástico
- cuchara
- fécula de maíz
- papel encerado

Explora

1. Cubre tu pupitre o la mesa de laboratorio con periódico. Sujétalo con cinta adhesiva.
2. **Mide** 25 mL de agua en un vaso graduado.
3. Añade al agua 3 cucharadas llenas de fécula de maíz. Revuelve bien con la cuchara hasta que se haya disuelto el polvo, como se ve en la foto.
4. Coloca un trozo de papel encerado sobre las hojas de periódico que cubren tu pupitre. Coloca una cucharada de la mezcla del vaso sobre el papel encerado. **Observa** lo que le sucede a la mezcla.
5. Toma la mezcla y dale forma de bolita con las manos. Observa lo que sucede cuando la tocas y cuando se asienta en tu mano.

Reflexiona

1. ¿Qué características descubriste al observar la mezcla?

2. ¿Se comportó la mezcla como un líquido o como un sólido? Explica tu respuesta.

Investiga más a fondo

¿Qué sucedería si hicieras una bola más grande con la mezcla? ¿Qué podrías hacer para que la bola no se deforme? Piensa en cómo vas a hallar la respuesta a ésta u otras preguntas que tengas.

Usar fuentes gráficas

Cuando leas temas de ciencias, es importante saber usar las fuentes gráficas. Una fuente gráfica puede ser un dibujo, un diagrama o una tabla que proporciona un ejemplo o explica una idea. A medida que leas la Lección 1, *¿Qué cambios se producen en la corteza terrestre?,* buscarás palabras clave como muestra, observa, ilustra y fíjate. Esas palabras te guían para que uses fuentes gráficas.

Ejemplo

Observa el dibujo de la página C45 que se muestra abajo. Lee el título y la leyenda. Fíjate en los rótulos. Fíjate en los detalles de la gráfica. Por último, analiza qué idea principal se puede sacar de la observación de la gráfica.

Placas tectónicas de la Tierra

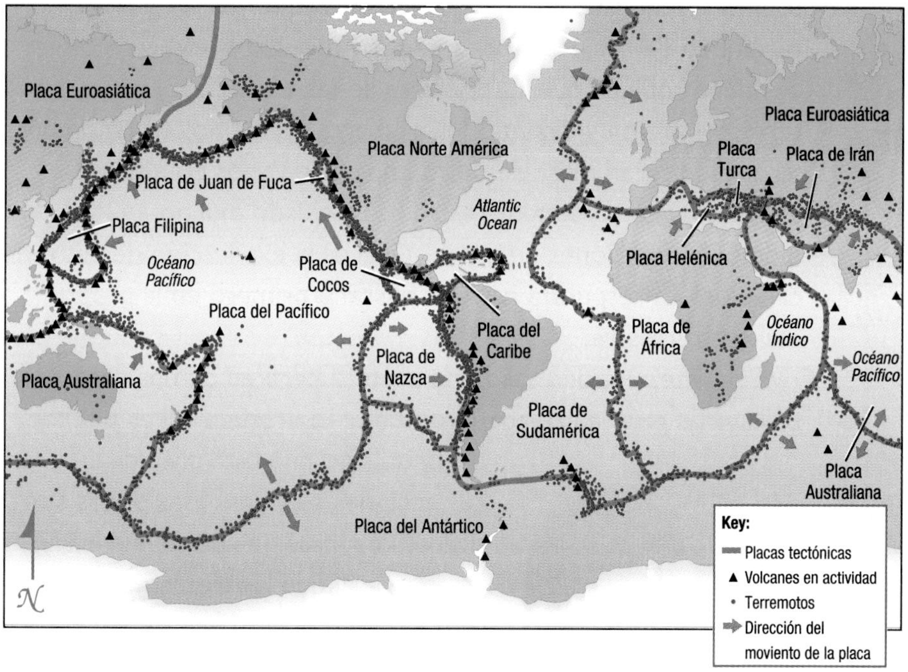

Las placas de la Tierra se pueden alejar, acercar o pasar cerca una de otra, según lo indican las flechas.

En tus palabras

1. ¿Cómo te ayudan las gráficas a comprender la lectura?

2. ¿Qué aprendiste sobre el movimiento de placas al observar la gráfica?

¿Cuál es la idea?

En esta lección aprenderás:

- **qué es la teoría de la tectónica de placas.**
- **qué produce los terremotos.**
- **qué produce las erupciones volcánicas.**
- **qué instrumentos se han usado para predecir los terremotos y las erupciones volcánicas.**

Lección 1

¿Qué cambios se producen en la corteza terrestre?

¡Mmmm...! Prueba un bocado de pan calentito. ¡Cómo cruje! Ésa es la corteza, la capa delgada que tiene el pan por fuera. Ahora piensa en otro tipo de corteza, una que no es tan sabrosa.

Tectónica de placas

La corteza terrestre es la capa sólida más externa de nuestro planeta. Tiene las mismas características que ves en el globo terráqueo de abajo: los continentes y el suelo oceánico. Los científicos opinan que, hace 200 millones de años, la corteza terrestre era muy distinta. Había mares donde hoy hay montañas, y había una gran masa de tierra en vez de varios continentes separados. La corteza terrestre ha cambiado mucho en los últimos 200 millones de años. ¿Cuál es la explicación de estos cambios? La respuesta hay que buscarla primero en la propia corteza terrestre.

La corteza es en realidad la parte superficial de una capa sólida más gruesa llamada **litosfera.** La litosfera no es una capa continua, sino que está dividida en unas 20 secciones o placas. Esas placas son gigantescas losas de roca que encajan entre sí igual que las piezas de un rompecabezas, como puedes ver en el mapa de la página siguiente. A diferencia de los rompecabezas, las placas de la litosfera nunca están fijas, sino que flotan sobre una capa de roca parcialmente derretida. La idea de que la litosfera está dividida en placas que se mueven se conoce como la teoría de la **tectónica de placas**. Esta teoría explica en gran medida el aspecto de la Tierra.

Glosario

Glosario

litosfera, capa externa de la Tierra, rocosa y sólida, que contiene la corteza terrestre

tectónica de placas, teoría según la cual la litosfera está dividida en placas que se mueven

Este globo terráqueo nos muestra el aspecto que tiene actualmente la Tierra. Según pruebas recopiladas por los científicos, la Tierra no siempre ha sido así. ▶

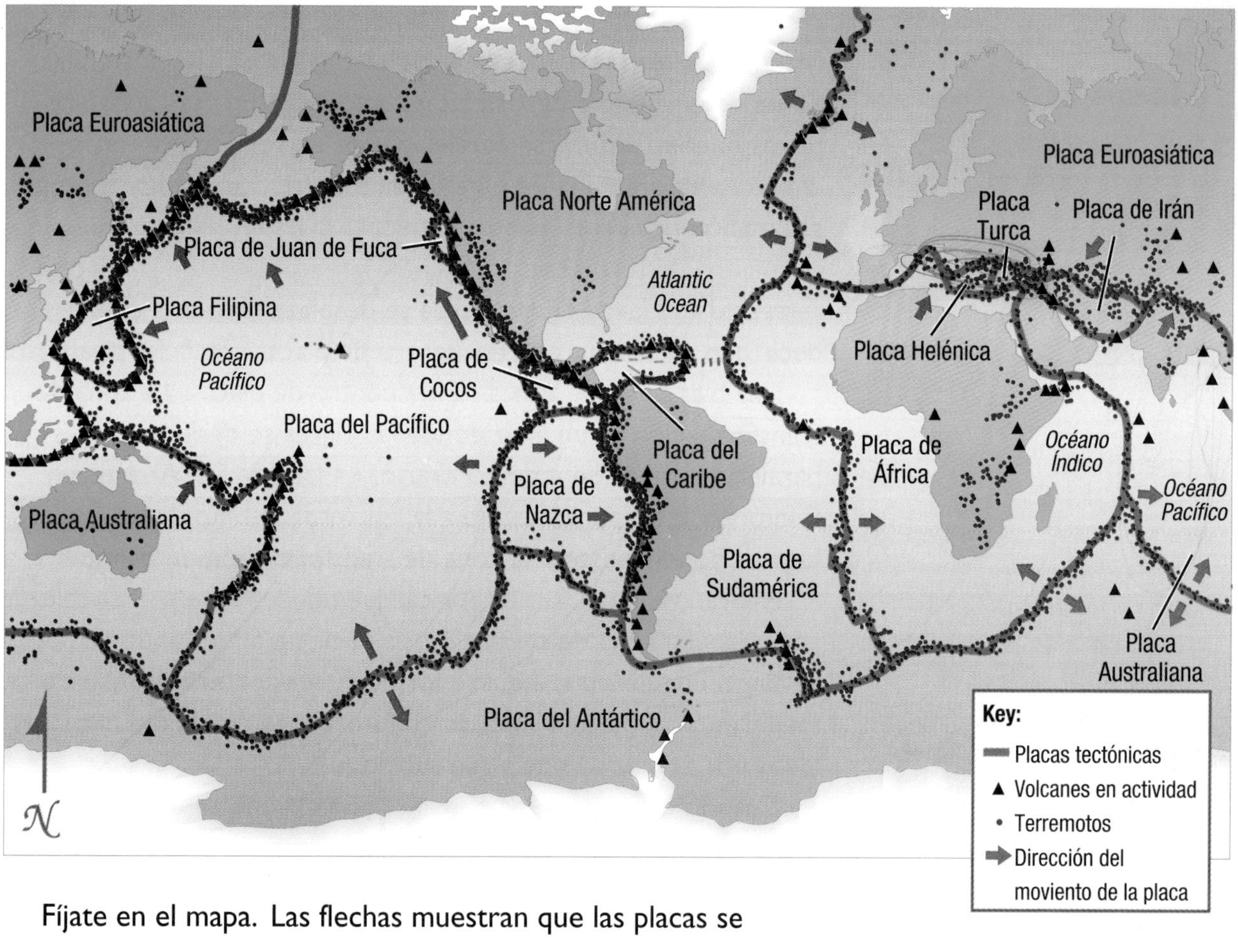

Fíjate en el mapa. Las flechas muestran que las placas se mueven en direcciones distintas. Los científicos han determinado que algunas placas se desplazan a una velocidad promedio de 2 centímetros al año. ¡Apenas la velocidad a la que te crecen las uñas! Otras llegan a desplazarse 15 centímetros por año. Eso te da una idea de por qué los continentes tardan millones de años en desplazarse grandes distancias.

Las placas tectónicas de la Tierra

▲ *Las placas tectónicas de la Tierra pueden acercarse, alejarse o deslizarse en forma paralela pero en sentido contrario, como lo indican las flechas del mapa.*

La ilustración de abajo muestra por qué se desplazan las placas: corrientes de convección que circulan lentamente por debajo de las placas. Las corrientes de convección son desplazamientos de materia. La materia caliente sube y la fría baja. Las diferencias de temperatura hacen que los materiales se muevan en forma circular. Este proceso ocurre en el manto terrestre, que es la capa que está debajo de la litosfera.

Las corrientes de convección

Las corrientes de convección del manto terrestre producen el desplazamiento de roca fundida caliente, que arrastra los continentes y el suelo oceánico. ▼

La roca caliente fundida, o magma, sube hasta las placas tectónicas y se desparrama hacia los lados. Al desparramarse, el magma empuja las placas tectónicas y empieza a enfriarse. Cuando se enfría, baja de nuevo hacia el manto terrestre, donde se calienta y vuelve a subir.

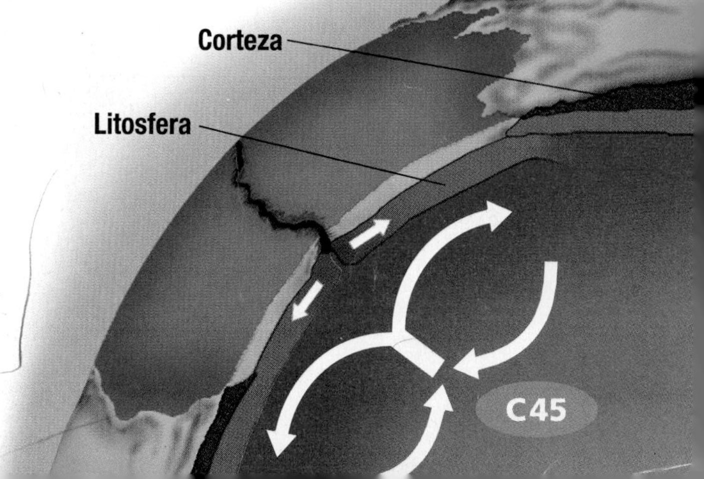

Glosario

falla, fractura de la corteza terrestre a lo largo de la cual se desplaza la roca

En la corteza terrestre se producen grandes cambios en las zonas de encuentro de las placas tectónicas. En esas zonas, las placas pueden deslizarse paralelamente en sentido contrario, chocar o alejarse una de otra. Toda esta fricción, compresión y separación de la roca produce muchas fallas en las zonas de encuentro de las placas. Las **fallas** son fracturas de la corteza terrestre a lo largo de las cuales se desplaza la roca. Podemos decir que estas zonas de encuentro de placas son fallas gigantescas.

Hay tres tipos de zonas de encuentro de placas. La zona de transformación es un área donde las placas se deslizan paralelamente en sentido contrario. La falla de San Andrés, en California, que aparece abajo a la izquierda, es uno de los pocos lugares donde existe una zona de transformación en tierra.

El Gran Valle del Rift en África, que puedes ver en el círculo de abajo, es una zona de expansión, es decir, un área donde dos placas se alejan una de otra. Aquí se forma nueva corteza terrestre a medida que el magma sube, se endurece y es empujado hacia los lados por el magma que sigue subiendo.

Cuando dos placas se acercan, se forma una zona de colisión. El caso más común ocurre cuando la corteza del fondo del mar choca con la corteza de un continente. Al chocar, la corteza oceánica se hunde debajo de la corteza continental y se funde en el manto. A su vez, la corteza continental se pliega y forma montañas. Cuando chocan dos placas continentales, ambas se pliegan y forman montañas de gran altura, como en la cordillera del Himalaya, que aparece en la foto de abajo.

En la falla de San Andrés, en California, hay dos placas que se deslizan paralelamente en sentido contrario, a una velocidad relativamente alta de 5 centímetros por año. ¿Qué fenómenos suelen producirse en esta zona? ▼

◀ *En las zonas de expansión, como la del Gran Valle del Rift en África, se forma corteza terrestre nueva. Al irse alejando las placas, el valle se hará más ancho y profundo hasta convertirse en un mar.*

En las zonas de colisión, las placas chocan unas con otras, y las capas rocosas se pliegan. Así se forman enormes montañas, como la cordillera del Himalaya. Estas montañas siguen creciendo a medida que las placas Euroasiática e Indoaustraliana siguen chocando. ▶

Glosario

sismógrafo, instrumento que registra la fuerza de los movimientos de la Tierra y mide la cantidad de energía que se libera

escala de Richter, escala que se usa para comparar la fuerza de los terremotos

Las líneas en zigzag de este sismógrafo registran las ondas producidas en un terremoto. ▼

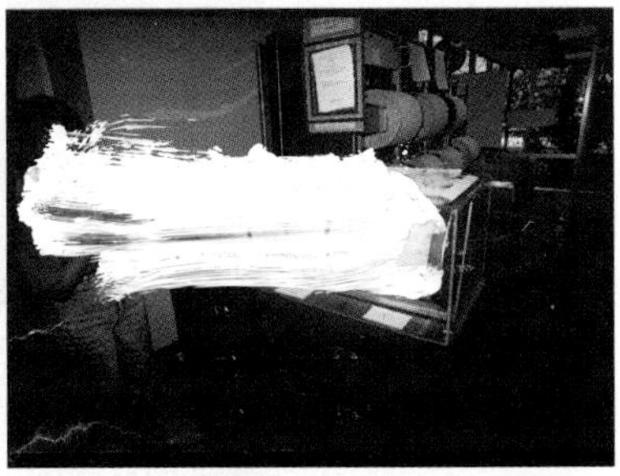

Durante un terremoto, las ondas de energía pierden energía a medida que se alejan del foco sísmico. Si te pararas encima del foco sísmico de un terremoto muy violento, serías la primera persona en sentir cómo se sacude el suelo. Alguien ubicado a muchas millas de distancia de donde estás tú, no sentiría el terremoto con la misma rapidez o intensidad.

Cada año ocurren unos 800,000 terremotos. La mayoría son tan leves que nadie los percibe. Sin embargo, es posible medir y registrar hasta las vibraciones más débiles del terremoto más leve con un instrumento llamado **sismógrafo**. Los sismógrafos como el de la foto tienen un cilindro giratorio de papel y una aguja con tinta. Cuando el suelo tiembla, la aguja registra en el papel los movimientos en forma de líneas en zigzag.

Cuando se habla de un terremoto, se suele mencionar un número de la escala de Richter. La **escala de Richter**, que aparece abajo, es una serie de números que se usan para describir la fuerza de un terremoto, es decir, para medir la cantidad total de energía que se libera en el terremoto. El científico estadounidense Charles Richter creó la escala en la década de 1930. Cada número entero de la escala representa un terremoto diez veces más fuerte que un terremoto con el número anterior. Por ejemplo, un terremoto de magnitud 6.0 es diez veces más fuerte que uno de magnitud 5.0. La fuerza del terremoto en un lugar determinado depende de la distancia a que esté ese lugar del foco sísmico. Mientras más cerca, más fuertes son las ondas sísmicas y más daños puede causar.

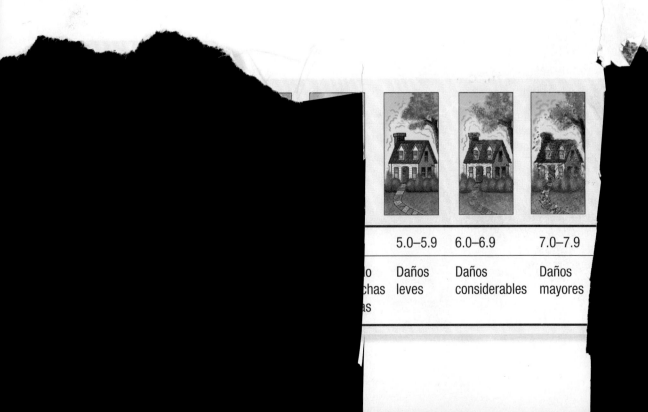

	5.0–5.9	6.0–6.9	7.0–7.9
o chas as	Daños leves	Daños considerables	Daños mayores

Terremotos

No tienes que temer que una placa de la corteza terrestre se deslice rápidamente. Las placas se mueven muy lentamente; a veces pasan muchos años sin que se muevan. Algunas partes de una placa pueden encajarse en las de otra placa. La presión aumenta hasta que la roca se fractura y avanza bruscamente varios centímetros. Este movimiento repentino sacude la corteza. La sacudida o vibración de la corteza terrestre es lo que llamamos terremoto. Como puedes ver en el mapa de la página C45, la mayoría de los terremotos ocurren cerca de la zona de encuentro de placas tectónicas. Es lógico que sea así, porque los terremotos se producen cuando la roca se desliza repentinamente a lo largo de una falla, y la mayoría de las fallas están en las zonas de encuentro de las placas.

¿Cómo causan los terremotos daños como los que se ven en el edificio de abajo? Cuando las enormes losas de roca se deslizan bruscamente, la energía acumulada se libera con gran rapidez. El dibujo muestra cómo la energía liberada viaja en forma de ondas que se alejan del punto donde la roca empezóa deslizarse. Ese punto se llama **foco sísmico**. Las ondas sísmicas sacuden el suelo igual que las olas del mar sacuden las embarcaciones pequeñas.

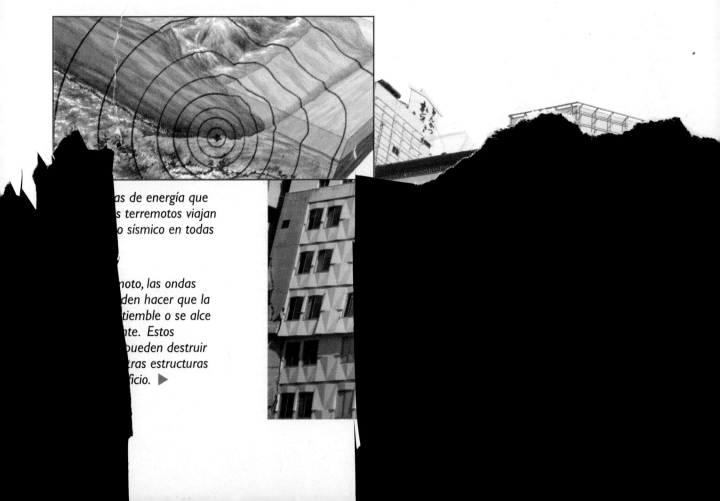

Glosario

foco sísmico, punto a lo largo de una falla donde la roca se fractura o se desliza, lo que produce un terremoto

Glosario

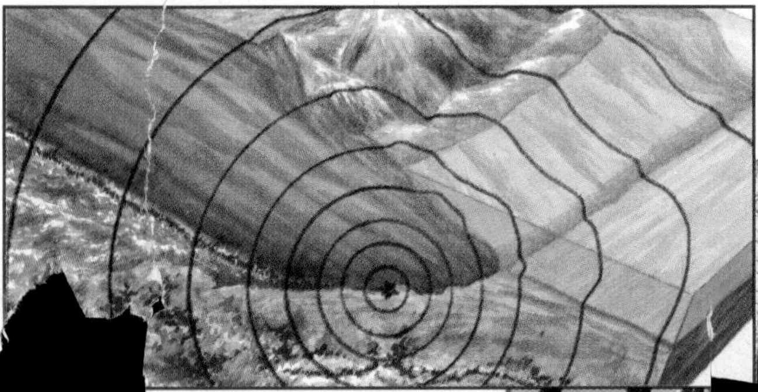

[redacted]s de energía que [redacted]s terremotos viajan [redacted]o sísmico en todas [redacted]

[redacted]oto, las ondas [redacted]den hacer que la [redacted]tiemble o se alce [redacted]te. Estos [redacted]ueden destruir [redacted]ras estructuras [redacted]icio. ▶

Volcanes

Los volcanes son aberturas en la superficie terrestre por donde sale el magma. Como puedes ver en el mapa de la página C45, los volcanes se forman debido al movimiento de las placas. Al igual que los terremotos, la mayoría de los volcanes prácticamente señalan dónde están las zonas de encuentro entre placas, tanto en los continentes como en el suelo oceánico.

¿Qué relación hay entre los volcanes y la tectónica de placas? En las zonas de colisión, por lo general una de las placas se hunde debajo de la otra. La parte de la corteza que se hunde se funde y se convierte en magma al entrar en el manto terrestre. Como el magma caliente es menos denso que la roca sólida, sube por las aberturas de la corteza. Los gases que contiene el magma hacen que aumente la presión, más o menos como cuando se agita una lata de refresco o bebida gaseosa. Llega un momento en que la presión es tanta que el magma atraviesa la roca y sale a la superficie en forma de lava, y se derrama como el refresco de la lata al destaparla.

Las erupciones volcánicas que se producen en tierra, como las del volcán Arenal en Costa Rica que ves abajo, son noticias de primera plana. Pero casi nunca nos enteramos de la mayor parte de la actividad volcánica porque ocurre en las zonas de expansión del suelo oceánico. Estas erupciones son leves si las comparamos con las de los volcanes de las zonas de colisión. La lava fluye silenciosamente sobre la superficie de la placa y agrega una nueva capa de corteza al suelo oceánico. La lava caliente se enfría al entrar en contacto con el agua fría del mar, se endurece y forma roca.

Los volcanes se forman cuando se acumulan cenizas y lava alrededor de la abertura. Sin embargo, algunas erupciones son tan violentas que destruyen parte del propio volcán. ▼

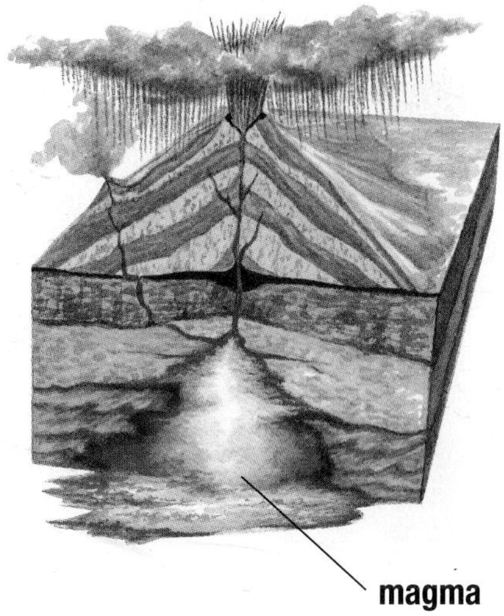

Predicción de los terremotos y las erupciones volcánicas

Historia de las ciencias

Los terremotos y las erupciones volcánicas han asolado a las civilizaciones a través de la historia. Desde hace tiempo, el ser humano se ha dado cuenta de que si se pudieran predecir estos fenómenos tan destructivos, se podrían salvar muchas vidas. En la actualidad, los científicos tienen una serie de complejos instrumentos para detectar los terremotos y vigilar los volcanes. Es sorprendente ver que algunos instrumentos utilizados hace más de mil años eran iguales de ingeniosos.

Las ruinas de Pompeya

Una de las erupciones volcánicas más destructivas de la historia se produjo en Italia en el año 79 d.C., cuando el monte Vesubio estalló repentinamente. Las ciudades de Pompeya y Herculano quedaron sepultadas rápidamente bajo una gruesa capa de ceniza y lodo. Estas figuras de yeso, hechas de moldes tomados de los cuerpos de las víctimas, son una temible muestra del formidable poder de la Tierra. ▼

El primer sismógrafo

En el año 132 d.C., un inventor chino llamado Chang Heng presentó este detector de terremotos ante la corte china. Con los movimientos más leves del suelo, el dragón del lado más cercano al foco sísmico dejaba caer una pelota en la boca abierta del sapo que tenía debajo. Gracias a este invento podían saber de qué dirección venía el terremoto. Este sismógrafo funcionaba mediante una serie de clavijas, palancas y péndulos colocados dentro del jarrón. ▶

Inclinómetro

Otro de los instrumentos que los científicos usan para predecir las erupciones volcánicas es el inclinómetro. Este instrumento detecta cambios en la pendiente de los volcanes, lo cual puede indicar que el magma se está desplazando en el interior de la montaña. ▶

Repaso de la Lección 1

1. Explica la teoría de la tectónica de placas.
2. ¿Qué produce los terremotos?
3. ¿Qué produce las erupciones volcánicas?
4. ¿Qué instrumentos se han usado para predecir los terremotos y las erupciones volcánicas?
5. **Fuentes gráficas**
   Busca el mapa de la página C45. ¿En qué placa está los Estados Unidos? ¿En qué dirección se mueve esa placa?

Detector láser

▲ *En la actualidad, los rayos láser se usan para detectar los movimientos de la Tierra. Los científicos disparan un rayo de luz láser a un reflector colocado al otro lado de la zona de encuentro entre placas. Después registran el tiempo que tarda la luz en recorrer esa distancia ida y vuelta. Si notan alguna variación de tiempo, eso puede indicar que se acerca un terremoto. Los rayos láser también detectan abultamientos en los volcanes, lo cual puede indicar que es posible que muy pronto se produzca una erupción volcánica.*

Haz un modelo de un sismógrafo

Destrezas del proceso

- hacer y usar modelos
- predecir
- observar
- inferir

Materiales

- gafas protectoras
- caja de zapatos
- charola
- cinta adhesiva de papel
- regla
- ligas
- 2 arandelas
- plastilina
- rotulador

Preparación

En esta actividad, construirás un modelo de un sismógrafo.

Repasa la información sobre los sismógrafos que aparece en la página C48.

Sigue este procedimiento

1. Haz varias copias de la gráfica que aparece a continuación. Las gráficas serán los sismogramas que registrarán la intensidad de tus "terremotos".

2. Ponte las gafas protectoras. Haz un **modelo** de un sismógrafo. Coloca una caja de zapatos parada sobre una bandeja. Sujeta la caja a la charola con cinta adhesiva de papel.

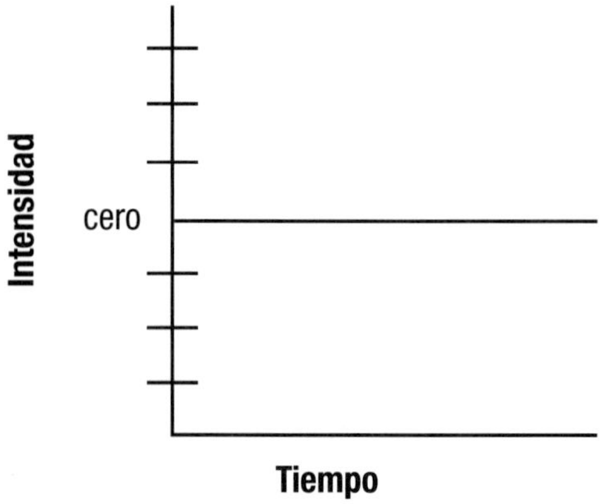

3. Pega con cinta una regla a la parte superior de la caja.

4. Haz una cadena de ligas. Ensarta el extremo de una liga en otra y enlázalas enhebrando ese extremo de la liga en su otro extremo. Tira de las ligas para hacer un nudo. Añade 4 ligas más (Foto A) y luego añade una arandela a cada extremo de la cadena.

5. Envuelve una pequeña tira de plastilina alrededor de la parte superior del rotulador. Presiona las arandelas en la tira de plastilina hasta que se peguen. Cuelga la cadena de la regla.

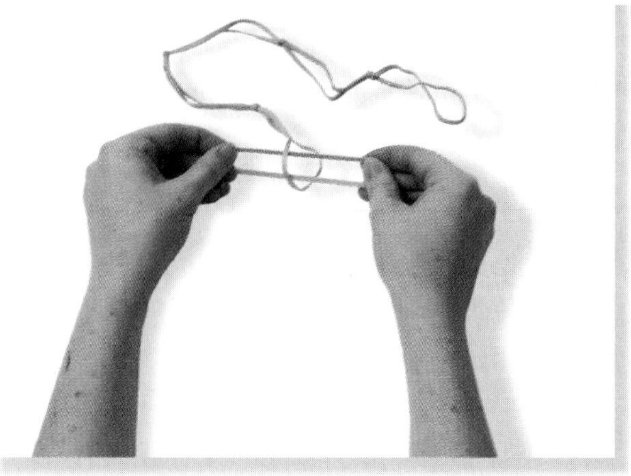

Foto A

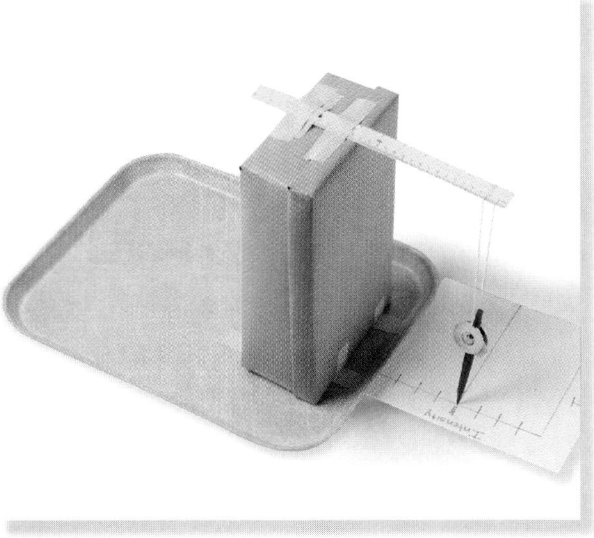

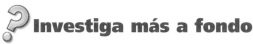

Foto B

6 Coloca la gráfica debajo del rotulador (Foto B). Ajusta la plastilina y las arandelas de manera que la punta del rotulador apenas toque el papel. Sujeta la cadena a la regla con cinta adhesiva de papel. Quita la tapa del rotulador.

7 Cada compañero o compañera deberá practicar cómo tirar de la hoja de papel para que se deslice sobre la mesa a una velocidad constante. **Predice** lo que sucederá si se mueve la charola al tirar del papel.

8 Traza un sismograma de un terremoto simulado. Pide a uno de tus compañeros o compañeras que tire del papel mientras el otro mueve suavemente la charola para producir un "terremoto". **Observa** cómo cada terremoto afecta al sismógrafo y al sismograma.

9 Túrnense para producir terremotos y anotar su intensidad en varios sismogramas. Comparen los sismogramas que trazaron.

Interpreta tus resultados

1. ¿Qué observaste cuando tu sismógrafo registró el terremoto? ¿Qué representan las líneas de la gráfica?

2. Describe cómo tú y tus compañeros produjeron distintos sismogramas.

3. Haz una **inferencia.** Explica cómo se utilizan los sismógrafos para medir la energía que se libera en un terremoto.

Investiga más a fondo

¿Cómo se podría usar el sismógrafo para determinar cuántos segundos o minutos dura un terremoto? Piensa en cómo vas a hallar la respuesta a ésta u otras preguntas que tengas.

Autoevaluación

- Seguí instrucciones para construir un **modelo** de un sismógrafo.
- **Predije** lo que sucede si se mueve la mesa al tirar del papel que está bajo el rotulador.
- **Observé** en el sismograma los efectos de los terremotos simulados.
- Comparé los sismogramas de distintos terremotos.
- Hice una **inferencia** sobre cómo se puede usar el sismógrafo para determinar la energía que se libera en un terremoto.

¿Cuál es la idea?

En esta lección aprenderás:

- **qué es el suelo.**
- **por qué hay distintos tipos de suelo.**

Lección 2

¿Cómo se forma el suelo?

Mezcla trocitos diminutos de roca con polvo. Agrega un poco de hojas secas y restos de animales en descomposición. Añade excremento y pelos de animal o pedazos de pluma de ave. Mézclalo todo bien. ¡Qué asco! ¿Qué es esto? ¡Es una "receta" para hacer suelo!

Suelo

En la Lección 1, vimos cómo los procesos que tienen lugar en las profundidades de la Tierra transforman la corteza. La formación del suelo también es un proceso natural que ocurre en la superficie terrestre. El suelo se forma a partir de la interacción de rocas, animales, plantas, aire, agua y substancias químicas. Este proceso, como muchos otros que ocurren en la Tierra, tarda mucho tiempo. La interacción de los elementos que formaron el puñado de tierra de la foto duró miles de años.

¿Qué notas en este puñado de tierra? Fíjate bien. Trata de reconocer algunos de los "ingredientes" que acabamos de mencionar. Tal vez sólo ves la tierra como algo que te ensucia las manos. En realidad, el suelo es tan importante para la vida como el agua, el aire y la luz solar. La mayoría de las formas de vida terrestre dependen del suelo. Sin suelo, ni los animales ni tú tendrían plantas que sirven de alimento y de refugio. ¡Reflexiona! ¿Qué cosas usaste hoy que tienen que ver con el suelo? ¿Te has puesto a pensar con qué se fabrica el papel de este libro?

El suelo es una mezcla de roca meteorizada y restos de animales y vegetales en descomposición, que se forma a lo largo de muchos años. El diagrama de la página siguiente te ayudará a comprender por qué este proceso tarda miles de años.

El suelo está formado por una mezcla de granos de roca y materia orgánica. ¿Cuántos ingredientes puedes encontrar en este puñado de tierra? ▼

La formación del suelo

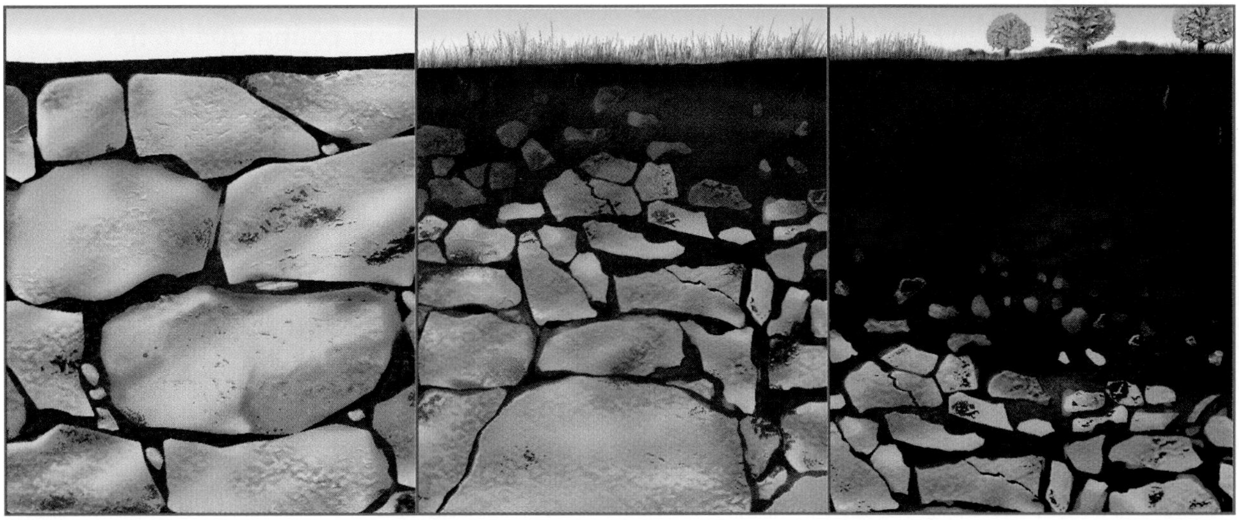

1 *La formación del suelo comienza con la fragmentación de la roca. La superficie de la roca se meteoriza y se fragmenta en pequeñas piedras y granos de arena. Este material se mezcla con musgo y otros tipos de materia orgánica y forma una capa delgada de suelo.*

2 *La superficie de la roca se meteoriza y se fragmenta en pequeñas piedras y granos de arena. Este material se mezcla con musgo y otros tipos de materia orgánica y forma una capa delgada de suelo. Otras plantas echan raíces en el suelo que se está formando, lo cual atrae animales. Sus desechos y sus restos se descomponen, lo cual enriquece y hace más gruesa la capa de suelo.*

3 *Al continuar la meteorización y la acumulación de materia orgánica, el suelo completa su desarrollo y puede sustentar una gran variedad de plantas.*

Como puedes ver en la primera ilustración, al principio todo suelo es roca. Cuando la roca queda al descubierto en la superficie o cerca de ella, comienza a fragmentarse. El agua y los gases que hay en el aire forman un ácido débil que desgasta la roca. Además, el agua que entra en las grietas se dilata al congelarse y parte la roca. Esta serie de procesos que descompone gradualmente la roca en fragmentos cada vez más pequeños se llama **meteorización.** En estos fragmentos empieza a crecer musgo y otros tipos de vegetación. La roca se sigue meteorizando hasta que se convierte en granos de arena, limo y arcilla.

En las siguientes etapas de desarrollo, el suelo aumenta de grosor y se enriquece. Al morir el musgo y otras plantas, se descomponen y forman parte del suelo. Insectos, gusanos, bacterias y hongos viven entre las raíces de las plantas y las partículas de roca. El viento trae semillas de hierbas y arbustos que echan raíces y crecen. Cuando los organismos mueren, sus restos se descomponen y forman un material orgánico oscuro llamado humus. El excremento de los animales enriquece aún más el suelo, el cual ya puede sustentar una gran variedad de plantas. Cuando los gusanos y los insectos escarban y hacen agujeros en el suelo, mezclan el humus y los fragmentos de roca meteorizada hasta formar la tierra fértil que ves en la última ilustración.

Glosario

meteorización, serie de procesos que descomponen las rocas en trozos más pequeños

Distintos tipos de suelo

¿Te has fijado en las capas del suelo de una colina que se ha cortado para hacer una carretera? Tal vez has notado algunas plantas que crecen en la capa superficial de color obscuro, y que las capas de más abajo son de color más claro. Las distintas capas del suelo forman un perfil del suelo. La mayoría de los perfiles del suelo tienen tres capas distintas.

Por lo general, la capa superficial de color obscuro, llamada mantillo, es rica en humus. Cuando el agua se filtra a través del mantillo, arrastra minerales disueltos a la segunda capa. La tercera capa, la más profunda, está formada en parte por roca en proceso de meteorización, que apenas comienza el largo proceso de transformación en suelo.

Fíjate en los perfiles del suelo compuestos por capas de distinto tipo y grosor en la ilustración de abajo. Las diferencias se deben al clima y al tipo de roca del que se formó el suelo. Otros factores que afectan el perfil del suelo son la forma del terreno, la cantidad de humus que contiene y la edad del suelo.

Perfiles del suelo. Compara estos dos perfiles. ▶

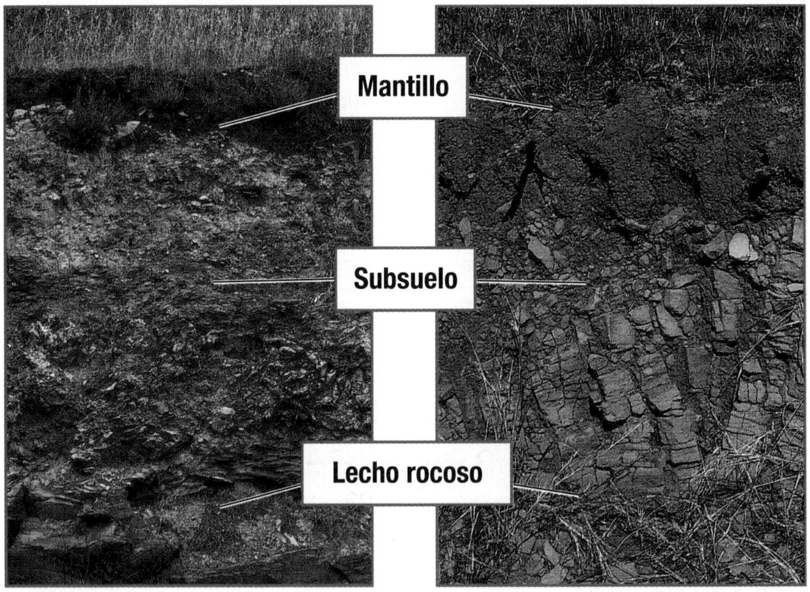

Repaso de la Lección 2

1. ¿Qué es el suelo?
2. ¿Por qué hay distintos tipos de suelo?
3. **Fuentes gráficas**
   Mira la ilustración de la página C55. ¿Cómo influye la formación del suelo en las plantas de la superficie?

Lección 3

¿Cómo el agua modela la corteza terrestre?

Derecha... izquierda... derecha... izquierda... ¡Qué HERMOSO día para remar! Pero ten mucho cuidado que la corriente está FUERTE. ¡Cuidado con esa roca! Y con aquel torrente que desemboca en el río más adelante. El agua va a estar agitada en esa parte.

¿Cuál es la idea?

En esta lección aprenderás:

- **cómo los ríos modelan el relieve terrestre.**
- **cómo las aguas subterráneas modelan el terreno.**
- **cómo las olas del mar modelan la costa.**
- **cómo los glaciares modelan el relieve terrestre.**

Ríos

Los ríos corren siempre del lugar donde nacen a otro lugar lejos. El río de la foto nace en lo alto de una montaña, a muchos kilómetros de distancia, como un arroyuelo de nieve derretida. El agua baja por la montaña por la acción de la gravedad, y al correr cuesta abajo recibe más nieve derretida y agua de lluvia. Se convierte en un torrente. Más adelante, otros arroyos más pequeños que se originaron de igual manera se unen al arroyo principal, que crece hasta convertirse en el río que ves aquí. ¿Cómo crees que será este río unos 30 kilómetros más abajo?

Las corrientes de agua que se unen a corrientes más grandes se llaman afluentes o tributarios. El río principal y sus afluentes forman lo que se llama un sistema fluvial. La imagen de satélite de la derecha muestra que los sistemas fluviales se parecen a las ramas de un árbol. El sistema fluvial termina en el lugar en que el río desemboca en el mar o en un lago.

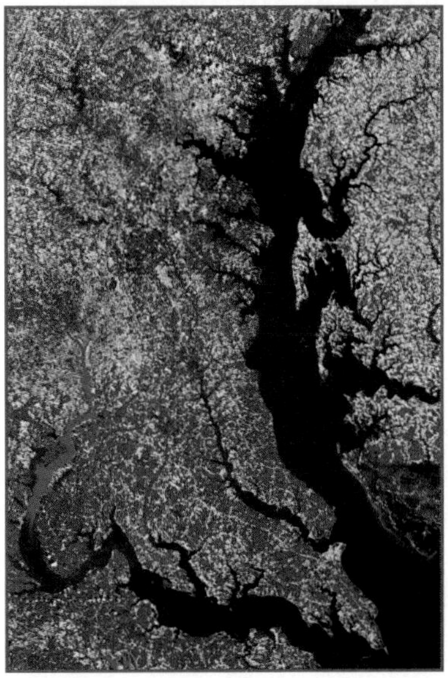

▲ *Las personas de la canoa navegan por un afluente de tamaño mediano. ¿Los podrías ubicar en esta imagen de satélite del sistema fluvial?*

Glosario

cuenca hidrológica, territorio que abastece de agua al sistema fluvial

sedimento, rocas y suelo que arrastra el agua

El territorio que abastece de agua al sistema fluvial se conoce como **cuenca hidrológica**. Una cuenca hidrológica es como un fregadero: toda el agua que cae en el fregadero se escurre por el caño de desagüe. De igual manera, la mayor parte del agua que corre por la cuenca hidrológica desemboca en el río principal. El río Mississippi tiene la cuenca hidrológica más grande de los Estados Unidos. ¡Esa cuenca abarca casi dos tercios del país!

Cuando riegas el jardín con una manguera, ¿abres la llave del agua al máximo? Seguramente que no, porque sabes que la fuerza del agua abriría huecos en la tierra y arrancaría las plantas. El agua corriente es como un escultor poderoso. La corriente de los ríos desgasta, es decir, erosiona, la roca y el suelo. Los materiales que se desprenden con la erosión, llamados **sedimentos**, corren con los ríos y los ayudan a "esculpir" mejor el terreno. Las ilustraciones de estas dos páginas muestran cómo los ríos transforman el paisaje.

Valles en forma de V

La cabecera o punto de origen de los ríos suele estar en zonas montañosas o escarpadas. El agua corre rápidamente porque la pendiente es muy inclinada. La fuerza del agua erosiona el suelo y forma valles en forma de V, muy pendientes. La corriente arrastra los sedimentos. ¿Qué otras formaciones son comunes en esta parte del río? ▶

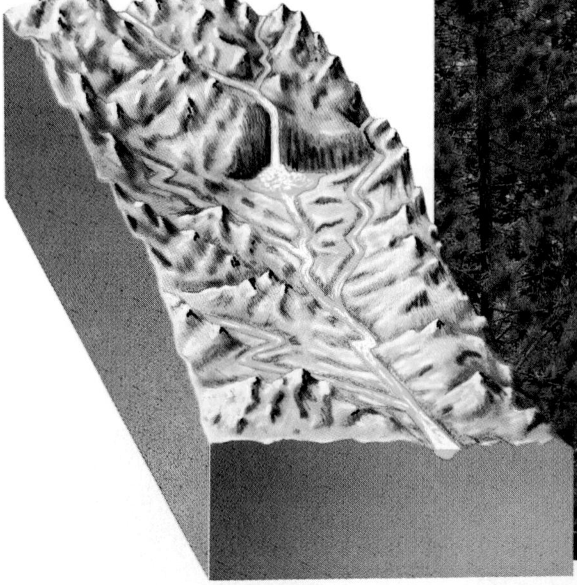

Llanura aluvial

◀ *Río abajo, la pendiente es menos inclinada y el río se ensancha porque se le han unido muchos afluentes. En su curso, el río hace una serie de curvas llamadas meandros, que erosionan las laderas del valle y lo ensanchan. Cuando hay inundaciones, el río se desborda y se forman terrenos bajos llamados llanuras aluviales.*

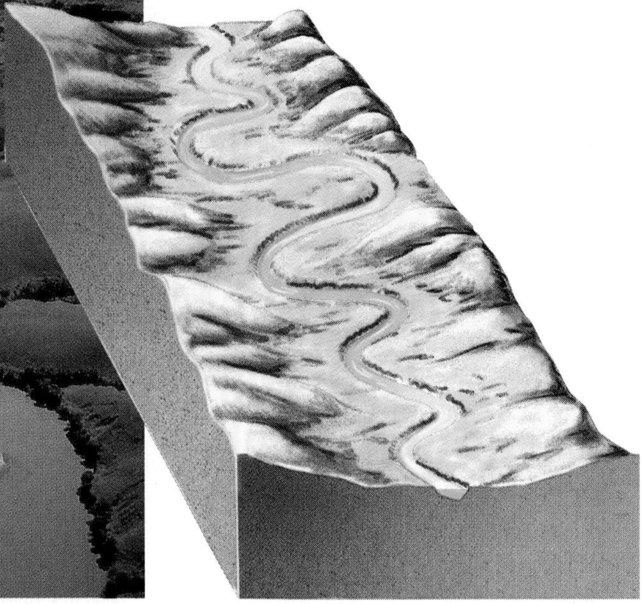

Meandros y meandros abandonados

◀ *Al disminuir la pendiente, el río corre más despacio rumbo al mar. En estos terrenos las inundaciones son más comunes y las crecidas crean una extensa llanura aluvial. El río erosiona más que todo el terreno a sus lados y crea meandros bien definidos. Cuando el río corta un meandro para seguir un curso más recto, se crean unos lagos en forma de herradura llamados meandros abandonados.*

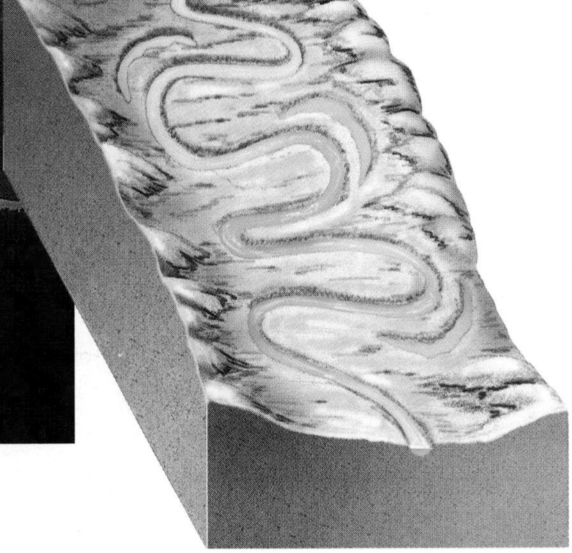

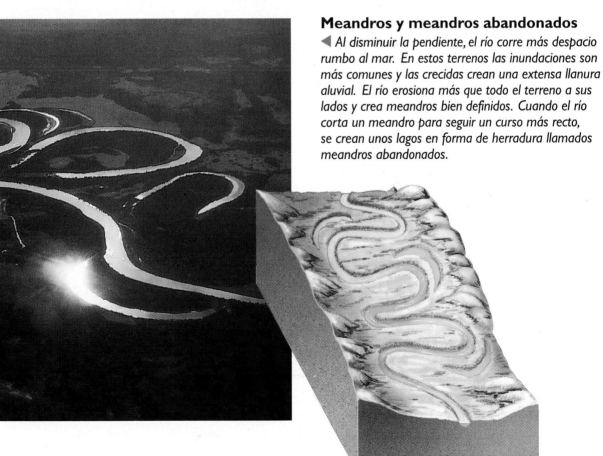

Glosario

Glosario

aguas subterráneas, aguas que se acumulan bajo tierra, cerca de la superficie

acuífero, capa rocosa donde las aguas subterráneas se acumulan

nivel freático, línea que marca el nivel del agua del acuífero

Aguas subterráneas

No toda el agua que proviene de la lluvia y la nieve derretida corre por la superficie hasta desaguar en los ríos. Una parte de la precipitación penetra lentamente en el suelo y se filtra por las pequeñas grietas y poros de las rocas hasta llegar a una capa rocosa impermeable. Esta capa evita que el agua siga bajando. Al retenerla, el agua pasa a formar parte de un sistema de **aguas subterráneas**.

En el siguiente dibujo, fíjate cómo el agua subterránea se acumula en ciertos espacios de la capa rocosa impermeable. La capa de roca en la que el agua subterránea se acumula y corre libremente se llama **acuífero**. Al acumularse, el agua alcanza un determinado nivel, como puedes ver. Este nivel del agua del acuífero se llama **nivel freático**.

Por lo general, la forma que toma el nivel freático es la forma del terreno. Sube bajo las colinas y se hunde bajo los valles. A veces el nivel freático llega cerca de la superficie terrestre. Cuando eso sucede, el agua forma ciénagas, pantanos y otros tipos de terrenos cenagosos, o también fluye en forma de manantial por las laderas de las colinas.

Las aguas subterráneas llenan las grietas y poros que hay en el suelo y la roca, como cuando se moja una esponja. ▼

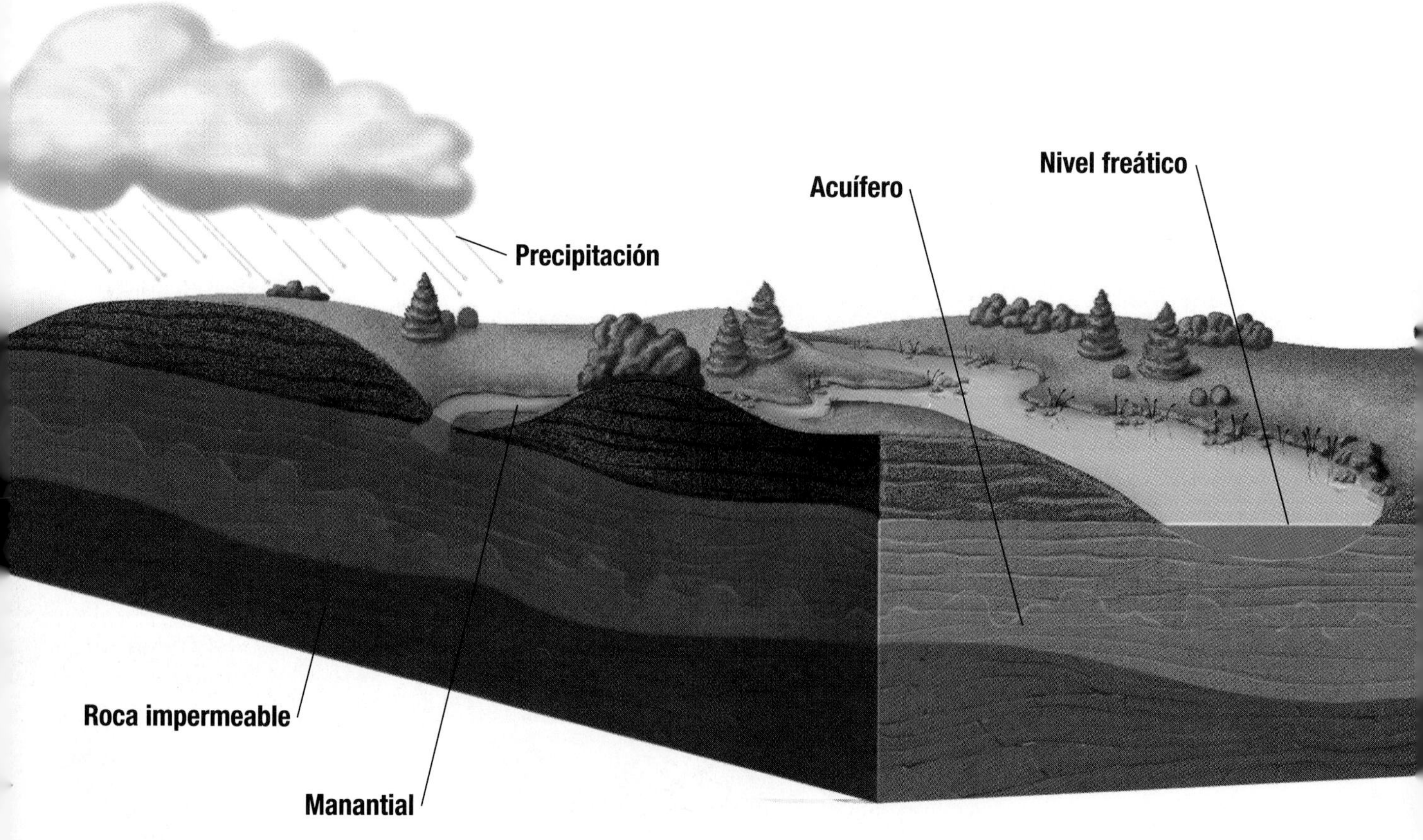

El agua subterránea es la fuente de agua potable de la mitad de la población de los Estados Unidos. Para extraerla, se excavan pozos en los acuíferos. El agua subterránea penetra en esos pozos, y de ahí la bombean a la superficie. Como puedes ver en el diagrama, el fondo del pozo debe estar por debajo del nivel freático. Cuando se saca demasiada agua, o en épocas de sequía, el nivel freático baja. El pozo se seca y hay que esperar hasta que el agua de lluvia vuelva a llenar el acuífero para que el nivel freático suba.

El agua subterránea produce fenómenos poco comunes. La foto de la derecha muestra uno de ellos. El agua subterránea se calienta si se acumula cerca de roca volcánica caliente o de magma. Al calentarse, sube a la superficie y produce erupciones de agua caliente y vapor llamadas géiseres. Los 200 géiseres del Parque Nacional Yellowstone *(Yellowstone National Park)* son prueba de la presencia de magma debajo de la superficie.

Ya vimos que el agua que corre por la superficie terrestre erosiona la roca. Pues bien, el agua subterránea también la erosiona. Cuando la lluvia se filtra en la piedra caliza, disuelve el calcio y otros minerales, y al cabo del tiempo puede excavar cavernas enormes. Para que tengas una idea del tamaño que pueden tener, en una de las cavernas de Carlsbad Caverns, en New Mexico, cabe el Capitolio de los Estados Unidos.

▲ *El géiser Viejo fiel* (Old Faithful) *del Parque Nacional Yellowstone* (Yellowstone National Park) *en Wyoming produce erupciones periódicas cuando el agua subterránea se filtra en los espacios que están cerca de la roca caliente. También hay géiseres en Islandia y Nueva Zelanda.*

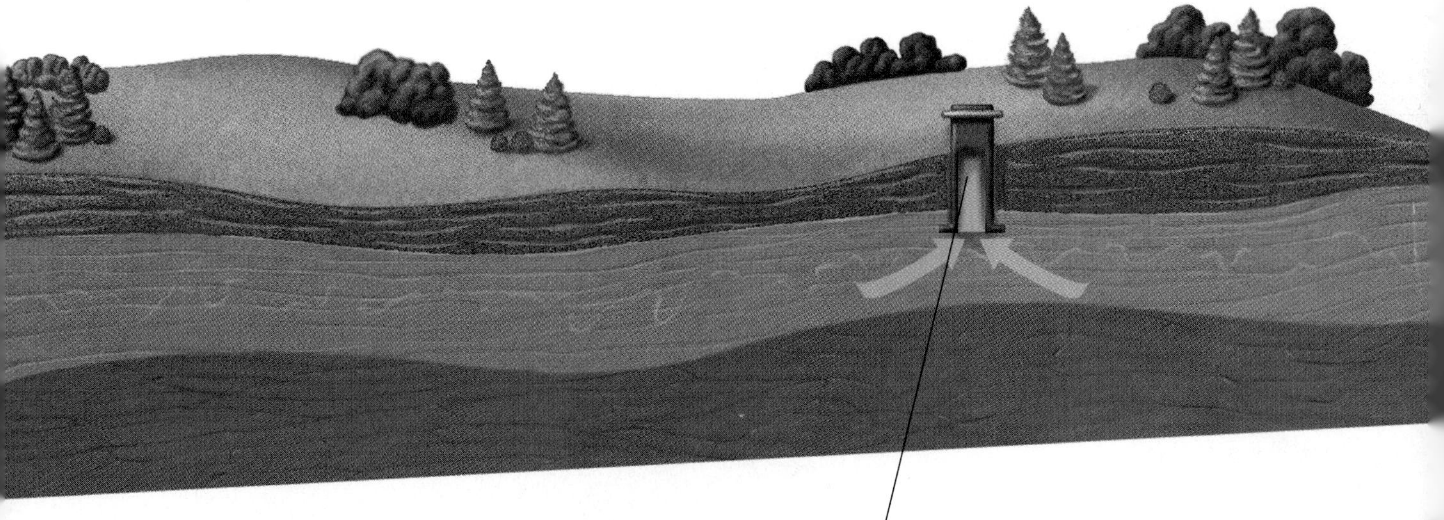

Olas del mar

Ciencias de la vida

Tanto los ríos como parte del agua subterránea van a parar al mar. El agua que desemboca en el mar arrastra sedimentos y una mezcla de elementos disueltos. Algunos de estos elementos se combinan y forman nuevas substancias. Por ejemplo, el sodio se combina con el cloro y forma sal, que es la misma que usamos para sazonar los alimentos. Los animales y las plantas del mar utilizan el calcio, otro elemento disuelto en el agua, para realizar procesos vitales, como formar conchas o huesos. Otros elementos forman los minerales del fondo del mar, que son recursos importantes para el ser humano.

Las olas que ves en esta ilustración nos muestran que el agua de mar es potente y está en constante movimiento. Para producir olas se necesita energía. Cuando sujetas una cuerda por un extremo y la sacudes, tu brazo proporciona la energía que hace que la cuerda forme ondas. El viento produce la energía que causa la mayor parte de las olas. Cuanto más fuerte y continuo es el viento, más grandes son las olas.

Las olas del mar recorren miles de kilómetros antes de romper en la costa. ▼

A medida que las olas avanzan, las partículas de agua se mueven hacia arriba y hacia abajo, en forma de círculo. Cerca de la costa, estos círculos se aplanan debido a la fricción con el fondo del mar. ▼

Cuando las olas se dirigen a la costa, parece que siempre avanzan hacia adelante. Pero en realidad, se mueven hacia arriba y hacia abajo. ¿Recuerdas el ejemplo de la cuerda? Cuando sacudes la cuerda, la onda que se forma va hacia adelante, pero la cuerda no. Lo mismo sucede con las olas del mar. Como puedes ver en el diagrama, las partículas de agua se quedan más o menos en el mismo lugar, girando en forma circular, mientras la energía de cada ola avanza hacia adelante.

▲ *Estos abruptos acantilados se formaron por la erosión de las olas. ¿Cómo cambiarán estas formaciones a medida que la erosión continúa?*

Fíjate cómo las olas crecen al acercarse a la costa. Eso se debe a que la profundidad del agua disminuye. La fricción con el fondo del mar frena la parte inferior de la ola. La cresta sigue avanzando y se vuelca hacia adelante al romper en la costa. A estas olas se les llama rompientes. El agua de las rompientes ya no se mueve en círculos, sino que va hacia adelante hasta llegar a la costa.

El constante choque de las olas contra la costa da origen a formaciones rocosas como las que ves en la ilustración de arriba. Las olas también arrastran piedras y arena que raspan la roca de la costa. Y mientras desgastan el terreno en algunos lugares, en otros lo forman. Por ejemplo, las olas que rompen en ángulo empujan la arena a lo largo de la costa y forman playas arenosas.

Glosario

glaciar, gran masa de hielo que se desplaza por la superficie terrestre

morrena, cresta que se forma con los sedimentos que depositan los glaciares

Glaciares

Hemos visto cómo los ríos, el agua subterránea y las olas del mar transforman la corteza terrestre. Ahora vamos a ver cómo el agua también transforma la corteza terrestre cuando se desplaza en forma de masa de hielo.

En algunas regiones frías, la cantidad de nieve que cae durante el año es mayor que la que se derrite. La nieve acumulada durante cientos o miles de años se compacta en forma de hielo y da origen a un **glaciar**, una gran masa de hielo que se desplaza lentamente. La foto muestra el glaciar Mendenhall, que se formó en lo alto de las montañas de Alaska. Debido a la gravedad, este río de hielo se desliza lentamente cuesta abajo, avanzando varios centímetros al día. Los glaciares también se desplazan cuando el fondo del glaciar se derrite por la presión de la masa de hielo. Así el glaciar se desliza sobre el hielo derretido.

Los glaciares transforman el paisaje de varias formas. Al desplazarse, el glaciar arranca y arrastra fragmentos de piedra y de suelo. Cuando el glaciar se derrite, los sedimentos se depositan a los costados y al frente del glaciar. Estos depósitos se llaman **morrena**.

El glaciar Mendenhall en Alaska, cerca de Juneau, baja lentamente la montaña transformando la superficie del valle. Las franjas obscuras son rocas que se han desprendido de los lados del valle. El número de franjas indica cuántos glaciares pequeños se han unido al glaciar principal. ▼

◀ *La forma redondeada de herradura que tiene este valle de Canadá indica que allí hubo una vez un glaciar de montaña. El glaciar abrió un valle más profundo, ancho y redondeado que el valle que existía antes de que se formara el glaciar.*

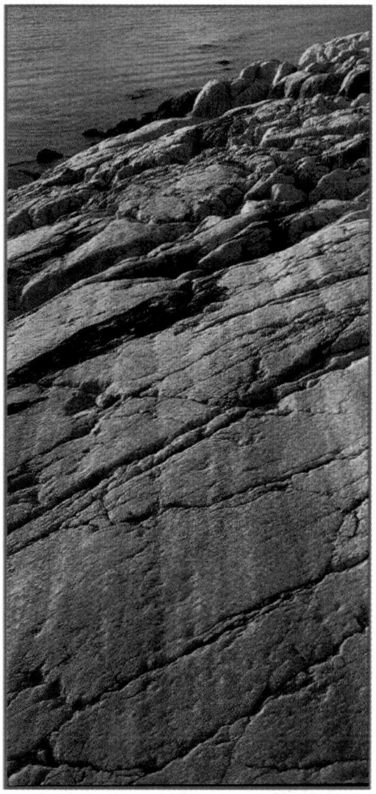

▲ *Rocas irregulares atrapadas en el fondo de un glaciar cortaron surcos en este lecho rocoso a medida que el glaciar se deslizaba lentamente sobre él. Los surcos indican la dirección en que se desplazaba el glaciar.*

Otros cambios también ocurren en la superficie terrestre cuando el agua derretida debajo de los glaciares se filtra por las grietas de la roca y se congela. Al dilatarse, el agua congelada desprende bloques de roca que se congelan en el fondo y a los lados del glaciar. A medida que el glaciar avanza, estos bloques sueltos de roca cortan y rayan el lecho rocoso, formando surcos y estrías como los de la foto de la derecha.

Al excavar la roca del suelo, los glaciares transforman los angostos valles en forma de V donde nacen los ríos en anchos valles redondeados en forma de herradura, como el de la foto de arriba.

Repaso de la Lección 3

1. ¿Cómo los ríos modelan el relieve terrestre?
2. ¿Cómo las aguas subterráneas modelan el terreno?
3. ¿Cómo las olas del mar modelan la costa?
4. ¿Cómo los glaciares modelan el relieve terrestre?
5. **Fuentes gráficas**
   Observa las flechas en las olas que ves en las páginas C62 y C63. ¿Por qué estas flechas se aplanan a medida que las olas avanzan hacia la costa?

Haz un modelo de un glaciar

Destrezas/Proceso

Destrezas del proceso

- hacer y usar modelos
- predecir
- observar
- inferir
- comunicar

Materiales

- envase pequeño de leche de cartón con la parte superior abierta
- agua
- regla métrica
- piedritas
- plastilina
- gafas protectoras
- molde de aluminio rectangular
- arena
- grava
- cuchara de plástico

Preparación

En esta actividad, construirás dos modelos que muestren cómo los glaciares erosionan el terreno.

Consulta la sección de Autoevaluación al final de la actividad para ver lo que el maestro o la maestra espera de ti.

Sigue este procedimiento

1. Haz una tabla como la que se muestra y anota ahí tus observaciones.

Glaciar sobre plastilina		
Acción del glaciar	Predicción	Observaciones
Al desplazarse		
Glaciar sobre montaña rocosa		
Acción del glaciar	Predicción	Observaciones
Al desplazarse		
Al derretirse		
Después de derretirse		

2. Llena un envase pequeño de leche con 5 cm de agua. Coloca una capa de piedritas en el fondo. Congela el agua con las piedritas para hacer un **modelo** de un glaciar.

3. Extiende sobre una superficie plana una capa de plastilina. Retira con cuidado el glaciar del envase de leche y colócalo sobre la plastilina de manera que las piedritas queden para abajo (Foto A).

4. **Predice** lo que pasará si deslizas el glaciar sobre la superficie de plastilina. Escribe tu predicción y, a continuación, ponla a prueba. Anota tus **observaciones**.

Foto A

5 Ponte las gafas protectoras. En el molde de aluminio, haz una "montaña" de arena humedecida y grava.

6 Con una cuchara de plástico, haz un surco angosto que corra cuesta abajo en uno de los lados de la montaña. Este surco representa un valle creado por un arroyo. Coloca tu glaciar rocoso en el valle, en la cima de la montaña (Foto B). Desliza el glaciar cuesta abajo por el valle, y observa y anota lo que sucede.

7 Vuelve a colocar el glaciar en el valle, en la cima de la montaña. Presiona el glaciar con suavidad para que quede fijo en la cima de la montaña. Predice lo que sucederá a medida que el glaciar se vaya derritiendo. Anota tu predicción y, a continuación, ponla a prueba. No te olvides de anotar lo que le sucede a la superficie de la montaña y al sedimento depositado.

8 Deja tu modelo en un lugar seguro. Una vez que se haya derretido todo el hielo, observa la ubicación de las piedritas que formaban parte del glaciar y anota tus observaciones.

Foto B

Interpreta tus resultados

1. ¿Qué le pasó a la superficie de la plastilina en el paso 4?

2. Haz una **inferencia.** Según tus observaciones, ¿al desplazarse el hielo transporta rocas de un lugar a otro? Explica tu respuesta.

3. ¿Qué tipo de glaciar representa el modelo que hiciste en esta actividad?

4. **Communica.** Compara lo que observaste en esta actividad con las formaciones del terreno creadas por los glaciares continentales y los glaciares de montaña.

Investiga más a fondo

¿Qué efecto tendría en la erosión que produce un glaciar un cambio súbito (aumento

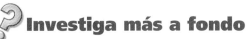

Autoevaluación

- Seguí instrucciones para construir **modelos** de dos tipos de glaciares.
- **Predije** los efectos de los glaciares sobre tres tipos de terreno.
- Anoté mis **observaciones** e identifiqué el tipo de glaciar que representé.
- Hice una **inferencia** sobre los glaciares y el transporte de materiales de un lugar a otro.
- **Comuniqué** mis ideas al comparar lo que observé en la actividad con las formaciones del terreno creadas por glaciares de verdad.

¿Cuál es la idea?

En esta lección aprenderás:

- qué nos dicen del pasado las capas de roca.
- qué nos dicen del pasado los fósiles.
- cómo se interpreta y se registra la historia de la Tierra.

Lección 4

¿Qué nos dicen las rocas de los cambios del pasado?

¿Te gustaría leer un libro interesante? Es una historia de misterio con personajes muy EXTRAÑOS y repleta de pistas que sería DIVERTIDO descifrar. Pero no lo puedes llevar en tu mochila. No lo vas a creer, pero ese libro está escrito en... ¡PIEDRA!

Las rocas nos hablan del pasado

¿Qué es lo primero que notas en la formación rocosa de la foto de abajo? Tal vez has notado las franjas de colores. Esas franjas representan distintas capas de sedimento que con el tiempo se transformaron en roca sedimentaria. Estas capas de roca se llaman estratos. ¿Qué puedes decir de estos estratos? Primero, con toda seguridad puedes decir que el estrato que está más abajo es el más antiguo.

La roca plegada de estas capas de sedimento estuvo una vez en el fondo de un antiguo mar. Debido a fuerzas posiblemente producidas por el desplazamiento de las placas tectónicas, estas rocas se comprimieron, se plegaron y se elevaron por encima del nivel del mar. La erosión dejó al descubierto la formación rocosa que ves aquí. ▼

Si no ocurre nada que revuelva los estratos sedimentarios, el estrato más antiguo siempre queda en el fondo, mientras que el más nuevo siempre queda en la parte de arriba. Es como cuando acomodas varias camisetas en un cajón: la primera que colocas queda en el fondo de la pila y por tanto es la que quedará más tiempo en el cajón.

Para comprender cómo las rocas nos hablan del pasado de la Tierra, es importante saber cómo se forman. Las rocas sedimentarias se forman a medida que los sedimentos se depositan, se comprimen y se solidifican en el transcurso de miles de años. Cada estrato sedimentario nos da un registro de un suceso pasado.

Por ejemplo, la caliza, un tipo de roca sedimentaria, se forma con los fragmentos de conchas marinas y con conchas, huesos y otros materiales disueltos que se acumulan en las partes poco profundas del mar. Así, el estrato de caliza que ves en estas páginas se formó bajo las aguas de un antiguo mar. Por otro lado, los finos granos que componen la pizarra, otro tipo de roca sedimentaria, se asientan en áreas muy alejadas de la costa, lo cual indica que esta roca se originó en aguas más profundas. Igualmente, la presencia de arenisca, otro tipo de roca sedimentaria, indica que en algún momento hubo desiertos o costas arenosas poco profundas.

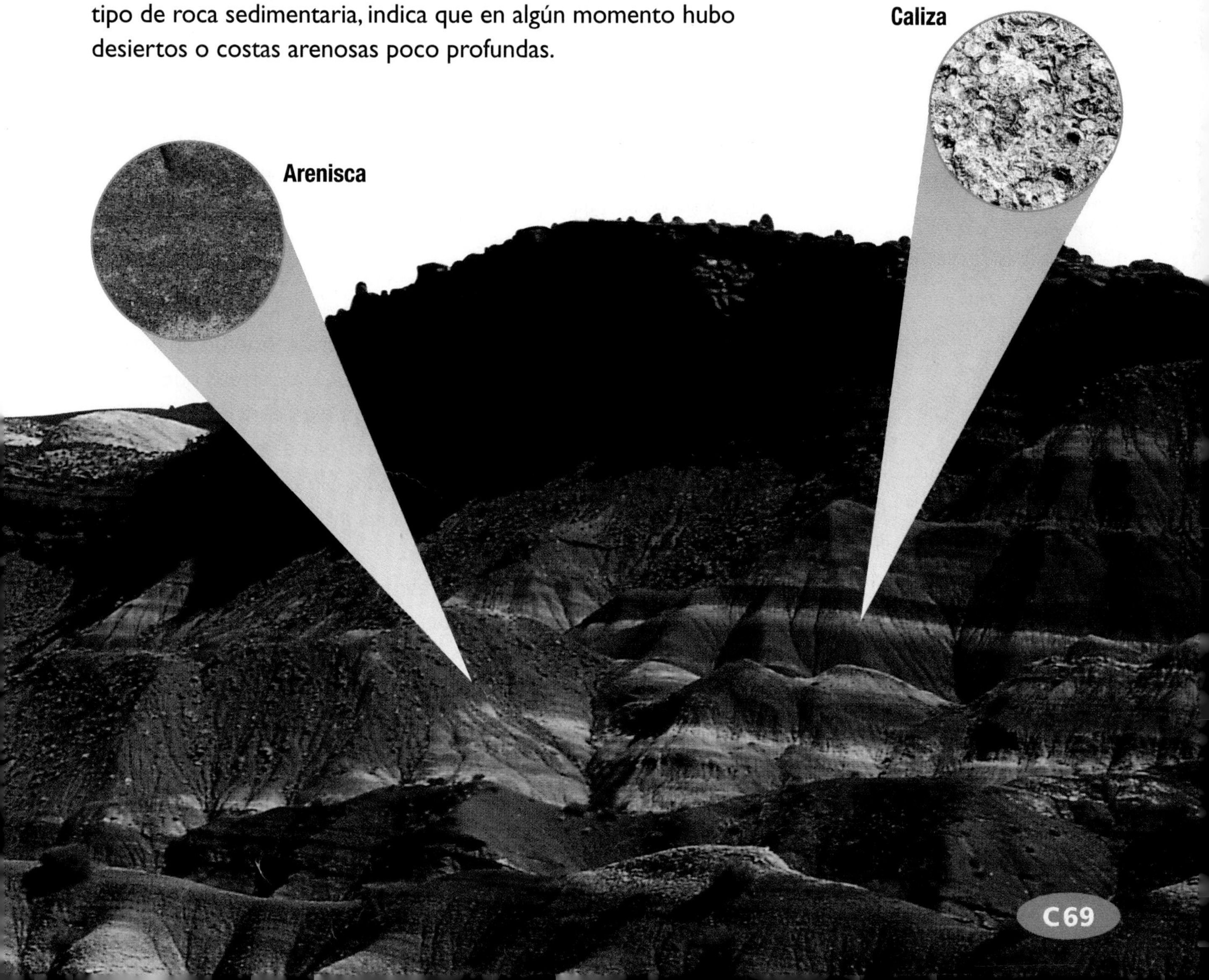

Moldes externos e internos de fósiles

Algunos fósiles se forman cuando los organismos muertos se cubren de sedimentos que, al endurecerse, forman una roca. Las partes blandas del organismo se descomponen y dejan una huella en la roca. Con el tiempo esa huella, o molde externo, se rellena con otros sedimentos. Cuando se endurecen, en el interior se forma otro molde del fósil, llamado molde interno, que como puedes ver tiene la forma original del organismo. ▼

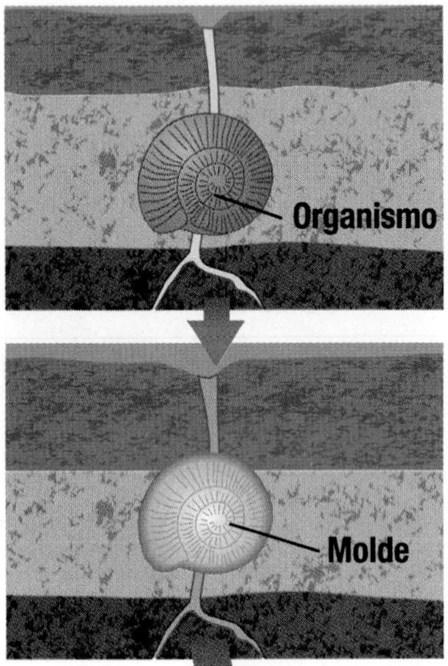

Evidencia de los fósiles

Una de las cosas más importantes que nos dicen las rocas es el tipo de vida que existía en la época en que se formaron. ¿Pero cómo nos hablan las rocas? Los organismos muertos quedan enterrados en sedimentos que después se convierten en roca sedimentaria. A veces, los restos de los organismos se conservan en la roca en forma de fósiles. Por ejemplo, hay fósiles formados a partir de conchas, huesos o fragmentos vegetales que se convirtieron en roca. Otras veces, lo que se conserva son huellas o rastros, o incluso excrementos de los animales. Por lo general, las partes blandas de los organismos se descomponen o son rápidamente devoradas por otros organismos. Por lo tanto, no duran el tiempo suficiente para fosilizarse. Las partes duras, como las conchas, los huesos, los dientes y la madera, tienen más probabilidades de convertirse en fósiles.

Los paleontólogos estudian los fósiles para saber cómo era el ambiente de la Tierra en el pasado. Por ejemplo, los fósiles de conchas que se han encontrado en lo alto de los Alpes, las montañas Rocosas, los Andes y el Himalaya indican que la roca de esas montañas se formó bajo el agua. ¿Cómo saben los paleontólogos si se trata de un río, un lago, un pantano o un océano? Los científicos pueden hacer inferencias sobre un medio ambiente del pasado comparando los fósiles con organismos semejantes que existen en la actualidad.

Los fósiles también nos hablan del clima del pasado. Por ejemplo, hay rocas en la Antártida, cerca del Polo Sur, que contienen fósiles de plantas tropicales. Esta evidencia nos dice que en el pasado, la Antártida seguramente fue un lugar mucho más cálido que hoy. ¿Cómo crees que la tectónica de placas apoya esta conclusión?

Cada formación rocosa es como una página del libro del pasado. Sin embargo, a los paleontólogos les interesa más conocer el libro entero, o sea, saber qué relación hay entre la evidencia encontrada en distintas partes del mundo.

Por eso se dedican a comparar los fósiles de estratos de roca extraída de diferentes lugares del planeta, como los que ves en el diagrama de abajo. Los fósiles guía son los más útiles para hacer comparaciones. Un **fósil guía** es un fósil de un organismo que existió en muchos lugares de la Tierra por un tiempo relativamente corto. Por lo tanto, son útiles para determinar la edad de la roca en la que se encuentran. También sirven para identificar estratos rocosos semejantes en diferentes lugares.

Glosario

fósil guía, fósil de un organismo que existió por poco tiempo en una extensa región de la Tierra

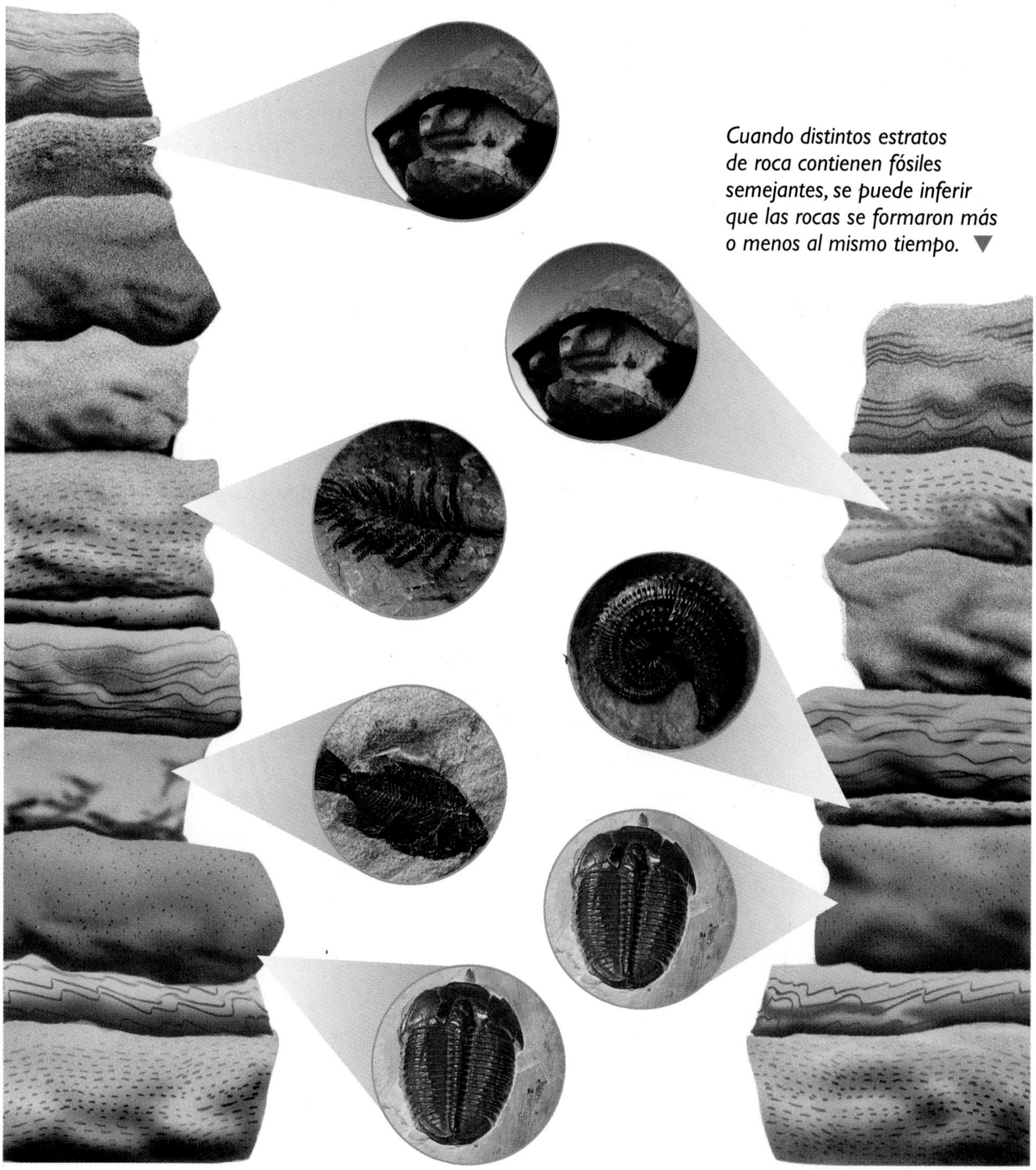

Cuando distintos estratos de roca contienen fósiles semejantes, se puede inferir que las rocas se formaron más o menos al mismo tiempo. ▼

Interpretación de la historia de la Tierra

Historia de las ciencias

Al mismo tiempo que los científicos tratan de aclarar el orden en que se formaron ciertos estratos de roca, también se dedican a interpretar los fósiles en las rocas. Con los fósiles, los científicos reconstruyen la imagen exacta de antiguas formas de vida y del ambiente en que vivían. Esta reconstrucción se basa en las formas de vida de la actualidad.

Por ejemplo, compara las tres ilustraciones que ves abajo. El fósil de la izquierda corresponde a una especie llamada *Archaeopteryx*. Este fósil muestra claramente que el *Archaeopteryx* tenía características tanto de dinosaurio como de ave. La caliza en la que se fosilizó sugiere que vivió a orillas de una laguna poco profunda en Alemania, hace unos 150 millones de años. Basándose en este fósil, científicos y artistas reconstruyeron el aspecto del animal en el momento en que murió. El otro dibujo es una interpretación del aspecto que tenía y cómo se comportaba este animal. Ambas imágenes se basan en lo que conocemos sobre las aves, los reptiles y otros animales de hoy.

La interpretación del registro fósil indica que las aves probablemente evolucionaron a partir de los dinosaurios. El Archaeopteryx *era un dinosaurio con forma de ave que tenía alas y plumas como las aves, pero con dientes y garras como los dinosaurios carnívoros.* ▼

Interpretación del artista

Fósil

Reconstrucción artística del fósil

Los fósiles y las rocas en las que se forman también les sirven a los científicos para formular teorías sobre por qué desaparecieron, o se extinguieron, ciertas formas de vida. Por ejemplo, el trilobites como el del fósil de la foto de la derecha fue una criatura marina de caparazón duro que vivió hace más de 500 millones de años. Los trilobites vivían con otros organismos marinos cuando la mayor parte de la superficie terrestre estaba cubierta por mares cálidos y poco profundos. Estos animales desaparecieron hace cerca de 250 millones de años. La mayoría de los paleontólogos piensan que se extinguieron porque los mares poco profundos se secaron cuando surgieron montañas debido al desplazamiento de las placas tectónicas.

El trilobites era un animal marino de muchas patas que se extinguió hace unos 250 millones de años, probablemente cuando se formaron montañas que secaron los mares. Podemos distinguir muchos detalles observando este fósil de un trilobites. ▼

Otra interpretación de la evidencia que presentan las rocas y los fósiles explica la extinción de los dinosaurios hace unos 65 millones de años. Muchos científicos piensan que se extinguieron debido a que un asteroide o un cometa enorme chocó con la Tierra y creó una gigantesca nube de polvo que bloqueó la luz del Sol. La temperatura bajó, las plantas murieron, y muchas formas de vida, entre ellas los dinosaurios, se congelaron o murieron de hambre. Una de las evidencias que apoyan esta teoría es que las rocas que se formaron hace 65 millones de años contienen una cantidad elevada del elemento iridio. El iridio es un elemento raro en la Tierra, pero es muy común en los asteroides y los cometas. Los científicos creen haber encontrado en la península de Yucatán y en el Golfo de México el gigantesco cráter que abrió el cuerpo celeste al chocar con la Tierra.

◀ *Los dinosaurios, como este Oreodontia, vivieron 150 millones de años y se extinguieron hace cerca de 65 millones de años. Muchos científicos creen saber el porqué.*

Glosario

Glosario

escala de tiempo geológico, calendario que registra la historia de la Tierra, basado en la interpretación de la evidencia que dan las rocas y los fósiles

Historia de las ciencias

Los científicos que tratan de interpretar la evidencia de las rocas y los fósiles para determinar cómo ha evolucionado la Tierra, tienen un largo período de tiempo que estudiar. ¡La Tierra tiene una edad de unos 4,600 millones de años! No hay registros que nos digan cuándo se formaron las montañas ni en qué época los continentes estaban bajo el agua. Para registrar la historia de estos acontecimientos, los científicos crearon una **escala de tiempo geológico**. Las divisiones de esta escala se basan en acontecimientos importantes como la aparición de nuevas formas de vida y la formación de cordilleras.

La escala de tiempo geológico

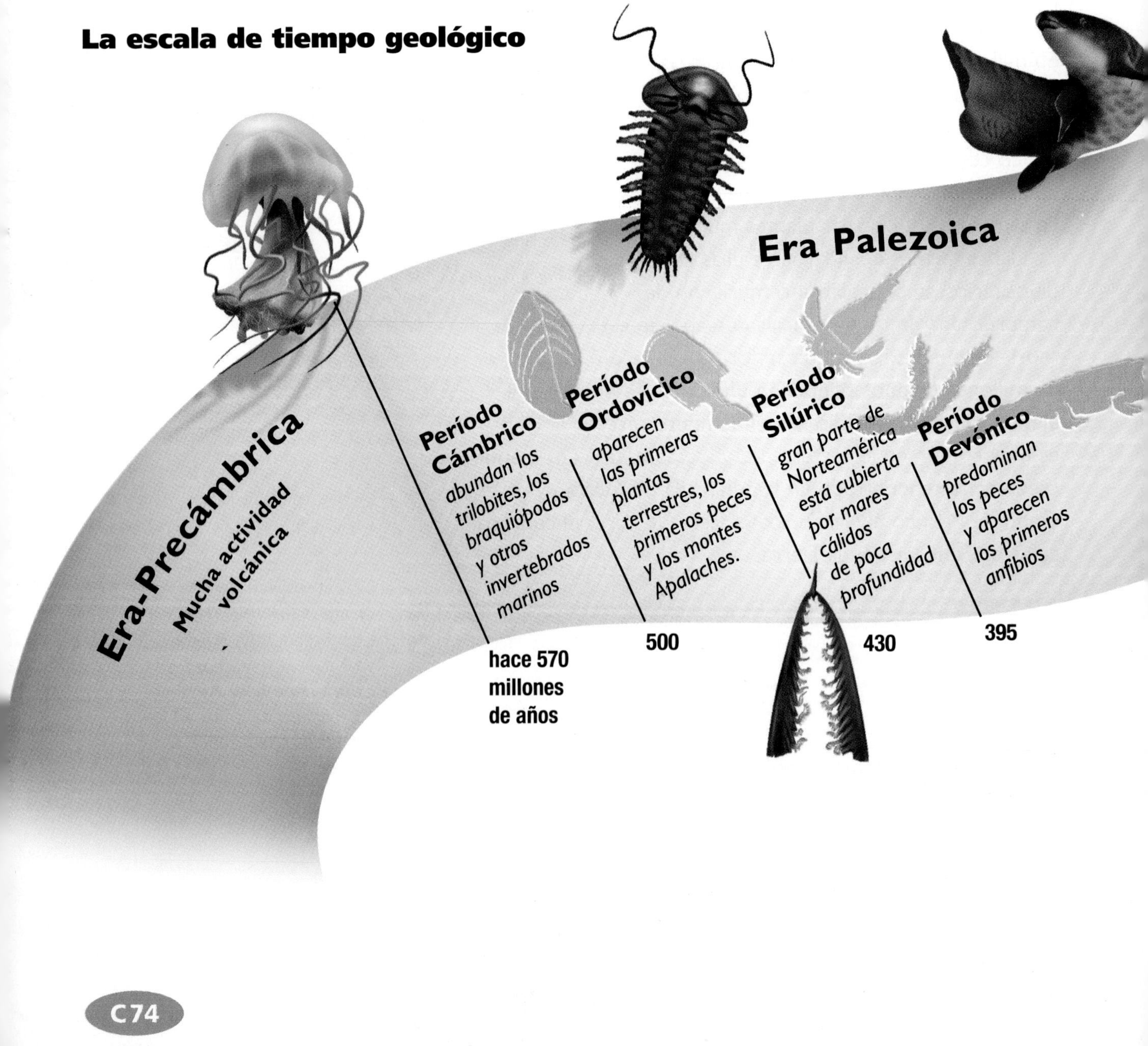

Era Palezoica
Era-Precámbrica
Mucha actividad volcánica
Período Cámbrico
abundan los trilobites, los braquiópodos y otros invertebrados marinos
Período Ordovícico
aparecen las primeras plantas terrestres, los primeros peces y los montes Apalaches.
Período Silúrico
gran parte de Norteamérica está cubierta por mares cálidos de poca profundidad
Período Devónico
predominan los peces y aparecen los primeros anfibios
hace 570 millones de años
500
430
395

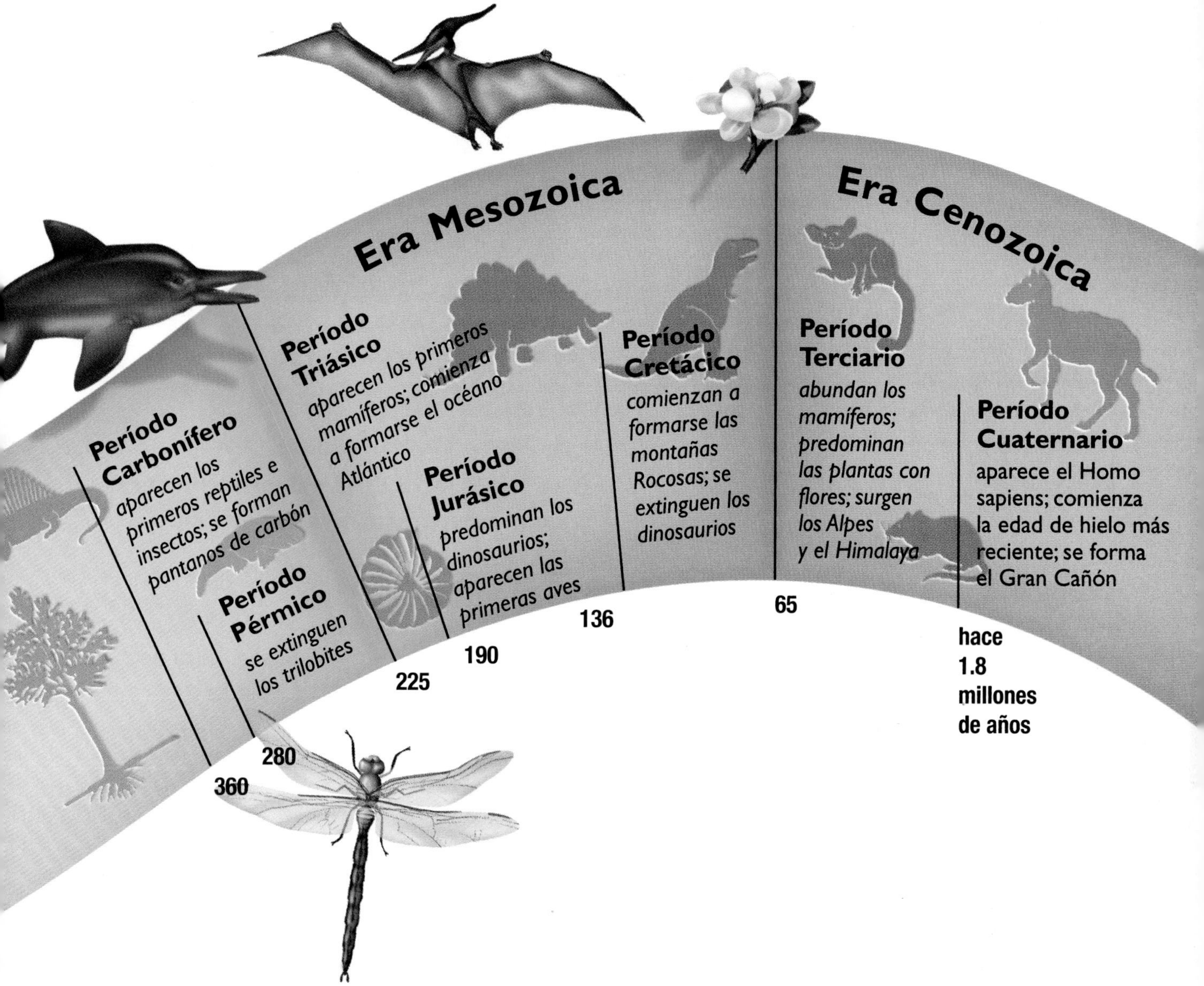
Era Mesozoica
Era Cenozoica
Período Carbonífero
aparecen los primeros reptiles e insectos; se forman pantanos de carbón
Período Pérmico
se extinguen los trilobites
Período Triásico
aparecen los primeros mamíferos; comienza a formarse el océano Atlántico
Período Jurásico
predominan los dinosaurios; aparecen las primeras aves
Período Cretácico
comienzan a formarse las montañas Rocosas; se extinguen los dinosaurios
Período Terciario
abundan los mamíferos; predominan las plantas con flores; surgen los Alpes y el Himalaya
Período Cuaternario
aparece el Homo sapiens; comienza la edad de hielo más reciente; se forma el Gran Cañón
360
280
225
190
136
65
hace 1.8 millones de años

Repaso de la Lección 4

1. ¿Qué nos dicen del pasado las capas de roca?
2. ¿Qué nos dicen del pasado los fósiles?
3. ¿Cómo se interpreta y se registra la historia de la Tierra?
4. **Fuentes gráficas**
   De acuerdo con esta escala de tiempo geológico, ¿cuándo se extinguieron los dinosaurios?

Repaso del Capítulo 2

Ideas principales del capítulo

Lección 1

• Las placas de la Tierra aumentan o deshacen la corteza terrestre a medida que se acercan, se alejan o se deslizan en forma paralela pero en sentido contrario sobre la capa de roca parcialmente derretida del manto terrestre.

• Los terremotos son la liberación de energía que se produce cuando las placas se deslizan en direcciones contrarias.

• Los volcanes son producidos por roca fundida que sube por las aberturas de las placas.

• Los movimientos de la Tierra se detectan con sismógrafos y rayos de luz láser.

Lección 2

• El suelo se forma con el tiempo a partir de la mezcla de roca y materia orgánica en descomposición.

• Los suelos se distinguen por el tipo de lecho rocoso, el clima presente cuando se formaron, la cantidad de humus que contienen y la edad del suelo.

Lección 3

• Los sistemas fluviales desaguan grandes extensiones de tierra, erosionan el suelo y depositan materiales a su paso.

• Al calentarse con el magma, el agua subterránea produce erupciones llamadas géisers y forma cavernas subterráneas cuando disuelve los minerales de la piedra caliza.

• La acción de las olas puede erosionar las rocas o depositar arena, lo que crea ciertas formaciones en las costas.

• Los glaciares erosionan el suelo o depositan sedimentos.

Lección 4

• Cuando las capas de roca permanecen intactas, los tipos de roca y los estratos dan una idea del modo y el tiempo en que se formaron las rocas.

• Los fósiles son la prueba de las formas de vida, los climas y los ambientes del pasado. Los científicos hacen inferencias sobre la historia de la Tierra y las anotan en una escala de tiempo geológico.

Repaso de términos y conceptos científicos

Escribe la letra de la palabra o palabras que correspondan a cada definición.

a. acuífero
b. cuenca hidrológica
c. falla
d. foco sísmico
e. escala de tiempo geológico
f. glaciares
g. agua subterránea
h. fósil guía
i. litosfera
j. morrena
k. tectónica de placas
l. datación relativa
m. escala de Richter
n. sedimentos
o. sismógrafo
p. nivel freático
q. meteorización

1. Los ___ y el ___ son formas de agua que pueden erosionar la Tierra.

2. La ___ es la capa de roca que forma la corteza terrestre.

3. La teoría de la ___ explica cómo se mueven las placas sobre el manto.

4. Una ___ es una fractura de la corteza terrestre por la que se mueven capas de roca.

5. La ___ es una escala para medir la intensidad de los terremotos.

6. La ___ es un registro de la historia de la Tierra.
7. Una ___ se forma con los sedimentos que depositan los glaciares.
8. La ___ es el territorio que abastece de agua al sistema fluvial.
9. El ___ es el punto de una falla donde se fractura la roca.
10. El ___ es la roca permeable donde se acumula y corre libremente el agua subterránea.
11. Un ___ son los restos de un organismo que existió por poco tiempo en una vasta región de la Tierra.
12. Los científicos registran la fuerza de los movimientos de la tierra con un ___ .
13. La ___ es la determinación de la edad de las rocas al compararlas con otros estratos.
14. La ___ es el proceso por el cual se descomponen las rocas debido a la acción del aire, el viento o el agua.
15. Los ___ son rocas y minerales que arrastra el agua.
16. El ___ es la línea que marca el nivel del agua del acuífero.

Explicación de ciencias

Contesta las siguientes preguntas en un párrafo o con dibujos.

1. ¿Cómo explica la teoría de la tectónica de placas los cambios en la corteza terrestre?

2. ¿Cómo se transforma la roca en suelo?

3. ¿Qué formaciones del terreno crea el agua?

4. ¿Por qué las rocas proporcionan un registro de la historia de la Tierra?

Práctica de destrezas

1. En una tira de papel larga, haz una línea cronológica que muestre la historia de tu vida. Con **gráficas**, muestra las diversas etapas y épocas, como por ejemplo, la "Etapa del crecimiento" o la "época de la escuela intermedia".

2. Escribe una carta al director de un periódico para **comunicar** los motivos por los cuales se deben tomar medidas para proteger el suelo de la erosión.

3. Con el **modelo** de las corrientes de convección que aparece en la página C45, explica por qué se mueven las placas de la Tierra.

Razonamiento crítico

1. Imagina varias capas horizontales de roca sedimentaria cruzadas por una franja vertical de otro tipo de roca (roca ígnea). **Aplica** lo que sabes sobre la formación de las rocas para **inferir** la edad relativa de la roca ígnea.

2. Descubres capas de roca en la cima de una montaña que contienen fósiles de conchas y de otra vida marina. **Saca conclusiones** sobre la historia geológica de la zona.

¿Un aparato de carnaval?

¿En qué tipo de aparato está montado este niño? Luce poco común, ¿no crees? El niño está en el campamento espacial de la NASA, aprendiendo sobre la exploración espacial. ¿Qué podemos aprender a través de la exploración del universo? ¿Qué ya conocemos?

Capítulo 3

Exploración del universo

Investiguemos: Exploración del universo

- **Lección 1** ¿Qué lugar ocupa la Tierra en el espacio?
  - ¿Cuáles son los dos tipos de movimiento de la Tierra en el espacio?
  - ¿Qué produce las estaciones del año?
  - ¿Cómo interactúan la Luna y la Tierra?
- **Lección 2** ¿Qué sabemos acerca del Sol?
  - ¿Por qué el Sol es la estrella más importante para la Tierra?
  - ¿Cómo obtiene su energía el Sol?
  - ¿Cómo afectan a la Tierra las manchas solares?
- **Lección 3** ¿De qué está formado el universo?
  - ¿Qué son las galaxias?
  - ¿Cómo cambian las estrellas a lo largo de su ciclo de vida?
  - ¿Qué evidencia hay de que el universo continúa expandiéndose?
- **Lección 4** ¿Cómo exploramos el espacio?
  - ¿Qué tecnología se usa para explorar el universo desde el espacio?
  - ¿Qué beneficios tiene para la sociedad la tecnología espacial?
  - ¿Cómo han ido cambiando los viajes espaciales?

Copia el organizador gráfico del capítulo *en una hoja de papel. El organizador te muestra de qué trata el capítulo. A medida que leas las lecciones y hagas las actividades, busca las respuestas a las preguntas y escríbelas en tu organizador.*

Explora los eclipses lunares

Destrezas/Proceso

Destrezas del proceso

- hacer y usar modelos
- observar

Materiales

- compás
- pedazo de cartón
- marcador
- tijeras
- cinta adhesiva de papel
- 2 popotes de plástico
- regla métrica
- linterna

Explora

1. Construye un **modelo** de un eclipse lunar. Con un compás, traza dos círculos en un pedazo de cartón: uno de 3 cm y otro de 8 cm de diámetro aproximadamente. Con un marcador, escribe Luna en el círculo pequeño y Tierra en el otro círculo. Recorta los círculos para formar dos discos.
2. Pega con cinta adhesiva de papel cada disco a un popote.
3. Oscurece el salón de clase para que se pueda ver claramente la luz y las sombras en esta demostración.
4. Un estudiante deberá sostener el disco de la Luna cerca del pizarrón o de la pared. Otro estudiante se colocará a 1 metro de distancia e iluminará con la linterna el disco de la Luna.
5. Un tercer estudiante moverá gradualmente el disco de la Tierra haciendo que atraviese el rayo de luz que ilumina a la Luna. **Observa** el efecto que tiene el movimiento del disco de la Tierra sobre el disco de la Luna.

Reflexiona

1. ¿Qué parte del sistema solar representa la linterna en esta actividad?

2. ¿Qué observaste en el disco de la Luna cuando el disco de la Tierra pasó entre él y la fuente de luz?

Investiga más a fondo

Si hicieras pasar el disco de la Luna entre la luz y el disco de la Tierra, ¿qué le pasaría a la luz que ilumina la Tierra? Piensa en cómo vas a hallar la respuesta a ésta u otras preguntas que tengas.

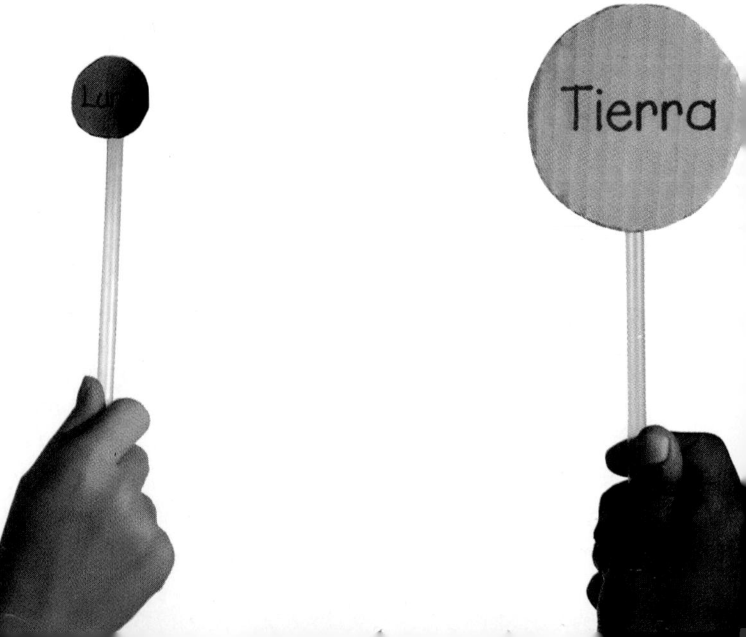

Cifras grandes

Imagínate que eres el comandante de una nave que se descompone en el espacio. El centro de control quiere saber a qué distancia estás de la Tierra. Los controles indican que estás a 45,000,000,000,000 km de distancia. Tú informas que estás a 45 billones de kilómetros de la Tierra.

Para poder usar cifras grandes, necesitas saber los nombres de los **valores posicionales** grandes. Observa la tabla de abajo. El dígito 4 se encuentra en la posición de decena de billón. Representa 4 decenas de billón ó 40,000,000,000,000. ¿Cuál es la posición del dígito 5?

Vocabulario de matemáticas

valor posicional, múltiplo de decenas que indica cuánto representa un dígito

Valor posicional

centenas	decenas	unidades	centenas	decenas	unidades	centenas	decenas	unidades	centenas	decenas	unidades	centenas	decenas	unidades
	4	5	**0**	0	0	**0**	0	0	**0**	0	0	**0**	0	0
Billones			Millares de millones			Millones			Millares			Unidades		

Ejemplo

Busca el valor posicional del *9* del diámetro de Vega.

Diámetro de las seis estrellas más brillantes	
Nombre	**Diámetro (mi)**
Sol	864,730
Sirio	1,556,500
Cánopo	25,951,900
Alfa Centauro	1,037,700
Arturo	19,888,800
Vega	2,594,200

El diámetro de Vega es 2,594,200 millas. El dígito *9* se encuentra en la posición de decena de millar. Por consiguiente, representa 9 decenas de millar ó 90,000.

En tus palabras

1. ¿Hay un nombre para cada número, sin importar qué tan grande es? Explica.

En esta lección aprenderás:

- cuáles son los dos tipos de movimiento de la Tierra en el espacio.
- cómo los movimientos de la Tierra producen las estaciones del año.
- cómo interactúan la Luna y la Tierra.

Lección 1

¿Qué lugar ocupa la Tierra en el espacio?

¡Oye! ¡No te muevas! ¿Qué dices, que no puedes? En realidad, por mucho que intentes quedarte en un lugar sin moverte, no puedes porque la Tierra que pisas se está moviendo. ¡Así que vamos a dar una vuelta junto con ella! Enseguida verás que la Tierra gira en el espacio en dos formas distintas.

Movimiento de la Tierra

¿Qué sabes sobre las esferas del diagrama de abajo? Tal vez sepas que representan los nueve planetas de nuestro sistema solar y que giran alrededor del Sol. Quizás también sepas acerca del cinturón de pequeños cuerpos rocosos llamados asteroides que también giran alrededor del Sol. Sin lugar a dudas, el planeta que mejor conoces es la Tierra. La Tierra es el tercer planeta a partir del Sol y el único que se conoce que puede sustentar la vida.

La Tierra y todos los astros ruedan, viajan o se mueven constantemente de una u otra forma. Los planetas tienen un movimiento de rotación. La rotación es el movimiento que realiza un astro al girar alrededor de su propio eje. El eje de la Tierra va del Polo Norte al Polo Sur. La velocidad de rotación de cada planeta es distinta. La de la Tierra es de 24 horas, es decir, tarda un día entero en dar una vuelta completa alrededor de su eje.

Aunque las distancias no están a escala, fíjate en la posición relativa de los planetas y en su tamaño con respecto al Sol. Para que tengas una idea: si el Sol fuera del tamaño de una pelota de playa, la Tierra y Venus serían más o menos del tamaño de una canica y Plutón sería del tamaño de la cabeza de un alfiler. Las distancias entre los planetas también variarían. ▼

La flecha de la ilustración indica que la Tierra, vista desde arriba del Polo Norte, gira en sentido antihorario alrededor de su eje inclinado. Dicho de otro modo, la Tierra gira de oeste a este. Al girar, el Sol ilumina una de las mitades de la Tierra y en esa mitad del planeta es de día. Mientras tanto, en la otra mitad que queda en la sombra es de noche. Aunque el movimiento de rotación de la Tierra no se puede sentir, sí se pueden observar algunas señales de ese movimiento. Por ejemplo, el Sol parece moverse en el cielo de este a oeste debido a la rotación de la Tierra. La mayoría de los demás planetas también giran alrededor de su eje en sentido contrario al de las manecillas del reloj, pero a velocidades y ángulos o inclinaciones diferentes.

La Tierra tiene además otro tipo de movimiento. Los planetas y los asteroides giran alrededor del Sol siguiendo trayectorias definidas llamadas órbitas. La Tierra tarda unos 365 días, o un año, en dar una vuelta completa o revolución alrededor del Sol.

La velocidad de traslación de los demás planetas puede ser mayor o menor que la de la Tierra según la distancia a la que esté el planeta del Sol. Por ejemplo, Mercur el planeta más cercano al Sol, tarda só 88 días terrestres en girar alrededor de porque su órbita es pequeña. En cambio, Plutón, el planeta más lejano, tiene la órbita más larga de todos los planetas del sistema solar. Plutón tarda 90,700 días terrestres en completar una revolución. Así que, ¿cuántos años terrestres dura el año en Plutón?

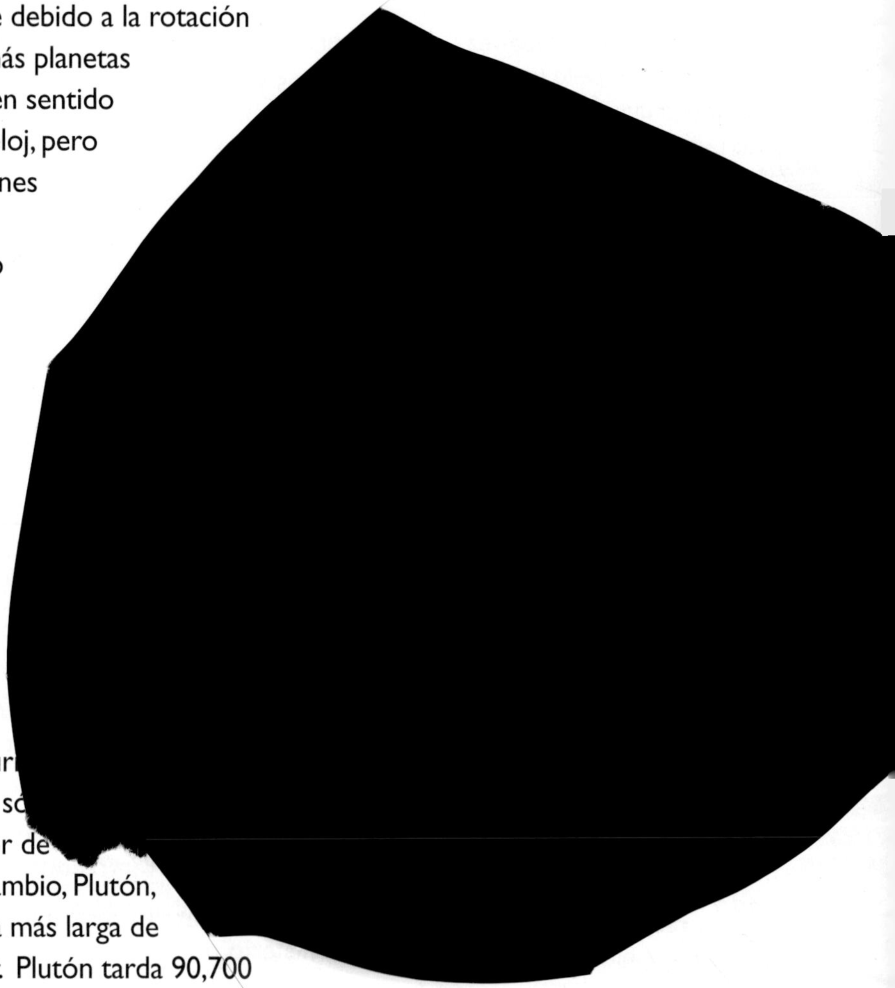

▲ *Los polos de la Tierra no se pueden ver: son puntos imaginarios. Imagínate que hay una línea que pasa de polo a polo y que está inclinada. Ahora imagina que la Tierra gira alrededor de esa línea.*

¡Parece que en el espacio no hay nada que no se mueva! La Tierra gira alrededor del Sol, la Luna gira alrededor de la Tierra y los otros satélites giran alrededor de sus planetas. Incluso el Sol y todo el sistema solar también se mueven continuamente. Así que relájate y disfruta de este viaje: aquí verás lo que significa este movimiento y hacia dónde van todos los astros.

Estaciones del año

Las estaciones cambian a medida que la Tierra se inclina hacia el Sol o en dirección opuesta al dar una revolución. Los cambios de estación se producen cada vez que la Tierra completa [redacted] de su órbita [redacted]

En el diagrama de la izquierda, ¿qué le sucede al eje de la Tierra al desplazarse en su órbita anual alrededor del Sol? Busca el punto de la órbita en el que el Polo Norte se inclina hacia el Sol. En ese punto los rayos solares llegan más verticalmente a la región que está al norte del ecuador y la calientan. Entonces es verano en esta mitad norte del planeta, llamada hemisferio norte. En esa época, en los Estados Unidos vamos a la playa; [redacted]ero, en Argentina, los estudiantes se tienen que poner sus [redacted]s y guantes al salir de la escuela. ¿Por qué?

Cuando en el hemisferio norte es verano, la otra mitad del planeta, el hemisferio sur, queda inclinada en dirección opuesta al Sol. Los rayos solares llegan ahí en ángulo inclinado. Entonces es invierno en ese hemisferio.

Las estaciones cambian a medida que el eje de la Tierra se va inclinando ya sea hacia el Sol, en dirección opuesta o en distintos ángulos a lo largo de su órbita. [redacted]erca del ecuador no se siente este [redacted]ambio de estaciones porque la [redacted] Tierra no varía mucho. [redacted]dad de luz solar que recibimos [redacted]ciones? Cuando es verano en el [redacted]puede ver el Sol en lo alto del cielo y [redacted]argo[redacted] que en otras estaciones del año. Por eso [redacted]l aire libre hasta más tarde. Si vives en el [redacted]isferio norte, el día más largo del año, o **solsticio** de verano, se da el 21 ó 22 de junio.

En cambio, en invierno, los días son más cortos. En esa estación puede que sea de noche cuando sales de la escuela. En la ilustración de arriba, ¿en qué fecha se da el solsticio de invierno, es decir, el día más corto del año? 2 Cuando en el hemisferio sur es el solsticio de verano, en el hemisferio norte es el solsticio de invierno y viceversa.

Glosario

sol[redacted] órbita t[redacted] tiene lugar e[redacted] o más corto del año

Dos veces al año, el Sol se encuentra directamente encima del ecuador y tiene lugar un **equinoccio**. Entonces el día y la noche tienen la misma duración. El equinoccio coincide con el primer día de la primavera y del otoño. En estas fechas, el día dura 12 horas y la noche también.

Glosario

equinoccio, punto de la órbita terrestre en el que el día y la noche tienen la misma duración

La Tierra y la Luna interactúan

Cuando miras el cielo por la noche, tal vez lo primero que notas es la Luna. ¿Sabías que la Luna es el vecino más cercano de la Tierra en el espacio? Al igual que los demás satélites, la Luna gira alrededor de otro astro más grande: la Tierra en este caso. La fuerza de gravedad que hay entre la Tierra y la Luna mantiene a ésta en su órbita.

Al orbitar alrededor de la Tierra, nos da la impresión de que la Luna cambia de forma y hasta desaparece. En realidad, lo que cambia es la forma en que vemos su cara iluminada desde la Tierra. Debido a que la Luna y la Tierra están siempre en movimiento, la cara iluminada de la Luna que se puede ver depende de la posición de la Luna en el espacio. La forma que presenta este lado iluminado de la Luna se llama fase lunar.

El diagrama de abajo muestra que la única cara de la Luna que se ilumina es la que da al Sol. Fíjate que en luna nueva sólo se ve la cara oscura. Al seguir desplazándose la Luna alrededor de la Tierra, el Sol ilumina un sector de la Luna en forma de cuerno. Esta fase se llama primer octante. Como una semana después, cuando la Luna ha recorrido la cuarta parte de su órbita alrededor de la Tierra, se ve la mitad de su cara iluminada. Éste es el cuarto creciente. Cuando se ve iluminada casi toda la cara, tenemos la fase de la gibosa creciente. Al llegar a la mitad de su órbita, toda la cara visible se ilumina y es luna llena. Durante la segunda mitad de su recorrido alrededor de la Tierra, se vuelven a repetir estas fases a la inversa: gibosa decreciente, cuarto menguante y último octante, antes de pasar a la siguiente luna nueva.

Órbita lunar

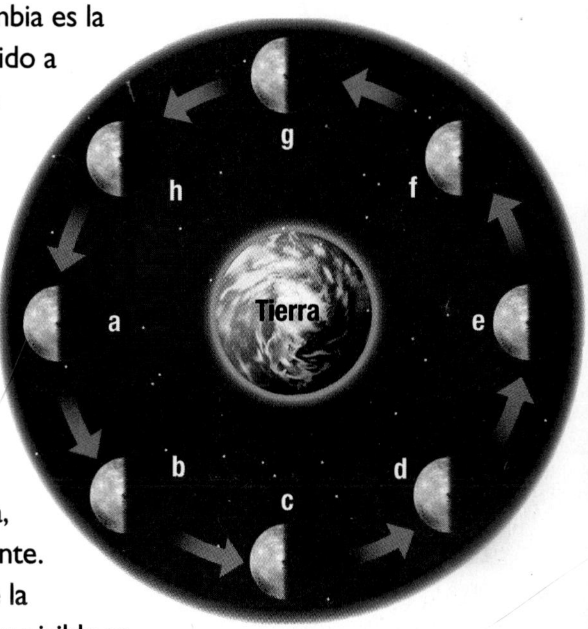

▲ *Compara la parte iluminada de la Luna en cada posición de su órbita (arriba) con la fase que puedes ver desde la Tierra (abajo). La Luna tarda aproximadamente un mes en pasar por todas sus fases.* ▼

Fases de la Luna

Eclipse lunar

Los eclipses lunares ocurren cuando la Luna, el Sol y la Tierra se alinean. La Luna se oscurece hasta por una hora al pasar por la sombra de la Tierra. A veces, la luz que atraviesa la atmósfera de la Tierra hace que la Luna se vea de color rojizo. ▶

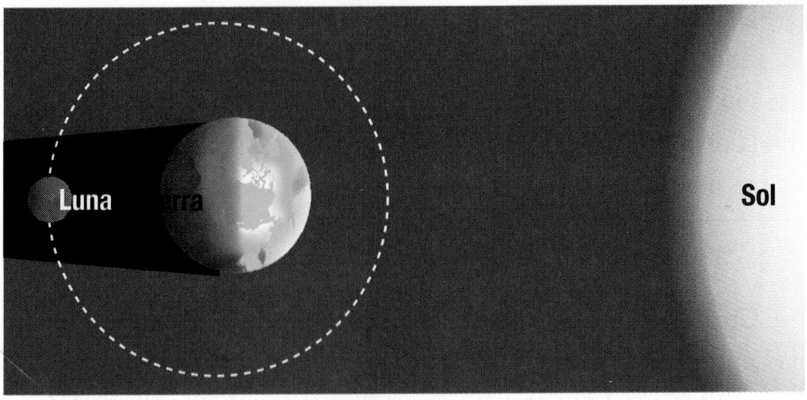

Glosario

Glosario

eclipse lunar, oscurecimiento de la Luna al pasar por la sombra de la Tierra

mareas, ascenso y descenso de las masas de agua que se produce principalmente por la atracción gravitacional de la Luna sobre la Tierra

Al hacer la Actividad Explora de este capítulo, descubriste cómo se forman las sombras en las esferas. Fíjate en el dibujo de arriba. Observa cómo la Tierra proyecta una enorme sombra en el espacio. Al orbitar la Tierra, la Luna pasa por lo general por arriba o por debajo de esta sombra. Sin embargo, a veces pasa a través de la sombra, lo cual da lugar a un eclipse de Luna o eclipse lunar. Durante un **eclipse lunar,** la sombra de la Tierra oculta total o parcialmente a la Luna. Los eclipses parciales de Luna pueden ocurrir varias veces al año. En cambio, los eclipses totales son menos frecuentes.

El diagrama de abajo muestra otra manera en que interaccionan la Luna y la Tierra. Entre estos astros existe una atracción por la fuerza de gravedad. Al orbitar la Luna alrededor de la Tierra, la gravedad de la Luna atrae a las masas de tierra y agua de nuestro planeta. Esto cambia ligeramente la forma de la Tierra, porque hace que las aguas suban o se abulten en dos lugares al mismo tiempo: en el lado que da a la Luna y en el lado opuesto. Así se producen las llamadas **mareas** altas. Entre los lugares donde el mar se "abulta", el nivel de las aguas disminuye y da lugar a mareas bajas. Al girar la Tierra alrededor de su eje, las mareas altas se mueven para quedar alineadas con la Luna.

▲ *La marea alta y la marea baja se deben sobre todo a la atracción gravitacional de la Luna.*

Repaso de la Lección 1

1. ¿Cuáles son los dos tipos de movimiento de la Tierra en el espacio?
2. ¿Qué produce las estaciones del año?
3. ¿Cómo interaccionan la Luna y la Tierra?
4. **Números altos**
   ¿Cuántos días terrestres le toma a Plutón completar una revolución? Escribe el número en palabras.

Lección 2

¿Qué sabemos acerca del Sol?

¡Ah! Qué bien se sienten esos rayos de Sol que entran por la ventana en las mañanas frías. Pero otras veces te hacen arder la piel del calor. Aunque hay días que no disfrutas de la luz del Sol, tú siempre la necesitas.

¿Cuál es la idea?

En esta lección aprenderás:

- **por qué el Sol es la estrella más importante para la Tierra.**
- **cómo el Sol obtiene su energía.**
- **cómo las manchas solares afectan la Tierra.**

La estrella más importante para la Tierra

A 150 millones de kilómetros de distancia se encuentra una estrella que emite luz y otros tipos de radiación necesarios para la vida en la Tierra. ¿De qué estrella se trata? ¡Del Sol, por supuesto! El Sol está tan lejos de la Tierra que su luz tarda ocho minutos en llegar hasta nosotros. Sin embargo, está mucho más cerca que Alpha Centauri, la estrella más próxima después del Sol. La luz de esta estrella viaja a una velocidad de casi 300,000 kilómetros por segundo y tarda casi cuatro años en llegar a la Tierra.

El Sol nos proporciona energía radiante. Parte de esta energía es visible en forma de luz blanca de la luz solar. Otros tipos de energía solar, como la luz ultravioleta, son invisibles. Los combustibles fósiles, como el carbón y el petróleo que se encuentran debajo de la corteza terrestre, almacenan parte de la energía solar. Esta energía almacenada la usamos para calentar nuestros hogares y mover nuestros vehículos.

El Sol proporciona la energía para producir combustibles. ¿Cómo usaste hoy la energía del Sol? ▶

Glosario

fusión, combinación de elementos de poca masa para formar elementos de mayor masa

corona, círculo de gases brillantes que rodea a la superficie solar y que se puede ver durante los eclipses totales de Sol

Energía del Sol

En comparación con otras estrellas, se considera al Sol una estrella de tamaño mediano. Sin embargo, en esta estrella podrían caber ¡más de un millón de planetas del tamaño de la Tierra! El color amarillo del Sol indica que es más frío que las estrellas azules o blancas, pero más caliente que las anaranjadas o rojas. Al igual que todas las estrellas, el Sol está formado por gases calientes, principalmente hidrógeno y helio.

El Sol comenzó a brillar hace casi 5 mil millones de años y hasta hoy sigue brillando, porque su núcleo está a ¡15,000,000°C! Ubica el núcleo del Sol en el diagrama de abajo a la izquierda. A esas temperaturas tan altas, los átomos de hidrógeno se desplazan a velocidades increíbles. A veces, ciertas partículas del núcleo del átomo chocan. Como los átomos se están desplazando con tanta rapidez, al chocar las partículas se pueden fusionar y formar un núcleo único más grande. Durante ese proceso llamado **fusión**, los átomos de hidrógeno se combinan y forman un nuevo elemento: el helio.

Durante el proceso de fusión, cuatro núcleos de hidrógeno se combinan y producen un núcleo de helio, otras partículas más pequeñas y una gran cantidad de energía. ▶

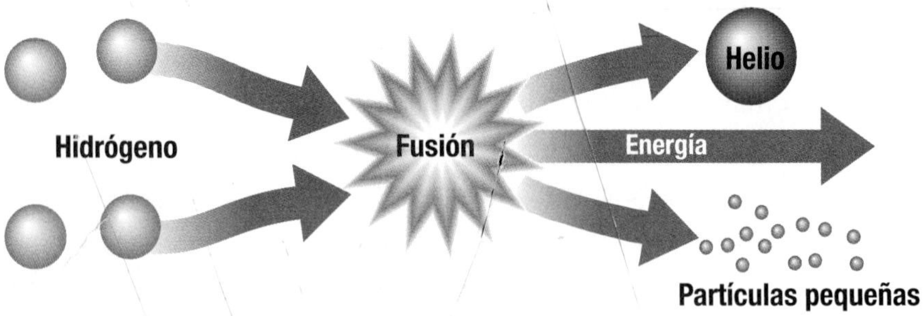

Las estrellas obtienen toda su energía de la fusión. Cuando los elementos como el hidrógeno se fusionan y forman helio, pierden una parte de su masa. Esta pequeñísima cantidad de masa perdida se convierte en una enorme cantidad de energía. Una mínima parte de esta energía llega a la Tierra en forma de luz solar y otros tipos de energía radiante. Los científicos opinan que, gracias a la fusión, el Sol seguirá brillando por otros cinco mil millones de años más.

En la ilustración de la izquierda, halla la **corona**, es decir, la capa delgada de gases que se encuentra sobre su superficie. El brillo del Sol es tan intenso que por lo general no nos deja ver la corona. Los gases de la corona son mucho más calientes que la superficie solar.

Las corrientes ascendentes y descendentes de los gases llevan la energía del centro o núcleo del Sol a su superficie. ▼

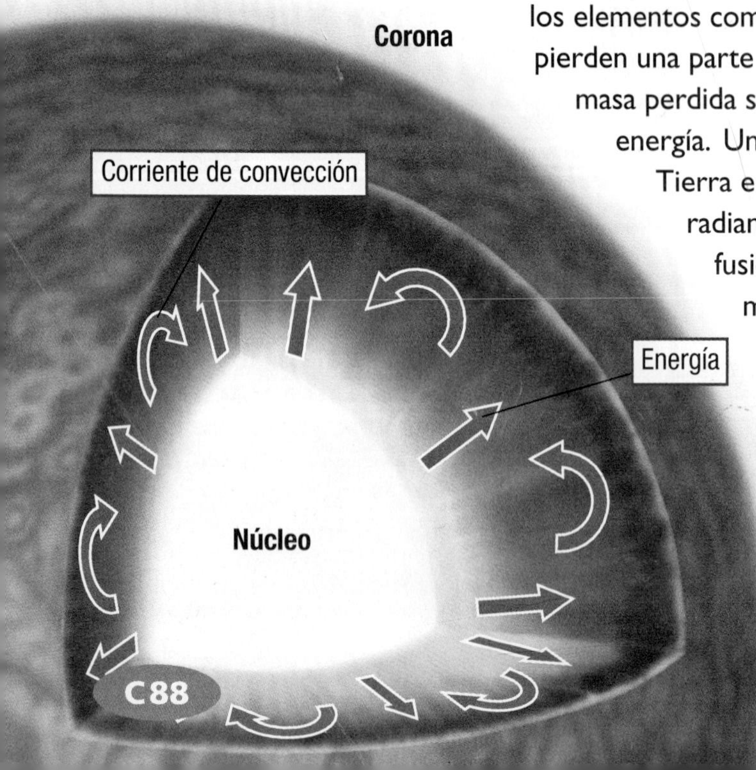

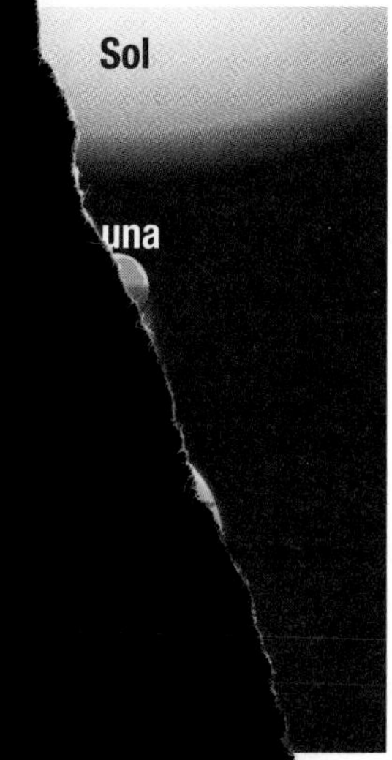

Eclipse solar

◀ *Los eclipses solares ocurren cuando la Luna se interpone entre la Tierra y el Sol. (El Sol está mucho más lejos de la Luna de lo que ves en el dibujo.) Los eclipses totales de Sol sólo son visibles en la región de la Tierra donde la Luna proyecta su angosta sombra. En los otros lugares se podrá ver tan sólo un eclipse parcial.*

tas condiciones, como durante un
ás externa del Sol se hace visible.
ses solares, ocurren cuando la
Tierra y el Sol. Por estar tan cerca
nta casi el mismo tamaño que el Sol y
disco solar que vemos desde la Tierra.
qué tan fácil se puede ver la corona

Corona

▲ *Los gases brillantes de la corona solar no son visibles normalmente. Se pueden observar durante los eclipses totales de Sol con cámaras o equipos especiales para proteger la vista. Los gases de la corona se expanden hacia el espacio.*

chas solares

gnético semejante al de los imanes.
se muestran abajo son regiones
ar es miles de veces más fuerte que
chas solares no se mueven mucho
egiones es al menos mil grados
ie solar. Debido a que los gases
ue los gases calientes, las
que las áreas que las
s aumenta y disminuye
se conoce como

Glosario

eclipse solar, alineación del Sol, la Luna y la Tierra en la que la Luna bloquea la luz del Sol que llega a la Tierra

mancha solar, región del Sol con un campo magnético muy fuerte

Glosario

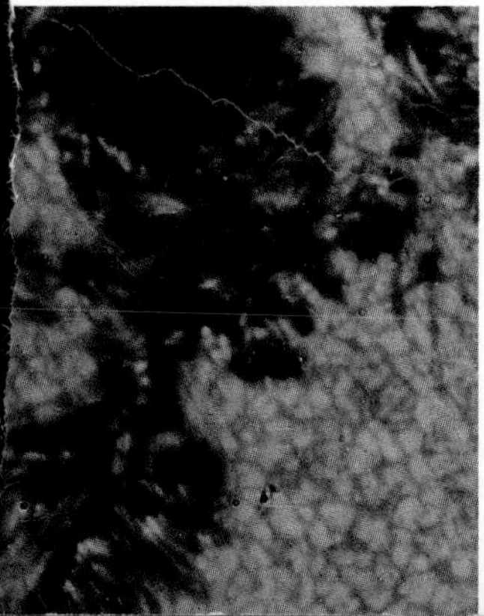

◀ **Manchas solares**

Las áreas oscuras que se ven en esta fotografía del Sol son regiones de gases más fríos formadas por las variaciones del campo magnético solar.

Glosario

Glosario

protuberancia solar, poderosa erupción de gases solares muy calientes

aurora polar, resplandor o despliegue de luces en el cielo que se observa cerca de las latitudes polares

Protuberancias solares

¡La temperatura de las protuberancias solares puede llegar a los 4,000,000°C! Por lo general, la atmósfera de la Tierra bloquea la radiación que escapa de las protuberancias solares hacia el espacio e impide que llegue a la superficie terrestre. ▶

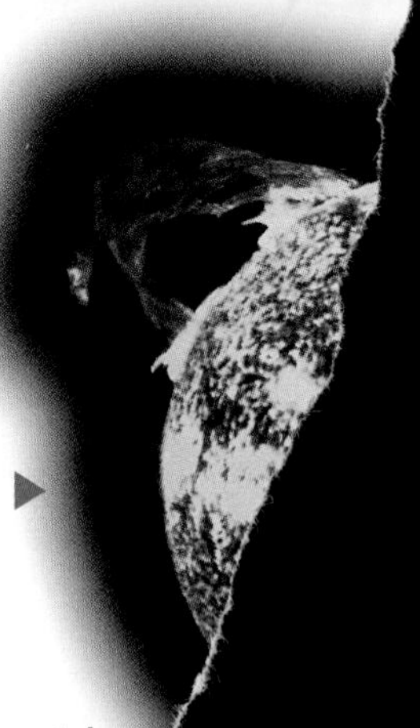

Cuando el número de manchas solares llega al máximo dentro de su ciclo, se producen gigantescas explosiones solare
En la foto de arriba, fíjate cómo estas **protuberancias solares**, varias veces
Tierra, hacen erupción en la superficie s
y la radiación que liberan escapan al es
atmósfera terrestre. Esas partículas p
estática en los radios y sobrevoltaje e
veces el sobrevoltaje causa apagones.

Las protuberancias solares pueden p
despliegues luminosos de gran belleza. L
coloreadas de luz br
la izquierda se llam
Estas auroras se fo
partículas de gas
protuberancias s
atmósfera de lo
y Sur de la Ti
átomos de
parte alt
suelen
desp

Las auroras polares se forman en el cielo en lugares cercanos al Polo Norte, como Alaska y Canadá, o cercanos al Polo Sur, como la Antártidauroras. ▼

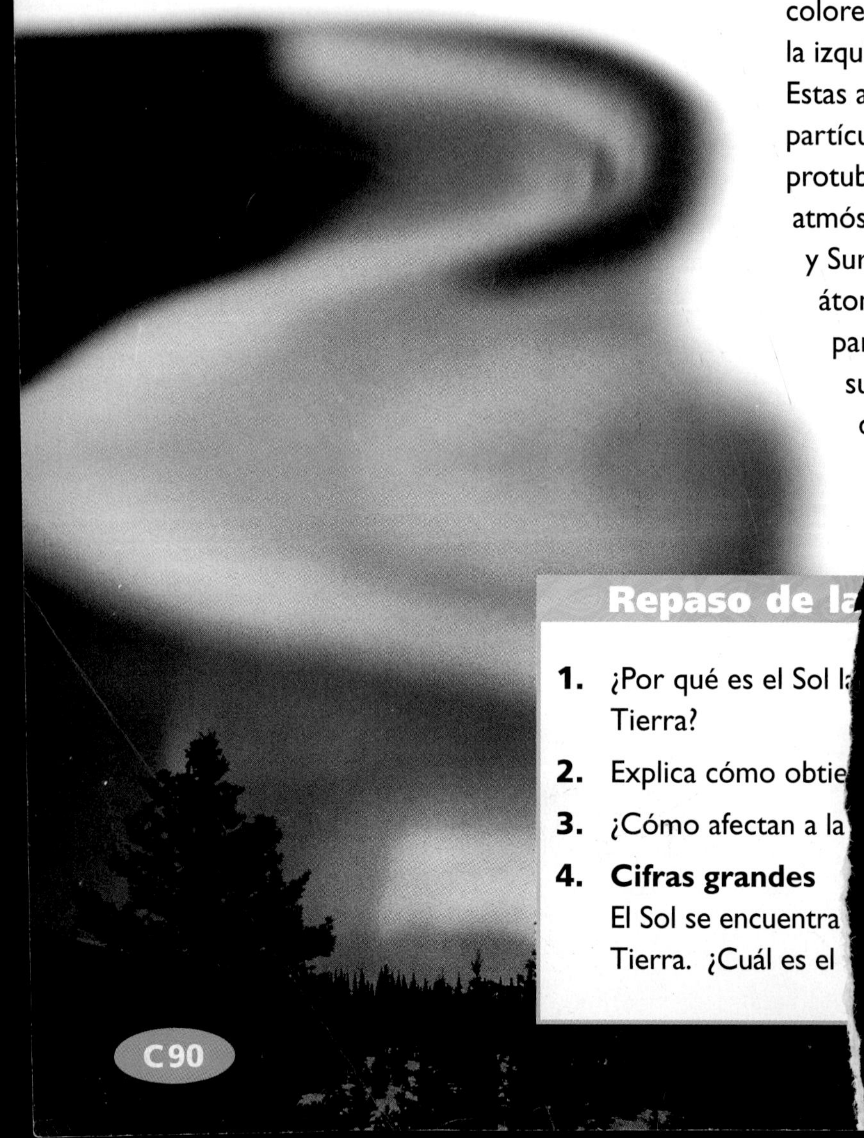

Repaso de la

1. ¿Por qué es el Sol l
Tierra?
2. Explica cómo obtie
3. ¿Cómo afectan a la
4. **Cifras grandes**
El Sol se encuentra
Tierra. ¿Cuál es el

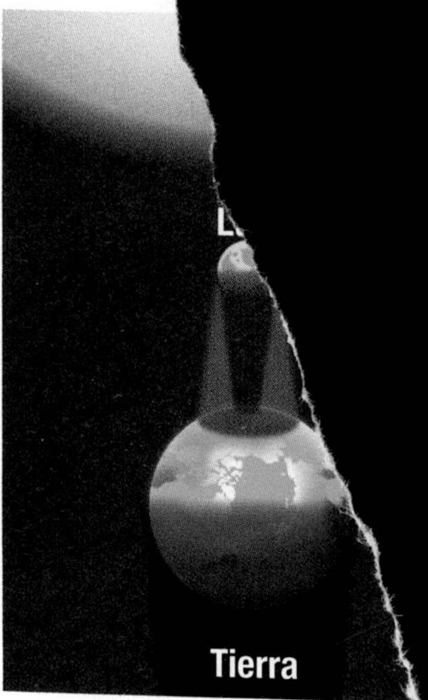

Sin embargo, bajo cier
eclipse solar, esta región m
Los eclipses de Sol o **eclip**
Luna se interpone entre la
de la Tierra, la Luna prese
oculta por completo el
La ilustración muestra
durante el eclipse.

Ciclo de las man

El Sol tiene un campo ma
Las **manchas solares** que
donde el campo magnético so
lo normal. Los gases de las man
porque la temperatura de estas r
más fría que el resto de la superfic
fríos brillan con menos intensidad q
manchas solares se ven más oscuras
rodean. El número de manchas solare
aproximadamente cada 11 años, lo cua
el ciclo de las manchas solares.

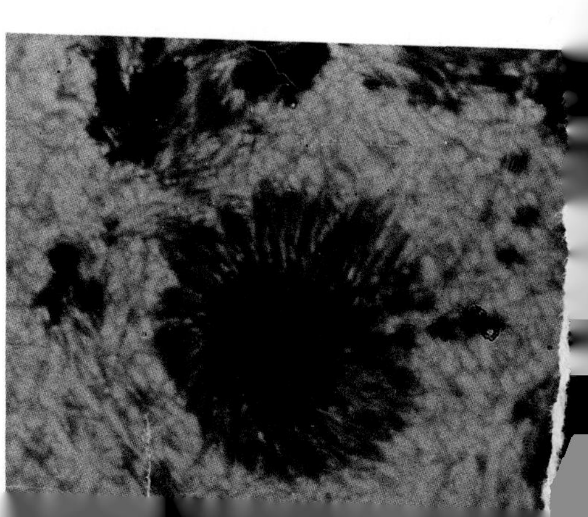

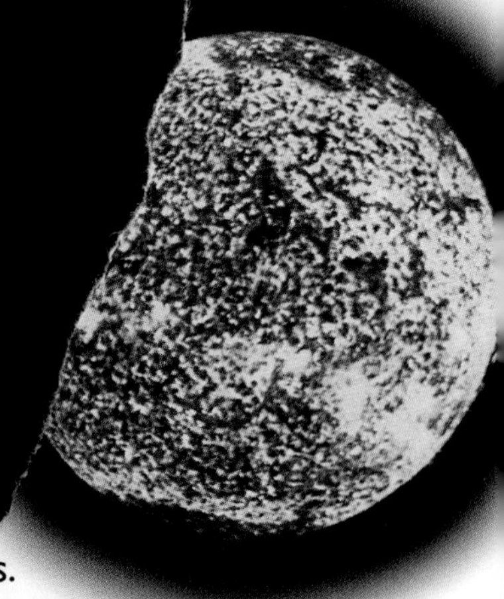

es.

más grandes que la
olar. Las partículas de gas
pacio y llegan a la
ueden causar interferencia
n las líneas eléctricas. A

producir en la Tierra
as franjas o cortinas
illante de la fotografía a
an **auroras polares**.
orman cuando las
que salen de las
olares chocan con la
s polos magnéticos Norte
erra. Al chocar con los
hidrógeno y oxígeno de la
a de la atmósfera, esos átomos
producir un espectacular
liegue de luces de colores.

Lección 2

a estrella más importante para la

ne su energía el Sol.
Tierra las manchas solares?

a 150 millones de kilómetros de la
valor posicional del 5 en esta medida?

Lección 3

¿De qué está formado el universo?

Contemplar el cielo estrellado en una noche despejada lejos de la ciudad suele ser ¡impresionante! Se pueden ver miles de estrellas. Y con un telescopio o unos binoculares se pueden ver todavía más. Pero, ¿es eso todo lo que hay en el espacio? ¡Claro que no! Más allá de donde llega la vista todavía hay innumerables estrellas y otros cuerpos celestes.

Galaxias

Cuando observas el cielo por la noche probablemente ves más de lo que te imaginas. Por ejemplo, algunos de los puntos luminosos que ves no son estrellas sino grupos de estrellas llamados **galaxias.** Todas las estrellas pertenecen a alguna galaxia. Nuestro Sol y las estrellas que vemos desde la Tierra pertenecen a una galaxia llamada Vía Láctea. Así como los planetas del sistema solar giran alrededor del Sol, las estrellas giran alrededor del centro de la galaxia a la que pertenecen.

Los científicos clasifican las galaxias según su forma. Abajo puedes ver los tres tipos principales de galaxias que hay. Las galaxias espirales, como la Vía Láctea, son discos giratorios con brazos que se abren hacia afuera como un molinete. Las galaxias elípticas tienen forma de elipse u óvalo. Las galaxias irregulares no tienen forma definida. Las galaxias más cercanas a la nuestra son dos galaxias irregulares: La Gran Nube de Magallanes y la Pequeña Nube de Magallanes. El explorador portugués Fernando de Magallanes registró la existencia de esas galaxias durante un viaje que hizo en el siglo XVI.

¿Cuál es la idea?

En esta lección aprenderás:

- **qué son las galaxias.**
- **cómo cambian las estrellas a lo largo de su ciclo de vida.**
- **por qué los científicos opinan que el universo continúa expandiéndose.**

Glosario

galaxia, sistema formado por miles de millones de estrellas, gas y polvo cósmico

Tipos de galaxias

Las galaxias espirales probablemente se formaron a partir de nubes gigantescas de gas hidrógeno que giraban a gran velocidad. Las galaxias elípticas son las más brillantes y las más grandes de todas las galaxias conocidas. La mayoría de las galaxias son de este tipo. Las galaxias irregulares tienen más estrellas jóvenes que los demás tipos de galaxias. ▼

Galaxia espiral

Galaxia elíptica

Galaxia irregular

Glosario

cuásares, cuerpos celestes luminosos en los que posiblemente se forman las galaxias

▲ *El diámetro de la Vía Láctea mide unos 100,000 años luz.*

Nuestro sistema solar se encuentra cerca del borde de uno de los brazos espirales de la Vía Láctea, como se muestra en el diagrama de la izquierda. El Sol es sólo una de las miles de millones de estrellas que, junto con los gases y el polvo cósmico, forman la galaxia.

Las galaxias son enormes. Por ejemplo, nuestro sistema solar se encuentra a cerca de 30,000 años luz del centro de la Vía Láctea. Eso significa que, a la velocidad de la luz (300,000 kilómetros por segundo), la luz tarda unos 30,000 años en viajar del centro de la galaxia a nuestro sistema solar. La mayoría de las estrellas que se pueden ver a simple vista se encuentran por lo menos a cientos de años luz.

Nuestra galaxia no es la única del universo. Las galaxias forman agrupaciones llamadas cúmulos. Cada cúmulo puede contener cientos de galaxias. Como se observa en el dibujo de abajo, la Vía Láctea es una de las más de 30 galaxias que integran el cúmulo llamado Grupo Local.

Más allá de nuestro Grupo Local existen muchos otros cúmulos lejanos de galaxias, entre ellos los **cuásares**. Los cuásares son cuerpos celestes extremadamente luminosos los cuales se cree que son el centro activo de galaxias jóvenes en formación. Los cuásares brillan con la intensidad de un billón de soles y se cree que se encuentran a unos 10 mil millones de años luz de distancia de nosotros. Esto significa que la luz que vemos de un cuásar salió rumbo a la Tierra ¡hace 10 mil millones de años!

Nuestro sistema solar forma parte de un sistema de galaxias mucho más grande y de un espacio llamado universo. ▼

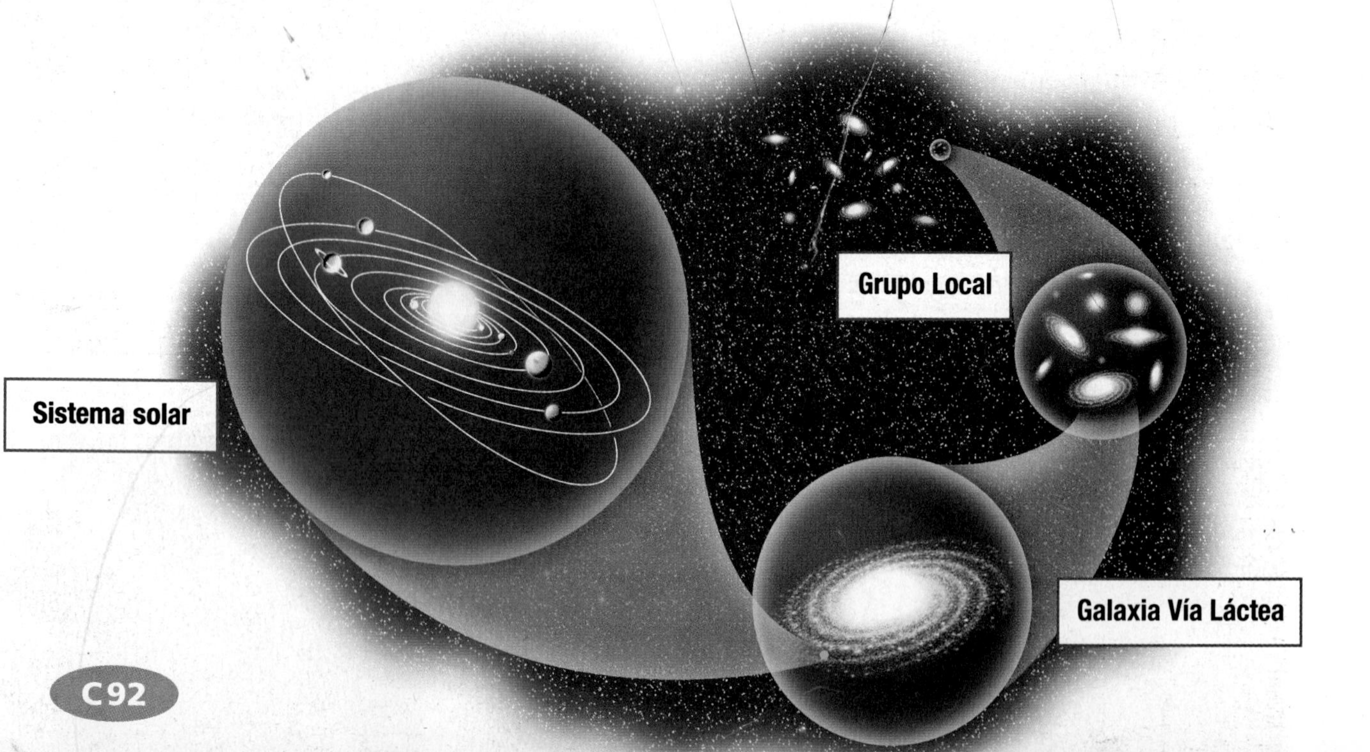

Ciclo de vida de las estrellas

El tamaño, color y brillo de las estrellas varía. Los astrónomos han determinado que esas diferencias se producen al pasar por las distintas etapas de su ciclo de vida. A lo largo de su evolución, las estrellas pueden presentar un color rojo, anaranjado, amarillo, blanco o azul. El color depende de la temperatura de su superficie, la cual depende de su edad y su masa.

La nube de gases y polvo cósmico que se muestra abajo es una **nebulosa**. Ésta es la primera etapa del ciclo de vida de la estrella. Con el tiempo, el gas y el polvo cósmico de la nebulosa se atraen y se acumulan por la fuerza de la gravedad. Al contraerse los materiales atraídos por la gravedad, sube la presión; y, al subir la temperatura, nuevas estrellas se forman. Cuando la temperatura del núcleo de la estrella alcanza los 10,000,000°C, se inicia la fusión. Al fundirse el hidrógeno y formar helio, los gases calientes empujan hacia afuera, mientras que la gravedad atrae los materiales hacia el interior de la estrella. Cuando estas dos fuerzas se equilibran, nace una estrella muy parecida a la que se ve abajo. La energía generada por la fusión pasa a la superficie de la estrella y la hace brillar.

Glosario

nebulosa, nube de gas y polvo cósmico que se encuentra en el espacio

Glosario

Nebula

Las estrellas nacen en medio del polvo cósmico y el gas de las nebulosas. ▼

Glosario

gigante roja, estrella que se ha expandido y cuyo brillo es de color rojo

Vida y muerte de las estrellas

La vida de la estrella depende del tiempo que tarda en consumir todo el hidrógeno de su núcleo. Las estrellas pequeñas o de masa mediana, como el Sol, brillan unos 10 mil millones de años. Las estrellas de mayor masa sólo duran alrededor de un millón de años porque agotan su hidrógeno más rápidamente.

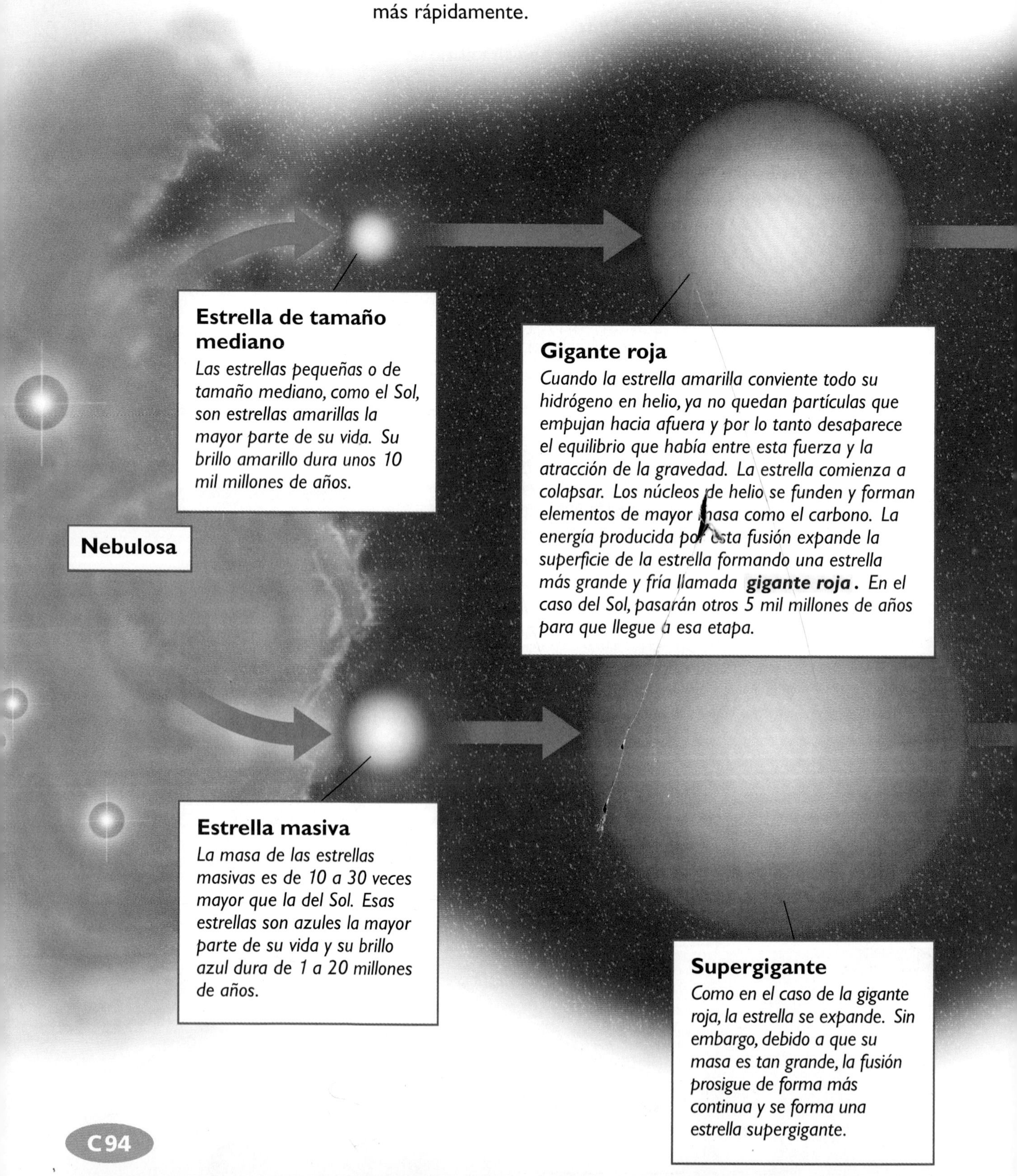

Nebulosa

Estrella de tamaño mediano

Las estrellas pequeñas o de tamaño mediano, como el Sol, son estrellas amarillas la mayor parte de su vida. Su brillo amarillo dura unos 10 mil millones de años.

Gigante roja

Cuando la estrella amarilla conviente todo su hidrógeno en helio, ya no quedan partículas que empujan hacia afuera y por lo tanto desaparece el equilibrio que había entre esta fuerza y la atracción de la gravedad. La estrella comienza a colapsar. Los núcleos de helio se funden y forman elementos de mayor masa como el carbono. La energía producida por esta fusión expande la superficie de la estrella formando una estrella más grande y fría llamada **gigante roja**. *En el caso del Sol, pasarán otros 5 mil millones de años para que llegue a esa etapa.*

Estrella masiva

La masa de las estrellas masivas es de 10 a 30 veces mayor que la del Sol. Esas estrellas son azules la mayor parte de su vida y su brillo azul dura de 1 a 20 millones de años.

Supergigante

Como en el caso de la gigante roja, la estrella se expande. Sin embargo, debido a que su masa es tan grande, la fusión prosigue de forma más continua y se forma una estrella supergigante.

Glosario

supernova, estrella en fase explosiva que al estallar libera enormes cantidades de luz y de otros tipos de energía

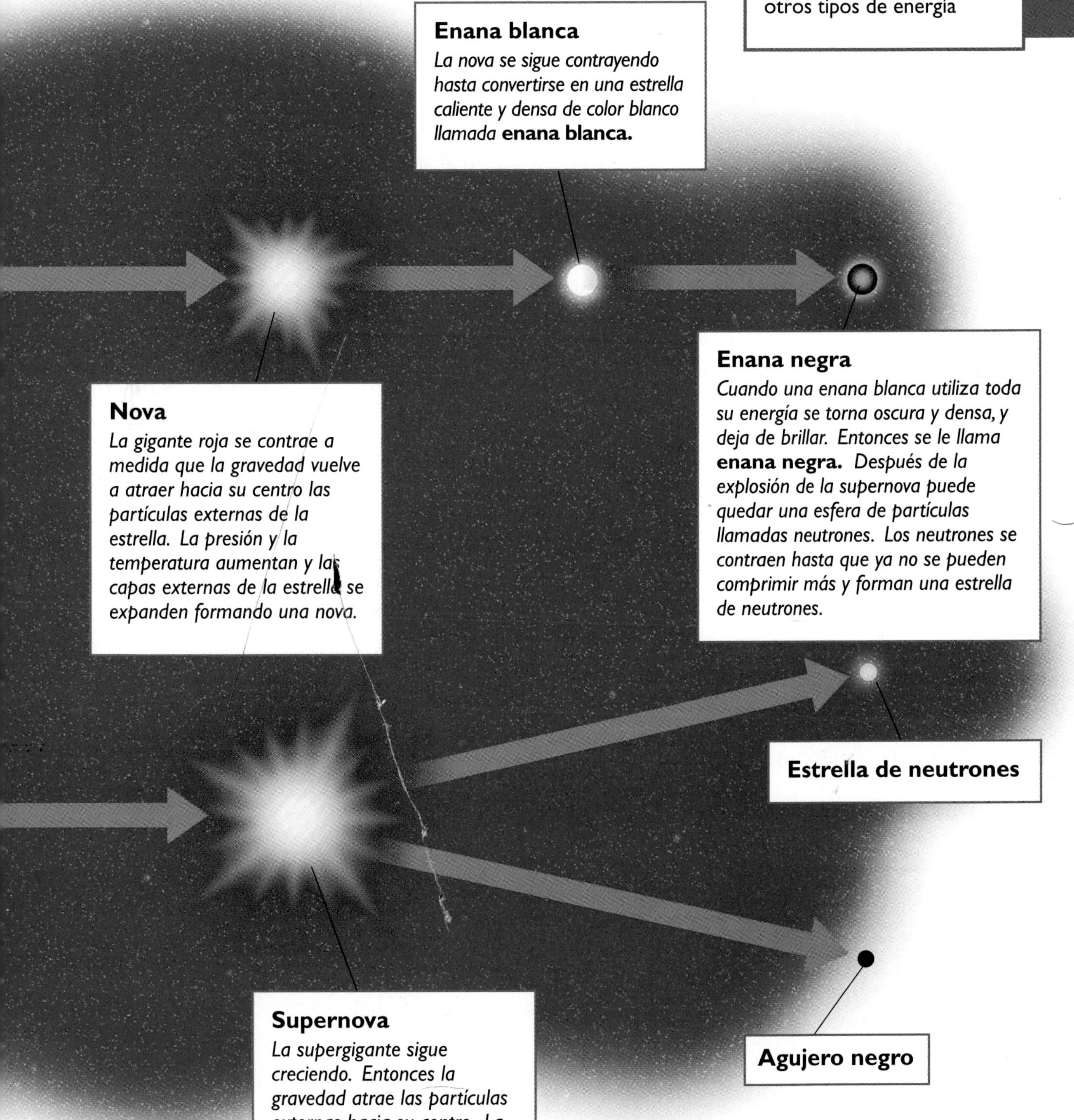

Enana blanca

La nova se sigue contrayendo hasta convertirse en una estrella caliente y densa de color blanco llamada **enana blanca.**

Nova

La gigante roja se contrae a medida que la gravedad vuelve a atraer hacia su centro las partículas externas de la estrella. La presión y la temperatura aumentan y las capas externas de la estrella se expanden formando una nova.

Enana negra

Cuando una enana blanca utiliza toda su energía se torna oscura y densa, y deja de brillar. Entonces se le llama **enana negra.** *Después de la explosión de la supernova puede quedar una esfera de partículas llamadas neutrones. Los neutrones se contraen hasta que ya no se pueden comprimir más y forman una estrella de neutrones.*

Estrella de neutrones

Supernova

La supergigante sigue creciendo. Entonces la gravedad atrae las partículas externas hacia su centro. La presión y la temperatura aumentan tanto que la estrella explota. En esta fase explosiva, la estrella se llama ***supernova*.**

Agujero negro

Glosario

Glosario

agujero negro, cuerpo celeste invisible cuya masa es tan grande y cuya atracción gravitacional es tan fuerte que no deja escapar ni la luz

La explosión de una supernova quizá sea el fenómeno más poderoso del universo. Al explotar, la estrella lanza al espacio sus capas externas a la décima parte de la velocidad de la luz. Su núcleo se contrae formando una esfera compacta llamada estrella de neutrones. Esta estrella de neutrones no llega a medir sino unos cuantos kilómetros de ancho. Sin embargo, sus gases están tan comprimidos que una sola cucharadita de este tipo de estrella tendría una masa igual a la de ¡mil millones de toneladas métricas!

A veces el núcleo de una supernova se comprime más de lo normal. Los científicos opinan que esto se debe a una explosión muy violenta que lanza el material de la estrella al espacio casi a la velocidad de la luz. La atracción de la gravedad que se crea entre los gases que aún quedan en la estrella es tan potente que hace que éstos se sigan contrayendo. Así se forma un objeto invisible de gran masa y fuerza gravitacional llamado **agujero negro**. La atracción de la gravedad de un agujero negro es tan fuerte que no deja que la luz se escape o se refleje. Por esta razón, la luz no es visible.

Si la luz no se puede escapar de los agujeros negros, ¿cómo saben los científicos que existen? Para ello, los científicos observan el comportamiento de estrellas visibles que ellos creen que pueden estar cerca de agujeros negros. Los científicos opinan que los agujeros negros atraen los gases de las estrellas visibles y que al atraer estos gases se forman fuertes y continuos rayos X que los astrónomos pueden detectar.

Busca el agujero negro en el medio del disco de la ilustración. El disco se compone de materia que la gravedad del agujero negro atrae de una estrella visible próxima. ▼

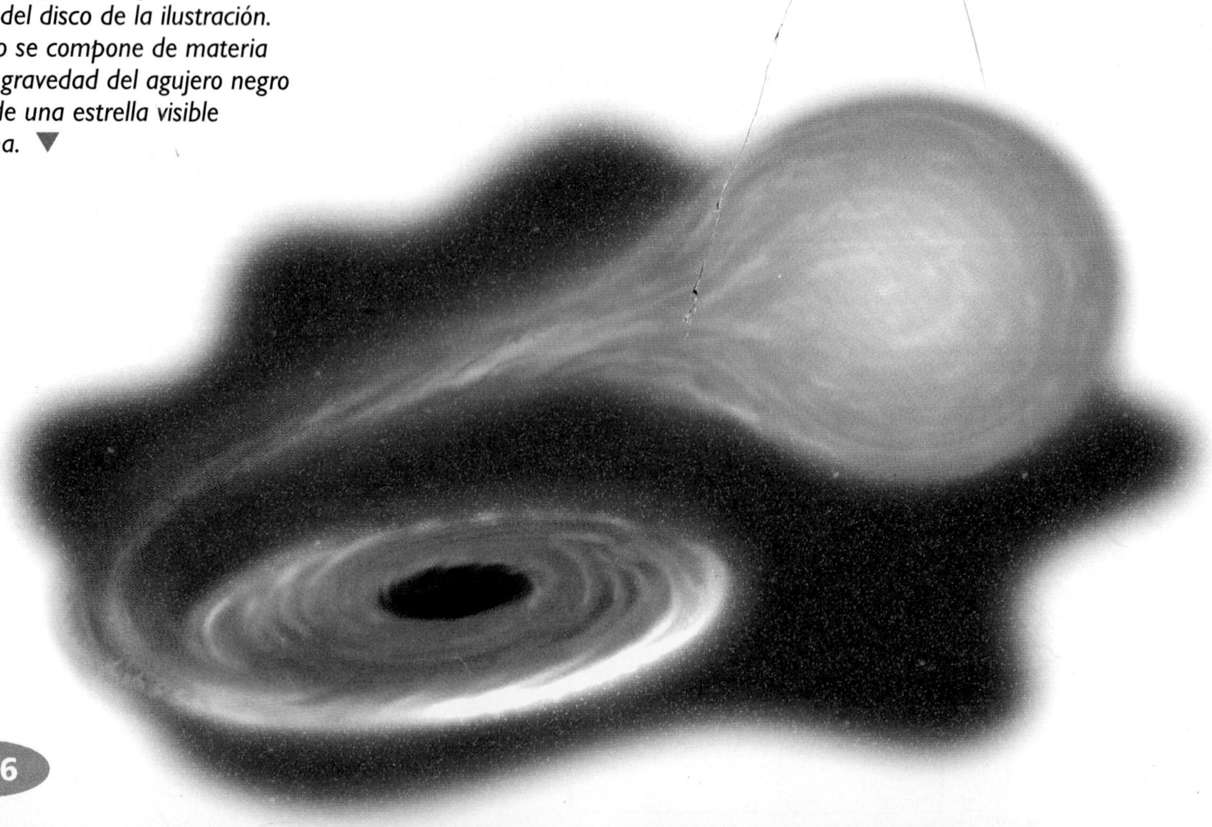

Un universo cambiante

¿Tienes fotos de cuando eras más joven? ¿Has cambiado? Igual que tú, la Tierra también ha cambiado desde que se formó. ¿Cómo lo saben los científicos?

Los científicos han formulado diversas teorías para explicar cómo nació el universo. En la actualidad, la mayoría de ellos piensa que se formó hace unos 15 mil millones de años como resultado de una gran explosión que lanzó materia y energía por todo el espacio. Según esta teoría, conocida como la **teoría del Big Bang,** el universo ha estado expandiéndose desde ese entonces.

¿Qué pruebas tienen los científicos de la expansión del universo? Su prueba está en el color de la luz que las estrellas emiten. Para que lo comprendas mejor, primero piensa en el sonido que oirías si un carro pasara tocando la bocina. Al acercarse a ti el carro, la bocina tiene un tono grave, pero al alejarse tiene un tono agudo.

Así como el sonido de un objeto en movimiento cambia de tono, la luz de un objeto en movimiento cambia de color. El cambio de color depende de si el objeto se va acercando o alejando del observador. Los científicos pueden determinar si los astros se están acercando o alejando de la Tierra al observar la luz que emiten.

Fíjate en el espectro de la luz visible. Cuando un objeto distante se aleja de la Tierra, su luz se desplaza hacia el extremo rojo del espectro. Al estudiar las ondas luminosas de las galaxias distantes, los científicos han descubierto que la luz de todas las galaxias se desplaza hacia el extremo rojo del espectro. Mientras más intenso es este **desplazamiento hacia el rojo,** más lejos se encuentra el objeto. Este desplazamiento indica que las galaxias se están alejando de la Tierra y que el universo continúa expandiéndose.

Repaso de la Lección 3

1. ¿Qué son las galaxias?
2. ¿Cómo cambian las estrellas a lo largo de su ciclo de vida?
3. ¿Qué evidencia hay de que el universo continúa expandiéndose?
4. **Claves de contexto**
   Usa claves de contexto para escribir una definición para la frase *años luz* en la página C92.

Glosario

teoría del Big Bang, idea según la cual el universo se formó hace unos 15 mil millones de años debido a una explosión de materia

desplazamiento hacia el rojo, cambio de las ondas luminosas de un objeto hacia el extremo rojo del espectro que se produce al alejarse el objeto

▲ *Los científicos usan los cambios de color hacia la zona roja del espectro para predecir que las galaxias se están alejando de la Tierra.*

Haz un modelo del universo en expansión

Destrezas del proceso

- hacer y usar modelos
- estimar y medir
- observar
- recopilar e interpretar datos
- inferir

Materiales

- bolígrafo rojo y de otro color
- globo redondo grande
- cinta métrica
- gafas protectoras
- cordel

Preparación
En esta actividad, harás un modelo del universo en expansión.

Te será más fácil medir, si pintas todos tus puntos en un solo lado del globo desinflado.

Sigue este procedimiento

1. Haz una tabla como la que se muestra y anota ahí tus observaciones.

Punto Nº	Distancia entre el punto numerado y el punto rojo (cm)		
	Globo desinflado	Globo a medio inflar	Globo inflado
1			
2			
3			
4			

2. Haz un **modelo** del universo. Con un bolígrafo rojo, pinta un punto en cualquier lugar de un globo desinflado.

3. Con un bolígrafo de otro color, pinta 4 puntos más en el globo. Pinta los puntos a distintas distancias del punto rojo. Numera estos puntos *1, 2, 3* y *4*.

¿Cómo voy?
¿Se ven claramente los puntos que hice?

4. **Mide** la distancia que hay entre el punto rojo y cada punto numerado. Anota tus mediciones (Foto A).

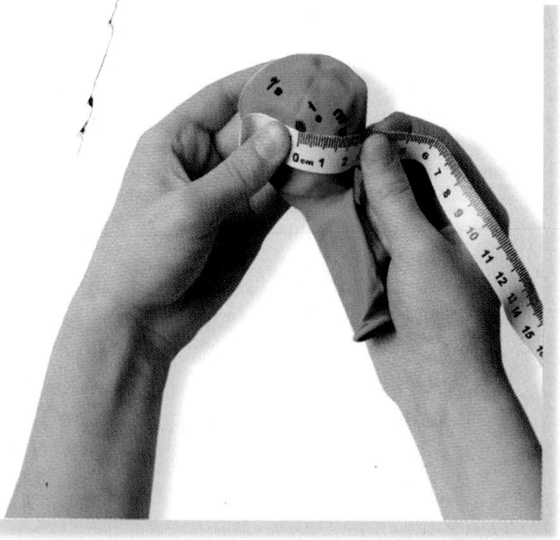

Foto A

5 Ponte las gafas protectoras. Infla el globo a la mitad y mantén el pico del globo cerrado con los dedos. **Observa** la diferencia en el globo y en la posición de los puntos.

6 Pide a un compañero o a una compañera que mida la distancia entre el punto rojo y los puntos numerados. Anota las mediciones (Foto B).

7 Infla el globo por completo. Aprieta el pico del globo mientras un compañero o una compañera lo ata con un cordel para que no se escape el aire.

8 Repite el paso 6.

Interpreta tus resultados

1. En este modelo, el punto rojo representa la Tierra y el globo representa los límites del universo. ¿Qué representan los puntos numerados?

2. **Interpreta** los **datos** que recopilaste y anotaste en la tabla. ¿Qué punto se alejó más del punto rojo?

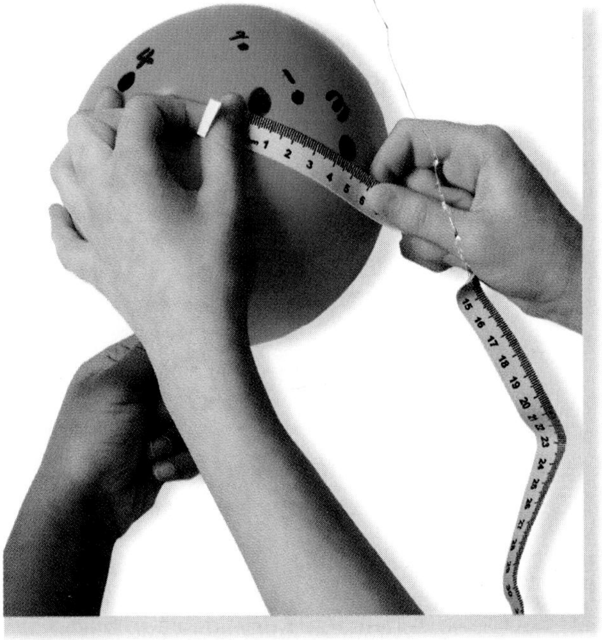

Foto B

3. Haz una **inferencia.** ¿Qué punto se movió con mayor rapidez?

Investiga más a fondo

¿Cómo se puede demostrar qué punto se movió con más rapidez? Piensa en cómo vas a hallar la respuesta a ésta u otras preguntas que tengas.

Autoevaluación

- Seguí instrucciones para hacer un modelo del universo en expansión.
- **Medí** las distancias y anoté mis **observaciones.**
- Describí lo que representaba cada elemento del **modelo.**
- **Interpreté** mis **datos** para determinar cuál de los puntos se alejó más.
- Hice una **inferencia** sobre qué punto del globo se movió con más rapidez.

¿Cuál es la idea?

En esta lección aprenderás:

- qué tecnología se usa para explorar el universo desde el espacio.
- qué beneficios tiene para la sociedad la tecnología espacial.
- cómo han ido cambiando los viajes espaciales.

Lección 4

¿Cómo exploramos el espacio?

Vamos a ver... uno, dos, tres, cuatro... Por aquí veo diez estrellas. Ahora voy a probar con el telescopio... ¡Increíble! ¿De dónde salieron todas esas estrellas? Esas partes del cielo que antes se veían completamente obscuras de repente se llenaron de puntitos de luz. ¿Por qué se ve mejor con el telescopio?

Observaciones desde la Tierra

¿Qué tiene en común tu vista con los telescopios? Pues que los dos sirven para captar la luz. Los científicos alrededor del mundo usan los telescopios para conocer mejor el universo. Muchos telescopios son muy diferentes al de la foto de abajo.

El telescopio Keck se halla en la cima de Mauna Kea, una gran montaña volcánica en Hawai. Este telescopio pesa 270 toneladas métricas y se compone de 36 espejos hexagonales, cada uno de alrededor de 2 metros de ancho. Estos espejos encajan como las baldosas del piso y cada uno descansa en un soporte que una computadora ajusta dos veces por segundo. Este ajuste constante hace que los espejos funcionen como uno solo. El telescopio Keck capta más luz que cualquier otro telescopio y gracias a su potencia, los científicos pueden observar galaxias distantes.

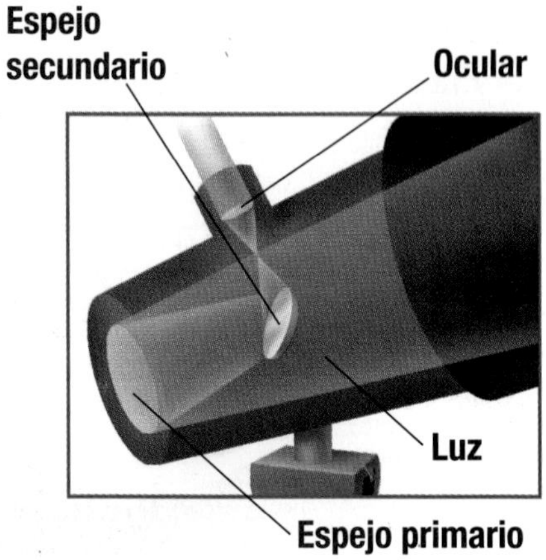

Los telescopios reflectores

◀ *Los telescopios reflectores funcionan por medio de un espejo que capta la luz. El espejo de los telescopios de algunos observatorios mide 10 metros de diámetro Estos espejos captan la luz de objetos tenues y distantes y la concentran en áreas pequeñas. Mientras más grande el espejo, más luz se puede captar.*

Los telescopios se hallan comúnmente en los observatorios. Estas estructuras se construyen en lo alto de las montañas para ver mejor el espacio, alejados de las luces de las ciudades, que interfieren con las imágenes que captan. El observatorio de la foto de la derecha aloja al telescopio Keck.

Los objetos en el espacio no solamente emiten ondas luminosas sino también otros tipos de radiación electromagnética como rayos gamma, rayos X y ondas ultravioletas, infrarrojas y de radio. A veces las ondas electromagnéticas provenientes de los astros no pueden atravesar fácilmente la atmósfera terrestre. Por ejemplo, las ondas de luz y de radio se pueden distorsionar debido a los gases de la atmósfera. Por eso es que algunos tipos de ondas cósmicas se estudian mejor en el espacio, antes de que lleguen a la atmósfera de la Tierra.

En el espacio, los instrumentos pueden recoger mejor la información sin sufrir la interferencia de la atmósfera terrestre. Los satélites artificiales cuentan con instrumentos que recogen y transmiten información sobre la energía que hay en el espacio. En los Estados Unidos, la Administración Nacional de Aeronáutica y el Espacio, o *NASA (National Aeronautics and Space Administration)*, es la institución del gobierno encargada de poner los satélites en órbita alrededor de la Tierra.

Uno de los satélites más importantes utilizados para explorar el espacio es el Telescopio Espacial Hubble, que se ilustra abajo a la derecha. Este telescopio, puesto en órbita en 1990, ha producido imágenes del universo nunca antes vistas y se sigue usando como observatorio espacial. Un uso importante de este telescopio ha sido ayudar a los científicos a determinar la edad del universo.

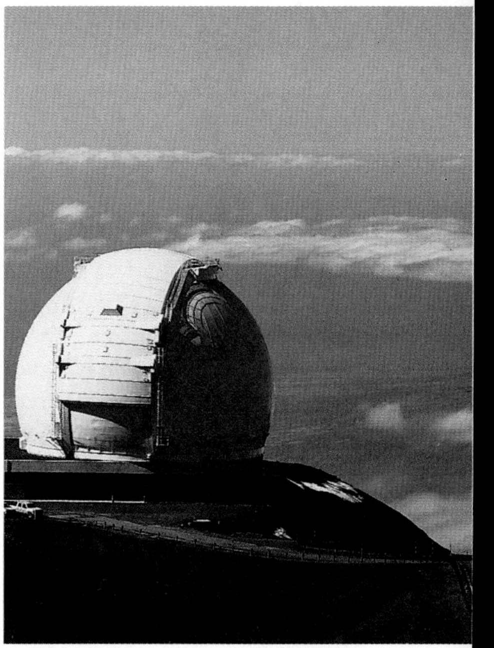

▲ *El telescopio Keck, localizado en este observatorio, puede captar información sobre el espacio más rápidamente que otros telescopios. También tiene la capacidad de ver mucho más allá que los demás telescopios.*

En 1993 se reparó en el espacio un espejo defectuoso del Telescopio Espacial Hubble. Desde entonces, este telescopio ha enviado a la Tierra imágenes de asombrosa nitidez de regiones alejadas del espacio como estas distantes galaxias que se muestran aquí. ▼

¿*Cuáles son algunas ventajas de usar sondas espaciales como la sonda Cassini en lugar de enviar astronautas a explorar el sistema solar?* ▼

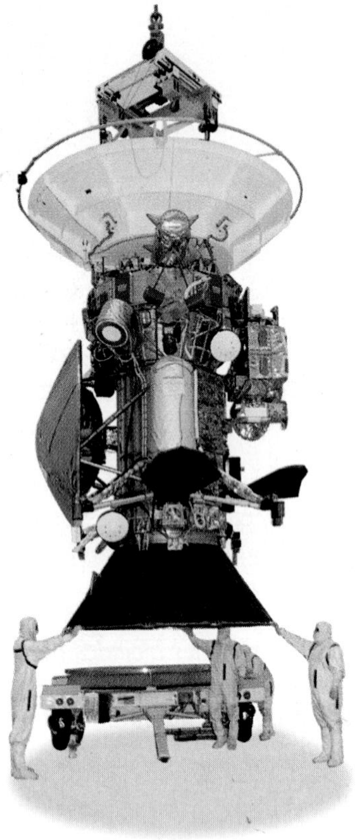

Además de los satélites, los científicos también han lanzado sondas espaciales. Las sondas espaciales son artefacto no tripulados que van a explorar el espacio fuera de la órbita de la Tierra. Estas sondas recogen y envían a la Tierra datos sobre las regiones que atraviesan. Las sondas *Voyager, Pioneer, Mariner* y *Galileo* son algunas de las primeras sondas espaciales que han explorado nuestro sistema solar.

Una de las últimas sondas lanzadas es *Cassini,* que se muestra a la izquierda. Esta sonda deberá llegar a Titán, uno de los satélites de Saturno, en noviembre del año 2004. A su llegada, *Cassini* soltará la sonda *Huygens* en la atmósfera de Titán y permanecerá en órbita sobre ese satélite para grabar los datos recogidos por *Huygens* y retransmitirlos a la Tierra.

Uno de los avances más importantes en la historia de la exploración espacial se ha realizado gracias al Programa de Transbordadores Espaciales *(Space Shuttle Program)* de la *NASA.* Los transbordadores espaciales son vehículos reusables que pueden llevar personas y equipo a orbitar la Tierra y traerlos de regreso. Los astronautas y especialistas que viajan en los transbordadores viven y trabajan en el espacio durante el tiempo que duran las misiones. Su trabajo consiste en realizar experimentos, poner satélites en órbita y hacer reparaciones en el espacio como se observa en la foto de abajo.

Las estaciones espaciales permiten a los astronautas permanecer en el espacio por más tiempo. Los Estados Unidos y la Unión Soviética (U.R.S.S.) fueron los primeros países en construir estaciones espaciales. En 1986 la U.R.S.S. puso en órbita la estación espacial Mir. Astronautas soviéticos y estadounidenses vivieron y realizaron experimentos en ese laboratorio espacial. Actualmente se está construyendo una estación espacial internacional con la colaboración de varios países. Una vez terminada, los científicos continuarán realizando experimentos en el espacio.

Los astronautas Kathryn Thornton y Thomas Akers practican destrezas que serán necesarias en el futuro para la construcción de una estación espacial orbital. ▶

Tecnología producida por la exploración espacial

¿Tienes en casa tu propia estación terrena al igual que millones de hogares? Si tienes antena parabólica, la respuesta es sí. Los satélites diseñados para explorar el espacio tienen muchas aplicaciones prácticas en la Tierra. Por ejemplo, algunos satélites vigilan los cambios meteorológicos y transmiten la información al Servicio Nacional de Meteorología. Otros transmiten señales telefónicas a todo el mundo o se usan para localizar pequeños radios especiales que llevan los aviones cuando éstos se pierden en tierra.

El marcapasos de la fotografía es sólo uno de los muchos beneficios que la tecnología espacial ha traído a la medicina. Los equipos médicos portátiles, los aparatos de monitoreo, los implantes cardíacos y los marcapasos son en su origen equipo diseñado para ser usado en el espacio.

Es muy probable que todos los días uses algo obtenido como resultado de la exploración espacial. Los chips de silicio, con los que funcionan las computadoras domésticas y las calculadoras, son otros de los útiles productos derivados de la investigación y exploración espacial.

Sería muy difícil escapar a toda la tecnología espacial que hoy forma parte de nuestra vida diaria. Por ejemplo, estamos tan acostumbrados a los detectores de humo, hornos de microondas y códigos de barras que ni se nos ocurre pensar que han sido producidos con tecnología espacial. Algunos de esos productos se inventaron para proteger a los astronautas de las temperaturas extremas del espacio. Otros artículos, como los chalecos a prueba de balas, derivan de la tecnología desarrollada para la producción de telas fuertes y ligeras que se pueden usar en el espacio.

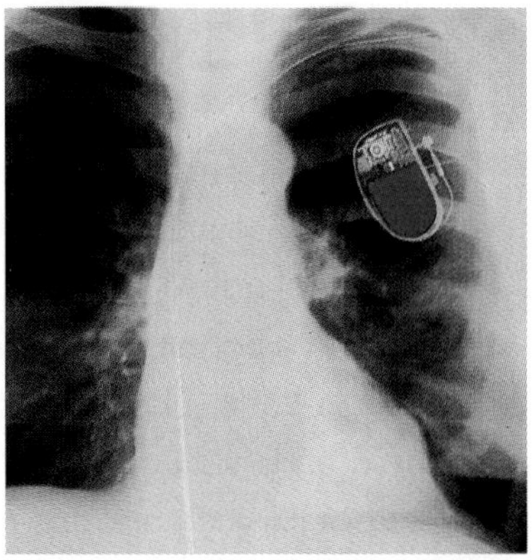

▲ *La tecnología desarrollada para los programas espaciales ha producido varios avances médicos, entre los que se cuenta la fabricación de marcapasos más pequeños y eficaces que ayudan al corazón a bombear la sangre.*

La tecnología espacial ha conducido al desarrollo de los teléfonos celulares. ▶

Historia de los viajes espaciales

Historia de las ciencias

En 1957, la U.R.S.S. inauguró la era de la exploración espacial al poner en órbita el satélite *Sputnik*. Unos años más tarde, se inició la carrera para llegar a la Luna. La NASA utilizó cohetes de potencia cada vez mayor para poner a sus astronautas en órbita y más tarde llevarlos a la Luna. El programa espacial soviético se concentró en la vida de los astronautas que orbitan la Tierra por largos períodos de tiempo. Finalmente la carrera espacial dio paso a misiones de cooperación internacional que continúan hasta la fecha.

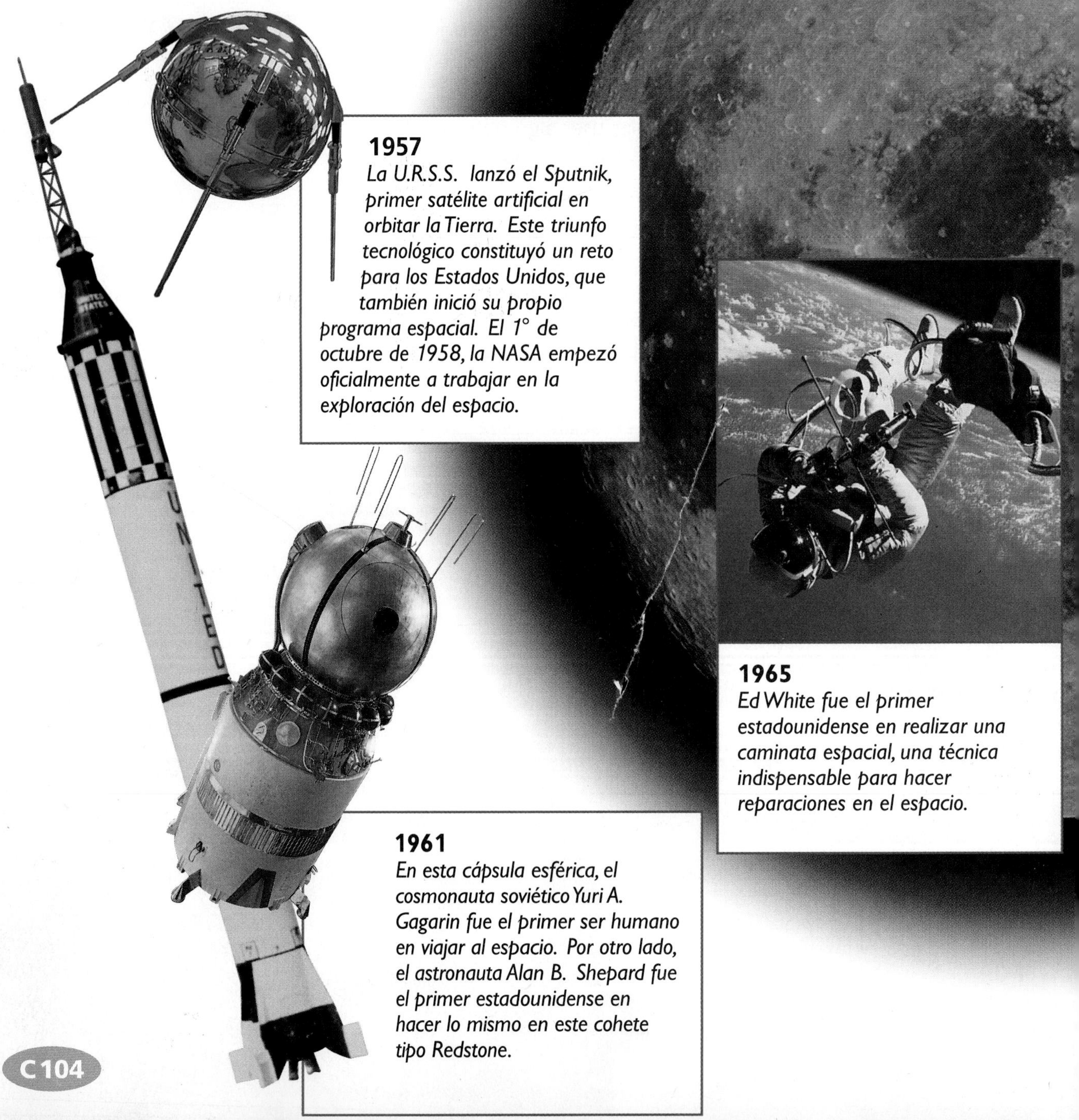

1957
La U.R.S.S. lanzó el Sputnik, primer satélite artificial en orbitar la Tierra. Este triunfo tecnológico constituyó un reto para los Estados Unidos, que también inició su propio programa espacial. El 1° de octubre de 1958, la NASA empezó oficialmente a trabajar en la exploración del espacio.

1965
Ed White fue el primer estadounidense en realizar una caminata espacial, una técnica indispensable para hacer reparaciones en el espacio.

1961
En esta cápsula esférica, el cosmonauta soviético Yuri A. Gagarin fue el primer ser humano en viajar al espacio. Por otro lado, el astronauta Alan B. Shepard fue el primer estadounidense en hacer lo mismo en este cohete tipo Redstone.

1969

Con la misión del Apollo 11, Neil Armstrong y Edwin Aldrin fueron los primeros seres humanos en poner pie en la Luna. Michael Collins se quedó en la nave espacial orbitando la Luna.

1981

El primer lanzamiento y regreso a la Tierra sin percances del transbordador Columbia en 1981 marcó el inicio de una nueva era espacial. Los transbordadores espaciales permiten a sus tripulantes realizar una variedad de investigaciones y trabajar en el espacio.

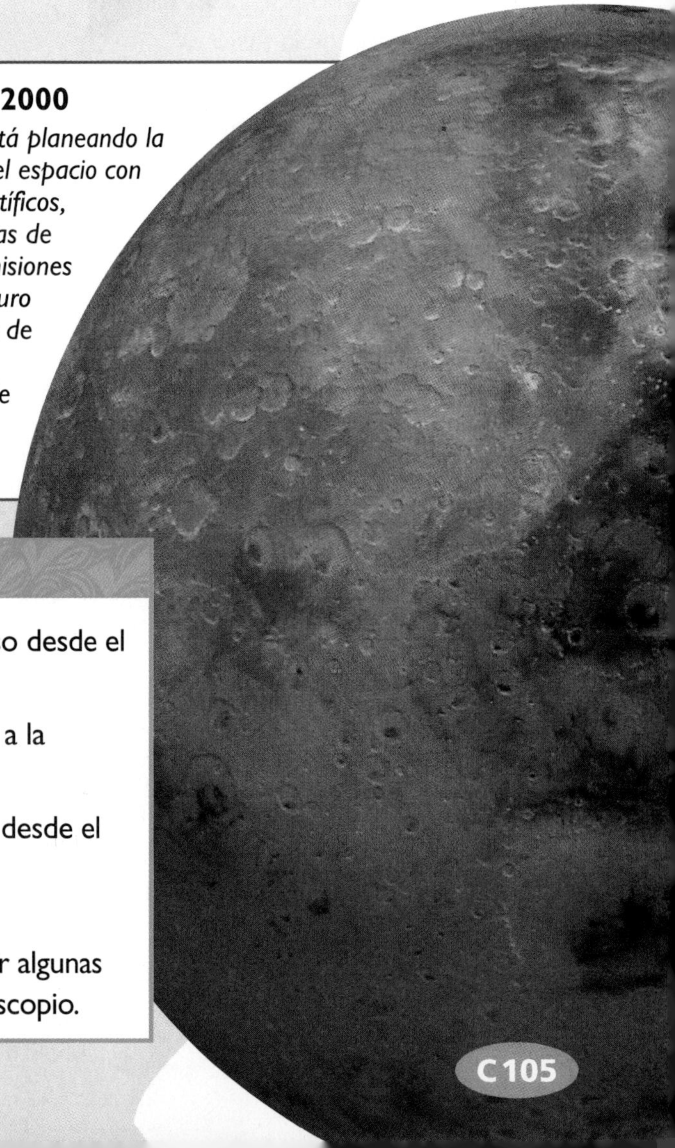

Más allá del año 2000

En la actualidad, se está planeando la exploración y el uso del espacio con la cooperación de científicos, ingenieros y astronautas de diversos países. Las misiones internacionales del futuro prevén la construcción de una enorme estación espacial en la órbita de la Tierra y una posible misión a Marte.

Repaso de la Lección 4

1. ¿Qué tecnología se usa para explorar el universo desde el espacio?
2. ¿Qué beneficios ha traído la tecnología espacial a la sociedad?
3. ¿Cómo han ido cambiando los viajes espaciales desde el lanzamiento del *Sputnik*?
4. **Usar fuentes gráficas**
   Usa la ilustración de la página C100 para escribir algunas oraciones que expliquen cómo funciona un telescopio.

Repaso del Capítulo 3

Ideas principales del capítulo

Lección 1

- La Tierra gira en sentido contrario a las agujas del reloj en un eje inclinado, y alrededor del Sol en una órbita elíptica.
- Las estaciones cambian cuando la Tierra se inclina hacia el Sol o en dirección contraria a éste en distintos momentos de su órbita.
- La Tierra, la Luna y el Sol interactúan para producir las mareas, los eclipses y las fases de la Luna.

Lección 2

- La estrella más cercana a la Tierra es el Sol, que nos proporciona energía.
- El Sol está formado por gases calientes y obtiene su energía de la fusión.
- La actividad de las manchas solares está acompañada por protuberancias solares, que emiten radiación al espacio y provocan interferencia estática, sobrevoltaje en las líneas eléctricas y auroras en la Tierra.

Lección 3

- Las galaxias son sistemas formados por miles de millones de estrellas, gas y polvo cósmico.
- Durante su ciclo de vida, las estrellas cambian de tamaño, color y brillo.
- Los científicos han notado que la luz de las galaxias distantes se está desplazando hacia el extremo rojo del espectro, lo cual indica que las galaxias se están alejando y que el universo se está expandiendo.

Lección 4

- Los telescopios, los satélites artificiales, las sondas y los transbordadores espaciales permiten explorar el universo.
- Gracias a la technología, se han desarrollado muchos productos de uso diario.
- Los viajes espaciales comenzaron con los esfuerzos por llegar a la Luna, seguidos de sondas espaciales no tripuladas, una estación espacial y transbordadores espaciales.

Repaso de términos y conceptos científicos

Escribe la letra de la palabra o frase que complete mejor cada oración.

a. auroras
b. teoría del Big Bang
c. agujero negro
d. corona
e. equinoccio
f. fusión
g. galaxia
h. eclipse lunar
i. nebulosa
j. cuasares
k. gigante roja
l. desplazamiento hacia el rojo
m. eclipse solar
n. protuberancias solares
o. solsticio
p. mancha solar
q. supernova
r. mareas

1. El ___ es el día más largo o más corto del año.

2. Cuando ocurre un ___, la sombra de la Tierra está sobre la Luna.

3. Durante un ___, el día y la noche tienen la misma duración.

4. Los ___ son galaxias en desarrollo.

5. Una ___ es la nube de gases y polvo a partir de la cual nace una estrella.

6. La estrella que se ha expandido y cuyo brillo es de color rojo se llama ___.

7. La atracción gravitacional de la Luna sobre la Tierra causa las ___.

8. Un ___ es un objeto denso e invisible que se encuentra en el espacio.

9. Durante la ___ los átomos se combinan para formar nuevos elementos.
10. Una ___ es una estrella en fase explosiva.
11. La ___ es la idea que explica la formación del universo.
12. El ___ es el cambio de color de una estrella hacia el extremo rojo del espectro.
13. Las ___ son despliegues de luces en el cielo que se observan cerca de las latitudes polares.
14. Las ___ son erupciones que se producen en la superficie solar.
15. La ___ es el círculo de gases brillantes que rodea a la superficie del Sol.
16. Una ___ es una región del Sol que tiene un campo magnético muy fuerte.
17. Un ___ se produce cuando el Sol, la Luna y la Tierra se alinean.
18. Todas las estrellas pertenecen a alguna ___.

Explicación de ciencias

Contesta las siguientes preguntas con oraciones en una tabla o mediante dibujos con leyendas.

1. ¿Cómo se mueve e interactúa la Tierra en relación con los demás cuerpos celestes?

2. ¿Qué características del Sol afectan a la Tierra?

3. ¿Existe relación entre las estrellas y las galaxias?

4. ¿Cómo se explora el universo desde la Tierra y desde el espacio?

Práctica de destrezas

1. La Tierra se encuentra a 149,598,000 de kilómetros del Sol. Escribe en letras esta **cifra grande**.

2. Repasa la información sobre las estaciones de la página C84. Después, escribe el procedimiento de un **experimento** que demuestre si la luz calienta más cuando llega a un objeto directamente o en ángulo. Identifica las **variables** que vas a controlar.

3. **Formula preguntas** que te gustaría investigar en una misión de exploración espacial futura.

Razonamiento crítico

1. Rosario vive en Michigan, donde los inviernos pueden ser bastante rigurosos. Su hermano, Miguel, vive en Australia. **Aplica** tus conocimientos sobre las estaciones para ayudar a Rosario a decidir si debe visitar a su hermano en las vacaciones de verano o en las de invierno.

2. Si pudieras viajar a un agujero negro, **formula una hipótesis** sobre lo que te pasaría al llegar al punto de atracción gravitacional.

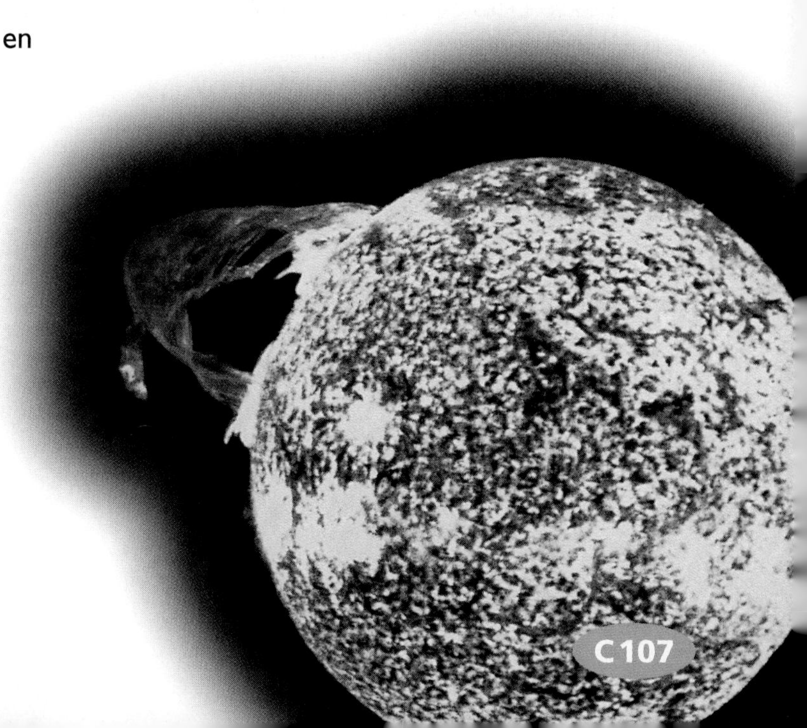

¡Reduce, reusa y recicla!

¿Quién dijo que no se podían hacer mochilas con llantas usadas? Conservar los recursos nos ayuda a aprender a apreciar las cosas que usamos. ¿A qué otras cosas les dio un nuevo uso la niña de la ilustración?

Capítulo 4

Recursos y conservación

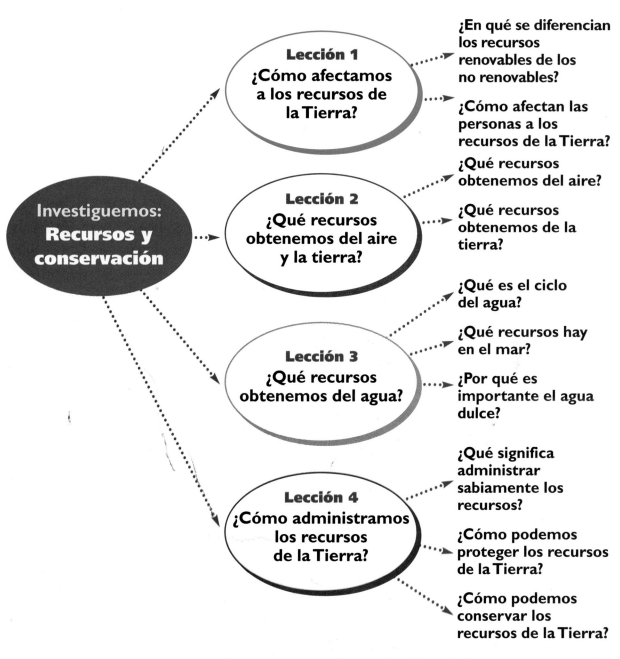

Investiguemos: Recursos y conservación

- **Lección 1**
  ¿Cómo afectamos a los recursos de la Tierra?
  - ¿En qué se diferencian los recursos renovables de los no renovables?
  - ¿Cómo afectan las personas a los recursos de la Tierra?
- **Lección 2**
  ¿Qué recursos obtenemos del aire y la tierra?
  - ¿Qué recursos obtenemos del aire?
  - ¿Qué recursos obtenemos de la tierra?
- **Lección 3**
  ¿Qué recursos obtenemos del agua?
  - ¿Qué es el ciclo del agua?
  - ¿Qué recursos hay en el mar?
  - ¿Por qué es importante el agua dulce?
- **Lección 4**
  ¿Cómo administramos los recursos de la Tierra?
  - ¿Qué significa administrar sabiamente los recursos?
  - ¿Cómo podemos proteger los recursos de la Tierra?
  - ¿Cómo podemos conservar los recursos de la Tierra?

Copia el organizador gráfico del capítulo *en una hoja de papel. El organizador te muestra de qué trata el capítulo. A medida que leas las lecciones y hagas las actividades, busca las respuestas a las preguntas y anótalas en tu organizador. Puedes añadir tus propias preguntas acerca de los recursos y la conservación.*

Explora el reciclaje

Destrezas/Proceso

Destrezas del proceso

- observar
- comunicar

Materiales

- periódico
- vaso de plástico
- pasta de papel
- molde de aluminio
- tela metálica de ventana
- tabla de madera

Explora

1. Cubre tu pupitre con periódico.

2. Coloca en un molde de aluminio dos vasos llenos de pasta de papel. Sumerge la tela metálica en la pasta de papel. Cubre la tela metálica con una capa delgada de pasta.

*¡**Cuidado!** Ten cuidado de no rasparte o cortarte con la tela metálica.*

3. Coloca sobre el periódico la tela metálica con la pasta. Cubre la pasta con más hojas de periódico.

4. Da vuelta al "emparedado" de periódico, tela metálica y pasta de papel de manera que la tela metálica quede sobre la pasta.

5. Prensa la pasta con la tabla de madera para quitar la mayor cantidad posible de agua de las fibras. Da vuelta a la tela metálica para que la pasta vuelva a quedar hacia arriba.

6. Pega una etiqueta con tu nombre en la tela metálica y deja que la mezcla seque por 1 ó 2 días. Luego despega tu papel de la tela metálica. **Observa** el papel reciclado.

Reflexiona

1. Describe el papel reciclado que hiciste.

2. **Comunica.** Comenta con tus compañeros y compañeras las características de tu papel. Escribe una lista de las maneras en que se puede probar la calidad del papel.

Investiga más a fondo

Tu papel reciclado está hecho de periódicos triturados. ¿Cómo cambiarían las características del papel si se usaran otros materiales? Piensa en cómo vas a hallar la respuesta a ésta u otras preguntas que tengas.

Comparar y Contrastar

Un paso importante en las ciencias es comparar y contrastar sucesos, ideas u objetos. Para **comparar** elementos, identificas en qué se parecen. Cuando los **contrastas**, identificas en qué se diferencian. A medida que leas la Lección 1, *¿Cómo afectamos a los recursos de la Tierra?*, compara y contrasta los recursos de la Tierra.

Vocabulario de lectura

comparar, hallar en qué se parecen las cosas

contrastar, hallar en qué se diferencian las cosas

Ejemplo

Al comparar y contrastar elementos, a menudo usas un diagrama como el que se muestra abajo. Cada círculo representa un tipo de recurso renovable y no renovable. Completa cada círculo con las características del tipo de recurso. Cuando ambos tipos compartan una característica, escribe la característica en el área donde se unen los dos círculos. En el diagrama se identifica una característica.

Recursos de la Tierra

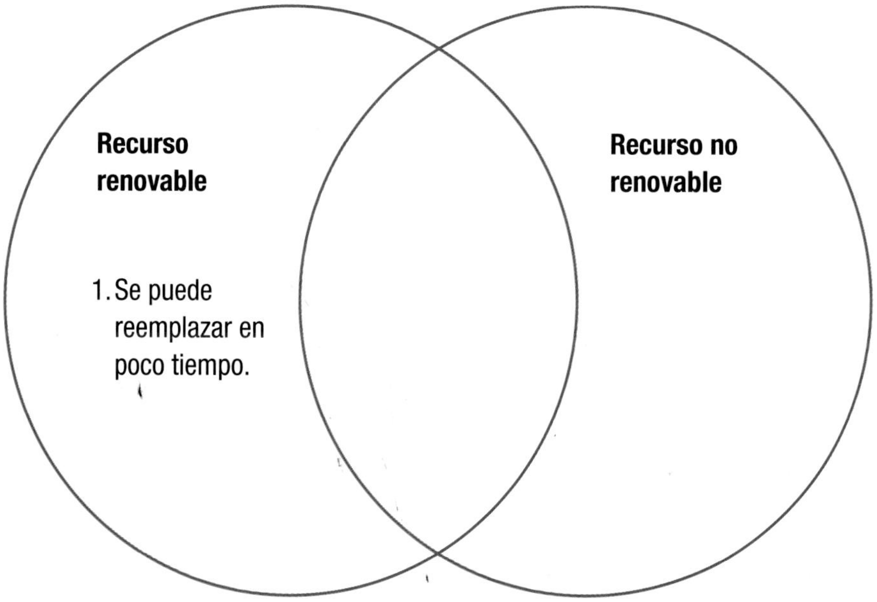

En tus palabras

1. ¿Cómo puedes entender la lectura al comparar y contrastar?

2. ¿Cómo puedes comparar y contrastar tres objetos con un diagrama similar?

¿Cuál es la idea?

En esta lección aprenderás:

- **qué diferencia hay entre los recursos renovables y los no renovables.**
- **cómo las personas afectan a los recursos de la Tierra.**

Lección 1

¿Cómo afectamos a los recursos de la Tierra?

¡AH! Te despiertas y respiras el aire fresco. Enciendes la luz y, ¡ZAS! la electricidad llega a tu lámpara. Luego, abres la llave del lavabo y sale agua limpia: SSSHHH... Tanto de día como de noche, dependes del aire, del agua y de la tierra de nuestro planeta.

Glosario

Glosario

recurso renovable, aquél que se puede regenerar en un período de tiempo relativamente corto

recurso no renovable, aquél que no se puede regenerar

Recursos renovables y no renovables

¿Qué cosas usas en tus actividades diarias? Es posible que menciones alimentos, bebidas, ropa, papel y lápices, entre otros. Los materiales con que se hacen las cosas que usas se llaman recursos. Todos los objetos que utilizamos se hacen con uno o más recursos. ¿Sabes con qué recursos se fabricaron las cosas que usaste hoy?

La niña de la izquierda tiene en las manos objetos que provienen de dos grupos distintos de recursos: los renovables y los no renovables. Los **recursos renovables** son los que se pueden regenerar o reponer en un período de tiempo relativamente corto. Por ejemplo, en la elaboración de productos de papel y de madera se utilizan árboles que se pueden volver a plantar después que se han cortado. Los alimentos y el algodón también son renovables porque los ganaderos pueden criar más ganado y los agricultores pueden plantar otros cultivos.

Los **recursos no renovables** son los que no se pueden regenerar o reponer. Muchos combustibles, como el gas y el petróleo, son recursos no renovables porque tardan millones de años en formarse.

¿Qué recurso renovable tiene la niña en una mano? ▼

Debido a que los usamos más rápidamente de lo que se pueden regenerar, llegará un día en que se agotará todo el gas y el petróleo de la Tierra. ¿Por qué es un recurso no renovable el trozo de carbón que tiene en la mano la niña de la página anterior?

Para determinar si un recurso es renovable o no, piensa con qué rapidez se puede regenerar. Por ejemplo, ¿cuánta agua dulce hay en la región donde vives? El agua dulce abunda en la región de los Grandes Lagos de los Estados Unidos porque las frecuentes lluvias reponen rápidamente el suministro de agua. Pero en regiones como el desierto del suroeste hay una gran escasez de agua. En lugares como Arizona, la poca lluvia no puede reponer la cantidad de agua que se consume.

Las personas afectan a los recursos

¡Imagínate el enorme hoyo que haría una excavadora del tamaño de un edificio de 20 pisos! La máquina que ves a la derecha saca con gran rapidez enormes cantidades de tierra y rocas, capa por capa, con el fin de encontrar y extraer carbón o minerales. Con esta técnica, conocida como minería a cielo abierto, se puede arrancar por completo la cima de una colina.

Usar los recursos de la Tierra tiene sus riesgos, beneficios y costos. ¿Cómo te sentirías si cerca de tu casa se excavara una mina a cielo abierto? Es muy posible que no te guste el hueco enorme que se forme al extraer la tierra, las rocas y las plantas de un área extensa. Utilizar los recursos de esa manera se podría considerar como un costo.

Minería a cielo abierto

Las excavadoras de tierra, como la gigantesca máquina mostrada abajo, arrancan capas de tierra y rocas con el fin de extraer carbón o minerales. Con esta técnica minera, valiosas cantidades de suelo y mantillo quedan enterradas o son arrastradas por el agua. ▼

La explotación minera a cielo abierto también ofrece beneficios, ya que es menos costosa y menos arriesgada que la minería subterránea. La minería subterránea puede provocar derrumbes, explosiones de gases y contaminación del agua. Actualmente, el gobierno de los Estados Unidos exige a las compañías que rellenen las áreas donde se han excavado minas a cielo abierto y que vuelvan a plantar vegetación. Este proceso, llamado "recuperación de terrenos", es costoso pero a la vez beneficioso. A la larga, el terreno recuperado o reconquistado puede ofrecer nuevos hábitats para la vida salvaje o se puede utilizar como lugar de recreo.

Veamos ahora los riesgos, los beneficios y los costos de otro uso de los recursos de la Tierra. Las fotos de la izquierda muestran los efectos de la construcción de una presa. Las presas se construyen para crear depósitos de agua y generar electricidad. ¿Qué otros efectos sobre la región podría tener el agua contenida en la presa?

▲ *Las presas como la que se muestra arriba, controlan el flujo de agua en áreas propensas a inundaciones. A pesar de que se pierden tierras de cultivo y zonas boscosas, la presa ofrece un suministro de agua pura y un lugar de recreo.*

Repaso de la Lección 1

1. ¿En qué se diferencian los recursos renovables de los no renovables?
2. ¿Cómo afecta la gente los recursos de la Tierra?
3. **Compara y contrasta**
   Compara y contrasta el uso de recursos en tu casa y en la de un amigo o amiga.

Lección 2

¿Qué recursos obtenemos del aire y la tierra?

¿Cuál es la idea?

En esta lección aprenderás:

- **qué recursos obtenemos del aire.**
- **qué recursos obtenemos de la tierra.**

¿Has intentado alguna vez aguantar la respiración hasta no poder más? ¡FFFUUH! Al poco rato empiezas a jadear. Los seres humanos y muchos animales no pueden vivir sin aire más de unos cuantos minutos. ¿Por qué es tan importante el aire?

Recursos del aire

La atmósfera, es decir, el aire que respiramos, está formada por una variedad de gases invisibles. Los principales son el nitrógeno y el oxígeno. El aire tiene además cantidades menores de dióxido de carbono y otros gases. La vida de los organismos depende de todos estos gases, que, por suerte, son recursos renovables.

En la Unidad A, aprendiste acerca del ciclo del dióxido de carbono-oxígeno, en el que ambos gases se renuevan constantemente.

El ciclo del dióxido de carbono-oxígeno forma parte de un ciclo mayor llamado ciclo del carbono. En este ciclo, el carbono se recicla por todo el ambiente. Cuando los animales, como los búfalos de la derecha, comen plantas, están tomando moléculas que contienen carbono. Al morir las plantas o los animales, el carbón almacenado pasa a la tierra o regresa a la atmósfera en forma de dióxido de carbono cuando la materia se descompone.

En la naturaleza, el carbono se recicla constantemente. ▼

El nitrógeno es otro recurso renovable que necesitan todos los seres vivos para crecer y reparar sus células. Este gas no se puede tomar directamente del aire. El nitrógeno pasa por un ciclo, llamado ciclo del nitrógeno, en el cual el nitrógeno que hay en el aire cambia a una forma que los organismos pueden usar.

Entre las plantas leguminosas se encuentran la alfalfa, el chícharo, el trébol y la soya. Las bacterias que viven en unas protuberancias que hay en las raíces de estas plantas transforman el nitrógeno del aire en compuestos nitrogenados que las plantas usan para fabricar proteínas. Al descomponerse estas plantas y los desechos de animales que contienen nitrógeno, se libera en el suelo un compuesto nitrogenado. Las plantas pueden absorber este nitrógeno por la raíz. Sin embargo, las bacterias del suelo transforman parte de este compuesto en gas nitrógeno, el cual regresa a la atmósfera.

En las fotos de abajo verás otro recurso renovable que obtenemos del aire. ¿Cuál crees que es este recurso? Los molinos de viento, como los de la ilustración, usan el viento para hacer girar turbinas que generan electricidad.

Los molinos de viento atrapan la energía del movimiento del aire. Las enormes aspas de estos molinos hacen girar turbinas que generan electricidad. ▼

Recursos de la tierra

¿Qué te viene a la mente cuando te hablan de algo *precioso?* ¿Piensas en piedras preciosas como el diamante o en metales como el oro? Tanto el diamante como el oro son minerales. Aunque no todos los minerales son preciosos, todos son recursos no renovables que se hallan en la tierra. Por lo general, los minerales se encuentran en **menas**, un tipo de roca que contiene un mineral en cantidad suficiente como para que tenga valor. En las ilustraciones de abajo puedes ver algunos objetos conocidos que se hacen con minerales.

El suelo es uno de los recursos más valiosos. Nos permite cultivar las plantas que necesitamos para vivir. Al crecer, las plantas absorben minerales del suelo y cuando mueren y se descomponen, estos minerales regresan al suelo. Así, el suelo se puede usar muchas veces. ¿Es el suelo un recurso renovable o no renovable?

Los árboles son otro recurso importante. Mira los árboles de la ilustración. ¿Qué usos les podemos dar después de cortarlos? En la Lección 1 vimos que, a veces, los recursos renovables se agotan más rápidamente de lo que se pueden regenerar. Los árboles son un ejemplo de un recurso renovable que es preciso usar sabiamente. Debemos cuidar los recursos de la tierra evitando la erosión del suelo y volviendo a plantar árboles que se han talado.

Glosario

mena, roca que contiene un mineral en cantidad suficiente como para que tenga valor

▲ *Los árboles son recursos importantes que nos proporcionan muchas de las cosas que usamos.*

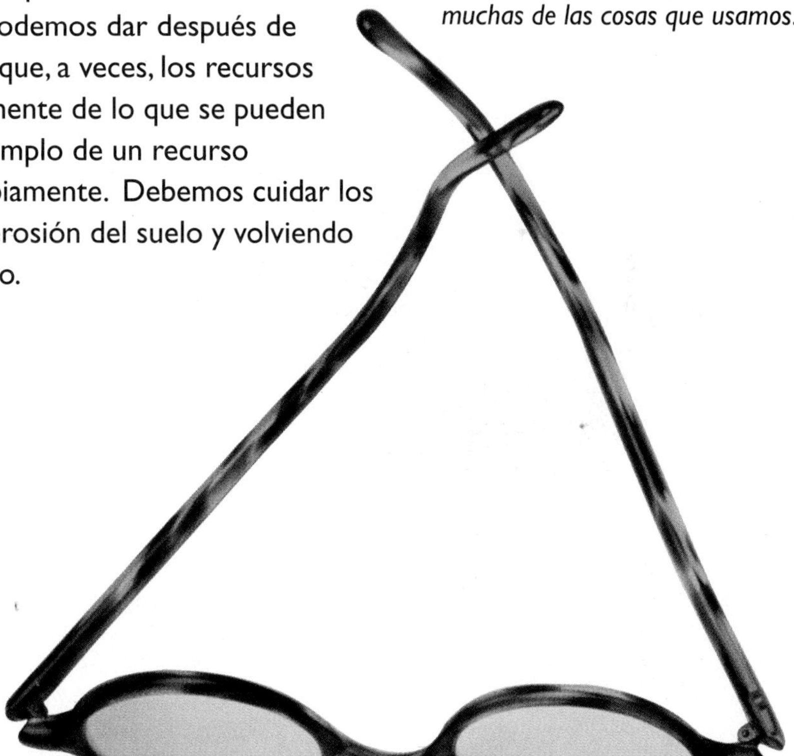

▲ *Éstos son algunos de los muchos productos que se fabrican con los recursos de la Tierra. ¿Qué recurso se ha utilizado en la fabricación de cada uno?*

Glosario

combustibles fósiles, combustibles como el carbón, el gas natural y el petróleo, que se formaron bajo tierra hace millones de años a partir de materia orgánica en descomposición

Otros recursos de gran importancia son los **combustibles fósiles**, como el carbón, el gas natural y el petróleo. Estos combustibles se formaron hace millones de años a partir de restos de plantas o animales que quedaron enterrados. Los combustibles fósiles nos suministran energía. Piensa en las cosas que hacemos que necesitan energía. Usamos energía para cocinar, para calentar casas y edificios, para usar el carro y para hacer funcionar aparatos eléctricos como, por ejemplo, los tocadiscos de compactos. Como puedes notar en la gráfica, la mayor parte de la energía utilizada en los Estados Unidos proviene de combustibles fósiles. Cantidades menores de energía provienen de la energía nuclear y otras fuentes. Los combustibles fósiles y el uranio utilizado para la energía nuclear son recursos no renovables que se hallan en la tierra. El uranio y el carbón se extraen de minas. Para extraer gas y petróleo del interior de la Tierra, se perforan pozos. Los científicos creen que si seguimos usándolos en la misma cantidad y con la misma rapidez de hoy, todos los combustibles fósiles del mundo se agotarán en unos cientos de años. Recuerda: cada vez que apagas una luz o usas la bicicleta en lugar de usar el carro, estás ahorrando combustibles fósiles.

Producción de energía

Repaso de la Lección 2

1. ¿Qué recursos obtenemos del aire?
2. ¿Qué recursos obtenemos de la tierra?
3. **Compara y contrasta**
   Compara y contrasta el suelo y el aire como recursos.

Lección 3

¿Qué recursos obtenemos del agua?

Lavar los platos, bañar al perro, lavar el carro, darnos una ducha, cepillarnos los dientes... ¡Caramba! ¿Será que el agua sólo sirve para lavar cosas? Claro que no. Las células de todos los seres vivos también necesitan agua para realizar sus funciones vitales.

¿Cuál es la idea?

En esta lección aprenderás:
- **qué es el ciclo del agua.**
- **qué recursos obtenemos del mar.**
- **qué importancia tiene el agua dulce.**

Ciclo del agua

El ciclo del agua les da a los organismos un suministro constante del agua que necesitan. Como puedes ver abajo, el agua pasa de la atmósfera a la tierra y luego vuelve a la atmósfera. Por eso el agua es un recurso renovable.

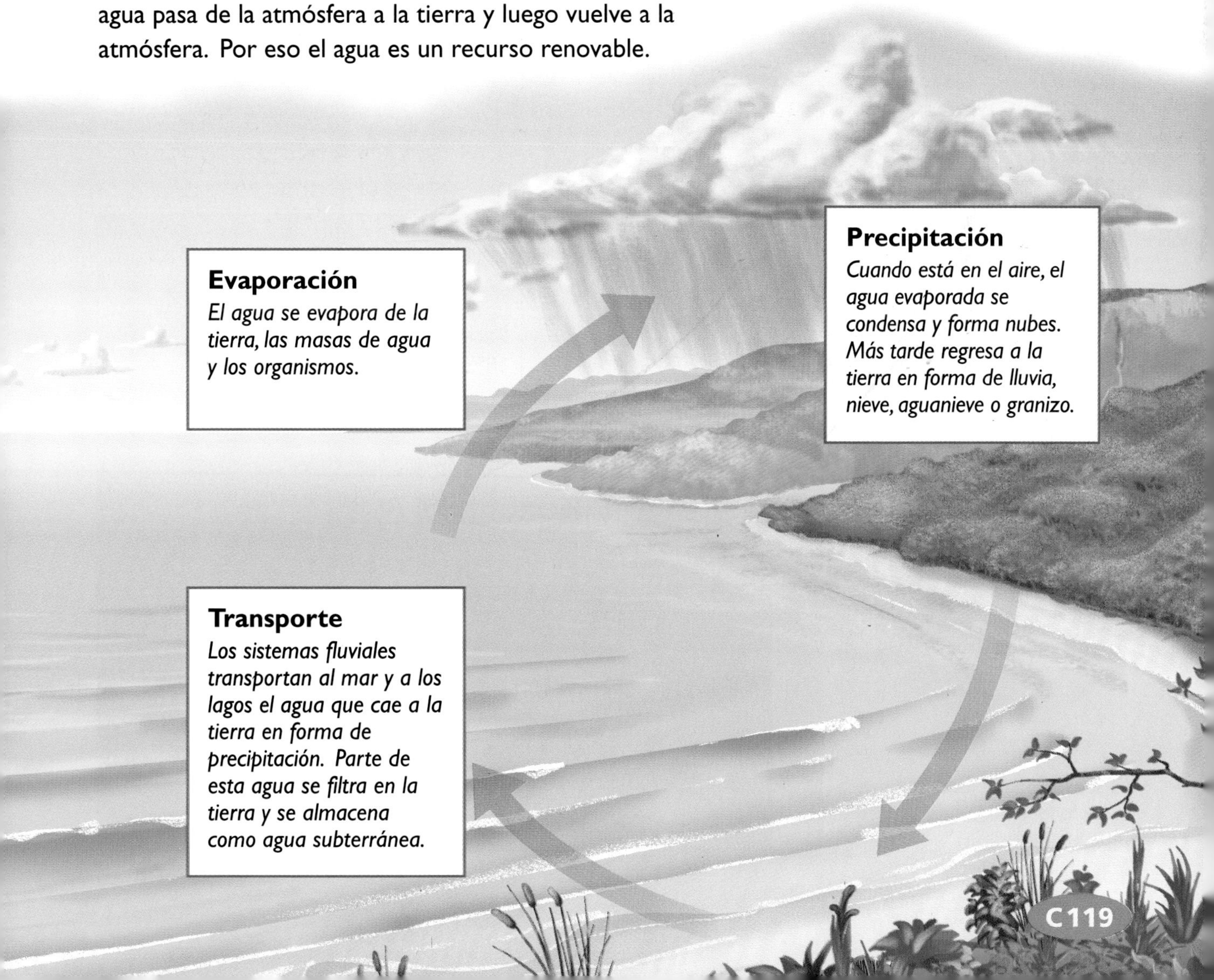

Evaporación
El agua se evapora de la tierra, las masas de agua y los organismos.
Precipitación
Cuando está en el aire, el agua evaporada se condensa y forma nubes. Más tarde regresa a la tierra en forma de lluvia, nieve, aguanieve o granizo.
Transporte
Los sistemas fluviales transportan al mar y a los lagos el agua que cae a la tierra en forma de precipitación. Parte de esta agua se filtra en la tierra y se almacena como agua subterránea.

Recursos del mar

▲ *Estos nódulos que se hallan en el fondo del océano Atlántico están compuestos por manganeso.*

A la izquierda, puedes ver una fuente interesante de minerales provenientes del suelo oceánico. Son unas protuberancias redondeadas de minerales llamadas nódulos. En estos nódulos se encuentran minerales como manganeso, hierro y cobalto. Nadie sabe exactamente cómo se forman. Es posible que los minerales del agua salada se acumulen alrededor de un objeto pequeño, como el diente de un tiburón.

En la actualidad, es más fácil obtener minerales de la tierra que del suelo oceánico. Sin embargo, a medida que los minerales de la tierra comiencen a escasear, se extraerán cada vez más del mar. Previendo este problema, ya se ha diseñado un robot tipo tractor capaz de desplazarse por el suelo oceánico para recoger nódulos, triturarlos y transportar los minerales a la superficie del mar.

La sal es otro recurso del mar que existe en grandes cantidades. Se pueden obtener distintos tipos de sal evaporando el agua del mar. La ilustración de abajo muestra lechos de sal que se forman cuando se evapora el agua de mar de pozas en la playa. La mayor parte de la sal del mar es cloruro de sodio, conocido como sal de mesa.

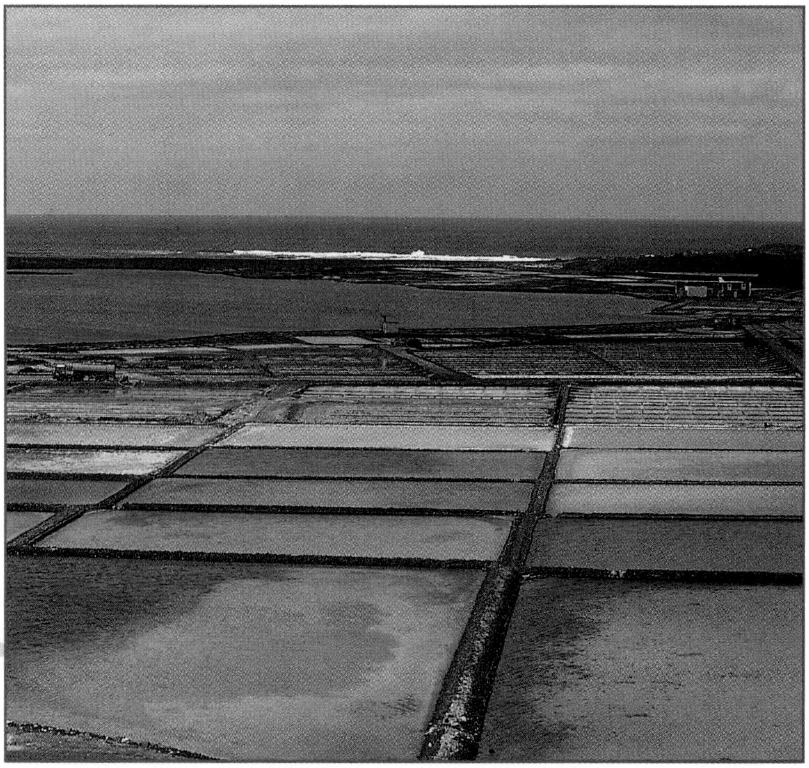

La sal se obtiene fácilmente evaporando el agua del mar. ▶

En la foto de la derecha, se puede ver lo que parece una chimenea en miniatura en el suelo oceánico. Esta abertura en el suelo oceánico recibe el nombre de **chimenea submarina.** El humo negro que escapa de la chimenea es, en realidad, agua caliente rica en sulfuros que sale de la corteza terrestre. Si te acuerdas de lo que aprendiste sobre el calor y el movimiento de las placas, no te sorprenderá que las chimeneas por lo general se hallan en las zonas de encuentro de las placas.

Cuando los chorros de agua caliente rica en sulfuros chocan con el agua fría del mar, se forman cristales que se acumulan alrededor de la chimenea. Por esta razón, muchos minerales se depositan en el suelo oceánico alrededor de las aberturas de las chimeneas. El plomo, el cobre, el hierro y el zinc son minerales que se hallan en grandes cantidades cerca de las chimeneas del suelo oceánico.

Todavía es muy difícil y costoso extraer estos recursos minerales del suelo oceánico. Mientras tanto, las bacterias de las profundidades oceánicas usan los sulfuros provenientes de las chimeneas como fuente de energía y, a su vez, los animales que habitan alrededor de las chimeneas se alimentan de estas bacterias.

Es posible que sepas que los yacimientos o depósitos de petróleo y de gas natural están bajo tierra. ¿Sabías que también hay yacimientos de estos combustibles debajo del mar? La mayoría de los geólogos creen que los yacimientos petroleros se formaron a partir del carbono que había en los restos de organismos minúsculos que vivieron en el mar hace millones de años. El líquido de estos yacimientos recibe el nombre de petróleo bruto o petróleo crudo. El gas natural se produce mediante un proceso semejante.

Para aprovechar los valiosos recursos de petróleo y gas natural del suelo oceánico, se perforan pozos en el fondo del mar. Como te darás cuenta, es más difícil perforar un pozo petrolero bajo el agua que en la tierra. La mayor parte de los pozos petroleros marinos están a poca distancia de la costa. En la página siguiente verás la foto de una plataforma de perforación petrolera en el mar.

Glosario

chimenea submarina, abertura en el suelo oceánico

Glosario

▲ *Las chimeneas submarinas del suelo oceánico son una fuente de minerales que quizás se puedan aprovechar en el futuro.*

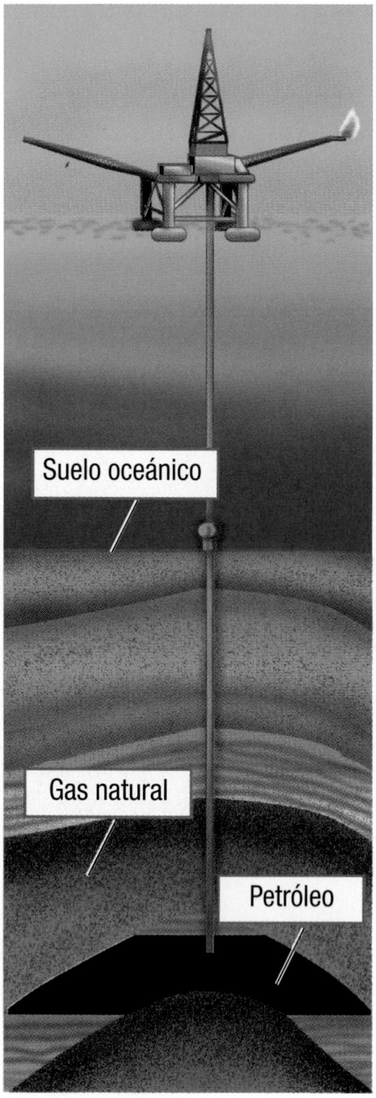

Plataforma de perforación petrolera

▲ *Para perforar pozos de petróleo en aguas profundas, se utilizan buques o plataformas flotantes, donde se coloca el equipo de perforación. En aguas poco profundas, se utilizan plataformas fijas.*

La foto de la izquierda muestra una enorme plataforma construida para sostener equipos de perforación petrolera submarina. Para llegar a estas plataformas, los trabajadores y los equipos se transportan en barco o helicóptero. En lugares como el océano Ártico o el mar del Norte, las tormentas y los témpanos de hielo pueden dañar las plataformas, por lo que la perforación petrolera submarina es una labor peligrosa.

Cuando el petróleo se ha bombeado a la superficie, se carga en grandes barcos llamados buques cisterna. Estos barcos poseen enormes compartimentos en los que se transporta el petróleo a las refinerías donde se procesa. Debido a que algunos buques cisterna pueden transportar hasta un millón de barriles de petróleo crudo, es preciso tomar precauciones para evitar derrames de petróleo. Estos derrames tienen efectos desastrosos en las plantas, los animales y otros organismos que viven en el mar o cerca de él.

El petróleo y el gas natural no son las únicas fuentes de energía provenientes del mar. Recuerda que el agua del mar realiza movimientos periódicos llamados mareas. El agua que se mueve durante las mareas posee bastante energía. La foto de abajo muestra la estación generadora de Annapolis *(Annapolis Tidal Generating Station)* en la provincia de Nueva Escocia, Canadá. Esta estación es una de varias plantas que usa la energía de las mareas, o mareomotriz, para producir electricidad. Esta planta suministra electricidad a ciudades de Canadá y los Estados Unidos. También hay centrales eléctricas que utilizan las mareas en Francia, China y Rusia.

Otros recursos del mar provienen de organismos vivos. ¿Has usado hoy pasta dentífrica, cremas o lociones? Quizás comiste un helado o pudín. Todas esas cosas contienen una substancia que se extrae del kelp, un tipo de alga marina. Las fotos de la página siguiente muestran otros recursos vivos que se obtienen del mar.

Energía mareomotriz

Esta central eléctrica aprovecha el movimiento de las mareas para hacer girar turbinas que generan electricidad. ▶

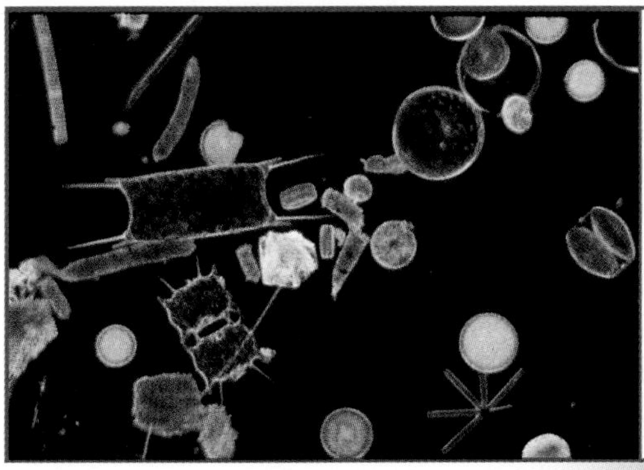

Plancton

◀ *Otro recurso proveniente del mar son unos minúsculos organismos flotantes conocidos como plancton. El plancton está formado por algas y otros organismos microscópicos. Las algas son una fuente importante de oxígeno de la Tierra ya que producen alimento por fotosíntesis. La mitad de toda la fotosíntesis que se realiza en la Tierra la realizan las algas. Las algas también son una fuente importante de alimento para los organismos que se hallan al principio de la cadena alimenticia del mar.*

Algas marinas

Muchas algas marinas son comestibles. El alga de esta foto, llamada kelp, puede llegar a medir 60 metros de largo. De las algas marinas se extrae un producto que se usa en cosméticos, pastas dentífricas, medicinas y alimentos como gelatinas y aliños para ensaladas. Otro producto, llamado agar-agar, que se obtiene de las algas rojas, se utiliza para cultivar bacterias en los laboratorios. ▶

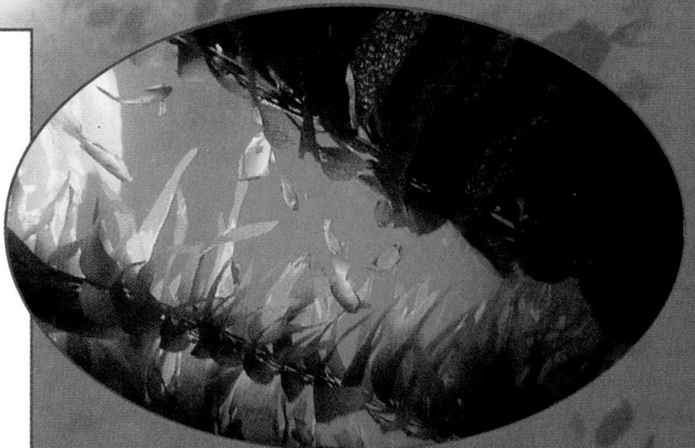

Fuente de alimentos

El mar es una fuente importante de alimentos, como mariscos, langostas, y una amplia variedad de peces. Para una gran parte de la población mundial, sobre todo en Asia, los peces son su mayor fuente de proteína. Con algunos peces se elabora harina de pescado que sirve para alimentar el ganado. ▼

Cría de frutos del mar

▲ *Para poder satisfacer la demanda mundial de frutos del mar, algunos recursos marinos como las ostras y los mejillones se crían en recipientes especiales cerca de la costa. Al estar protegidos de sus depredadores, estos organismos marinos pueden crecer en grandes cantidades en áreas pequeñas y se recogen con facilidad.*

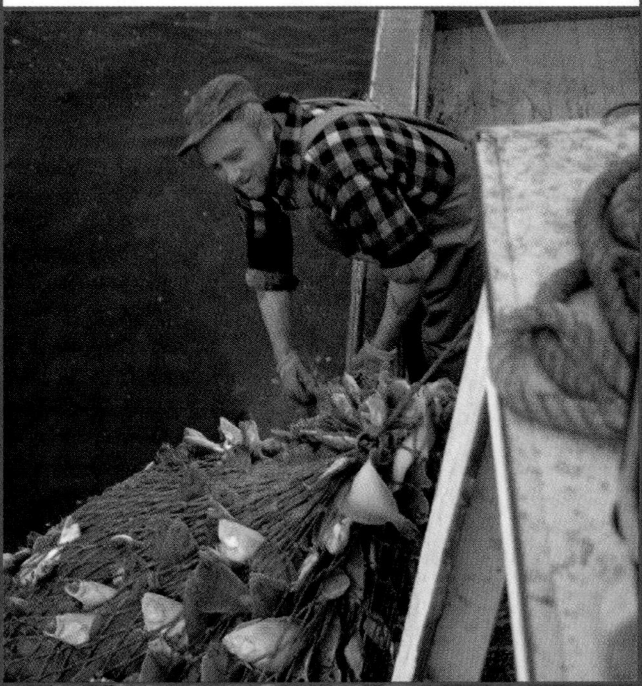

Glosario

Glosario

represa, lago artificial donde se recoge y se almacena agua

Recursos de agua dulce

Piensa en toda el agua que tu familia usa todos los días. Cada vez que se usa el inodoro, se gastan de 13 a 26 litros de agua. Cuando te das una ducha de 2 ó 3 minutos abriendo la llave al máximo, usas alrededor de 75 litros de agua. Las lavadoras de ropa de gran capacidad pueden consumir hasta ¡185 litros de agua por lavado!

Además de usar el agua para limpiar, también necesitamos agua dulce, o sea, agua que no contiene o contiene muy poca sal, para que nuestras células realicen los procesos vitales. Es posible sobrevivir varias semanas sin comer nada, pero sin agua sólo se puede sobrevivir unos días.

Con el agua dulce se fabrican muchos productos. Las compañías utilizan el agua como ingrediente de diversos productos o para enfriar maquinarias que se calientan durante los procesos de fabricación. Para producir la cantidad de acero que tiene una bicicleta, se utilizan casi 250 litros de agua.

No olvides que los animales y las plantas también usan agua. Por ejemplo, las vacas necesitan más de 10 litros de agua para producir unos 4 litros de leche. Para producir una sola mazorca de maíz, se necesitan unos ¡98 litros de agua!

El agua es indispensable para los cultivos. En las regiones secas, los agricultores suelen regar los cultivos con métodos de irrigación como el de abajo. ▼

El agua dulce se encuentra en lagos, ríos y aguas subterráneas y se renueva constantemente gracias a la precipitación que ocurre durante el ciclo del agua. Aunque en algunas regiones parece haber una gran abundancia de agua dulce, la cantidad mundial de ese líquido es menos del tres por ciento de toda el agua que hay en la Tierra. Además, no está distribuida por igual. En algunos lugares se construyen presas para almacenar grandes cantidades de agua dulce en lagos artificiales llamados **represas.** Como ves en la fotografía del campo irrigado, en algunas regiones se bombea agua de un sitio para regar los cultivos de otro sitio.

No sólo necesitamos un suministro adecuado de agua dulce, sino que también necesitamos que el agua esté limpia y se pueda beber sin que nos haga mal. En la ciudad de Nueva York, hay que suministrar agua a más de 8 millones de residentes todos los días. Las fotografías de la página siguiente muestran cómo se puede realizar esa tarea. A medida que estudies la manera en que el agua llega a nosotros, piensa cómo podrías conservar este valioso recurso.

Suministro de agua

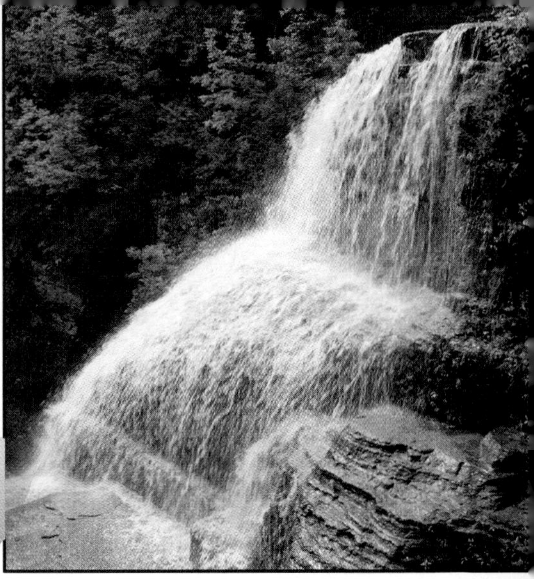

El agua proveniente de fuentes lejanas, como por ejemplo, este torrente de las montañas del norte del estado de Nueva York, se transporta a través de tuberías subterráneas hasta las localidades que la necesitan. ▶

Los lagos artificiales, como esta represa del Parque Central de Nueva York, recogen y almacenan una gran cantidad de agua dulce. A veces, las represas se suelen usar como lugares de recreo. ▼

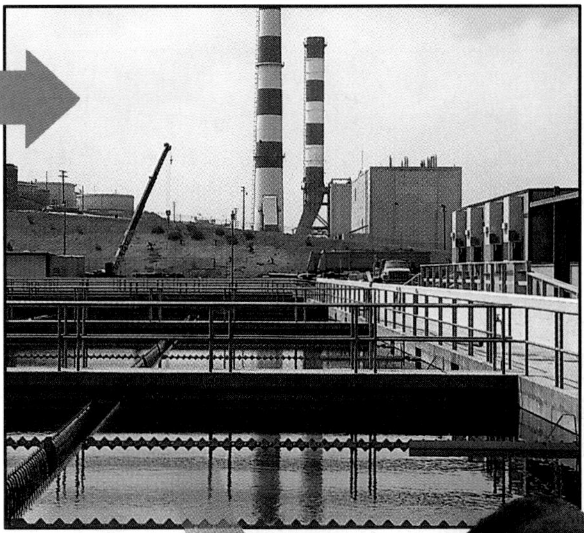

En las plantas purificadoras de agua se eliminan impurezas del agua dulce. Luego se agregan al agua substancias químicas como cloro para eliminar bacterias dañinas. Con aparatos y equipo especial se controla constantemente la calidad y el suministro del agua. ▶

A través de una red de tuberías subterráneas, el agua purificada se bombea desde las plantas de tratamiento hasta los hogares, escuelas, empresas y parques. Es posible que el agua que salió de la represa de la ilustración regrese a la represa para ser reciclada. ▶

Repaso de la Lección 3

1. ¿Qué es el ciclo del agua?
2. ¿Qué recursos obtenemos del mar?
3. ¿Por qué es importante el agua dulce?
4. **Compara y contrasta**
   ¿En qué se parece el mar a un campo de cultivo?

Purifica el agua

Destrezas/Proceso

Destrezas del proceso

- predecir
- observar
- comunicar

Materiales

- agua
- 3 vasos graduados de plástico
- colorante de alimentos
- cuchara
- pimienta
- motitas de algodón
- 2 embudos
- filtro para café

Preparación

En esta actividad, contaminarás el agua y luego tratarás de quitar los contaminantes.

Sigue este procedimiento

1. Haz una tabla como la que se muestra y anota ahí tus observaciones.

Tipo de filtro	Contaminantes que quedan en el filtro	
	Pimienta	Colorante de alimentos
Motita de algodón		
Filtro para café		

2. Vierte 60 mL de agua limpia en un vaso graduado de plástico.

3. Agrega una gota de colorante de alimentos al agua del vaso. Agrega una cucharada de pimienta al agua coloreada. Estos materiales serán los contaminantes. Pon a un lado el agua contaminada.

4. Coloca un filtro para café dentro de un embudo. Pon el embudo encima de un vaso de plástico limpio (Foto A). **Predice** lo que sucederá si se hace pasar por el filtro el agua contaminada. ¿Quedarán en el filtro los contaminantes del agua?

5. Pide a un compañero o compañera que sujete el embudo sobre el vaso limpio para que no se mueva. Pide a otro compañero o compañera que revuelva con cuidado el agua contaminada del vaso con la cuchara para distribuir la pimienta. Luego pide que vierta rápidamente 10 mL del líquido en el embudo.

¡Cuidado! *Revuelve y vierte el agua con cuidado para no derramarla ni salpicarla. El colorante de alimentos mancha la ropa y la piel.*

6. **Observa** lo que sucede cuando el agua pasa por el filtro. Anota en la tabla tus observaciones sobre el agua filtrada. Compara una muestra del agua contaminada con el agua filtrada.

Foto A

Foto B

7 Pon una motita de algodón dentro del cuello de otro embudo (Foto B). Si el diámetro del cuello del embudo no queda completamente lleno de algodón, agrega una motita más. Repite los pasos 4 a 6.

Interpreta tus resultados

1. ¿Qué observaste al pasar por el filtro el agua contaminada? ¿Disminuyó el filtro la velocidad del chorro de agua?

2. Compara el agua antes y después de filtrarla. ¿Quitaron tus filtros todos los contaminantes?

3. Comunica. Comenta con tu grupo cómo se pueden usar los resultados de esta actividad para explicar por qué se le agrega cloro al agua para hacerla potable, aun después de filtrarla.

Investiga más a fondo

¿Qué otros materiales se pueden usar para filtrar el agua? Piensa en cómo vas a hallar la respuesta a ésta u otras preguntas que tengas.

Autoevaluación

- Seguí instrucciones para filtrar el agua.
- **Predije** lo que sucedería al pasar el agua por el filtro.
- **Observé** el agua mientras pasaba por el filtro.
- Comparé el agua antes y después de filtrarla con dos filtros diferentes.
- **Comuniqué** mis ideas sobre por qué se le agrega cloro al agua después de filtrarla.

¿Cuál es la idea?

En esta lección aprenderás:

- **qué significa administrar sabiamente los recursos.**
- **cómo podemos proteger los recursos de la Tierra.**
- **cómo podemos conservar los recursos de la Tierra.**

Lección 4

¿Cómo administramos los recursos de la Tierra?

¡Tin! Separa lo que es de vidrio ¡Tlan! Recicla la lata de gaseosa. ¡Tum! Tira las guías de teléfono viejas al cubo de reciclaje. Mantener limpia tu comunidad es una de las tantas cosas que puedes hacer para cuidar nuestro planeta y los recursos que nos ofrece.

Administración de recursos

A lo largo de este capítulo has visto que ningún organismo vivo puede vivir sin los recursos de la Tierra, ni siquiera las personas. Al igual que los seres del pasado, los seres vivos del futuro también necesitarán estos recursos para vivir: aire puro, agua y alimentos. Como ciudadanos del planeta Tierra, es importante que seamos buenos administradores de sus recursos. Los administradores son personas encargadas de manejar los bienes de otra.

Uso de los recursos de la Tierra

Pre-europeos

Los indígenas de Norteamérica usaban todas las partes de los animales que mataban. No desperdiciaban recursos y sólo tomaban de la naturaleza lo que iban a usar o necesitaban para vivir.

Siglo XIX

Muchos de los pioneros que colonizaron el oeste del país en el siglo XIX no se preocuparon de las necesidades futuras de los demás. Contaminaron la tierra y mataron búfalos hasta dejarlos casi extintos.

¿Te acuerdas de la última vez que tomaste prestado un libro de la biblioteca? El bibliotecario o la bibliotecaria dejó el libro a tu cuidado. Durante este corto tiempo, fuiste su administrador y lo mantuviste en buenas condiciones para que luego otros lo pudieran usar.

También están a tu cuidado los recursos de la Tierra. Al igual que tú, los que nazcan después de ti querrán vivir en un planeta limpio, hermoso y seguro. Tu deber como administrador o administradora del ambiente es proteger los recursos de la Tierra y asegurarte de que existirán en cantidad suficiente para generaciones futuras. Una **administración ambiental** sabia consiste en hacer todo lo posible por asegurar la calidad y cantidad de los recursos de la Tierra a los que vengan más adelante.

A medida que se usan los recursos, los buenos administradores consideran los beneficios y los riesgos de su uso y toman decisiones sabias. Sin embargo, la historia nos enseña que los recursos de la Tierra no siempre se han usado sabiamente. Algunos han respetado los dones de la naturaleza, pero otros han cometido el error de pensar que los recursos duran para siempre. La línea cronológica de estas páginas muestra cómo la gente ha utilizado los recursos de la Tierra. También vemos algunos sucesos que nos están conduciendo a una mejor administración del ambiente. En las secciones siguientes, aprenderás acerca de cosas sencillas que puedes hacer para ser un buen administrador o administradora ambiental.

Glosario

administración ambiental, cuidado de los recursos del planeta con el fin de asegurar su calidad y cantidad para generaciones futuras

1872

El gobierno federal reconoció la necesidad de conservar las maravillas naturales del país cuando en 1872 creó el primer parque nacional de los Estados Unidos: el Yellowstone. El National Park Service *(Servicio Nacional de Parques) se formó con el fin de administrar y proteger la vida salvaje del parque.*

1890

John Muir fue un explorador, naturalista y escritor que realizó campañas en favor de la conservación de los bosques del país. Gracias a él, se crearon los parques nacionales de Yosemite y Sequoia.

Glosario

Glosario

contaminante,
substancia nociva presente en el medio ambiente

Cómo proteger los recursos de la Tierra

En el pasado, la mayoría de las personas eran agricultores o artesanos que fabricaban productos a mano. Más tarde, al inventarse máquinas movidas a energía, la sociedad cambió. La población aumentó y se concentró en ciudades donde se podía trabajar en las fábricas. Donde antes había tierras de cultivo y bosques, ahora había grandes zonas urbanas. En los terrenos de cultivo que quedaron, se usaron fertilizantes químicos para producir cosechas mayores y alimentar a la creciente población. Los gases del escape de los vehículos y el humo de las fábricas se volvieron comunes.

Al quemarse más combustible, aumentó la cantidad de dióxido de carbono y de partículas sucias que se liberaban. Así se contaminó el aire. Por otra parte, los desperdicios se echaban en corrientes de agua y en la tierra. Hacia la década de 1960, varios grupos tomaron medidas para combatir las substancias nocivas, es decir, los **contaminantes,** que afectaban el aire, el agua y los recursos de la tierra. Gracias a la presión ejercida por estos grupos, el gobierno aprobó leyes para proteger el medio ambiente. Desde entonces, las empresas también han tomado voluntariamente medidas para reducir la contaminación.

Actualmente, los vehículos vienen con dispositivos que controlan la contaminación. Las plantas de tratamiento de las ciudades y fábricas extraen los desperdicios humanos o químicos del agua antes de que lleguen a los ríos y lagos. Las fábricas y las centrales eléctricas tienen en sus chimeneas depuradores, que son dispositivos usados para reducir los contaminantes que se liberan.

1901

Para frenar el desperdicio de recursos naturales, el presidente Theodore Roosevelt creó refugios para la vida salvaje y reservas forestales.

1930

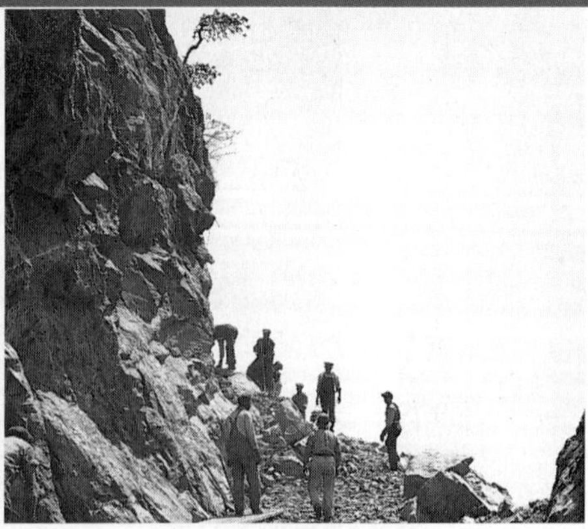

El Cuerpo Civil de Conservación (Civilian Conservation Corps, o CCC) se formó para contratar a jóvenes desempleados en la década de 1930. El CCC plantó árboles, construyó lugares de recreo y realizó otras labores de conservación.

1934

La Ley de sellos sobre la caza de aves migratorias (Migratory Bird Hunting Stamp Act) impuso una tarifa para la caza de aves acuáticas. Con estos y otros impuestos se han comprado tierras para la conservación de hábitats.

Es importante tanto para la nación como para los individuos considerar los beneficios y los riesgos de las acciones que influyen en la contaminación. Algunos se quejan de que las normas ambientales del gobierno resultan muy costosas. También temen que, al proteger el ambiente, muchas personas queden sin trabajo.

Existe, además, otro punto de controversia acerca del medio ambiente. Hace más de 20 años, varios científicos predijeron que el dióxido de carbono acumulado en exceso en la atmósfera a causa de la actividad humana atraparía una mayor cantidad de calor solar en nuestro planeta. Algunos científicos temen que este calentamiento de la atmósfera cause veranos más calurosos, inviernos cada vez menos fríos y un aumento del nivel del mar. En la actualidad, hay otros científicos que piensan que no se conoce bien el calentamiento de la atmósfera. Según ellos, el calentamiento que se predijo no está ocurriendo y las medidas de los gobiernos para reducir las emisiones de combustibles ya no se necesitan.

Dejando a un lado estas controversias, nosotros podemos disminuir la contaminación producida por las sustancias químicas que utilizamos. Las pinturas, limpiadores, pegamentos y hasta productos como la laca para el cabello producen contaminación. Para evitarla, podemos usar productos biodegradables, que lentamente se desintegran y pasan al suelo. También podemos evitar la contaminación ambiental si desechamos el aceite de los carros y otras substancias químicas peligrosas en los sitios apropiados.

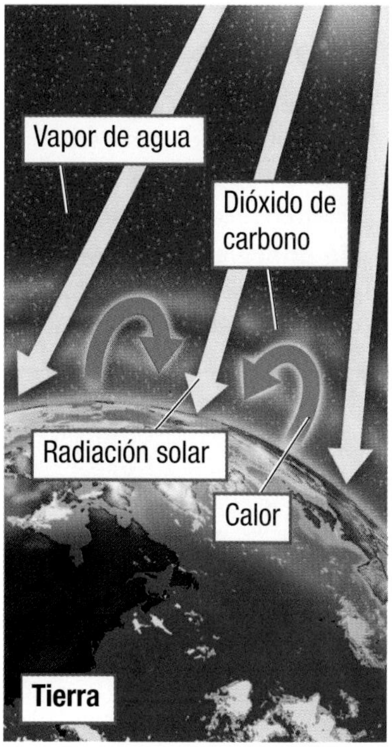

Calentamiento de la atmósfera

▲ *Muchos científicos opinan que la enorme cantidad de dióxido de carbono que libera la actividad humana atrapa el calor del Sol y produce un calentamiento de la atmósfera.*

1948

Veinte muertos y 6,000 enfermos produjo la contaminación del aire, en una fábrica de acero en Donora, Pennsylvania, en 1948. Debido a este incidente, la gente se cuestionó si valía la pena contaminar el aire en favor del progreso económico.

1962

El libro "Primavera muda" (Silent Spring)*, un libro de Rachel Carson, dio comienzo al movimiento ecológico (ambientalista). El libro describe la contaminación provocada por los insecticidas y otras substancias químicas.*

1969

*Ríos llenos de espuma producida por detergentes hicieron que el público tomara conciencia de la contaminación del agua durante 1960 y 1970. Esto condujo a la aprobación de una importante ley federal sobre la protección ambiental: el Acta de Políticas Ambientales de 1969 (*National Environmental Policy Act of **1969** o NEPA*).*

Glosario

Glosario

conservación, uso prudente de los recursos para que duren más

fuente alternativa de energía, fuente de energía que no proviene de combustibles fósiles

Cómo conservar los recursos de la Tierra

Los recursos se pueden contaminar y también se pueden desperdiciar. Algún día los recursos no renovables se agotarán y, si usamos los recursos renovables más rápidamente de lo que se pueden regenerar, también es posible que se agoten. Cuando los recursos se desperdician, desaparecen con mayor rapidez. La **conservación** es el uso prudente de los recursos de manera que duren más.

Los combustibles fósiles se usan para generar electricidad. Por lo tanto, se puede conservarlos reduciendo el uso de energía en la casa. Piensa en todas las veces que dejas la televisión encendida aunque nadie la esté mirando. También dejamos las luces encendidas cuando nadie las necesita. ¿De qué otras maneras puedes ahorrar energía en tu casa?

Podemos conservar gasolina si vamos en bicicleta o tomamos transporte público en vez de usar el carro. Otra manera de ahorrar gasolina es que varias personas se organicen para viajar juntas en un solo carro.

También se pueden conservar combustibles fósiles si utilizamos otras fuentes de energía, llamadas **fuentes alternativas de energía**, para generar electricidad. Como ya vimos, en algunas regiones la energía del viento y de las mareas se emplea para generar electricidad. La energía geotérmica, es decir, la energía proveniente de las rocas calientes del interior de la Tierra, se puede usar para calentar agua y producir vapor. El vapor, a su vez, se puede usar para hacer funcionar generadores.

1970

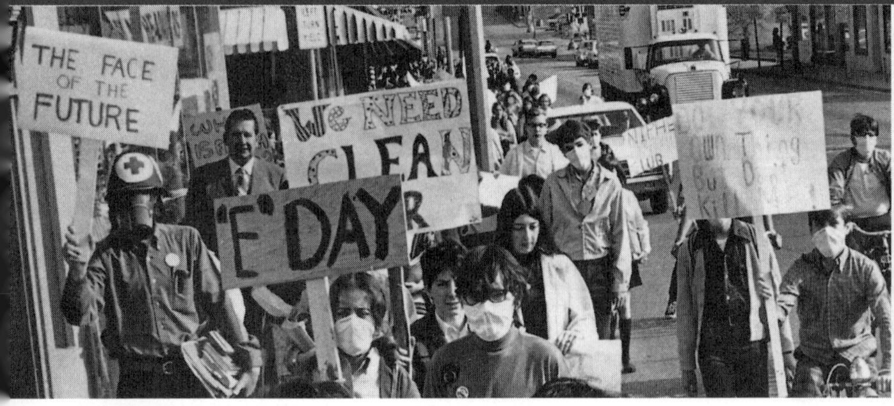

En 1970 se celebró el primer Día de la Tierra, que hizo que una mayor cantidad de gente tomara conciencia de la necesidad de salvar el planeta.

Década de 1970

Mejoran las condiciones ambientales con la aprobación de varias leyes de protección al ambiente en la década de 1970.

La **energía solar** es otra fuente alternativa de energía que se puede utilizar en ciertos lugares en la calefacción de los edificios. Algunas casas se construyen con ventanas grandes de manera que les dé el sol en invierno. En verano, las ventanas se resguardan con persianas. Otros edificios tienen colectores de energía solar parecidos al que se ve en la ilustración de la derecha. Los colectores absorben calor y lo transfieren a un líquido que corre por tuberías en los colectores y que luego circula por el edificio liberando calor. También, las celdas solares convierten la energía solar en electricidad. Si has usado una calculadora de celdas solares, ya has visto a la energía solar en acción.

Las fuentes alternativas de energía ahorran combustibles fósiles, pero tienen sus limitaciones. La energía solar y la del viento sólo funcionan cuando el tiempo lo permite. La energía geotérmica y la energía de las mareas sólo funcionan en lugares donde hay mareas o actividad geotérmica.

Otra fuente alternativa de energía es la energía nuclear, que usa la energía producida al partir átomos de uranio o de plutonio en un reactor. Los reactores nucleares producen electricidad sin usar carbón ni petróleo. Tampoco contaminan el aire como los combustibles fósiles. Sin embargo, el agua que se usa para enfriar los sistemas de energía nuclear puede causar contaminación térmica en los lagos y las corrientes de agua. Además, con el tiempo, los peligrosos desechos radiactivos que producen los reactores se dispersan en el medio ambiente.

Glosario

energía solar, energía radiante proveniente del Sol

Glosario

El Sol calienta el agua que hay en unos tubos debajo de los paneles solares colocados en el techo de esta casa. Al circular por la casa, el agua caliente despide calor radiante y luego regresa al techo para que el Sol la vuelva a calentar. ▼

1980

A causa de la contaminación de una comunidad residencial construida sobre el contaminado Love Canal, cerca de las cataratas del Niágara en el estado de Nueva York, se aumentaron los fondos destinados a limpiar zonas de desechos peligrosos.

1997

En Kioto, Japón, se reunieron representantes de diferentes naciones con el fin de analizar el calentamiento de la atmósfera.

2000+

Es posible que para el año 2005 se fabriquen autos eléctricos de alto millaje que prácticamente no contaminen el ambiente. Actualmente, se están desarrollando celdas de combustible que generan electricidad con hidrógeno y el oxígeno del aire.

Otro método para conservar los recursos es el reciclaje. Entre los recursos que actualmente se reciclan, tenemos los periódicos, el aluminio, el vidrio y los plásticos. En algunas ciudades, los dueños de casas reciben cubos especiales de reciclaje. Los materiales reciclables se recogen semanalmente y se transportan a centros de reciclaje, donde se separan. En otros lugares hay sitios de recogida adonde se llevan los materiales reciclables que ya se han separado en la casa. Si tu escuela no tiene un plan de reciclaje, quizás tú quieras iniciar uno, como lo están haciendo los estudiantes que ves a la izquierda.

Estos estudiantes ayudan a conservar los recursos. ▼

Conservar también es reusar o reducir los desechos sólidos. Por ejemplo, en lugar de arrojar a la basura objetos que ya no usas, los puedes donar a tiendas de artículos usados. También puedes reducir la contaminación del suelo participando en una limpieza colectiva de la comunidad. Al igual que los estudiantes de la foto, puedes apartar los materiales reciclables y luego llevarlos a los centros de reciclaje de la comunidad. Los otros tipos de basura se pueden llevar a sitios de eliminación de desechos sólidos.

El suelo es otro recurso renovable que debemos conservar. La erosión causada por el viento o por el agua puede arrastrar suelos que han tardado cientos de años en formarse. Para conservar el suelo, los agricultores emplean métodos de cultivo que evitan que el agua lo arrastre. También plantan árboles a lo largo de los campos de cultivo para evitar la erosión del viento.

Hay muchas maneras de conservar los recursos. Tú puedes poner tu granito de arena y ayudar a proteger los recursos que existen ahora y que habrá en el futuro.

Repaso de la Lección 4

1. ¿Qué significa administrar sabiamente los recursos?
2. ¿Cómo podemos proteger los recursos de la Tierra?
3. ¿Cómo podemos conservar los recursos de la Tierra?
4. **Comparar y contrastar**
   ¿Cómo ha cambiado el uso de los recursos de la Tierra en el último siglo?

Experimenta con el control de erosión

Materiales

- envase de leche de cartón de 1 cuarto de galón con un lado recortado
- molde de aluminio
- tierra
- vaso de agua
- cuchara de plástico
- reloj o temporizador
- 2 libros
- 2 vasos graduados
- periódico

Destrezas del proceso

- formular preguntas e hipótesis
- identificar y controlar variables
- experimentar
- observar
- estimar y medir
- recopilar e interpretar datos
- comunicar

Plantea el problema

Para reducir la erosión del suelo y el escurrimiento superficial, los agricultores utilizan ciertos métodos para arar el terreno. ¿Influye la forma de arar en la cantidad de escurrimiento superficial?

Formula tu hipótesis

Fíjate en las fotos B y C y verás dos métodos para arar. Si, para arar las laderas de una colina, se utiliza el método de arado en curvas de nivel, ¿la erosión será menor, mayor o igual a la que se producirá con el método de arado en terrazas? Escribe tu **hipótesis.**

Identifica y controla las variables

El método de arado es la **variable.** Se utilizarán dos métodos. Algunos grupos usarán el arado en curvas de nivel y otros grupos usarán el arado en terrazas. Asegúrate de controlar todas las demás variables.

Pon a prueba tu hipótesis

Sigue los siguientes pasos para hacer un **experimento.**

1. Haz una tabla como la que se muestra en la página siguiente y anota ahí tus datos.
2. Coloca en un molde de aluminio un envase de leche acostado con el pico hacia abajo. Pon en el envase 2 vasos y medio de tierra. Humedece la tierra con agua para que esté más compacta y puedas moldearla.
3. Aprieta la tierra con las manos y forma una pendiente que empiece en el fondo del envase y baje hasta el pico (Foto A).

Foto A

Continúa →

Foto B

Foto C

4 Con una cuchara de plástico, traza rayas en la tierra a lo ancho del envase según te diga tu maestro o maestra. Algunos grupos harán terrazas (Foto B) y otros harán surcos (Fotos B y C).

5 Deja secar la tierra durante unos 30 minutos.

6 Apoya sobre varios libros uno de los extremos del molde de aluminio para que quede inclinado. Cuida que el pico del envase de leche quede en el extremo inferior.

7 Vierte 240 mL de agua en un vaso graduado. Cuando la superficie de la tierra se haya endurecido, vierte lentamente los 240 mL de agua por la pendiente de tierra del envase. **Observa** el modelo sin moverlo durante 3 minutos. Anota tus observaciones en la tabla.

8 Retira con cuidado el envase de leche del molde y colócalo sobre hojas de periódico. Vierte en un vaso graduado el agua que se acumuló en el molde. **Mide** el volumen del agua y anota tus datos en la tabla.

9 Observa qué tan turbia está el agua. El grado de enturbiamiento del agua es un indicador de la cantidad de erosión. Clasifica el agua en: un poco turbia, turbia o muy turbia. Anota tus datos en la tabla.

Recopila tus datos

Método de arado	Volumen del agua escurrida	Enturbiamiento del agua escurrida

Interpreta tus datos

1. Haz una tabla de datos de la clase combinando tus datos con los de otros grupos. Para interpretar todos los datos, prepara dos hojas de papel cuadriculado como se indica abajo. Con los datos de la tabla de todos los grupos, prepara dos gráficas de barras que muestren la cantidad de erosión que observaron y la cantidad de agua escurrida que midieron.

2. Analiza las gráficas de barras. Describe lo que sucedió en los "campos" que se araron siguiendo las curvas de nivel y compara estos resultados con los de los campos donde se hicieron terrazas. ¿Qué método de arado produjo menos erosión? ¿Qué método produjo menos escurrimiento superficial?

Cantidad de escurrimiento

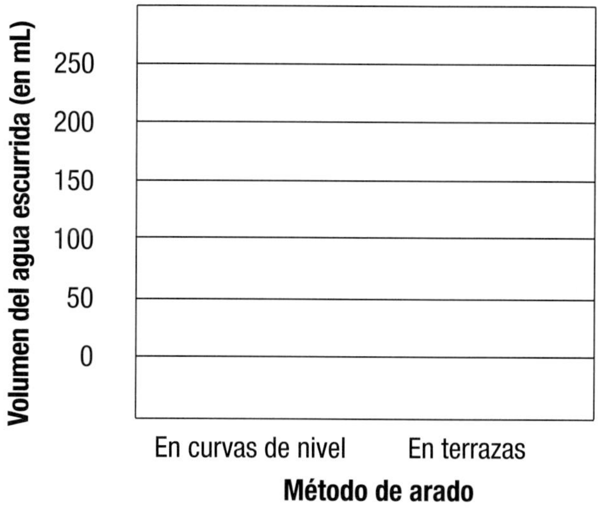

Grado de enturbiamiento

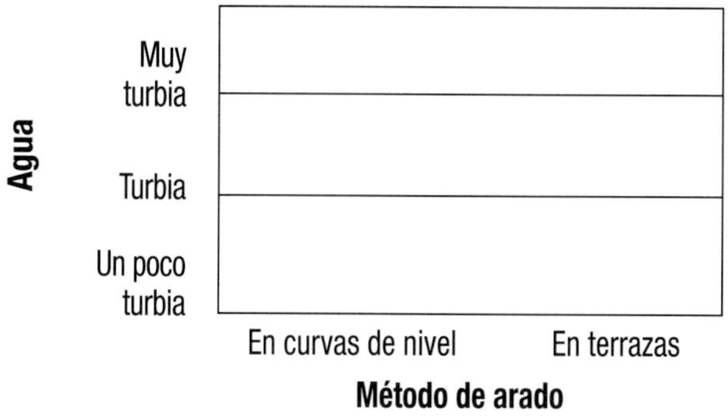

Presenta tu conclusión

Comunica tus resultados. ¿Los datos apoyaron tu hipótesis? Explica cómo el método de arado en un campo en pendiente influye en la cantidad de erosión y escurrimiento superficial. ¿Es uno de los métodos de arado mejor que el otro?

Investiga más a fondo

Si siembras plantas en la tierra del experimento, ¿la cantidad de erosión y escurrimiento superficial aumentará, disminuirá o será igual? Piensa en cómo vas a hallar la respuesta a ésta u otras preguntas que tengas.

Autoevaluación

- Formulé una **hipótesis** sobre cómo el método de arado influye en la cantidad de erosión y escurrimiento superficial en un campo en pendiente.
- Identifiqué y controlé las **variables.**
- Seguí instrucciones para hacer un **experimento** para probar distintos métodos de control de erosión.
- **Observé** el grado de erosión y **medí** la cantidad de agua escurrida.
- Preparé gráficas de barras para interpretar más fácilmente los **datos.**

Repaso del Capítulo 4

Ideas principales del capítulo

Lección 1

- Los recursos renovables se sustituyen en un plazo relativamente corto. Los recursos no renovables no se regeneran ni reponen, y tardan mucho tiempo en formarse.
- El uso de los recursos puede tener efectos positivos y negativos.

Lección 2

- El aire proporciona la energía del viento, así como el oxígeno, el dióxido de carbono y el nitrógeno necesarios para la supervivencia de todos los seres vivos.
- La tierra suministra minerales, combustibles fósiles, suelos y árboles.

Lección 3

- El ciclo del agua pasa de la atmósfera a la tierra, y de allí regresa a la atmósfera.
- Los recursos del mar incluyen minerales, combustibles fósiles y energía de las mareas, al igual que fuentes de productos alimenticios y cosméticos.
- El agua dulce se usa para consumo, limpieza, fabricación de productos y agricultura.

Lección 4

- La buena administración ambiental supone hacer lo posible para asegurar que se conserve la cantidad y calidad de los recursos de la Tierra para las generaciones futuras.
- Para proteger los recursos de la Tierra, debemos usar los recursos en forma sensata y evitar la contaminación ambiental.
- Al disminuir el consumo de energía, usar fuentes alternativas de energía, reducir o reusar los desechos y evitar la erosión del suelo, podemos conservar los recursos de la Tierra.

Repaso de términos y conceptos científicos

Escribe la letra de la palabra o frase que complete mejor cada oración.

a. fuente alternativa de energía
b. conservación
c. combustible fósil
d. nódulo
e. recurso no renovable
f. menas
g. contaminante
h. recurso renovable
i. represa
j. energía solar
k. buena administración de recursos
l. chimenea submarina

1. Un árbol es un ejemplo de un ___.

2. El recurso que tarda millones en formarse es un ___.

3. La mayoría de los minerales se encuentra en ___.

4. El ___ es el combustible que se forma a partir de plantas o animales que quedaron enterrados.

5. El ___ es una fuente de minerales del suelo oceánico.

6. Una ___ es el humo negro y rico en sulfuros que emana de un abertura en el suelo oceánico.

7. Una ___ es un lago artificial de gran tamaño que recoge y almacena agua.

8. La ___ asegura que las generaciones futuras tengan recursos suficientes.

9. Un ___ es una substancia nociva que se echa a los lagos.

10. La ___ es el uso prudente de los recursos para que duren más.

11. La energía geotérmica es una ___.

12. La ___ es la energía radiante que proviene del Sol.

Explicación de ciencias

Haz un cartel o escribe un párrafo para responder las siguientes preguntas.

1. ¿Cómo afectamos positiva y negativamente los recursos de la Tierra?

2. ¿Por qué dependemos del aire y del suelo del planeta?

3. ¿Por qué el agua se considera un recurso?

4. ¿Qué podemos hacer para conservar y proteger los recursos de la Tierra?

Práctica de destrezas

1. Haz un cartel para **comparar** y **contrastar** los efectos de una buena y mala administración de los recursos de la Tierra.

2. **Formula preguntas** que quisieras hacer a un candidato político para determinar si está en favor de la administración de recursos.

3. **Recopila e interpreta datos** acerca del uso de los recursos en el salón o en la escuela para determinar si en la escuela se efectúa una buena administración del ambiente.

Razonamiento crítico

1. Imagina que una compañía constructora desea construir un nuevo centro comercial enfrente de tu casa. ¿Qué te gustaría saber para poder **evaluar** lo que piensas sobre la construcción?

2. Escribe tres cosas que puedes hacer para administrar bien los recursos de la Tierra. Por una semana, pon en práctica esas ideas y luego identifica y **resuelve los problemas** que se te presentaron.

3. **Pon en secuencia** y numera las siguientes etapas del ciclo del dióxido de carbono–oxígeno.

Repaso de la Unidad C

Repaso de términos y conceptos

Escoge por lo menos tres palabras de la lista del Capítulo 1 y escribe con ellas un párrafo sobre cómo se relacionan esos conceptos. Haz lo mismo con los otros capítulos.

Capítulo 1
masa de aire
presión atmosférica
barómetro
radar Doppler
pronóstico del tiempo
meteorólogo

Capítulo 2
acuífero
falla
foco sísmico
aguas subterráneas
litosfera
nivel freático

Capítulo 3
aurora polar
equinoccio
fusión
protuberancias solares
solsticio
manchas solares

Capítulo 4
combustible fósil
recursos no renovables
mena
contaminantes
administración
chimeneas

Repaso de las ideas principales

Estas oraciones son falsas. Cambia la palabra o palabras subrayadas para que sean verdaderas.

1. <u>La humedad relativa</u> es el punto al cual el aire presenta la cantidad máxima de vapor de agua que puede contener.
2. Los <u>psicrómetros</u> son instrumentos que miden la velocidad del viento.
3. Un <u>tornado</u> es una tormenta tropical inmensa sobre aguas cálidas.
4. Las cadenas montañosas se pueden formar en una zona de <u>transformación</u>.
5. Una <u>morrena</u> es una masa enorme de hielo que se desplaza lentamente y que acarrea sedimentos.
6. La Tierra se demora un año en <u>rotar</u> alrededor del Sol.
7. Durante un eclipse <u>solar</u>, la Tierra se encuentra ubicada entre el Sol y la Luna.
8. Una <u>protuberancia solar</u> es una región del Sol donde existe un campo magnético fuerte.
9. Las menas que contienen metales preciosos son un recurso <u>renovable</u>.
10. La <u>conservación</u> significa cuidar los recursos de la Tierra para las generaciones futuras.

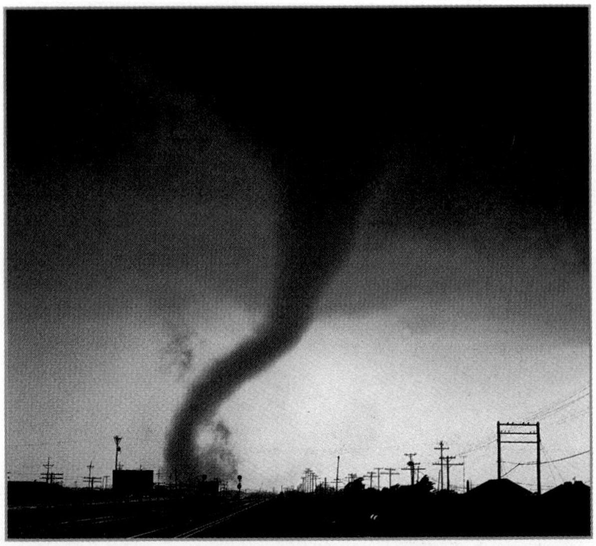

Interpretar datos

La humedad relativa es la diferencia entre las temperaturas de un termómetro seco y uno cuya punta, o cubeta, se tapa con un paño húmedo. Esta tabla muestra la humedad relativa de varias temperaturas.

Tabla de humedad relativa (en %)

Termómetro seco	Diferencia entre las lecturas del termómetro seco y del húmedo (°C)				
°C	1	2	3	4	5
10	88	77	66	55	44
11	89	78	67	56	46
12	89	78	68	58	48
13	89	79	69	59	50
14	90	79	70	60	51

1. Si el termómetro seco muestra una lectura de 13°C y el húmedo 9°C, ¿cuál es la humedad relativa?

2. Si la humedad relativa es de un 55%, ¿cuáles son las lecturas del termómetro húmedo y del seco respectivamente?

3. ¿Cómo sabes que la temperatura del termómetro húmedo es siempre menor que la del termómetro seco?

Comunicar las ciencias

1. Escribe un párrafo sobre la relación que existe entre la presión atmosférica, la temperatura del aire y la humedad relativa.

2. Explica en un párrafo y en un diagrama cómo y por qué el perfil del suelo puede ser diferente en distintas regiones del país.

3. Muestra en un diagrama por qué es verano en una parte de la Tierra mientras que en otra es invierno.

4. Haz una tabla que muestre ejemplos de recursos renovables y no renovables provenientes del aire, del agua y de la tierra.

Aplicar las ciencias

1. Escribe un párrafo sobre las principales condiciones meteorológicas que ves en el mapa del tiempo de abajo.

2. En tu diario, escribe un párrafo sobre cómo sería la vida en una estación espacial. Menciona algunas de tus actividades diarias y describe cómo cambiarían en la estación espacial.

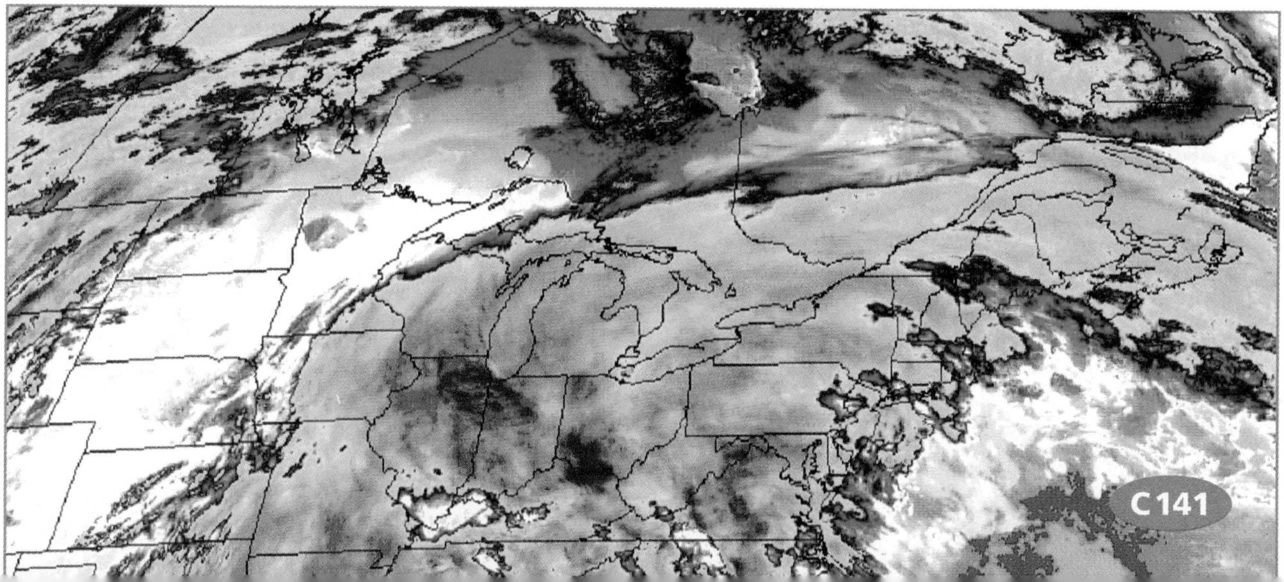

Repaso de la práctica de la Unidad C

Planetario

Con lo que aprendiste en esta unidad, realiza una o más de las actividades siguientes para que formen parte de una celebración en tu escuela sobre la Tierra en el universo. Puedes trabajar por tu cuenta o en grupo.

Representar un papel

Con otros compañeros, pon en escena una obra sobre cómo se forman las fases de la Luna y cómo podemos observarlas. Un estudiante representará el Sol usando una linterna. Otro será la Tierra y un tercero representará la Luna. Piensen en los movimientos que harán para que la persona que los observa entienda por qué vemos diferentes fases lunares durante el mes. Un cuarto estudiante hará el papel de narrador.

Arte

Haz modelos de plastilina de los tres tipos de zonas de fallas y rotúlalos. Indica las semejanzas y diferencias que hay entre las zonas de transformación, de expansión y de colisión. Exhibe los modelos con ilustraciones de lugares de la Tierra donde existen esas zonas. Debes estar preparado para explicar tus modelos.

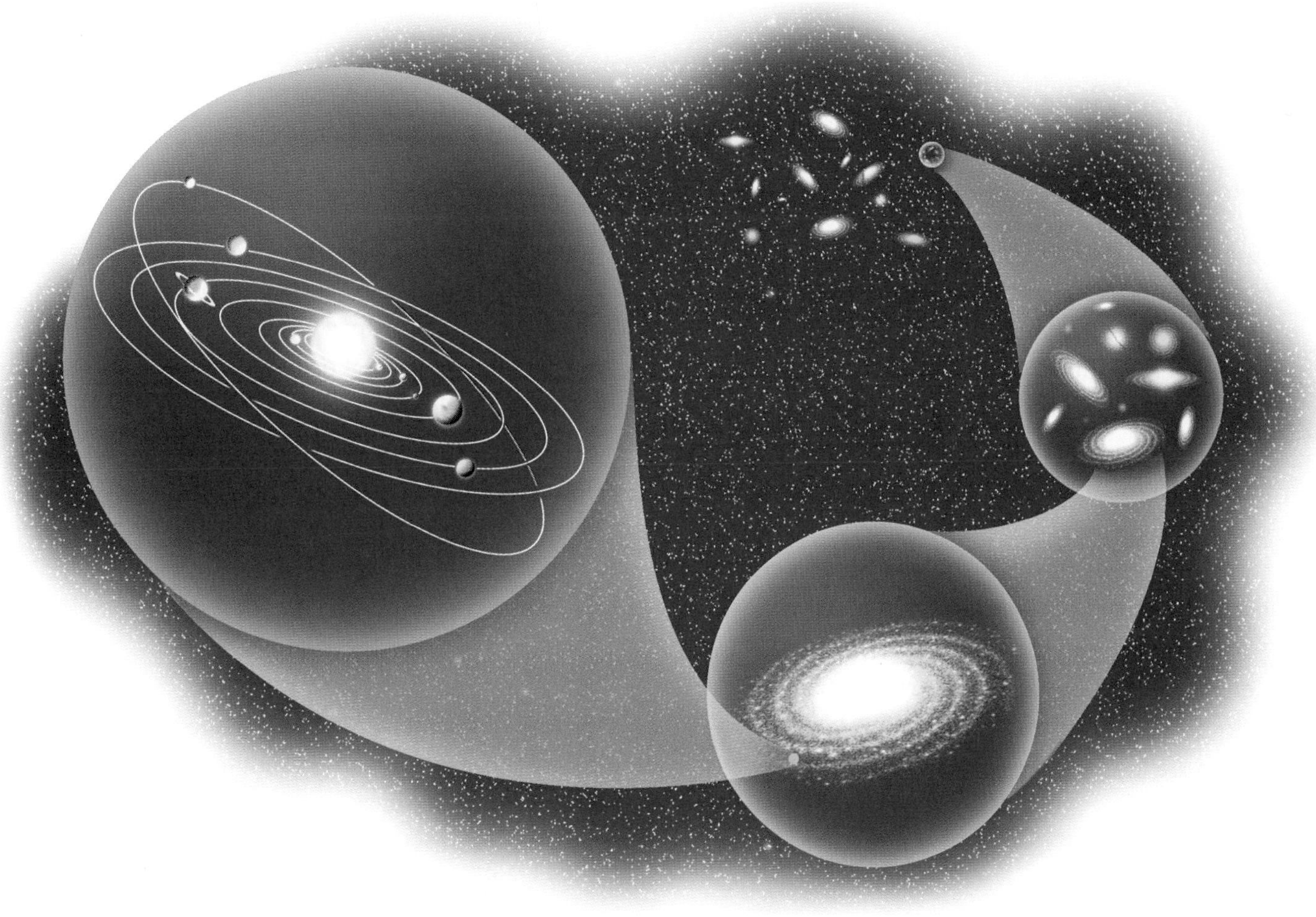

Matemáticas

Prepara un modelo a escala del sistema solar. Necesitas saber el tamaño de los planetas y la distancia que existe entre los planetas y el Sol. Plutón, el planeta más pequeño, debe ser visible a simple vista, manteniendo a escala la distancia entre Plutón y el Sol.

Administración

Averigua qué hace tu comunidad en cuanto a la administración sensata de los recursos terrestres. En tu informe, describe los esfuerzos hechos por el gobierno, la industria, la agricultura o los grupos de ciudadanos dedicados a esta meta. Organiza un grupo de estudiantes para que participen en una o más de las actividades que llevan a cabo estos grupos o desarrolla una propia.

Música

Investiga tanto la música clásica como popular que se haya escrito sobre las estrellas y los planetas. Por ejemplo, en la suite musical "Los planetas", de Gustav Holst, cada uno de los siete movimientos se relaciona con uno de los planetas. Busca canciones sobre el Sol, las estrellas y los planetas. Escribe una narración que acompañe la música y prepara una presentación de tu trabajo.

Usar fuentes de referencia

Hay muchas fuentes de referencia que puedes consultar para hacer investigaciones. Por ejemplo, para buscar el significado de una palabra, consultas un glosario o un diccionario. Si quieres aprender más sobre un tema que estudiaste en la escuela, puedes leer un libro, una enciclopedia o un artículo en un periódico o una revista.

También puedes hallar mucha información en la Internet. La Administración Nacional de Aeronáutica y del Espacio, *NASA, (National Aeronautics and Space Administration)* tiene un sitio que contiene muchísima información acerca de la exploración espacial.

Conéctate a la Internet

En el Capítulo 3 viste cómo se explora el espacio. Si deseas aprender más sobre la historia del programa espacial estadounidense, conéctate con tu computadora al sitio de la *NASA* en esta dirección: http://www.nasa.gov.

A medida que visitas el sitio, haz una lista de los nombres y las fechas de cinco misiones espaciales en las que ha participado la *NASA*. Incluye detalles acerca del tipo de nave espacial que se usó en cada misión y agrega una descripción breve de las metas de cada misión. Si te interesa cierta misión en particular y deseas más información sobre ella, intenta comunicarte con la *NASA* a través del correo electrónico.

Escribe un resumen

Repasa la información que hallaste. Con esa información, escribe un resumen sobre las dos misiones espaciales que más te interesaron. No olvides incluir detalles de apoyo en cada párrafo del resumen, y una oración que contenga la idea principal.

Recuerda:

1. **Antes de escribir** Organiza tus ideas.
2. **Hacer un borrador** Haz un bosquejo y escribe el resumen.
3. **Revisar** Comparte tu trabajo con un compañero o compañera y haz los cambios necesarios.
4. **Corregir** Vuelve a leer y corrige los errores.
5. **Publicar** Comparte el resumen con la clase.

Unidad D

El cuerpo humano

Capítulo 1
Sistemas de control del cuerpo D 4

Capítulo 2
Drogas y el organismo D 32

Tu cuaderno de ciencias

Contenido 1

Precaución en las ciencias 2

Usar el sistema métrico 4

Destrezas del proceso de ciencias: Lecciones 6

Sección de referencia de ciencias 30

Historia de las ciencias 44

Glosario 56

Índice 65

Tecnología y ciencias ¡en tu mundo!

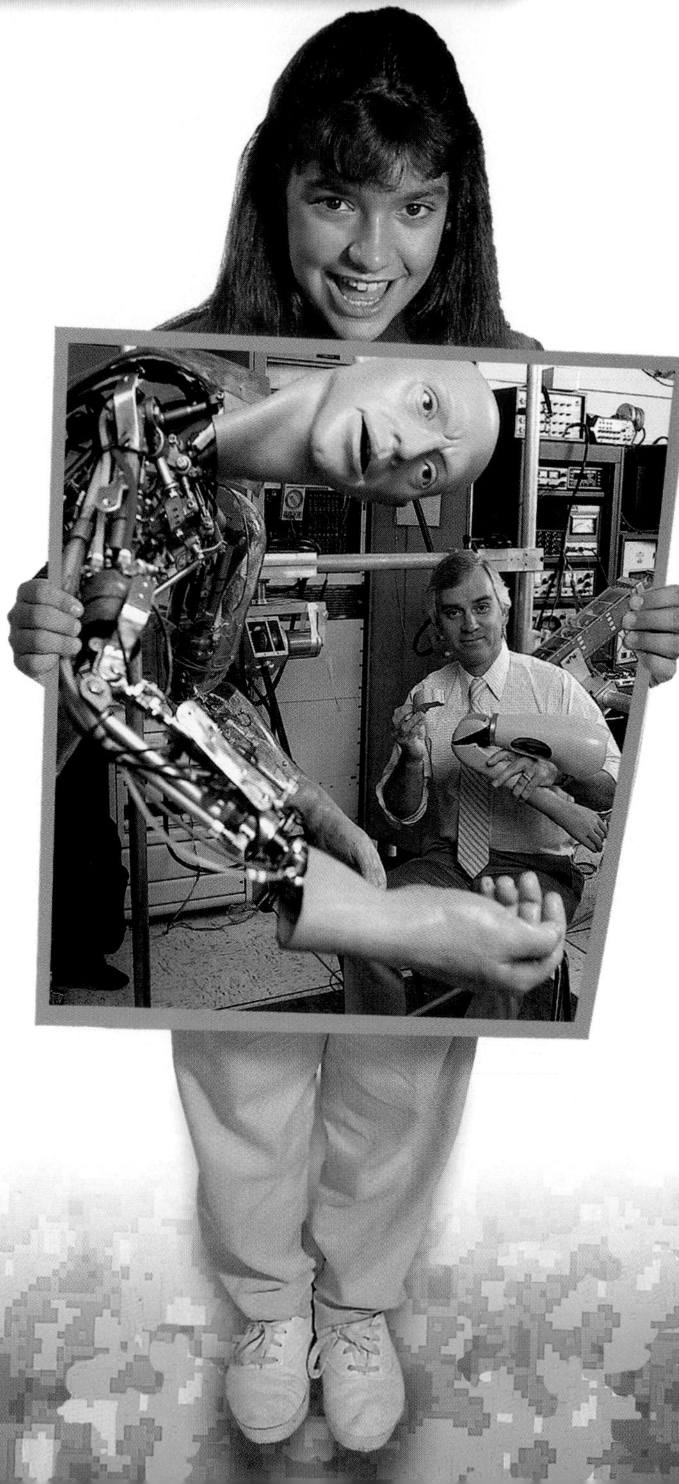

Robots que detectan la temperatura

Con los avances de la robótica y la electrónica, las prótesis (las piezas artificiales que reemplazan partes del cuerpo) se sienten y funcionan más que nunca como nuestro cuerpo. Por ejemplo, existen sensores que captan información de la temperatura o la textura y la transfieren a la piel. Aprenderás cómo viaja la información a través del cuerpo en el **Capítulo 1, Sistemas de control del cuerpo.**

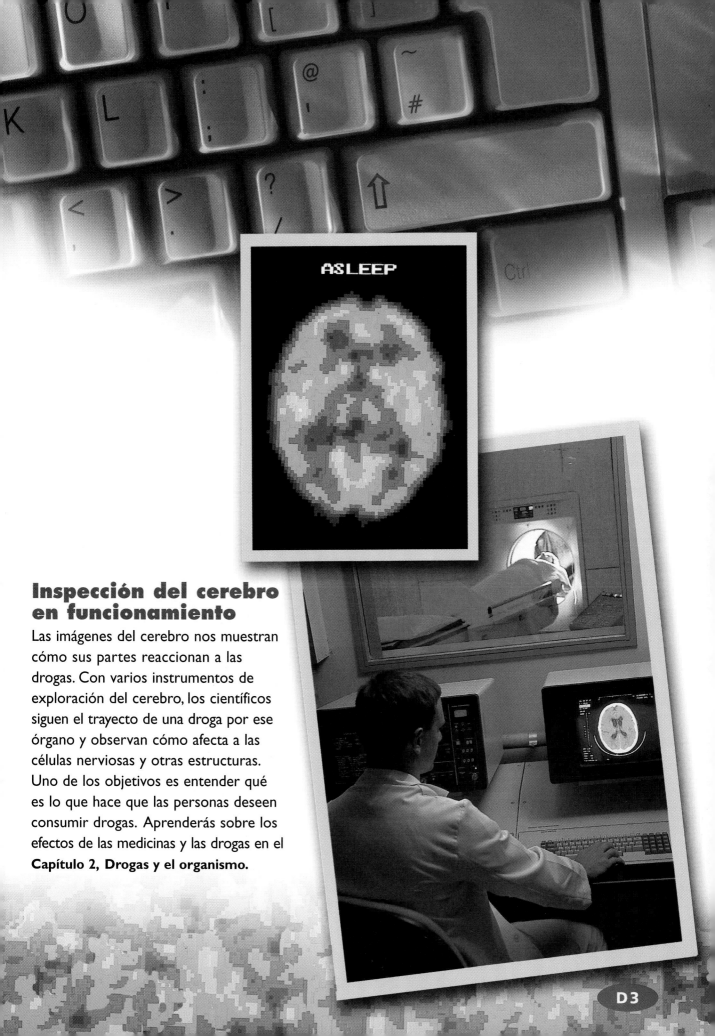

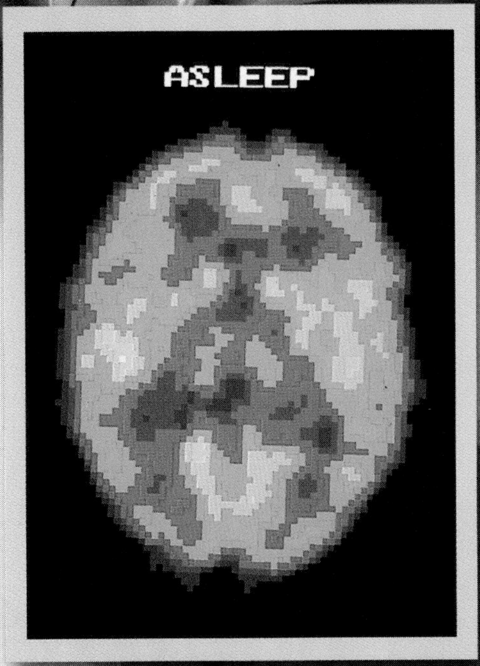

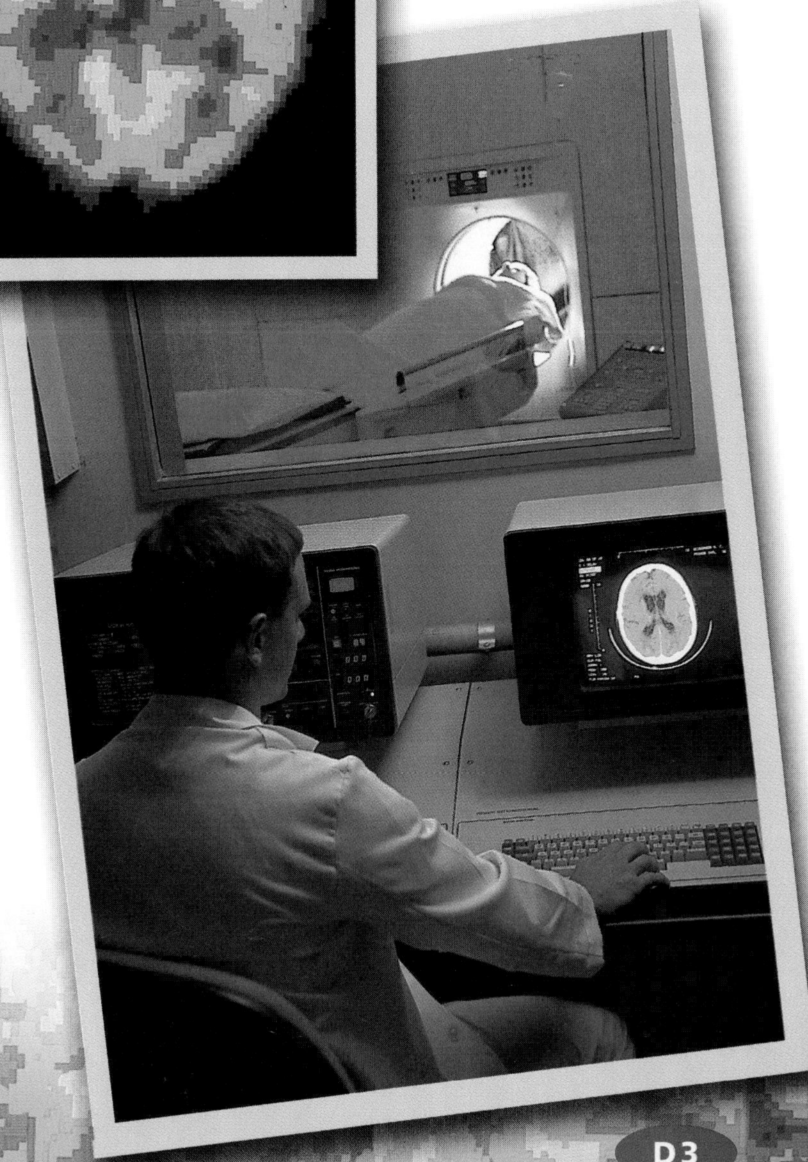

Inspección del cerebro en funcionamiento

Las imágenes del cerebro nos muestran cómo sus partes reaccionan a las drogas. Con varios instrumentos de exploración del cerebro, los científicos siguen el trayecto de una droga por ese órgano y observan cómo afecta a las células nerviosas y otras estructuras. Uno de los objetivos es entender qué es lo que hace que las personas deseen consumir drogas. Aprenderás sobre los efectos de las medicinas y las drogas en el **Capítulo 2, Drogas y el organismo.**

¡Qué ácido!

De sólo pensar en lo ácido que es el limón, ya fruncimos la cara. Es sorprendente lo rápido que el cuerpo responde a lo que ocurre a su alrededor.

Capítulo 1

Sistemas de control del cuerpo

Investiguemos: Sistemas de control del cuerpo

- **Lección 1 — ¿Qué es el sistema nervioso?**
  - ¿Cuáles son las funciones del sistema nervioso?
  - ¿Cuáles son las partes principales del sistema nervioso central?
  - ¿Cuáles son las funciones del sistema nervioso periférico?
- **Lección 2 — ¿Cómo recogen información los sentidos?**
  - ¿Cómo recogen información los ojos y los oídos?
  - ¿Cómo recogen información la lengua, la nariz y la piel?
- **Lección 3 — ¿Cómo envían mensajes las células nerviosas?**
  - ¿Cuáles son las partes de las células nerviosas?
  - ¿Cómo viajan los impulsos nerviosos?
  - ¿Qué son los reflejos?
- **Lección 4 — ¿Qué es el sistema endocrino?**
  - ¿Cuál es la función de las glándulas endocrinas?
  - ¿Cómo funciona un circuito de retroalimentación?

Copia el organizador gráfico del capítulo *en una hoja de papel. El organizador te muestra de qué trata el capítulo. A medida que leas las lecciones y hagas las actividades, busca las respuestas a las preguntas y anótalas en tu organizador.*

Explora el tiempo de reacción

Destrezas/Proceso

Destrezas del proceso

- observar
- predecir
- inferir
- comunicar

Materiales

- regla de 50 centímetros

Explorar

1. Mantén la mano abierta como se muestra en la foto. Pide a tu compañero o compañera que sostenga la regla sobre tu mano. La marca de 0 cm debe coincidir con la parte de arriba de tu pulgar, como se ve en la foto.
2. **Observa** detenidamente la regla. Cuando tu compañero o compañera la suelte, intenta atraparla con la mano.
3. Lee el número más cercano a la parte de arriba de tu pulgar y anótalo.
4. ¿Qué pasará si repites esta actividad 9 veces? Anota tu predicción.
5. Repite los pasos 2 a 4 nueve veces más y anota el número que indica la regla cada vez.
6. Repite los pasos 2 a 5 hasta que todos los miembros del grupo hayan probado su tiempo de reacción.

Reflexiona

1. Haz una **inferencia.** ¿Qué muestran tus datos acerca de la relación entre el tiempo de reacción y el número de pruebas?

2. Comunica. Compara tus datos con los del resto del grupo. Decide si los datos de los demás apoyan tu inferencia.

Investiga más a fondo

Si haces 50 pruebas más, ¿cómo crees que cambiará tu tiempo de reacción? Piensa en cómo vas a hallar la respuesta a ésta u otras preguntas que tengas.

Tasa

El cerebro, el centro de control del cuerpo, comienza a desarrollarse antes del nacimiento. Las células del cerebro del feto, también llamadas neuronas, aumentan a razón de 1,250,000 en 5 minutos. La **tasa** de 1,250,000 neuronas/5 minutos compara el número de neuronas con el número de minutos. Esta tasa se puede leer: "1,250,000 neuronas *por* 5 minutos".

Si la comparación es con 1 unidad (1 minuto en lugar de 5), la tasa se denomina una **tasa por unidad**.

$$\frac{1{,}250{,}000}{5 \text{ minutos}} = \frac{250{,}000}{1 \text{ minuto}}$$

La tasa por unidad es de 250,000 neuronas por minuto.

Ejemplo

El oído envía impulsos sensoriales al cerebro. Una de las frecuencias más altas que detecta el oído humano es la del violín. Este instrumento produce 100,000 hertz en 5 segundos. ¿Cuál es la tasa de hertz por segundo?

La tasa que compara 100,000 hertz con 5 segundos es 100,000 hertz/5 segundos.

Si divides ambos números por 5, obtienes la tasa por unidad de 20,000/1 segundo.

Vocabulario de matemáticas

tasa, proporción en la que se comparan dos cantidades con diferentes unidades de medida

tasa por unidad, tasa en la que el segundo número de la comparación indica una unidad

En tus palabras

¿Cómo te puedes dar cuenta si una tasa es una tasa por unidad?

Neuronas ▶

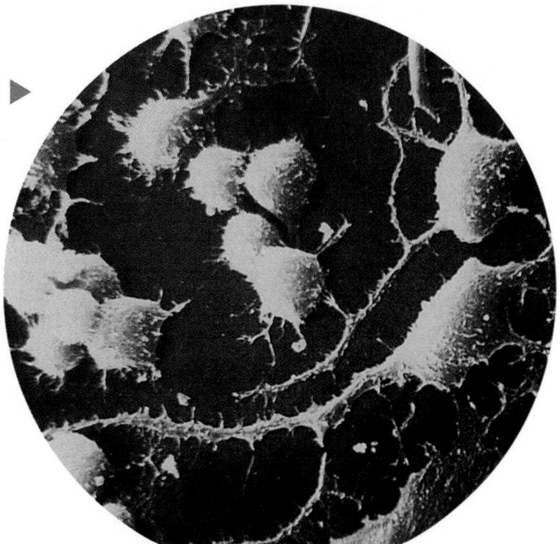

¿Sabías que...?

Al nacer, el cerebro humano tiene el número máximo de neuronas que tiene una persona toda su vida, entre 20 mil millones y 200 mil millones.

¿Cuál es la idea?

En esta lección aprenderás:

- **cuáles son las funciones del sistema nervioso.**
- **cuáles son las partes principales del sistema nervioso central.**
- **cuáles son las funciones del sistema nervioso periférico.**

Lección 1

¿Qué es el sistema nervioso?

"¡Calma! ¡Estás hecho una pila de nervios!" Pues, es cierto. Los nervios son como líneas telefónicas que llevan y traen información entre el cuerpo y el mundo que nos rodea. Pero, ¿cómo lo hacen?

Funciones del sistema nervioso

Todos los días en la escuela miras cosas, lees, oyes, piensas, hablas, escribes, respiras, comes y juegas. Para cada una de estas acciones, usas distintas partes del cuerpo. Al escribir, por ejemplo, usas los ojos, brazos, manos y dedos. Al jugar béisbol, usas los ojos, oídos, brazos, manos, piernas y pies. El sistema nervioso hace que todas esas partes trabajen juntas correctamente.

El sistema nervioso es como un centro de control que continuamente reúne y procesa información sobre el interior del cuerpo y el ambiente que nos rodea. Después, envía señales a los músculos para que se muevan y guarda parte de la información en la memoria. El sistema nervioso también intercambia mensajes con los órganos internos para mantenerlos en buen funcionamiento.

La información viaja del sistema nervioso al resto del cuerpo y del resto del cuerpo al sistema nervioso al mismo tiempo, como si fuera una carretera de doble sentido. Por ejemplo, los ojos del niño de la foto recogen información sobre el disco. Esta información llega al cerebro, el cual envía mensajes a los brazos y las manos para que muevan los músculos y atrapen el disco antes de que caiga al suelo. Imagina la velocidad a la que viajan esas señales. ¡Algunas llegan a alcanzar los 100 metros por segundo!

El sistema nervioso analiza la información acerca del disco para que el niño pueda atraparlo.

El sistema nervioso está formado por células nerviosas llamadas **neuronas**. Los nervios están formados por manojos, o grupos, de neuronas. Las neuronas son parecidas a las demás células del cuerpo, pero tienen ciertas partes que les permiten comunicarse entre sí. El tamaño, forma y función de las neuronas varía según el lugar del cuerpo donde se encuentran.

El sistema nervioso se divide en dos: el **sistema nervioso central** (SNC) y el **sistema nervioso periférico** (SNP). El sistema nervioso central está formado por el encéfalo y la médula espinal. El sistema nervioso periférico está formado por las neuronas y otras estructuras que conectan al sistema nervioso central con las demás partes del cuerpo.

Cuando la niña de la foto juega al vóleibol, su SNP reúne información sobre lo que ella ve y siente y la envía a la médula espinal y al encéfalo. El SNC procesa la información que viene de las distintas partes del cuerpo de la jugadora y les envía de vuelta información indicándoles lo que deben hacer. El SNP recibe la información del encéfalo e indica al cuerpo cómo moverse.

El SNP también conecta los órganos internos, como el estómago y el corazón, con el SNC. Recuerda que el sistema nervioso controla todo lo que sucede dentro del cuerpo y la forma en que debemos responder al ambiente que nos rodea.

Glosario

neurona, célula nerviosa

sistema nervioso central, parte del sistema nervioso formada por el encéfalo y la médula espinal

sistema nervioso periférico, parte del sistema nervioso que conecta el sistema nervioso central con las demás partes del cuerpo

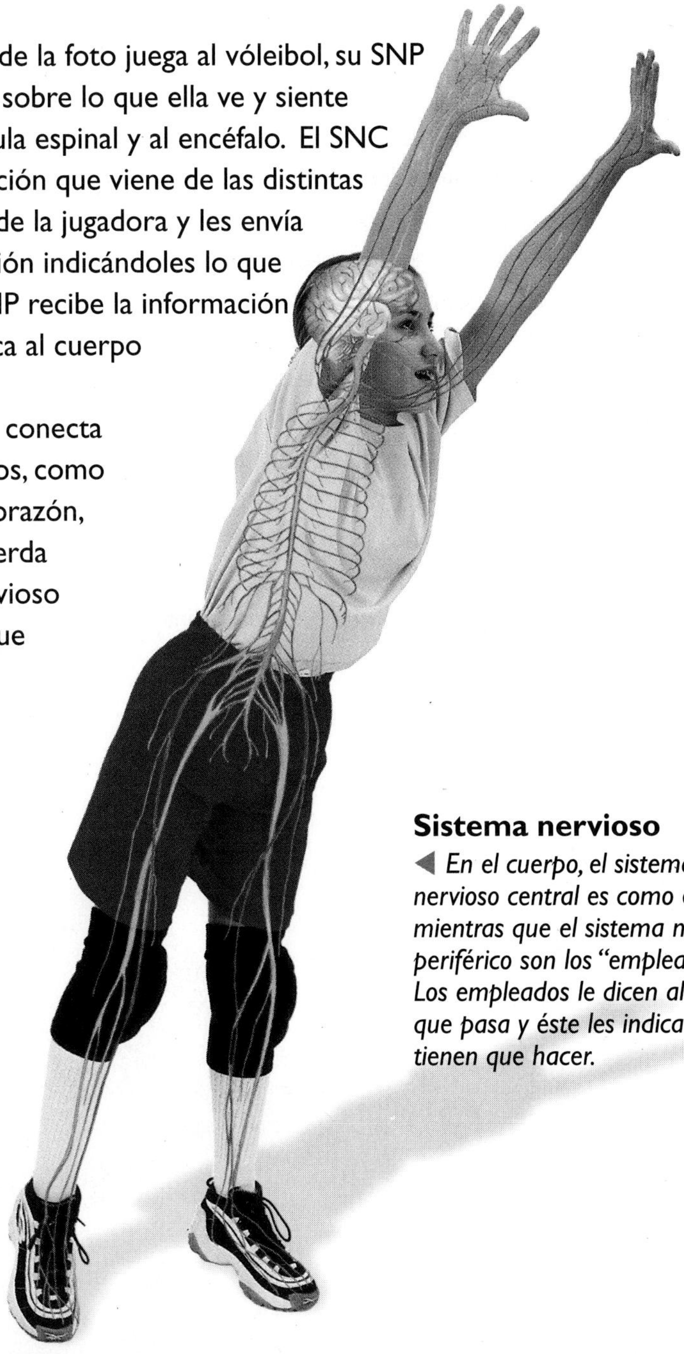

Sistema nervioso

◀ *En el cuerpo, el sistema nervioso central es como el "jefe", mientras que el sistema nervioso periférico son los "empleados". Los empleados le dicen al jefe lo que pasa y éste les indica lo que tienen que hacer.*

Glosario

Glosario

cerebro, parte del sistema nervioso que controla el razonamiento y los movimientos voluntarios y que recibe la información de los sentidos

cerebelo, parte del encéfalo que coordina los movimientos y nos permite mantener el equilibrio

Sistema nervioso central

El niño de la foto que está tocando la flauta podría estar al mismo tiempo oliendo palomitas de maíz, dando golpecitos en el piso con el pie y pensando en el partido de fútbol. Todas estas acciones las controla el "jefe" del cuerpo: el encéfalo, que es la parte de la cabeza donde está el cerebro. El encéfalo tiene unos 100 mil millones de neuronas y billones de células nerviosas de apoyo. Y, aunque el peso del encéfalo representa sólo el 2 por ciento del peso total del cuerpo, ¡el encéfalo usa el 20 por ciento de la energía total del cuerpo!

Fíjate en las partes del encéfalo que se ven en la foto de la página siguiente. Busca la parte más grande del encéfalo, el **cerebro**, que es un órgano arrugado dividido en dos mitades y parecido a una nuez. El cerebro es la parte del sistema nervioso central que nos permite razonar, jugar juegos de computadora, recordar números telefónicos, resolver problemas e imaginar historias. También interpreta la información que recibe de los sentidos. Por ejemplo, cuando miras un pájaro y hueles una flor, te dice cómo es el pájaro y a qué huele la flor.

Una parte del cerebro controla los movimientos voluntarios, o conscientes, como cuando levantamos un libro o nos cepillamos el cabello. La mitad izquierda del cerebro controla los movimientos del lado derecho del cuerpo y la mitad derecha controla los del lado izquierdo. Recuerda que, aunque al hablar solemos llamar cerebro al encéfalo, en ciencias es importante distinguir los dos términos.

Debajo del cerebro, en la parte de la nuca, está el **cerebelo**, que significa "pequeño cerebro". El cerebelo coordina los movimientos y nos permite mantener el equilibrio. Se cree que también nos permite realizar acciones de manera automática, como hablar o andar en bicicleta, para que podamos pensar en otras cosas al mismo tiempo.

El cerebelo del niño coordina el movimiento de sus manos, dedos y ojos. ▶

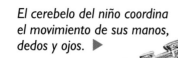

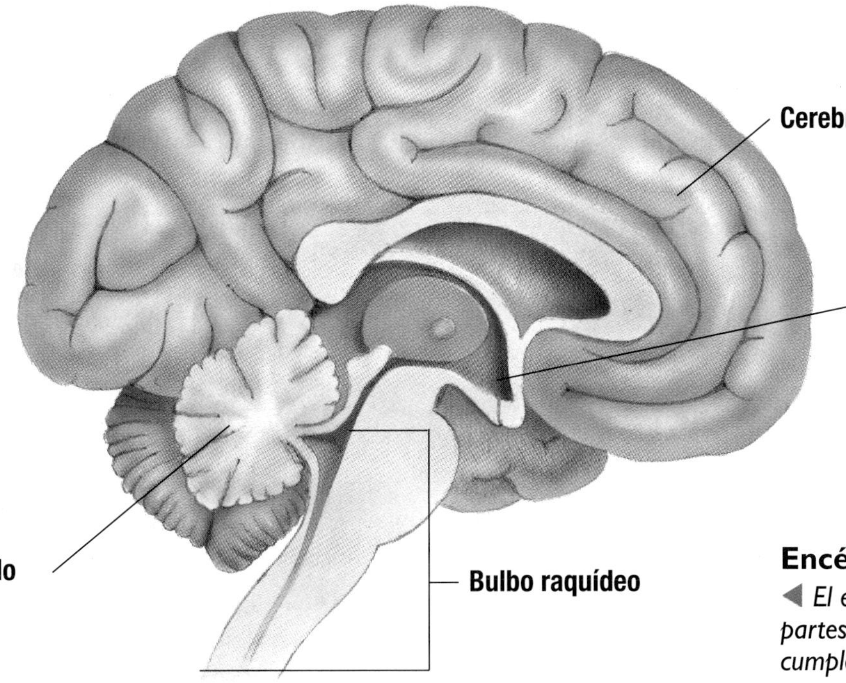

Encéfalo humano

◀ *El encéfalo se divide en varias partes, cada una de las cuales cumple una función específica.*

El **bulbo raquídeo** es una parte pequeña pero importante del encéfalo, ubicada debajo del cerebro y frente al cerebelo. El bulbo raquídeo controla los actos involuntarios, que son las funciones que nos mantienen vivos, como la respiración. ¿Te imaginas si tuvieras que recordarle al corazón que tiene que bombear la sangre o al estómago que tiene que digerir los alimentos mientras haces otras cosas? Ésa es la función del bulbo raquídeo, que además conecta al encéfalo con la médula espinal.

El **hipotálamo** es una estructura del tamaño de un chícharo, que sirve de termostato interno del cuerpo. Para mantener la temperatura del cuerpo dentro del rango adecuado, el hipotálamo nos hace temblar de frío o sudar. El hipotálamo, además, nos despierta por las mañanas y controla el hambre y la sed. También envía y recibe mensajes del sistema que controla las substancias que nos hacen sentir emociones como entusiasmo, enojo o felicidad.

Tócate los huesos de la columna vertebral. Esos huesos protegen la **médula espinal**, que es un largo cordón de neuronas que transmite mensajes entre el cerebro y las distintas partes del cuerpo. La médula espinal tiene 13 millones de neuronas y se extiende a lo largo del interior de la columna vertebral. Su longitud es igual a unos dos tercios de la longitud de la espalda. Sus neuronas se ramifican y llegan hasta los brazos, las piernas y otras partes del cuerpo.

Glosario

bulbo raquídeo, parte del encéfalo que controla actos involuntarios como la respiración; también lo conecta con la médula espinal

hipotálamo, parte del encéfalo que controla la temperatura del cuerpo, el hambre, la sed y las emociones

médula espinal, grupo de neuronas que lleva mensajes del encéfalo al resto del cuerpo y del resto del cuerpo al encéfalo

Glosario

receptor sensorial, célula del sistema nervioso periférico que recoge información sobre el ambiente y el interior del cuerpo

El encéfalo es muy importante para nuestra salud y bienestar. Como es blando y gelatinoso, debemos protegerlo para que no se lesione. El encéfalo está cubierto por tres elementos que lo protegen. Uno de ellos son los huesos del cráneo. El segundo es un líquido protector en el que flota el cerebro y el tercero es una capa gruesa de tejido que envuelve al líquido. La médula espinal está protegida por el líquido, los tejidos y los huesos que componen la columna vertebral.

Aun con toda esta protección, un golpe fuerte en la cabeza puede hacer que el encéfalo rebote contra el cráneo y se lesione. Este tipo de lesiones puede hacer que la persona pare de respirar, se desmaye, se quede ciega o pierda la memoria. Las lesiones de la médula espinal pueden dejar a la persona paralizada, sin poder sentir o mover ciertas partes del cuerpo, o causarle problemas con los órganos internos.

Felizmente, existen precauciones que podemos tomar para proteger el encéfalo y la médula espinal. Por ejemplo, cuando practiques deportes o trabajes en un zona peligrosa, recuerda usar siempre equipo protector, como el casco que lleva Sammy Sosa en la foto. En el carro, ponte el cinturón de seguridad, y nunca te zambullas de cabeza en una piscina o un lago de poca profundidad.

Sistema nervioso periférico

Piensa en todo lo que estás percibiendo con los sentidos en este preciso momento. Mientras lees este párrafo, tal vez oigas ruido de papeles o los latidos de tu corazón. ¿Qué sensación te produce la ropa en la piel? ¿Qué aromas hueles a tu alrededor? Percibimos estas sensaciones gracias a los **receptores sensoriales** del sistema nervioso periférico. Los receptores sensoriales son células que recogen información del ambiente y del interior del cuerpo. La piel, los ojos, los músculos, los tendones y los órganos internos tienen millones de receptores sensoriales que son sensibles a las distintas condiciones, como temperatura, cambios de presión, dolor, luz, substancias químicas, vibraciones y movimientos amplios del cuerpo.

Sammy Sosa usa casco protector para que su encéfalo no se lesione. En 1997, Sammy Sosa fue el "Jugador más valioso" de la Liga Nacional de Béisbol de los Estados Unidos. ▼

Las **neuronas sensoriales**, células del sistema nervioso periférico, reciben la información que recogen los receptores sensoriales y las llevan al encéfalo y a la médula espinal. Las neuronas no se mueven, sino que se pasan la información de una a otra hasta hacerla llegar al sistema nervioso central.

Pero, ¿qué hace el encéfalo cuando se entera de lo que sucede dentro o fuera del cuerpo? El encéfalo recibe la información de las neuronas sensoriales, la procesa, decide qué hacer y envía al cuerpo un mensaje diciéndole qué acción realizar. El mensaje viaja por las **neuronas motoras**, células nerviosas que llevan los mensajes del encéfalo y la médula espinal a los músculos y a los órganos, como el corazón y el estómago. Las neuronas motoras indican al cuerpo que haga distintos tipos de movimiento. Por ejemplo, nos hacen parpadear o hacen que el corazón bombee más rápidamente la sangre.

Mira la foto de la niña. ¿Qué información crees que llevan a su encéfalo sus neuronas sensoriales? ¿Qué mensajes crees que llevan sus neuronas motoras?

Glosario

neurona sensorial, célula nerviosa del SNP que lleva información de los receptores sensoriales al SNC

neurona motora, célula nerviosa del SNP que lleva información del SNC a los músculos y órganos del cuerpo

Los mensajes que llevan las neuronas sensoriales y motoras nos permiten comer y disfrutar de la comida. ▶

Repaso de la Lección 1

1. ¿Cuáles son las funciones del sistema nervioso?
2. ¿Cuáles son las partes principales del sistema nervioso?
3. ¿Cuáles son las funciones del sistema nervioso periférico?
4. **Compara y contrasta**
   Compara y contrasta el sistema nervioso central con el sistema nervioso periférico.

¿Cuál es la idea?

En esta lección aprenderás:

- cómo los ojos y los oídos recogen información.
- cómo la lengua, la nariz y la piel recogen información.

Glosario

Glosario

retina, membrana de la parte de atrás del ojo que contiene receptores sensoriales de luz

Conos y bastoncillos

La retina tiene más conos cerca del centro que en el borde. Por eso, vemos mejor de noche si miramos por el "rabillo" del ojo. ▼

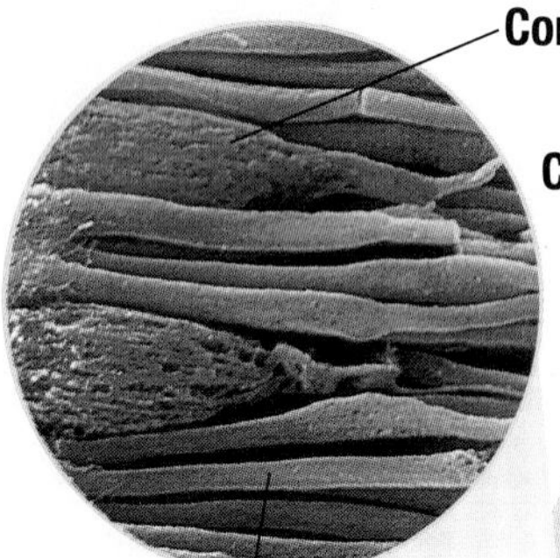

Lección 2

¿Cómo recogen información los sentidos?

"¿Ves lo que te digo?" ¿Verlo? En realidad no podemos "ver" los sonidos. Sin embargo, cuando hablamos, solemos describir con palabras los sentidos. Pero, ¿qué son los sentidos?

Ojos y oídos

Los órganos de los sentidos son grupos de receptores sensoriales que recogen información sobre la luz, los olores, los sabores, los sonidos o lo que tocamos. De estos órganos, se envían mensajes con la información recogida a un sector específico del cerebro, donde se procesa.

El ojo es uno de los órganos de los sentidos. Cuando te miras los ojos en el espejo, lo que ves en realidad es sólo una pequeña parte de ellos. En la parte de atrás del ojo está la **retina,** que es una membrana formada por receptores de luz. La retina tiene cuatro tipos de receptores: tres en forma de cono y uno en forma de bastoncillo. Cada tipo de cono es sensible a uno de los tres colores primarios de la luz: rojo, azul o verde.

Los bastoncillos son sensibles a la luz y la obscuridad, a la forma de los objetos y al movimiento. Funcionan con mucho menos luz que los conos. Por eso, cuando hay poca luz, como por la noche, los bastoncillos nos permiten ver los objetos claramente pero con poco color.

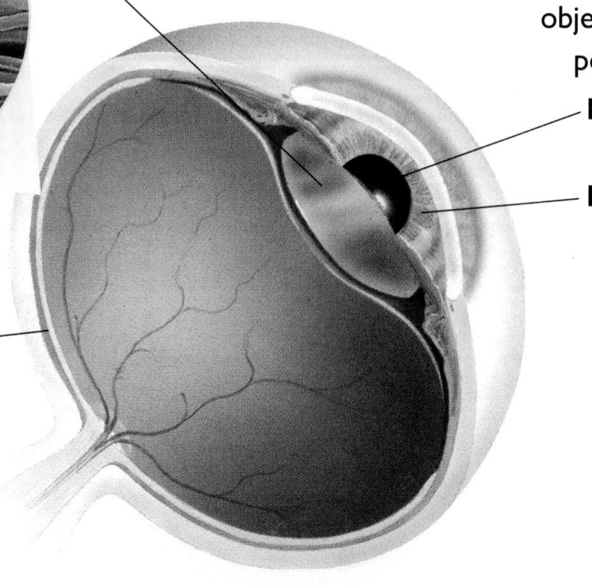

Ojo

◀ *El cerebro indica a los músculos del ojo que dejen pasar más o menos luz a través de la pupila. Después la luz pasa por el cristalino y se enfoca en la retina.*

Recuerda que el sonido viaja en forma de ondas. Los receptores sensoriales del oído son sensibles a estas ondas. En la ilustración de abajo puedes ver las partes del oído. Las ondas de sonido entran por el oído externo y hacen vibrar el tímpano. Los tres huesecillos del oído medio transmiten las vibraciones al oído interno. De ahí pasan a una estructura en forma de caracol que tiene células pilosas de diversos tamaños. Estas células se llaman así porque tienen pelos en la punta. Cada vez que estos pelos vibran, las células envían un mensaje a la región auditiva (o del oído) del cerebro a través del nervio auditivo. Esa parte del cerebro es la que identifica el sonido.

El oído interno no sólo le permite a la niña de la derecha oír los sonidos, sino también mantener el equilibrio. Esta parte del oído contiene tubos llenos de líquido y células pilosas que detectan la posición de la cabeza. Las células envían mensajes al cerebro, que a su vez controla los movimientos del cuerpo para mantener el equilibrio.

Las células pilosas del oído interno de esta niña le permiten mantener el equilibrio. ▼

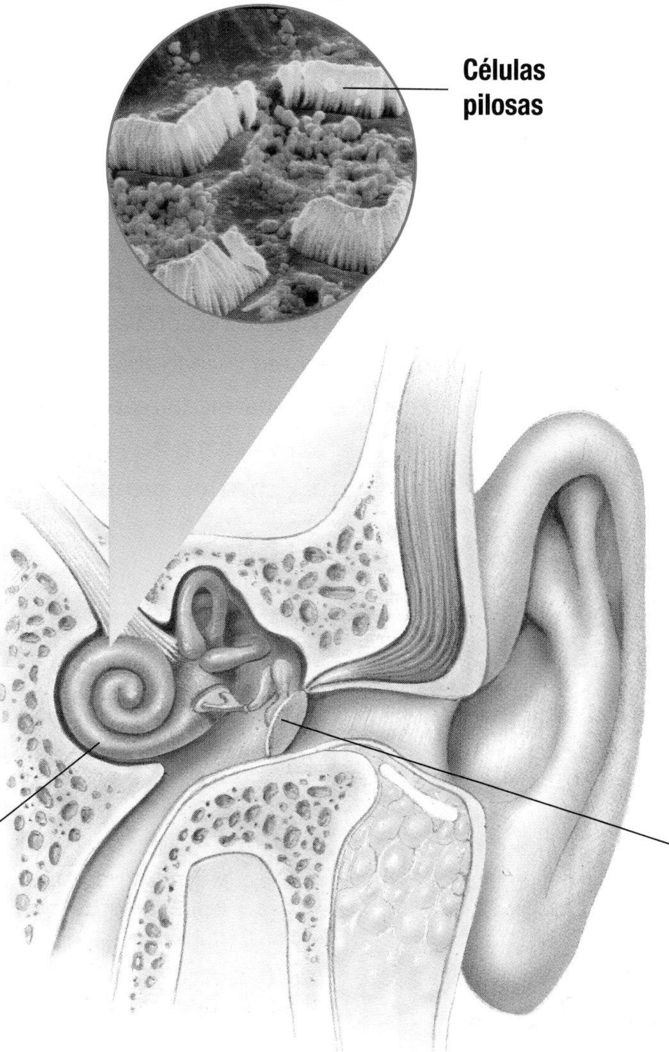

Oído

◀ *El oído responde a las ondas sonoras que viajan por el aire y envía señales nerviosas al cerebro.*

Lengua, nariz y piel

▲ *Las moléculas de esta naranja viajan por el aire. En el momento en que tocan los órganos sensoriales que hay dentro de la nariz, sentimos su olor.*

Aunque no lo creas, las diminutas células pilosas que hay en la nariz son los receptores sensoriales del olfato. Los científicos piensan que cuando las moléculas de los alimentos viajan por el aire y entran en la nariz, estas células pilosas responden a la forma o a la carga eléctrica de esas moléculas. Cuando el cerebro recibe las señales de la nariz, identifica el olor y así lo reconocemos.

El sentido del gusto está estrechamente relacionado con el sentido del olfato. Para comprobarlo, aguanta la respiración mientras pruebas una naranja. Es posible que la naranja te sepa ácida, pero fíjate bien y te darás cuenta de que no sabe a naranja. Los receptores gustativos de la lengua son sensibles sólo a cuatro sabores básicos: dulce, salado, ácido y amargo. Busca estas cuatro áreas gustativas en la ilustración de la lengua que aparece abajo. Cuando el cerebro combina el sabor ácido de la naranja con su olor típico, logramos identificar el gusto de la fruta.

A ver si adivinas esto: es una cosa resistente, lavable, elástica e impermeable que nos cubre y mantiene los órganos dentro del cuerpo. Si dijiste la piel, acertaste. La piel es el órgano más grande del cuerpo y tiene varios tipos de receptores sensoriales sensibles a los cambios de temperatura y de presión, al dolor y a las vibraciones.

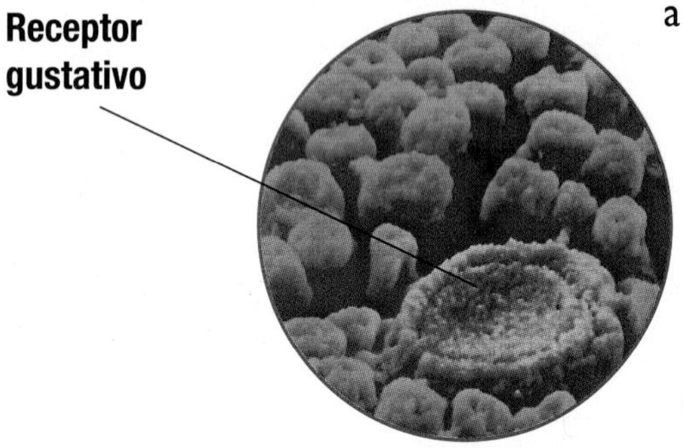

Algunos receptores envían sus mensajes lentamente, como los que responden a algo que ha estado sucediendo y continúa. Un ejemplo es el contacto de la ropa con el cuerpo. En cambio, hay otros receptores que envían mensajes rápidamente, como cuando tocamos una superficie caliente. Estos mensajes nos permiten reaccionar inmediatamente y quitar la mano antes de quemarnos.

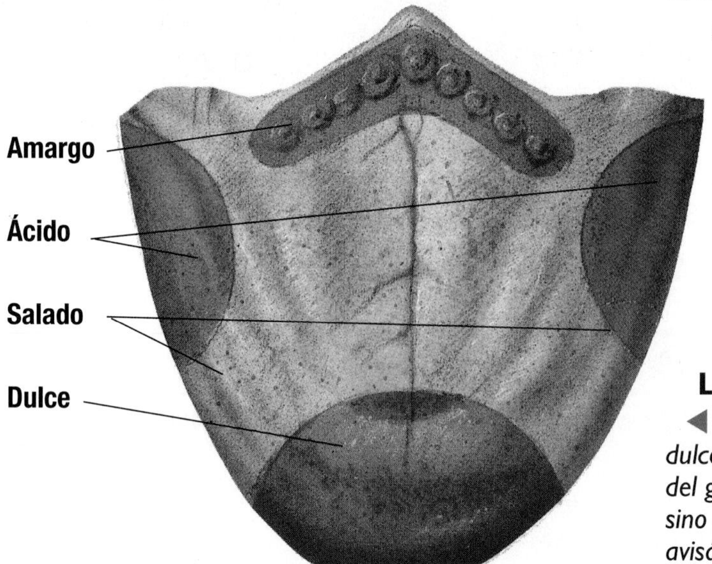

Lengua

◀ *La lengua es sensible a los sabores dulces, salados, ácidos y amargos. El órgano del gusto no sólo permite percibir sabores, sino que además nos sirve para sobrevivir avisándonos cuando algo nos puede hacer mal si lo comemos.*

Oído
El ser humano puede oír sonidos de entre 20 y 20,000 ciclos por segundo, o hertz. Cuanto más hertz tiene un sonido, más agudo es su tono. Cuando envejecemos, el rango de audición suele disminuir.

Vista
El ojo humano es sensible a una pequeña parte del espectro electromagnético. Cada ojo tiene unos 6,000,000 de conos y unos 120,000,000 de bastoncillos que responden a la parte del espectro llamada luz visible.

Olfato
La nariz tiene unos 40 millones de receptores olfativos, lo cual nos permite distinguir entre 3,000 y 10,000 olores. Podemos identificar algunos olores aun cuando en un billón de moléculas haya una sola molécula de ese olor.

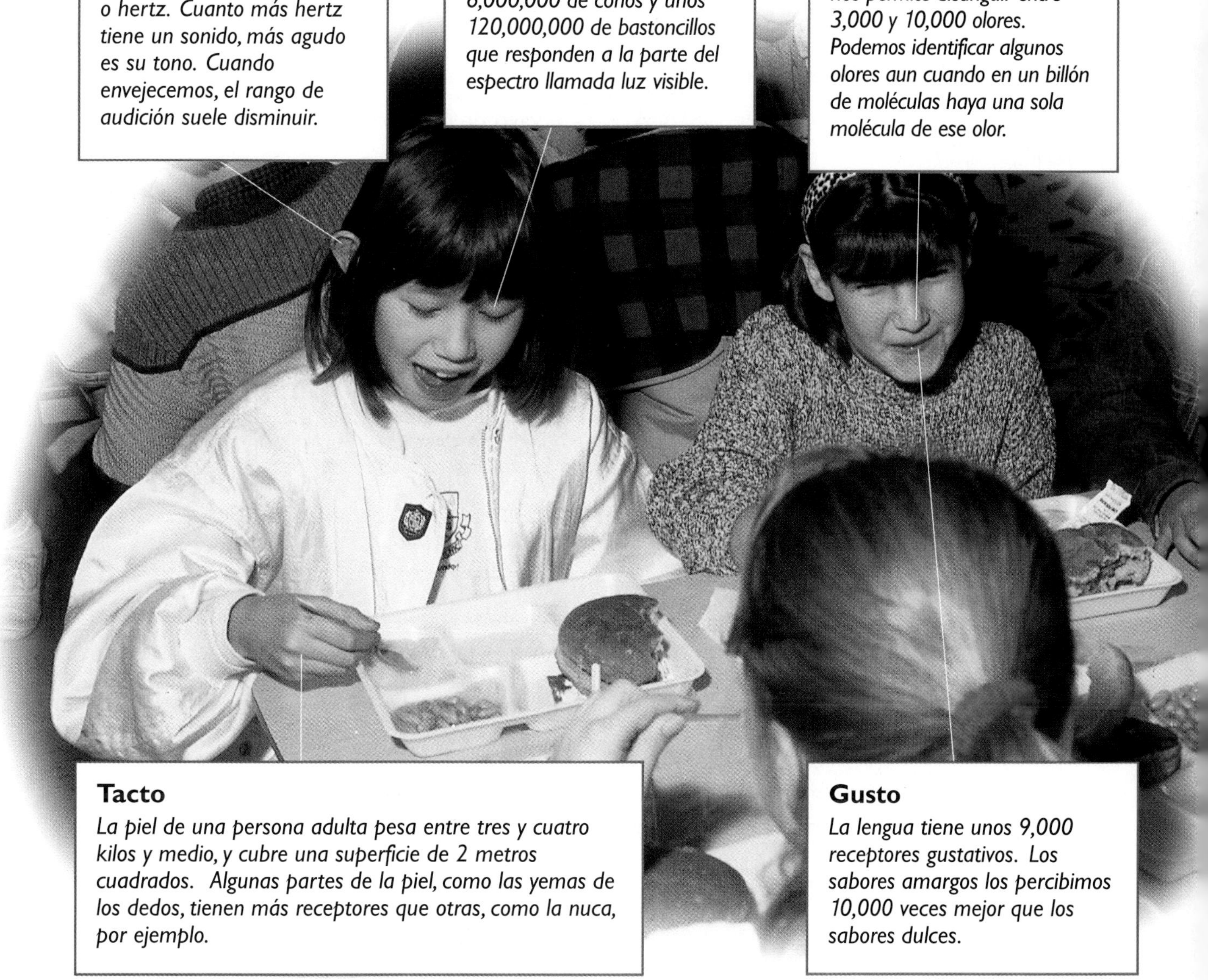

Tacto
La piel de una persona adulta pesa entre tres y cuatro kilos y medio, y cubre una superficie de 2 metros cuadrados. Algunas partes de la piel, como las yemas de los dedos, tienen más receptores que otras, como la nuca, por ejemplo.

Gusto
La lengua tiene unos 9,000 receptores gustativos. Los sabores amargos los percibimos 10,000 veces mejor que los sabores dulces.

Repaso de la Lección 2

1. ¿Cómo recogen información los ojos y los oídos?
2. ¿Cómo recogen información la lengua, la nariz y la piel?
3. **Tasa**
   ¿Qué sonido te parece que tendrá un tono más agudo, uno de 300 ciclos por segundo o uno de 10,000?

Investiga la visión

Destrezas del proceso

- predecir
- inferir
- identificar y controlar variables

Materiales

- vaso de plástico de 10 oz
- 15 frijoles
- regla métrica

Preparación

En esta actividad, investigarás la diferencia entre lo que ves cuando miras con un solo ojo y lo que ves cuando miras con los dos.

Cuando se te indique tapar un ojo, no trates de mirar con él porque arruinarás los resultados.

Sigue este procedimiento

1. Haz una tabla como la que se muestra y anota ahí tus resultados.

2. Siéntate en una esquina de un escritorio o de una mesa perpendicularmente a tu compañero o compañera, como se muestra en la Foto A. Coloca en el medio un vaso vacío a aproximadamente un brazo de distancia de cada uno de ustedes (Foto A).

Prueba	Un ojo	Dos ojos
1		
2		
3		
4		
5		
6		
7		
8		
9		
10		
11		
12		
13		
14		
15		
Total de puntos		

Foto A

3 Tápate un ojo con la mano. Pide a tu compañero o compañera que tome un frijol y lo sostenga a unos 20 cm encima de la mesa, cerca del vaso. Mientras tu compañero o compañera mueve lentamente el frijol, decide en qué momento caerá el frijol en el vaso si se lo suelta. Cuando el frijol esté en esa posición, di "Ahora" y tu compañero o compañera deberá dejarlo caer en ese momento (Foto B).

4 Anota el resultado. Escribe 1 en la tabla de datos si el frijol cayó dentro del vaso y escribe 0 si el frijol cayó fuera.

5 Repite los pasos 3 y 4 quince veces.

6 ¿Crees que el frijol caerá más veces dentro del vaso si repites los pasos 3 a 5 usando los dos ojos? Anota tu **predicción.**

7 Repite los pasos 3 a 5 usando los dos ojos.

Foto B

Interpreta tus resultados

1. Cuenta tu puntaje. ¿Diste en el vaso más veces usando un sólo ojo o usando los dos?

2. El tipo de visión en que una persona usa los dos ojos se llama visión estereoscópica. Con los resultados de la actividad, **infiere** por qué la visión estereoscópica es más ventajosa que la monovisión o visión con un sólo ojo.

3. ¿Qué **variable** pusiste a prueba en esta actividad? ¿Qué otras variables controlaste?

Investiga más a fondo

¿En qué afecta a los resultados de esta actividad la velocidad a la cual tu compañero o compañera mueve el frijol? Piensa en cómo vas a hallar la respuesta a ésta u otras preguntas que tengas.

Autoevaluación

- Seguí las instrucciones para hacer pruebas sobre la visión estereoscópica.
- Anoté los resultados de cada prueba en una tabla.
- **Predije** lo que sucedería al repetir la actividad usando los dos ojos.
- Hice una **inferencia** sobre por qué usar dos ojos es más ventajoso que usar uno sólo.
- Identifiqué las **variables** de la actividad.

En esta lección aprenderás:

- **cuáles son las partes de las células nerviosas.**
- **cómo viajan los impulsos nerviosos.**
- **qué son los reflejos.**

Glosario

dendrita, parte de la neurona que recoge información de otras neuronas

impulso nervioso, mensaje que viaja de las dendritas al axón de la neurona

axón, parte de la neurona que lleva los mensajes fuera del cuerpo celular.

Lección 3

¿Cómo envían mensajes las células nerviosas?

¡Ah! Ese olor te trae recuerdos de cuando fuiste a acampar al bosque el verano pasado. Todas las sensaciones, movimientos, recuerdos y sentimientos son el producto de mensajes que pasan por las neuronas.

Células nerviosas

La mayoría de las neuronas, o células nerviosas, son más delgadas que el punto que ves al final de esta oración. Sin embargo, son las células más largas del cuerpo. ¡Algunas miden más de un metro de largo! Las neuronas se parecen a las demás células del organismo, pero cuentan con ciertas partes que les permiten recibir y enviar mensajes.

La ilustración de abajo nos muestra las partes de una neurona. El núcleo está en el cuerpo de la neurona, llamado cuerpo celular, donde se producen las moléculas que la neurona necesita para realizar sus funciones y vivir. Del cuerpo celular se extienden las **dendritas**. Las dendritas son como ramas y gajos que recogen la información de otras neuronas. ¿Cómo la estructura de la dendrita le ayuda a recoger la información?

Cuando recogen información, las dendritas producen mensajes conocidos como **impulsos nerviosos**. Estos impulsos nerviosos viajan de las dendritas al cuerpo celular y luego siguen por el **axón** hasta el final de la neurona. Busca el axón en la ilustración y describe su forma.

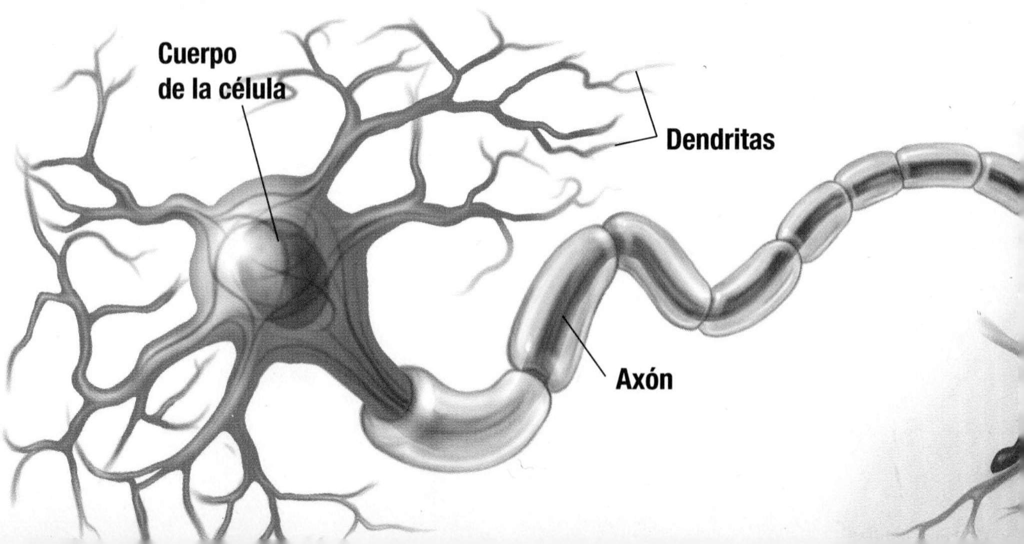

Las neuronas que tienes hoy son las mismas que tenías al nacer. Algunas neuronas poseen muchas dendritas y otras no tantas. ▶

Cómo viajan los impulsos nerviosos

¿Cómo les indica el cerebro a las piernas que se muevan o al corazón que lata? ¿Cómo viaja en nuestro organismo la información de lo que vemos, oímos o sentimos? Toda esa información viaja a través del sistema nervioso en forma de impulsos nerviosos. Cada dendrita de la neurona recibe los mensajes de otra neurona. Cuando la neurona recibe suficiente información, se produce una pequeña carga eléctrica dentro de la dendrita. Esa carga eléctrica es un impulso nervioso que viaja a través de la neurona. Este impulso lleva los mensajes desde la dendrita hasta el cuerpo celular, y sigue por el axón hasta llegar al otro extremo de la neurona.

Entre el axón de una neurona y la dendrita de otra existe un espacio llamado **sinapsis**. Cuando el impulso nervioso llega al final del axón, éste libera mensajeros químicos. Estos mensajeros cruzan la sinapsis y pasan a la dendrita de la siguiente neurona. Cuando se acumulan suficientes mensajeros en la dendrita, se produce un impulso nervioso. El impulso viaja al cuerpo celular y de ahí sigue por el axón hacia la siguiente neurona. Este proceso continúa al pasar el impulso de una neurona a otra.

Los impulsos nerviosos que viajan por las neuronas sensoriales van hacia la médula espinal y el cerebro, en donde se procesan y se interpretan. Los que viajan por las neuronas motoras van a los órganos y a los músculos, para hacer que se muevan y funcionen como deben.

Glosario

Glosario

sinapsis, espacio que existe entre el axón de una neurona y la dendrita de la siguiente

Las ramificaciones de las células nerviosas les permiten recibir impulsos nerviosos de muchas otras células nerviosas. ▼

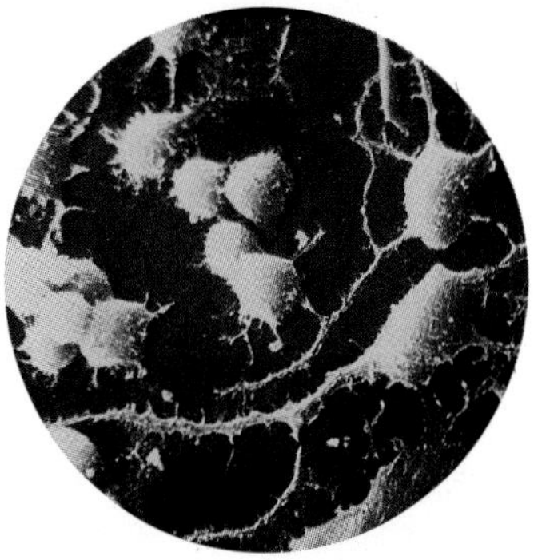

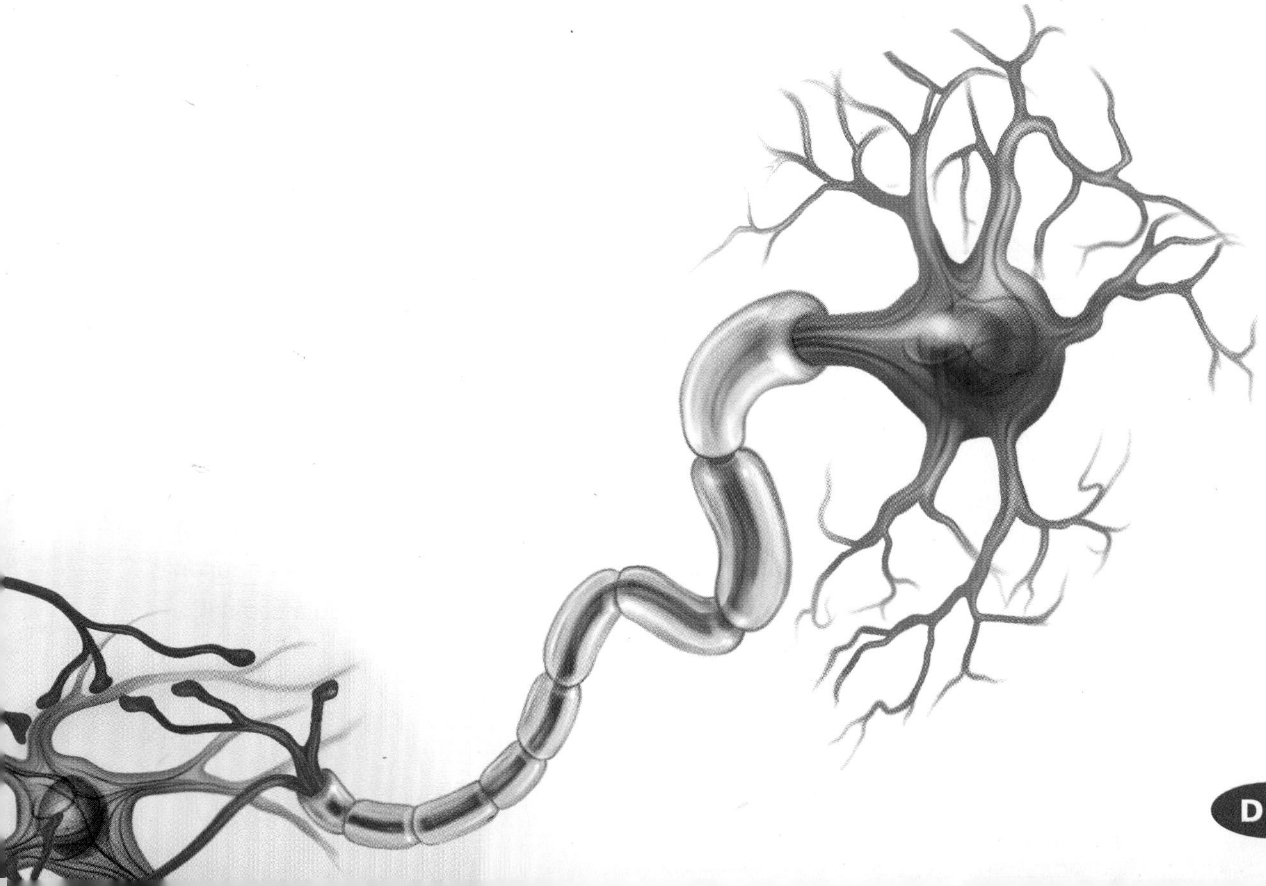

Hay ciertas enfermedades que dañan el sistema nervioso. Por ejemplo, la enfermedad de Lou Gehrig hace que las neuronas motoras se encojan y mueran. Debido a esto, los músculos se debilitan por la falta de uso. Esta enfermedad lleva el nombre de un beisbolista que la padecía.

La esclerosis múltiple es otra enfermedad que daña las neuronas y debilita los músculos. Esta enfermedad destruye la capa que protege el axón de las neuronas.

La enfermedad de Parkinson daña las células del cerebro que producen una substancia que controla los movimientos del cuerpo. Quienes sufren la enfermedad tienen temblores o dificultad en controlar los movimientos.

Los investigadores continúan buscando una cura a estas enfermedades. También están ampliando su conocimiento sobre el funcionamiento del sistema nervioso. Por ejemplo, hace unos años se descubrió que mientras más usamos el cerebro, más dendritas crecen en las neuronas. Cuanto más dendritas tenga el cerebro, más información puede reunir para tomar decisiones y responder a los estímulos.

Reflejos

Los reflejos nos protegen de diversas maneras. Por ejemplo, este beisbolista no tuvo que pensar para moverse y esquivar la pelota. ▼

Imagínate que estás jugando al béisbol y te toca batear como el jugador de la foto. De pronto, el lanzador te arroja la pelota muy cerca de la cabeza. ¿Cómo reaccionas? Sin pensarlo, la esquivas para protegerte. Cuando el cerebro se da cuenta de lo que pasa, el resto del sistema nervioso ya respondió al estímulo. Las respuestas repentinas que suceden sin que el cerebro "piense" en ellas, se conocen como reflejos. Los reflejos son respuestas rápidas e imprevistas que nos protegen de los peligros y nos permiten adaptarnos al ambiente que nos rodea. Entre los reflejos más comunes se encuentra el estornudo, la tos y el parpadeo. Cuando oyes de repente un sonido fuerte, por lo general miras hacia el sitio donde se produjo y tu cuerpo se sobresalta. ¿De qué modo te protege este reflejo?

Para comprender cómo funcionan los reflejos, fíjate qué sucede cuando la niña de la página siguiente se pincha el dedo con la espina del cacto. Primero, los receptores sensoriales de los dedos de la niña sienten el dolor. De esos receptores salen impulsos nerviosos que viajan a través de las neuronas sensoriales hacia la médula espinal. En la médula espinal,

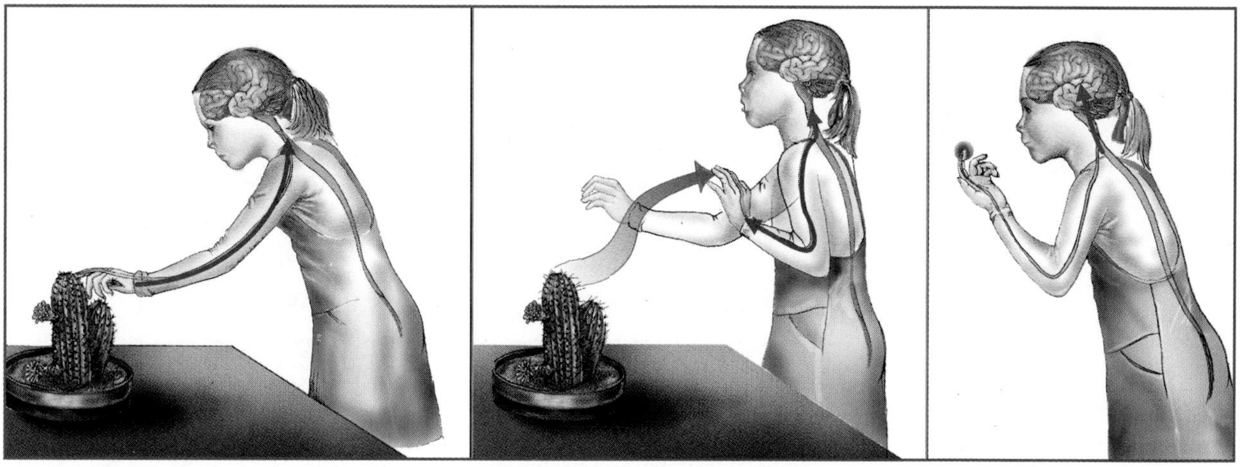

una o más neuronas llevan los impulsos nerviosos directamente a las neuronas motoras y al brazo de la niña. Los músculos del brazo se mueven y retiran rápidamente el dedo sin que la niña tenga que pensarlo.

Mientras esto sucede, la médula espinal envía los impulsos nerviosos de las neuronas sensoriales al cerebro. Cuando el cerebro recibe los impulsos, interpreta lo ocurrido y envía un mensaje que hace que la niña sienta el dolor. Sin embargo, el dedo de la niña ya se encuentra fuera de peligro.

Compara el recorrido de los impulsos nerviosos en las respuestas en que se produce un reflejo y en las que no se produjo. En las respuestas donde no se produce un reflejo, como cuando te rascas la nariz, los impulsos nerviosos viajan a través de las neuronas sensoriales y de la médula espinal hasta llegar al cerebro. Ahí la información se procesa antes de responder al estímulo. Durante un reflejo, los impulsos nerviosos producen una respuesta inmediata sin esperar a que el cerebro decida qué hacer.

▲ *Observa en las ilustraciones el camino que recorren los impulsos en un reflejo. Fíjate como la niña reacciona antes de que el mensaje llegue al cerebro.*

Repaso de la Lección 3

1. ¿Cuáles son las partes de las células nerviosas?
2. ¿Cómo viajan los impulsos nerviosos?
3. ¿Qué son los reflejos?
4. **Tasa**
   En 3 segundos, un impulso nervioso recorre 300 metros (el largo de 3 campos de fútbol americano). ¿Cuál es la tasa por unidad?

¿Cuál es la idea?

En esta lección aprenderás:

- cuál es la función de las glándulas endocrinas.
- cómo funciona un circuito de retroalimentación.

Lección 4

¿Qué es el sistema endocrino?

" ¡Pero qué alta es para su edad!" ¿Te has fijado en las diferencias de estatura que hay entre tus compañeros de clase? Eso sucede porque nadie crece con la misma rapidez. El crecimiento es una de las muchas funciones controladas por el sistema endocrino.

Glándulas endocrinas

Las **glándulas endocrinas** son tejidos u órganos que liberan en el torrente sanguíneo substancias químicas llamadas **hormonas**. Las hormonas estimulan determinadas células de ciertas partes del organismo para que éstas realicen determinadas funciones. Además, controlan el crecimiento de los huesos, el almacenamiento del azúcar y las características masculinas y femeninas.

Glosario

glándula endocrina, tejido u órgano que libera substancias químicas en el torrente sanguíneo

hormona, substancia química que las glándulas liberan y envían a las células para que realicen ciertas funciones

Las glándulas endocrinas producen hormonas que controlan las actividades del organismo. La palabra hormona *viene del griego* hormon *que significa "estimulante".* ▼

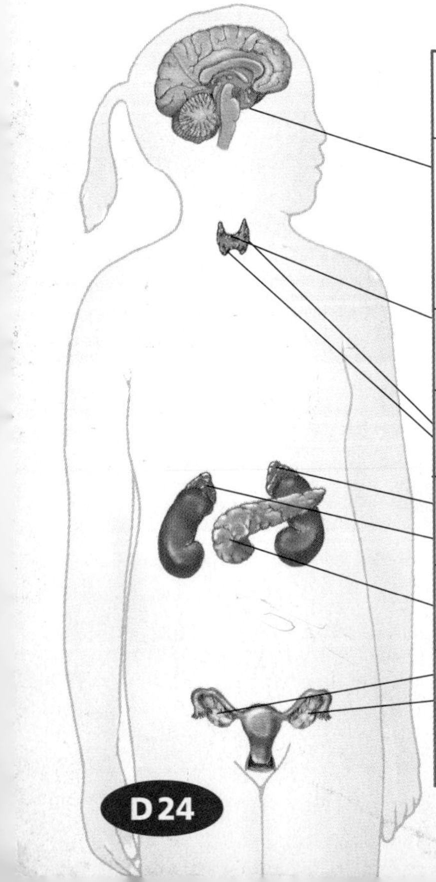

Glándulas endocrinas	Función
pituitaria	controla el desarrollo y crecimiento del cuerpo controla la tiroides, los ovarios, los testículos y otros órganos
tiroides	controla la manera en que las células liberan energía
paratiroides	controla la cantidad de calcio y fósforo que hay en la sangre
adrenales	controlan las reacciones del organismo cuando sentimos enojo o miedo
páncreas	controla la cantidad de glucosa que hay en la sangre
ovarios	controlan las características femeninas y el ciclo menstrual
testículos	controlan las características masculinas

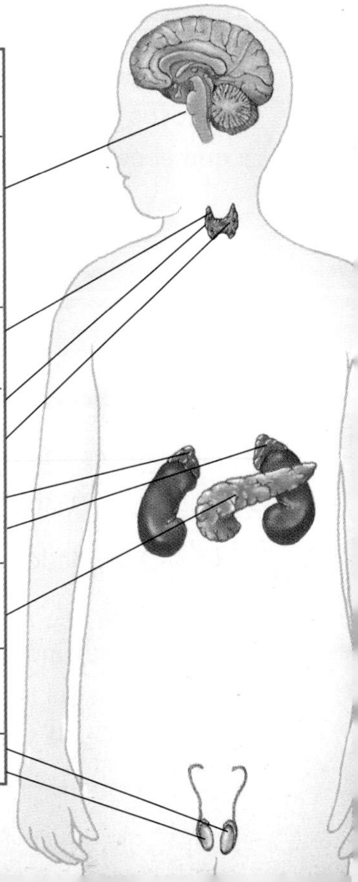

Las glándulas, hormonas y células que se ven en la página anterior forman el **sistema endocrino**. Este sistema se encarga de vigilar constantemente las condiciones del organismo y hace que se liberen hormonas cuando sea necesario. Todo este proceso se hace en segundos. Por ejemplo, fíjate en las personas que huyen del incendio en la foto de abajo. En el encéfalo, el hipotálamo responde a los mensajes de las neuronas sensoriales que avisan a la persona del peligro del incendio. Entonces, el hipotálamo envía mensajes a las glándulas adrenales que se encuentran arriba de los riñones. Estas glándulas producen una hormona llamada adrenalina, que estimula a las personas a enfrentar el peligro o a huir. En la foto, las personas huyen. Las hormonas hacen que el corazón lata más rápidamente. Esto a su vez hace que los pulmones absorban más oxígeno y que llegue más sangre a los músculos.

Glosario

sistema endocrino, sistema del organismo que controla diversas funciones y que está formado por glándulas, hormonas y determinadas células

Glosario

Circuito de retroalimentación

Piensa en cómo se mantiene constante la temperatura de tu casa. Los termostatos tienen un termómetro que apaga automáticamente la calefacción cuando sube mucho la temperatura, y la enciende cuando baja mucho. Este ciclo de acción y reacción se llama circuito de retroalimentación. La mayoría de las actividades del organismo que se controlan con hormonas funcionan mediante circuitos de retroalimentación. Estos circuitos sirven para indicar a las glándulas endocrinas cuándo deben liberar más o menos hormonas.

¿Cómo ayuda el sistema endocrino a estas personas a huir del incendio?

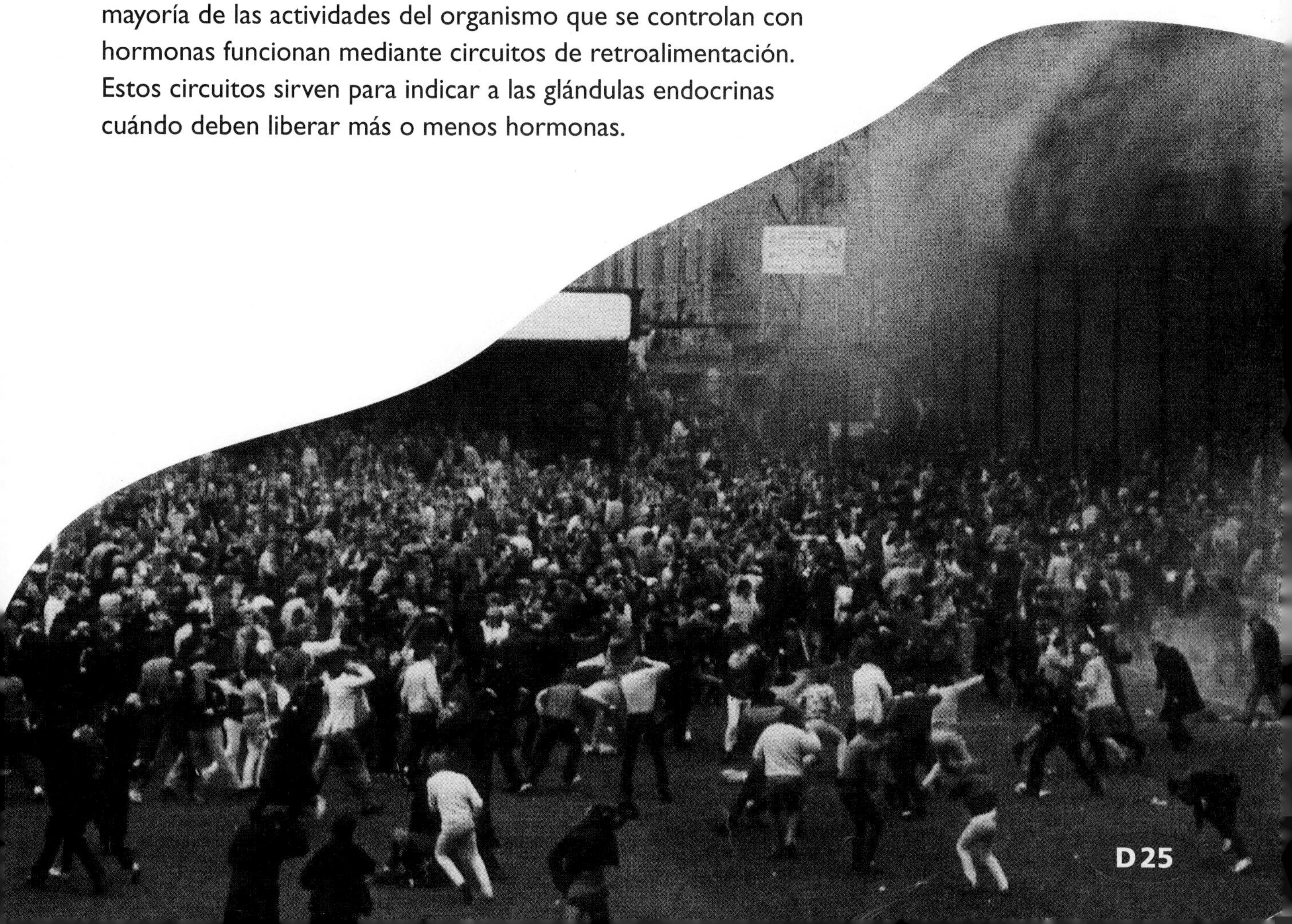

Piensa en lo que sucede cuando comemos. Primero, el aparato digestivo descompone los alimentos en substancias más sencillas que el cuerpo puede usar. Una de esas substancias es un azúcar llamado glucosa. La glucosa es una de las principales fuentes de energía del organismo. Cuando se digiere, la glucosa pasa a la sangre y ahí comienza a actuar el circuito de retroalimentación.

El páncreas es una glándula endocrina que vigila continuamente la cantidad de glucosa que hay en la sangre. Cuando el nivel de glucosa está alto, el páncreas libera una hormona llamada insulina. Para bajar la cantidad de glucosa en la sangre, la insulina hace que las células del organismo absorban más glucosa y que el hígado guarde la glucosa que les sobra a las otra células. Cuando el nivel de glucosa está bajo, el páncreas libera menos insulina. Este proceso de retroalimentación permite que el páncreas libere la cantidad justa de insulina necesaria para mantener un nivel normal de glucosa en la sangre. El diagrama de abajo resume este proceso.

Circuito de retroalimentación biológico

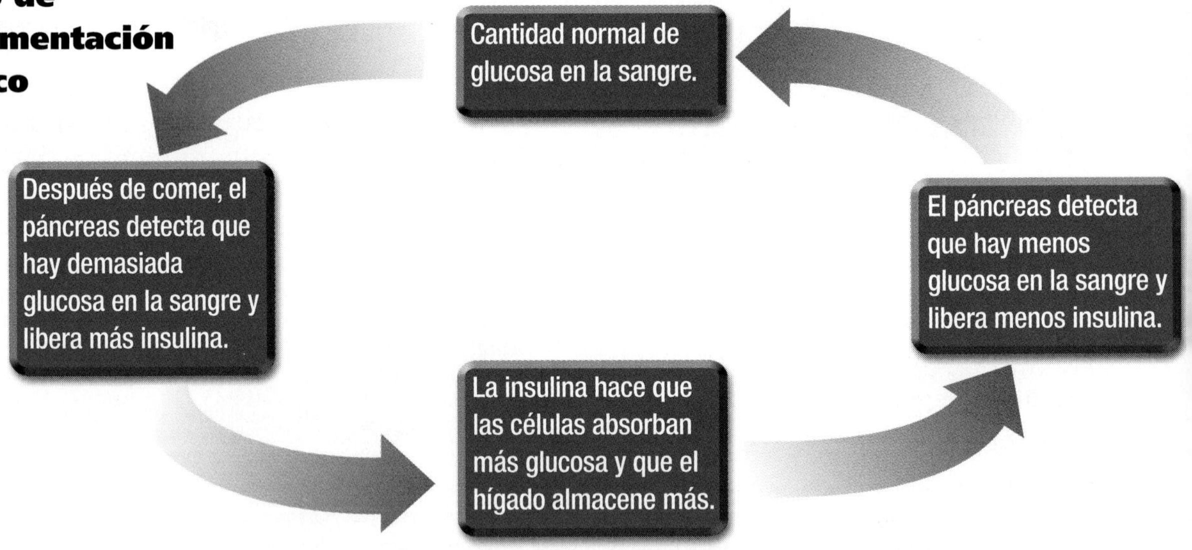

Cantidad normal de glucosa en la sangre.
Después de comer, el páncreas detecta que hay demasiada glucosa en la sangre y libera más insulina.
La insulina hace que las células absorban más glucosa y que el hígado almacene más.
El páncreas detecta que hay menos glucosa en la sangre y libera menos insulina.

Repaso de la Lección 4

1. ¿Cuál es la función de las glándulas endocrinas?
2. ¿Cómo funciona un circuito de retroalimentación?
3. **Fuentes gráficas**
   Muestra en una gráfica lo que sucede en el organismo de una de las personas que huye del incendio que se muestra en la página D25.

Pon a prueba tus sensores de temperatura

Materiales

- 3 vasos graduados de plástico
- cinta adhesiva de papel
- marcador
- agua helada
- agua a temperatura ambiente
- agua tibia
- reloj con segundero
- toallas de papel

Destrezas del proceso

- formular preguntas e hipótesis
- identificar y controlar variables
- experimentar
- observar
- recopilar e interpretar datos
- comunicar

Plantea el problema

Por todo tu cuerpo hay células nerviosas que funcionan como "termómetros" y que te dicen si algo está caliente o frío cuando lo tocas. Pero, ¿estos sensores de calor y frío que tiene el cuerpo detectan la temperatura real igual como lo hace el termómetro o se los puede "confundir" ajustando algunas variables del ambiente?

Formula tu hipótesis

Si pones a prueba los sensores de temperatura de tus manos bajo diferentes condiciones, ¿darán siempre la misma información o se sentirá distinta la misma temperatura al aplicarla a la piel bajo distintas condiciones? Escribe tu **hipótesis.**

Identifica y controla las variables

La temperatura del agua es la **variable.** El agua que usarás tendrá tres temperaturas distintas: tibia, fría (helada) y a temperatura ambiente. Asegúrate de que las demás variables permanezcan iguales.

Pon a prueba tu hipótesis

Sigue los siguientes pasos para hacer el **experimento.**

1. Haz una tabla como la que se muestra en la siguiente página y anota ahí tus observaciones

2. Con cinta adhesiva y un marcador, etiqueta los 3 vasos: *Temperatura ambiente, Tibia* y *Fría.* Echa 210 mL de agua a cada vaso de acuerdo a lo que indique la etiqueta (Foto A).

Foto A

Continúa →

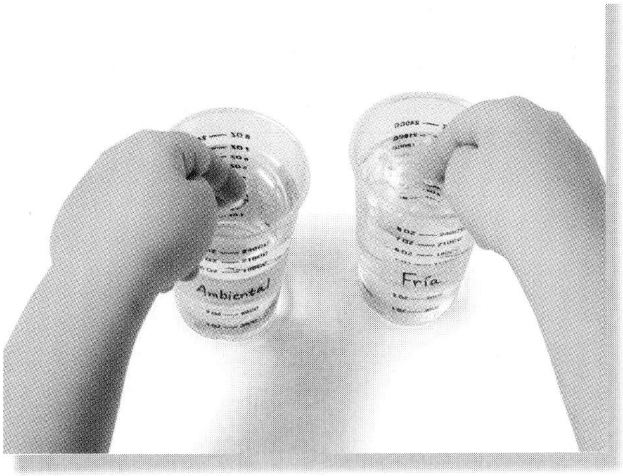

Foto B

❸ Lávate las manos con jabón y agua tibia.

❹ Mete los dedos de la mano izquierda dentro del vaso con agua a temperatura ambiente. Mete los dedos de la mano derecha en el vaso de agua fría (Foto B). Espera 30 segundos.

¡Cuidado! No realices la actividad si tienes una llaga o herida abierta en la piel o cualquier otra afección médica que te afecte las manos.

❺ Mete las dos manos en el agua a temperatura ambiente. ¿Cómo se siente el agua en cada mano: helada, fría, a temperatura ambiente, tibia o caliente? Sécate las manos con una toalla de papel. Anota tus **observaciones** en la tabla.

❻ Mete los dedos de la mano izquierda en el vaso de agua a temperatura ambiente. Mete los dedos de la mano derecha en el vaso de agua tibia. Espera 30 segundos. Después, mete ambas manos en el agua a temperatura ambiente. ¿Qúe sientes? Sécate las manos con una toalla de papel. Anota tus **datos** en la tabla.

❼ Mete los dedos de la mano izquierda en agua helada y los dedos de la mano derecha en agua tibia. Espera 30 segundos. Después, mete al mismo tiempo los dedos de las dos manos en el agua a temperatura ambiente. ¿Qué temperatura del agua siente cada mano? Sécate las manos con una toalla de papel. Anota tus observaciones en la tabla.

	Cómo se siente el agua a temperatura ambiente	
	Mano izquierda	**Mano derecha**
Paso 5		
Paso 6		
Paso 7		

Interpreta tus datos

1. Marca una hoja de papel cuadriculado como se muestra. Haz una gráfica de barras en el papel con los datos de tu tabla.

2. Analiza la gráfica. ¿Afectan las variables del ambiente a los sensores de temperatura de tus manos? ¿Apoyan tu hipótesis los datos del experimento?

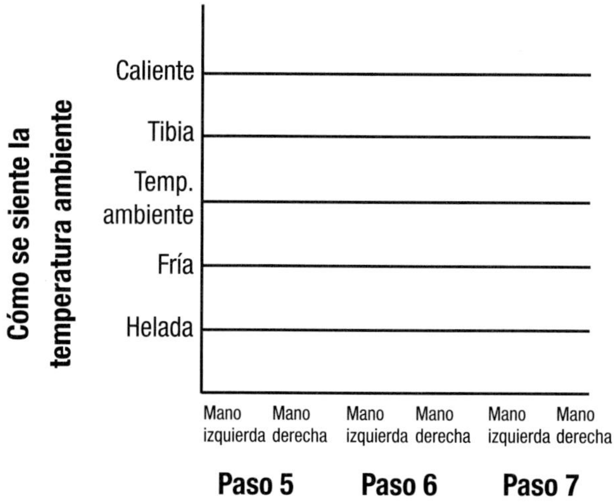

Presenta tu conclusión

Comunica tus resultados. ¿En qué se parecen y en qué se diferencian los sensores de temperatura de las manos y los termómetros? Explica si la sensación de frío y calor cambia con una exposición previa al frío y al calor.

Investiga más a fondo

Si pruebas otros tipos de sensores, como los sensores de presión, ¿crees que obtendrás resultados similares? Piensa en cómo vas a hallar la respuesta a ésta u otras preguntas que tengas.

Autoevaluación

- Formulé una **hipótesis** sobre cómo responden los sensores de temperatura de las manos a distintas condiciones.
- **Identifiqué** y **controlé las variables.**
- **Experimenté** para poner a prueba mi hipótesis.
- Hice una gráfica de barras para interpretar mis **datos.**
- Comparé los resultados de mi experimento con mi hipótesis.

Repaso del Capítulo 1

Ideas principales del capítulo

Lección 1

• El sistema nervioso es el centro de control del cuerpo.

• Las partes principales del sistema nervioso central son el encéfalo y la médula espinal.

• El sistema nervioso periférico recoge información sobre el ambiente.

Lección 2

• Los receptores sensoriales del ojo y del oído recogen información sobre el ambiente.

• La lengua, la nariz y la piel son órganos que contienen neuronas sensoriales.

Lección 3

• Las células nerviosas están formadas por dendritas, el cuerpo de la célula y un axón.

• Los impulsos nerviosos llevan información de una neurona a otra en forma de cargas eléctricas.

• Cuando se produce un reflejo, la información de las neuronas sensoriales le avisan a la médula espinal que libere neuronas para provocar una reacción rápida.

Lección 4

• Las glándulas endocrinas liberan substancias químicas en el torrente sanguíneo para controlar las actividades del organismo.

• El circuito de retroalimentación mantiene las actividades del cuerpo a un nivel constante al controlar las glándulas endocrinas.

Repaso de términos y conceptos científicos

Escribe la letra de la palabra o frase que complete mejor cada oración.

a. axón
b. bulbo raquídeo
c. sistema nervioso central
d. cerebelo
e. cerebro
f. dendritas
g. glándulas endocrinas
h. sistema endocrino
i. hormonas
j. hipotálamo
k. neuronas motoras
l. neuronas
m. impulso nervioso
n. sistema nervioso periférico
o. retina
p. neuronas sensoriales
q. receptores sensoriales
r. médula espinal
s. sinapsis

1. El ___ es la parte del cerebro que nos permite mantener el equilibrio.

2. Los ___ son células sensibles a la luz, la presión y el dolor.

3. Un ___ es una carga eléctrica que lleva información a través de las neuronas.

4. Las ____ son como ramas y gajos que recogen la información de otras neuronas.

5. La ___ es la parte del ojo que contiene receptores sensoriales de luz.

6. Las ____ controla acciones como los latidos del corazón, la circulación de la sangre a los órganos y el desarrollo de características masculinas y femeninas.

7. Los impulsos nerviosos viajan a través de el ____ antes de llegar a la sinapsis.
8. El ___ controla la temperatura, el hambre, la sed y ciertas emociones.
9. El ____ está formado por el encéfalo y la médula espinal.
10. La ___ es la parte del SNC que pasa por la columna vertebral.
11. El ___ es la parte del sistema nervioso que controla el razonamiento.
12. A las células del sistema nervioso se las conoce con el nombre de ___.
13. El ___ son los tejidos u órganos que liberan substancias químicas en el torrente sanguíneo, controlan el crecimiento de los huesos y las demás funciones del cuerpo.
14. Las ___ son las células nerviosas que llevan información de los receptores sensoriales a la médula espinal y al encéfalo.
15. El ___ controla la respiración y la digestión de los alimentos.
16. La ___ es el espacio donde las substancias químicas llevan mensajes entre neuronas.
17. El ___ es la parte del sistema nervioso que conecta el sistema nervioso central con las demás partes del cuerpo.
18. Las ___ son substancias químicas que estimulan células de ciertas partes del organismo para que realicen determinadas funciones.
19. Las ___ son las células nerviosas que llevan información a los músculos.

Explicación de ciencias

Contesta las siguientes preguntas en un párrafo o con un organizador gráfico.

1. ¿Cómo funcionan conjuntamente el sistema nervioso central y el sistema nervioso periférico para controlar el organismo?

2. ¿Cómo funcionan los receptores sensoriales de luz?

3. ¿Qué diferencia hay entre los reflejos y el funcionamiento normal de las neuronas sensoriales y motoras?

4. ¿Cómo funciona un circuito de retroalimentación?

Práctica de destrezas

1. En la leyenda de la vista de la página D17, ¿qué número representa la **tasa**?

2. **Observa** un compañero o compañera por 3 minutos. Escribe lo que observaste en tres oraciones. **Clasifica** las acciones en voluntarias o involuntarias.

3. ¿Qué **variables** puedes **identificar** en el circuito de retroalimentación de la página D26?

Razonamiento crítico

1. Si un amigo dice tu nombre y te lanza una pelota, **pon en secuencia** las partes del sistema nervioso que actúan para atrapar la pelota.

2. Cuando practicamos una acción, como escribir a máquina, por lo general la hacemos con mayor rapidez y facilidad que alguien que la hace por primera vez. ¿Qué **infieres** sobre ese cambio?

3. ¿Qué parte de la mano es más sensible, la palma o el dorso? Describe un **experimento** que podrías realizar para responder la pregunta. Identifica las **variables**.

¡A tus órdenes!

Adivina, adivinador: Trabaja para ti sin que tengas que pedírselo. ¿Qué es? [Pista: Sin él no podrías patinar, pintar, leer ni hacer nada.] ¡Claro! ¡El cuerpo!

Capítulo 2

Drogas y el organismo

Investiguemos: Drogas y el organismo

Lección 1
¿Qué debemos saber de las drogas?
- ¿Qué medidas de precaución debemos seguir al tomar medicinas?
- ¿Qué efectos tienen las drogas en el organismo?
- ¿Qué podemos hacer para evitar el abuso de drogas?

Lección 2
¿Qué efectos tiene el tabaco en el organismo?
- ¿Qué efectos tiene en el organismo el fumar tabaco?
- ¿Qué efectos tiene en el organismo el tabaco que no se fuma?
- ¿Por qué muchos deciden no consumir tabaco?

Lección 3
¿Por qué es peligroso fumar marihuana?
- ¿Qué efectos inmediatos tiene la marihuana?
- ¿Qué efectos a largo plazo tiene la marihuana?

Lección 4
¿Qué daños causa el alcohol en el organismo?
- ¿Qué efectos tiene el alcohol?
- ¿Por qué es peligroso el abuso de alcohol?
- ¿Por qué hay que evitar el alcohol?

Copia el organizador gráfico del capítulo *en una hoja de papel. El organizador te muestra de qué trata todo el capítulo. A medida que leas las lecciones y hagas las actividades, busca las respuestas a las preguntas y anótalas en tu organizador.*

Explora hábitos saludables

Destrezas/Proceso

Destrezas del proceso

- observar
- comunicar
- clasificar

Materiales

- revistas y periódicos
- tijeras

Explorar

1. Hojea periódicos y revistas. **Observa** los diversos tipos de actividades que aparecen. Busca imágenes de personas que participan en actividades saludables.

2. Encuentra todos los tipos de actividades que puedas. Recorta por lo menos 10 imágenes de actividades saludables.

3. **Comunica**. Comenta con tu grupo en qué se parecen y en qué se diferencian las actividades. **Clasifica** en categorías las imágenes que encuentres.

Reflexiona

1. ¿En base a qué características clasificó tu grupo las actividades?

2. ¿Qué diferencia hay entre el sistema de clasificación de tu grupo y el de otros grupos?

3. ¿Qué clases de actividades forman parte de un estilo de vida saludable? Comunica tus ideas al resto del grupo.

Investiga más a fondo

¿Hay imágenes en los periódicos y en las revistas que muestran actividades y hábitos no saludables? ¿Aparecen más imágenes de actividades saludables o de actividades no saludables? Piensa en cómo vas a hallar la respuesta a ésta u otras preguntas que tengas.

Hechos y detalles de apoyo

Cuando lees cualquier tipo de información, como temas de ciencias, es importante reconocer los hechos y detalles de apoyo que describen o explican una idea principal. Los hechos y detalles contienen información importante y útil sobre un tema.

Ejemplo

Una manera de identificar los hechos y detalles de apoyo de la Lección 1, *¿Qué debemos saber de las drogas?,* es tomar notas en forma de esquema mientras lees. Indica las ideas principales con números romanos y los hechos de apoyo con letra mayúscula. Lee el siguiente párrafo y compáralo con el esquema del estudiante.

> Si bien las medicinas ayudan en el tratamiento o prevención de una enfermedad, también pueden ser causa de otros problemas. Por ejemplo, algunas medicinas dan sueño o producen malestar estomacal. Otros efectos no deseados incluyen resequedad en los ojos o la boca. Esos efectos no deseados se conocen como efectos secundarios.

I. Medicinas
- A. Beneficios
  - 1. Tratan enfermedades
  - 2. Previenen enfermedades
- B. Efectos secundarios
  - 1. Sueño
  - 2. Malestar estomacal
  - 3. Resequedad en los ojos
  - 4. Resequedad en la boca

▲ *Hay medicinas que producen cansancio y sueño.*

En tus palabras

1. ¿Qué diferencia hay entre un hecho de apoyo y un detalle?

2. ¿Qué hechos y detalles del párrafo apoyan la idea de que las medicinas pueden causar efectos secundarios?

¿Cuál es la idea?

En esta lección aprenderás:

- qué medidas de precaución debemos seguir al tomar medicinas.
- qué efectos tienen las drogas en el organismo.
- qué podemos hacer para evitar el abuso de drogas.

Lección 1

¿Qué debemos saber de las drogas?

En la frente sesos tienes,
y tienes pies en las piernas
que con precisión te llevan
en la dirección que quieras.
Dr. Seuss

Cómo usar las medicinas

Cuando te enfermas, tu organismo pierde su equilibrio interno. Algunas drogas pueden ayudarte a recuperar ese equilibrio. Las **drogas** son substancias que modifican el funcionamiento del organismo de alguna manera. A las drogas se les llama *medicinas* cuando se usan para curar o prevenir enfermedades, aliviar el dolor o mejorar o controlar otras condiciones anormales del cuerpo o de la mente.

Glosario

Glosario

droga, substancia que modifica el funcionamiento del organismo

Frasco de medicina
La etiqueta de los envases de medicina debe contener la información que se muestra aquí. ▶

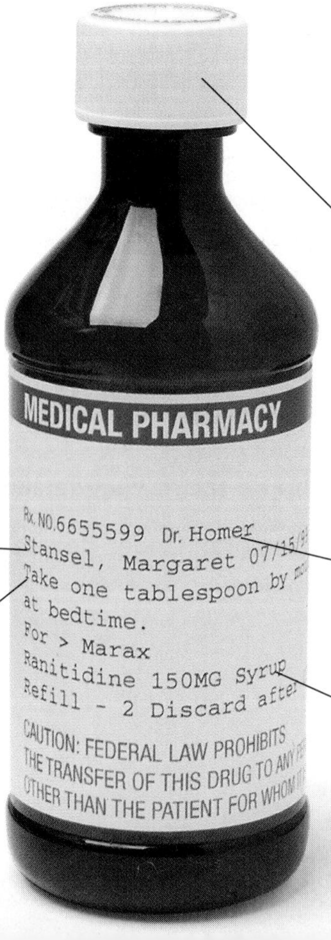
MEDICAL PHARMACY
Rx. NO.6655599 Dr. Homer
Stansel, Margaret
Take one tablespoon by
at bedtime.
For > Marax
Ranitidine 150MG
Refill - 2 Discard
CAUTION: FEDERAL LAW PROHIBITS
THE TRANSFER OF THIS DRUG TO
OTHER THAN THE PATIENT FOR

La tapa de ciertos envases es difícil de abrir para evitar que los niños pequeños tomen medicinas que les pueden hacer daño. Las medicinas que se compran sin receta deben tener la tapa envuelta con un plástico protector que muestre que el envase no se ha abierto.

Nombre de la persona a quien se recetó la medicina.

Nombre del médico que recetó la medicina.

Instrucciones del médico sobre cuándo y cómo tomar la medicina.

Nombre de la medicina y su potencia.

Historia de las ciencias

El ser humano ha usado medicinas durante siglos. Los antiguos médicos griegos, romanos y egipcios curaban muchos problemas físicos con las medicinas que preparaban con plantas. En el siglo XII, los árabes molían las esponjas marinas, animales que contienen una substancia llamada yodo, para curar una enfermedad causada por la falta de yodo. En la actualidad, la sal de mesa contiene yodo para evitar esa enfermedad.

Hoy en día contamos con muchos tipos de medicinas, algunas de las cuales, como la aspirina, los antiácidos o los remedios para la tos y el resfriado, se pueden comprar en los supermercados o las farmacias y se conocen como medicinas sin receta. Otras, como los antibióticos y ciertas medicinas para las alergias, sólo se pueden comprar si llevas la receta de un médico.

Los médicos han estudiado y saben el efecto que las medicinas tienen en el organismo y qué problemas físicos o mentales curan. Saben, además, qué cantidad, o dosis, de medicina le conviene tomar a cada paciente. La dosis de una medicina depende de la edad o del tamaño del paciente y de las demás medicinas que pueda estar tomando al mismo tiempo.

Sin embargo, a pesar de que las medicinas alivian ciertos problemas, también pueden causar otros. Por ejemplo, hay medicinas que provocan sueño, resecan los ojos o la boca, o irritan el estómago. Esos efectos no deseados se conocen como **efectos secundarios**. Aunque no a todos los que toman medicinas les dan efectos secundarios, hay quienes tienen efectos secundarios tan agudos que deben dejar de tomarlas. El farmacéutico o farmacéutica que prepara la receta te dirá qué efectos secundarios puede causar la medicina.

Las medicinas sirven para curar enfermedades. Sin embargo, si una medicina o droga no se usa o no se toma de manera adecuada, puede ser peligrosa. Además, la medicina que le sirve a una persona puede hacerle daño a otra. Por eso, nunca hay que tomar la medicina que se le recetó a otra persona. Las normas de seguridad de la derecha nos recuerdan lo que se debe y no debe hacer con las medicinas.

Glosario

efecto secundario, efecto no deseado de una droga o una medicina

Glosario

Medidas de precaución al tomar medicinas

- **Nunca tomes medicinas sin antes preguntar a un adulto.**
- **Nunca tomes medicinas con receta de otra persona.**
- **Lee las instrucciones de la etiqueta de la medicina.**
- **Toma siempre la dosis recetada como te lo indica la etiqueta.**
- **Nunca tomes dos o más medicinas al mismo tiempo sin autorización médica.**
- **Nunca tomes medicinas que no conoces.**
- **Tira a la basura las medicinas sin etiqueta y las que ya vencieron.**
- **Pon las medicinas lejos del alcance de niños pequeños.**

Glosario

Glosario

abuso de drogas, uso de drogas legales o ilegales que no sea para la cura de enfermedades físicas o mentales

adicción, enfermedad física y mental en la que la persona siente una fuerte necesidad de algo, como por ejemplo una droga

estimulante, droga que hace funcionar más rápidamente el sistema nervioso

cafeína, estimulante de baja potencia que se encuentra en el café, el té, las bebidas de cola y el chocolate

Las drogas y el cuerpo

Como ya vimos, las drogas son benéficas si se usan de manera correcta. Sin embargo, hay gente que consume drogas no por motivos de salud. Esto se conoce como **abuso de drogas**. El abuso de drogas produce muchos efectos perjudiciales en nuestro organismo. Algunos se producen en seguida y otros se presentan después de haber consumido la droga por mucho tiempo. Uno de los efectos perjudiciales del abuso de drogas es la adicción.

La **adicción** es una enfermedad que afecta la mente y el cuerpo. Los adictos a las drogas, llamados drogadictos, sienten necesidad física y mental de tomarlas una y otra vez. Esa necesidad se conoce como dependencia.

Los drogadictos se pasan la mayor parte del tiempo pensando en la droga. Nunca saben lo que les sucederá al tomarla, pero continúan haciéndolo aunque les cause problemas en su vida. Como su cerebro se halla afectado, el adicto pierde la capacidad de tomar decisiones correctas. Por eso, hasta puede llegar a tomar dosis exageradas, o sobredosis, que causan situaciones como la de la foto. Infelizmente, la adicción es muy difícil de curar.

La adicción es sólo uno de los efectos de las drogas. Los demás efectos dependen del tipo de droga que se consuma. Por ejemplo, los **estimulantes** son drogas que hacen funcionar más rápidamente el sistema nervioso. Aumentan el ritmo cardíaco y respiratorio y la presión arterial. Esto hace que el corazón y los vasos sanguíneos trabajen más de lo normal. ¿Qué efecto crees que tiene esto en el organismo con el tiempo?

Fíjate en las bebidas que se muestran en la foto de la derecha. ¿Qué tienen en común? Todas contienen un estimulante de baja potencia conocido como **cafeína**. Al principio, la cafeína puede hacer que la persona se sienta más despierta y activa, pero al pasarle los efectos se suele sentir más cansada de lo normal.

Quienes abusan de las drogas posiblemente no se dan cuenta de que las toman en cantidades peligrosas, porque las drogas les alteran el pensamiento. Tomar distintas drogas al mismo tiempo puede también provocar una sobredosis. Cuando esto sucede, la persona necesita atención médica de urgencia. ▼

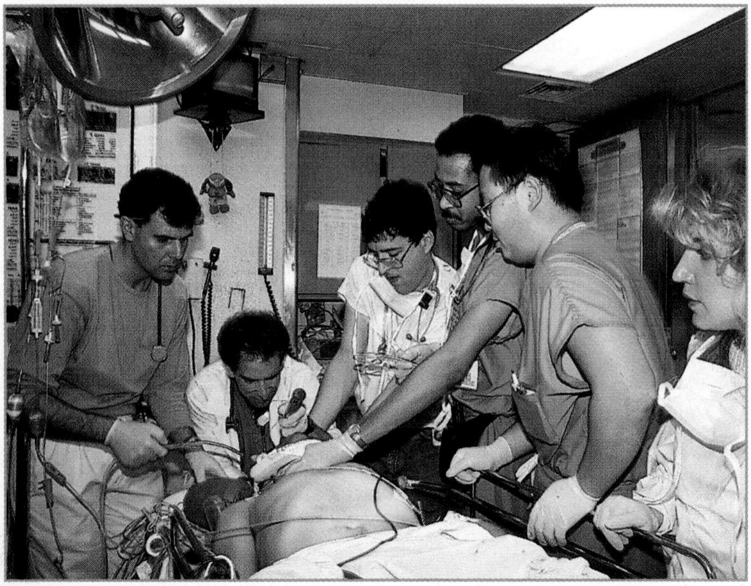

Cuando nos sentimos cansados y tomamos bebidas de cola u otras bebidas con mucha cafeína para estar más despiertos, estamos forzando al cuerpo a trabajar cuando necesita descansar. Esto puede hacer que nos sintamos nerviosos o deprimidos, perdamos el apetito o no tengamos mucha agilidad para pensar.

Ciertas medicinas con receta contienen estimulantes potentes que, si se usan correctamente, pueden ser benéficos. Sin embargo, si no se usan correctamente, pueden producir en el organismo cambios dañinos, porque el organismo no produce estimulantes de manera natural. Por ejemplo, el mal uso de los estimulantes puede causar trastornos mentales, daño en los tejidos y hasta paro cardíaco. La cocaína, droga que sólo se consigue legalmente con receta, es un potente estimulante que a veces sirve como medicina. Si se usa de manera legal, puede llegar a ser muy útil. Sin embargo, la mayoría de las veces se usa ilegalmente sin receta médica. En este caso resulta muy peligrosa, ya que hasta puede causar la muerte. El crack, una forma de cocaína muy potente, es ilegal.

Los **depresores** como el alcohol, son drogas que disminuyen la velocidad de los impulsos del sistema nervioso. Estas drogas disminuyen el ritmo respiratorio y cardíaco y el tiempo que tardamos en reaccionar a los estímulos. En ciertas ocasiones, los médicos recetan depresores como tranquilizantes y barbitúricos para lograr que las personas se calmen y puedan dormir.

Sin embargo, si el sistema nervioso funciona de manera normal, los depresores causan problemas para hablar y caminar. Si las dosis son muy altas, pueden causar pérdida de la memoria o hacer que los pulmones o el corazón dejen de funcionar.

Glosario

depresor, droga que hace funcionar más lentamente el sistema nervioso

Glosario

▲ *Muchas bebidas de cola se hacen con semillas de la planta de cola, que contienen cafeína. Las bebidas de lima limón y algunos* root beers *no contienen cafeína.*

El cacao y el chocolate se hacen con semillas de cacao. Una taza de cacao contiene sólo la décima parte de la cafeína que contiene una taza de café. El té también tiene cafeína. ▼

Glosario

inhalantes, drogas que entran en el organismo con el aire que respiras

alucinógenos, drogas que afectan el funcionamiento del cerebro y cambian la manera en que percibimos lo que nos rodea

Efectos de los inhalantes

- **vómitos**
- **hemorragia de la nariz**
- **pérdida de la coordinación**
- **pérdida de la capacidad de pensar**
- **daños en el hígado, riñones, corazón, huesos y células de la sangre**
- **daños permanentes en el sistema nervioso**
- **muerte por asfixia o paro cardíaco**

Estos inhalantes son productos comunes que se usan en el hogar. ▼

¿Has notado el olor fuerte que se siente cuando pintas un modelo o pegas un objeto? Las pinturas y los pegamentos despiden vapores que se conocen como **inhalantes.** Los inhalantes son drogas que entran en el cuerpo con el aire que respiramos. Algunos inhalantes hacen bien a la salud. Por ejemplo, a veces los médicos recetan medicinas contra el asma en forma de inhalante para que lleguen más rápidamente a los pulmones. De ese modo, la medicina llega a la sangre más rápidamente que si se tomara en forma de líquido o pastilla.

Los vapores de ciertos productos que usamos todos los días también pueden ser inhalantes. Tanto los productos que se muestran en la foto como los pegamentos, las pinturas, el quitaesmalte para las uñas, los líquidos para limpiar y la gasolina son inhalantes. Los vapores que despiden esas substancias pueden tener un efecto depresor en el organismo y causar mareos, náusea, dolor de cabeza, sangrado de la nariz y hasta la muerte. Además, pueden dañar los pulmones, la nariz, el cerebro y los órganos internos. Quienes trabajan con inhalantes deben usar mascarillas con filtros para no respirar los vapores.

Los **alucinógenos** son drogas que afectan el funcionamiento del cerebro y alteran la manera en que percibimos lo que nos rodea. Los adictos a estas drogas ven, oyen o sienten cosas que en realidad no existen. Estas experiencias se conocen como alucinaciones. El LSD, el PCP y la mescalina son alucinógenos ilegales.

Las personas que abusan de los alucinógenos muchas veces no se dan cuenta de donde están. Esta confusión suele causar accidentes graves como caídas, ahogamientos, quemaduras o accidentes de carro. Además, es posible que no sientan el dolor y no se den cuenta cuando se lastiman. Uno de los efectos secundarios más terribles de los alucinógenos es el fenómeno de recurrencia. Años después de que la persona deja de tomar alucinógenos vuelve a tener alucinaciones semejantes a las que tenía cuando los tomaba. Ello se debe al hecho de que los alucinógenos permanecen en el organismo durante años y pueden causar cambios permanentes en el sistema nervioso.

Muchos jóvenes piensan que probar "sólo una vez" no hace daño. Sin embargo, nunca se sabe cómo va a reaccionar el organismo a cierta droga, ya que se pueden sufrir daños graves o permanentes aun si se toma una sola vez.

Cómo evitar el abuso de drogas

Muchos jóvenes creen que los adultos los controlan y que no los dejan tomar decisiones. Sin embargo, una decisión que siempre es tuya es mantener un cuerpo sano. Quizás decidas practicar deportes o hacer ejercicio para fortalecer los músculos o cuidar lo que comes para darle a tu cuerpo lo que necesita para crecer. Decir "NO" a las drogas es otra manera de mantener el cuerpo y la mente sanos y evitar así la enfermedad de la adicción.

Es posible que, en ocasiones, tus amigas y amigos traten de convencerte de hacer algo que en realidad no quieres hacer. Quizás te digan que "todos lo hacen", aunque eso no sea verdad. Pero, ¿qué clase de amigo te pide que hagas algo que te puede afectar la salud y hasta matarte? Si te dejas influir por esos "amigos" porque tienes miedo de lo que vayan a pensar de ti, en realidad estás dejando que otros decidan por ti. ¡Con amigos como ésos, los enemigos sobran!

Una manera de evitar esta "influencia negativa de los amigos" es hacer amistad con niños y niñas a los que también les guste participar de las mismas actividades interesantes que a ti te gustan. La mayoría de la gente decide no abusar de las drogas. ¡Decídete tú también y únete a ellas! Practica deportes, hazte miembro de clubes o trabaja como voluntario en tu comunidad. ¡Es tu decisión!

▲ *Este cartel lo dibujó un niño que decidió "decir NO a las drogas".*

Repaso de la Lección 1

1. ¿Qué medidas de precaución debemos seguir al tomar medicinas?
2. ¿Qué efectos tienen las drogas en el organismo?
3. ¿Qué hacemos para evitar el abuso de drogas?
4. **Hechos y detalles de apoyo**
   Busca en la lección cuatro hechos que confirmen que es peligroso abusar de las drogas.

Actividad Investiga

Observa la distribución de partículas

Destrezas/Proceso

Destrezas del proceso

- observar
- hacer y usar modelos
- inferir
- comunicar

Materiales

- periódico
- caja de zapatos con tapa y con un agujero en el fondo
- cartulina negra
- tijeras
- gafas protectoras
- cinta adhesiva de papel
- botella dosificadora de plástico
- embudo
- fécula de maíz
- cuchara
- agitador

Preparación
En esta actividad, investigarás cómo se desplazan las partículas de materia por el aire.

Sigue este procedimiento

1. Haz una tabla como la que se muestra y anota ahí tus observaciones.

	Observaciones
Caja con tapa	
Caja sin tapa	

2. Cubre la mesa con periódico. Recubre con cartulina negra el interior de la caja de zapatos recortando y pegando con cinta pedazos de la cartulina (Foto A).

3. Ponte las gafas protectoras. Destapa la botella y coloca dentro el embudo.

4. Llena casi toda la botella con fécula de maíz, una cucharada por vez. Con el agitador, empuja la fécula de maíz por el embudo. Vuelve a tapar la botella.

Foto A

5 Con cuidado, introduce la punta de la botella por el agujero de la caja atravesando la cartulina (Foto B).

6 Tapa la caja. Pide a un compañero o compañera que sostenga la caja mientras exprimes ligeramente la botella.

¡Cuidado! No aspires el polvo.

7 Quita la tapa y **observa** la distribución de la fécula de maíz dentro de la caja. Anota tus observaciones.

8 Vacía la fécula de maíz de la caja volteándola boca abajo y golpeteándola ligeramente sobre el periódico que cubre la mesa.

9 Repite los pasos 5 a 7 sin tapar la caja.

Interpreta tus resultados

1. ¿Qué diferencia hay entre la distribución de la fécula de maíz en la caja tapada y sin tapar?

Foto B

2. Explica cómo esta actividad puede servir como **modelo** para explicar el comportamiento del humo de cigarrillo.

3. Haz una **inferencia.** Con lo que aprendiste en la actividad, determina las características que deben tener las secciones para no fumadores de los lugares públicos. **Comunica** tus ideas al resto de la clase.

Investiga más a fondo

¿En qué afectaría a la distribución de la fécula de maíz que hubiera agujeros en la caja? Piensa en cómo vas a hallar la respuesta a ésta u otras preguntas que tengas.

Autoevaluación

- Seguí instrucciones para hacer pruebas sobre la distribución de la fécula de maíz y anoté mis **observaciones.**
- Comparé la distribución de la fécula de maíz en las dos pruebas.
- Expliqué cómo esta actividad puede servir como **modelo** para explicar el comportamiento del humo de cigarrillo.
- **Inferí** por qué es beneficioso para los que no fuman las secciones para no fumadores de los lugares públicos.
- **Comuniqué** mis ideas al resto de la clase.

¿Cuál es la idea?

En esta lección aprenderás:

- qué efectos tiene en el organismo el fumar tabaco.
- qué efectos tiene en el organismo el tabaco que no se fuma.
- por qué muchos deciden no consumir tabaco.

Lección 2

¿Qué efectos tiene el tabaco en el organismo?

¡Uy! Huele raro... ¿qué se estará quemando? Pues, se están quemando hojas secas y molidas... de tabaco. En otras palabras, alguien está fumando.

Efectos de fumar tabaco

Como quizás sepas, los cigarrillos y otros productos contienen tabaco. Pero, ¿qué es el tabaco y de dónde viene? El tabaco viene de las hojas de la planta del mismo nombre, que parece una espinaca gigante. En la ilustración de abajo se ven las hojas de esa planta al momento de la cosecha. Después de cosecharse, las hojas se atan en palos o cordeles en manojos de a dos y se ponen a secar durante más de un año.

Cuando están añejadas, se enrollan para hacer puros o se muelen para hacer cigarrillos o tabaco para pipa, o bien se procesan para elaborar tabaco para mascar y aspirar. Estos dos tipos de tabaco se conocen como **tabaco que no se fuma.**

Todos los productos de tabaco contienen una droga estimulante conocida como **nicotina.** La nicotina es una de las muchas substancias químicas producidas por ciertas plantas para evitar que los animales se las coman. A los animales no les gusta el sabor amargo de la nicotina. Sin embargo, la nicotina no es más que una de las 4,000 substancias químicas que libera el tabaco cuando se quema. Muchas de esas substancias pueden provocar enfermedades como el cáncer. La ilustración de la página siguiente muestra lo que sucede a medida que las substancias pasan por el aparato respiratorio.

Glosario

Glosario

tabaco que no se fuma, tabaco para mascar o aspirar

nicotina, droga estimulante que se encuentra en el tabaco

Hay muchas variedades de tabaco. Cada una tiene un contenido químico y un sabor propio. ▼

La información que aparece en esta página muestra cómo el humo del tabaco afecta al aparato respiratorio de una persona que fuma. El aparato respiratorio de esta niña no muestra daños porque ella ha decidido no fumar.

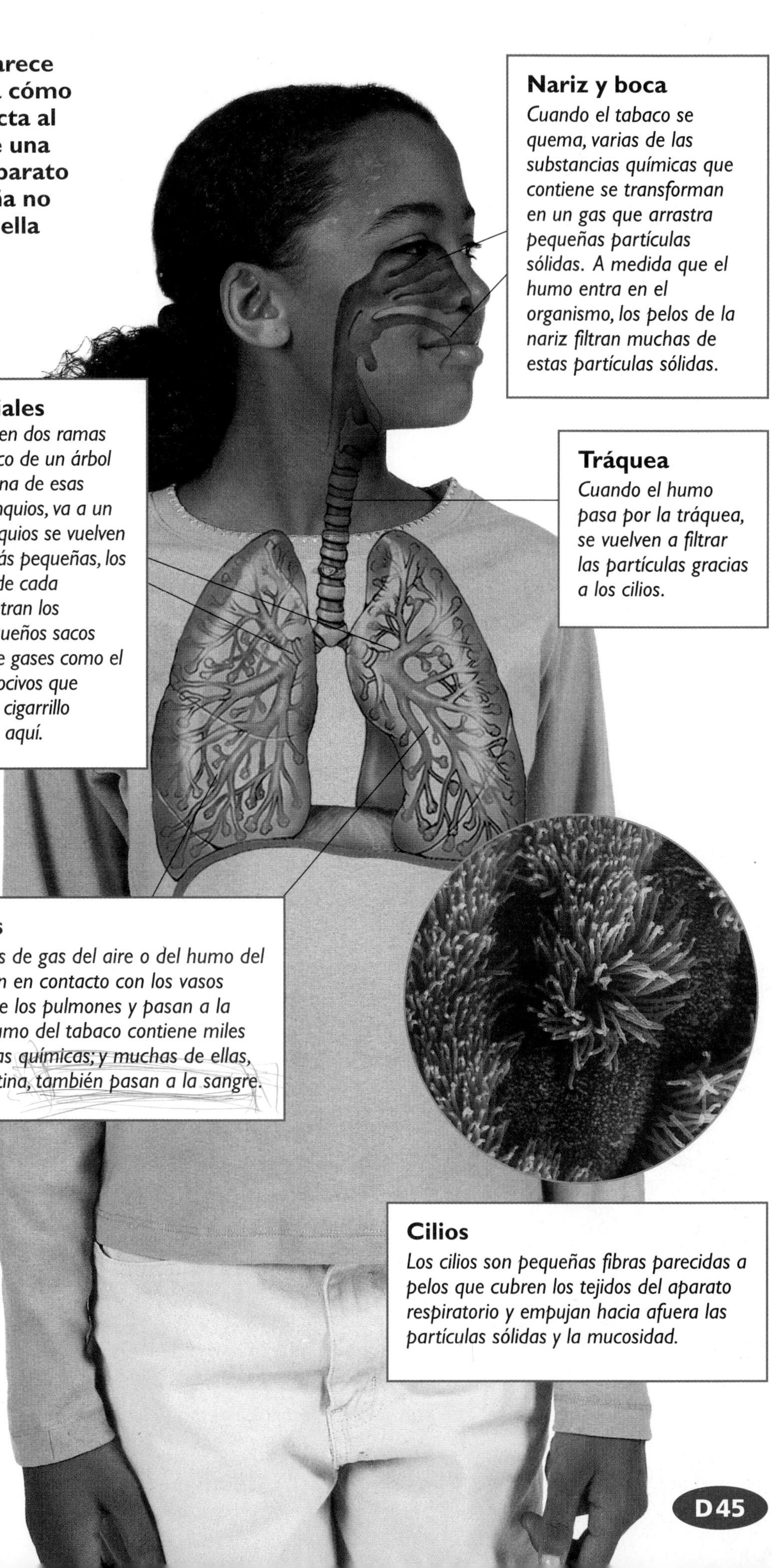

Nariz y boca

Cuando el tabaco se quema, varias de las substancias químicas que contiene se transforman en un gas que arrastra pequeñas partículas sólidas. A medida que el humo entra en el organismo, los pelos de la nariz filtran muchas de estas partículas sólidas.

Ramas bronquiales

La tráquea se divide en dos ramas como si fuera el tronco de un árbol patas arriba. Cada una de esas ramas, llamadas bronquios, va a un pulmón. Ahí los bronquios se vuelven a dividir en ramas más pequeñas, los bronquiolos. Al final de cada bronquiolo se encuentran los alvéolos, que son pequeños sacos que absorben del aire gases como el oxígeno. Los gases nocivos que contiene el humo del cigarrillo también se absorben aquí.

Tráquea

Cuando el humo pasa por la tráquea, se vuelven a filtrar las partículas gracias a los cilios.

Pulmones

Las partículas de gas del aire o del humo del tabaco entran en contacto con los vasos sanguíneos de los pulmones y pasan a la sangre. El humo del tabaco contiene miles de substancias químicas; y muchas de ellas, como la nicotina, también pasan a la sangre.

Cilios

Los cilios son pequeñas fibras parecidas a pelos que cubren los tejidos del aparato respiratorio y empujan hacia afuera las partículas sólidas y la mucosidad.

Glosario

monóxido de carbono, gas que se encuentra en el humo del cigarrillo y que, cuando se inhala, reemplaza una parte del oxígeno de la sangre

alquitrán, substancia pegajosa que se encuentra en el humo del cigarrillo

Hoy en día, más de mil millones de personas consumen tabaco en el mundo. Pero si el tabaco es una droga, ¿por qué lo fuma tanta gente? Cuando alguien fuma por primera vez, la nicotina estimula su sistema nervioso central y sus glándulas endocrinas. Esto libera glucosa en el organismo. La glucosa se convierte en energía y, al principio, la persona se siente bien. Pero, la sensación de bienestar no dura mucho tiempo. Vamos a ver por qué. El organismo produce de manera natural ciertas substancias químicas que nos hacen sentir bien, pero la nicotina y demás drogas adictivas hacen que el organismo las use rápidamente hasta que se acaban. Como el organismo tarda en volver a producir esas substancias por sí solo, la persona no se siente bien hasta que fuma otro cigarrillo. Con el tiempo, el organismo del fumador necesita el cigarrillo para sentirse normal y se vuelve adicto a la nicotina.

El humo del cigarrillo también contiene un gas: el **monóxido de carbono**. Cuando se inhala, el monóxido de carbono ocupa en la sangre parte del lugar que le corresponde al oxígeno. Esto disminuye la cantidad de oxígeno en el organismo y hace que la persona se sienta débil y mareada. El monóxido de carbono aumenta también la probabilidad de que el fumador sufra enfermedades del corazón.

El **alquitrán** es otra de las substancias que se encuentran en el humo del cigarrillo. Se parece a un pegamento de color café obscuro y llena de partículas pequeñas los pulmones de los fumadores. Con el tiempo, los pulmones quedan como los que se ven abajo a la izquierda. Compáralo, con los pulmones sanos de la foto de arriba. El alquitrán cubre los cilios de los pulmones y no deja que filtren el aire que respira el fumador. Además, causa inflamación del bronquio y hace toser mucho al fumador para eliminar la mucosidad.

Al acumularse en los pulmones, el alquitrán daña las paredes de los alvéolos haciendo que llegue menos oxígeno al torrente sanguíneo. Por eso la persona siente falta de aire constantemente. Esta enfermedad se conoce como enfisema y causa la muerte si la persona no deja de fumar. Las personas que fuman suelen sentir que se les enfrían o adormecen las manos y los pies. Esto se debe a que, cada vez que inhalan el humo, los vasos sanguíneos del organismo se estrechan y llega menos sangre a ciertas partes del cuerpo. Además, el corazón tiene que bombear con más fuerza la sangre por esos vasos tan angostos. En las fotos de la página siguiente puedes ver cómo el humo del cigarrillo afecta la circulación de la sangre.

Pulmones sanos

Los pulmones sanos son lisos y rosados. ▼

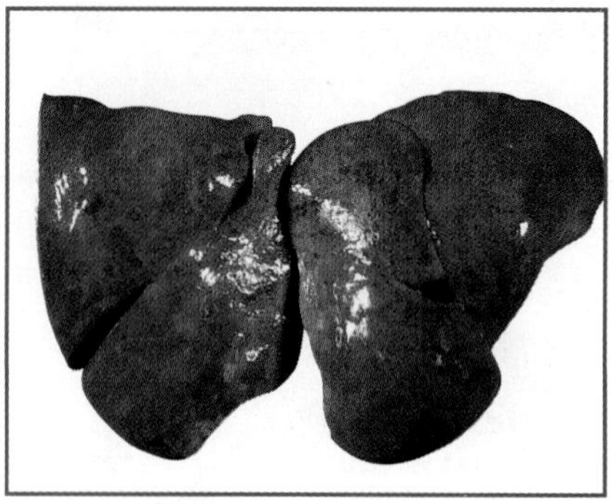

Pulmones enfermos

Cuando se inhala el alquitrán y las demás substancias químicas que contiene el humo del cigarrillo, los pulmones se ennegrecen al irse acumulando el alquitrán. ▼

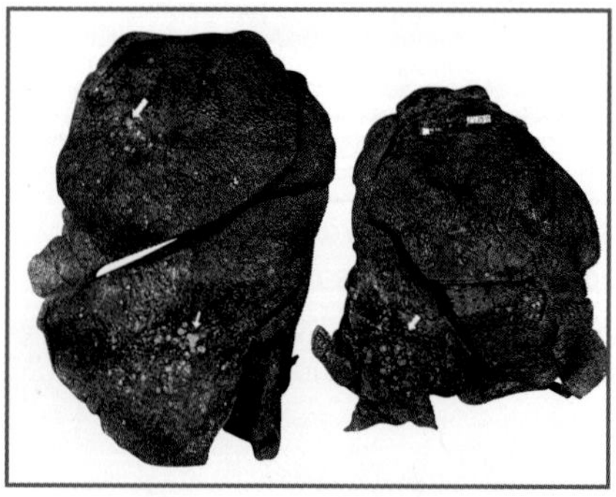

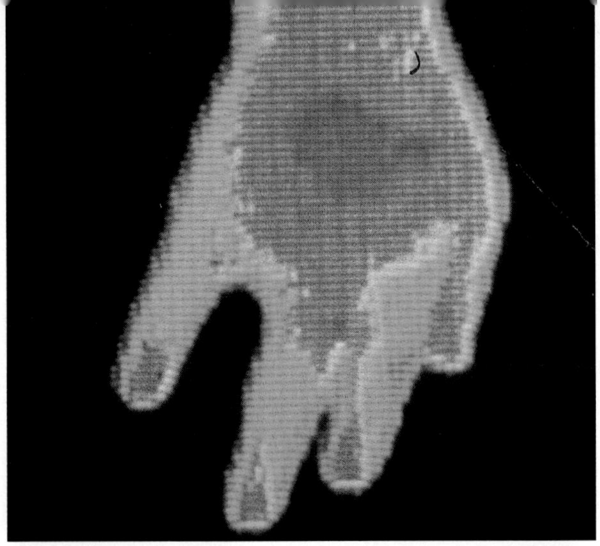

Antes de fumar

▲ *Éste es el termograma de la mano de una persona antes de fumar. Las partes en azul indican zonas frías y las rojas, zonas calientes.*

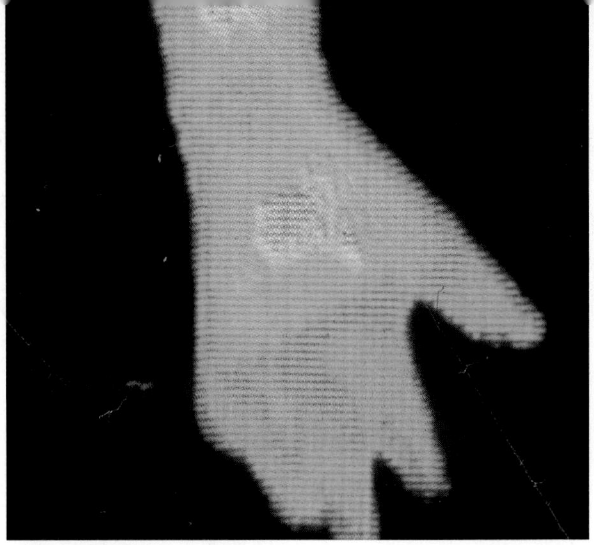

Después de fumar

▲ *Fíjate cómo la parte azul es más grande en esta mano que en la de la izquierda. Después de fumar, los vasos sanguíneos de la mano se estrechan y la sangre no llega tan fácilmente.*

El humo del cigarrillo produce algunos tipos de cáncer. El cáncer es una enfermedad en la que ciertas células anormales del organismo crecen descontroladamente y dañan los tejidos sanos. Esto pone en peligro la vida de la persona. Las substancias que contienen los cigarrillos dañan el sistema de control del organismo que detiene el crecimiento descontrolado de esas células.

El humo del cigarrillo puede dar cáncer de pulmón. Este tipo de cáncer se desarrolla muy rápidamente y casi no da señales de su presencia. Por eso es difícil curarlo a tiempo. El humo del cigarrillo también puede causar cáncer de esófago, boca, labios y laringe. La laringe es la parte de la garganta con la que hablamos. En la tabla de la derecha aparecen otros efectos del tabaco.

El humo del cigarrillo también puede afectar a las personas que no fuman. Por ejemplo, si estás en el mismo cuarto en que está un fumador, respiras las mismas substancias químicas del humo. A esto se le llama tabaquismo involuntario. ¿Sabías que un cuarto lleno de humo de cigarrillo puede estar seis veces más contaminado que una carretera muy transitada? Es por eso que en muchos restaurantes y edificios públicos se prohíbe fumar.

El tabaquismo involuntario es más peligroso para los bebés y los niños pequeños, porque su cuerpo apenas comienza a desarrollarse. Los niños que son expuestos al tabaquismo involuntario se resfrían y tienen problemas respiratorios con más frecuencia. Por eso, nunca se debe fumar donde hay bebés o niños pequeños.

Efectos de fumar tabaco

- **mal aliento**
- **arrugas**
- **náusea y vómitos**
- **dificultad para pensar**
- **manchas en los dientes y los dedos**
- **bronquitis crónica**
- **enfisema**
- **enfermedades del corazón**
- **cáncer de pulmón o de otras partes del cuerpo**

Tabaco que no se fuma

Hay gente que consume tabaco que no se fuma, como el tabaco de mascar o el de aspirar, llamado rapé. La nicotina que contienen estos productos, como los de la foto, se disuelve en la saliva. De hecho, este tipo de tabaco libera más nicotina que dos cigarrillos juntos. Una vez disuelta la nicotina, es absorbida por las células de la boca y pasa al torrente sanguíneo.

El tabaco que no se fuma es tan perjudicial como el que se fuma, pero resulta más adictivo. Como notarás en la tabla de la izquierda, el aspecto físico de los que consumen tabaco que no se fuma no es precisamente agradable. Los azúcares, el alquitrán y demás substancias químicas que contiene pueden producir caries, desgaste de las encías y caída de los dientes. Además, aumenta el riesgo de sufrir cáncer en la boca. En conclusión, el tabaco que no se fuma NO es menos peligroso que el cigarrillo.

Efectos del tabaco que no se fuma

- mal aliento
- manchas de color café en los dientes
- inflamación de las encías
- caída de los dientes
- enfermedades del corazón
- cáncer de boca, garganta y esófago

Por qué no debemos consumir tabaco

Algunos jóvenes deciden probar el cigarrillo o consumir tabaco para mascar por primera vez porque piensan que así son más "buena onda" o porque les hace sentir más adultos. El primer cigarrillo se fuma por decisión propia. Pero, después del tercero, ya no se fuma por decisión propia sino por necesidad porque la persona se ha vuelto adicta. La nicotina es tan adictiva que hay enfermos a quienes se les ha operado del corazón o hasta se les ha quitado uno de los pulmones con cáncer y aún así, no pueden dejar de fumar.

Cuanto más joven se comienza a fumar, mayor es la posibilidad de sufrir adicción a la nicotina porque el cuerpo todavía se está desarrollando. El setenta por ciento de los fumadores jóvenes admiten que son adictos y que fuman más de 100 cigarrillos al mes.

Tabaco que no se fuma
Los que usan tabaco para mascar o aspirar tienen más riesgo de sufrir cáncer en la boca y los labios, debido al contacto continuo del tabaco con la boca. Además, este tipo de tabaco afloja los dientes. ▼

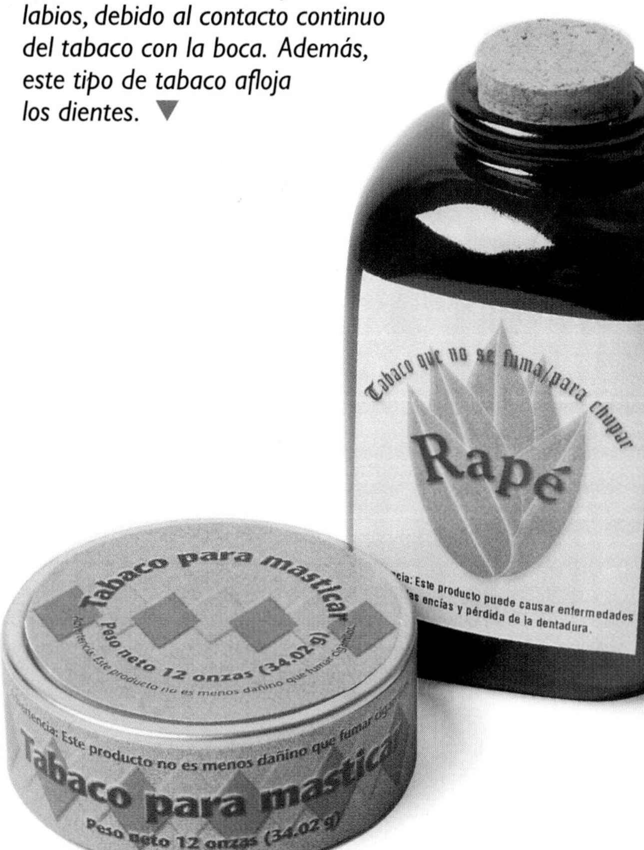

El setenta y cinco por ciento de los fumadores jóvenes dicen que quieren dejar de fumar, pero que no pueden dejar el vicio. Asimismo, dicen que, si volvieran a tener la oportunidad de decidir como la primera vez, no fumarían.

Como ves abajo, además de que no es saludable fumar, es un vicio muy caro. Los fumadores que dejan de fumar se sienten mejor, se dan cuenta de que la comida sabe más sabrosa y de que pueden practicar deportes sin sentir que les falta aire. Una de las decisiones más inteligentes y sanas que puedes hacer en tu vida es no empezar a consumir ningún tipo de tabaco.

¿Cuánto cuesta una cajetilla de cigarrillos? Si fumas una cajetilla al día, ¿cuánto gastarías a la semana? ¿Qué otras cosas podrías comprar con ese dinero? ▼

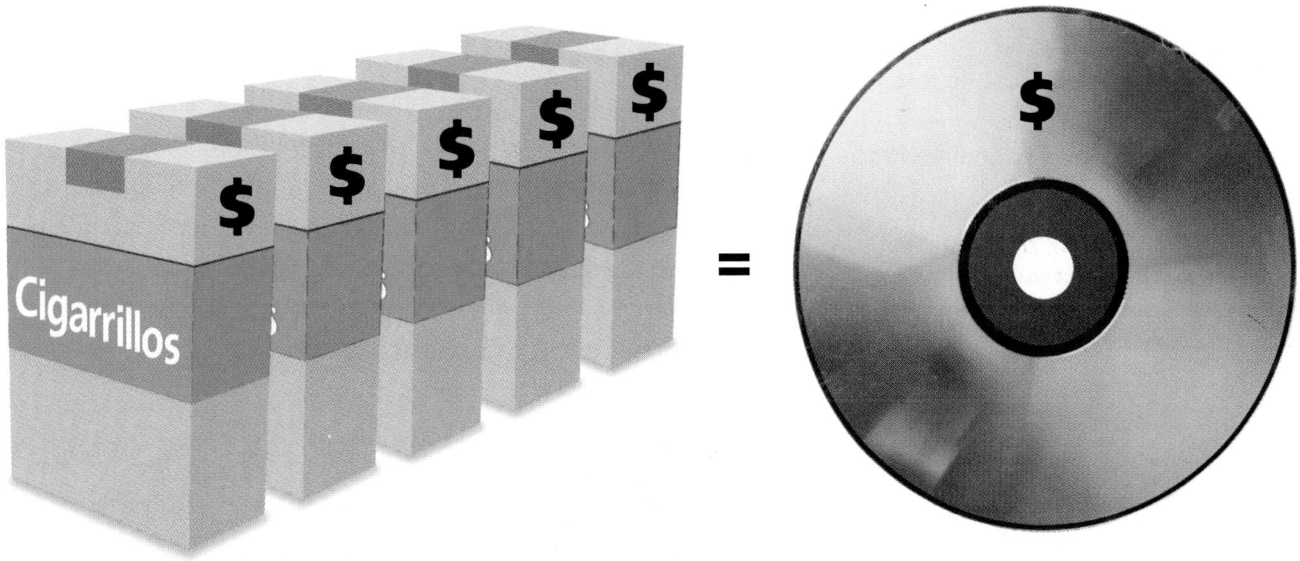

Repaso de la Lección 2

1. ¿Qué efectos tiene en el organismo el fumar tabaco?
2. ¿Qué efectos tiene en el organismo el tabaco que no se fuma?
3. ¿Por qué muchos deciden no consumir tabaco?
4. **Hechos y detalles de apoyo**
   ¿Qué datos darías a alguien a quien quieres convencer de no consumir tabaco?

¿Cuál es la idea?

En esta lección aprenderás:

- qué efectos inmediatos tiene la marihuana.
- qué efectos a largo plazo tiene la marihuana.

Efectos de la marihuana

- pérdida de la coordinación y sincronización
- falta de equilibrio
- dificultad para concentrarse, aprender y recordar cosas
- dificultad para calcular la distancia
- reacciones más lentas
- incapacidad para seguir los objetos con la vista
- somnolencia horas después de fumar

Lección 3

¿Por qué es peligroso fumar marihuana?

Mota. Juana. Carrujo. Hierba verde. ¿Qué son? Todas esas palabras quieren decir marihuana. La marihuana es una droga ilegal.

Efectos inmediatos de la marihuana

La marihuana es la droga alucinógena más popular del mundo. Se saca de una planta llamada Cannabis sativa que se muestra abajo. Por lo general, la gente que abusa de esta droga fuma las hojas, tallos y flores secos de la planta. Es ilegal comprar, vender, cultivar o usar marihuana.

La marihuana tiene muchos efectos nocivos inmediatos. Las personas que usan esta droga se suelen sentir nerviosas y piensan que los demás les quieren hacer daño. En algunos casos, la marihuana produce alucinaciones, sube la presión arterial y puede duplicar el ritmo cardíaco normal. En los jóvenes, puede causar ataques al corazón. La tabla de la izquierda te da una lista de los efectos de la marihuana.

Las personas que consumen marihuana parece que están "idas", suelen tener los ojos rojos y soñolientos, y se mueven con torpeza. Al usar marihuana, la persona no se suele dar cuenta de que no reacciona con la misma rapidez que los demás o que su capacidad de razonar se halla disminuida.

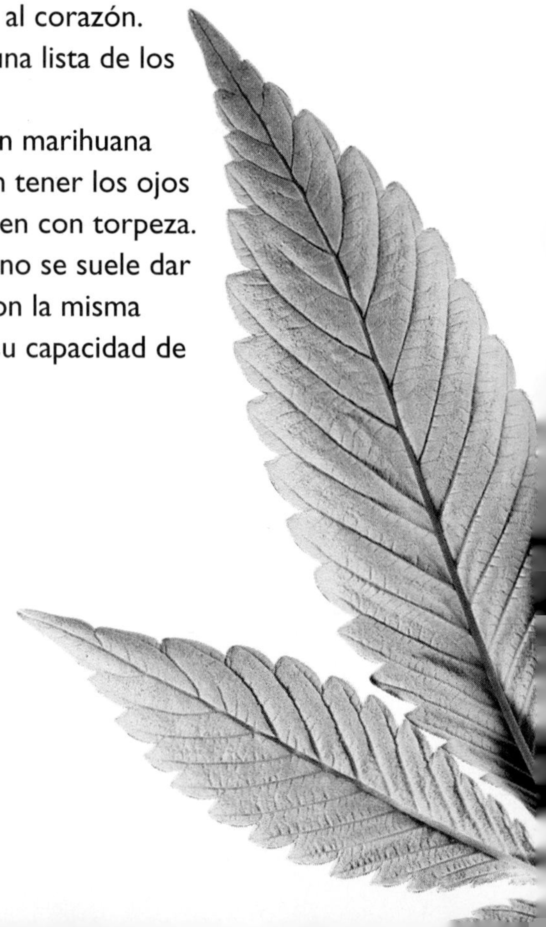

A la marihuana también se le llama mota, juana o hierba verde. ▶

Efectos a largo plazo de la marihuana

Como la marihuana contiene una gran cantidad de alquitrán y otras substancias químicas, sus efectos son semejantes a los del cigarrillo. Todas las substancias químicas que contiene llegan a los pulmones y aumentan el riesgo de que la persona tenga enfermedades del pulmón, como bronquitis y enfisema, años más tarde.

Aunque hay quienes creen que fumar marihuana no es más peligroso que fumar tabaco, se ha descubierto recientemente que la marihuana es aún más dañina para los pulmones. Muchas de las substancias químicas que contiene el humo de la marihuana se almacenan en la grasa del cuerpo y se liberan lentamente con el tiempo. Estas substancias químicas pueden causar cáncer en la cabeza y el cuello, así como problemas mentales.

A la marihuana también se le llama "droga de iniciación" o "de entrada". Eso significa que, aunque a veces no causa adicción física, quienes la fuman desarrollan una dependencia psíquica. La persona empieza a fumar cada vez más para sentir lo mismo que sentía al principio, y luego puede comenzar a usar otras drogas adictivas. Así, el daño que produce la marihuana es por partida doble.

Ciertos estudios indican que los bebés de fumadores de marihuana son más pequeños, pesan menos y tienen la cabeza más pequeña que los bebés de madres que no son adictas. Los bebés de tamaño pequeño tienen por lo general más problemas de salud.

Uno de los problemas más graves que enfrentan los adictos a la marihuana es que la dependencia a la droga afecta la relación con sus familiares y amigos. También disminuye su rendimiento en la escuela y el trabajo. Además, se sienten débiles y dejan de tener interés en cosas que antes les interesaban.

Repaso de la Lección 3

1. ¿Qué efectos inmediatos tiene la marihuana?
2. ¿Qué efectos a largo plazo tiene la marihuana?
3. **Hechos y detalles de apoyo**
   Aporta detalles que expliquen por qué es mejor practicar deportes que usar drogas.

¿Cuál es la idea?

En esta lección aprenderás:

- qué efectos tiene el alcohol.
- por qué es peligroso el abuso de alcohol.
- qué podemos hacer para evitar el alcohol.

Lección 4

¿Qué daños causa el alcohol en el organismo?

Si alguna vez te ofrecen una bebida alcohólica, ¡ESPERA! Primero piensa en el efecto que produce el alcohol en el cuerpo y la mente. El alcohol es una droga ilegal para los menores de edad y puede tener consecuencias graves si lo tomas.

Glosario

Glosario

alcohol, droga depresora que se encuentra en la cerveza, el vino y las bebidas alcohólicas más fuertes

Efectos a corto plazo del alcohol

- reacciones más lentas
- menos coordinación en los movimientos
- dificultad para pensar claramente
- pérdida de la memoria
- vómitos
- vista borrosa
- incapacidad para pararse o caminar
- pérdida de la concentración
- coma
- muerte

Efectos del alcohol

Cuando hablamos de **alcohol**, nos referimos a bebidas como la cerveza, el vino y las bebidas alcohólicas en general. El alcohol que contienen estas bebidas es una droga depresora que se produce al fermentar ciertos cereales o frutas. Fermentar significa cambiar químicamente con el tiempo.

El alcohol es quizás la droga más antigua que se conoce. Sus efectos probablemente se descubrieron al comer la gente fruta demasiado madura o pasada. Con el tiempo, se encontró la manera de separar el alcohol de la fruta para darle otros usos. En muchas culturas, el alcohol se ha usado desde hace miles de años: con las comidas, en ceremonias religiosas y reuniones sociales. Sin embargo, si se abusa de él, el alcohol puede ser una droga peligrosa porque cambia la manera de pensar, comportarse y sentir. Cuanto más se consume, más peligrosos son sus efectos.

Cuando tomamos alcohol, la droga llega al estómago, se absorbe y rápidamente pasa al torrente sanguíneo. Una vez en la sangre, recorre todo el organismo por el aparato circulatorio, como se muestra en la foto de la página siguiente. El alcohol que contiene una bebida promedio, como una lata de cerveza, permanece en el torrente sanguíneo aproximadamente una hora.

A menudo se piensa que la cerveza no afecta tanto al organismo como otras bebidas alcohólicas porque contiene menos alcohol. Sin embargo, al tomar cerveza en lugar de otras bebidas alcohólicas más fuertes, no necesariamente se consume menos alcohol.

Bebida	Cantidad de alcohol
355 mL de cerveza	15 mL
177 mL de vino	15 mL
30 mL de bebidas fuertes	15 mL

◀ *A pesar de que la cerveza, el vino y las bebidas alcohólicas contienen distinto porcentaje de alcohol, la porción que normalmente se ingiere de cada una de estas bebidas contiene aproximadamente la misma cantidad de alcohol.*

Glosario

intoxicación alcohólica, condición en que la persona presenta síntomas de consumo de alcohol

Aunque el porcentaje de alcohol de la cerveza, el vino y las bebidas alcohólicas más fuertes es distinto, también es distinta la porción que normalmente se ingiere de cada una, como se ve en la tabla. Por esta razón, la porción usual de cada tipo de bebida puede contener la misma cantidad de alcohol que las demás.

El alcohol es una droga depresora que hace funcionar más lentamente el sistema nervioso, disminuye el ritmo respiratorio y el cardíaco, y la presión arterial. Cuanto más alcohol entra en la sangre, más graves son los efectos en el organismo. La persona que ha bebido tiene dificultad para enfocar la vista o controlar los músculos. Por eso, se tambalea al andar o arrastra las palabras al hablar. También puede perder la capacidad de pensar con claridad, lo cual le impide tomar decisiones correctas. Cuando la persona presenta estos síntomas, se dice que sufre de **intoxicación alcohólica**. Es lo que también se conoce como estado de ebriedad.

Si la persona sigue tomando, llega un momento en que ya no puede ni andar ni quedarse de pie. Siente náuseas y acaba por "desmayarse". Es decir que queda inconsciente porque su sistema nervioso se ha vuelto demasiado lento.

La persona intoxicada que ha quedado completamente inconsciente entra en lo que se llama coma etílico. Este estado puede causar la muerte porque la persona a veces no puede respirar. La persona que entra en coma etílico necesita tratamiento de urgencia.

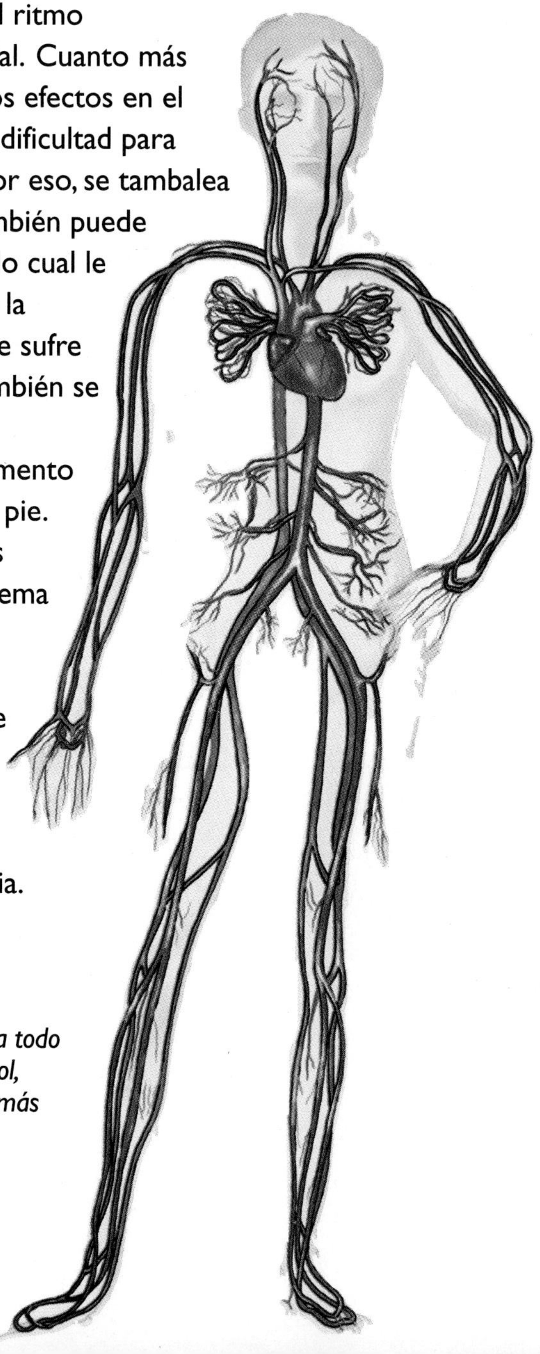

Aparato circulatorio

El aparato circulatorio lleva la sangre a todo el organismo. Cuando tomamos alcohol, la droga también llega al cerebro y demás partes del sistema nervioso. ▶

Las fotos de abajo muestran un hígado sano y otro con cirrosis. La cirrosis es una enfermedad que destruye las células del hígado y engruesa sus paredes. Cuando esto sucede, el hígado no puede cumplir con su función de eliminar las substancias dañinas del organismo. Además, la cirrosis afecta la capacidad del hígado para almacenar y liberar alimentos cuando el organismo los necesita. ▼

Hígado enfermo

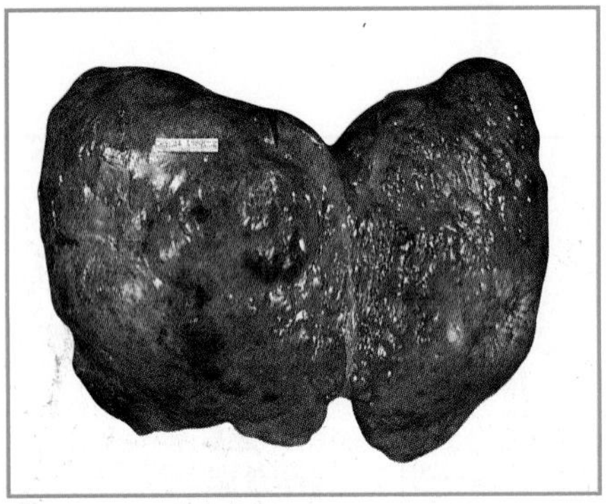

Hígado sano

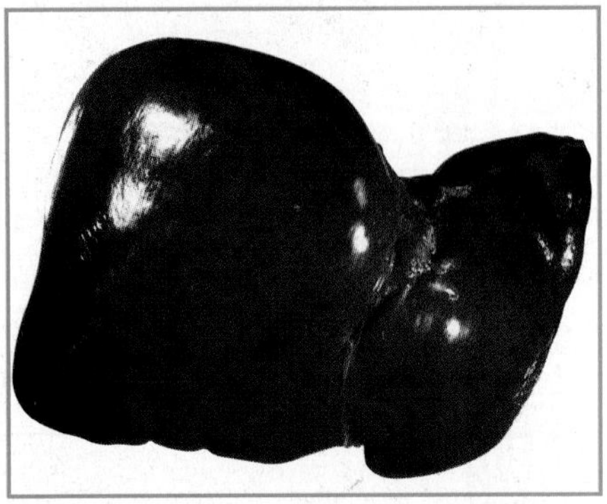

El alcohol no afecta a todos de la misma forma. Sus efectos dependen del tamaño y la condición física de la persona, la cantidad de alimentos que ha comido y si está tomando otras drogas o medicinas. El cuerpo de la mayoría de los jóvenes es pequeño y pesa menos que el de los adultos. Por lo general, esto hace que el alcohol los afecte más rápidamente. Los efectos del alcohol también dependen de la edad de quien lo toma y de lo desarrollado que está su sistema nervioso. Un estudio reciente indica que el alcohol afecta más al cerebro del joven que al del adulto. Sin embargo, el cerebro del joven reacciona más rápidamente al alcohol, lo cual aumenta el riesgo de adicción. Éstas son las razones por las que se prohíbe el consumo de alcohol a los menores de edad.

Abuso de alcohol

Se dice que alguien abusa del alcohol cuando consume cantidades que perjudican o ponen en peligro su vida o la de los demás. Por lo general, hay abuso de alcohol cada vez que se bebe hasta quedar en estado de ebriedad. También se considera abuso el consumo de alcohol por un menor de edad.

Beber grandes cantidades de alcohol de una vez o durante mucho tiempo produce efectos perjudiciales en sistemas y aparatos importantes del organismo. El alcohol aumenta o disminuye las substancias químicas que produce el cerebro y hasta llega a destruir los nervios y las células nerviosas. Esto puede causar confusión mental y temblores incontrolables.

Además, el alcohol daña el corazón, el estómago y las glándulas endocrinas. Uno de los órganos más afectados es el hígado, que filtra las impurezas de la sangre. El alcohol se acumula en el hígado y produce una enfermedad llamada cirrosis. Las fotos muestran cómo la cirrosis afecta al hígado. Si el hígado empieza a funcionar mal o deja de funcionar puede causar la muerte.

Además de los efectos físicos, el abuso del alcohol tiene otros efectos dañinos. Por ejemplo, la persona que toma no se comporta a veces como debe en el hogar o el trabajo. Quizás falte a menudo al trabajo y la acaben despidiendo de su empleo. Así no sólo se ve afectada la persona que bebe sino también su familia.

Cuando alguien toma alcohol y maneja, pone en peligro su vida y la de los demás. En los Estados Unidos cada 30 minutos muere una persona debido a que alguien bebió alcohol. Si la policía detiene a una persona que maneja en estado de ebriedad, la persona puede perder la licencia y el privilegio de conducir, y hasta ir a la cárcel.

Efectos del alcohol a largo plazo

- alcoholismo
- desmayos
- cirrosis del hígado
- daños en el cerebro y el sistema nervioso
- enfermedades del corazón
- cáncer
- desnutrición
- vida más corta
- muerte por accidentes o problemas de salud relacionados al alcohol

Manejar después de haber bebido puede producir heridas o muertes en la familia o en otras personas inocentes que van en ese carro o en otros. ▼

Glosario

Glosario

alcohólico, persona que no puede controlar su consumo de alcohol

alcoholismo, enfermedad que hace que una persona no pueda dejar de consumir alcohol

Hay muchos adultos que deciden tomar alcohol de manera responsable y controlada, y otros que no pueden tomar porque su cuerpo no lo permite. Según las estadísticas, una de cada nueve personas que toman alcohol se vuelven adictas. Los adictos son **alcohólicos** y no tienen control o tienen poco control sobre su consumo de alcohol. Así como los adictos a las otras drogas sienten la necesidad de consumir más drogas, los alcohólicos sienten la necesidad de tomar más alcohol. La enfermedad en la que la persona no puede dejar de tomar se llama **alcoholismo**.

El alcoholismo impide llevar una vida normal. Los alcohólicos se sienten a menudo enfermos y por eso, no pueden trabajar, estudiar ni siquiera jugar. Muchos de ellos se sienten solos porque saben que han lastimado a muchas personas y creen que los demás no los quieren por su manera de comportarse.

Los jóvenes alcohólicos suelen tener que dejar de ir a la escuela. Los de mayor edad pierden su trabajo porque sus jefes ya no confían en ellos.

Para dejar de tomar, hay alcohólicos que necesitan internarse en un hospital. Es posible que se sientan muy mal durante el período en que intentan dejar el alcohol. Sin embargo, una vez que se recuperan, se sienten mucho mejor que cuando tomaban. En general, los alcohólicos necesitan ayuda y la posibilidad de hablar con alguien acerca de los problemas de su vida. Al enfrentar esos problemas, ya no suelen sentir la necesidad de consumir alcohol.

Existen muchas organizaciones que ayudan a los alcohólicos. La foto de la derecha muestra a un grupo de personas hablando sobre su problema de adicción al alcohol. De esta manera, se ayudan mutuamente a dejar la bebida.

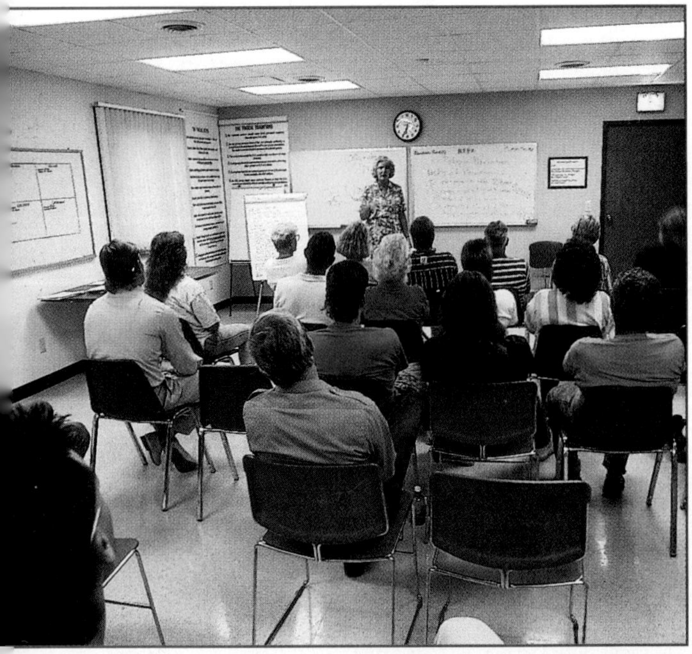

◀ *Hay grupos de apoyo, como Alcohólicos Anónimos y Recuperación Racional* (Rational Recovery), *que prestan apoyo a los alcohólicos para que dejen de tomar y no vuelvan a recaer. También hay grupos como Al-Anon que ofrecen apoyo a las familias y amigos de alcohólicos para ayudarles a comprender la enfermedad y saber cómo convivir con los enfermos.*

Por qué evitar el alcohol

En los Estados Unidos, millones de adultos deciden no tomar alcohol, y en ciertas culturas, hasta se prohíbe. Hay personas que no toman porque les afecta el comportamiento o porque no quieren que les afecte la salud. A otras sencillamente no les gusta el alcohol, así como no les gustan ciertos alimentos o bebidas. No hay que tomar alcohol porque "todos lo hacen". En realidad, no todos lo hacen.

Si lo que quieres es mantener la salud de tu cuerpo y tu mente, ya tienes motivo suficiente para evitar el alcohol y otras drogas. Piensa en tu futuro. ¿Te afectaría si tomaras alcohol? ¿Lastimarías a tu familia o perderías a tus amigas y amigos que te quieren? ¿Dejarías de hacer cosas que te gustan porque no te sientes bien o tienes miedo de que alguien se dé cuenta de que tomas? La decisión de tomar o no tomar alcohol es tuya. ¡Depende de ti!

Muchas de las actividades incluidas en la Lección 1 te guiarán para tomar la decisión correcta respecto al alcohol. Te conviene también prepararte para saber cómo decir "No". Si estás en una situación en la que tienes que decidir si quieres o no tomar alcohol, sigue los pasos de la lista de la derecha. Como ves en la foto, hay muchas otras bebidas que escoger en lugar del alcohol.

Tomar decisiones

1. Darse cuenta de que se necesita tomar una decisión.
2. Hacer una lista de las opciones posibles.
3. Hacer una lista de los posibles resultados de cada opción.
4. Decir cuál es la mejor opción.
5. Evaluar la decisión.

Repaso de la Lección 4

1. ¿Qué efectos tiene el alcohol?
2. ¿Por qué es peligroso el abuso de alcohol?
3. ¿Por qué hay que evitar el alcohol?
4. **Hechos y detalles de apoyo**
   Presenta datos que justifiquen la afirmación de que no se debe manejar después de haber tomado alcohol.

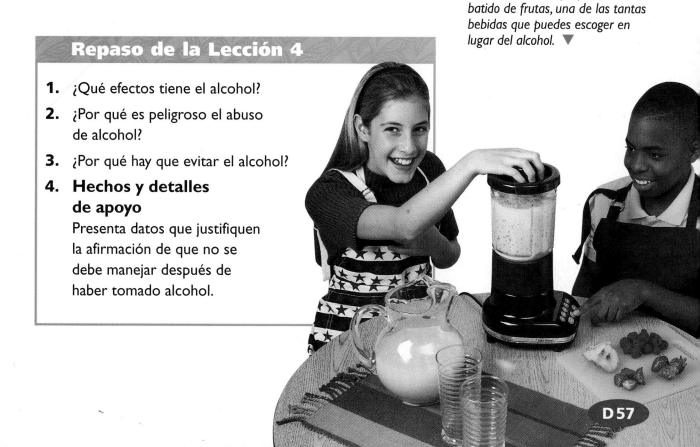

Estos estudiantes preparan un batido de frutas, una de las tantas bebidas que puedes escoger en lugar del alcohol. ▼

Repaso del Capítulo 2

Ideas principales del capítulo

Lección 1

• Si observamos las precauciones y leemos las instrucciones de las etiquetas, no corremos peligro al tomar medicinas.
• Las drogas afectan al cuerpo y la mente de muchas maneras.
• El abuso de drogas se evita con actividades sanas.

Lección 2

• El tabaco contiene una droga estimulante llamada nicotina, que está vinculada con muchas enfermedades como enfermedades del corazón, cáncer y enfisema.
• El tabaco que no se fuma es tan peligroso y hasta más adictivo que el tabaco que se fuma.
• El fumar es un vicio muy caro, además de ser nocivo para la salud.

Lección 3

• Entre los efectos inmediatos de la marihuana están las alucinaciones, el aumento de la presión arterial y del ritmo cardíaco.
• Los efectos a largo plazo de la marihuana son semejantes a los del cigarrillo.

Lección 4

• El alcohol hace funcionar más lentamente el sistema nervioso, disminuye el ritmo respiratorio y cardíaco y afecta la capacidad de tomar decisiones correctas. El abuso de alcohol puede destruir las células nerviosas y los nervios, además de afectar a otros órganos del cuerpo.
• Si eliges correctamente tus amistades y actividades, evitarás el consumo de alcohol.

Repaso de términos y conceptos científicos

Escribe la letra de la palabra o frase que complete mejor cada oración.

a. adicción
b. alcohol
c. alcohólico
d. alcoholismo
e. cafeína
f. monóxido de carbono
g. depresor
h. droga
i. abuso de drogas
j. alucinógeno
k. inhalante
l. estado de ebriedad
m. nicotina
n. efectos secundarios
o. tabaco que no se fuma
p. estimulante
q. alquitrán

1. Un ___ es una persona que no puede controlar su consumo de alcohol.

2. Un ____ es una droga que entra en el organismo con el aire que respiras.

3. El ___ es una substancia química de sabor amargo producida por ciertas plantas para evitar que los animales se las coman.

4. La ___ es un gas que se encuentra en el humo del cigarrillo y ocupa en la sangre parte del lugar que le corresponde al oxígeno.

5. Una persona que no es capaz de evitar el consumo de una droga, sufre de una ___.

6. Una ___ es una substancia que afecta el funcionamiento del cuerpo.

7. El ___ es una enfermedad que hace que no se pueda dejar de consumir alcohol.

8. Un ___ hace ver cosas que en realidad no existen.

9. Un ___ es una droga que hace funcionar más rápidamente el sistema nervioso.
10. El ___ es la substancia pegajosa que se encuentra en el humo del cigarrillo y que se acumula en los pulmones.
11. Incluso las medicinas legales pueden producir ___ no deseados.
12. Las personas que están en ___ pueden hacer cosas de las que se pueden arrepentir más tarde.
13. El ___ es el uso de una droga con otro fin que no es la cura de enfermedades.
14. Un ___ es una droga que hace funcionar más lentamente el sistema nervioso y los órganos.
15. Ciertas bebidas que tomamos para estar más despiertos contienen ___, un estimulante de baja potencia.
16. Debido a que más nicotina entra al sistema durante su uso, el ___ puede causar más adicción que fumar.
17. El ___ es la droga que se encuentra en la cerveza y el vino.

Explicación de ciencias

Escribe un párrafo para responder las siguientes preguntas, o coméntalas con un compañero o compañera.

1. Compara y contrasta los términos *medicina* y *droga*.

2. ¿Cuál es el motivo más convincente para no comenzar a fumar?

3. ¿Qué es una "droga de iniciación" o "de entrada"?

4. Describe tres maneras en que el alcohol perjudica el organismo.

Práctica de destrezas

1. En cada lección del capítulo, busca por lo menos un ejemplo de **un hecho o detalle de apoyo** que se base en investigaciones o estadísticas.

2. El oxígeno en la sangre es necesario para liberar energía de los alimentos. Pon en práctica tus conocimientos sobre los efectos del fumar tabaco para **inferir** el modo en que ello afecta la capacidad de una persona para hacer deportes.

3. ¿Cómo puedes informar a los demás sobre los peligros de las drogas? **Comunica** tus ideas con un plan.

Razonamiento crítico

1. Un compañero o compañera te dice que "no estás en la onda" porque no quieres fumar o consumir alcohol. ¿Qué tendrías en cuenta en el momento de **tomar una decisión** sobre el modo en que vas a reaccionar?

2. Saca una conclusión sobre los efectos de beber demasiada bebida cola mientras haces tus tareas escolares.

3. Haz una tabla para **comparar y contrastar** los efectos de los estimulantes y las drogas depresoras en el cuerpo. Incluye el nombre de los estimulantes y las drogas depresoras en tu tabla.

Repaso de la Unidad D

Repaso de términos y conceptos

Escoge por lo menos tres palabras de la lista del Capítulo 1 y escribe con ellas un párrafo sobre cómo se relacionan esos conceptos. Haz lo mismo con el Capítulo 2.

Capítulo 1
axón
dendrita
glándula endocrina
hormonas
neurona
sinapsis

Capítulo 2
adicción
alcohol
drogas
estimulante
tabaco que no se fuma

Repaso de las ideas principales

Estas oraciones son falsas. Cambia la palabra o palabras subrayadas para que sean verdaderas.

1. Las partes principales del sistema nervioso central son el cerebro y el bulbo raquídeo.
2. El sistema nervioso central reúne información del ambiente.
3. Las neuronas motoras llevan información desde los sentidos hasta el SNC.
4. Las neuronas están formadas por hormonas, un cuerpo celular y un axón.
5. Circuitos de retroalimentación regulan el cuerpo al controlar los impulsos nerviosos
6. La cafeína y la cocaína son dos depresores muy comunes.
7. El monóxido de carbono es la droga más adictiva presente en el tabaco.
8. Las alucinaciones, una presión sanguínea alta y un aumento en el ritmo cardíaco son efectos a largo plazo de la marihuana.
9. El alcohol es una droga estimulante presente en la cerveza, el vino y los licores.
10. El tabaco que no se fuma puede ser tan dañino para los no fumadores como para los que fuman.

Interpretar datos

Esta tabla muestra el rango de sonido que oyen y producen diferentes animales.

Frecuencias que oyen y producen los seres humanos y algunos animales

Animal	Frecuencia oída (en Hz)	Frecuencia producida (en Hz)
Ser humano	30–20,000	85–1,100
Perro	15–50,000	452–1,800
Gato	60–65,000	760–1,500
Murciélago	1,100–120,000	10,000–120,000
Marsopa	150–150,000	7,000–120,000
Rana	50–10,000	50–8,000
Petirrojo	250–21,000	2,000–13,000

1. ¿Cuál de los animales de la lista produce el sonido con el tono más bajo?

2. ¿Qué animal produce la mayor parte de los tonos que también puede oír?

3. ¿Crees que un murciélago puede oír el lenguaje humano? Explica.

Comunicar las ciencias

1. Muestra en un diagrama cómo un impulso nervioso va de una neurona sensorial hasta el cerebro.

2. Explica en un párrafo cómo un impulso nervioso pasa de una neurona a otra.

3. Explica en un párrafo y con un diagrama cómo funciona un circuito de retroalimentación.

4. Haz una tabla que muestre la diferencia entre el abuso de drogas, la dependencia de drogas y la drogadicción.

Aplicar las ciencias

1. Explica en un párrafo cómo reacciona el cuerpo en un circuito de retroalimentación cuando la persona hace ejercicio y cuando termina de hacerlo.

2. Escribe e ilustra un artículo para un periódico estudiantil que explique cómo afecta el tabaco al cuerpo.

Repaso de la práctica de la Unidad D

Día del cerebro

Con lo que aprendiste en esta unidad, realiza una o más de las actividades siguientes para que formen parte de un Día del cerebro en tu escuela. Siempre que sea posible, prepara exposiciones interactivas en las que los visitantes puedan participar. Puedes trabajar por tu cuenta o en grupo.

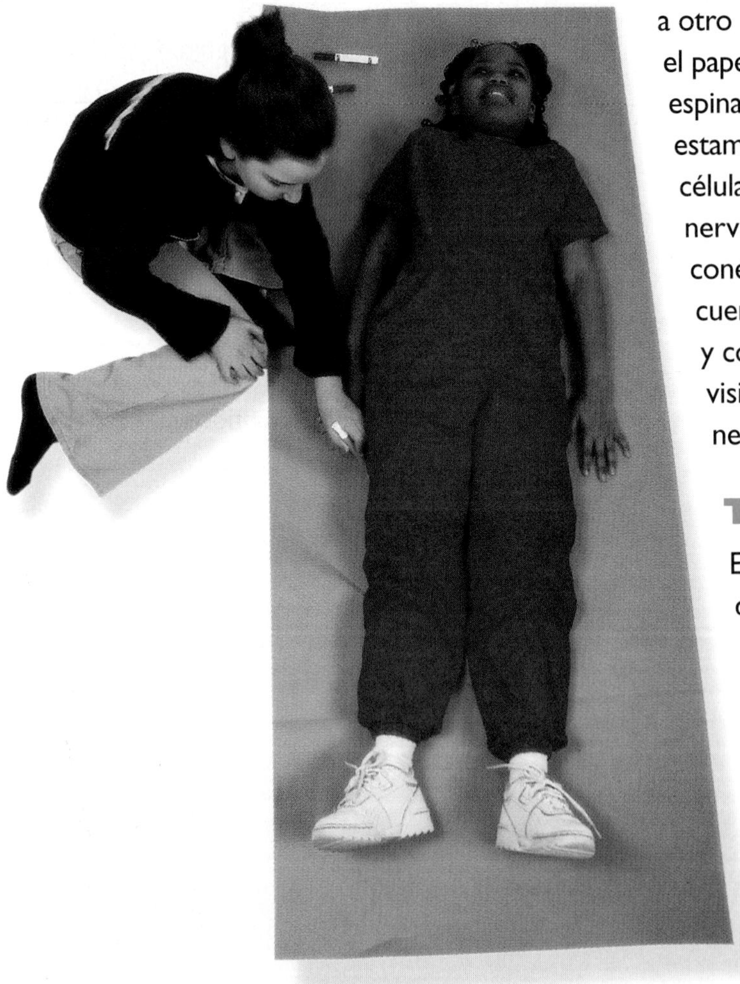

Arte

Prepara una exposición que muestre cómo la información viaja por el cuerpo. Acuéstate de espalda sobre un pliego de papel y pide a otro estudiante que marque tu cuerpo en el papel. Dibuja el cerebro y la médula espinal con creyones o marcadores. Con estambre de color, muestra cómo las células nerviosas sensoriales, las células nerviosas motoras y las células nerviosas conectivas llevan mensajes por todo el cuerpo. Coloca el dibujo en una pared y con un puntero muéstrales a los visitantes el funcionamiento del sistema nervioso.

Teatro

Escribe una escena corta que demuestre cómo funcionan las distintas partes del sistema endocrino para regular el cuerpo. Incorpora personajes que representen las diferentes glándulas, el torrente sanguíneo y los sistemas de control del cerebro. Asegúrate de que tu escena explique cómo la información y las substancias químicas van de un lugar a otro y cómo, gracias a este proceso, el cuerpo funciona bien. Presenta tu escena corta a la clase.

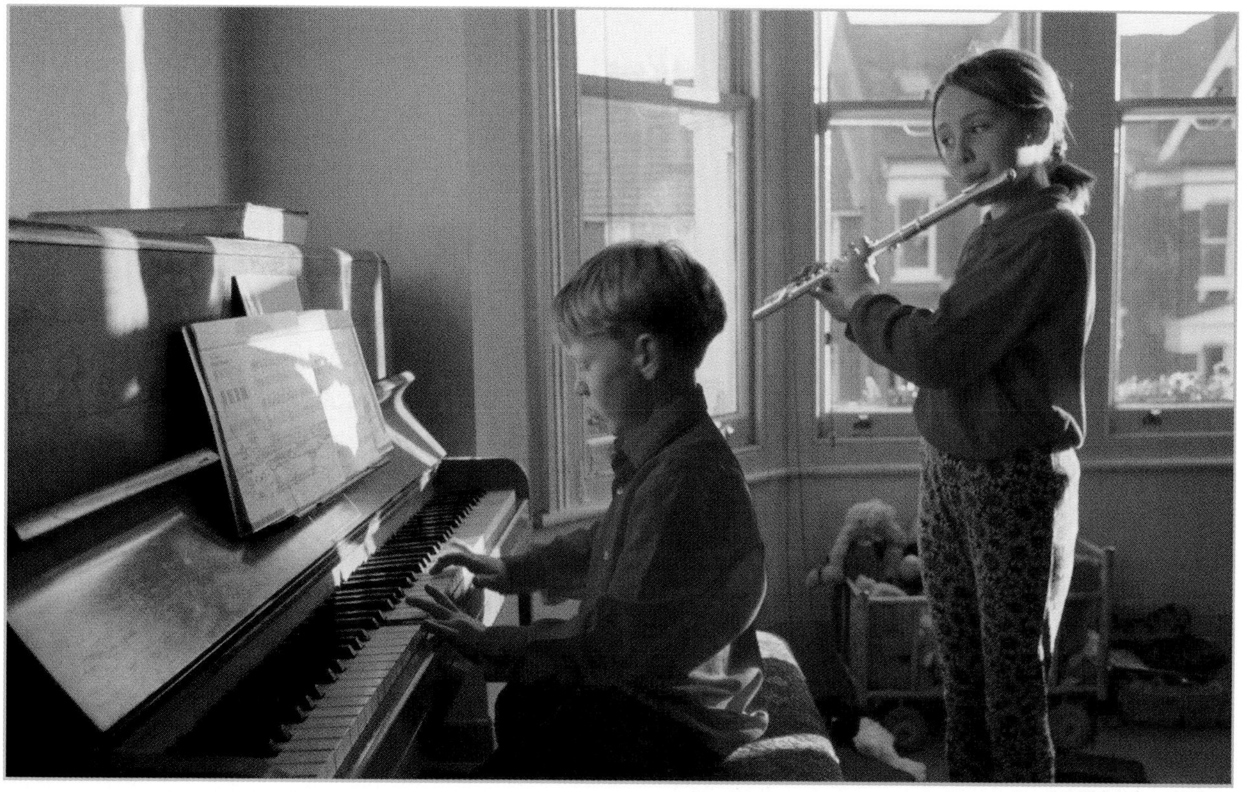

Música

Escribe la letra de una canción o de un rap sobre cómo usar las medicinas con precaución. Si lo deseas, puedes usar una melodía conocida o escribir tu propia música. Canta la canción a la clase o pide a tus amigos que te ayuden a cantarla. Enséñales la canción a tus compañeros y compañeras.

Sentidos

Organiza una "búsqueda del tesoro" en el salón o por la escuela. Dale a tus compañeros una lista de diez objetos que deben buscar, dos por cada uno de los sentidos. Por ejemplo, una superficie áspera, un objeto brillante, un sonido fuerte, un olor desagradable o algo que sea ácido. Puedes pedir a tu maestro que ponga objetos que no representen peligro al saborearlos en el área de búsqueda. Tus compañeros pueden escribir en sus listas el nombre de los objetos que encuentren en vez de llevarlos al salón de clases.

Periodismo

Crea y publica un periódico completo, con titulares y artículos sobre un día en la vida de tu cerebro. Escribe artículos que incluyan "entrevistas" a varias partes del cerebro o a los órganos de los sentidos. Ilustra tus artículos con caricaturas u otros dibujos.

Leer una tabla

Las tablas sirven para organizar ideas antes de escribirlas. Una tabla tiene columnas e hileras que muestran una lista de ideas relacionadas con un tema en particular. Los encabezamientos de la parte superior de las columnas indican la información que contiene la tabla. Las columnas se leen de arriba abajo. Las hileras se leen de izquierda a derecha y enumeran la información descrita en las columnas sobre un solo tema. Esta tabla muestra una lista con información sobre los sistemas de control del cuerpo que estudiaste en el Capítulo 1.

Sistemas de control del cuerpo

Sistema	Función	Incluye
Sistema nervioso	recopila información del interior y exterior del cuerpo, envía señales para que funcionen	cerebro, médula espinal, nervios, órganos de los sentidos
Sistema endocrino	libera hormonas para controlar diferentes funciones del cuerpo	glándulas endocrines, hormonas

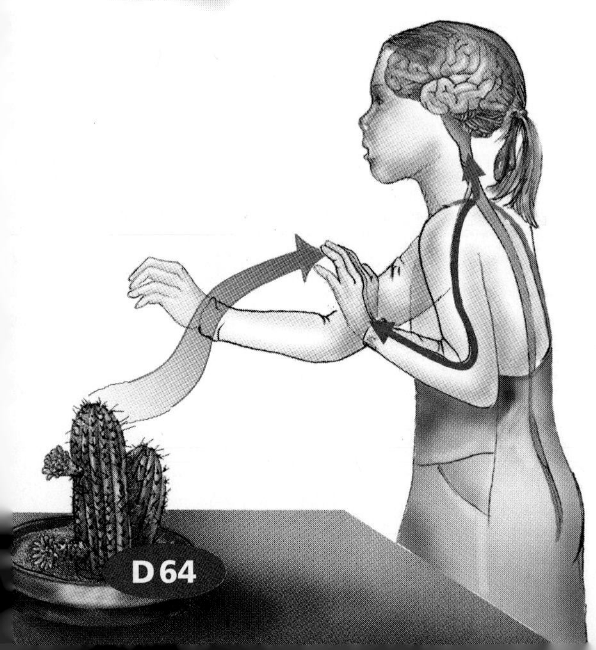

Haz una tabla

En el Capítulo 2 aprendiste que algunas drogas son dañinas para el cuerpo. Haz una tabla con la información del Capítulo 2. En la primera columna, identifica los tres tipos de drogas que estudiaste. En la segunda columna, incluye información sobre cómo cada tipo de droga puede dañar al cuerpo.

Escribe un poema

Con la información de tu tabla, escribe un poema para convencer a los estudiantes de la escuela de que no deben usar drogas. Si lo deseas, puedes dividir tu poema en secciones, o estrofas, y da a cada una, una idea principal. Aunque el poema no tiene que rimar, debe tener imágenes que expresen tus sentimientos sobre el tema.

Recuerda:

1. **Antes de escribir** Organiza tus ideas.
2. **Haz un borrador** Escribe el poema.
3. **Revisar** Comparte tu trabajo con un compañero o compañera y haz los cambios necesarios.
4. **Corregir** Vuelve a leer y corrige los errores.
5. **Publicar** Comparte el poema con la clase.

Tu cuaderno de ciencias

Precaución en las ciencias 2

Usar el sistema métrico 4

Destrezas del proceso de ciencias: Lecciones

- Observar 6
- Comunicar 8
- Clasificar 10
- Estimar y medir 12
- Inferir 14
- Predecir 16
- Dar definiciones 18
- Hacer y usar modelos 20
- Formular preguntas e hipótesis 22
- Recopilar e interpretar datos 24
- Identificar y controlar variables 26
- Experimentar 28

Sección de referencia de ciencias 30

Historia de las ciencias 44

Glosario 56

Índice 65

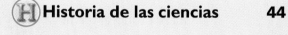

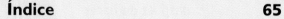

Precaución en las ciencias

Los científicos saben que deben tener cuidado o precaución cuando hacen experimentos. Tú también debes tener cuidado cuando haces experimentos. En la página siguiente encontrarás consejos o medidas que debes tener en cuenta.

Medidas de precaución

- Lee todos los pasos del experimento.
- Ponte gafas protectoras siempre que sea necesario.
- Si se derrama algo, límpialo de inmediato.
- Nunca pruebes ni huelas las substancias, a menos que tu maestro o maestra te lo indique.
- Ten mucho cuidado con los objetos filosos.
- Siempre pon cinta adhesiva en los bordes filosos.
- Ten cuidado al usar los termómetros.
- Ten cuidado al usar productos químicos.
- Desecha los productos químicos de la manera apropiada.
- Guarda todo al terminar el experimento.
- Lávate las manos después de hacer el experimento.

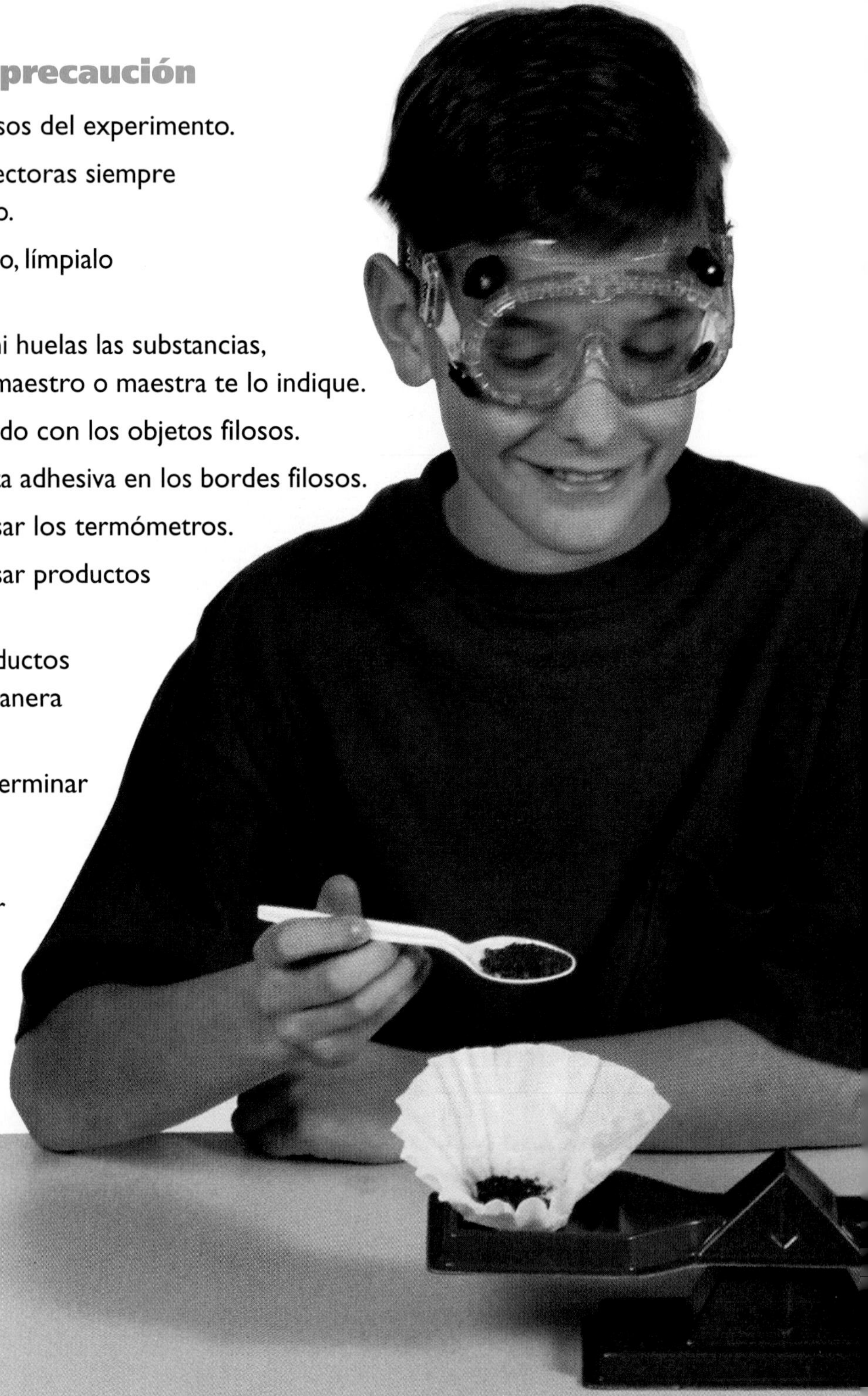

Usar el sistema métrico

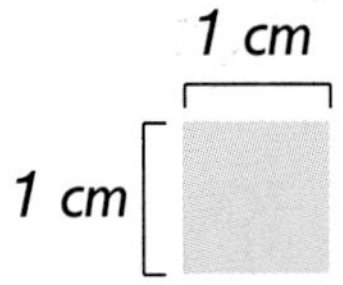

1 centímetro cuadrado

Aproximadamente 2 milímetros

1 centímetro cúbico

1 litro de agua

11 campos de fútbol americano colocados uno al lado del otro miden más o menos 1 kilómetro

1 centímetro

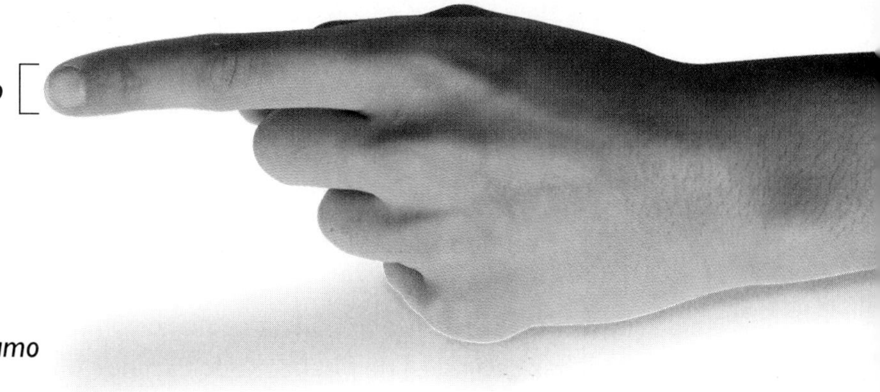

1 kilogramo

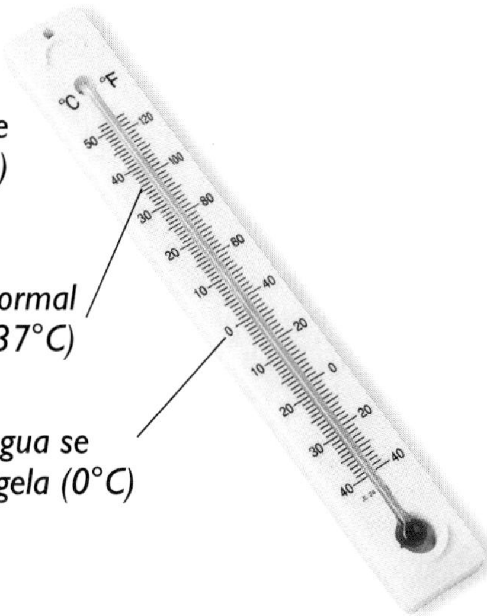

El agua hierve (100°C)

Temperatura normal del cuerpo (37°C)

El agua se congela (0°C)

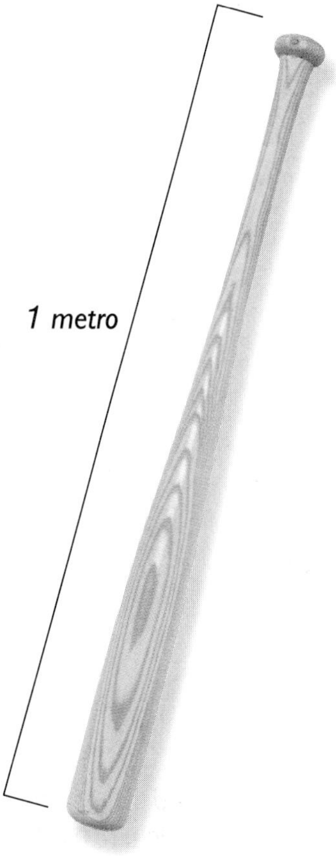

1 metro

Observar

¿Cómo perfeccionas tus observaciones?

Los sentidos nos ayudan a entender y a aprender acerca del mundo que nos rodea. Por ejemplo, imagínate que agarras una pelota. Piensa en la textura. ¿Es suave, dura, o una combinación de ambas? Si hueles la pelota, ¿puedes decir si es de plástico o de caucho? Imagínate que la agitas. ¿Es sólida o hueca? ¿Puedes decir si hay algo dentro de la pelota? ¿Tiene la pelota características que pueden servir para determinar si rebota o no?

Cuando observamos detenidamente, comprendemos cómo cambian las cosas y los sucesos. Gracias a este entendimiento, podemos hacer comparaciones precisas. Cada observación es importante.

Practica cómo observar

Materiales

- caja de cacahuates con cáscara
- marcador
- tarjetas
- regla métrica
- lupa

Sigue este procedimiento

1. Escoge un cacahuate de la caja.
2. Para identificar el cacahuate, hazle una marquita con un marcador. No se la muestres nadie.
3. Observa el cacahuate detenidamente. Anota todas las observaciones posibles acerca del cacahuate en una tarjeta. Escribe observaciones concretas.
4. Cuando termines de observar el cacahuate, vuelve a meterlo en la caja.
5. Intercambia tu tarjeta de observaciones con un compañero o compañera. Identifica el cacahuate de tu compañero o compañera guiándote por las observaciones en la tarjeta.

Piensa en tu razonamiento

¿Qué sentidos usaste al observar el cacahuate? ¿Hizo tu compañero o compañera observaciones similares a las tuyas? ¿Qué otras observaciones pudiste haber anotado para describir mejor el cacahuate?

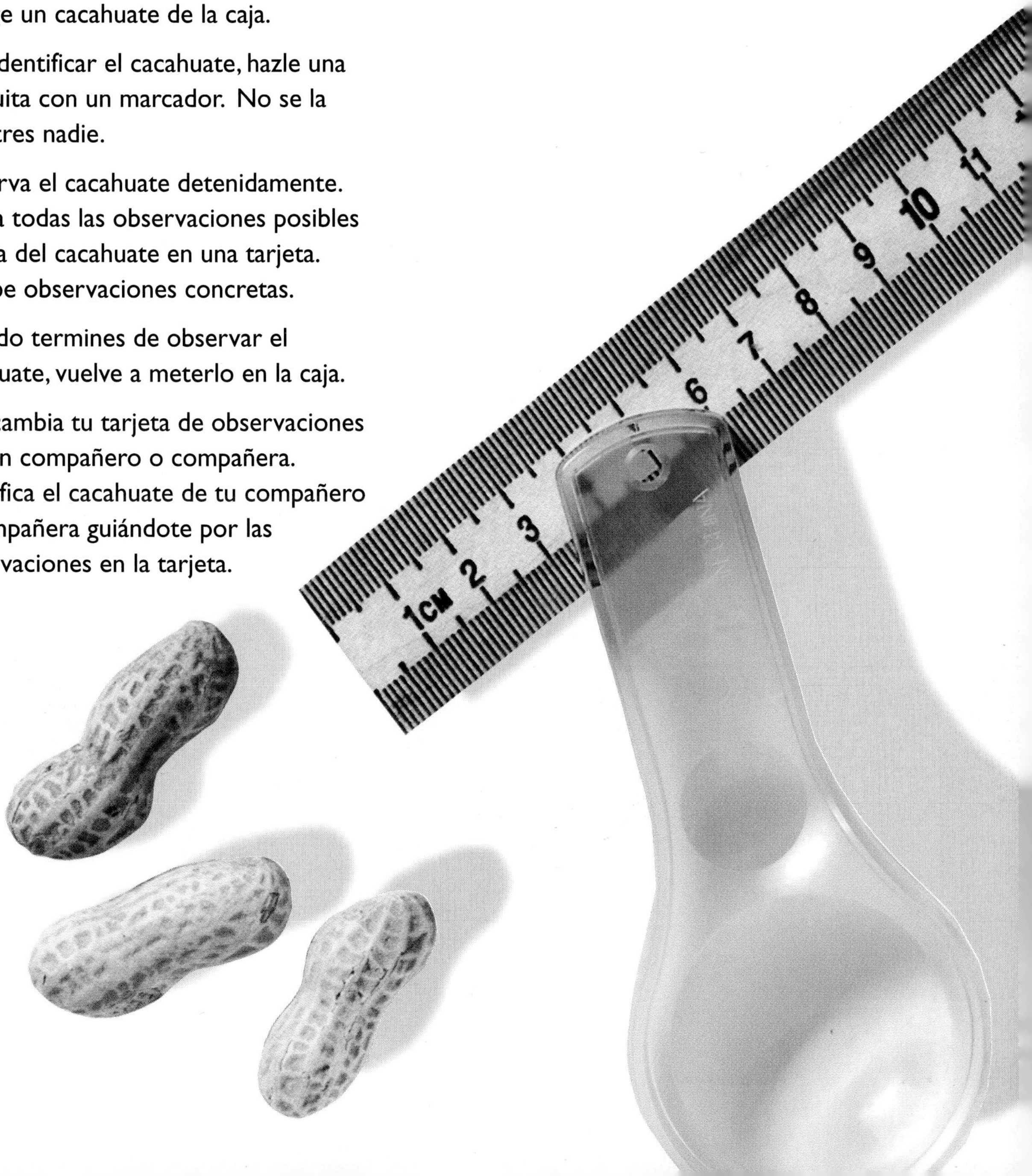

Comunicar

¿Cómo te comunicas de manera eficaz y comprensible?

La comunicación científica eficaz transmite información con palabras, ilustraciones, tablas y gráficas de manera que todo el mundo la comprenda fácilmente.

Cuando hacemos y anotamos observaciones, es necesario usar palabras exactas y dar la mayor información posible. Compara las siguientes observaciones que escribieron dos estudiantes después de que observaron el mismo experimento:

> El líquido cambió de color y se formaron burbujas.
>
> El líquido cambió de color, de amarillo claro a rojo vivo. Comenzaron a formarse burbujas casi inmediatamente. Durante 27 segundos el líquido formó burbujas rápidamente y después dejó de hacerlo.

Las observaciones del segundo estudiante son más exactas y completas. Cualquiera que las lea tendrá una idea clara de lo que el estudiante observó. Sin embargo, esto no ocurre con la descripción del primer estudiante. El segundo estudiante se comunicó de manera más significativa.

Practica cómo comunicarte

Materiales

- caja de tarjetas con ilustraciones
- lápices de colores
- 2 hojas de papel de dibujo

Sigue este procedimiento

1. Trabaja en pareja. Escoge una tarjeta de la caja. No se la muestres a tu compañero o compañera.
2. Observa la ilustración en la tarjeta. Piensa en cómo describirías esa ilustración a otra persona. ¿Cómo comenzarías? ¿Qué palabras usarías?

3. Describe lenta y cuidadosamente la ilustración de la tarjeta a tu compañero o compañera. A medida que describes la ilustración, tu compañero o compañera debe hacer un dibujo de lo que describes.
4. Cuando termines la descripción, compara el dibujo que hizo tu compañero o compañera con el de la tarjeta. ¿Comunicaste lo que observaste con precisión?
5. Ahora le toca a tu pareja. Repitan los pasos 1 a 4.

Piensa en tu razonamiento

¿Qué proceso usaste para describir la ilustración? ¿Qué parte describiste primero? ¿Por qué decidiste comenzar con esa parte de la ilustración? ¿Cómo podrías comunicar tu información con más claridad?

Clasificar

¿Cómo clasificas los objetos?

Clasificar es el proceso de organizar u ordenar objetos en grupos según sus características comunes. Los objetos se clasifican para organizar las ideas y el conocimiento de una materia. Organizar información nos ayuda a entender mejor los objetos y los sucesos que observamos.

¿Qué características comparten las aves de esta página? Según esas características comunes, el canario y el pato se clasifican como aves. Con esa información, puedes hacer generalizaciones sobre esos animales según el conocimiento que tengas de las aves. Por ejemplo, puedes concluir que el canario y el pato ponen huevos porque poner huevos es una característica común de todas las aves.

Para clasificar objetos, es necesario reconocer las características comunes o diferentes de un grupo de objetos. Después, los objetos se agrupan de acuerdo con una o más de esas características comunes.

Practica cómo clasificar

Materiales

- papel
- lápiz
- botones

Sigue este procedimiento

1. Observa un grupo de botones. Fíjate en qué se parecen y se diferencian los botones. Anota tus observaciones en una hoja de papel.
2. Escoge una característica, ya sea el tamaño, la forma, el color u otra cualquiera. Según esa característica, clasifica los botones en dos grupos. Anota las características que comparten los grupos.
3. Ahora clasifica cada grupo en varios grupos pequeños según otras características comunes. ¿En qué se parecen los botones de cada grupo? ¿En qué se diferencian? Anota las características de cada grupo.
4. Informa al resto de la clase cuál fue la clasificación de tu grupo. Comenten cómo varían las clasificaciones entre los grupos.

Piensa en tu razonamiento

Distintas personas pueden clasificar los mismos objetos de manera diferente. ¿Por qué crees que eso ocurre? Apoya tu respuesta con algunos ejemplos.

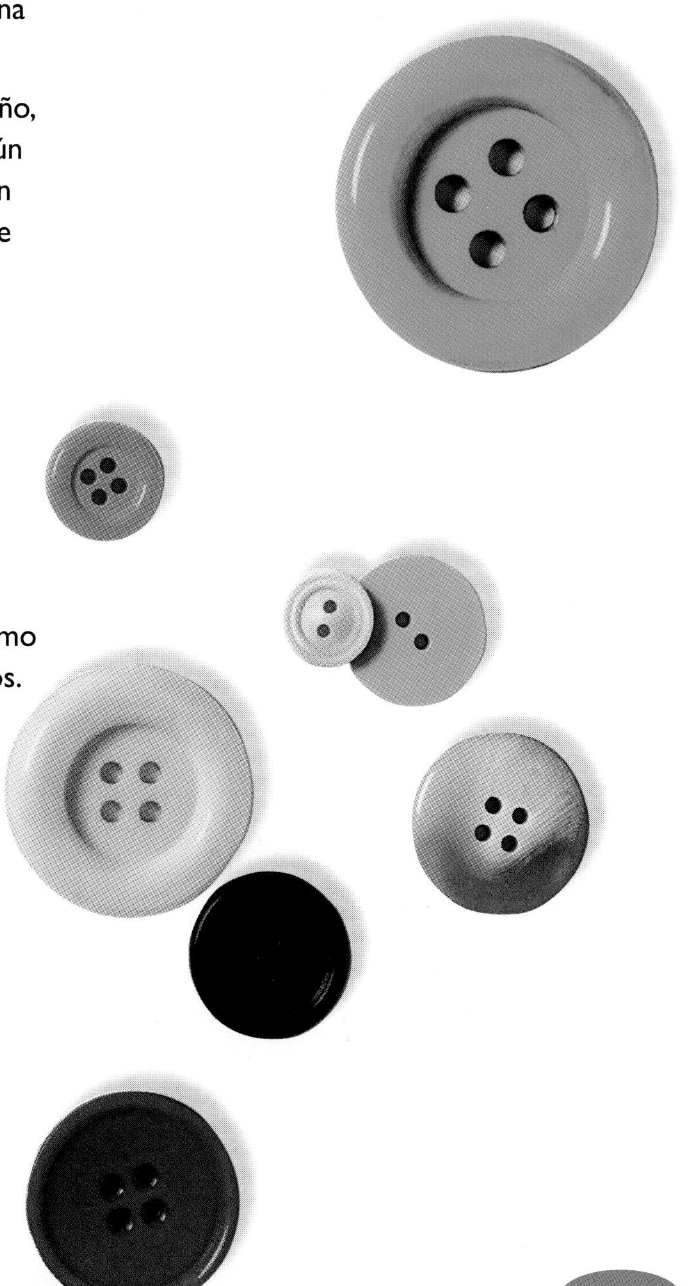

Estimar y medir

¿Cómo estimas y mides con exactitud?

Una estimación o cálculo es una conjetura inteligente sobre un objeto o suceso. Una característica común que se suele estimar es la medición. A medida de que practicas más la medición de objetos, te darás cuenta de que cada vez es más fácil hacer estimaciones más aproximadas a las mediciones reales.

Estimar el volumen es una gran ventaja para realizar experimentos de ciencias. Si el objeto tiene forma irregular, como las piedritas de abajo, puede ser difícil estimar el volumen. Sin embargo, si hallas el volumen de una piedrita, puedes estimar mejor el volumen de las otras tres.

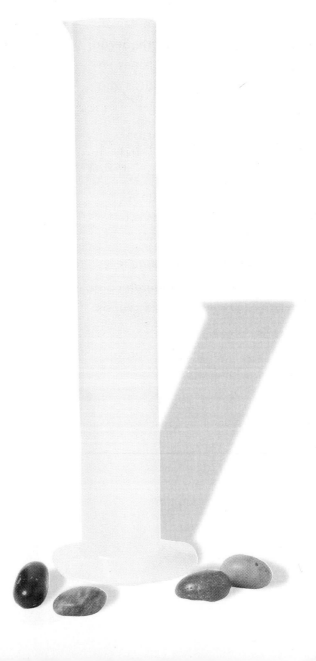

Practica cómo estimar y medir

Materiales

- probeta graduada de 50 mL
- agua
- 4 piedritas de forma irregular de diferente tamaño

Sigue este procedimiento

1. Copia la tabla en una hoja de papel y anota ahí tus observaciones.
2. Llena la probeta con agua hasta la marca de 25 mL.
3. Escoge la piedrita que creas que tiene menos volumen.
4. Estima el nivel al que crees que subirá el agua cuando metas la piedrita en la probeta. Anota tu estimación.
5. Mete con cuidado la piedrita en el agua. Anota el nivel del agua en el cilindro.
6. Compara tu estimación del nivel del agua con la medición real. ¿Esperabas ese resultado?
7. Resta 25 mL del nivel actual del agua para hallar el volumen de la piedrita. Anota este volumen.
8. Repite los pasos 4 a 7 para estimar y medir el volumen de las cuatro piedritas.

Piensa en tu razonamiento

¿Crees que es más fácil predecir el volumen de un objeto de forma regular, como una canica, que predecir el volumen de un objeto de forma irregular? ¿Por qué sí o por qué no?

Piedrita	Nivel estimado agua	Nivel real de agua	Volumen de la piedrita
1			
2			
3			
4			

Inferir

¿Cómo haces una inferencia válida?

Cuando inferimos, hacemos una conjetura razonable sobre información que no es evidente. Una inferencia se basa en las observaciones y en la experiencia pasada. Para hacer una inferencia, es necesario hacer buenas observaciones y tener en cuenta toda la información que hay sobre una situación. Piensa en cómo se relaciona lo que observas con las situaciones que ya conoces.

Inferir es un paso importante para predecir los resultados de experimentos y formular hipótesis que se pueden poner a prueba. Aunque una inferencia se debe hacer según las observaciones o datos, no tiene que ser siempre verdadera. Después de hacer más investigaciones y experimentos, puedes descubrir que tu inferencia original no era acertada. Si es necesario, puedes hacer otra inferencia según la información nueva que recopiles.

Practica cómo inferir

Materiales

- gafas protectoras
- cuchara
- bicarbonato
- 3 vasos pequeños de plástico
- lupa
- gotero
- 3 substancias desconocidas marcadas A, B y C
- vinagre

Sigue este procedimiento

1. Copia la tabla en una hoja de papel y anota ahí tus observaciones.
2. Ponte las gafas protectoras. Echa media cucharada de bicarbonato en un vaso de plástico. Observa el bicarbonato con la lupa y anota tus observaciones.
3. Repite el paso 2 con las substancias desconocidas.
4. Haz una inferencia. Según tus observaciones, ¿cuáles de las substancias son bicarbonato? Anota tu inferencia en la hoja.
5. Con el gotero, agrega 3 gotas de vinagre al vaso con bicarbonato. Observa lo que sucede. Anota tus observaciones en la tabla.
6. Repite el paso 5 con las substancias desconocidas marcadas A, B y C.
7. Revisa tus inferencias del paso 4. Si es necesario, haz nuevas inferencias de acuerdo con tus observaciones.

	Observaciones	
Substancia	**Sin vinagre**	**Con vinagre**
Bicarbonato		
Desconocida A		
Desconocida B		
Desconocida C		

Piensa en tu razonamiento

¿Qué información de la actividad te sirvió para hacer tus inferencias? ¿Qué información de experiencias pasadas usaste? ¿Cómo afectó tus inferencias la realización de más observaciones?

Predecir

¿Cómo puedes mejorar las destrezas de predecir?

Cuando hacemos una predicción, adivinamos lo que va a pasar en una situación determinada. La predicción se hace de acuerdo con lo que sabemos que ha sucedido antes en situaciones similares. Cuando tienes más información y haces mejores observaciones, es más probable que hagas predicciones precisas.

Observa los carros y las rampas de abajo. ¿Cuánta fuerza se necesita para tirar del carro hacia la parte de arriba de la rampa en las dos primeras fotos? ¿Qué relación hay entre esa fuerza y la altura de la rampa?

Con la información que tienes de las dos primeras fotos, predice cuánta fuerza se necesita para tirar del carro hacia la parte de arriba de la tercera rampa. Según tus observaciones de las dos primeras fotos, puedes predecir que se necesita tres veces más fuerza que en la primera foto, o 75 N.

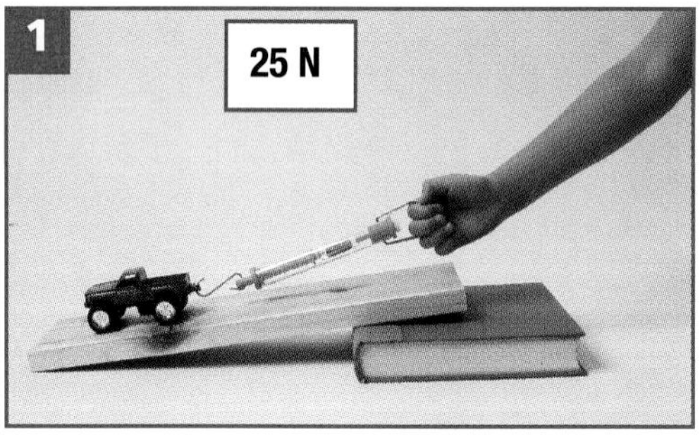

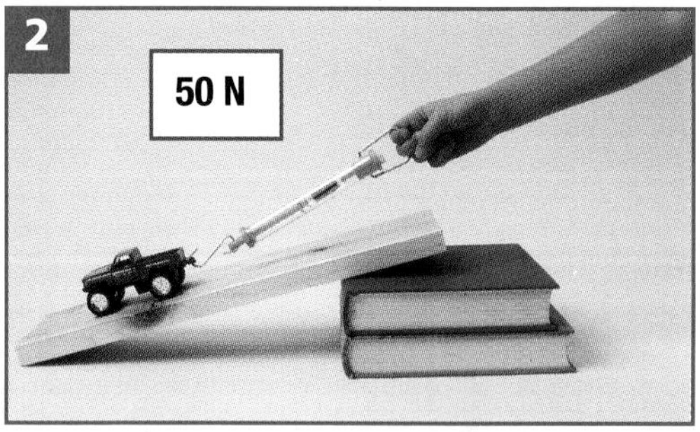

Practica cómo predecir

Materiales

- pluma
- libro

Sigue este procedimiento

1. Copia la tabla en una hoja de papel y anota ahí tus predicciones y observaciones.
2. Sujeta el libro en una mano y la pluma en la otra. Si dejas caer ambos objetos al mismo tiempo, ¿cuál caerá al piso primero? Anota tus observaciones en la tabla.
3. Deja caer los dos objetos y anota tus resultados.
4. Coloca la pluma encima del libro. Si dejas caer el libro con la pluma encima, ¿cuál caerá al piso primero, la pluma o el libro? Anota tu predicción.
5. Deja caer el libro con la pluma encima y anota tus resultados.

	Predicción	Observación
La pluma y el libro soltados por separado		
El libro soltado con la pluma encima		

Piensa en tu razonamiento

¿Qué información usaste para hacer tu predicción en el paso 2?, ¿y en el paso 4? ¿Qué otra información te ayudaría a hacer mejores predicciones?

Dar definiciones operacionales

¿Cómo das una definición operacional?

Una definición operacional es una definición o descripción de un objeto o suceso según la experiencia que hemos tenido con él.

Una definición operacional describe muchas cualidades diferentes de un objeto o suceso. Puede explicar la función de algo, para qué sirve, o cómo ocurre un suceso.

Por ejemplo, fíjate en esta ilustración de una tira de papel de tornasol que ha sido introducida en vinagre. La ilustración muestra que cuando se mete papel de tornasol azul en vinagre, que es un ácido, se vuelve rojo. Según esta prueba, una definición operacional de ácido podría ser "una substancia que cambia el color del papel de tornasol de azul a rojo".

Practica cómo dar definiciones operacionales

Materiales

- rodaja de papa
- toalla de papel
- gotero
- solución de yodo
- rodaja de zanahoria
- vaso pequeño con agua
- galleta salada
- pedazo de clara de huevo

Sigue este procedimiento

1. Copia la tabla en una hoja de papel y anota ahí tus observaciones.
2. Coloca una rodaja de papa sobre una toalla de papel.
3. Con el gotero, echa una gotita de solución de yodo en la papa y observa lo que le sucede. Anota tus observaciones en la tabla.
4. Repite los pasos 2 y 3 con los demás alimentos.
5. Busca la definición de la palabra almidón en un diccionario. Escribe la definición en tu hoja debajo de la tabla.
6. Mira la tabla para ver qué alimentos contienen almidón. Con esa información y los resultados de la actividad, escribe una definición operacional de almidón.

Alimento	¿Contiene almidón?	Color que adquiere con el yodo
Papa	sí	
Zanahoria	sí	
Agua	no	
Galleta salada	sí	
Clara de huevo	no	

Piensa en tu razonamiento

¿Qué diferencias hay entre tu definición operacional y la definición de almidón que aparece en el diccionario? ¿Cuándo puede ser más útil tu definición operacional que la definición del diccionario?

Hacer y usar modelos

¿Cómo los modelos científicos ayudan a entender las ciencias?

Un modelo científico puede ser un objeto o una idea que muestra cómo se ve o funciona algo que no puedes observar directamente. Cuando usamos modelos, entendemos mejor los objetos, los sucesos o las ideas. Los buenos modelos se pueden emplear para explicar lo que ya sabes y para predecir lo que va a suceder.

Abajo se muestra el modelo de una clase de objeto que es muy pequeño para observar: una molécula de metano. Los científicos se valen de modelos de moléculas para explicar el comportamiento de los átomos y para predecir cómo reaccionan las substancias químicamente entre sí.

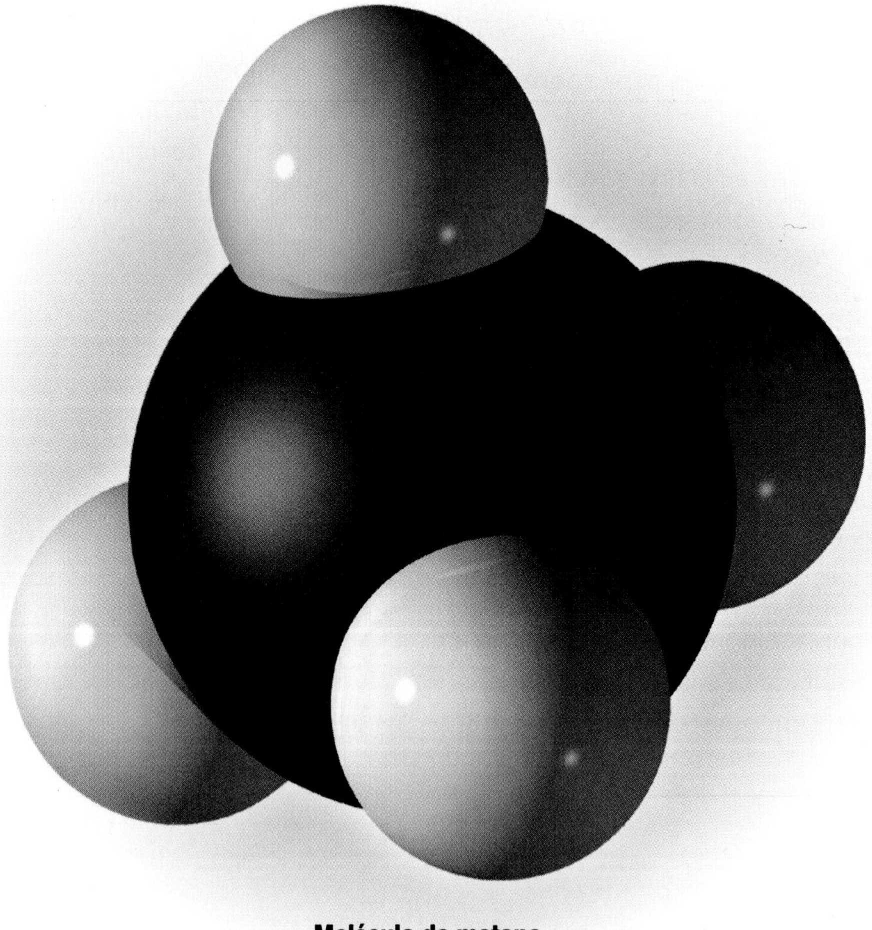

Molécula de metano

Practica cómo hacer y usar modelos

Materiales

- 2 colores de plastilina
- palillos de dientes partidos por la mitad

Sigue este procedimiento

1. Haz una tabla como la que se muestra y dibuja ahí tus moléculas.
2. Con la plastilina, vas a hacer modelos de moléculas que contienen átomos de hidrógeno y de oxígeno. Con un color de plastilina, haz los átomos de oxígeno para tu modelo de moléculas. Haz los átomos de hidrógeno con otro color.
3. Con los "átomos" de plastilina, haz moléculas de agua, de peróxido de hidrógeno y de gas hidrógeno. En la tabla se muestra el número de átomos que se deben incluir en cada molécula y cómo están conectados.
4. Para completar la tabla, haz un dibujo de tu modelo.

Nombre	Átomos en una molécula	Conjunto	Dibujo de modelo de molécula
Agua	2 de hidrógeno 1 de oxígeno	H╲O╱H	
Peróxido de hidrógeno	2 hidrógeno 2 de oxígeno	H—O—O—H	
Gas hidrógeno	2 hidrógeno	H—H	

Piensa en tu razonamiento

¿Te ayuda el modelo físico a entender esas moléculas?

¿Cómo? Usa tus modelos para explicar cómo varían las moléculas de las diferents substancias.

Formular preguntas e hipótesis

Formular o plantear preguntas es un paso importante del proceso científico. Las preguntas pueden surgir de un problema, de algo que observas o de asuntos que te interesan.

Después de identificar una pregunta, el siguiente paso es formular una hipótesis. La hipótesis debe ser un enunciado claro que responda tu pregunta. Una buena hipótesis también debe ser verificable. Debes diseñar un experimento que pruebe que tu hipótesis es verdadera o falsa.

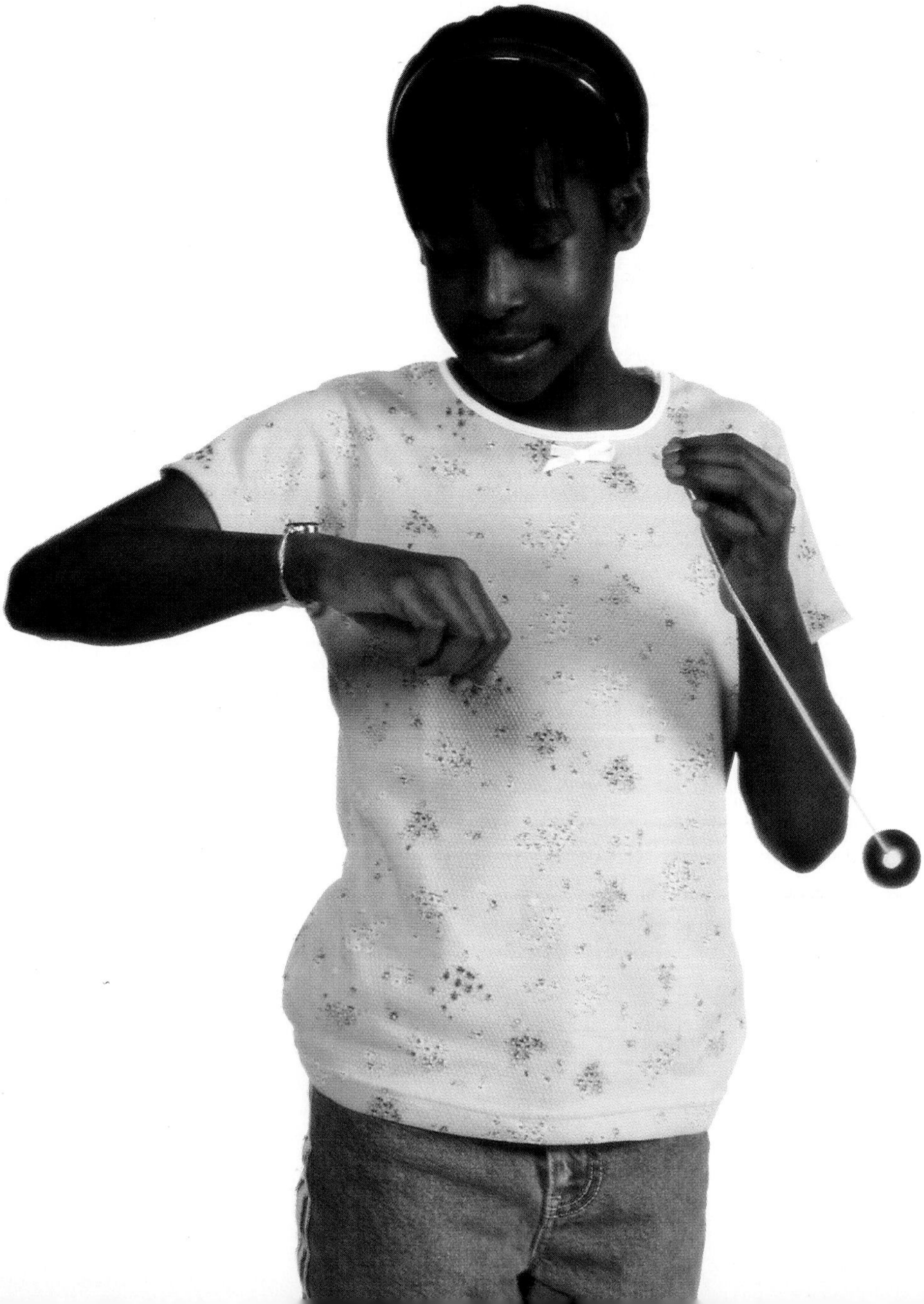

Practica cómo formular preguntas e hipótesis

Materiales

- tijeras
- regla métrica
- cordel
- arandela
- reloj con segundero

Sigue este procedimiento

1. Haz una tabla como la que se muestra y anota ahí tus datos.
2. Corta y mide la longitud de un pedazo de cordel. El cordel debe tener entre 25 cm y 45 cm de largo. Anota la longitud en tu tabla.
3. Ata la arandela a un extremo del cordel para hacer un péndulo.
4. Alarga la arandela a un ángulo aproximado de 45°. Esta posición es el punto de inicio para medir el período del péndulo.
5. Suelta la arandela. La arandela completa un período cuando regresa al punto de inicio. Mide el tiempo que se demora el péndulo para completar 5 períodos. Anota el tiempo en la tabla.
6. ¿Cómo crees que la longitud del cordel afecta el tiempo que toma completar un período? Escribe una hipótesis.
7. Pon a prueba tu hipótesis. Repite los pasos 3 a 5 cuatro veces más, con diferentes longitudes cada vez.

Longitud del cordel	Tiempo de un período

Piensa en tu razonamiento

¿Qué información te sirvió para formular tu hipótesis? ¿Apoyaron los datos tu hipótesis? ¿Qué otras preguntas tienes como resultado de esta actividad?

Recopilar e interpretar datos

¿Cómo organizas e interpretas la información que recopilas?

Cuando hacemos observaciones, recopilamos e interpretamos datos. Ordenar datos en gráficas, tablas, cuadros o diagramas nos facilita resolver problemas o contestar preguntas. El mejor método para ordenar tus datos depende del tipo de datos que recopiles y cómo piensas usarlos.

Las gráficas de abajo muestran los mismos datos de dos maneras distintas. ¿Qué gráfica usarías para comparar el crecimiento de dos plantas?

Crecimiento de la planta					
	Día 1	**Día 2**	**Día 3**	**Día 4**	**Día 5**
Planta en tierra	3.0 cm	4.0 cm	4.5 cm	5.3 cm	6.0 cm
Planta en arena	3.0 cm	3.2 cm	3.6 cm	4.0 cm	4.1 cm

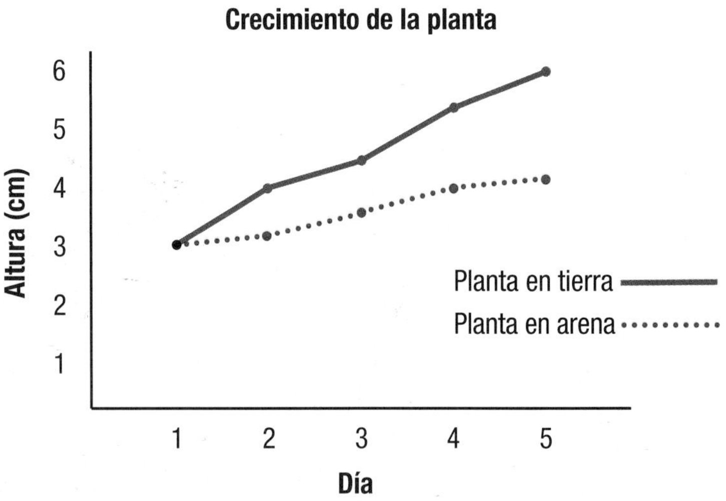

Practica cómo recopilar e interpretar datos

Sigue este procedimiento

1. Trabaja en grupo. Recopila estos datos de cada miembro del grupo.
   - ¿Cuántas personas hay en tu familia?
   - ¿Cuánto mides?
   - ¿De qué color es tu pelo?
   - ¿De qué color son tus ojos?
   - ¿Cuántos años hace que vives en esta ciudad?
2. Decide con tu grupo cómo van a organizar y mostrar los datos.
3. Comenta con tu grupo cómo van a interpretar esos datos. ¿Qué puedes decir acerca del grupo en general con esos datos?

Piensa en tu razonamiento

¿Por qué organizaste los datos de esa manera? ¿Podrías presentarlos de otra manera para destacar otra característica del grupo? ¿Qué otra información le agregarías a tus datos para presentar una mejor descripción de tu grupo?

Identificar y controlar variables

¿Cómo identificas y controlas las variables?

Una variable es cualquier factor que puede cambiar los resultados de un experimento. Cuando realizamos experimentos, es importante identificar y controlar las variables. Para hacerlo, hay que averiguar las condiciones que afectan un experimento. Para averiguar cómo una variable determinada afecta el resultado de un experimento, se deben controlar las demás variables.

Por ejemplo, imagínate que quieres averiguar si se disuelve más azúcar en agua fría o en agua caliente. ¿Qué variables controlarías? ¿Cuáles cambiarías?

Practica cómo identificar y controlar variables

Materiales

- taza de medir
- agua fría
- 2 vasos de plástico
- 2 cucharas de plástico
- azúcar
- agua caliente

Sigue este procedimiento

1. Echa 250 mL de agua fría en un vaso de plástico.
2. Agrega lentamente media cucharada de azúcar y revuelve hasta que se disuelva el azúcar.
3. Continúa echando azúcar hasta que no se disuelva más. Revuelve cada vez que eches azúcar. Anota la cantidad total de azúcar que echaste en el agua fría.
4. ¿Qué cantidad de azúcar se disolverá en agua bien caliente? ¿Cómo vas a poner a prueba el agua caliente para hacer una comparación precisa con el agua fría? Decide lo siguiente con tu grupo mientras creas un procedimiento para el agua caliente:
   - ¿Qué cantidad de agua usarás?
   - ¿Qué cantidad de azúcar agregarás por vez?
   - ¿Debes revolver el agua? Si la revuelves, ¿por cuánto tiempo lo debes hacer?
5. Haz la prueba con el agua caliente según tu procedimiento. Compara tus resultados con los del agua fría.

Piensa en tu razonamiento

¿Cuánta agua usaste? ¿Por qué escogiste esa cantidad? ¿Qué variables controlaste? ¿Por qué?

Experimentar

¿Cómo puedes realizar experimentos valiosos?

Los experimentos científicos ponen a prueba una hipótesis o intentan resolver un problema. Con los resultados de las investigaciones, se pueden sacar conclusiones sobre la hipótesis o plantear una respuesta al problema.

Primero, plantea el problema que investigas como una pregunta clara y escribe una hipótesis. Después, identifica las variables que pueden afectar los resultados de tu investigación. Identifica la variable que cambiarás. Deja las demás variables sin cambiar.

Ahora, diseña tu experimento. Escribe los pasos que seguirás.

Cuando hagas el experimento, anota los datos con claridad para que otros puedan entender lo que hiciste y cómo lo hiciste. Siempre debes comunicar tus resultados con sinceridad, aunque no sean los que esperabas.

Por último, interpreta tus datos y presenta tu conclusión.

Practica cómo experimentar

Materiales

- cinta adhesiva
- taza
- linterna
- regla métrica

Sigue este procedimiento

1. Piensa en lo que sabes acerca de las sombras. ¿Cómo afecta la distancia entre un objeto y una fuente de luz el tamaño de la sombra del objeto?
2. En una hoja de papel, escribe una hipótesis para responder esta pregunta.
3. Diseña un experimento para poner a prueba tu hipótesis. Escribe un procedimiento. Realiza tu experimento con los materiales de la lista. No olvides identificar y controlar las variables.
4. Haz una tabla para anotar tus datos.
5. Sigue los pasos de tu procedimiento para realizar el experimento. Recuerda anotar tus datos.
6. Interpreta tus datos y presenta tu conclusión.

Piensa en tu razonamiento

¿Qué diferencia hay entre una hipótesis, como la que se formuló en el paso 2, y una conclusión, como la que se presentó en el paso 6?
¿Según qué información formulaste tu hipótesis?
¿Según qué información presentaste tu conclusión?

Clasificación de los seres vivos

Los científicos clasifican las diferentes especies de organismos en los cinco reinos que aparecen abajo. Todos los organismos vivos o extintos se pueden clasificar en uno de esos reinos. Los organismos de cada reino comparten ciertos caracteres. Los científicos aprenden más acerca de los organismos al clasificarlos de esta manera.

Reino	Monera	Protista	Hongos	Vegetal	Animal
Tipo de células	Procariota	Eucariota	Eucariota	Eucariota	Eucariota
Unicelular o multicelular	Unicelular	Unicelular y multicelular	Unicelular y multicelular	Unicelular y multicelular	Multicelular
Movimiento	Algunos tienen movilidad.	Algunos tienen movilidad.	Inmóviles	Inmóviles	Todos tienen movilidad.
Nutrición	Algunos fabrican su propio alimento. Otros lo obtienen de otros organismos.	Algunos fabrican su propio alimento. Otros lo obtienen de otros organismos.	Todos obtienen el alimento de otros organismos.	Todos fabrican su propio alimento.	Se alimentan de plantas o de otros animales.

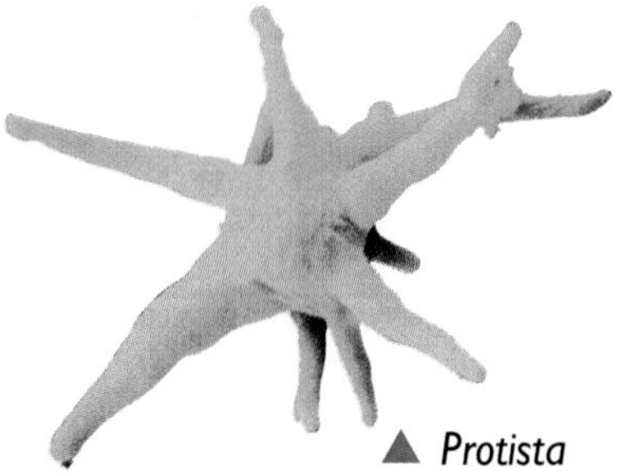

▲ *Protista*

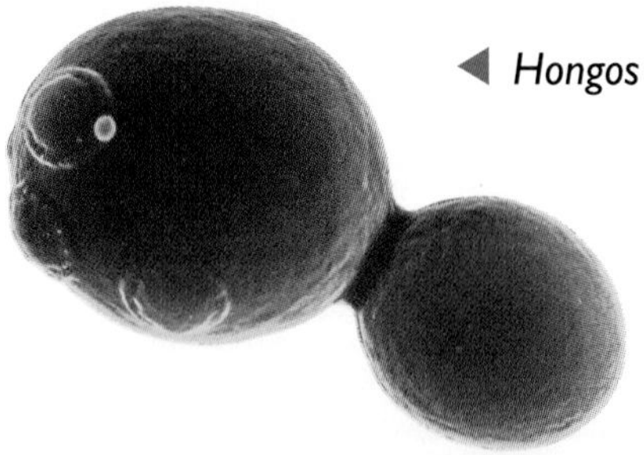

◀ *Hongos*

Animal ▼

Monera ▼

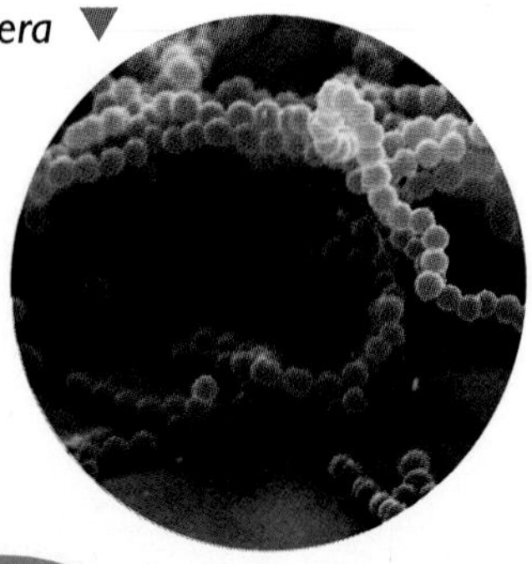

Vegetal ▶

Circuitos

La corriente eléctrica sólo puede circular cuando completa un circuito. En los circuitos en serie, la corriente fluye a través de un solo trayecto. En los circuitos en paralelo, la corriente fluye a través de dos o más trayectos.

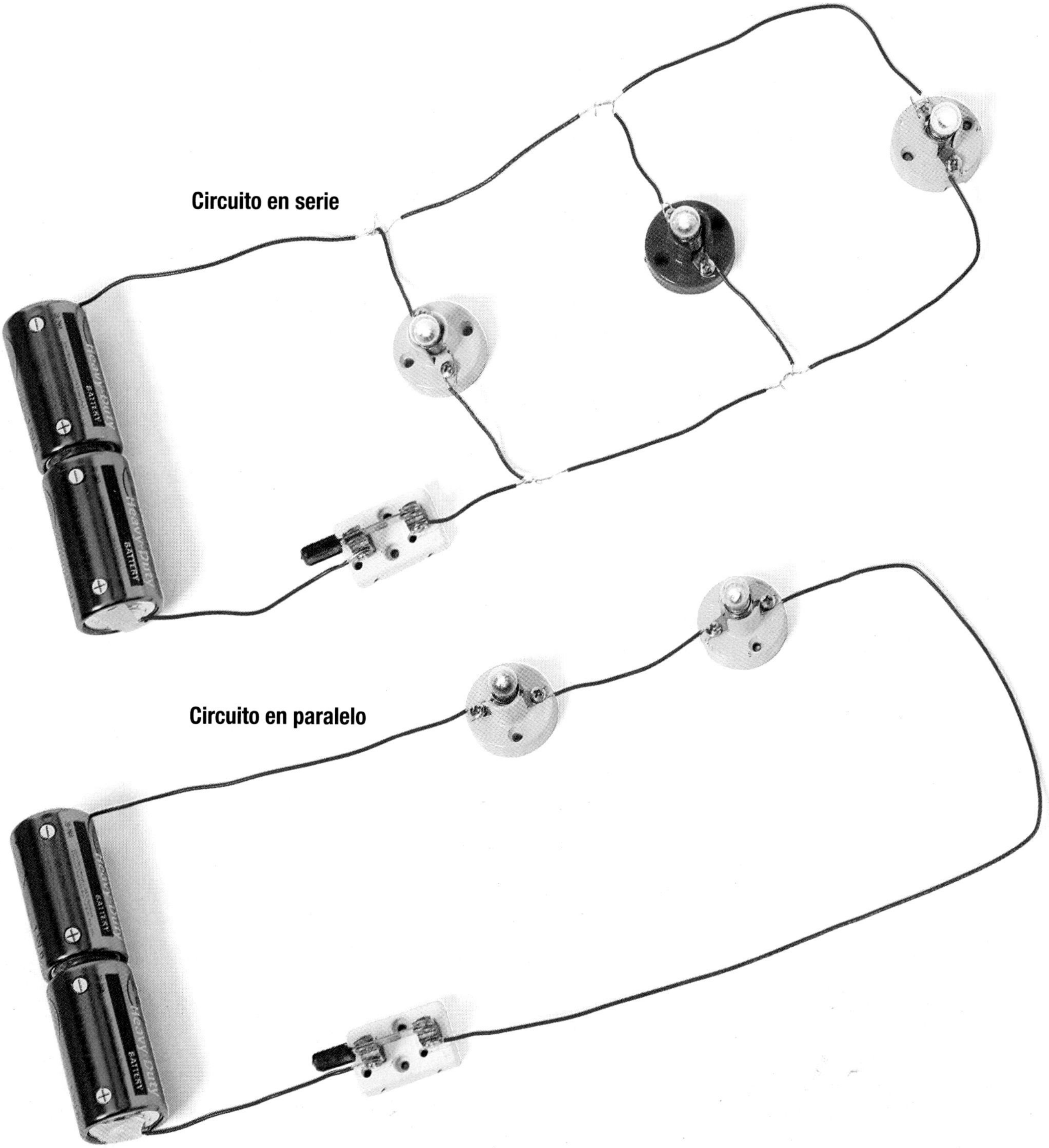

Energía en nuestro mundo

El Sol es la fuente de toda la energía en la Tierra. De hecho, el Sol envía a la Tierra aproximadamente cien mil billones de julios por segundo de radiación electromagnética. Esa energía se transforma en otros tipos de energía. Los dibujos de abajo muestran transformaciones de esa energía.

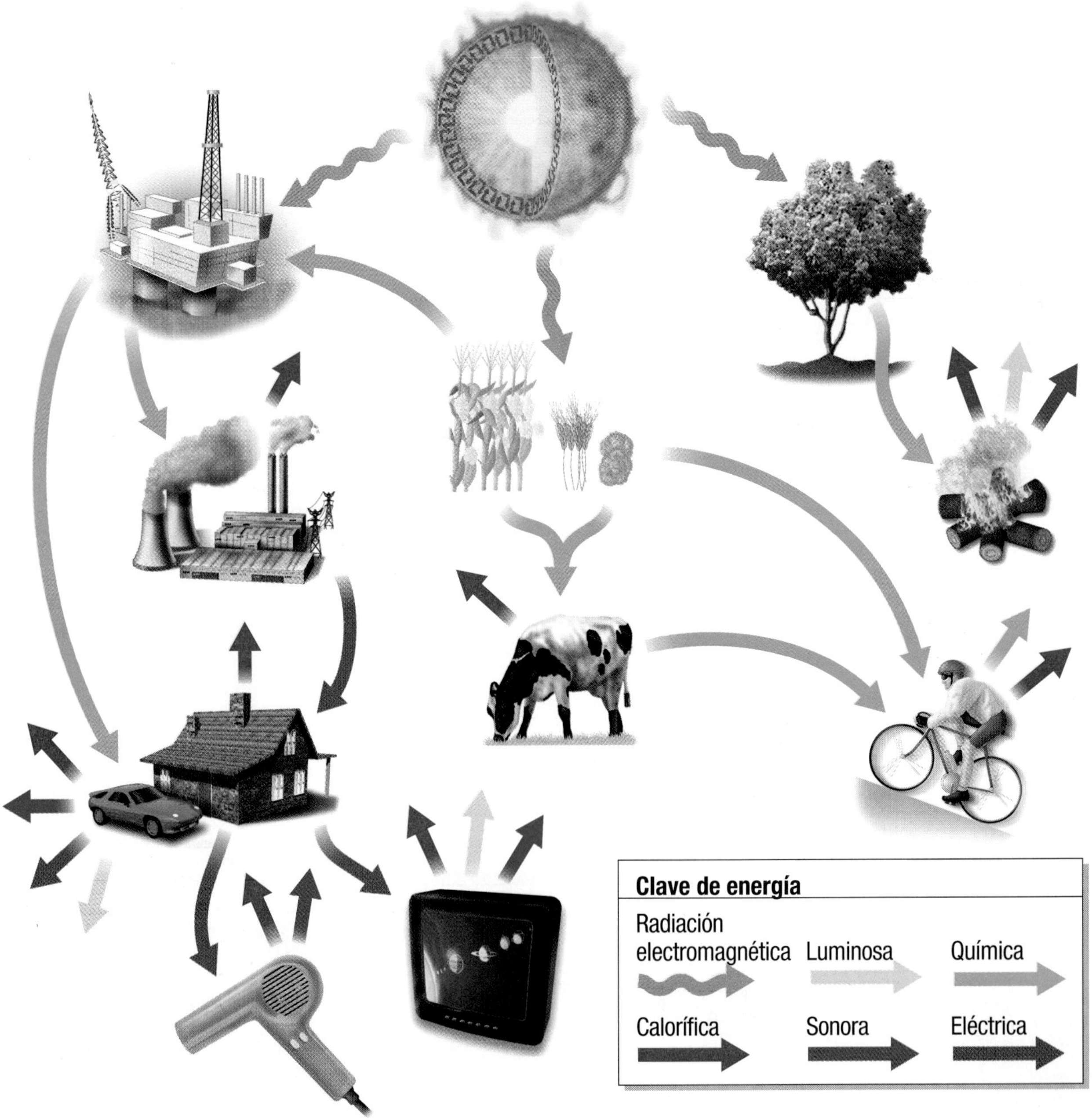

Máquinas simples

Las máquinas facilitan la realización del trabajo.
Las máquinas pueden ser muy simples, como las cuatro que aparecen en esta página, o pueden ser complejas, como los automóviles.

Palanca

Polea

Eje y rueda

Plano inclinado

Ciclo de las rocas

Los científicos clasifican las rocas en tres tipos principales: ígneas, metamórficas y sedimentarias. Cada tipo de roca está compuesto en parte de otras rocas. Las rocas cambian continuamente debido al calor, la presión, las reacciones químicas u otras fuerzas que las meteorizan al desgastar o depositar materiales. El cambio de las rocas de un tipo a otro en una secuencia se denomina el ciclo de la roca.

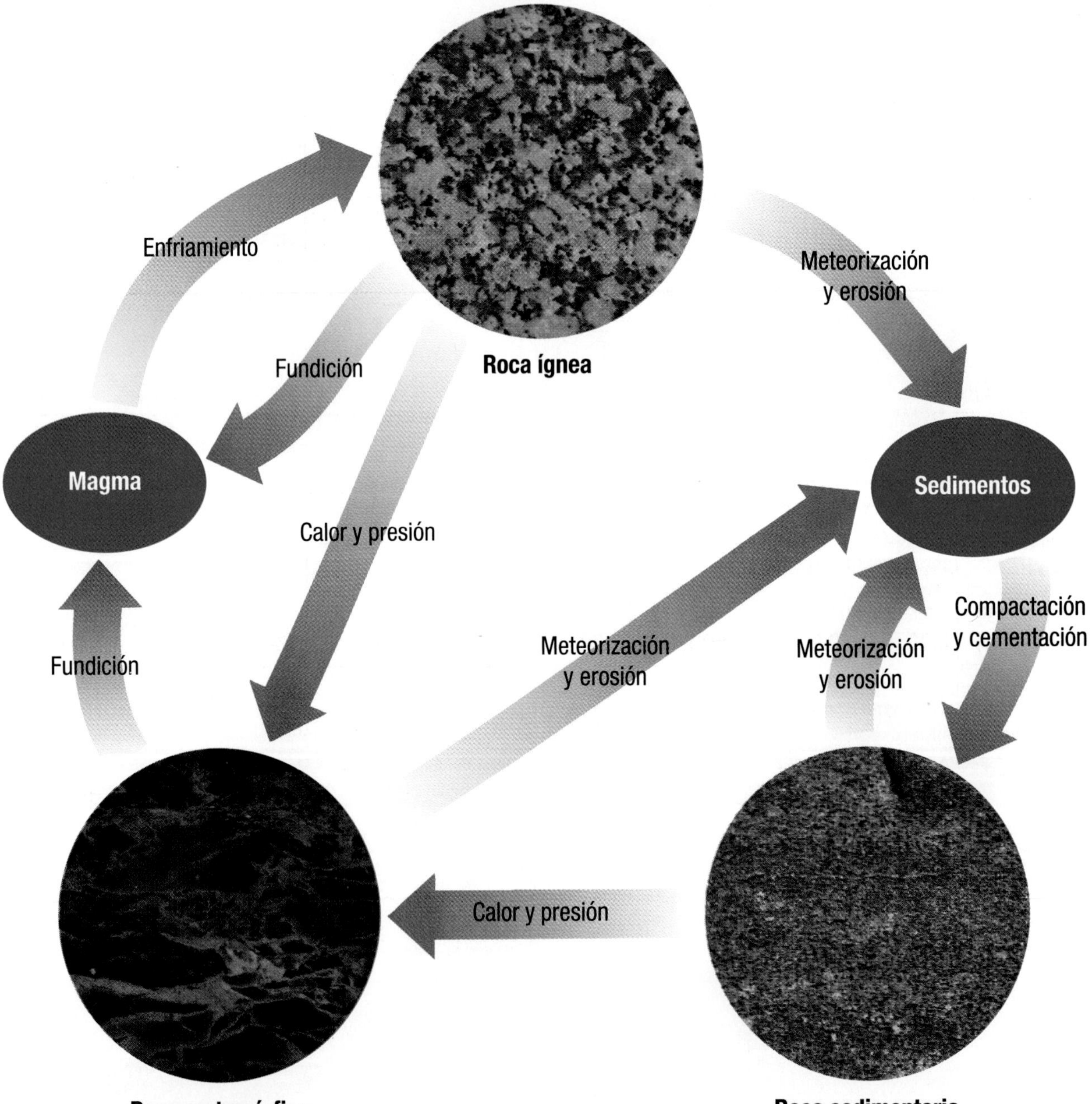

Características de los planetas

					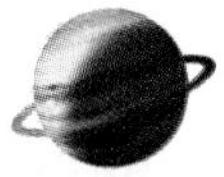				
Planeta	**Mercurio**	**Venus**	**Tierra**	**Marte**	**Júpiter**	**Saturno**	**Urano**	**Neptuno**	**Plutón**
Distancia promedio del Sol (Tierra=1)	0.387	0.723	1.000	1.524	5.203	9.529	19.191	30.061	39.529
Período de rotación días horas minutos	58 15 28	243 00 14	00 23 56	00 24 37	00 09 55	00 10 39	00 17 14	00 16 03	06 09 17
Período de revolución	87.97 días	224.70 días	365.26 días	686.98 días	11.86 años	29.46 años	84.04 años	164.79 años	248.53 años
Diámetro	4,878	12,104	12,756	6,794	142,796	120,660	51,118	49,528	2,290
Masa (Tierra=1)	0.06	0.82	1.00	0.11	317.83	95.15	14.54	17.23	0.002
Densidad (g/cm^3)	5.42	5.24	5.50	3.94	1.31	0.70	1.30	1.66	2.03
Gravedad de la superficie (Tierra=1)	0.38	0.90	1.00	0.38	2.53	1.07	0.92	1.12	0.06
Número de satélites conocidos	0	0	1	2	16	18	15	8	1
Anillos conocidos	0	0	0	0	1	miles	11	4	0

Las capas de la atmósfera

La atmósfera de la Tierra se extiende desde la superficie de la Tierra por miles de kilómetros. La atmósfera se vuelve menos espesa mientras mayor sea la altitud de la superficie terrestre. En la ilustración de abajo se muestran las cuatro capas de la atmósfera. La ionosfera es una capa de la atmósfera compuesta de iones que reflejan ondas de radio.

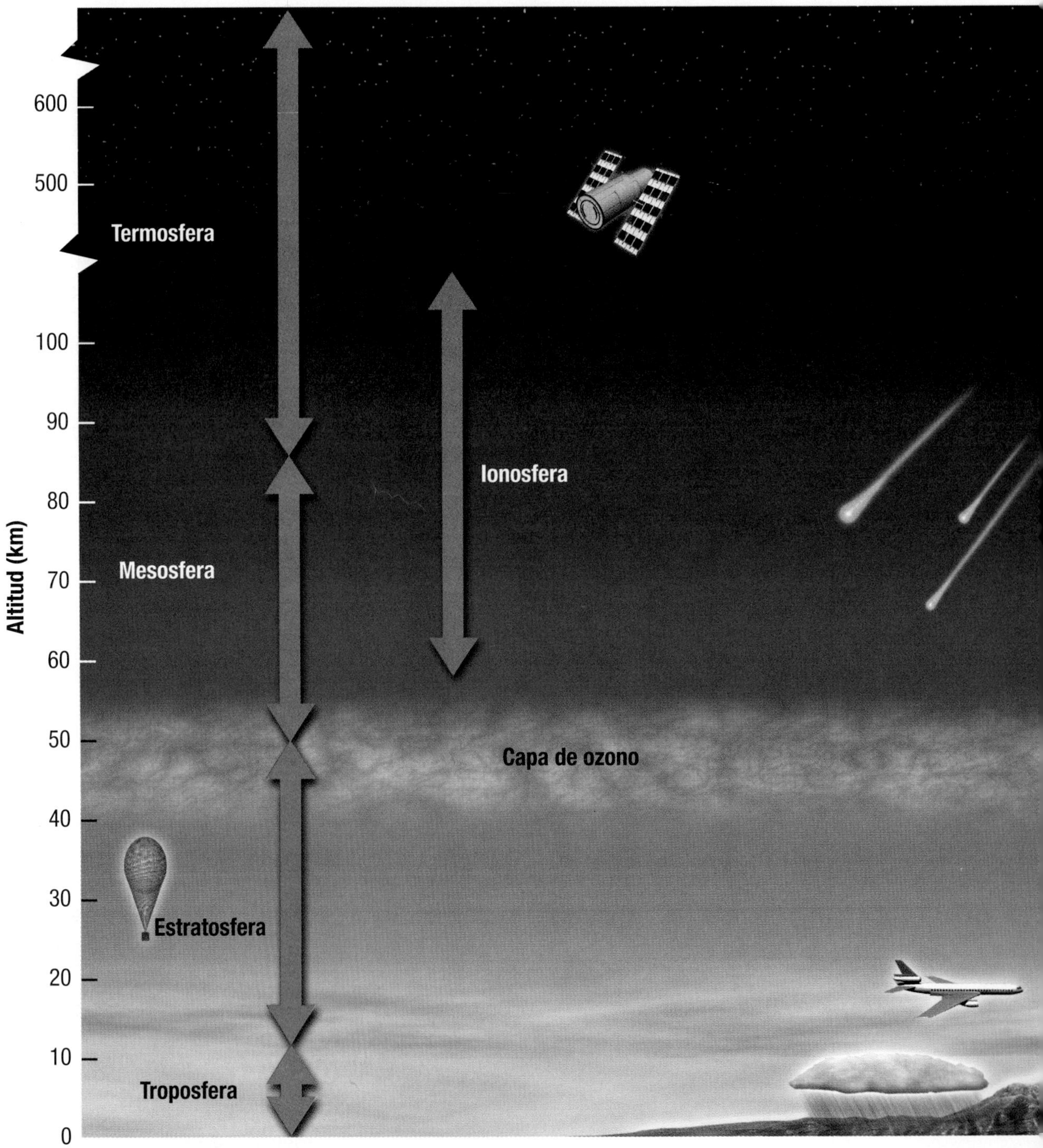

Átomos y moléculas

Toda la materia está compuesta de átomos, los cuales están compuestos de protones, neutrones y electrones. Los neutrones y los protones forman el núcleo del átomo. Los electrones cambian de posición continuamente a medida que se desplazan alrededor del núcleo. Los átomos se combinan químicamente para formar una molécula.

Átomo de neón

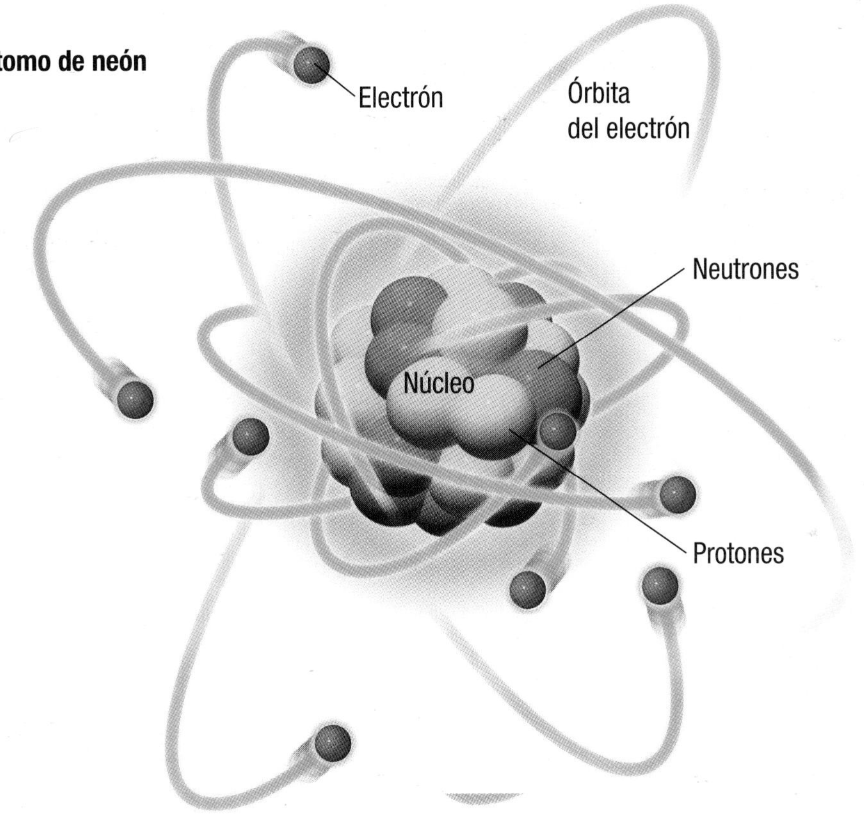

Metano (CH_4)

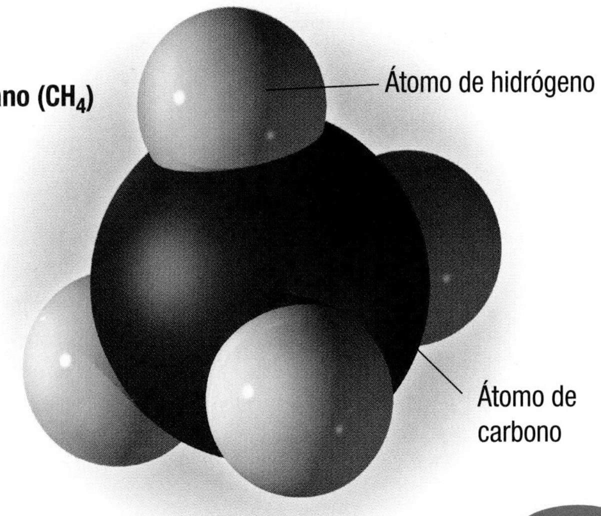

El cuerpo humano

Los diferentes órganos del cuerpo forman los sistemas o aparatos orgánicos. Las partes de un sistema simple trabajan en conjunto para realizar una función. De manera similar, los órganos de un sistema del cuerpo trabajan en conjunto para realizar una función. Todos los sistemas trabajan juntos para hacer funcionar el cuerpo.

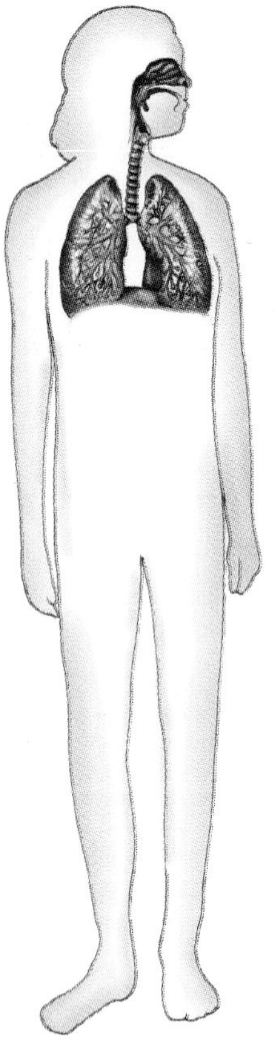

Aparato respiratorio

◀ *El aparato respiratorio proporciona oxígeno a las células del cuerpo y elimina el dióxido de carbono y otros desechos de las células. El aire que respiramos llega a los pulmones y pasa a los vasos sanguíneos, que se encargan de transportarlo a las células.*

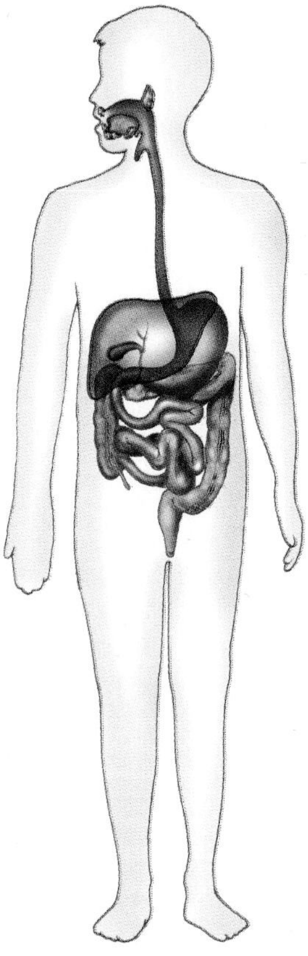

Aparato digestivo

▲ *Los órganos del aparato digestivo descomponen el alimento en nutrientes útiles para las células. Hay órganos encargados de desintegrar y moler el alimento. Otros producen jugos gástricos. Posteriormente, los vasos sanguíneos transportan el alimento digerido a todas las células del cuerpo.*

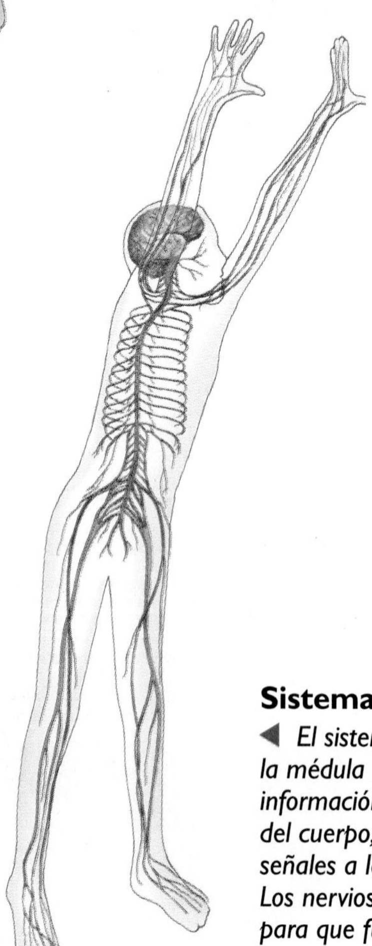

Sistema nervioso

◀ *El sistema nervioso está compuesto del cerebro, la médula espinal y los nervios. Su función es reunir información del ambiente, pasarla a distintas partes del cuerpo, e interpretarla y usarla. El cerebro envía señales a los músculos para que nos podamos mover. Los nervios envían mensajes desde y hacia otros órganos para que funcionen debidamente.*

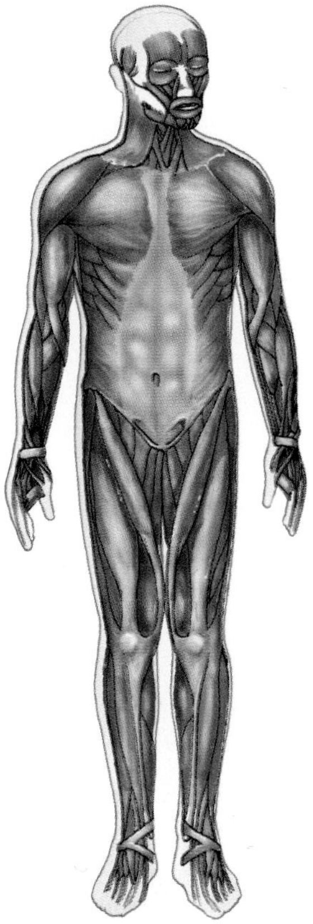

Aparato circulatorio

El aparato circulatorio está formado por el corazón, la sangre y los vasos sanguíneos. Este aparato se encarga de transportar los nutrientes del aparato digestivo, el oxígeno del aparato respiratorio y los desechos de ambos aparatos. Esas substancias se transportan desde y hacia las células del cuerpo. ▶

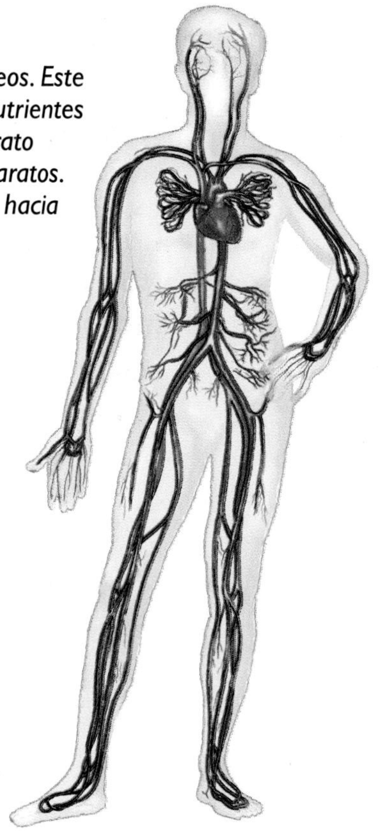

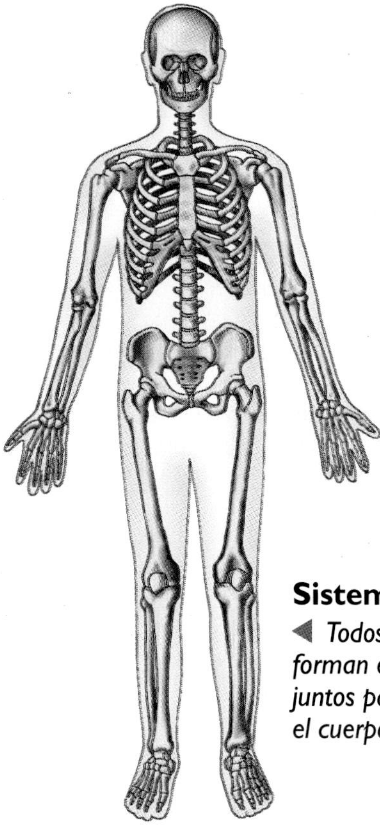

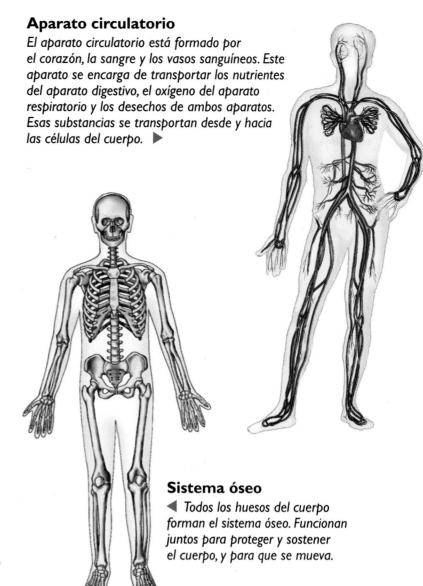

Sistema muscular

▲ *Muchos de los músculos del cuerpo forman el sistema muscular. Los músculos funcionan con los huesos para mover las partes del cuerpo. Los nervios controlan los músculos. Los vasos sanguíneos les proporcionan los nutrientes y el oxígeno que necesitan para funcionar.*

Sistema óseo

◀ *Todos los huesos del cuerpo forman el sistema óseo. Funcionan juntos para proteger y sostener el cuerpo, y para que se mueva.*

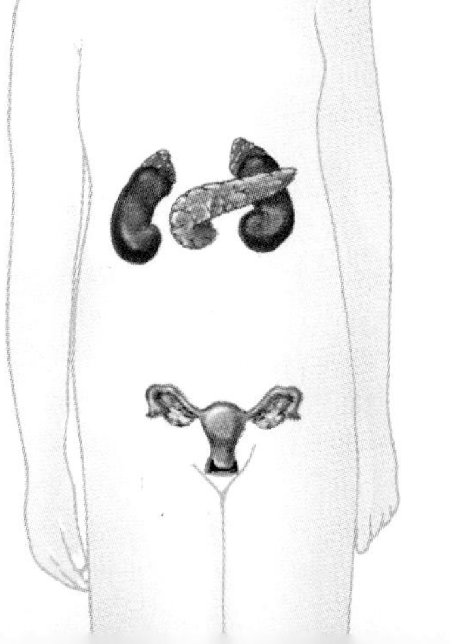

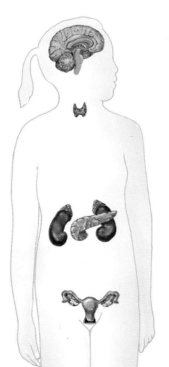

Sistema endocrino

◀ *El sistema endocrino está formado por glándulas que segregan hormonas directamente en la sangre. Esas hormonas controlan ciertas funciones del cuerpo.* ▶

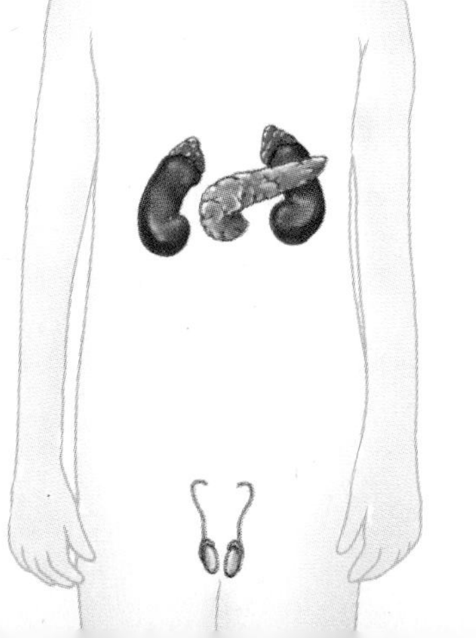

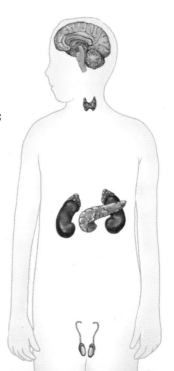

Instrumentos científicos

Los científicos usan una variedad de instrumentos. Para realizar actividades de ciencias necesitarás usar instrumentos. En estas dos páginas se muestran algunos instrumentos científicos.

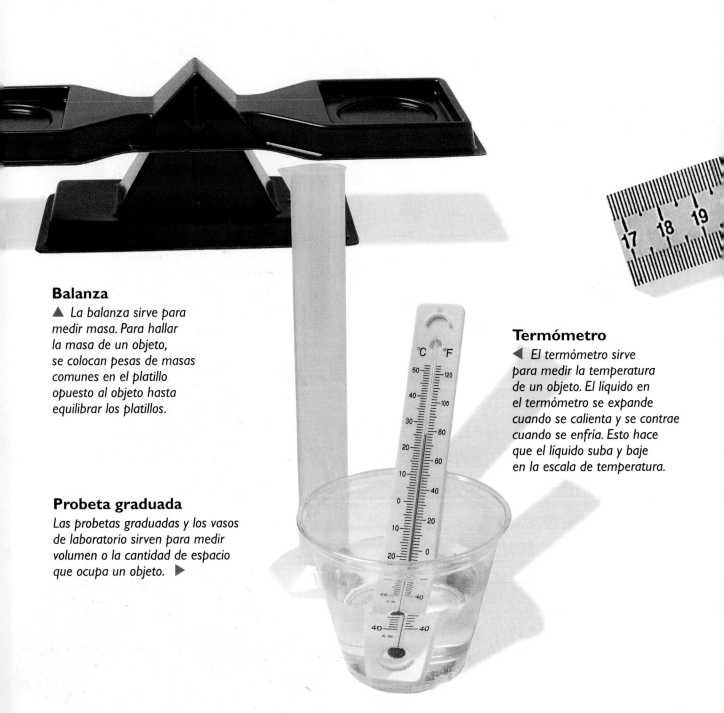

Balanza

▲ *La balanza sirve para medir masa. Para hallar la masa de un objeto, se colocan pesas de masas comunes en el platillo opuesto al objeto hasta equilibrar los platillos.*

Termómetro

◀ *El termómetro sirve para medir la temperatura de un objeto. El líquido en el termómetro se expande cuando se calienta y se contrae cuando se enfría. Esto hace que el líquido suba y baje en la escala de temperatura.*

Probeta graduada

Las probetas graduadas y los vasos de laboratorio sirven para medir volumen o la cantidad de espacio que ocupa un objeto. ▶

Báscula de resortes

◀ *La báscula de resortes sirve para medir fuerzas. Debido a que el peso de un objeto es una medida de la fuerza de gravedad sobre el objeto, el peso se puede medir en gramos con la báscula de resortes.*

Regla métrica

La regla métrica mide la longitud en metros. Está dividida en unidades más pequeñas, por lo general en centímetros y milímetros. ▼

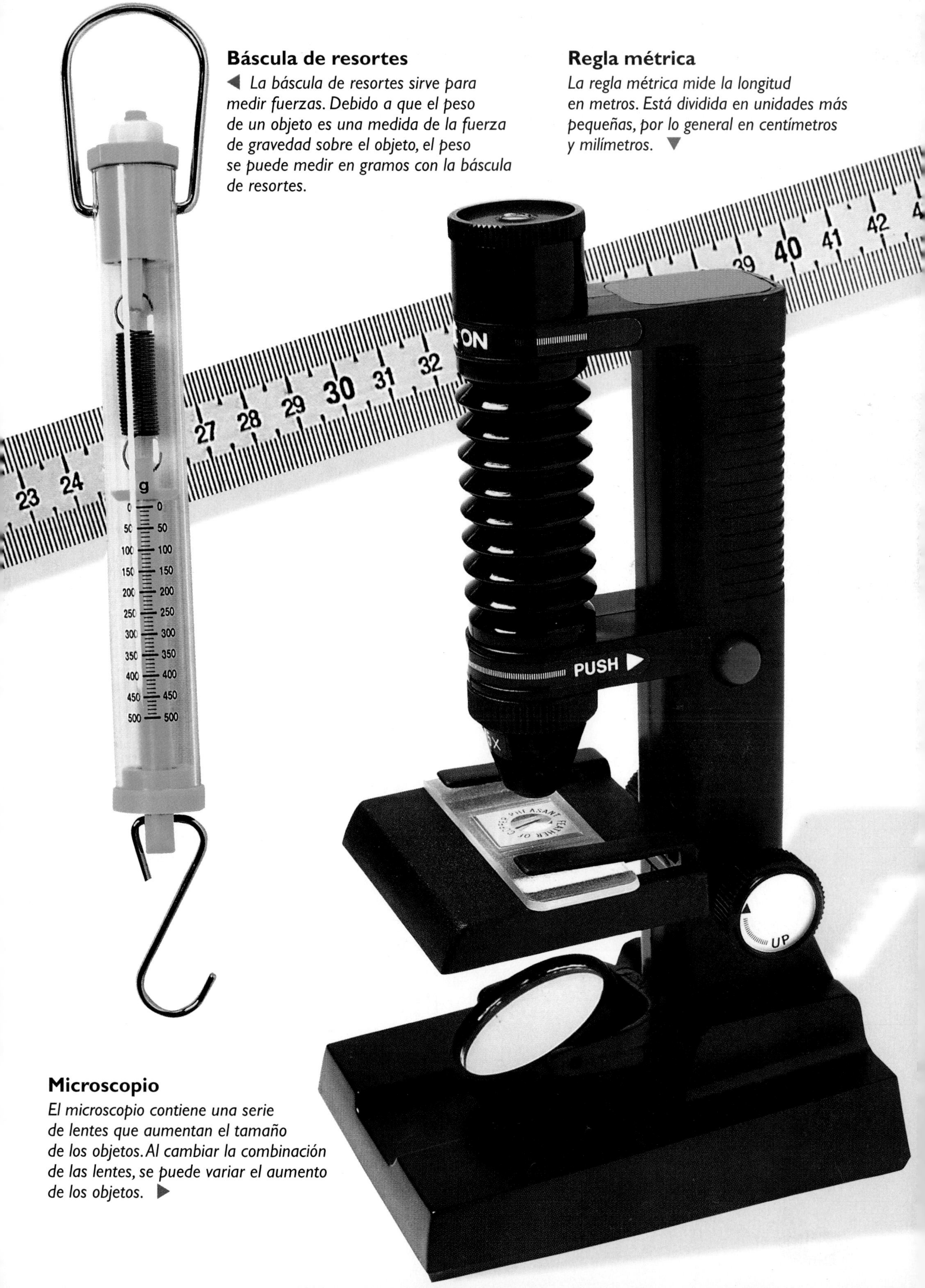

Microscopio

El microscopio contiene una serie de lentes que aumentan el tamaño de los objetos. Al cambiar la combinación de las lentes, se puede variar el aumento de los objetos. ▶

Tabla periódica de los elementos

1 H Hidrógeno								
3 Li Litio	4 Be Berilio							
11 Na Sodio	12 Mg Magnesio							
19 K Potasio	20 Ca Calcio	21 Sc Escandio	22 Ti Titanio	23 V Vanadio	24 Cr Cromo	25 Mn Manganeso	26 Fe Hierro	27 Co Cobalto
37 Rb Rubidio	38 Sr Estroncio	39 Y Itrio	40 Zr Zirconio	41 Nb Niobio	42 Mo Molibdeno	43 Tc Tecnecio	44 Ru Rutenio	45 Rh Rodio
55 Cs Cesio	56 Ba Bario	71 Lu Lutecio	72 Hf Hafnio	73 Ta Tántalo	74 W Tungsteno	75 Re Renio	76 Os Osmio	77 Ir Iridio
87 Fr Francio	88 Ra Radio	103 Lr Laurencio	104 Rf Rutherfordio	105 Db Dubnio	106 Sg Seaborgio	107 Bh Bohrio	108 Hs Hassio	109 Mt Meitnerio

57 La Lantano	58 Ce Cerio	59 Pr Praseodimio	60 Nd Neodimio	61 Pm Promecio	62 Sm Samario	63 Eu Europio
89 Ac Actinio	90 Th Torio	91 Pa Protactinio	92 U Uranio	93 Np Neptunio	94 Pu Plutonio	95 Am Americio

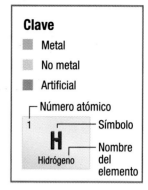

Clave

- Metal
- No metal
- Artificial

Número atómico: 1 — Símbolo: H — Nombre del elemento: Hidrógeno

								2 **He** Helio
			5 **B** Boro	6 **C** Carbono	7 **N** Nitrógeno	8 **O** Oxígeno	9 **F** Flúor	10 **Ne** Neón
			13 **Al** Aluminio	14 **Si** Silicio	15 **P** Fósforo	16 **S** Azufre	17 **Cl** Cloro	18 **Ar** Argón
28 **Ni** Níquel	29 **Cu** Cobre	30 **Zn** Zinc	31 **Ga** Galio	32 **Ge** Germanio	33 **As** Arsénico	34 **Se** Selenio	35 **Br** Bromo	36 **Kr** Criptón
46 **Pd** Paladio	47 **Ag** Plata	48 **Cd** Cadmio	49 **In** Indio	50 **Sn** Estaño	51 **Sb** Antimonio	52 **Te** Telurio	53 **I** Yodo	54 **Xe** Xenón
78 **Pt** Platino	79 **Au** Oro	80 **Hg** Mercurio	81 **Tl** Talio	82 **Pb** Plomo	83 **Bi** Bismuto	84 **Po** Polonio	85 **At** Astato	86 **Rn** Radón
110 **Uun** Ununilio	111 **Uuu** Unununio	112 **Uub** Ununbio						

64 **Gd** Gadolinio	65 **Tb** Terbio	66 **Dy** Disprosio	67 **Ho** Holmio	68 **Er** Erbio	69 **Tm** Tulio	70 **Yb** Iterbio
96 **Cm** Curio	97 **Bk** Berkelio	98 **Cf** Californio	99 **Es** Einsteinio	100 **Fm** Fermio	101 **Md** Mendelevio	102 **No** Nobelio

Historia y ciencias

8000 a.C. | **6000 a.C.** | **4000 a.C.** | **2000 a.C.**

Ciencias de la vida

Ciencias físicas

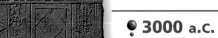

3000 a.C.
Se inventa la geometría en Egipto y se aplica para medir las tierras de labranza después de las inundaciones del río Nilo.

Ciencias de la Tierra

8000 a.C. Se forman comunidades agrícolas cuando se comienza a cultivar con el arado.

El cuerpo humano

500 a.C. 400 a.C. 300 a.C. 200 a.C. 100 a.C.

Siglo IV a.C.
Aristóteles clasifica las plantas y los animales.

Siglo III a.C.
Aristarco dice que la Tierra gira alrededor del Sol.

Siglo IV a.C.
Aristóteles describe el movimiento de los cuerpos al caer. Cree que los cuerpos pesados caen más rápidamente que los livianos.

260 a.C. Arquímedes descubre la palanca y los principios de flotación.

Siglo IV a.C. Aristóteles describe el movimiento de los planetas.

200 a.C. Eratóstenes calcula el tamaño de la Tierra y sus resultados se aproximan mucho al tamaño real.

87 a.C.
En la China se describe un cuerpo celeste que más tarde se conocerá como el cometa Halley.

Siglos V y IV a.C. Hipócrates y otros médicos griegos enumeran los síntomas de varias enfermedades e incitan a la población a comer una alimentación equilibrada.

110 d.C.	235	360	485	610	735

Ciencias de la vida

Ciencias físicas

83 d.C.
Los viajeros se orientan con la brújula en sus viajes por mar.

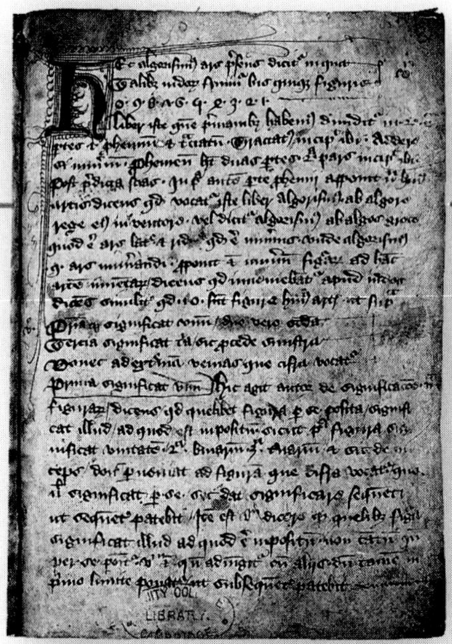

Del 750 al 1250, aproximadamente
Los eruditos islámicos obtienen libros científicos de Europa. Los traducen al árabe y le añaden información.

Ciencias de la Tierra

140 Claudius Ptolomeo hace un mapa del universo con la Tierra en el medio.

132 En China se crea el primer sismógrafo, un instrumento que mide la intensidad de los terremotos.

El cuerpo humano

Siglo II Galeno escribe sobre anatomía y las causas de las enfermedades.

860 **985** **1110** **1225** **1250** **1475**

Siglo XII
Comienzan a aparecer libros sobre animales, con descripciones y datos detallados.

1250
Alberto el Grande describe las plantas y los animales en un libro titulado *Sobre el mundo vegetal y el mundo animal.*

1555
Pierre Belon encuentra parecidos entre el esqueleto humano y el de las aves.

Siglo IX
En China se inventa la imprenta con planchas de madera grabadas. En el siglo XI, se inventa el tipo móvil.

1019
Abu Arrayhan Muhammad ibn Ahmad al'Biruni observa un eclipse solar y, a los pocos meses, un eclipse lunar.

1543
Nicolás Copérnico publica su libro *Sobre las revoluciones de las esferas celestes,* que afirma que el Sol permanece estático y la Tierra gira a su alrededor.

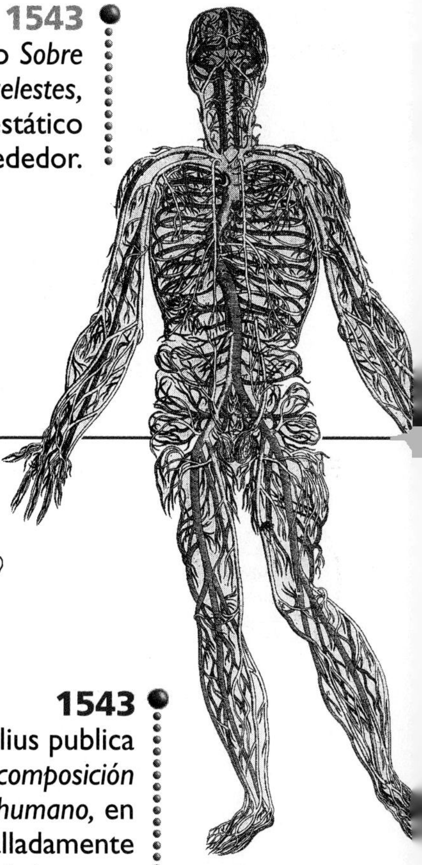

1265
Nasir al-Din al-Tusi construye su propio laboratorio. Sus ideas sobre el movimiento de los planetas tendrán influencia en Nicolás Copérnico.

1000, aproximadamente
Ibn Sina escribe una enciclopedia de medicina que por muchos años constituirá la principal fuente de información de los médicos. El científico árabe Ibn Al-Haytham proporciona la primera explicación detallada sobre la vista y la manera en que la luz forma imágenes en los ojos.

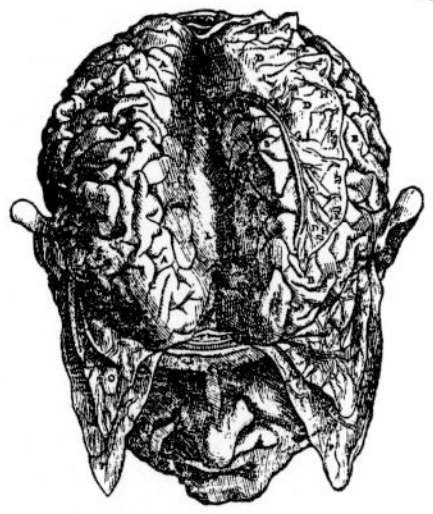

1543
Andreas Vesalius publica el libro *Sobre la composición del cuerpo humano,* en el que ilustra detalladamente la anatomía humana.

1600	1620	1640	1660	1680

Ciencias de la vida

1663 Robert Hooke observa por primera vez las células de organismos vivos a través de un microscopio. Antoni van Leeuwenhoek descubre las bacterias con el microscopio en 1674.

1665 Maria Sibylla Merian hace la primera pintura detallada del proceso de transformación de una oruga en mariposa. También inventa nuevas técnicas para imprimir ilustraciones.

Ciencias físicas

1600 William Gilbert describe el funcionamiento de los imanes. También demuestra que la atracción de la aguja de una brújula hacia el norte se debe al polo magnético de la Tierra.

1632 Galileo Galilei demuestra que todos los objetos caen a la misma velocidad y que toda la materia posee inercia.

1687 Isaac Newton enuncia sus tres leyes de movimiento.

Ciencias de la Tierra

Entre 1609 y 1619 Johannes Kepler describe las tres leyes del movimiento planetario.

1610 Galileo observa con un telescopio los anillos de Saturno y las lunas de Júpiter.

1669 Nicolás Steno establece los principios básicos para calcular la edad de las capas de roca.

1650 Maria Cunitz publica tablas que permiten a los astrónomos encontrar la posición de los planetas y las estrellas.

Entre 1693 y 1698 Maria Eimmart ilustra las fases de la Luna con 250 dibujos. También pinta flores e insectos.

1687 Isaac Newton formula el concepto de gravedad.

El cuerpo humano

1628 William Harvey muestra que el corazón hace circular la sangre por los vasos sanguíneos.

1700 **1720** **1740** **1760** **1780** **1800**

1735 Carolus Linnaeus crea el sistema moderno de clasificación de los seres vivos.

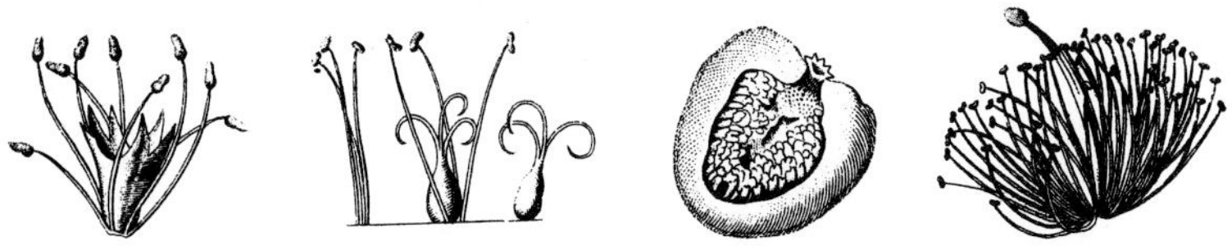

1704 Isaac Newton publica sus ideas sobre óptica. Demuestra que la luz blanca contiene muchos colores.

1759 Emile du Chátalet traduce al francés las obras de Isaac Newton. Hasta la fecha no existe otra traducción de esas obras al francés.

1787 Antoine Laurent Lavoisier sostiene que ciertas substancias, como el oxígeno, el hidrógeno y el nitrógeno, no se dividen en sustancias más simples. Llamó a esas substancias "elementos".

1729 Stephen Gray demuestra que la electricidad viaja en línea recta.

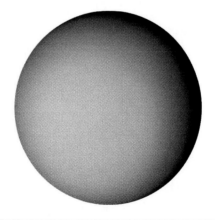

1781 Los hermanos Caroline y William Herschel descubren el planeta Urano.

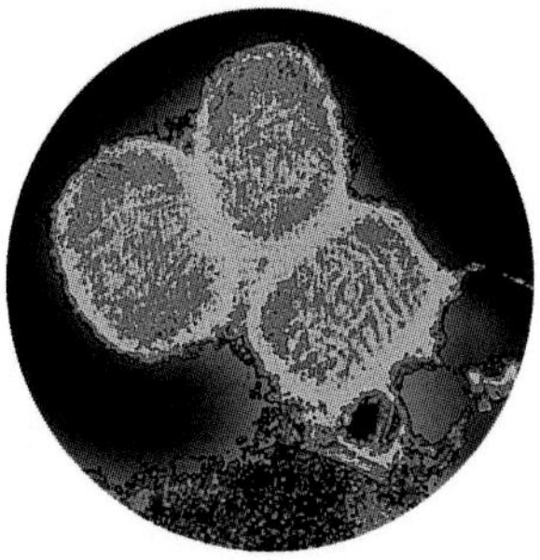

1784 El químico francés Antoine-Laurent Lavoisier realiza el primer estudio exhaustivo de la respiración.

1798 Edward Jenner da a conocer la primera vacuna eficaz contra la viruela.

1721 Onesimus, el esclavo de un líder puritano, desarrolla el primer método de inoculación contra la viruela.

1805 1810 1815 1820 1825 1830 1835

Ciencias de la vida

1808 El naturalista francés Georges Cuvier afirma que unos fósiles son los huesos de un gigantesco lagarto marino extinto.

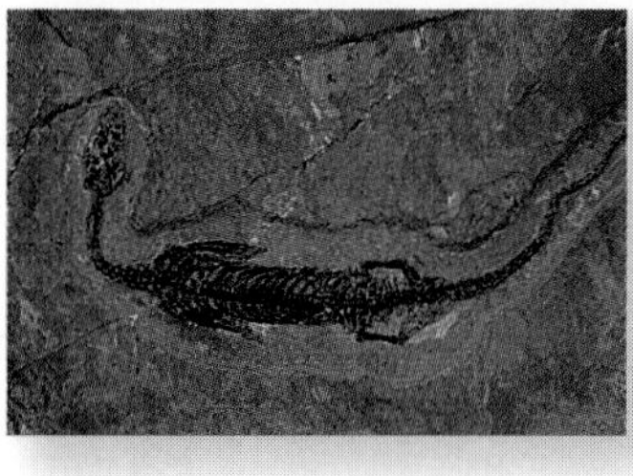

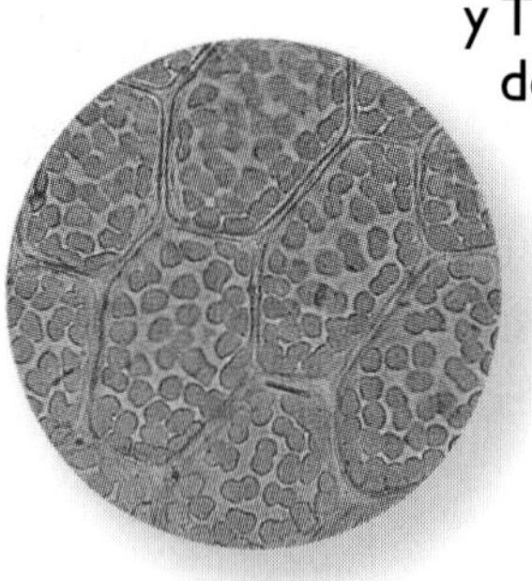

1838 y 1839 Matthias Schleiden y Theodor Schwann describen la célula como la unidad básica de los seres vivos.

Ciencias físicas

1800 Alessandro Volta crea la primera pila seca.

1820 H. C. Oersted descubre que la aguja de la brújula cambia de dirección por la acción de un alambre por el que circula corriente eléctrica. Eso demostró la relación que existe entre la electricidad y el magnetismo.

1808 John Dalton afirma que la materia está compuesta de átomos.

Ciencias de la Tierra

1830 Charles Lyell escribe *Principios de geología,* primer texto moderno de geología.

1803 Luke Howard clasifica las nubes con los nombres que usamos en la actualidad: cúmulo, estrato, y cirro.

El cuerpo humano

1840 1845 1850 1855 1860 1865 1870 1875

1842 Richard Owen llama "dinosaurios" a los gigantescos lagartos extintos.

1859 Charles Darwin formula la teoría de la evolución por selección natural.

1863 Gregor Mendel demuestra que ciertas características de la arveja pasan a las siguientes generaciones de arvejas. Así explica los métodos de la herencia.

1847 Hermann Helmholtz propone la ley de conservación de la energía, que afirma que la energía no se crea ni se destruye, sino que se transforma.

1842 Christian Doppler explica por qué el sonido de un carro, un tren, un avión o cualquier objeto que se mueve rápidamente es más agudo cuando se aproxima y más grave cuando se aleja.

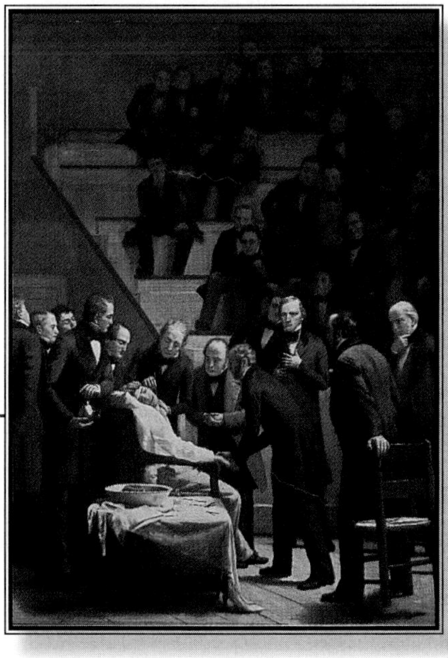

1866 Erns Haeckel propone el término "ecología" para el estudio del ambiente.

Entre 1840 y 1850 Los médicos duermen a los pacientes con anestésicos.

Comienzos de la década de 1860 Luis Pasteur se da cuenta de que existen organismos microscópicos que hacen que el vino y la leche se pongan agrios. Demuestra que esos microbios mueren al calentar los líquidos, en un proceso denominado pasteurización.

Décadas de 1850 y 1860 Ignaz P. Semmelweis y Sir Joseph Lister son los primeros en usar antisépticos en medicina.

1875	1885	1895	1905

Ciencias de la vida

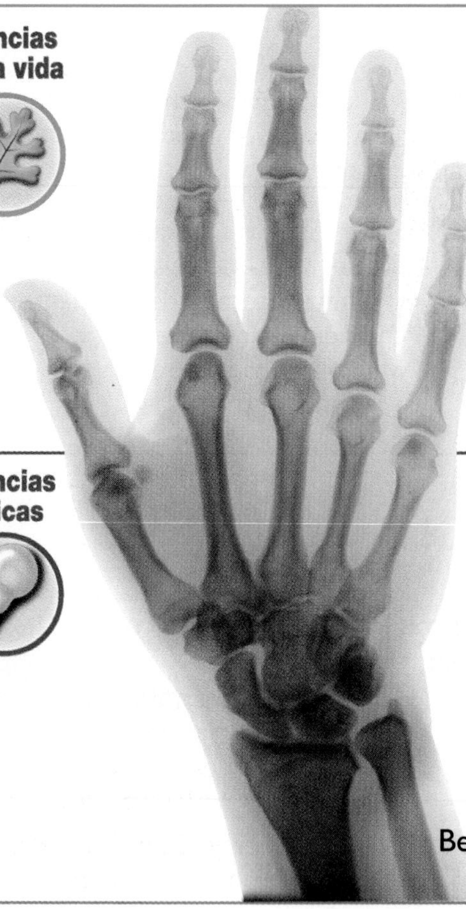

Entre 1900 y 1910
George Washington Carver, hijo de esclavos, descubre nuevos métodos de aprovechar plantas. Encuentra la manera de convertir la soya en caucho, el algodón en pavimento de carreteras, y los cacahuetes en papel.

Ciencias físicas

1895 Wilhelm Roentgen descubre los rayos X.

1896 Henri Becquerel descubre la radioactividad.

1897 John Joseph Thomson descubre el electrón.

1905 Albert Einstein introduce la teoría de la relatividad.

Ciencias de la Tierra

1907 Bertram Boltwood presenta la idea de datación "radioactiva", la cual permite a los geólogos establecer con precisión la edad de los fósiles.

1908 Alfred Wegener formula la teoría de la deriva continental, según la cual los continentes de la Tierra eran una sola masa y con el tiempo se separaron.

El cuerpo humano

1885 Luis Pasteur aplica la primera vacuna contra la rabia. Pasteur pensaba que la mayoría de las enfermedades eran causadas por organismos microscópicos.

1915 1925 1935 1945

Década de 1920 Ernest Everett realiza investigaciones importantes sobre la metabolización de los alimentos en las células.

1947 La arqueóloga Mary Leaky descubre el cráneo de un *Proconsul africanus,* el primer ejemplar que se encontró de un simio fosilizado.

1913 El físico danés Niels Bohr presenta la teoría moderna del átomo.

1911 Ernst Rutherford descubre que los átomos tienen un núcleo, o centro.

1911 María Curie es galardonada con el premio Nobel de química. Es la primera ganadora de dos premios Nobel, el mayor reconocimiento que puede obtener un científico.

1938 Otto Hahn y Fritz Straussman separan átomos de uranio, lo cual marca el inicio de la era nuclear.

1941 Enrico Fermi y Leo Szilard producen la primera reacción nuclear en cadena.

1945 Estalla la primera bomba atómica en el desierto, cerca de Los Alamos, New Mexico.

1938 Lise Meitner y Otto Fisch explican cómo dividir el átomo de uranio.

1946 Vincent Schaefer e Irving Langmuir producen por primera vez lluvia artificial con hielo seco.

1933 El meteorólogo Tor Bergeron explica cómo se forman las nubes con gotas de lluvia.

1917 Florence Sabin es la primera mujer que ocupa el cargo de profesora de una facultad de medicina en los Estados Unidos.

1928 Alexander Fleming observa que el moho que se forma en una caja de Petri produce una substancia, posteriormente llamada antibiótico, que impide el crecimiento bacteriano. Le da el nombre de penicilina.

1935 El químico Percy Julian inventa la fisostigmina, una droga que combate el glaucoma, enfermedad de los ojos.

1922 Los médicos inyectan por primera vez insulina a pacientes diabéticos.

1950	1955	1960	1965	1970

Ciencias de la vida

1951 Barbara McClintock descubre que los genes se mueven dentro del cromosoma.

1953 Gracias al trabajo conjunto de James D. Watson, Francis Crick, Maurice Wilkins y Rosalind Franklin se descubre la estructura de la molécula de ADN.

1972 Los investigadores descubren que el ADN humano es igual al de los chimpancés en un 99%.

Ciencias físicas

1969 La universidad UCLA alberga la primera computadora central de ARPANET, la red precursora de la Internet.

1974 Se lanza TRIUMF, el acelerador de partículas más grande del mundo, en la Universidad de British Columbia.

Ciencias de la Tierra

1957 Cuando la Unión Soviética lanza *Sputnik I,* se pone en órbita por primera vez un objeto creado por el ser humano.

1969 Neil Armstrong es la primera persona que pisa la Luna.

1962 John Glenn es el primer ser humano que gira en órbita alrededor de la Tierra.

1967 Los geofísicos Dan McKenzie y R. L. Parker proponen la teoría de la tectónica de placas.

1972 Se reconoce por primera vez que el Cygnus X-1 es un agujero negro.

El cuerpo humano

Entre 1954 y 1962 En 1954, Jonas Salk elabora la primera vacuna contra la poliomielitis. En 1962, la mayoría de los médicos y hospitales substituyen la vacuna de administración oral de Albert Sabin.

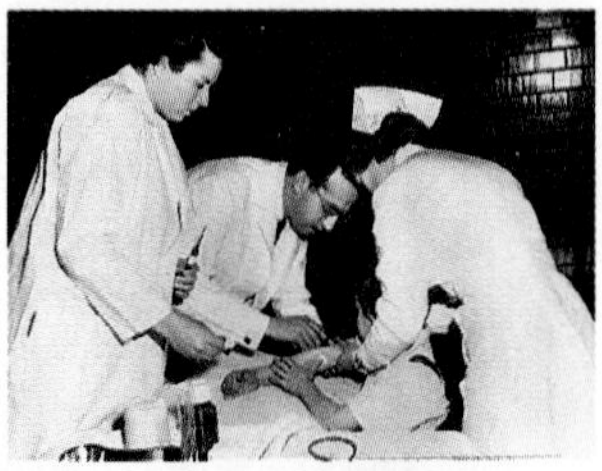

1964 Se hace público el informe de la Dirección General de Salud Pública sobre los riesgos del cigarrillo.

1967 El Dr. Christiaan Barnard lleva a cabo el primer transplante con éxito de corazón humano.

1975 1980 1985 1990 1995 2000

1988 El congreso aprueba la financiación del proyecto del Genoma Humano, el cual tiene como fin trazar gráficamente el código genético humano y ponerlo en secuencia.

1997 Científicos en Edimburgo, Escocia, clonan con éxito una oveja, a quien llaman Dolly.

1975 Sale a la venta la primera computadora personal: la Altar.

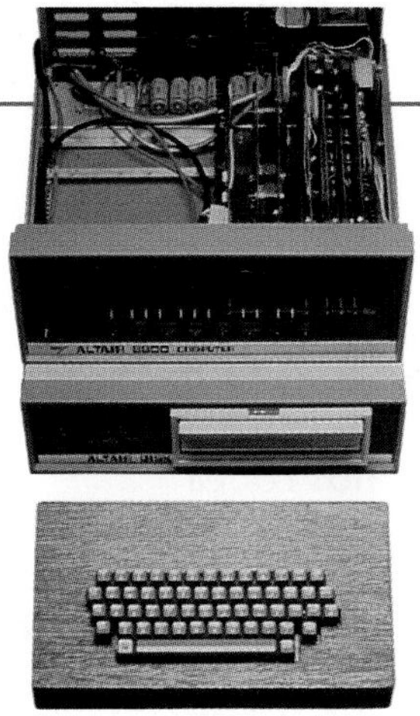

1996 Se produce el "elemento 112" en el laboratorio. Es el elemento más pesado creado hasta ahora.

1979 Ocurre una fusión accidental del núcleo de un reactor en la central nuclear Three Mile Island en Pennsylvania. El hecho alertó a la nación sobre los peligros de la energía nuclear.

1976 La Academia Nacional de las Ciencias *(National Academy of Sciences)* advierte sobre los efectos perjudiciales de los clorofluorocarbonos (CFC) para la capa de ozono de la Tierra.

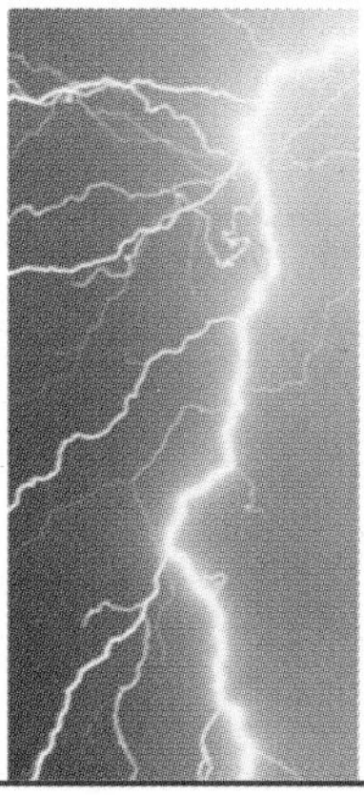

1995 Se descubre el primer planeta fuera del sistema solar.

1995 El Laboratorio Nacional de Tormentas Violentas *(National Severe Storms Laboratory)* desarrolla la NEXRAD, la red nacional de estaciones de radar meteorológico Doppler, que advierte sobre la posibilidad de tormentas violentas.

1981 Salen a la venta los primeros lectores de imágenes de resonancia magnética, o *MRIs*, que permiten a los médicos observar las partes no óseas del cuerpo.

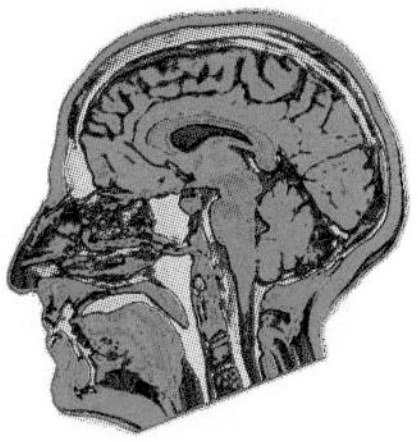

1982 El Dr. Stanley Prusiner identifica una nueva clase de agente causante de enfermedades, los priones. Los priones causan muchos trastornos cerebrales.

1998 El astronauta John Glenn, de 77 años de edad, viaja a bordo del transbordador espacial *Discovery* alrededor de la Tierra. Glenn es la persona de más edad que ha viajado al espacio.

Glosario

A

abuso de drogas, uso de drogas legales o ilegales que no sea para la cura de enfermedades físicas o mentales

aceleración, cambio de velocidad en un período de tiempo determinado

ácido, compuesto que libera iones de hidrógeno al disolverse en el agua

acuífero, capa rocosa donde las aguas subterráneas se acumulan

adaptación, carácter heredado que ayuda a las especies a sobrevivir en su ambiente

adaptación de la conducta, acción que ayuda a la supervivencia

adaptación estructural, adaptación de ciertas partes del cuerpo o del color de un organismo

adaptación fisiológica, adaptación de la función de ciertas partes del cuerpo para poder controlar una función vital

adicción, enfermedad física y mental en la que la persona siente una fuerte necesidad de algo, como por ejemplo una droga

administración ambiental, cuidado de los recursos del planeta con el fin de asegurar su calidad

ADN, molécula de la célula que dirige todas sus funciones

aguas subterráneas, aguas que se acumulan bajo tierra, cerca de la superficie

agujero negro, cuerpo celeste invisible cuya masa es tan grande y cuya atracción gravitacional es tan fuerte que no deja escapar ni la luz

alcohol, droga depresora que se encuentra en la cerveza, el vino y las bebidas alcohólicas más fuertes

alcohólico, persona que no puede controlar su consumo de alcohol

alcoholismo, enfermedad que hace que una persona no pueda dejar de consumir alcohol

alquitrán, substancia pegajosa que se encuentra en el humo del cigarrillo

alucinógenos, drogas que afectan el funcionamiento del cerebro y cambian la manera en que percibimos lo que nos rodea

amplitud, distancia que hay entre la línea media de la onda y la cresta o el seno

anemómetro, instrumento que mide la velocidad del viento

aurora polar, resplandor o despliegue de luces en el cielo que se observa cerca de las latitudes polares

axón, parte de la neurona que lleva los mensajes fuera del cuerpo celular

B

barómetro, instrumento que mide la presión atmosférica

base, compuesto que libera iones hidroxilo al disolverse en el agua

base, uno de los tipos de moléculas que componen el ADN

bioma de agua dulce, bioma acuático que contiene bajo contenido de sal

bioma marino, bioma acuático que contiene alto contenido de sal

bioma, extensa región geográfica con un determinado tipo de clima y comunidad

bulbo raquídeo, parte del encéfalo que controla actos involuntarios como la respiración; también lo conecta con la médula espinal

C

cafeína, estimulante de baja potencia que se encuentra en el café, el té, las bebidas de cola y el chocolate

carácter, rasgo característico de un organismo

carnívoro, organismo consumidor que se alimenta sólo de otros animales

célula sexual, célula producida por los organismos que se reproducen sexualmente

cerebelo, parte del encéfalo que coordina los movimientos y nos permite mantener el equilibrio

cerebro, parte del sistema nervioso que controla el razonamiento y los movimientos voluntarios y que recibe la información de los sentidos

chimenea submarina, abertura en el suelo oceánico

cigoto, primera célula del nuevo organismo que resulta de la unión del óvulo y el espermatozoide

citoplasma, substancia gelatinosa transparente que ocupa el espacio que hay entre la membrana celular y el núcleo

clorofila, substancia verde de los cloroplastos que atrapa la energía solar

cloroplasto, organelo capaz de elaborar azúcares con dióxido de carbono, agua y energía solar

combustibles fósiles, combustibles como el carbón, el gas natural y el petróleo, que se formaron bajo tierra hace millones de años a partir de materia orgánica en descomposición

competencia, situación en la que dos o más organismos se esfuerzan por usar un mismo recurso

condensación, cambio del estado gaseoso al estado líquido

conservación, uso prudente de los recursos para que duren más

contaminante, substancia nociva presente en el medio ambiente

corona, círculo de gases brillantes que rodea a la superficie solar y que se puede ver durante los eclipses totales de Sol

cromosoma, estructura del núcleo celular, en forma de filamento, que contiene la información necesaria para controlar todas las actividades de la célula

cuásares, cuerpos celestes luminosos en los que posiblemente se forman las galaxias

cuenca hidrológica, territorio que abastece de agua al sistema fluvial

D

dendrita, parte de la neurona que recoge información de otras neuronas

depresor, droga que hace funcionar más lentamente el sistema nervioso

desplazamiento hacia el rojo, cambio de las ondas luminosas de un objeto hacia el extremo rojo del espectro que se produce al alejarse el objeto

desplazamiento, la distancia más corta recorrida en una dirección determinada al ir de una posición a otra

distancia, largo total del recorrido entre dos puntos

división celular, división de la célula después de la mitosis

droga, substancia que modifica el funcionamiento del organismo

E

eclipse lunar, oscurecimiento de la Luna al pasar por la sombra de la Tierra

eclipse solar, alineación del Sol, la Luna y la Tierra en la que la Luna bloquea la luz del Sol que llega a la Tierra

ecuación química, conjunto de símbolos y fórmulas que representa lo que sucede durante una reacción química

efecto secundario, efecto no deseado de una droga o una medicina

energía solar, energía radiante proveniente del Sol

equinoccio, punto de la órbita terrestre en el que el día y la noche tienen la misma duración

escala de pH, escala que va del 0 al 14 y que se usa para medir la concentración de ácidos y bases

escala de Richter, escala que se usa para comparar la fuerza de los terremotos

escala de tiempo geológico, calendario que registra la historia de la Tierra, basado en la interpretación de la evidencia que dan las rocas y los fósiles

especie, grupo de organismos que poseen las mismas características y que pueden engendrar descendientes capaces de reproducirse

espejo cóncavo, espejo curvo que tiene el centro más hundido que los bordes

espejo convexo, espejo curvo que tiene el centro más levantado que los bordes

estimulante, droga que hace funcionar más rápidamente el sistema nervioso

estímulo, cambio en el ambiente que produce una respuesta en un organismo

estuario, lugar donde el agua dulce de los ríos y corrientes se mezcla con el agua salada del mar

evaporación, cambio del estado líquido al gaseoso en la superficie de los líquidos

evolución, proceso que produce cambios genéticos de una especie en el transcurso de largos períodos de tiempo

F

falla, fractura de la corteza terrestre a lo largo de la cual se desplaza la roca

fecundación, unión del óvulo y el espermatozoide durante la reproducción sexual

foco sísmico, punto a lo largo de una falla donde la roca se fractura o se desliza, lo que produce un terremoto

foco, punto donde los rayos de luz se reúnen al reflejarse o refractarse

fórmula, conjunto de símbolos que representa el tipo y número de átomos que tiene un compuesto

fósil guía, fósil de un organismo que existió por poco tiempo en una extensa región de la Tierra

fotón, cantidad de energía que se libera cuando un átomo pierde parte de su energía

frecuencia, número de ondas (crestas o senos) que pasan por un punto en un determinado período de tiempo

frente, límite entre una masa de aire caliente y una masa de aire frío

fricción, fuerza que actúa entre las superficies y que resiste al movimiento de una superficie sobre otra

fuente alternativa de energía, fuente de energía que no proviene de combustibles fósiles

fuerza resultante, combinación de todas las fuerzas que actúan sobre un objeto

fuerza, empujón o tirón dado a un objeto

fuerzas en equilibrio, fuerzas iguales que actúan en sentido contrario

fusión, combinación de elementos de poca masa para formar elementos de mayor masa

G

galaxia, sistema formado por miles de millones de estrellas, gas y polvo cósmico

gen dominante, gen que no permite que se manifieste otro gen

gen recesivo, gen que no se manifiesta debido a la presencia de un gen dominante

gen, sección de ADN del cromosoma que controla un carácter determinado

gigante roja, estrella que se ha expandido y cuyo brillo es de color rojo

glaciar, gran masa de hielo que se desplaza por la superficie terrestre

glándula endocrina, tejido u órgano que libera substancias químicas en el torrente sanguíneo

gravedad, fuerza de atracción que existe entre dos objetos

H

herbívoro, organismo consumidor que se alimenta sólo de plantas u otros productores

heredar, recibir algo de la madre o del padre

herencia, transmisión de caracteres de padres a hijos

híbrido, organismo que tiene un gen dominante y otro recesivo para un mismo carácter

hipotálamo, parte del encéfalo que controla la temperatura del cuerpo, el hambre, la sed y las emociones

hormona, substancia química que las glándulas liberan y envían a las células para que realicen ciertas funciones

humedad relativa, medida que compara la cantidad de vapor de agua que contiene el aire con la cantidad máxima que puede contener a una temperatura determinada

humedad, vapor de agua presente en el aire

huracán, tormenta tropical de gran tamaño que se forma sobre el agua cálida de los océanos y cuyos vientos soplan a velocidades de por lo menos 110 kilómetros por hora

I

impulso nervioso, mensaje que viaja de las dendritas al axón de la neurona

indicador, substancia que cambia de color según el pH de la substancia con la que entra en contacto

inercia, resistencia de un objeto a cambiar su estado de movimiento

inhalantes, drogas que entran en el organismo con el aire que respiras

instinto, conducta heredada

intensidad, medida de la cantidad de energía de una onda sonora

intoxicación alcohólica, condición en que la persona presenta síntomas de consumo de alcohol

L

ley, enunciado que describe sucesos o relaciones que se dan en la naturaleza

litosfera, capa externa de la Tierra, rocosa y sólida, , que contiene la corteza terrestre

luz láser, luz formada por ondas alineadas que tienen la misma longitud de onda

M

mancha solar, región del Sol con un campo magnético muy fuerte

mareas, ascenso y descenso de las masas de agua que se produce principalmente por la atracción gravitacional de la Luna sobre la Tierra

masa de aire, gran extensión de aire con propiedades o condiciones meteorológicas semejantes

masa, cantidad de materia que posee un objeto

médula espinal, grupo de neuronas que lleva mensajes del encéfalo al resto del cuerpo y del resto del cuerpo al encéfalo

meiosis, proceso por el cual se forman las células sexuales

membrana celular, envoltura delgada que mantiene la unidad de la célula

mena, roca que contiene un mineral en cantidad suficiente como para que tenga valor

meteorización, serie de procesos que descomponen las rocas en trozos más pequeños

meteorólogo, científico que estudia el tiempo atmosférico

microscopio compuesto, microscopio que tiene más de una lente

mitocondrias, organelos que generan energía; en ellos reaccionan los alimentos con el oxígeno

mitosis, proceso por el cual la célula produce dos nuevos núcleos idénticos

monóxido de carbono, gas que se encuentra en el humo del cigarrillo y que, cuando se inhala, reemplaza una parte del oxígeno de la sangre

morrena, cresta que se forma con los sedimentos que depositan los glaciares

movimiento relativo, cambio en la posición de un objeto con respecto a la posición de otro

música, sonido formado por ondas sonoras ordenadas en secuencias regulares

mutación, cambio permanente del ADN que ocurre durante su duplicación

N

nebulosa, nube de gas y polvo cósmico que se encuentra en el espacio

neurona motora, célula nerviosa del SNP que lleva información del SNC a los músculos y órganos del cuerpo

neurona sensorial, célula nerviosa del SNP que lleva información de los receptores sensoriales al SNC

neurona, célula nerviosa

neutralización, reacción de un ácido con una base que produce una sal y agua

newton, unidad del sistema métrico que se usa para medir la fuerza o el peso

nicotina, droga estimulante que se encuentra en el tabaco

nivel freático, línea que marca el nivel del agua del acuífero

núcleo, parte de la célula que controla las funciones de otras partes de la célula

O

octava, serie de sonidos de una escala en la que la frecuencia de la nota más alta es dos veces mayor que la de la nota más baja

omnívoro, organismo consumidor que se alimenta de productores y consumidores

onda de compresión, onda en la que la materia vibra en la misma dirección en que se desplaza la energía a través de ella

onda transversal, onda cuyas crestas y senos se mueven perpendicularmente a la dirección en que se desplaza la onda

opaco, que no deja pasar la luz

organelo, pequeña estructura del citoplasma celular que desempeña una función especial

P

pared celular, material resistente, sin vida, que actúa como esqueleto externo de la célula vegetal

perfil de suelo, capas del suelo de una región

permafrost, tierra que se halla permanentemente congelada

peso, medida de la fuerza que la gravedad ejerce sobre la masa de un objeto

pirámide de energía, modelo que muestra la cantidad de energía que se usa y se transfiere en una cadena alimenticia o un ecosistema

plancton, minúsculos organismos flotantes que sirven de alimento para organismos más grandes

población, conjunto de todos los miembros de una especie que viven en un lugar

presión atmosférica, fuerza que ejerce la atmósfera contra la superficie terrestre

producto, substancia que resulta de una reacción química

pronóstico del tiempo, predicción del tiempo que va a hacer en un futuro cercano

protuberancia solar, poderosa erupción de gases solares muy calientes

psicrómetro, instrumento que mide la humedad relativa del aire

punto de condensación, temperatura a la cual un volumen determinado de aire no puede contener más vapor de agua

pura raza, organismo que tiene dos genes dominantes o dos genes recesivos para un mismo carácter

R

radar Doppler, tipo de radar que calcula la distancia e indica la dirección de desplazamiento

rapidez, distancia que recorre un objeto en un determinado período de tiempo

reacción endotérmica, reacción química en la que se absorbe más energía de la que se libera

reacción exotérmica, reacción química en la que se libera más energía de la que se absorbe

reactivo, substancia que sufre una reacción química, por lo general al combinarse con otra

receptor sensorial, célula del sistema nervioso periférico que recoge información sobre el ambiente y el interior del cuerpo

recurso no renovable, aquél que no se puede regenerar

recurso renovable, aquél que se puede regenerar en un período de tiempo relativamente corto

reflejo, respuesta rápida y automática a un estímulo

refracción, cambio de dirección de una onda luminosa al pasar de un material a otro

represa, lago artificial donde se recoge y se almacena agua

reproducción asexual, reproducción a partir de un solo progenitor

reproducción sexual, reproducción en la que participan dos progenitores

resistencia del aire, fricción que producen las moléculas de aire cuando chocan con un objeto que se mueve por el aire

respiración, proceso en el que la célula combina el oxígeno con los azúcares para producir energía y liberar dióxido de carbono y agua

respuesta, reacción de un organismo a un cambio en su ambiente

retículo endoplásmico, organelo que transporta substancias por el interior de la célula

retina, membrana de la parte de atrás del ojo que contiene receptores sensoriales de luz

ribosoma, organelo que ensambla las proteínas para la célula

ruido, sonido formado por ondas sonoras que no siguen una secuencia regular

S

sedimento, rocas y suelo que arrastra el agua

selección natural, idea que afirma que los organismos mejor adaptados a su ambiente son los que tienen más probabilidad de sobrevivir y reproducirse

sinapsis, espacio que existe entre el axón de una neurona y la dendrita de la siguiente

sismógrafo, instrumento que registra la fuerza de los movimientos de la Tierra y mide la cantidad de energía que se libera

sistema de referencia, objeto que el observador utiliza para detectar movimiento

sistema endocrino, sistema del organismo que controla diversas funciones y que está formado por glándulas, hormonas y determinadas células

sistema nervioso central, parte del sistema nervioso formada por el encéfalo y la médula espinal

sistema nervioso periférico, parte del sistema nervioso que conecta el sistema nervioso central con las demás partes del cuerpo

solsticio, punto de la órbita terrestre en el que tiene lugar el día más largo o más corto del año

solución concentrada, solución que contiene una gran cantidad de soluto disuelta en el solvente

solución diluida, solución que contiene una cantidad pequeña de soluto disuelta en el solvente

soluto, substancia que se disuelve en otra

solvente, substancia que disuelve otras substancias

sonar, aparato que emplea ondas sonoras para medir la distancia

supernova, estrella en fase explosiva que al estallar libera enormes cantidades de luz y de otros tipos de energía

T

tabaco que no se fuma, tabaco para mascar o aspirar

taiga, bioma de bosque de coníferas que se encuentra al sur de la tundra

tectónica de placas, teoría según la cual la litosfera está dividida en placas que se mueven

teoría celular, teoría según la cual la célula es la unidad básica de todos los organismos vivos y sólo las células vivas son capaces de producir nuevas células vivas

teoría del Big Bang, idea según la cual el universo se formó hace unos 15 mil millones de años debido a una explosión de materia

tornado, nube violenta en forma de embudo cuyos vientos son sumamente fuertes

transparente, que deja pasar la luz y permite ver con claridad los objetos del otro lado

tundra, el bioma más frío y más cercano al Polo Norte

V

vacuola, organelo de forma de saco que almacena substancias

velocidad instantánea, rapidez que se tiene en un punto determinado

velocidad, medida de la rapidez y la dirección de un objeto en movimiento

velocímetro, dispositivo que indica la velocidad instantánea y cantidad para generaciones futuras

Índice

A

Abuso de alcohol, D54-55

Abuso de drogas, D38, D41

Aceleración, B92-93, B102-103

Ácido, B62-63, B67-68

Actividades

Experimenta, A31, B69, C135, D27

Explora, A6, A38, A74, A112, B6, B32, B76, B116, C6, C42, C80, C110, D6, D34

Investiga, A14, A24, A60, A68, A98, A106, A122, A146, B18, B26, B48, B60, B100, B110, B130, B152, C26, C52, C66, C98, C126, D18, D42

Acuífero, C60

Adaptaciones, A78-79

de la conducta, A100

estructural, A88

fisiológica, A96-97

las especies y sus, A88

Adicción, D38

Administración ambiental, C128

ADN, A52

duplicación del, A56-57

estructura del, A53-55

huellas genéticas, A59

mutaciones del, A67

secuencia del, A58

Agua

expansión y contracción, B15

Agua dulce

bioma, A150-151

recursos, C124-125

Aguas subterráneas, C60-61

Agujero negro, C96

Aislantes, B21

Alcohol, D52

cantidad en las bebidas, D53

efectos en el organismo del, D52-53

por qué evitar el, D57

Alcohólicos, D56

Alcoholismo, D56

Alquimistas, B42

Alquitrán, D46

Alucinógenos, D40

Ameba, A29, A44, A97

Anemómetro, C20

Araña, A101, A103

Archaeopteryx, C72

Aristóteles, B104, C18

Asos, Automated Surface Observing Systems (Sistemas automatizados de observación de superficie), C30

Astronauta, C102, C105

Atmósfera

capas de la, 36

composición del aire, A126, C115

Átomos, B50, 37

y fusión, C88

Auroras, C90

Axón, D20-21

B

Bacteria, A28, A29, A44, A93, A126, C121

Barómetro aneroide, C21

Barómetro, C19

Base (ADN), A54

Base (química), B63, B67-68

Batoncillos, B134, D14

Bioma de agua salada, A148-149

Bioma, A136
altitud y, A136
clima y, A136
marino, A148-153
terrestre, A138-145
Bomberos, C9
Bosque caducifolio templado, A142
Boyle, Robert, B140
Bulbo raquídeo, D11
Brain, D9–12

C

Cadena alimenticia, A118-119
Cafeína, D38-39
Calentamiento de la atmósfera, C131
Calor, B8-10
expansión y contracción, B14-15
flujo de energía y, B8-10
temperatura y, B10-11
Cáncer, D47
Carácter
adaptación, A78
ADN, A52, A55
mutaciones, A67
Carnívoros, A116
Celsius, Anders, B12
Células de los músculos, A27
Células de protección, A26, A96
Células nerviosas (neurona), A27, D9
Células sexuales, A46
Células, A8, A10, A16-21, A26
animales, A16-19
descubrimiento de las, A10-11
diferencias entre las, A26-30
partes de la célula, A16-21
vegetales, A20-21
Cerebelo, D10
Cerebro, D10
Chimeneas submarinas (mar de aguas calientes), A117, C121
Ciclo de las rocas, 34
Ciclo del agua, C119
Ciclo del dióxido de carbono, C115
Ciclo del nitrógeno, A126-127, A129, C116
Ciclo del oxígeno-dióxido de carbono, A124, A128, C115
Ciclos
del nitrógeno, A126-127
la contaminación y los, A128-129
oxígeno-dióxido de carbono, A124-125
Cigoto, A48, A50, A63
Cilios, A28
Circuito de retroalimentación, D25-26
Circuitos, 31
Cirrosis, D54
Citoplasma, A17, A19, A20, A21
Clasificar, xiv-xv, 10-11
nubes, C14-15
seres vivos, 30
Clorofila, A20, A22
Cloroplasto, A20, A21
Cocodrilo, A101
Color
colores primarios de la luz, B135
colores primarios de las pinturas, B136
percepción de los, B134-139
Combustible, B57, C118, C121
Combustibles fósiles, C118, C132
Competencia, A132
Compuestos, B51, B53, B58
Comunicar, xiv-xv, 8-9
Condensación, B39
punto de, C13
Conducción, B20-21, B24-25
Conducta
aprendida, A104-105
heredada, A102-103

impronta, A105
Conductores, B20-21
Conos, B134, D14
Conservación de la masa, B59
Conservación, C132
Consumidores, A116
Contaminación, A128-129, C130-131
Contaminante, C130
Contracción, B14-17
Convección, B22-25
en el Sol, C88
las placas tectónicas de la Tierra y la, C45
Corona, C88-89
Crick, Francis, A53
Cromosoma, A16, A19, A40, A46, A50-51, A52, A63
Cuásares, C92
Cuenca hidrológica, C58

D

Da Vinci, Leonardo, B118
Dar definiciones operacionales, xiv-xv, 18-19
Darwin, Charles, A84-87
Dendrita, D20-22
Depresor, D39
Descomponedores, A117
Desierto, A145
Desplazamiento hacia el rojo, C97
Desplazamiento, B89
Destrezas del proceso, xiv-xv, 6-29
Clasificar, 10-11
Comunicar, 8-9
Dar definiciones operacionales, 18-19
Estimar y medir, 12-13
Experimentar, 28-29
Formular preguntas e hipótesis, 22-23
Hacer y usar modelos, 20-21
Identificar y controlar las variables, 26-27
Inferir, 14-15
Observar, 6-7
Predecir, 16-17
Recopilar e interpretar datos, 24-25
Distancia, B88-89
Droga, D36

E

Eclipse lunar, C86
Eclipse solar, C89
Eco, B146
Ecosistema, A114
cambios en el, A130-131, A134-135
campo, A118-119, A120
charca, A119
parque, A114-115
pradera, A132-133
Ecuación química, B58-59
El Niño, A131
Electrón, 37
Elementos, B50-51, B53, B58
Enana blanca, C95
Enana negra, C95
Encéfalo, D9-12
Energía
combustibles fósiles y, C118
ecosistemas y, A118-121
el Sol y la, A20, A22, C87-88
fricción y, B97
fusión y, C88
las olas del mar y la, C62
los estados de la materia y la, B35-39
movimiento de partículas y, B9
ondas y, B120-121
procesos vitales, A23, A76-77, a116
reacciones químicas y, B56-57
térmica, B9
terremotos y, C47-48
transformaciones de la, 32

usos de la, B56
Energía de las mareas, C133
Energía geotérmica, C132
Energía nuclear, C133
Energía solar, C133
Enfermedad de Lou Gherig D22
Enfermedad de Parkinson, D22
Enfermedad, A43, A44
Enfisema, D46
Enlace químico, B51
Equinoccio, C85
Escala de decibeles, B144
Escala de tiempo geológico, C74
Escala Richter, C48
Esclerosis múltiple, D22
Escritura y ciencias
leer una tabla, D64
organizar la información, B160
usar fuentes de referencia, C144
usar organizadores gráficos, A160
Especies, A8-9
evolución de las, A90-91
Espectro electromagnético, B132-134
espectro visible, B133
objetos en el espacio y, C101
Espejo
cóncavo, B124
convexo, B124
usos del, B124-125
Espermatozoide, A46, A48, A63
Estación espacial, C102
Estaciones, C94
Estados de la materia, B34-36
Estambre, A50
Estimar y medir, xiv-xv, 12-13
Estimulante, D38-39
Estímulo, A92-93
Estratosfera, 36
Estrella de neutrones, C96
Estrellas
ciclo de vida de las, C93-96
fusión y, C88
Estuario, A152
Evaporación, B38-39, C119
Evolución
Charles Darwin y la, A84
mutaciones y, A82
pruebas de la, A82-83
Excreción, A77
Expansión, B14-17
Experimentar, xiv-xv, 28-29
Exploración espacial, C103-105
historia de la, C104-105
tecnología producida por la exploración espacial, C103
Extinción de los dinosaurios, C73

F

Fahrenheit, Gabriel, B12
Farmacéutico, D37
Fecundación, A48, A63
Fibra óptica, B125
Flagelos, A29
Foco sísmico, C47
Fórmula química, B58
Formular preguntas e hipótesis, xiv-xv, 22-23
Fósil guía, C71
Fósiles, A80-84
formación de los, A80, C70
tipos de, A80
uso de los, A81-83, C70-74
Fotón, B119
Fotosíntesis, A22, A116, A124-125
Frente, C29
Fricción, B97-98
Fuentes alternativas de energía, C132

Fuerza, B78-79
acción y reacción, B106-107
aceleración y, B102
en equilibrio y en desequilibrio, B83-85
fuerza resultante, B84-85
gravedad, B80-81
peso, B82
Fujita, T. Theodore, C35
Fusión, C88

G

Galaxias, C91-92
Galilei, Galileo, B94, B104, C19
Genes, A53-55, A57
caracteres, A53, A63-66
dominantes y recesivos, A64-66
herencia, A63
mezcla de, A64
producción de proteína, A57
Genoma, A58
Gigante roja, C94
Glaciares, C64-65
Glándulas endocrinas, D24
Gravedad, B80
la Luna y las mareas, B80
masa y, B81, B104
movimiento y, B95
Grupo Local, C92

H

Hacer modelos, xiv-xv, 20-21
Herbívoros, A116
Herencia, A63
Hertz, B143
Híbrido, A65
Hipotálamo, D11
Historia de las ciencias, A10, A13, A53, A84, A86, B12, B42, B94, B104, B118, B122, B128, B132, C18, C50, C72, C104, D37, 44-55
Hooke, Robert, A10, A13, A21
Hormona, D24
Humedad, C12
relativa, C13
temperatura y, C13
Huracán, C36
Huygens, Christian, B119

I

Identificar y controlar las variables, xiv-xv, 26-27
Imanes, B56
Impulso nervioso, D20-23
Inclinómetro, C51
Indicadores, B65
Inercia, B95-96, B99, B104
Inferir, xiv-xv, 14-15
Inhalante, D40
Instinto, A102-103
Instrumentos de ciencias, 40-41
balanza, 40
báscula de resortes, 41
microscopio, A10-12, 41
probeta graduada, 40
regla métrica, 41
termómetro, B12-13, C21, 40
Intoxicación alcohólica, D53
Ion, B62-63
Ionosfera, 36
Islas Galápagos, A84-86

J

Janssen, Hans, A10
Janssen, Zaccharias, A10

L

Langevin, Paul, B146

Lectura y ciencias
Comparar y contrastar, C111
Hechos y detalles de apoyo, D35
Identificar causa y efecto, B77
Predecir, A113
Sacar conclusiones, A75
Usar claves de contexto, B33
Usar fuentes gráficas, C43
Lengua (humana), D16, D17
Lente
cóncava,B127
convexa, B127
foco, B127
usos de la, B127
Lentes, A10
Levadura, A44
Ley, B94
Leyes del movimiento, de Newton, B94
primera ley del movimiento, B94-105, B108
segunda ley del movimiento, B102-105, B109
tercera ley del movimiento, B106-107, B109
Litosfera, C44
Lluvia ácida, B66-67
Luna
fases de la, C85
órbita de la, C85
Luz láser, B128-129, C51
Luz, B118
en partículas y ondas, B118-119
objetos opacos, B136
objetos transparentes, B138
reflexión, B122-125
refracción, B126-127
visible, B133

M

Manchas solares, C89-90
Mapas meteorológicos, C32-33
Máquinas, 33
Mar
olas, C62-63
recursos del, C120-123
Mareas, B80, C86
Marihuana, D50
efectos en el organismo, D50, D51
Masa de aire, C28
Masa, B81
aceleración y, B102
Matemáticas y Ciencias
Cifras grandes, C81
Conversiones métricas, A39
Gráficas de barra, A7
Medir ángulos, B117
Números positivos y negativos, B7
Porcentaje, C7
Tasa, D7
Medicinas, D36-37
efectos secundarios, D37
etiquetas, D36
precauciones al tomar, D37
Médico, D37
Médula espinal, D11-12
Meiosis, A46-48, A50-51
Membrana celular, A17, A19, C21
Mena, C117
Mesosfera, 36
Meteorización, C55
Meteorólogos, C9, C22, C28
Métodos científicos, xii-xiii, A31, B69, C135, D27
Microscopio, A11, 41
microscopio compuesto, A10-12
microscopio electrónico, A12
partes del, A11
Minerales, B138, C117, C120, C121
Mitocondria, A18, A19, A21, A22
Mitosis, A40-41, A43, A50-51
crecimiento, A42

división celular, A40
reparación, A43
Molécula, B51, 37
Monóxido de carbono, D46
Morrena, C64
Morse, Samuel F.B., C19
Movimiento relativo, B38
sistema de referencia, B85
Movimiento, B86-87, B94
cambios del, B94-96
fricción, B97
fuerzas, B95
tipos de, B86-87
Música, B148-151
Mutación
evolución y, A82

N

Nariz (humana), D16, D17
Nebulosa, C93
Neptuno, B36, B38
Neuronas motoras, D13, D21
Neuronas sensoriales, D13, D21
Neutrón, 37
Newton (medida), B92
Newton, Sir Isaac, B94, B95, B118, B132
Nicotina, D44, D46
Nivel freático, C60
Nódulo, C120
Nova, C95
Nubes, C14
clasificación de las, C14-15
formación de las, C14
precipitaciones y, C16-17
Núcleo, A16, A19, A40

O

Observar, xiv-xv, 6-7
Observatorios, C101
Octava, B149
Oído (humano), B145, D15, D17
Ojo (humano), D14, D17
Omnívoros, A116
Ondas, B120
de compresión, B141-142
propiedades de las, B120-121
transversales, B121
Organelo, A18
Óvulo, A46, A48, A63

P

Paleontólogo, A81
Paracelsus, Phillipus, B42
Pared celular, A21
Permafrost, A140
Peso, B92
Petróleo
bajo el agua, C121-122
perforación, C122
pH
escala de, B64
sus efectos en el ambiente, B66
Piel, D16, D17
células cutáneas, A27
Pirámide de energía, A120-121
Pistilo, A50
Placas tectónica, C44-46, D49
Plancton, C123
Planetas, C82, 35
Plastidios, A21
Población, A90
humana, A134
Polen, A50
Polillas moteadas, A89
Pradera, A144
Precaución en las ciencias, 2-3

Precipitaciones, C16-17, C119
Predecir, xiv-xv, 16-17
Presión atmosférica, C11
los vientos y la, C11
Procesos vitales, A76-77
Productores, A116-117
Pronósticos del tiempo
cómo salvan vidas, C9-10, C37
historia de los, C18-19, C22-25
instrumentos para recopilar datos meteorológicos, C20-25, C30-31
Protón, 37
Protuberancia solar, C90
Proyecto del Genoma Humano, A58
Pseudópodos, A29
Psicrómetro, C21
Punto de condensación, C13
Punto de congelación, B37
Punto de ebullición, B38
Punto de fusión, B36
Pura raza, A65

R

Radar Doppler, C23
Radiación, B23-25
Rana, A49
Rapidez, B90-93
velocidad instantánea, B91
Rayo, C34
Reacción exotérmica, B56-57
Reacción química, B51-52
producto, B5
reactivo, B51
tipos de, B53-55
Reacciones de neutralización, B67-68
Reacciones endotérmicas, B57
Receptores sensoriales, D12-13, D22
Reciclar, C143
Recopilar e interpretar datos, xiv-xv, 24-25
Recursos
conservación de los,C132-134
cómo las personas afectan a los, C113-114, C128-133
del aire, C115-116
de la tierra, C117-118
protección de los, C130-131
renovables/no renovables C112-113
Red alimenticia, A118-119
Reflejo, A103, D22-23
Represa, C124
Reproducción asexual, A44-45
ameba, A44
bacterias, A44
levaduras, A44
Reproducción sexual, A46-49
lagarto, A49
mamíferos, A49
plantas, A50
rana, A48-49
Reproducción, A77
Resistencia del aire, B97-98, B104-105
Respiración, A22, A124-125
Respuesta, A92-93
de la bacteria, A93
de la foca, A96
de la perdiz blanca, A92
de las plantas, A93, A96-97
humana, A93
Retículo endoplásmico, A18, A19, A21
Retina, D14
Ribosoma, A18, A19, A21
Richter, Charles, C48
Ríos, C57-58
función de modeladores del relieve terrestre, C58-59
Rocas, C68-69, C73, 34
Ruido, B148-151

S

Sal, B68, C120
Sangre
  glóbulos blancos, A27, A28, A43
  glóbulos rojos, A27, A43
  plaquetas, A43
Satélites geoestacionarios, C25
Satélites meteorológicos, C24-25
Schwann, Theodore, A13
Sedimento, C58
Selección natural, A86-87
Selva tropical, A143
Semilla, A50
Sentidos, A94-95
Símbolo químico, B58
Sinápsis, D21
Sismógrafo, C48, C50
Sistema circulatorio, D53, 39
  efectos del alcohol en el, D53
  efectos del fumar tabaco en el, D46
Sistema digestivo, 38
Sistema endocrino, D24-26, 39
Sistema muscular, 39
Sistema nervioso central, D9-12
Sistema nervioso periférico, D9, D12-13
Sistema nervioso, D8-13, 38
  efectos de los alucinógenos en el, D40
  efectos de los depresores en el, D39
  efectos de los estimulantes en el, D38
  efectos del alcohol en el, D54
Sistema óseo, 39
Sistema respiratorio, D45, 38
  efectos del fumar tabaco en el, D45-46
Sistema solar, C82-83, C92, 35
Sol, C87-90
  fusión y, C88
Solsticio, C84
Soluciones, B40
  concentradas y diluidas, B44
  disolución de, B40, B45-47
  tipos de, B43
  usos de las, B42
Soluto, B41
Solvente, B41
Sonar, B146-147
Sondas espaciales, C102
Sonido, B140
  diferencias de, B142-143
  fuerza, B144
  intensidad, B144
  la energía del, B142
  los oídos y el, D15
  reflexión, B146-147
  refracción, B147
  tono, B143
  transmisión del, 140
Suelo, C54-56
  como recurso, C117
  conservación del, C129
  distintos tipos de, C56
  formación del, C55
  pH, B66
Supernova, C95-96

T

Tabaco, D44
  efectos en el organismo cuando se fuma, D45-48
  por qué evitar el, D48
  que no se fuma, D44, D48
Tabaquismo involuntario, D47
Tabla periódica de elementos, 42-43
Taiga, A141
Telescopio Espacial Hubble, C101
Telescopio Keck, C100-101
Telescopio reflector, C100
Temperatura, B10
  calor y, B10

cómo medimos la, B12-13
humedad y, C12
los estados de la materia y la, B34-39

Teoría celular, A13

Teoría del Big Bang, C97

Termograma, B13

Termómetro, B12-13, C21, 40

Termosfera, 36

Termostato, B17

Terremotos, C47
predicción de, C50-51

Tierra
corteza de la, C44-46, C68-74
movimiento de la, C82-85

Tono, B143

Tormentas
tipos de, C34

Tornado, C35-36

Torricelli, Evangelista, C19

Transbordador espacial, C102

Transporte, C119

Trilobites, C73

Tundra, A140

U

Ultrasonido, B145

V

Vacuola, A18, A19, A20, A21

van Leeuwenhoek, Anton, A10

Velocidad, B91-93

Velocímetro, B91

Venus, B36

Vía Láctea, C91-92

Virchow, Rudolph, A13

Volcanes, C49
cómo se predicen los, C50-51
de Pompeya, C50

Volvox, A29

von Frisch, Karl, B134

Vorticela, A28

W

Watson, James, A53

Z

Zonas de encuentro, C46

Reconocimientos

Illustration

Borders Patti Green

Icons Precison Graphics

Unit A
8a John Zielinski
17 Carla Kiwior
19 Christine D. Young
21 Christine D. Young
22 Precision Graphics
41 Barbara Cousins
44 Vilma Ortiz-Dillon
47 Barbara Cousins
53 Barbara Cousins
54 Barbara Cousins
56 Barbara Cousins
58a Barbara Cousins
59 John Zielinski
63 Barbara Cousins
64 Richard Stergulz
65 Richard Stergulz
78 Barbara Harmon
82 Richard Stergulz
84 Precision Graphics
88 Carla Kiwior
90 Walter Stuart
91 Walter Stuart
114 Meryl Treatner
119 Carla Kiwior
120 Michael Digiorgio
121 Michael Digiorgio
124b Precision Graphics
126a Precision Graphics
128 Precision Graphics
130a Carla Kiwior
137a Precision Graphics
137b Michael Carroll
137c Michael Carroll
138 Precision Graphics
149 Carla Kiwior
150 Carla Kiwior
151 Carla Kiwior
152 Carla Kiwior
158 Barbara Cousins, Steven Edsey & Sons.

Unit B
12 Rob Schuster
15 J. B. Woolsey
17 Michael Carroll
23 George Hamblin
34 J. B. Woolsey
36 J. B. Woolsey
38 J. B. Woolsey
40 J. B. Woolsey
44 J. B. Woolsey
51 J. B. Woolsey
58 Kenneth Batelman
65 Dave Merrill
86 John Massie
89 Kenneth Batelman
90 Walter Stuart
93 Precision Graphics
99 J. B. Woolsey
107 Pedro Gonzalez
120 Kenneth Batelman
121 George Hamblin
122 J. B. Woolsey
123 J. B. Woolsey
124 J. B. Woolsey
125 J. B. Woolsey
127 J. B. Woolsey
135 Kenneth Batelman
136 Kenneth Batelman
137 Michael Carroll
141 J. B. Woolsey
142 J. B. Woolsey
143 Michael Carroll
145 John Massie
147 Michael Carroll
150 Michael Carroll
151 Kenneth Batelman

Unit C
8 Kenneth Batelman
11 J. B. Woolsey
12 Jared Schneidman
13 J. B. Woolsey
14 Precision Graphics
16 Precision Graphics
21 John Zielinski
23 Michael Carroll
28 Precision Graphics
31 Precision Graphics
33 Precision Graphics
45a Precision Graphics
45b Nadine Sokol
47 Alan Cormack
48 George Hamblin
49 Alan Cormack
55 J. B. Woolsey
58 J. B. Woolsey
59 J. B. Woolsey
60 Michael Carroll
62 Carla Kiwior
64 Precision Graphics
70 Nadine Sokol
71 Michael Digiorgio
72 Carla Kiwior
74 Precision Graphics
82 J. B. Woolsey
84 J. B. Woolsey
85 J. B. Woolsey
86 J. B. Woolsey
88 J. B. Woolsey
89 J. B. Woolsey
92 J. B. Woolsey
94 J. B. Woolsey
96 J. B. Woolsey
100 John Zielinski
119 Precision Graphics
122 Michael Digiorgio
131 J. B. Woolsey
133 Precision Graphics
143 JB Woolsey

Unit D
9 Joel Ito
11 Rodd Ambroson
14 Rodd Ambroson
15 Rodd Ambroson
16 Rodd Ambroson
20 Christine D. Young
23 Joel Ito
24 Joel Ito
45 Joel Ito
52 Joel Ito

Photography
Unless otherwise credited, all photographs are the property of Scott Foresman, a division of Pearson Education. Page abbreviations are as follows: (T) top, (C) center, (B) bottom, (L) left, (R) right, (INS) inset.

Cover Roda/Natural Selection

Front Matter
iv T Christine Young
iv-v Background M. Abbey/Visuals Unlimited
iv INS Vilma Ortiz-Dillon
v T James L. Amos/Photo Researchers
vii J. B. Woolsey
ix T PhotoDisc, Inc.

ix B . B. Woolsey
x T INS Joel ito
x-xi B Christine Young

Unit A
9 RB Eddy Gray/SPL/SSC/Photo Researchers
9 RT Steven David Miller/Animals Animals/Earth Scenes
9 BR Mike Bacon/TOM STACK & ASSOCIATES
9 TL Bruce Watkins/Animals Animals/Earth Scenes
10 LB Cecil Fox/SS/Photo Researchers
10 LB Science VU/Visuals Unlimited
12 TL Jan Hinsch/SPL/SSC/Photo Researchers
12 BR David Parker/SPL/SSC/Photo Researchers
12 C Andrew Syred/SPL/SSC/Photo Researchers
13 RT Mike Abbey/Visuals Unlimited
13 BR Anthony Bannister/Animals Animals/Earth Scenes
16 LB Profesors P. Motta & T. Naguro/SPL/SSC/Photo Researchers
18 LT Professor P. Motta/Dept. of Anatomy/University "La Sapienza", Rome/SPL/SSC/Photo Researchers
20 M. Eichelberger/Visuals Unlimited
23 RT Superstock, Inc.
23 RB S. Maslowski/Visuals Unlimited
26 BR Ray Coleman/NASC/Photo Researchers
26 C John D. Cunningham/Visuals Unlimited
27 RT David M. Phillips/Visuals Unlimited
27 RC Superstock, Inc.
27 BL Oliver Meckes/Ottawa/SPL/SSC/Photo Researchers
27 BR Professors P. M. Andrews/K.R. Porter and J. Vial/SSC/Photo Researchers
28 CL M. Abbey/Visuals Unlimited
28 BL Stan Flegler/Visuals Unlimited
28 BR Cabisco/Visuals Unlimited
29 BR Malcolm Boulton/Photo Researchers
29 TR Oliver Meckes/SPL/SSC/Photo Researchers
30 LT Profesor P. Motta/Dept. of Anatomy/University "La Sapienza", Rome/SPL/SSC/Photo Researchers
30 BL K. Aufderheide/Visuals Unlimited
40 David M. Phillips/Visuals Unlimited
42 TL Scott Brenner/Ken Wagner/Visuals Unlimited
42 B PhotoDisc, Inc.
43 RT Dr. E. R. Degginger/Color-Pic, Inc.
43 CR David M. Phillips/Visuals Unlimited
44 CL J. Forsdyke/Gene Cox/SPL/Photo Researchers
44 BL Biophoto Associates/Photo Researchers
44 BR Biophoto Associates/Photo Researchers
44 TL Oliver Meckes/Photo Researchers
45 Biophoto Associates/Photo Researchers
46 David M. Phillips/Photo Researchers
48 LB VU/Cabisco/Visuals Unlimited
48 RB VU/Cabisco/Visuals Unlimited
49 RT Chris Johns/Tony Stone Images
49 RB VU/Cabisco/Visuals Unlimited
49 RB VU/Cabisco/Visuals Unlimited
50 TL PhotoDisc, Inc.
50 LC G. Thomas Bishop/Custom Medical Stock Photo
52 Clem Haagner/Photo Researchers
58 David Parker/SPL/Photo Researchers
62 B Walter Hodges/Photo Researchers
62 BC PhotoDisc, Inc.
67 RT Joe McDonald/Visuals Unlimited
67 RC Alex Kerstitch/Visuals Unlimited
76 BL Jeff Lepore/Photo Researchers
77 RT Francois Gohier/Photo Researchers
77 BR Michael Fogden/Animals Animals/Earth Scenes
77 CR Anthony Bannister/Animals Animals/Earth Scenes
79 TL Lynn Stone/Animals Animals/Earth Scenes
79 RT Francois Gohier/Photo Researchers
79 TC Leonard Lee Rue III/Photo Researchers
80 Don W. Fawcett/Visuals Unlimited
81 BR J. Koivula/SS/Photo Researchers
81 CR Joe McDonald/Animals Animals/Earth Scenes
81 TR James L. Amos/Photo Researchers
85 TR Ken Lucas/Visuals Unlimited
85 CR Michael Dick/Animals Animals/Earth Scenes
86 BL The Granger Collection, New York
86 BL MetaPhotos
87 BR J. W. Verderber/Visuals Unlimited
87 RT Hal Beral/Visuals Unlimited
87 BL Hal Beral/Visuals Unlimited
87 TL Alex Kerstitch/Visuals Unlimited
89 Breck P. Kent/Animals Animals/Earth Scenes
92 CL Jan L. Wassink/Visuals Unlimited
92 LB David C. Fritts/Animals Animals/Earth Scenes
94 C James Watt/Animals Animals/Earth Scenes
94 B PhotoDisc, Inc.
95 TL C. P. Hickman/Visuals Unlimited
95 C E. R. Degginger/Animals Animals/Earth Scenes
95 RB Chris McLaughlin/Animals Animals/Earth Scenes
96 BL Howard Hall/OSF/Animals Animals/Earth Scenes
96 CL Andrew Syred/SPL/Photo Researchers
97 LB Adrienne T. Gibson/Animals Animals/Earth Scenes
97 TR M. Abbey/Visuals Unlimited
100 Joe McDonald/Animals Animals/Earth Scenes
101 TR Jonathan Blair/National Geographic Image Collection
101 B J. Alcock/Visuals Unlimited
101 C N. M. Collins/OSF/Animals Animals/Earth Scenes
102 L Lee F. Snyder/Photo Researchers
102 BR Francis Lepine/Animals Animals/Earth Scenes
103 C J. A. L. Cooke/Animals Animals/Earth Scenes
104 LB Charles Gupton/Tony Stone Images
105 C Alfred B. Thomas/Animals Animals/Earth Scenes
116 E. R. Degginger/Color-Pic, Inc.
117 BR WHOI/D. Foster/Visuals Unlimited
117 CR Stanley Flegler/Visuals Unlimited
118 BL Renee Lynn/Photo Researchers
118 CL J. H. Robinson/Photo Researchers
118 CL Rod Planck/Photo Researchers
118 TL PhotoDisc, Inc.
126 Oliver Meckes/Photo Researchers
127 Cabisco/Visuals Unlimited
131 TR Len Zell/OSF/Animals Animals/Earth Scenes
131 B F. Stuart Westmorland/Photo Researchers
132 CL Stephen Dalton/Photo Researchers
132 B Mark Stouffer/Animals Animals/Earth Scenes
133 Fritz Polking/Visuals Unlimited
134 TL Charlie Ott/Photo Researchers
134 BC Paul A. Grecian/Visuals Unlimited
134 B Andrew Martinez/Photo Researchers
135 CL Pat Armstrong/Visuals Unlimited
135 TR Courtesy General Motors Corporation/Wieck Photo DataBase
136 BL PhotoDisc, Inc.
136 CL PhotoDisc, Inc.
138 BL Stephen J. Krasemann/Photo Researchers
138 BR Robert W. Domm/Visuals Unlimited
138 BC Doug Sokell/Visuals Unlimited
139 BC Gary Braasch/Tony Stone Images
139 BR David Matherly/Visuals Unlimited
139 BL Ron Spomer/Visuals Unlimited
140 BL Alan D. Carey/Photo Researchers
140 T Stephen J. Krasemann/Photo Researchers
140 B Jim Zipp/Photo Researchers
141 BR E. R. Degginger/Color-Pic, Inc.
141 T Doug Sokell/Visuals Unlimited
142 TL Phil Degginger/Animals Animals/Earth Scenes
142 BL North Wind Picture Archives
142 TL Patti Murray/Animals Animals/Earth Scenes
142 T Robert W. Domm/Visuals Unlimited
143 B Andy Sacks/Tony Stone Images
143 T Ron Spomer/Visuals Unlimited
144 PhotoDisc, Inc.
144 T Gary Braasch/Tony Stone Images
145 T David Matherly/Visuals Unlimited
145 BR E. R. Degginger/Color-Pic, Inc.
145 TR John Chard/Tony Stone Images
148 NASA
152 PhotoDisc, Inc.
153 E. R. Degginger/Color-Pic, Inc.
156 VU/Cabisco/Visuals Unlimited
157 Michael Fogden/Animals Animals/Earth Scenes
159 CL J. Forsdyke/Gene Cox/SPL/Photo Researchers
159 T PhotoDisc, Inc.

Unit B
11 TR Arthur Tilley/FPG International Corp.
13 NASA/SS/Photo Researchers
14 Richard Megna/Fundamental Photographs
15 Richard Megna/Fundamental Photographs
16 CL John Halas/FKNMS
16 B William Wright/Fundamental Photographs
17 BR Dr. E. R. Degginger/Color-Pic, Inc.
21 BR Randy Green/FPG International Corp.
21 BL Nancy Sheehan/PhotoEdit
24 James Schwabel/Panoramic Images
35 BR Steve Kaufman/Corbis Media
36 NASA
37 Carr clifton/Minden Pictures
38 David Young-Wolff/PhotoEdit
39 Steve Satushek/Image Bank
42 Brooks/Brown/SSC/Photo Researchers
43 TR Jeremy Burgess/Photo Researchers
50 BL Boltin Picture Library
50 BR Christie's Images
50 BC Charles D. Winters/Photo Researchers
50 BC John Cancalosi/TOM STACK & ASSOCIATES
53 Kal's Power Tools
54 TR UPI/Corbis-Bettmann
55 BL Lawrence Migdale/Photo Researchers
56 LT E. R. Degginger/NASC/Photo Researchers
56 LB Superstock, Inc.
59 PhotoDisc, Inc.
63 TR PhotoDisc, Inc.
63 TR PhotoDisc, Inc.
63 TR PhotoDisc, Inc.
65 USDA Nature Source/Photo Researchers
66 LT Gilbert s. Grant/NASC/Photo Researchers
66 LT Michael Boys/Corbis Media
66 LT Kevin R. Morris/Corbis Media
67 BR Superstock, Inc.
67 RT Peter Miller/NASC/Photo Researchers
68 B Scott T. Smith/Corbis Media
78 Oxford Scientific Films/Animals Animals/Earth Scenes
79 TL Mike Hewitt/Allsport
80 CL Akira Fujii
80 B Craig J. Brown/Liaison Agency
80 TL David Madison/Tony Stone Images
81 Tim Davis/Tony Stone Images
82 B NASA
82 B Akira Fujii
85 T John Warden/Tony Stone Images
87 TL Jose Carrillo/PhotoEdit
88 Mark Wagner/Tony Stone Images
90 CL Laguna Photo/Liaison Agency
92 B Tony Freeman/PhotoEdit
94 BL N. Pecnik/Visuals Unlimited
95 LB Jonathan Daniel/Allsport
96 CL Don Smetzer/Tony Stone Images
96 B Joe Caputo/Liaison Agency
97 Novastock/PhotoEdit
105 Joseph McBride/Tony Stone Images
106 Jonathan Nourok/PhotoEdit
108 L Dan McCoy/Rainbow
108 BR E. R. Degginger/Color-Pic, Inc.
109 TR VCG/FPG International Corp.
109 B Jose Carrillo/PhotoEdit
118 Novastock/PhotoEdit
120 Vince Streano/Tony Stone Images
123 PhotoDisc, Inc.
124 Warren Stone/Visuals Unlimited
125 Spencer Grant/Photo Researchers
129 BR Scott Camazine/Photo Researchers
129 TR Rosenfeld Images LTD/SPL/Photo Researchers
132 David Parker/Photo Researchers
135 BR Novastock/PhotoEdit

135 CR Jerome Wexler/Photo Researchers
137 B Gregg Hadel/Tony Stone Images
138 TR Paul Silverman/Fundamental Photographs
138 TL Paul Silverman/Fundamental Photographs
139 TR Jeff Greenberg/Visuals Unlimited
139 CR Lawrence Migdale/Photo Researchers
143 TR Breck P. Kent/Animals Animals/Earth Scenes
143 B Renee Lynn/Photo Researchers
145 Kim Westerskov/Tony Stone Images
146 Oliver Benn/Tony Stone Images
147 NASA/SS/Photo Researchers
148 BL Ulrike Welsch/Photo Researchers
149 BC Sylvain Grandadam/Photo Researchers
150 B PhotoDisc, Inc.
150 TC PhotoDisc, Inc.
150 CR Corel
150 BL Meta Tools
151 BL PhotoDisc, Inc.
151 C David Young-Wolff/Stony Stone Images
157 UPI/Corbis-Bettmann
159 PhotoDisc

Unit C
4 INS NOAA/TOM STACK & ASSOCIATES
9 Stephen Ferry/Liaison Agency
9 NOAA/TOM STACK & ASSOCIATES
13 Gary W. Carter/Visuals Unlimited
15 BL Bayard H. Brattstrom/Visuals Unlimited
15 TR Robert Stahl/Tony Stone Images
15 TL A. J. Copley/Visuals Unlimited
15 BR Lincoln Nutting/Photo Researchers
15 Robert Stahl/Tony Stone Images
17 RT Frank Oberle/Tony Stone Images
18 The Newberry Library/Stock Montage, Inc.
19 Granger Collection
20 B Christian Grzimek/Okapia/Photo Researchers
20 BL PhotoDisc, Inc.
21 RT Dr. E. R. Degginger/Color-Pic, Inc.
21 TR PhotoDisc
22 LB Joyce Photographics/Photo Researchers
22 LT Davis Instruments
23 Howard Bluestein/Photo Researchers
24 LB David Parker/ESA/SPL/Photo Researchers
24 T TSADO/NCDC/NASA/TOM STACK & ASSOCIATES
25 T TSADO/NCDC/NASA/TOM STACK & ASSOCIATES
30 Courtesy of NOAA Photo Library
32 Charles Doswell III/Tony Stone Images
34 Wetmore/Photo Researchers
35 T Alan R. Moller/Tony Stone Images
35 RB Dan McCoy/Rainbow
36 LB NASA/SPL/Photo Researchers
36 BR R. Perron/Visuals Unlimited
37 Alan R. Moller/Tony Stone Images
46 CL Francois Gohier/SSC/Photo Researchers
46 C Alison Wright/NASC/Photo Researchers
46 BR Glenn Oliver/Visuals Unlimited
47 Eye Ubiquitous/Corbis Media
48 U. S. Geological Survey
49 © Michael L. Smith
50 LC Ressmeyer/ © Corbis
50 B Paulus Leeser
51 RC David Parker/SPL/SSC/Photo Researchers
51 TR U. S. Geological Survey
56 C William E. Ferguson
56 CR William E. Ferguson
56 L Corel
57 B Superstock, Inc.
57 TR U. S. Geological Survey/EROS Data Center
58 BR Carr Clifton/Minden Pictures
58 TL Frans Lanting/Minden Pictures
59 Ray Fairbanks/NASC/Photo Researchers
61 PhotoDisc, Inc.
62 Superstock, Inc.
63 PhotoDisc, Inc.
64 Superstock, Inc.
65 TL Larry Blank/Visuals Unlimited
65 RC Carr Clifton/Minden Pictures
68 Joe McDonald/Visuals Unlimited
69 RB Ross Frid/Visuals Unlimited
69 BL A. J. Copley/Visuals Unlimited
69 RB John D. Cunningham/Visuals Unlimited
70 Tom Bean/Corbis Media
71 C A. J. Copley/Visuals Unlimited
71 C Layne Kennedy/Corbis Media
71 C James L. Amos/Corbis Media
71 C Wolfgang Kaehler/Corbis Media
71 C Layne Kennedy/Corbis Media
71 C Tom Bean/Corbis Media
72 LB John H. Ostrom/Yale University
72 BR Painting by Shirley G. Hartman/Peabody Museum of Natural History, Yale University
73 RC John Cancalosi/TOM STACK & ASSOCIATES
73 BL Layne Kennedy/Corbis Media
78 C Photo courtesy of U. S. Space Camp © U. S. Space & Rocket Center
83 CR Jay Pasachoff/Visuals Unlimited
83 CR ESA/TSADO/TOM STACK & ASSOCIATES
87 Jeff Greenberg/MR/Visuals Unlimited
89 BL SCIENCE VU/Visuals Unlimited
89 TR Tersch Enterprises
90 TR NASA
90 BL Johnny Johnson/Tersch Enterprises
91 BC USNO/TSADO/TOM STACK & ASSOCIATES
91 BR United States Naval Observatory
91 BL Science VU/Visuals Unlimited
93 The Association of Universities for Research III
101 Simon Fraser/SPL/Photo Researchers
102 NASA
103 TR Dept. of Clinical Radiology, Salisbury District Hospital/SPLPhoto Researchers
103 CR Custom Medical Stock Photo
104 TL Sovfoto/Eastfoto
104 CL UPI/Corbis-Bettmann
104 BL NASA
104 CR NASA
104 R Ed Degginger/Color-Pic, Inc.
105 TL NASA
105 TR E. R. Degginger/Color-Pic, Inc.
105 BR PhotoDisc, Inc.
113 Karl Gehring/Liaison Agency
114 TL SuperStock, Inc.
114 CL SuperStock, Inc.
114 C Jonathan Nourok/PhotoEdit
115 Tess Young/TOM STACK & ASSOCIATES
116 L PhotoDisc, Inc.
116 BR PhotoDisc, Inc.
117 B MetaPhotos
117 TR SuperStock, Inc.
117 B MetaPhotos
117 B MetaPhotos
117 B PhotoDisc, Inc.
118 PhotoDisc, Inc.
118 INS T Corel
118 INS C PhotoDisc, Inc.
118 INS B SuperStock, Inc.
120 TL Institute of Oceanographic Sciences/NERC/SPL/Photo Researchers
120 BR John Moss/Photo Researchers
120 BL MetaTools
121 Dr. Ken MacDonald/SPL/Photo Researchers
122 Stephen J. Krasemann/Photo Researchers
123 C PhotoDisc, Inc.
123 BL PhotoDisc, Inc.
123 BR Corel
123 TL D. P. Wilson/Photo Researchers
123 TR Gregory Ochocki/Photo Researchers
124 PhotoDisc, Inc.
125 TR PhotoDisc, Inc.
125 TL Corel
125 CR Dana White/PhotoEdit
125 BR Barbara Stitzer/PhotoEdit
128 BL National Museum of American Art/Smithsonian Institution
128 BR The Granger Collection, New York
129 BL Corel
129 CR Library of Congress
129 BR PhotoDisc, Inc.
130 BL Library of Congress
130 BC UPI/Corbis-Bettmann
130 BR Federal Duck Stamp Program/U.S. Fish & Wildlife Service
131 BL UPI/Corbis-Bettmann
131 BC UPI/Corbis-Bettmann
132 BL UPI/Corbis-Bettmann
132 BR David R. Frazier/Tony Stone Images
133 BL Joe Traver/New York Times/Archive Photos
133 BC Kaku Kurita/Liaison Agency
133 BR Courtesy General Motors Corporation/Wieck Photo DataBase
134 Jeff Isaac Greenberg/Photo Researchers
140 Alan R. Moller/Tony Stone Images
141 TSADO/NCDC/NASA/TOM STACK & ASSOCIATES
142 T PhotoDisc, Inc.

Unit D
12 LB Matthew Stockman/Allsport
13 Stephen McBrady/PhotoEdit
14 Ralph C. Eagle, Jr., MD/Photo Researchers
15 CL Prof. P. Motta/Dept. of Anatomy/University "La Sapienza", Rome/SPL/Photo Researchers
15 TL Tony Duggy/Allsport
16 BR Omikron/Photo Researchers
16 TL PhotoDisc, Inc.
17 Mary Kate Denny/Photo Researchers
21 David M. Philips/Visuals Unlimited
22 Brian Bahr/Allsport
25 Express/Archive Photos
37 R PhotoDisc, Inc.
38 BL Hank Morgan/SS/Photo Researchers
39 Charles O. Cecil/Visuals Unlimited
44 David Pollack/Stock Market
45 Fred Hossler/Visuals Unlimited
46 BL Martin Rotker/Phototake
46 CL Martin Rotker/Phototake
47 TL Barts Medical Library/Phototake
47 TR Barts Medical Library/Phototake
49 PhotoDisc, Inc.
50 SPL/Photo Researchers
54 CL Martin M. Rotker/Photo Researchers
54 BL SIU/Photo Researchers
55 B Rafael Macia/Photo Researchers
56 BL Larry Mulvehill/Photo Researchers
60 Brian Bahr/Allsport
61 David Pollack/Stock Market
63 PhotoDisc, Inc.
63 BR PhotoDisc, Inc.

End Matter

Illustration
20 J.B. Woolsey
32 J. B. Woolsey
33 Meryl Treatner
34 T Corel
34 BL Corel
34 BR A. J. Copley/Visuals Unlimited
35 JB Woolsey
36 J. B. Woolsey
37 J. B. Woolsey
38 Joel Ito
39 Joel Ito
42 Ovresat Parades Design
43 Ovresat Parades Design

Photography
1 ALL Richard Megna/Fundamental Photographs
10 PhotoDisc, Inc.
30 BL Oliver Meckes/SPL/SSC/Photo Researchers
30 TL Stanley Flegler/Visuals Unlimited
30 TC J. Forsdyke/Gene Cox/SPL/Photo Researchers
30 BC MetaTools
30 BR Bob and Clara Calhoun/Bruce Coleman Inc.
30 TR Joe McDonald/Animals Animals/Earth Scenes.
34 C Corel
34 BR A. J. Copley/Visuals Unlimited
34 BL Corel